自然资源与生态文明译丛

负排放技术
和可靠封存

研究议程

〔美〕 《二氧化碳去除和可靠封存研究议程》制定委员会　著
大气科学和气候委员会　能源和环境系统委员会
农业和自然资源委员会　地球科学和资源委员会
化学科学和技术委员会　海洋研究委员会
地球和生命研究部　美国国家科学院、工程院和医学院

高兵　邓锋　程萍　译

NEGATIVE EMISSIONS TECHNOLOGIES
AND RELIABLE SEQUESTRATION
A Research Agenda
Committee on Developing a Research Agenda for Carbon Dioxide Removal
and Reliable Sequestration
Board on Atmospheric Sciences and Climate
Board on Energy and Environmental Systems
Board on Agriculture and Natural Resources
Board on Earth Sciences and Resources
Board on Chemical Sciences and Technology
Ocean Studies Board
Division on Earth and Life Studies
National Academies of Sciences, Engineering, and Medicine

商务印书馆
The Commercial Press

This is a translation of

NEGATIVE EMISSIONS TECHNOLOGIES AND RELIABLE SEQUESTRATION

A Research Agenda

National Academies of Sciences, Engineering, and Medicine;

Division on Earth and Life Studies;

Board on Atmospheric Sciences and Climate;

Board on Energy and Environmental Systems;

Board on Agriculture and Natural Resources;

Board on Earth Sciences and Resources;

Board on Chemical Sciences and Technology;

Ocean Studies Board;

Committee on Developing a Research Agenda for Carbon Dioxide Removal and

Reliable Sequestration

© 2019 National Academy of Sciences.

First published in English by National Academies Press.

（中文版经授权,根据 The National Academies Press 2019 年平装本译出）

"自然资源与生态文明"译丛
"自然资源保护和利用"丛书
总序

（一）

新时代呼唤新理论，新理论引领新实践。中国当前正在进行着人类历史上最为宏大而独特的理论和实践创新。创新，植根于中华优秀传统文化，植根于中国改革开放以来的建设实践，也借鉴与吸收了世界文明的一切有益成果。

问题是时代的口号，"时代是出卷人，我们是答卷人"。习近平新时代中国特色社会主义思想正是为解决时代问题而生，是回答时代之问的科学理论。以此为引领，亿万中国人民驰而不息，久久为功，秉持"绿水青山就是金山银山"理念，努力建设"人与自然和谐共生"的现代化，集聚力量建设天蓝、地绿、水清的美丽中国，为共建清洁美丽世界贡献中国智慧和中国力量。

伟大时代孕育伟大思想，伟大思想引领伟大实践。习近平新时代中国特色社会主义思想开辟了马克思主义新境界，开辟了中国特色社会主义新境界，开辟了治国理政的新境界，开辟了管党治党的新境界。这一思想对马克思主义哲学、政治经济学、科学社会主义各个领域都提出了许多标志性、引领性的新观点，实现了对中国特色社会主义建设规律认识的新跃升，也为新时代自然资源治理提供了新理念、新方法、新手段。

明者因时而变，知者随事而制。在国际形势风云变幻、国内经济转型升级的背景下，习近平总书记对关系新时代经济发展的一系列重大理论和实践问题进行深邃思考和科学判断，形成了习近平经济思想。这一思想统筹人与自然、经济与社会、经济基础与上层建筑，兼顾效率与公平、局部与全局、当前与长远，为当前复杂条件下破解发展难题提供智慧之钥，也促成了新时代经济发展举世瞩目的辉煌成就。

生态兴则文明兴——"生态文明建设是关系中华民族永续发展的根本大计"。在新时代生态文明建设伟大实践中，形成了习近平生态文明思想。习近平生态文明思想是对马克思主义自然观、中华优秀传统文化和我国生态文明实践的升华。马克思主义自然观中对人与自然辩证关系的诠释为习近平生态文明思想构筑了坚实的理论基础，中华优秀传统文化中的生态思想为习近平生态文明思想提供了丰厚的理论滋养，改革开放以来所积累的生态文明建设实践经验为习近平生态文明思想奠定了实践基础。

自然资源是高质量发展的物质基础、空间载体和能量来源，是发展之基、稳定之本、民生之要、财富之源，是人类文明演进的载体。在实践过程中，自然资源治理全力践行习近平经济思想和习近平生态文明思想。实践是理论的源泉，通过实践得出真知：发展经济不能对资源和生态环境竭泽而渔，生态环境保护也不是舍弃经济发展而缘木求鱼。只有统筹资源开发与生态保护，才能促进人与自然和谐发展。

是为自然资源部推出"自然资源与生态文明"译丛、"自然资源保护和利用"丛书两套丛书的初衷之一。坚心守志，持之以恒。期待由见之变知之，由知之变行之，通过积极学习而大胆借鉴，通过实践总结而理论提升，建构中国自主的自然资源知识和理论体系。

（二）

如何处理现代化过程中的经济发展与生态保护关系，是人类至今仍然面临的难题。自《寂静的春天》（蕾切尔·卡森，1962）、《增长的极限》（德内拉·梅多斯，1972）、《我们共同的未来》（布伦特兰报告，格罗·哈莱姆·布伦特兰，1987）这些经典著作发表以来，资源环境治理的一个焦点就是破解保护和发展的难题。从世界现代化思想史来看，如何处理现代化过程中的经济发展与生态保护关系，是人类至今仍然面临的难题。"自然资源与生态文明"译丛中的许多文献，运用技术逻辑、行政逻辑和法理逻辑，从自然科学和社会科学不同视角，提出了众多富有见解的理论、方法、模型，试图破解这个难题，但始终没有得出明确的结论性认识。

全球性问题的解决需要全球性的智慧，面对共同挑战，任何人任何国家都无法独善其身。2019 年 4 月习近平总书记指出，"面对生态环境挑战，人类是一荣俱荣、一损俱损的命运共同体，没有哪个国家能独善其身。唯有携手合作，我们才能有效应对气候变化、海洋污染、生物保护等全球性环境问题，实现联合国 2030 年可持续发展目标"。共建人与自然生命共同体，掌握国际社会应对资源环境挑战的经验，加强国际绿色合作，推动"绿色发展"，助力"绿色复苏"。

文明交流互鉴是推动人类文明进步和世界和平发展的重要动力。数千年来，中华文明海纳百川、博采众长、兼容并包，坚持合理借鉴人类文明一切优秀成果，在交流借鉴中不断发展完善，因而充满生机活力。中国共产党人始终努力推动我国在与世界不同文明交流互鉴中共同进步。1964 年 2 月，毛主席在中央音乐学院学生的一封信上批示说"古为今用，洋为中用"。1992 年 2 月，邓小平同志在南方谈话中指出，"必须大胆吸收和借鉴人类社会创造的一切文明成果"。2014 年 5 月，习近平总书记在召开外国专家座谈会上强调，"中国要永远做一个学习大国，不论发展到什么水平都虚心向世界各国人民学习"。

"察势者明，趋势者智"。分析演变机理，探究发展规律，把握全球自然资源治理的态势、形势与趋势，着眼好全球生态文明建设的大势，自觉以回答中国之问、世界之问、人民之问、时代之问为学术己任，以彰显中国之路、中国之治、中国之理为思想追求，在研究解决事关党和国家全局性、根本性、关键性的重大问题上拿出真本事、取得好成果。

是为自然资源部推出"自然资源与生态文明"译丛、"自然资源保护和利用"丛书两套丛书的初衷之二。文明如水，润物无声。期待学蜜蜂采百花，问遍百家成行家，从全球视角思考责任担当，汇聚全球经验，破解全球性世纪难题，建设美丽自然、永续资源、和合国土。

（三）

2018 年 3 月，中共中央印发《深化党和国家机构改革方案》，组建自然资源部。自然资源部的组建是一场系统性、整体性、重构性变革，涉及面之广、难度之大、问题之多，前所未有。几年来，自然资源系统围绕"两统一"核心职责，不负重托，不辱使命，开创了自然资源治理的新局面。

自然资源部组建以来，按照党中央、国务院决策部署，坚持人与自然和谐共生，践行绿水青山就是金山银山理念，坚持节约优先、保护优先、自然恢复为主的方针，统筹山水林田湖草沙冰一体化保护和系统治理，深化生态文明体制改革，夯实工作基础，优化开发保护格局，提升资源利用效率，自然资源管理工作全面加强。一是，坚决贯彻生态文明体制改革要求，建立健全自然资源管理制度体系。二是，加强重大基础性工作，有力支撑自然资源管理。三是，加大自然资源保护力度，国家安全的资源基础不断夯实。四是，加快构建国土空间规划体系和用途管制制度，推进国土空间开发保护格局不断优化。五是，加大生态保护修复力度，构筑国家生态安全屏障。六是，强化自然资源节约集约利用，促进发展方式绿色转型。七是，持续推进自然资源法治建设，自然资源综合监管效能逐步提升。

当前正值自然资源综合管理与生态治理实践的关键期，面临着前所未有的知识挑战。一方面，自然资源自身是一个复杂的系统，山水林田湖草沙等不同资源要素和生态要素之间的相互联系、彼此转化以及边界条件十分复杂，生态共同体运行的基本规律还需探索。自然资源既具系统性、关联性、实践性和社会性等特征，又有自然财富、生态财富、社会财富、经济财富等属性，也有系统治理过程中涉及资源种类多、学科领域广、系统庞大等特点。需要遵循法理、学理、道理和哲理的逻辑去思考，需要斟酌如何运用好法律、经济、行政等政策路径去实现，需要统筹考虑如何采用战略部署、规划引领、政策制定、标准规范的政策工具去落实。另一方面，自然资源综合治理对象的复杂性、系统性特点，对科研服务支撑决策提出了理论前瞻性、技术融合性、知识交融性的诉求。例如，自然资源节约集约利用的学理创新是什么？动态监测生态系统稳定性状况的方法有哪些？如何评估生态保护修复中的功能次序？等等不一而足，一系列重要领域的学理、制度、技术方法仍待突破与创新。最后，当下自然资源治理实践对自然资源与环境经济学、自然资源法学、自然地理学、城乡规划学、生态学与生态经济学、生态修复学等学科提出了理论创新的要求。

中国自然资源治理体系现代化应立足国家改革发展大局，紧扣"战略、战役、战术"问题导向，"立时代潮头、通古今之变，贯通中西之间、融会文理之璧"，在"知其然知其所以然，知其所以然的所以然"的学习研讨中明晰学理，在"究其因，思其果，寻其路"的问题查摆中总结经验，在"知识与技术的更新中，自然科学与社会科学的交融中"汲取智慧，在国际理论进展与实践经验的互鉴中促进提高。

是为自然资源部推出"自然资源与生态文明"译丛、"自然资源保护和利用"丛书这两套丛书的初衷之三。知难知重，砥砺前行。要以中国为观照、以时代为观照，立足中国实际，从学理、哲理、道理的逻辑线索中寻找解决方案，不断推进自然资源知识创新、理论创新、方法创新。

（四）

文明互鉴始于译介，实践蕴育理论升华。自然资源部决定出版"自然资源与生态文明"译丛、"自然资源保护和利用"丛书系列著作，办公厅和综合司统筹组织实施，中国自然资源经济研究院、自然资源部咨询研究中心、清华大学、自然资源部海洋信息中心、自然资源部测绘发展研究中心、商务印书馆、《海洋世界》杂志等单位承担完成"自然资源与生态文明"译丛编译工作或提供支撑。自然资源调查监测司、自然资源确权登记局、自然资源所有者权益司、国土空间规划局、国土空间用途管制司、国土空间生态修复司、海洋战略规划与经济司、海域海岛管理司、海洋预警监测司等司局组织完成"自然资源保护和利用"丛书编撰工作。

第一套丛书"自然资源与生态文明"译丛以"创新性、前沿性、经典性、基础性、学科性、可读性"为原则，聚焦国外自然资源治理前沿和基础领域，从各司局、各事业单位以及系统内外院士、专家推荐的书目中遴选出十本，从不同维度呈现了当前全球自然资源治理前沿的经纬和纵横。

具体包括：《自然资源与环境：经济、法律、政治和制度》，《环境与自然资源经济学：当代方法》（第五版），《自然资源管理的重新构想：运用系统生态学范式》，《空间规划中的生态理性：可持续土地利用决策的概念和工具》，《城市化的自然：基于近代以来欧洲城市历史的反思》，《城市生态学：跨学科系统方法视角》，《矿产资源经济（第一卷）：背景和热点问题》，《海洋和海岸带资源管理：原则与实践》，《生态系统服务中的对地观测》，《负排放技术和可靠封存：研究议程》。

第二套丛书"自然资源保护和利用"丛书基于自然资源部组建以来开展生态文明建设和自然资源管理工作的实践成果，聚焦自然资源领域重大基础性问题和难点焦点问题，经过多次论证和选题，最终选定七本（此次先出版五本）。在各相关研究单位的支撑下，启动了丛书撰写工作。

具体包括：自然资源确权登记局组织撰写的《自然资源和不动产统一确权登记理论与实践》，自然资源所有者权益司组织撰写的《全民所有自然资源资产所有者权益管理》，自然资源调查监测司组织撰写的《自然资源调查监测实践与探索》，国土空间规划局组织撰写的《新时代"多规合一"国土空间规划理论与实践》，国土空间用途管制司组织撰写的《国土空间用途管制理论与实践》。

"自然资源与生态文明"译丛和"自然资源保护和利用"丛书的出版，正值生态文明建设进程中自然资源领域改革与发展的关键期、攻坚期、窗口期，愿为自然资源管理工作者提供有益参照，愿为构建中国特色的资源环境学科建设添砖加瓦，愿为有志于投身自然资源科学的研究者贡献一份有价值的学习素材。

百里不同风，千里不同俗。任何一种制度都有其存在和发展的土壤，照搬照抄他国制度行不通，很可能画虎不成反类犬。与此同时，我们探索自然资源治理实践的过程，也并非一帆风顺，有过积极的成效，也有过惨痛的教训。因此，吸收借鉴别人的制度经验，必须坚持立足本国、辩证结合，也要从我们的实践中汲取好的经验，总结失败的教训。我们推荐大家来读"自然资源与生态文明"译丛和"自然资源保护和利用"丛书中的书目，也希望与业内外专家同仁们一道，勤思考，多实践，提境界，在全面建设社会主义现代化国家新征程中，建立和完善具有中国特色、符合国际通行规则的自然资源治理理论体系。

在两套丛书编译撰写过程中，我们深感生态文明学科涉及之广泛，自然资源之于生态文明之重要，自然科学与社会科学关系之密切。正如习近平总书记所指出的，"一个没有发达的自然科学的国家不可能走在世界前列，一个没有繁荣的哲学社会科学的国家也不可能走在世界前列"。两套丛书涉及诸多专业领域，要求我们既要掌握自然资源专业领域本领，又要熟悉社会科学的基础知识。译丛翻译专业词汇多、疑难语句多、习俗俚语多，背景知识复杂，丛书撰写则涉及领域多、专业要求强、参与单位广，给编译和撰写工作带来不小的挑战，丛书成果难免出现错漏，谨供读者们参考交流。

编写组

美国国家科学院、工程院和医学院

美国国家科学院于 1863 年根据林肯总统签署的《国会法案》建立，是一个私营的非政府机构，在与科学技术有关的问题上为国家提供建议。成员由同行选出的对研究有杰出贡献的人担任。玛西亚·麦克纳特（Marcia McNutt）博士担任院长。

美国国家工程院于 1964 年根据美国国家科学院章程成立，将工程实践引入国家咨询项目。成员由同行选出的对工程有杰出贡献的人担任。C. D. 莫特（C. D. Mote）博士担任院长。

美国国家医学院（前身为医学研究所）于 1970 年根据美国国家科学院章程成立，旨在就医疗和健康问题向国家提供建议。成员由同行选出的对医学和健康研究有杰出贡献的人担任。维克托·J. 曹（Victor J. Dzau）博士担任院长。

上述三个单位统称为美国国家科学院、工程院和医学院，为美国提供独立、客观的分析与建议，并开展其他活动，解决复杂问题并为公共政策决策提供信息。美国国家科学院、工程院和医学院还鼓励教育和研究，表彰对知识做出杰出贡献的人，并增加公众对科学、工程和医学的理解。

有关美国国家科学院、工程院和医学院的更多信息，请访问 www. national-academy. org。

美国国家科学院、工程院和医学院

美国国家科学院、工程院和医学院发布的共识研究报告（Consensus Study Reports）记录了由专家组成的撰写委员会对研究任务达成的共识。报告通常包括基于委员会收集的信息和委员会审议情况的调查结果、结论和建议。每一份报告都经过严格和独立的同行审查程序，它代表国家科学院在任务声明上的立场。

美国国家科学院、工程院和医学院出版的院刊（Proceedings）记录了在国家科学院召开的研讨会、讲习班或其他活动中的陈述和讨论。会议记录中的陈述和意见代表参与者的观点，并不一定得到其他参与者、规划委员会或国家科学院的认可。

有关美国国家科学院、工程院和医学院的其他成果和活动信息，请访问 www. nationalacademies. org/about/whatwedo。

《二氧化碳去除和可靠封存研究议程》制定委员会

斯蒂芬·帕卡拉(Stepehen Pacala),主席,普林斯顿大学,新泽西州

马赫迪·阿尔凯西(Mahdi Al-Kaisi),艾奥瓦州立大学,艾姆斯市

马克·巴尔托(Mark Barteau),得州农工大学,大学城

艾丽卡·贝尔蒙特(Erica Belmont),怀俄明大学,拉勒米市

莎莉·本森(Sally Benson),斯坦福大学,加利福尼亚州

理查德·博德赛(Richard Birdsey),美国林洞研究中心,法尔茅斯市,马萨诸塞州

戴恩·博伊森(Dane Boysen),模块化学有限公司,伯克利市,加利福尼亚州①

莱利·杜伦(Riley Duren),喷气推进实验室,帕萨迪纳市,加利福尼亚州

查尔斯·霍普金森(Charles Hopkinson),佐治亚大学,雅典市

克里斯托弗·琼斯(Christopher Jones),佐治亚理工学院,亚特兰大市

彼得·凯莱门(Peter Kelemen),哥伦比亚大学,帕利塞德,纽约州

安妮·莱维塞尔(Annie Levasseur),高等技术学院,魁北克市,加拿大

基思·保斯蒂安(Keith Paustian),科罗拉多州立大学,柯林斯堡市

唐建武(Jianwu Tang),海洋生物实验室,伍兹霍尔镇,马萨诸塞州

蒂凡妮·特克斯勒(Tiffany Troxler),佛罗里达国际大学,迈阿密州

迈克尔·瓦拉(Michael Wara),斯坦福大学法学院,加利福尼亚州

珍妮弗·威尔考克斯(Jennifer Wilcox),伍斯特理工学院,马萨诸塞州

---

① 见"附件 B 利益冲突披露"。

该委员会内美国国家科学院、工程院和医学院工作人员

凯蒂·托马斯(Katie Thomas),大气科学和气候委员会,高级项目官员

约翰·霍姆斯(Jone Holmes),能源和环境系统委员会,主任和学者

卡米拉·埃布斯(Camilla Ables),农业和自然资源委员会,高级项目官员

安妮·林(Anne Linn),地球科学和资源委员会,学者

安娜·斯贝雷加耶娃(Anna Sberegaeva),化学科学和技术委员会,副项目官员

艾米丽·特威格(Emily Twigg),海洋研究委员会,项目官员

雅思敏·罗米蒂(Yasmin Romitti),大气科学和气候委员会/地球科学和资源委员会,研究助理

v   迈克尔·哈德森(Michael Hudson),大气科学和气候委员会,高级项目助理

大气科学和气候委员会

A. R. 拉维西安卡拉（A. R. Ravishankara），主席，科罗拉多州立大学，柯林斯堡市

陈淑怡（Shuyi S. Chen），副主席，华盛顿大学，西雅图市

塞西莉亚·比兹（Cecilia Bitz），华盛顿大学，西雅图市

马克·A. 凯恩（Mark A. Cane），哥伦比亚大学，帕里塞德斯，纽约州

海蒂·卡伦（Heidi Cullen），气候中心，普林斯顿市，新泽西州

罗伯特·邓巴（Robert Dunbar），斯坦福大学，加利福尼亚州

帕梅拉·埃姆什（Pamela Emch），格鲁曼航空航天系统公司，雷东多比奇市，
    加利福尼亚州

艾琳娜·菲奥蕾（Arlene Fiore），哥伦比亚大学，帕里塞德斯，纽约州

彼得·弗鲁姆霍夫（Peter Frumhoff），科学家关怀联盟，剑桥市，马萨诸塞州

威廉·B. 盖尔（William B. Gail），全球天气公司，博尔德县，科罗拉多州

玛丽·格拉金（Mary Glackin），天气公司，华盛顿特区

特丽·S. 霍格（Terri S. Hogue），科罗拉多矿业学院，戈尔登县

埃弗里特·约瑟夫（Everette Joseph），纽约大学奥尔巴尼分校，纽约州

小罗纳德·"尼克"·基纳（Ronald "Nick" Keener, Jr.），杜克能源公司，夏洛特
    市，北卡罗来纳州

罗伯特·科普（Robert Kopp），罗格斯大学，皮斯卡塔韦镇，新泽西州

L. 露比·梁（L. Ruby Leung），太平洋西北国家实验室，里奇兰市，华盛顿州

乔纳森·马丁（Johnthon Martin），威斯康星大学麦迪逊分校

乔纳森·欧弗佩克（Jonathan Overpeck），密歇根大学，安阿伯市

艾莉森·斯坦纳（Allison Steiner），密歇根大学，安阿伯市

大卫·W. 蒂特利（David W. Titley），宾夕法尼亚大学帕克分校

杜安·瓦理瑟（Duane Waliser），喷气推进实验室，加州理工学院，帕萨迪纳市

海洋研究委员会联络人员

大卫·哈尔彭(David Halpern),喷气推进实验室,帕萨迪纳市,加利福尼亚州

委员会内美国国家科学院、工程院和医学院工作人员

阿曼达·史陶特(Amanda Staudt),理事

大卫·艾伦(David Allen),高级项目官员

劳瑞·盖勒(Laurie Geller),高级项目官员

凯瑟琳·托马斯(Katherine Thomas),高级项目官员

劳伦·埃弗雷特(Lauren Everett),项目官员

阿普里尔·梅尔文(April Melvin),项目官员

阿曼达·柏塞尔(Amanda Purcell),项目官员

雅思敏·罗米蒂(Yasmin Romitti),研究助理

丽塔·加斯金斯(Rita Gaskins),行政协调员

雪莱·弗里兰(Shelly Freeland),金融助理

罗伯·格林韦(Rob Greenway),项目助理

迈克尔·哈德森(Michael Hudson),高级项目助理

伊琳·马科维奇(Erin Markovich),高级项目助理/研究助理

致　　谢

本共识研究报告邀请了持不同观点和技术专长的专家对报告草稿进行了审查。这些审查的目的是,为美国国家科学院、工程院和医学院的研究报告提供真实的、批判性的评论意见,以确保每份已发布的报告尽可能合理,并确保其在质量、客观性、证据和对研究费用的使用方面符合机构的相关标准。为保护审议过程的公正性,审查意见和草稿严格保密。我们感谢下列人士对本报告的审查:

肯·卡尔代拉(Ken Caldeira),卡内基科学研究所,斯坦福市,加利福尼亚州

迈克尔·西利亚(Michael Celia),普林斯顿大学,新泽西州

史蒂夫·克鲁克斯(Steve Crooks),西尔法西楚姆(Silvestrum)气候协会,旧金山市,加利福尼亚州

胡里奥·弗里德曼(Julio Friedman),碳牧人(Carbon Wrangler)有限责任公司,纽约市,纽约州

格里施玛·贾迪科塔(Greeshma Gadikota),威斯康星大学麦迪逊分校

克里斯·格雷格(Chris Greig),昆士兰大学,澳大利亚

杰弗里·霍姆斯(Geoffrey Holmes),碳工程公司,斯夸米什,不列颠哥伦比亚省,加拿大

塔拉·胡迪堡(Tara Hudiburg),爱达荷大学,莫斯科市

马克·琼斯(Mark Jones),陶氏化学公司,萨吉诺市,密歇根州

贾思明·肯博(Jasmin Kemper),国际能源署温室气体研发计划,切尔滕纳姆市,英国

让·明克斯(Jan Minx),墨卡托全球共同和气候变化研究所,柏林市,德国

西蒙·尼科尔森(Simon Nicholson),美利坚大学,华盛顿特区

菲尔·雷弗斯(Phil Renforth),卡迪夫大学,英国

赫伯特·(托德)·沙夫[Herbert (Todd) Schaef],太平洋西北国家实验室,里奇兰市,华盛顿州

彼得·史密斯(Peter Smith),阿伯丁大学,苏格兰,英国

克里斯·萨默维尔(Chris Somerville),加利福尼亚大学,伯克利市

艾伦·威廉姆斯(Ellen Williams),马里兰大学帕克分校

斯蒂芬·沃夫西(Stephen Wofsy),哈佛大学,剑桥市,马萨诸塞州

虽然上述审稿人提出了许多建设性的意见和建议,但并未要求其赞同本报告的结论或建议,他们也未看到报告发布前的最后草稿。本报告的审查由美国国家大气研究中心气候与全球动力学实验室的沃伦·M. 华盛顿(Warren M. Washington)和美国大学大气联合会的安东尼奥·J. 布萨拉基(Antonio J. Busalacchi)监督。他们负责确保本报告的审查是根据美国国家科学院、工程院和医学院的标准独立进行的,也认真研究了专家们提出的所有意见。最终内容完全由编写委员会和美国国家科学院、工程院和医学院负责。

前　　言

　　大约三百年前，人类开始使用化石燃料向大气中排放二氧化碳（CO_2），并通过扩大农田和牧场等方式加速了土地利用带来的碳排放。这些活动使大气中的二氧化碳浓度增加了 0.012%[120 ppm(parts per million)]，导致气候正在发生变化。为此，国际社会正在采取行动减少净温室气体排放，并将全球变暖限制在 2℃以内。大多数缓解气候变化的技术旨在降低从化石燃料和生态系统中吸收额外的碳，并将其以二氧化碳的形式排放到大气中的速率，这些技术包括可再生能源利用、能源效率提升以及化石燃料发电厂排放的二氧化碳的捕获和储存。本报告的重点与此相反，是介绍从大气中提取二氧化碳并使它们回到地质储层和陆地生态系统中的技术。与传统的缓解气候变化技术相比，这些负排放技术（negative emissions technologies，NETs）受到研究人员的关注要少得多。

　　我们成立了《二氧化碳去除和可靠封存研究议程》制定委员会，旨在为负排放技术提供详细的研究和发展计划：①利用生物过程增加土壤、森林和湿地中的碳储量；②利用生物质产生能量，同时捕获并储存由此产生的二氧化碳；③利用化学过程直接从空气中捕获二氧化碳，并将其封存在地质储层中；④增强从大气中捕获二氧化碳并将其与岩石永久结合的地质过程。目前，这些负排放技术处于不同的技术阶段，有些技术处于可以大规模部署阶段，而其他技术还处于开展基础科学研究阶段。从 2017 年 5 月至 2018 年 2 月，委员会举行了六次会议，其中四次公开举办了相关的公开线上研讨会和讲习班，收集了来自学术界、联邦和州机构、工业界和非政府组织的科学家提出的大量意见。通过召开的五次公开研讨会，将提出的意见汇集成文集，以记录委员会的信息收集活动，并帮助公众了解负排放技术。

　　最后，感谢委员会成员，他们为本报告奉献了时间与才智，兢兢业业地完成了任务，是倾听和尊重跨学科的典范。感谢将我们组织起来的美国国家科学院、工程院和医学院的工作人员，他们提高了本报告的写作水平，帮助我们厘清了思路。他们孜孜不倦地组织了研讨会和闭门会议，处理了无数电话和草稿。感谢向委员会提交研究报告的作者，你们无私的服务让本报告内容更加丰富。最后，感谢所有帮助我们提升报告准确度、明确重点的审稿人。

斯蒂芬·帕卡拉

《二氧化碳去除和可靠封存研究议程》制定委员会主席

目　　录

彩插

摘　　要

随着人们对气候变化风险和危害的认识不断提高,几乎所有国家都承诺要将全球变暖的气温幅度控制在低于工业化前水平的 2℃ 以内,更低的目标设定在 1.5℃ 以内。因为全球平均气温在 20 世纪已经上升了约 1℃,所以实现 2℃ 的目标极具挑战性。根据气候和综合评价模型(integrated assessment models, IAMs)预测,到 21 世纪下半叶,大气中的二氧化碳浓度只有停止增加(或开始降低),才有可能限制全球变暖并减少危险气候的影响。

化石燃料消耗、农业生产、土地用途改变和水泥生产是大气中二氧化碳的主要人为来源。缓解气候变暖的重点是将能源部门的碳排放量减少 80%～100%,需要从现在开始到 2050 年大规模部署低碳技术。通过部署负排放技术(NETs)去除大气中的碳并将其封存,可以实现上述目标。目前,在化石燃料不断排放二氧化碳到大气中的情况下,从大气中去除并储存二氧化碳与防止等量二氧化碳排放对大气和气候产生的影响基本相同。负排放技术一直是实现净减排投资组合的一部分,至少自二十多年前再造林、造林和土壤封存被纳入《联合国气候变化框架公约》以来就如此,尽管它们在其中是作为气候变化的缓解方案。最近的研究分析发现,与减少碳排放(如大部分农业和土地利用排放以及交通运输排放)相比,部署负排放技术的成本可能更低,破坏性也更小。

2015 年,美国国家科学院出版了《气候干预:二氧化碳去除与可靠封存》(*Climate Intervention: Carbon Dioxide Removal and Reliable Sequestration*),描述并初步评估了负排放和封存技术。该报告指出了对负排放技术的研究相对不足以及建议制定,涵盖了从基础科学到全面部署各方面的负排放技术研究议程。为满足这一需求,美国国家科学院召集了《二氧化碳去除和可靠封存研究议程》制定委员会,评估负排放技术和封存的效益、风险与可持续规模潜力,并确定

研发计划的基本组成部分,包括成本估算和潜在影响(专栏 0-1)。完整的任务
声明见专栏 1-4。委员会举办了一系列公开研讨和会议,为审议和编写本报告
提供信息。

专栏 0-1　负排放技术需求评估

　　为了完成任务,委员会评估了开发新的和(或)改进的负排放技术的紧迫
性。除了两种负排放技术具有较大协同效益外,其他负排放技术只会用于减
少大气中二氧化碳。因此,未来对负排放技术的经济和社会需求的评估只能
参考气候缓解计划。所以,委员会根据《巴黎协定》的目标进行评估,即将全
球变暖的温度变化限制在 2℃ 以内,理想情况是 1.5℃ 以内。最近,政府间气
候变化专门委员会(Intergovernmental Panel on Climate Change, IPCC)得
出结论,将全球变暖温度变化限制在 1.5℃ 以内或不超过 1.5℃,需在 21 世
纪中叶之前使用负排放技术。

　　本报告对某一特定数量减排量的需求的声明不应被解释为规范性声明
(即对应该是什么的价值判断),而应被解释为大多数国家、一些美国的州和
地方政府,以及许多公司作出达成《巴黎协定》的决定,或因此决定向国际市
场提供负排放技术所需采取的行动声明。然而,委员会敏锐地意识到,美国
政府已经宣布有意退出《巴黎协定》。

　　很有必要说明,如果没有《巴黎协定》的限制,报告的结论会有何不同?
委员会认为,报告的结论和建议总体上是可靠的,原因很简单,因为成功后的
经济回报非常大。这是因为美国政府一直致力于减少导致气候变化的来源,
最近通过的 45Q 规则[①]证明了这一点,该规则为碳捕获和储存提供了 50 美
元/t 二氧化碳的税收抵免[②],而美国各州、地方政府、公司和其他国家对《巴
黎协定》的持续承诺也证明了本报告的价值。

---

　　① https://www.law.cornell.edu/uscode/text/26/45Q。

　　② 虽然"储存"(storage)一词可能意味着未来使用的积累,但委员会根据所审查的文献,将该术
语与"封存"(sequestration)一词互换使用。

一、净零排放系统中的缓解措施

使用综合评价模型将温室气体排放、经济和气候联系起来的研究得出的结论是,即使在可预见的技术突破的情况下,实现2℃目标所需的人为净排放量的减少也异常困难且价格高昂。政府间气候变化专门委员会(IPCC,2014b)在其第五次评估报告中预测,降低大气中二氧化碳浓度的成本很高,到2100年,许多情况下二氧化碳排放的成本将达到每吨1 000美元以上。

阻止大气中二氧化碳的增加需要人为排放小于或等于自然和人为碳汇,而不是完全停止人为排放。正如政府间气候变化专门委员会(IPCC,2014b)所报告的,实现2℃目标的最低成本路径通常包括大规模部署生物能源碳捕获和储存(bioenergy with carbon capture and sequestration,BECCS)这一特定类型的负排放技术,以避免仅依赖减排造成的更高成本。然而,这种规模的生物能源碳捕获和储存需要比当前可用的生物质弃料更多的原料。例如,每年1 Gt二氧化碳的负排放需要3 000万~4 300万 hm² 的土地来增加生物能源碳捕获和储存原料。因此,生物能源碳捕获和储存要实现每年10 Gt二氧化碳负排放,需要数亿公顷土地,根据政府间气候变化专门委员会(IPCC,2014b)的一些研究综述,这几乎占全球耕地的40%。

委员会多次遇到这样一种观点,即在化石燃料排放二氧化碳减少到接近零后,负排放技术的部署将主要用于减少大气中二氧化碳。与此相反,一旦人为排放达到低水平,再减少人为排放的成本可能非常高,因此减少排放和负排放技术可能会在很长一段时间内成为竞争关系,即使在全球净负排放持续期间也如此(图0-1)。例如,对于商业航空,化学燃料几乎没有替代品。实现航空净零排放的一个选择是,部署100美元/t二氧化碳负排放技术,为消耗的每升航空燃料捕获和储存2.5 kg二氧化碳①。这会让每升化学燃料的成本增加约25美分。这只是负排放技术如何在概念上与难以消除的排放源捆绑在一起的一个例子。

---

① 燃烧1 gal(加仑,英制)汽油大约释放10 kg二氧化碳到大气中。[1 gal=4.546 092 L。——译者注]

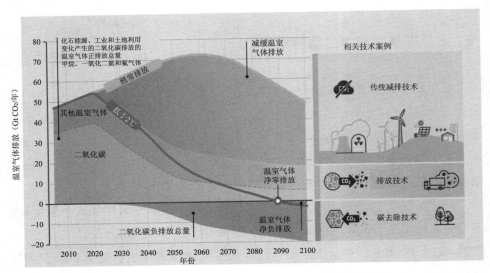

图 0-1　负排放技术在实现净零排放方面的作用情景[①]

注:对于任何浓度和类型的温室气体(如甲烷、全氟碳化合物和一氧化二氮),二氧化碳当量(CO_2e)

表示具有相同辐射强迫的二氧化碳浓度。

资料来源:联合国环境规划署(UNEP,2017)。

结论 1:负排放技术最好被看作是减排组合的一个组成部分,而不只是在人为排放消除之后才能采取的降低大气中二氧化碳浓度的方法。核心问题是"就对土地和其他方面的影响来说,减排和等量负排放哪个成本最低、破坏性最小?"委员会认识到,未来大量的负排放有可能导致道德风险,因为它会降低人类在近期削减排放的意愿。减排对于解决气候问题至关重要,然而,成本最低、破坏性最小的解决方案涉及广泛的技术组合,包括正排放、近零排放和负排放技术。此外,广泛的技术组合(包括多种负排放技术)使管理来自自然和气候缓解行动的意外风险的能力提高了。

二、考虑的技术

按照《任务声明》,委员会重点关注六种主要的二氧化碳去除和封存技术方法:

---

　　①　本书插图均系原著原图。——译者注

• 滨海蓝碳(第二章)——增加储存在红树林、潮间带湿地、海草床和其他潮汐或盐水湿地中活植物、沉积物中的碳的土地利用和管理实践。这些方法有时被称为"蓝碳",尽管它们指的是滨海生态系统而非外海。

• 陆地碳去除和封存(第三章)——土地使用和管理实践,如造林/再造林、森林管理的变化或提高土壤碳储存的农业实践("农业土壤管理")的变化。

• 生物能源碳捕获和储存(第四章)——利用植物生物质生产电力、液体燃料和(或)热能,同时捕获和封存使用生物能源时产生的任何二氧化碳和任何不在液体燃料中存在的剩余生物质碳。

• 直接空气捕获(第五章)——从环境空气中捕获二氧化碳并将其浓缩以便注入储层的化学过程。

• 二氧化碳碳矿化(第六章)——加速"风化",即大气中的二氧化碳与活性矿物(尤其是地幔橄榄岩、玄武岩熔岩和其他活性岩石)形成化学键,在地表(异位),大气中的二氧化碳在岩石露头上被矿化;在地下(原位),浓缩的二氧化碳流被注入超基性岩和玄武岩中,使其在孔隙中被矿化。

• 深层沉积地质构造超临界二氧化碳封存(第七章)——通过生物能源碳捕获和储存或直接空气捕获的二氧化碳被注入地质地层,如咸水层,在那里二氧化碳长时间保留在岩石孔隙空间中。这并非负排放技术,而是生物能源碳捕获和储存或直接空气捕获的碳封存的一种方案。

本书对陆地和近海岸/滨海负排放技术的特别关注反映了《任务声明》的内容。委员会认识到,不属于本书任务范围的海洋二氧化碳去除和封存的方案(如铁施肥和海洋碱化)可能会封存大量二氧化碳,并且美国需要一项研究战略来解决这一问题。本书也没有讨论诸如提高能源效率、增加可再生电力或减少森林砍伐等气候变化缓解措施,因为它们不属于负排放技术。把它们排除在外并不说明研究事项具有优先性。减少碳排放对于解决气候变暖问题至关重要。政策制定者应考虑尽可能广泛的技术组合,以找到最便宜和最不具破坏性的解决方案,包括正排放、近零排放和负排放解决方案。

三、碳去除的潜力和需求

考虑到目前的知识和技术发展水平，委员会确定了可以安全、经济地实现二氧化碳去除和封存的潜在速率。表 0-1 总结了这些结论，并在表 8-1 和表 8-2 中展开。"安全"是指技术部署决不会造成可能不利于社会、经济和环境的巨大影响，这些影响在每个报告章节中都有详细描述。"经济"意味着技术部署的成本将低于 100 美元/t 二氧化碳。大多数符合这一标准的负排放技术的实际成本低于 20 美元/t 二氧化碳。表 0-1 中各行所列的有效数字的差异反映了知识状态的异质性。重要的是要明白，对负排放技术部署的安全性和经济性限制不一定能够在现实意义上实现，因为人的行为、物流短缺、组织能力和政治因素也会限制其部署[①]。

表 0-1 中所列的负排放技术在所处的发展阶段差别较大。一些碳去除方法，如再造林，已经发展了几十年，并被大规模部署。其他例如若干类型的增强型二氧化碳碳矿化正处于学术研究早期阶段，从未在实地进行过试验。一般来说，对尚未被论证的技术的成本估算比已经大规模部署的技术的成本估算更具推测性。然而，即使是相对成熟的负排放技术，也将从额外的研究中受益，以降低成本和负面影响，并增加共同效益。

限制负排放技术的潜在速率和容量的主要因素之间也存在根本差异。基于陆地的负排放技术，尤其是造林/再造林与生物能源碳捕获和储存受到土地供应的限制，因为与粮食生产和生物多样性保护存在竞争关系，也与土地所有者对激励措施的反应有关。

对基于土地的负排放技术的研究将有助于确保能实现或增加表 0-1 中所列的碳去除量，如第八章所述，但其潜力仍将受到可用土地的限制。相较而言，大规模直接空气捕获的主要障碍是当前的高成本。如果成本降低，就可以扩大直接空气捕获技术的规模，进而去除大量碳。最后，碳矿化目前受到的限制包括：

[①]　这里的成本是指实现负排放的直接成本（如运营成本、人工成本）。我们认识到，所有负排放技术都有一整套间接成本（例如，对土地价值的影响），这些成本在直接成本估算中可能不会得到反映。

表 0-1 在现有技术和理解下负排放技术的估计成本、限制因素和影响潜力

负排放技术	估计成本（美元/t CO₂）低(L)=0~20 中(M)=20~100 高(H)≥100	在现有技术和理解下，二氧化碳的安全潜在去除速率，低于每100美元/t CO₂的价格(Gt CO₂/年)		目前主要的限制因素
		美国	全球	
滨海蓝碳	L	0.02	0.13ᵃ	• 可用土地（考虑到沿海开发和土地利用） • 对未来海平面上升的速率和沿海管理
陆地碳去除和封存：造林/再造林	L	0.15	1	• 可用土地（考虑到食品和纤维生产以及生物多样性需求） • 无法全面实施林业管理
陆地碳去除和封存：森林管理	L	0.1	1.5	• 尽管一些森林管理活动不会影响纤维供应，但木材需求影响了采伐率降低的可能性 • 无法全面实施林业管理实践
陆地碳去除和封存：提高土壤碳储存的农业实践	L~M	0.25	3	• 现有农业耕作方式限制每公顷碳吸收速率 • 无法全面实施水土保持措施
生物能源碳捕获和储存	M	0.5	3.5~5.2	• 成本 • 生物质的可得性（考虑到食品和纤维生产以及生物质废弃生物量） • 无法完全收集废弃生物质 •（对该知识的）基本理解
直接空气捕获	H	0ᵇ	0ᵇ	• 成本大于经济需求 • 扩大规模的实际障碍
二氧化碳矿化	M~H	未知	未知	• 基本理解，尤其是对原位方法中碳矿化和渗透性相互反馈的理解
合计		1.02	9.13~10.83	

注："安全"的二氧化碳最大去除率意味着部署不会造成巨大的潜在社会、经济和环境影响。这一估计去除速率限定完全采用农业水土保持措施，林业管理做法和废物生物质吸收。有效数字的数量反映了不同负排放技术间以及美国和全球估计值间的知识状况。

a. 全球去除率基于1980年以来海岸湿地消失面积和恢复后的年埋藏率计算，不包括积极管理的现有区域或部署空气捕获的湿地海岸。 b. 部署空气捕获的成本仍然大大高于100美元/二氧化碳（高的可达600美元/t二氧化碳）。

许多科学上的未知、对环境的影响和可能成本的不确定性。然而,与直接空气捕获相同,如果成本和对环境的影响能够降到足够低,碳矿化技术的碳去除量将非常大。通过对表 0-1 的分析,委员会得出关于负排放技术准备情况的最重要结论。

结论 2:已经准备好大规模部署的四种负排放技术是造林/再造林、森林管理的变化、农业土壤吸收和储存,以及生物能源碳捕获和储存。这些负排放技术成本低或中等(≤100 美元/t 二氧化碳),并且有巨大潜力可以继续扩大当前安全使用规模。它们还有共同效益,包括:

- 提高森林生产力(森林管理的变化);
- 提高农业生产力、土壤氮保持能力和土壤水分保持能力(农业土壤吸收和储存的提高);
- 液体燃料生产和发电。

将基于燃烧的生物能源碳捕获和储存纳入可以大规模部署的技术,意味着委员会认为地质封存已经可以进行大规模部署。

结论 3:目前,直接成本不超过 100 美元/t 二氧化碳的负排放技术可以安全地扩大规模以捕获和储存大量碳,但在美国每年二氧化碳的捕获量明显低于 1 Gt,在全球则远低于 10 Gt。这占美国约 6.5 Gt 二氧化碳当量(CO_{2e})的总排放量和全球超过 50 Gt 二氧化碳当量的总排放量中相当大的一部分。因为它们需要以前所未有的速度部署农业土壤养护方法、林业管理方法和废弃生物质捕获方法,所以这些目标可能很难实现。过去许多鼓励土地所有者改变森林、放牧和农田管理的计划并不成功。开展研究可能有助于提高采用率,但结果具有不确定性。此外,美国每年 1 Gt 的二氧化碳捕获量和全球每年 10 Gt 的二氧化碳捕获量中,有一半将由生物能源碳捕获和储存完全以生物质废物为燃料实现,这需要收集所有经济上可用的农业、林业和城市废物,并将其运送到能够使用这些废物的生物能源碳捕获和储存设施。这在任何地方都会带来物流方面的挑战,尤其是在组织能力有限的国家更是如此。因此,重要的是要理解,"在美国,每年二氧化碳捕获量明显低于约 1 Gt,在全球则远低于约 10 Gt"意味着可实现的上限会小一半或更少。

尽管如此,根据最近几乎所有的评估,当前技术对全球二氧化碳的潜在吸收远低于 10 Gt/年,大多数技术组合产生的负排放远低于控制气候变暖温度上升低于 2℃的需要(详见第八章)。例如,图 0-1 表明,所有温室气体的人为净排放量,从现在的超过 50 Gt 二氧化碳当量下降到 21 世纪中叶的低于 20 Gt 二氧化碳当量,以及到 2100 年大约为零。10~20 Gt 人为排放的二氧化碳当量总量很难消除或消除起来很昂贵,包括大部分农业活动产生的甲烷(CH_4)和一氧化二氮(N_2O)。因此,大多数符合《巴黎协定》的方案(图 0-1 中的方案)都依赖于在 21 世纪中叶之前迅速增加的二氧化碳的去除和封存,到 21 世纪末达到约 20 Gt 二氧化碳。

结论 4:如果要实现气候和经济增长的目标,负排放技术可能需要在减缓气候变化方面发挥重要作用,到 21 世纪中叶每年为全球消除约 10 Gt 二氧化碳,到 21 世纪末每年为全球消除约 20 Gt 二氧化碳。

四、影响规模扩大的因素

委员会考虑了一系列影响负排放技术规模扩大的因素。第二章至第七章详细介绍了这些因素,包括考虑到粮食和生物多样性保护相互竞争需求下的土地可用性、其他环境限制、能源需求、高成本、实践障碍、持久性、监测与核查、治理以及科学或技术理解不足,有助于明确每种负排放技术的推荐研究计划的发展。总之,结论 2 至 4 至关重要,因为它们表明,所有现有的安全和经济的负排放技术及缓解措施加在一起都不足以满足《巴黎协定》的要求。在这些负排放技术能够提供结论 6 中解决方案的很少部分之前,还需有某些无法确知的研究突破。因为负排放技术将提供后盾而推迟气候缓解努力的任何论据,都严重歪曲了负排放技术目前的能力和研究进展的可能速度。

9

(一) 土地可用性

预计到 21 世纪中叶,粮食需求将翻一番,因此,重新利用大量现有农业用地来生产生物能源碳捕获和储存的原料,或用于造林/再造林,可能会对粮食供应和粮食价格产生重大影响,并对国家安全和生物多样性产生深远影响。若造林/再造林和生物能源碳捕获和储存能扩展到数亿公顷的耕地而不影响粮食供应或者导致剩余热带森林的砍伐,那它们可以产生超过 10 Gt 二氧化碳/年的负排放。然而,这样的扩展要么是农业生产力发生革命性突破,要么是人类饮食产生革命性变化(大幅减少肉类消费)并减少食物浪费。在研究证明并非如此之前,谨慎的做法是将造林/再造林和生物能源碳捕获和储存的部署远高于 10 Gt 二氧化碳/年的上限视为是不切实际的。

(二) 其他环境限制

不同负排放技术涉及的环境问题各不相同。尽管森林吸收二氧化碳会导致气温降低,但高纬度地区的森林会降低反射率,因此高纬度地区的造林/再造林会导致气温升高。此外,在降雨量有限的地区,造林会对溪流、灌溉和地下水资源产生不利影响;而开采那些能自然结合二氧化碳的矿物会产生大量废石,进而污染水和(或)空气。提高农业土壤碳吸收和封存的方法通常具有很多其他连带的积极效应,包括生产力提高、增加水土保持能力、加强产量稳定性和氮利用效率,但有时会增加一氧化二氮的排放。造林/再造林、生物能源碳捕获和储存及一些潜在的直接空气捕获技术可能需要大量的水,尤其是生物能源作物灌溉除了导致淡水生态系统退化和生物多样性丧失外,还可能导致土地和水需求之间的失衡。

(三) 能源需求

直接空气捕获和一些碳矿化技术需要为捕获的每吨二氧化碳投入大量的能量,这将导致成本增加。直接空气捕获系统捕获 1 t 大气中二氧化碳需要 5～10 GJ能量。从这个角度来说,燃烧 100 gal 汽油会释放大约 13 GJ 能量,并排放大约 1 t 二氧化碳。因此,Gt 规模的直接空气捕获需要增加大量的低碳或零碳能源,以满足对能源的需求,这会与为减少碳排放而使用此类能源的其他部门产生竞争。

(四) 高成本

几种负排放技术的主要障碍都是高成本。克莱姆沃克斯(Climeworks)公司拥有目前唯一的商用直接空气捕获设备,其捕获二氧化碳的成本为 600 美元/t。可发电的生物能源碳捕获和储存系统捕获与封存二氧化碳的预估成本为 70 美元/t,高于化石燃料发电的捕获和封存成本。虽然直接空气捕获及生物能源碳捕获和储存的成本可能会迅速下降,但它们目前还没有竞争力。因为对碳矿化有效封存所需的工艺和工程系统的基本了解还不够,所以碳矿化的成本并不确定。

（五）实践障碍

按照将气温升高限制在 2℃ 以内所需的规模来部署负排放技术，会遇到一些实践障碍。例如，目前用于驱油提高采收率和咸水层封存而注入地下的二氧化碳当量为 65 Mt/年，而为了扩大地质封存的地下注入规模，需要在目前的基础上每年增加 10%，每种可用的负排放技术都需要类似或更高的速率，在这种情况下，扩大规模可能会受到材料短缺、监管障碍、基础设施开发（即二氧化碳和可再生能源管道）、训练有素的工人的可用性以及许多其他障碍的限制。

此外，人们经常抵制看起来符合其经济利益的行为。例如，农业、土壤保护和林业管理的做法可以为农民和林地所有者节省资金，但它们在历史上的采用率低得惊人；饮食变化也是如此，如减少肉类消费会增加健康，同时为林业负排放技术和生物能源碳捕获和储存腾出农业土地，但采用率也很低。这些行为可能会限制负排放技术的部署，公众抵制新的本地基础设施建设也可能造成同样的后果，但这些障碍在综合评价模型中没有得到充分体现。

（六）持久性

如果不持续保持碳封存做法，陆地和滨海蓝碳方法是可逆的。例如，林地可能再遭砍伐，恢复到集约化耕作会由于农业土壤中减少耕作而最终增加碳收益，恢复的滨海湿地可能再次被抽干。虽然二氧化碳临时储存对气候有一定好处，但确保其在生态系统中储存的持久性在科学性和经济性方面都有极高要求。相比之下，生物能源碳捕获和储存、直接空气捕获和碳矿化的持久性问题都相对较小。地质封存的二氧化碳可能从咸水层中泄漏，但泄漏率很低，而且可以直接进行补救。对于玄武岩或橄榄岩，碳矿化的持久性非常高。

（七）监测和核查

监测和核查是任何大规模部署负排放技术的关键组成部分。人们对陆地碳去除和封存方法已经有了充分理解。在大多数情况下，它们可以在美国部署，并以统计样本中的现场测量资料为支撑进行远程监测和核查。有效的监测和核查需要改进森林碳和农田土壤碳的监测系统，扩大对土地利用和管理实践的遥感，更好地整合现有数据集和模型，并有选择地改进全球监测系统以帮助解决"泄漏"问题（例如，一个地点的土地利用变化导致其他地点的土地利用变化）。尽管景观异质性需要比陆地监测更高的分辨率,但滨海蓝碳可以通过远程方法进行低成本监测和核查,并辅以统计样本的现场测量。由于大多数碳矿化工作都是将二氧化碳以惰性的、基本是永久性的固体形式储存起来,因此它们的监测和核查费用可能是所有负排放技术中最低的,在原位碳矿化中尤其如此。而核查活性岩石材料在土壤中、沿着海滩或进入浅海的扩散的难度,可能与核查农业土壤碳的增强一样,或更难。因为二氧化碳的量可以直接测量,所以直接空气捕获的监测和核查较简单。咸水层封存的监测和核查需要复杂的方法,例如,地震成像、测量封存储层内外压力以及常规的井完整性测量。

（八）治理

适当管理负排放技术和封存至关重要,因为过于宽松的监管将导致二氧化碳去除效率低下,公众信心丧失,而过于严格的监管会使技术部署受到限制。当大规模部署迫在眉睫时,治理就显得尤其关键。目前,只有在国家或国际协定涵盖的部门,包括造林/再造林(根据《联合国气候变化框架公约》)和咸水层储存(根据《安全饮用水法地下注入议定书》),才能完善治理。此外,美国和其他国家的政府在管理非负排放技术目的的农业和林业方面有足够丰富的经验。在快速部署负排放技术期间保持公众信心的一种方法,是在研发阶段投入大量的精力教育公众。

（九）科学/技术理解不足

所有负排放技术仍有很大的科学鸿沟,尤其是碳矿化和滨海蓝碳。关于前者,对二氧化碳吸收动力学的了解有限,没有适当的地质矿床和有活性但仍未反应的岩石尾矿清单,也缺少管理尾矿堆以便有效吸收二氧化碳的专门技术知识。此外,无法预测负反馈,也无法预测粉碎的活性矿物在农业土壤、滨海或浅海中沉积的长期后果。关于后者,对于许多控制滨海生态系统碳埋藏和封存的关键过程,缺乏对它们在海平面上升速率和气候变化的其他直接和间接影响下变化机制的理解,而且对滨海湿地向内陆海侵的研究也很少。

五、拟定的研究议程

扩大负排放技术的能力以满足碳去除的预期需求,需要协调各项研究工作,以解决目前技术部署的限制。研究议程不仅应解决可能的研究差距，还应满足扩大负排放规模的其他需求，包括降低成本、部署及监测和核查。在对影响负排放技术规模扩大的因素研究的基础上，委员会得出了以下可以促进选择研究重点的结论：

结论 5：造林/再造林、农业土壤管理、森林管理和生物能源碳捕获和储存已经可以在很大程度上部署，但每公顷农业土壤的碳吸收速率有限，还要与粮食和生物多样性争夺土地（用于造林/再造林、森林管理和生物能源碳捕获和储存），可能使这些技术在全球范围内实现的负排放远低于每年 10 Gt 二氧化碳。开展研究可以找到缓解土地约束的方法，例如，开发能够更有效地吸收和封存土壤碳的农作物，或减少对肉类的需求或食物浪费。然而，作物改良是一个缓慢过程，即使有减少肉类消费和食物浪费的健康和经济驱动因素，但它们仍然居高不下。

结论 6：直接空气捕获和碳矿化有很高的碳去除潜力，但目前直接空气捕获受到成本高的限制，而碳矿化则受制于基本认识的缺乏。

结论 7：尽管滨海蓝碳技术的碳去除潜力低于其他负排放技术，但仍然值得继续探索和资助。因为许多滨海蓝碳项目的投资目标是其他效益，如生态系统服务和海岸适应等，其碳去除的成本很低或为零。应该进一步了解海平面上升、海岸管理和其他气候因素对未来碳吸收率的影响。

结论 8：一些减少碳排放的研究工作也会支持负排放技术的进步。二氧化碳地质封存的研究是提高化石燃料发电厂脱碳效率的关键，对推进直接空气捕获及生物能源碳捕获和储存也至关重要。同样地，对生物燃料的研究也将推动生物能源碳捕获和储存的发展。

委员会制定了一份详细的研究议程，分为两类：①专门推进负排放技术的项目（表 0-2）；②生物燃料和二氧化碳封存的负排放技术研究，应该作为减排研究组合的一部分（表 0-3）。委员会利用某些成员的专业知识，对每项研究工作的预算进行了估计，这些预算可以由一系列机构提供资金（第二章至第七章会进一步说明）。当然，这些预算估值包含一些不确定性，但在评估推进每一项负排放技术和封存方法所需的相对投资水平时，还是有价值的。例如，造林/再造林和森林管理的研究预算估值低于其他负排放技术，因为这些方法比较成熟。相比之下，碳矿化和直接空气捕获的研究预算估值更高，因为这些技术相对较新且研发不足。

委员会还确定了资助和开展每项研究工作的适宜时间。在许多情况下,研究应该
分阶段进行,换言之,如果研究达到某些节点,就会继续获得资金支持。

表 0-2　负排放技术结合封存的研究计划和预算(对表 8-3 的缩写)

负排放技术	研究标题	成本(美元/年)	年限(年)
滨海蓝碳	了解和利用滨海生态系统作为一种负排放技术的基础研究	600 万	5～10
	绘制当前和未来(即海平面上升后)滨海湿地图	200 万	20
	碳去除和储存科学技术与实验工作的沿海站点综合网络	4 000 万	20
	美国国家滨海湿地数据中心,包括所有恢复和碳去除项目的数据	200 万	20
	富碳负排放技术示范项目和现场试验网络	1 000 万	20
	滨海蓝碳项目部署	500 万	10
造林/再造林、森林管理	森林蓄积量增强工程的监测	500 万	≥3
	森林示范项目:增加采伐木材的收集、处置和保存;森林恢复	450 万	3
造林/再造林、森林管理、生物能源碳捕获和储存	缓解生物能源碳捕获和储存的潜在和次要影响的综合评价模型和区域生命周期评估	370 万～1 400 万	10
森林管理	采伐木材的保存	240 万	3
	研究减少生物质作为燃料的传统用途对温室气体和社会影响	100 万	3
	提高土地所有者对激励和土地所有者阶层平等的反应(社会科学研究)	100 万	3
农业土壤管理	美国国家农业土壤监测系统	500 万	持续
	改善农业土壤碳过程的实验网络	600 万～900 万	≥12
	农田土壤碳排放和储存的预测与量化数据模型平台	500 万	5
	扩大农业土壤封存活动	200 万	3
	高碳输入作物表型	4 000 万～5 000 万	20
	深层土壤碳动态	300 万～400 万	5

续表

负排放技术	研究标题	成本(美元/年)	年限(年)
农业土壤碳捕获和储存	生物炭研究	300 万	5～10
农业土壤碳矿化	添加到土壤中的活性矿物	300 万	10
生物能源碳捕获和储存	产生生物炭的生物质燃料	4 000 万～1.03 亿	10
直接空气捕获	基础研究和早期技术开发	2 000 万～3 000 万	10
	独立的技术经济分析、第三方材料测试和评估、公共材料数据库	300 万～500 万	10
	空气捕获材料和部件的扩大和测试	1 000 万～1 500 万	10
	第三方专业工程设计公司协助上述工作,包括独立测试和公共数据库	300 万～1 000 万	10
	设计、建造和测试空气捕获系统的试点(>1 000 t CO$_2$/年)	2 000 万～4 000 万	10
	美国国家空气捕获测试中心试点支持	1 000 万～2 000 万	10
	设计、建造和测试空气捕获示范系统(>10 000 t CO$_2$/年)	1 亿	10
	美国国家空气捕获测试中心示范的支持	1 500 万～2 000 万	10
碳矿化	成矿动力学基础研究	550 万	10
	岩石力学基础研究、数值模拟和现场研究	1 700 万	10
	活性矿物矿床和现有尾矿的测绘(初步研究范围)	750 万	5
	地表(异位)碳去除的试点研究	350 万	10
	在橄榄岩进行中型规模野外原位试验研究	1 000 万	10
	碳矿化资源数据库的建立	200 万	5
	研究添加矿物对陆地、海岸和海洋环境的影响	1 000 万	10
	审查为去除二氧化碳而扩大萃取工业的社会和环境影响	500 万	10

表 0-3　负排放技术研究的研究计划和预算(对表 8-4 的缩写)

负排放技术	研究标题	成本(美元/年)	年限(年)
生物能源碳捕获和储存	生物质发电碳捕获和储存:生物质供应和物流	5 300 万~1.23 亿	5
	生物质发电碳捕获和储存:高效生物质发电	3 900 万~9 400 万	10
	生物质燃料碳捕获和储存	正在进行的研究工作已足够	
碳矿化	矿山尾矿和工业废料	100 万	10
	玄武岩地层中等规模的现场原位试验	1 000 万	10
地质封存:咸水层封存	降低地震风险	5 000 万	10
	提高地点表征和选择的效率和准确性	4 500 万	10
	加强监测和降低监测核查成本	5 000 万	10
	改进二次捕获的预测和加速二次捕获的方法	2 500 万	10
	为性能预测和确认改进仿真模型	1 000 万	10
	评估和管理受损的储存系统的风险	2 000 万	10
地质封存:油气田储存	开发储存工程方法以协同优化二氧化碳提高驱油采收率(CO_2-EOR)和封存	5 000 万	10
地质封存	提高公众与当地社区和公众的接触效果(社会科学研究)	100 万	10

注:以上所列项目不仅支持负排放技术的发展,而且应作为碳减排综合研究工作的一部分。

　　这些研究费用的规模与碳和气候问题的规模相对应。如图 0-1 所示的解决方案需要具有碳捕获和封存功能的风能、太阳能、生物质能、核能和天然气产生的电力,需要生物燃料和电力用于输运,还需要一些储能方式。这些技术中的每一项都已经得到了政府的大量资金支持。例如,最近美国国会研究服务处(Congressional Research Service)的一份报告《可再生能源研发资助历史:与核能、化石能源和能效研发资金的比较以及能源能效研发》(*Renewable Energy R&D Funding History: A Comparison with Funding for Nuclear Energy, Fossil Energy, and Energy Efficiency R&D*)估计,从 1978—2013 年,美国联邦政府在可再生能源研发上的支出超过 220 亿美元。负排放技术并未得到类似规模的公共投资,尽管人们预计它可能提供 21 世纪所需净减排量的约 30%(图 0-1 中的负排放量最大值为 20 Gt 二氧化碳/年,减排量最大值为 50 Gt 二氧化碳/年)。负排放技术对于抵消无法消除的温室气体排放至关重要,例如,农业活动产生的一氧化二氮和甲烷的很大一部分。成本较低的直接空气捕获或碳矿化可以在不影响气候的情况下继续使用化石燃料。最近关于冻结 2021—2025 年的轻型燃油经济性标准的监管建议及清洁电力计划的修改,可能会进一步增加对负排放技术的需求。表 0-3 包含了改善咸水层中二氧化碳封存和提高石油采收率的拟议预算。之所以包括这一信息,是因为直接空气捕获及生物能源碳捕获和储存需要封存二氧化碳,但预算的规模反映了对使用化石燃料等其他能源的发电厂捕获的二氧化碳进行封存的更大需求。所建议的研究预算规模与能够解决相当大一部分气候问题的负排放技术的需求是一致的。

建议:为了加快推进负排放技术,应尽快启动实质性的研究计划。大量投资这些研究将达到以下效果:①改善现有负排放技术(即滨海蓝碳、造林/再造林、森林管理的改变、农业土壤管理与生物能源碳捕获和储存),以提高其能力并减少其负面影响、降低成本;②在直接空气捕获和碳矿化技术方面取得快速进展,这些技术虽然未得到充分开发,但如果能够克服高成本和许多未知因素,这些技术将具有无限能力;③推进生物燃料和碳封存的负排放技术研究,这些研究应作为减排研究组合的一部分。

20

六、结束语

最近对气候问题经济上最优解决方案的分析得出结论,负排放技术将发挥与任何缓解气候变暖的措施一样重要的作用,大约在 21 世纪中叶实现 10 Gt 二氧化碳/年的负排放,到 21 世纪末实现 20 Gt 二氧化碳/年的负排放。目前已有若干种 Gt 二氧化碳//年的负排放技术可实现成本低于 20 美元/t 二氧化碳。然而,现有的选择(滨海蓝碳、造林/再造林、森林管理的改变、农业土壤管理与生物能源碳捕获和储存)还无法同时以合理的成本和不造成重大的意外伤害来提供足够的负排放。需要大量的投资进行研究以改善现有的负排放技术,并减少其负面影响和降低成本。此外,直接空气捕获和碳矿化本质上有无限容量且几乎未开展研究。

委员会认识到美国联邦政府还有许多其他的研究重点,包括减缓和适应气候变化方面的研究。开展负排放技术研究的原因是多方面的。首先,美国地方政府、世界各国和公司都在进行大量投资,以减少它们的净碳排放,并计划增加投资。其中一些研究已经包含了负排放技术。这意味着,如果知识产权由美国公司持有,负排放技术的进步将有利于美国经济。其次,随着气候破坏的加剧,美国未来将不可避免地要采取更多行动来限制气候变化。最后,美国已经做出重大努力,包括新的 45Q 规则,该规则为咸水层碳捕获和封存提供 50 美元/t 二氧化碳的税收抵免,为油气储层提供 35 美元/t 二氧化碳的税收抵免[①],这将撬动负排放技术研究新投资的价值。因此,尽管气候变化缓解仍然是全球投资负排放技术的动机,但开发出最好技术的国家将获得知识产权和经济效益。

---

① 见 https://www.law.cornell.edu/uscode/text/26/45Q。

第一章　简介

随着大气中二氧化碳浓度的持续增加,政策制定者们已经认识到,不仅需要减少二氧化碳排放,还需要去除大气中的二氧化碳。本报告评估了为吸收大气中二氧化碳而创建或提升陆地和滨海碳汇的方法。人工碳汇可以捕获大气中的二氧化碳,再将其以捕获时的形态或其他化学形式储存在储层。储层可以在陆地表面或地下,也可以在海洋中。本书仅考虑陆地和近岸/滨海储层。

由化石燃料消耗、土地利用改变和水泥生产等人为原因而排放到大气中的二氧化碳,是当前和预期的未来气候变化的主要原因。从大气中去除和储存二氧化碳与同时防止等量的二氧化碳排放,对大气和气候的影响是相同的。因此,创建或提升碳汇的方法应当被看作是减少二氧化碳净排放量工作组合的一部分,尽管它们有时被错误地与太阳辐射管理一起归类为"地球工程"(Budyko,1977;NRC,2015a、2015b;PSAC,1965)。燃烧 1 gal 汽油会向大气释放约 10 kg 二氧化碳,因此,从大气中捕获 10 kg 二氧化碳并将其永久封存,对大气中二氧化碳的影响与任何能同时防止 1 gal 汽油燃烧的减排方法具有相同的效果。

第一节　概述

委员会多次遇到这样一种观点,即在化石燃料排放的二氧化碳减少到接近零后,再采用各类二氧化碳去除和封存①方法或负排放技术来减少大气中的二

---

① 虽然术语"储存"(storage)一词可能意味着为未来使用而积累,但委员会根据所审查的文献将该术语与术语"封存"(sequestration)一词互换使用(Fuss et al.,2018)。

氧化碳。

然而,这一观点没有考虑到这样一个事实:一旦化石燃料排放的二氧化碳达到较低水平,减少化石燃料排放二氧化碳的费用可能会非常昂贵,因此,减少排放和负排放两种方法可能会在未来几个世纪内配合使用,甚至在全球净排放持续为负值期间也是如此(专栏1-1,图A)。因此,需要研究的问题仍然是"等量的减排和负排放哪个成本[①]更高?"

专栏 1-1　海洋和陆地碳汇

海洋和陆地碳汇的动态本质上比这些简化的图像更复杂,用模型预测仍然具有挑战性(Friedlingstein et al.,2014)。一些全球模型预测,在照常排放情景下,由于气候变暖加速了高纬度地区土壤中有机质的分解、二氧化碳施肥的养分限制,以及加速了森林因高温、干旱和病虫害而枯死,陆地碳汇最终将不可避免地转换为碳源(Joos et al.,2001;Prentice et al.,2001)。同样,未来海洋碳汇的大小取决于由许多因素引起的洋流的变化(包括大气和海洋表层之间的二氧化碳交换对风速的强烈依赖性),以及气候变暖和冰川融水对洋流转向循环的影响(DeVries et al.,2017;Sarmiento et al.,1998;Swart et al.,2014)。

图A描绘了在代表性浓度路径(representative concentration patiway,RCP)为2.6情景下六个全球模型对未来大气温室气体浓度的碳交换预测。在大多数气候模型中,温室气体导致的气温升高不到2℃(Jones et al.,2016)。在图A-a中,模拟了2050年后大气中二氧化碳浓度下降了82 ppm,从2050年的450 ppm下降到2300年的368 ppm。图B中的小图显示了负排放技术在四个50年的人为排放(化石燃料和土地利用)和碳汇。左起第四和第五框显示了陆地和海洋"自然"碳汇的预测规模,而最左和最右框显示了开始和结束的大气浓度[正如琼斯等(Jones et al.,2016)在2016年的补充信息所描述的,由于情景和气候模型预测之间存在微小的差异,所以每个周期结束和下一个周期开始时的大气浓度略有不同]。

---

① 我们指的是实现减排或负排放的直接成本比较。所有负排放和减排技术都有一整套间接成本,这些成本可能无法反映在直接成本估算中。

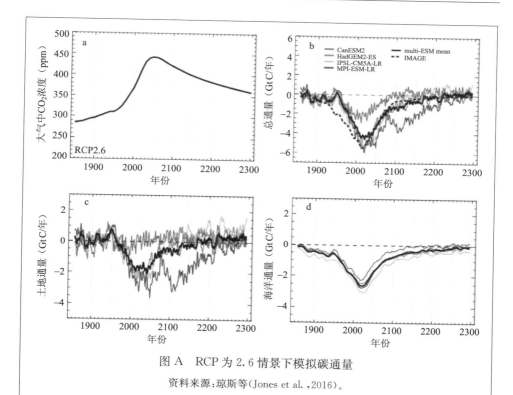

图 A　RCP 为 2.6 情景下模拟碳通量

资料来源：琼斯等（Jones et al.，2016）。

图 B 中最令人意想不到的是，尽管同期人为净排放量为 164 Gt 二氧化碳（化石燃料和土地利用的排放量减去负排放量），但从 2050—2100 年，大气浓度将下降 25 ppm 或 196 Gt 二氧化碳（图 B-b），因为陆地和海洋碳汇吸收了（196＋164）Gt 二氧化碳。图 B 中，碳汇在一个多世纪中持续降低大气中二氧化碳含量，因为陆地和海洋模型中长期存在的碳库对二氧化碳的不平衡吸收主导了短期存在的碳库中气体的释放。2050—2100 年的结果表明，无须部署任何负排放技术，仅通过将化石燃料和土地利用的二氧化碳排放量减少到 164 Gt，同样可实现大气中二氧化碳浓度下降 25 ppm 的目的。同样，在图 B 中从 2050—2300 年的 250 年间，尽管人为净排放量为小的正值，但巨大的海洋和陆地净汇将使大气中的二氧化碳浓度下降 75 ppm。

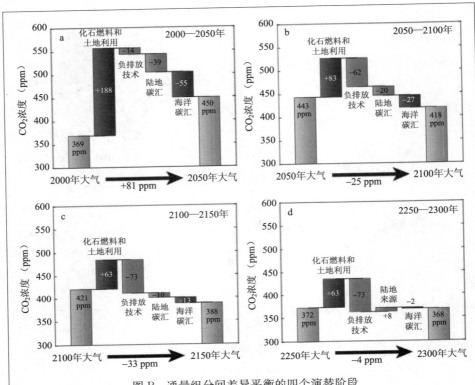

图 B　通量组分间差异平衡的四个演替阶段

资料来源:琼斯等(Jones et al.,2016)。

　　与此同时,如果不使用负排放技术来抵消成本高昂或难以消除的碳排放,如一些农业活动产生的甲烷(CH_4)和一氧化二氮(N_2O)排放,或航空旅行产生的二氧化碳排放,那么到2050—2100年要将化石燃料和土地利用平均排放量降至图 B 中的约 3.3 Gt 二氧化碳/年(低于当前排放量的10%)可能会非常困难。从这个意义上讲,负排放技术对于实现图 B 所示的大气中二氧化碳减少至关重要,因为它们对于减少足够的人为净排放是必不可少的,以便剩余的陆地和海洋碳汇能够减少大气中二氧化碳的浓度。此外,可能有必要将大气中的二氧化碳减少到超过自然碳汇的容量。负排放技术是实现这种大幅度缩减的必由之路。

结论 1:负排放技术最好被看作是减排技术组合的组成部分,而不是在消除人为排放后再采取的降低大气中二氧化碳浓度的方法。

例如,对商业航空领域来说,几乎不可能存在化学燃料替代品。净零排放的一种选择是使用负排放技术来捕获和储存每消耗 1 L 航空燃料所产生的 2.5 kg 二氧化碳。如果负排放技术的价格可以降低到 100 美元/t 二氧化碳,那么燃料成本将增加约 0.25 美元/L。与纤维生物燃料相比,如果没有与生物燃料生产相关的碳排放,和投入近 1 亿 hm² 农田来生产所需原料相关的负外部性,化石燃料/负排放组合的二氧化碳总排放量可能会减少(Gunnarsson et al.,2018;Owen et al.,2010)。

如以下章节所示,一些负排放技术与其他缓解方案相比已经具有成本上的竞争力,更多的研究将进一步降低其成本并促进规模化发展。然而,有能力产生每年至少 10 Gt 二氧化碳的负排放方案有比较大的副作用(即大规模再造林和造林对粮食生产和生物多样性的影响),人们对这些方案尚未充分了解,无法大规模部署,并(或)面临与成本较低的缓解方案的竞争,这阻碍了私营部门在此领域的研发(R&D)。

例如,以当前直接空气捕获的成本来看,直接空气捕获/化石燃料组合难以与可再生燃料在市场竞争中取得成功,因为仅直接空气捕获成本就会增加超过 1 美元/L。与此相关的一个问题是,直接空气捕获需要投入大量的电能和热能。鉴于目前可用的能源主要来自化石燃料,在低成本零碳能源出现之前,可以实现二氧化碳净负排放的直接空气捕获可能不会具有成本竞争力。最后,直接空气捕获必须与可靠的碳封存相结合。目前,封存大量二氧化碳的唯一方法是地质封存,而当前地质封存的速率远低于影响大气浓度所需的水平。

尽管有几家公司打算将直接空气捕获系统商业化[如碳工程(Carbon Engineering)公司、全球恒温器(Global Thermostat)公司、克莱姆沃克斯公司],其中克莱姆沃克斯公司在市场化进程中走得最远,它向相对较小的市场销售高成本二氧化碳(例如,如果温室远离排放源,用于提高温室生产率的二氧化碳成本可能超过 1 000 美元/t),但这个市场太小,不足以支撑一个由小型创新者组成的强大生态系统,这些小型创新者需要探索大量可以降低直接空气捕获价格的化学配方和物理机械。因此,就像光伏或水力压裂和水平钻井一样,直接空气捕获的开发可能需要政府的长期投资激励。

第二节　碳循环和碳汇的背景

同位素证据表明,大气中二氧化碳浓度从 1750 年的 280 ppm 上升到 2017
年的 407 ppm,主要是由化石燃料燃烧引起的(IPCC,2013;Le Quéré et al.,
2016)。自 1750 年以来,人为排放的二氧化碳中,71% 的碳原子来自煤炭、石油
和天然气地质储层,2% 来自水泥生产使用的石灰岩地质储层,27% 来自陆地生
态系统——主要是砍伐森林、排干湿地以及将森林和草原转变为农田和牧场(图
1-1)。负排放技术可以通过从大气中去除二氧化碳并将其转移到地质储层和生
态系统来达到碳的转化。

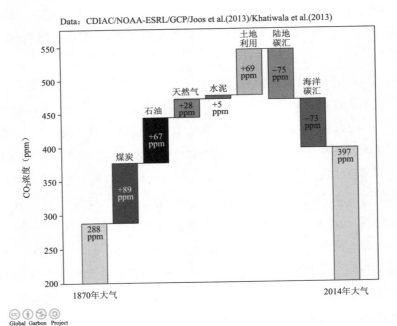

图 1-1　自 1870 年以来对全球碳预算的累计贡献

注:贡献以 ppm 表示。

资料来源:勒·奎雷等(Le Quéré et al.,2016)。

图 1-1 还显示,如果陆地生物圈和海洋中的碳汇没有吸收人为排放量的一半,那么自工业革命以来大气中二氧化碳的增加量大约是观测值(约 125 ppm)的 2 倍。"大气分数"(atmospheric fraction,AF)是大气中的二氧化碳的年增加量除以人为排放总量。尽管大气分数年际变化很大,其中大部分与厄尔尼诺-南方涛动(El Niño-Southern Oscillation,ENSO)周期有关,但自 20 世纪 50 年代末开始连续测量大气中的二氧化碳以来,多年平均大气馏分一直显著地稳定在约 45%,表明陆地和海洋碳汇的总和与人为排放成比例增长(图 1-2)。陆地和海洋碳汇通常被称为"自然"碳汇,尽管更恰当的形容词可能是"无意"碳汇,因为

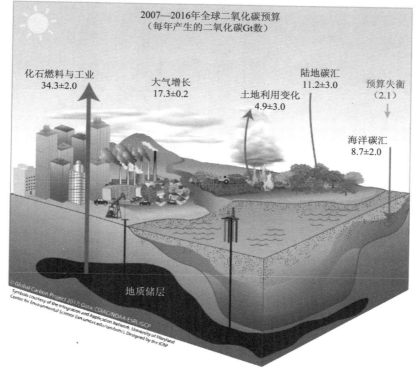

图 1-2　全球二氧化碳预算

注:全球碳预算是指自工业时代以来大气中二氧化碳人为干扰的平均值、变化和趋势。它通过人类活动的排放和大气中二氧化碳的增长,陆地和海洋碳通量随大气二氧化碳水平、气候变化及速率,以及其他人为和自然因素变化,来量化二氧化碳对大气的输入。

资料来源:勒·奎雷等(Le Quéré et al.,2018)。

28 它们是化石燃料消耗和土地利用的意外副产品。陆地碳汇的增长被认为有两个主要原因:①植物的二氧化碳施肥,能增强光合作用并使陆地生态系统获得碳量;②一些地区农业废弃后的森林再生(Pan et al.,2011)。海洋碳汇是由大气中二氧化碳的物理溶解和浮游植物通过光合作用获得碳而共同形成的(图1-3;Sarmiento and Gruber,2002)。

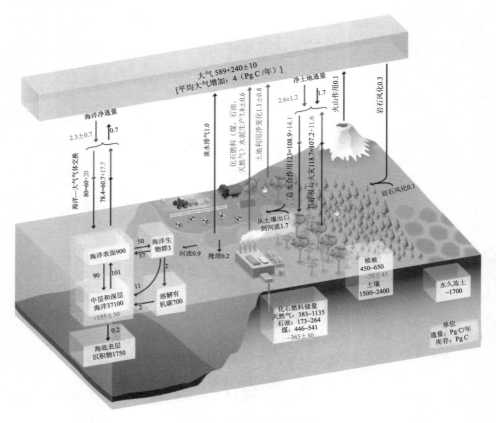

图1-3 全球碳循环示意

注:1 Pg 碳等于 10 亿 t 碳(1 Gt 碳),相当于 3.67 Gt 二氧化碳的碳量。此外,1 ppm 二氧化碳约等于 7.82 Gt 二氧化碳。黑色数字表示 1750 年的周期;浅色数字表示 2000—2009 年的平均值。

资料来源:联合国政府间气候变化专门委员会(IPCC,2013)。

为了解负排放技术对"无意"碳汇未来吸收二氧化碳的影响,将海洋碳汇和二氧化碳施肥引起的陆地碳汇所封存的碳分成两个独立的碳库是很有用的。这两个碳库的区别在于特有的碳保存时间尺度。一些碳汇很快就能与大气达到平衡,而另一些碳汇将在未来 1 万年内继续去除大气中二氧化碳。海洋表层水(图 1-3)和陆地上短暂且快速分解的组织(如叶子和细根中的大部分碳)中的碳是可以迅速与大气达到平衡的碳汇。因此,该短期碳库中的碳与大气中的二氧化碳密切相关,每当大气中二氧化碳增加时,就会形成碳汇,而当它减少时,就会形成碳源。因此,碳汇的大小与大气中二氧化碳的时间尺度相关。此外,碳库中的碳停留时间较长,与大气中的二氧化碳处于不平衡状态。这一特征是过去大气浓度较低时该碳库中的碳、深海中的碳(停留时间约 1 000 年)以及陆地上的活植物和难分解的枯死木中的碳(停留时间为几十年到数百年)累积的结果。随着当前和过去大气中二氧化碳浓度之间的差距增大,长期碳库的碳增加率也在提高。因此,如果二氧化碳浓度保持在足够高于工业化前的水平,那么相关的碳汇可以在大气中二氧化碳浓度下降的一段时期内持续存在。

专栏 1-1 中的结果消除了委员会经常遇到的关于负排放技术的两个相关的科学误解。第一个误解是,负排放技术在性质上不同于其他的气候变化缓解方法,因为它们为社会提供了主动降低大气中二氧化碳浓度的唯一途径。相反,一旦人为净排放量(排放量减去来自负排放技术的碳汇)小于自然碳汇的年吸收量,大气中二氧化碳浓度就会下降。与此同时,在不使用负排放技术的情况下,要将人为净排放量减少到足以减少大气中的二氧化碳浓度是极其困难的,因为一些化石燃料和土地利用的排放来源极难消除或者缓解成本高昂,如一些农业活动产生的甲烷或航空旅行产生的二氧化碳。忽略任何主要的缓解措施,比如光伏、风力发电或化石发电厂的碳捕获和封存,也是如此。此外,与其他形式的缓解措施不同,负排放技术是实现深度减排(即超过 100 ppm)的唯一手段,超出了自然碳汇的能力。第二个误解是,自然碳汇在大气中二氧化碳浓度下降期间会转换为碳源。相反,由于海洋和陆地生物圈中长期存在的碳库持续不平衡地吸收二氧化碳,预计这些碳汇将在一个多世纪的时间内持续降低二氧化碳浓度。例如,要将大气中二氧化碳浓度从 450 ppm 降低到 400 ppm,没有必要创造相当于浓度从 400 ppm 增至 450 ppm 的历史净正排放量的人为净负排放量。由于陆地和海洋碳汇持续不平衡地吸收二氧化碳,即使在这 50 ppm 的下降过程中存在净正的人为排放,也可以实现这一减排目标。

　　然而,图 1-4 中,由于 21 世纪大气中二氧化碳的时间导数在 21 世纪中叶迅速下降(对于快速平衡的碳库而言)和 2050 年之后绝对浓度下降(对非平衡的碳库而言)的协同作用,陆地和海洋碳汇的强度随时间的推移而下降。碳汇背后的机制确保减少大气中二氧化碳的措施也会降低碳汇强度。因此,根据自然陆地和海洋碳汇的动态,部署负排放技术将逐渐降低其效能。图 1-4 中绘制的扰动空气分数(perturbation airborne fraction,PAF)代表通过负排放技术去除一个较小单位的二氧化碳而导致的大气中二氧化碳浓度降低。模型中的陆地和海洋碳汇会随二氧化碳的去除而减少,扰动空气分数均小于 1.0,并且随着时间的推移,单调性从接近 1.0 到接近 0.5 递减,表明有效性逐渐降低。在扰动空气分数为 0.5 时,需要两个单位的负排放才能实现一个单位的大气中二氧化碳减排。然而,这一特性也是减少排放的技术所共有的;也是由于同样的原因,它们的使用会削弱海洋和陆地碳汇的规模。

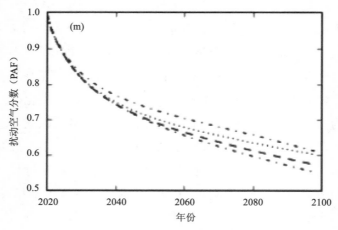

图 1-4　琼斯等人研究的扰动空气分数

资料来源:琼斯等(Jones et al.,2016)。

本书的重点是,负排放技术在当前和整个 21 世纪期间在减少气候变化方面可以发挥重要且富有成效的作用。这里的临界量是人为净排放量,即化石燃料和土地利用的正排放量与来自负排放技术的负排放量之和。委员会的目标是提出能够降低负排放技术的成本和不利影响的研究建议,从而进一步减少人为净排放,或以更低的成本减少同样的排放,并允许更多化石燃料和土地利用排放。此外,对负排放技术的研究将为人类提供一个长期选择,即大幅减少大气中二氧化碳,比如恢复到工业化前的浓度,尽管这很可能是 22 世纪需面对的问题(Hansen et al. ,2017;Tokarska and Zickfeld,2015)。

32

第三节　研究背景和目的

《联合国气候变化框架公约》(The United Nations Framework Convention on Climate Change,UNFCCC)于 1992 年承诺"防止气候系统受到危险的人为干扰",并发起了一项减少二氧化碳排放的国际行动。1997 年的《京都议定书》将负排放技术纳入《联合国气候变化框架公约》,其中包括将再造林和造林作为其《清洁发展机制》(Clean Development Mechanism, CDM)的一部分(UNFCCC,2013)。自《京都议定书》通过以来的 20 年中,科学研究提高了人们对温室气体浓度和可能引起"气候系统受到危险的人为干扰"的变暖程度的认识。最近的研究(IPCC,2012、2013;NASEM,2016)得出结论:①人为气候变化造成的损害已经发生,并将随着温室气体的不断累积而加剧;②在照常排放的情况下,气候系统面临着跨越一个或多个快速和灾难性变化的临界值的危险,例如由于主要大陆冰盖的消失而导致海平面上升数米。

对风险和损害的认识的提高,使科学界、非政府组织(NGOs)和政府达成了共识,即全球变暖不应超过工业化前气温水平 2℃,并促成了《联合国气候变化框架公约》下的《坎昆协议》,该协议承诺政府"将全球平均气温上升幅度控制在 2℃ 以下"(UNFCCC,2011)。反过来又促成了全球许多国家在 2016 年通过了《联合国气候变化框架公约》下的《巴黎协定》第 2 条(尽管美国已宣布退出意向),将总气温升高限制在 2℃ 以内,并以 1.5℃ 以内为理想目标。

　　2℃的目标极具挑战性——全球平均气温在 20 世纪已上升了约 1℃，而碳循环和气候系统的迟滞可能意味着，在当前大气温室气体浓度下，最终将发生的变暖只达到了目标的约三分之二（Hansen et al.，2011）。目前二氧化碳浓度为 407 ppm（2017 年），为防止气温升高超过 2℃，二氧化碳浓度可能需要保持在 450 ppm 以下（IPCC，2013）。目前，它正以约 2 ppm/年的速度增长（图 1-2，7.82 Gt 二氧化碳/ppm）。《巴黎协定》第 4 条规定，大气中二氧化碳的增加应在 21 世纪下半叶停止，尽管防止大气中二氧化碳的增加并不要求停止人为排放，只要求其强度小于或等于碳汇。

33

　　使用综合评价模型（integrated assessment models，IAMs）经研究得出结论，即使有技术突破，要实现 2℃ 以内的目标（更不用说 1.5℃ 以内的目标）所需的人为净排放量减少现在也相当困难，且代价高昂。例如，在政府间气候变化专门委员会最新报告（IPCC，2014b）中审查的综合评价模型研究中，到 2100 年，将大气中二氧化碳限制在 500 ppm 以下的平均预计成本超过 1 000 美元/t 二氧化碳。此外，综合评价模型中实现 2℃ 以内目标的最低成本方法通常包括大规模部署负排放技术，这将避免仅依靠碳减排而（产生）更高的成本。有些方案需要将 6 亿 hm² 土地（相当于全球近 40% 的耕地）用于负排放技术（IPCC，2014b）。21 世纪下半叶及以后，通过负排放技术、减排和自然碳汇的联合作用实现 21 世纪中叶及以后的净负排放，将允许大气中二氧化碳暂时超过平衡时气温增加 1.5℃ 或 2℃ 的水平，如 RCP 为 2.6 时大气中二氧化碳浓度的时间序列（图 1-5；Fuss et al.，2014）。由于达到平衡气温所需的时间很长（几个世纪），因此大气中二氧化碳的后续减少原则上可以防止全球气温超过 1.5℃ 或 2℃ 的目标（专栏 1-2）。

　　委员会的任务并不是对所有与负排放技术相关的文献进行系统回顾。幸运的是，由于对负排放技术的广泛兴趣，委员会获得了几篇最近的研究综述，包括菲斯等（Fuss et al.，2018）、明克斯等（Minx et al.，2018）和奈摩特等（Nemet et al.，2018）发表的文章。

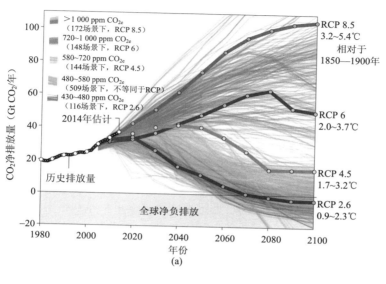

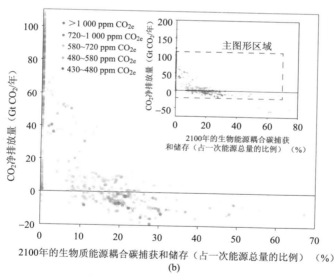

图 1-5　图 a 描述 2100 年前的二氧化碳排放路径，图 b 是使用 RCP 为 2.6
计算的 2100 年净负排放与生物能源碳捕获和储存的范围*

资料来源：菲斯等（Fuss et al.，2014）。

---

*　彩图请见彩插。

专栏 1-2　评估负排放技术的需求

　　为完成任务，委员会评估了开发新的和（或）改进现有负排放技术的紧迫性。除了两种负排放技术有巨大的共同效益外，其他的负排放技术将仅用于减少大气中的二氧化碳浓度。因此，未来对负排放技术的经济和社会需求只能参照气候变化缓解计划来评估。委员会使用《巴黎协定》中的目标评估了负排放技术的需求，该目标是将全球变暖气温变化基本限制在 2℃ 以内，理想情况是控制在 1.5℃ 以内。最近，政府间气候变化专门委员会（IPCC，2018）在 2018 年得出结论，以有限或不超出限度的方式将全球气温增暖变化限制在 1.5℃ 以内，将需要在 21 世纪中叶之前使用负排放技术。

　　本书中关于特定规模减排必要性的任何声明都不应被解释为规范性声明（即对应该是什么的价值判断），而应该被解释为大多数国家、美国部分州和地方政府以及许多公司决定满足《巴黎协定》或向国际市场提供负排放技术时所需采取的行动声明。尽管如此，委员会敏锐地意识到，美国政府已经宣布有意退出《巴黎协定》。

　　有必要提出疑问，如果不受《巴黎协定》的约束，本书的结论会有多大不同。委员会认为，本书的结论和建议总体上是有力的，因为成功的经济回报将十分巨大。这要归功于美国政府一直致力于减少气候变化，最近通过的为捕获和储存每吨二氧化碳提供 50 美元税收抵免的 45Q① 规则就是证明，以及大多数国家、许多公司和美国部分州与政府对持续遵守《巴黎协定》的承诺。

---

　　① 见 https://www.law.cornell.edu/uscode/text/26/45Q。

　　为了更好地理解未来气候的相关风险，围绕 2℃ 以内的目标，以及负排放技术在政府间气候变化专门委员会（IPCC，2014b）结论中的突出地位，使人们对负排放产生了极大兴趣，并认识到对某些负排放技术的了解远远低于大多数传统碳减排形式。2015 年，美国国家科学院出版了《气候干预：二氧化碳去除和可靠封存》（NRC，2015b），其中描述和评估了相关的负排放技术和封存方法以及相关问题,包括成本、技术准备、所需土地、对粮食生产和生物多样性的影响、所需的水、氮源和能源、储存碳的持久性、二氧化碳的远距离排放、非二氧化碳温室气体的排放以及对气候的生物物理影响(NRC,2015b)[1]。该书建议进行研发投资,以最大限度地减少负排放技术所需的能源和材料消耗,识别和量化风险,降低成本,并开发可靠的封存和监测,这些建议促成了本次研究。此外,本书中的一项建议还引起了有关碳使用的相关研究(专栏1-3)。

　　委员会的具体费用见专栏1-4。本研究的资金来源包括美国能源部、美国国家海洋和大气管理局、美国环境保护署、美国地质调查局、威康德拉斯穆森基金会(V. Kann Rasmussen Foundation)、因塞特实验室(Incite Labs)和林登保护信托基金(the Linden Trust for Conservation),并得到了美国国家科学院亚瑟·达伊基金(Arthur L. Day Fund)的支持。

　　委员会的任务并不是对所有与负排放技术相关的文献进行系统回顾。幸运的是,由于对负排放技术的广泛兴趣,委员会获得了几篇最近的研究综述,包括菲斯等(Fuss et al.,2018)、明克斯等(Minx et al.,2018)和奈摩特等(Nemet et al.,2018)发表的文章。

专栏 1-3　美国国家科学院关于碳去除和利用的研究:制定二氧化碳去除和可靠封存的研究议程,以及制定气态碳废物流利用的研究议程[1]

　　认识到二氧化碳去除和封存技术在实现温室气体减排目标方面的重要作用,美国国家科学院成立了一个特设委员会,评估从大气中去除二氧化碳技术的科学状况和可行性。由此产生的报告《气候干预:二氧化碳去除和可靠封存》(NRC,2015b)建议对大气中二氧化碳去除技术进行研发投资。在本书的基础上,美国国家科学院成立了两个委员会,一个是确定从大气中去除和封存二氧化碳的研究需求,另一个是研究高浓度碳废气流的利用。制定《二氧化碳去除和可靠封存研究议程》的委员会评估了大气中二氧化碳去除和封存方法的效益、风险和可持续规模潜力,并确定了研发计划的基本组成

---

　　[1]　另见 DOE(2016);索科洛等(Socolow et al.,2011);塔沃尼和索科洛(Tavoni and Socolow,2013)。

部分,包括对该计划的成本和潜在影响的估计。制定《气态碳废物流利用研究议程》的委员会制定了一项研究议程,将二氧化碳、甲烷和沼气的浓缩废气流作为原料转化为具有商业价值的产品。该委员会调查了碳利用技术的现状,并确定了与这些技术具有商业可行性相关的关键因素和标准。这两个委员会的报告共同评估了去除和利用气态碳的研究需求和机会。

---

① 见 http://dels. nas. edu/Study-In-Progress/Developing-Research-Agenda-Utilization/DELS-BCST-16-05。

专栏 1-4　任务声明

A. 确定最亟待解决的科学和技术问题,目的是:

i. 评估陆地和近岸/滨海环境中二氧化碳去除和封存方法的效益、风险和可持续规模潜力;

ii. 提高二氧化碳去除和封存的商业可行性。

B. 定义一项研究的基本组成部分和研发计划,并回答以上问题所需的具体任务。

C. 在研究的时间范围内尽可能估计这一研究和研发计划的成本和潜在影响。

D. 推荐实施这一研究和研发计划的方法。

E. 待审查的二氧化碳去除方法清单将包括土地管理、加速风化、生物能源捕获、直接空气捕获、地质封存、近岸/沿海方法以及研究委员会认为具有类似可行性的其他方法。

第四节　负排放技术

针对"专栏 1-4 任务声明"中的 E 项,委员会重点讨论了六种主要方法

（图 1-6）：

- 滨海蓝碳（第二章）——那些会导致储存在红树林、潮汐沼泽地、海草床和其他潮汐或咸水湿地中活植物或沉积物中的碳增加的土地利用和管理实践。这些方法有时被称为"蓝碳"，尽管它们指的是滨海生态系统而不是开阔大洋。

- 陆地碳去除和封存（第三章）——森林或农田内增加陆地生物圈碳总量的土地利用和管理措施。其中包括：

① 农田或牧场的管理方法，如减少耕作或种植覆盖作物，以增加土壤（农业土壤）中未分解的有机碳的总量。

② 在原先为森林但转为其他用途的土地上造林（再造林），或在原先为草原或灌丛的土地上造林（造林）。

③ 增加现有森林的单位土地面积碳含量的管理措施，如在干扰后加速再生或延长收获轮作（森林管理）。

- 生物能源碳捕获和储存[①]（第四章）——光合作用捕获大气中的二氧化碳和来自太阳光的能量，并将二者储存在植物组织中。生物能源碳捕获和储存将植物生物能源生产与发电、液体燃料和（或）热量生产相结合，同时捕获和封存使用生物能源时产生的任何二氧化碳，以及任何没包含在液体燃料中的剩余生物质碳。本书重点关注生物质燃烧发电和热化学转化为燃料，因为它们具有最高的负碳潜能，而生物的生物质转化由于无法分解木质素（占所有生物质的 25%）导致其应用从根本上受到了限制。

- 直接空气捕获（第五章）——从大气中捕集并浓缩二氧化碳，将其注入储层的化学过程。在某些情况下，捕获的二氧化碳可以在产品中重复使用。因为化学燃料等短寿命产品中的碳会迅速返回大气中，因此其捕获和再利用没有作为负排放技术包括在本报告中。但是，因为长寿命产品（如许多结构材料）本身就是碳的储存库，其中的碳捕获被包括在负排放技术内。碳捕获和再利用是美国国家科学院的一项独立研究课题，在专栏 1-3 中进行了讨论。

---

① 生物能源碳捕获和储存包括利用生物质发电的燃烧法（从烟气中分离二氧化碳），和利用生物质生产液体生物燃料与生物炭的热解法。生物炭代表负碳潜力。

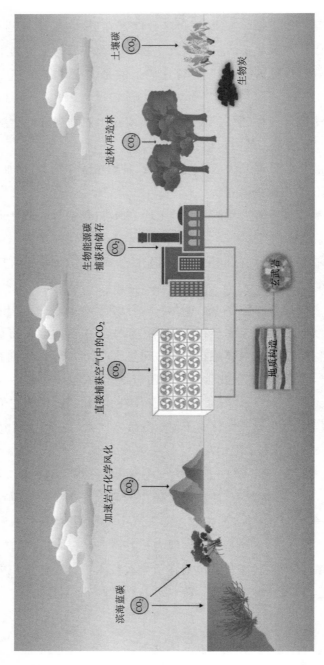

图 1-6　本报告中考虑的负排放技术

- 二氧化碳碳矿化（第六章）——加速"风化"，即大气中的二氧化碳与活性矿物（特别是地幔橄榄岩、玄武质熔岩和其他活性岩石）形成化学键。碳矿化既包括大气中二氧化碳在裸露的岩石表面（异位）矿化，也包括地下（原位）浓缩的二氧化碳流体通过生物能源碳捕获和储存或直接空气捕获被注入超基性和玄武质岩石中，进而在孔隙中矿化。

- 地质封存（第七章）——超临界二氧化碳被注入地质构造中，并在岩石孔隙空间中停留很长时间。这并非负排放技术，而是生物能源碳捕获和储存或直接空气捕获在封存组合中的一个方面。为避免在生物能源碳捕获和储存及直接空气捕获中重复，地质封存将用单独的章节进行阐述。

39

委员会将上述负排放技术清单作为信息收集和本书编制的组织框架。清单上的许多要素在大量文献中都有详细记录，并且对于决策者和公众来说都是相对简单的描述。这包括处于不同技术准备阶段的负排放技术，因此"专栏 1-4 任务声明"中的 A 项要求的推荐研究计划涵盖了从基础科学研究到最终部署前研究的全部范围。鉴于滨海蓝碳、直接空气捕获和碳矿化方法的文献较为新颖，这些方法在各自的章节中进行了更多的技术性和全面的细节描述，附录 D 和 E 中包含了直接空气捕获和碳矿化的补充技术细节。

委员会将重点放在陆地和近岸/滨海环境中的封存，并非有意低估海洋封存技术或实践的潜力，而是对"专栏 1-4 任务声明"的回应。海洋已经含有 36 000 Gt碳，主要以碳酸氢盐的形式存在（相当于 132 000 Gt 二氧化碳）。一旦化石燃料时代结束，大气中几乎所有的人为二氧化碳最终都会进入海洋中（需数百年到数千年），并最终进入海底的碳酸盐矿物中（需数万年）。海洋封存技术前景广阔，有些技术对环境的影响可能也很小，而且海洋碳库的容量非常巨大。已探索的方法包括增加生物质产量和海洋碱化。本委员会的成立并不是为了讨论有关海洋方案的物理、化学和生物方面的问题，也不是为了讨论允许海洋处置的复杂国际规则和谈判。对海洋方案的考虑需要进行单独的研究。近岸/滨海方案被包含在陆地方案而非海洋方案中，因为本研究中评估的近岸/滨海生态系统，将碳储存在活的植物组织中，并将未分解的有机物储存在土壤或沉积物中，这与陆地生态系统相同，但与大多数海洋方案并不相同。

本书对负排放技术的独家关注也是对"专栏 1-4 任务声明"的反映。尽管报告阐释了负排放技术和脱碳能源之间的关系(即直接空气捕获系统由化石燃料驱动的成本/净二氧化碳量,比由脱碳能源驱动的高得多),但它并没有讨论关键的缓解方案,如提高能源效率、可再生电力或减少森林砍伐,因为它们不是负排放技术。将缓解方案排除在外绝对不是对优先事项的声明。委员会敏锐地意识到,未来可能的大量负排放或导致道德风险,因为它们会降低人们近期减排的意愿(Anderson and Peters,2016)。减排对于解决气候问题至关重要。然而,决策者考虑在尽可能广泛的技术组合中,以找到最便宜和破坏性最小的解决方案,包括那些正排放、近零排放和负排放的解决方案。此外,广泛的技术组合(包括多个负排放技术)为管理由自然和缓解行动带来的意外风险提供了更大的弹性。另外,暂时气温升高可能会带来不可逆的后果,为了能够更迅速地减少人为净排放,也是迅速发展负排放技术的一个原因。

一、评估单个负排放技术的框架

"专栏 1-4 任务声明"明确了本书的两个主要目的:①评估每种负排放技术并确定关于效益、成本、潜在规模和风险等最亟需回答的问题,以及商业可行性最主要的障碍;②提出研发计划,包含成本估计和实施(包括监测和核查、制度结构和研究管理)。负排放技术涉及的内容跨度很大,因此对不同方案的评估和建议各不相同。尽管如此,第二章至第七章还是有一些共同元素。每一章都着重美国和全球两个尺度,并关注由美国资助的研究。每一章都对方案进行了定义并对技术进行了描述,讨论了二氧化碳去除和封存的影响潜力,每吨二氧化碳的成本,降低成本的障碍,次要影响(包括共同效益)以及拟议研究议程的要求和费用。委员会在审阅相关文献,并听取专家在委员会组织召开的线下研讨会和线上研讨会的意见后,根据专家的判断,制定了这些估算、研究议程和成本。

(一)潜在影响

碳捕获和封存的潜在速率和容量的上限估计值,主要受硬件条件限制,如地质储层中的可用孔隙空间或可用土地面积。实际可实现的速率和容量反映了委员会考虑到经济、环境、社会和扩大规模的其他障碍后对能够实现的部署水平的判断。因此,实际可实现的估计值需要对大量的特定选择因素进行不确定的整

合,其中许多因素本身就是不确定的。每一章都试图阐明这些估算是如何获得 41
的。总体而言,委员会将其研究重点放在那些在全球可实现每年至少 1 Gt 二氧
化碳当量年负排放潜力的方法上。此外,这些估算包括从碳捕获到最终封存之
间所有过程可能排放的二氧化碳,以及封存后可能泄漏回大气的二氧化碳。例
如,需要考虑直接空气捕获等技术所需能量供给的碳影响。

　　与碳通量相关的一个极具挑战性的问题是持久性,也就是说,在初始封存后
的一个世纪或更长时间内,二氧化碳储存库可能会发生泄漏。在生态系统中,被
封存的碳需要在地下或有机物中保持多长时间?由于二氧化碳在大气中的平均
停留时间超过一个世纪,而且因为溶解的二氧化碳会使海洋酸化,加之在沉积到
碳酸盐类沉积物中之前持续存在数千年,因此一个典型的答案是,碳储存平均需
要上千年。

　　相比之下,很难想象有任何一套政策能够保证生态系统中 1 000 年的碳储
存,正如当前林业补偿市场所反映的那样,只规定未来 20～100 年的碳储存
(Hamrick and Gallant,2017)。幸运的是,与纯粹的科学分析相比,经济计算通
常会更容易达到要求,因为经济贴现降低了遥远未来发生的任何再排放的当前
成本。然而,在缺乏高容量负排放技术的情况下,经济计算仍然必须包括气候变
化的成本,如果(成本)是化石燃料时代结束后二氧化碳再排放造成的,那么气候
变化的成本就无法减少。

　　然而,当二氧化碳从储存库中流失时,负排放技术就提供了捕获和重新封存
二氧化碳的可能性。如果捕获和封存的价格为 P 美元/t 二氧化碳,经济贴现率
为 r,每单位储存的碳以恒定的速率从储层中逸出,并且二氧化碳在储层中的平
均停留时间为 T,那么永久再捕获和再封存逸出的二氧化碳的额外当前成本为
$\int_0^\infty \frac{P}{T}e^{-rt}dt = \frac{P}{T_r}$。 如果 $T_r > 1$,与初始捕获和封存成本相比,永久再捕获和再封
存逸出的二氧化碳所需费用的现值较小。例如,如果贴现率 r 为 5%,停留时间
T 为 100 年,那么当前的有效持久性成本会增加 20%P。此外,持续监测将进
一步降低成本,因为重新封存将避开那些有不良记录的地点。

　　每一章还估算了建立负排放技术和(或)封存项目的成本,以及以下两种情
况下的年度运营成本:在扩大规模之前(即几乎所有方案的当前成本)和大规模

42　实施一种方法或技术之后。委员会还审查了除当前成本之外，扩大规模的障碍，以及未来成本降低的潜力。具体而言，估算的成本并不像经济学中一般均衡模型那样，是由碳去除和封存方面的公共投资导致的经济规模的缩减。

（二）次要影响

因为负排放技术只有在创造数十亿吨二氧化碳负排放的情况下才能为解决气候问题做出重大贡献，因此附带的收益和成本是不可避免的，而且潜能巨大。委员会评估了：

（1）环境影响，包括非二氧化碳温室气体排放，土地覆盖变化对气候和河流径流的生物物理影响（主要来自反射率和蒸散量的变化），栖息地丧失导致的物种灭绝增加，以及氮素径流的变化；

（2）潜在附带收益，包括为生物能源碳捕获和储存进行的发电或生物燃料生产、新兴产业、农业生产率提升、土壤氮素保持和农田土壤二氧化碳去除和封存的土壤持水能力；

（3）食品、纤维、水和其他材料供应的变化以及公众对扩大规模的接受度所带来的社会影响。

（三）研究议程

第二章至第七章提出并论证了每种负排放技术的研究计划以及实施研究计划的考虑因素，包括法律制度评估、基础设施要求、公众认知和系统集成要求等对负排放技术的开发和部署的限制。推荐的研究议程从以下四方面进行介绍：①基础科学问题（知识差距）；②开发（技术问题）；③示范（工程和经济学）；④部署（扩大规模的障碍、经济和治理）。每一章都包含研究议程的估计成本，并概述研究议程的实施——监测和核查、制度结构和研究管理。

很多研究议程预算计划在几年内交错进行，因此，简单地增加预算项目并不能准确地反映任何特定组成部分或任务的年度总预算情况。此外，随着项目从实验室规模扩大到中试规模，再到示范规模原型，在资金用于扩大到下一个原型规模之前，它们应该通过一个全面审查（阶段验收）。这些阶段验收、原型规模、技术准备水平和研究阶段之间的配合见图1-7。这种方法旨在降低技术和财务43　风险。因此，试点和示范规模原型完全有可能不需要项目资金，因为可能没有符合条件的项目（即没有项目能够达到计划指标，因此无法进入下一个开发阶段）。

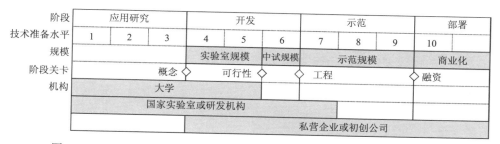

图 1-7　研究阶段、技术准备水平、原型规模、阶段验收和机构之间的协调说明

二、总结

第二章至第七章提出的研究议程在第八章中合并为一个综合研究提案和一份优先研究事项清单。此外，第八章对美国和全球范围内的二氧化碳去除和封存进行了全面研究，以便更好地理解负排放技术之间的相互作用。因为部署的规模可能非常大，所以不可避免地会有相互作用，包括对同一土地、水和材料的竞争以及协同的环境和社会影响。

第二章　滨海蓝碳

第一节　引　言

在本书中,滨海碳封存是指随着植物生长及植物有机碳(organic carbon, OC)残留物在潮间带湿地和海草床生态系统土壤中的积累和埋藏,进而从大气中去除二氧化碳。潮间带湿地是指在高海平面和平均海平面之间河口浅水区,植物在软沉积物上繁茂生长,包括盐沼和红树林,海草床则栖息在邻近河口底部并有足够光线穿透的软沉积物中。大型藻类系统,如海藻场,虽然生产力极高,但没有根系和土壤来积累碳(Howard et al.,2017)。对大型藻类有机碳的研究不多,其中一部分有机碳从大型藻床中释放出来后,可能会通过其他方式封存(Krause-Jensen et al.,2018)。需要进一步了解大型藻类的迁移过程或其他可以永久去除大气中二氧化碳的养殖方法,以评估全球二氧化碳封存水平的潜力。鉴于这一主题的研究状况(附录C),大型海藻库的二氧化碳去除能力不是本章的重点。其他基于海洋的负排放技术,如在微生物或浮游生物中的封存(Zhang et al.,2017b)和海洋碱化(Rau et al.,2013;Renforth and Henderson,2017),可以在沿海环境进行,但基本是在开阔大洋上的方法。开阔大洋实现碳去除的机制与沿海湿地完全不同,后者则与陆地负排放技术更相似。如第一章所述,本书不包括这些(海洋)方法,但由于海洋碳汇在二氧化碳去除方面可能发挥着巨大的作用,因此值得进一步研究。

潮间带湿地和海草床是地球上吸收二氧化碳效率最高的区域之一,潮间带湿地的二氧化碳封存量为 7.98 t/(hm² · 年),海草床的二氧化碳封存量为 1.58 t/(hm² · 年)(EPA,2017;IPCC,2014a)。按目前潮间带湿地和海草床的全球面积和范围计算，它们是全球碳循环的一个重要组成部分。在过去 4 000～6 000 年间，当海平面上升速率（sea-level rise，SLR）下降到不足 2 mm/年时，潮间带湿地才发展到目前的范围和面积。这段时期累积的有机碳埋藏深、面积大，累积量为 2～25 Gt 碳（最佳估计值为 7 Gt 碳）（Bauer et al.，2013；Donato et al.，2011；Fourqurean et al.，2012；Pendleton et al.，2012；Regnier et al.，2013）。最近的《碳循环状况报告—第二阶段》（*Second State of the Carbon Cycle Report*，*SOCCR-2*）估计，北美的潮汐沼泽湿地土壤和河口沉积物中，在 1 m 深度的范围内大约储存了 1. 323 Gt 碳。然而，已知海岸带土壤剖面实际深度要更深，因此碳储量要高于该估值（Sanderman et al.，2018）。除其他不确定性因素外，土壤和沉积物深度的变化已经日益成为影响沿海潮间带湿地碳储量变化的主要因素（Holmquist et al.，2018）。尽管海草床的单位面积有机碳埋藏率低于潮间带湿地，但它们可能有更大的面积，因此可能具有更高的总碳率和固碳能力。然而，由于海草床有机碳储量和埋藏率的测量存在很大的差异，因此大规模估算仍然有很大困难。美国水域中海草床范围的制图也很有限，仅不足 60% 的海草床区被绘制成图，并且由于遥感测量水下生境存在困难，目前图件的精度也各不相同（Oreska et al.，2018）。

滨海的年度碳封存率也很高。全球范围内，估算的总碳封存速率：红树林为 31～34 Mt 碳/年，盐沼为 5～87 Mt 碳/年，海草床为 48～112 Mt 碳/年，或者说红树林为 226±39 g/（m² · 年），盐沼为 218±24 g/（m² · 年），海草床为 138±38 g/（m² · 年），合计全球年度封存率为 0. 84 Gt 二氧化碳/年（Mcleod et al.，2011）。根据《美国温室气体排放和碳汇清单》（*U. S. Inventory of Greenhouse Gas Emissions and Sinks*），美国潮间带湿地（沼泽和红树林）封存的二氧化碳超过 12 Mt/年，考虑到二氧化碳和甲烷通量，每年的净封存量约为 8 Mt 二氧化碳当量（EPA，2017）。由于难以探测确定甲烷通量速率的盐度边界，在估算大规模甲烷通量时具有明显的不确定性（Poffenbarger et al.，2011）。在北美，潮沼土壤有机碳累积速率（沉积物埋藏速度）为 5±2 Mt/年，红树林为 2±1 Mt/年，海草甸为 1±1 Mt/年（总计 30 Mt 二氧化碳；*SOCCR-2*）。美国环境保护署（Envionmental Protection Agency，EPA）进行的估算只针对美国大陆，并且比北美 *SOCCR-2* 报告中所包括的湿地面积和潮间带湿地类型少。美国环境保护

45

署的报告也不包括海草甸。潮间带湿地,尤其是红树林,也通过木材和木质茎的长期储存将二氧化碳封存地上生物质中。尽管这有助于二氧化碳负排放,但本报告的估算中省略了这种碳去除通量,原因是美国最近的估算只关注土壤,土壤是潮汐沼泽生态系统中比例较大的汇,而潮汐沼泽生态系统代表了美国滨海碳生态系统的最大面积。

　　将滨海蓝碳纳入潜在负排放技术范畴的初衷在于,通过一些恢复和创建沿海湿地的方法,有可能将目前的二氧化碳去除率提高一倍以上。此外,有人担心目前的碳封存率将大幅下降,因为有助于碳封存的因素,特别是那些影响目前面积和范围及单位面积碳埋藏速度的因素容易受到气候变化的影响,包括海平面上升速度的提升(图 2-1)和气温的升高,以及沿海地区的人类活动。尽管美国沿海湿地变化速度有所放缓,但据估计,全球红树林、潮汐沼泽和海草床土壤的排水和挖掘每年仍会释放 4.5 亿 t 二氧化碳(范围为 150~1 005 Mt 二氧化碳/

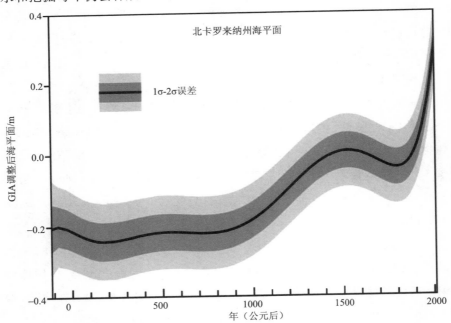

图 2-1　通过分析北卡罗来纳州盐沼沉积物中的微体化石和最近的
加速度重建过去 2 000 年的相对海平面

资料来源:肯普等(Kemp et al. ,2011)。

年;Pendleton et al.,2012)。此外,沉积物供应量下降和地下水、石油、天然气开采也对湿地构成间接威胁(Megonigal et al.,2016)。通过生态恢复扭转湿地的历史损失和退化趋势,将湿地创造纳入海岸适应项目,并管理好湿地面积和碳累积速率,为 21 世纪增加碳去除和储存提供了机会。

47

海岸湿地和海草床已经成为恢复和管理的目标,因为它们提供了更广泛的生态系统服务(超出了二氧化碳去除的范围),还包括海岸风暴防护和波浪衰减、水质改善、野生动物栖息地和对渔业的支持(Alongi,2011;Barbier et al.,2011;Lee et al.,2014;Nagelkerken et al.,2008;Zhang et al.,2012)。这些活动和投资没有作为负排放技术成本列入本书中,但可用于利用它们以边际成本的形式为二氧化碳去除增加优势。

第二节　滨海蓝碳作用过程

每个生态系统的滨海碳汇都是根据其面积和范围(水平维度)及有机碳垂直累积速率(垂直维度)的乘积来计算的(Hopkinson et al.,2012)。在过去 4 000～6 000 年中,海平面上升足够缓慢,使潮间带湿地可以保持或扩大面积和范围,并使垂直高度涨幅与海平面上升速率相一致(图 2-2)。现有潮间带湿地的生存,要求垂直高度增加至少与海平面上升速率相匹配。在平均海平面以上的软沉积物潮间带区域,潮滩湿地由耐盐植物组成,一旦这种生态系统建立,湿地相对于海平面的海拔会增加,这是由于湿地植被从潮汐水域(流域、海洋或本地来源)中捕获的颗粒物的堆积和未分解的湿地植物有机物的积累。堆积速率和碳埋藏速率随洪水频率和深度以及海平面上升速率呈双曲线变化,从而影响到海平面的上升速率(图 2-3;Morris,2016)。相对于海平面上升和局部沉降(或上升)的速率,如果有足够的沉积物供应,沉积可导致河口变浅。一旦深度达到平均海平面,潮间带湿地就会顺利进入以前的开阔水域,从而增加其水平范围。当上升的海水淹没邻近高地地区和当湿地植物入侵时,潮间带湿地也会通过海侵而水平扩展。

海草甸则通过无性繁殖发生横向扩张。海草床也会通过散布种子定居于新的地区。在海草甸中,由于波浪遇到植物冠层后动力衰减,沉积物持续沉降并埋

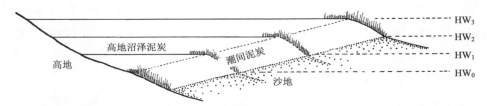

图 2-2 潮间带湿地发展的雷德菲尔德模型(Redfield model)

注:以马萨诸塞州巴恩斯塔布尔港(Barnstable Harbor)为例,该模型展示由于过去数千年的海湾填塞和沼泽进积、沉积物和有机碳的埋藏与海拔增加,以及随着海平面上升和湿地越过高地而导致洪水,使潮间带湿地不断变化。

资料来源:雷德菲尔德(Redfield,1972)。

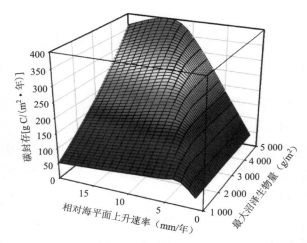

图 2-3 沼泽平衡模型模拟所描绘的碳封存是相对海平面上升
速率(RSLR)和最大沼泽生物量(B_{max})的函数

资料来源:詹姆斯·莫里斯(James Morris)向委员会提交的报告。

藏植物碎屑和外来的碳,从而导致有机碳垂直累积。埋藏在海草床中的碳约有一半是由非海草床产生的(Oreska et al.,2018)。草甸中的碳埋藏在空间上有所不同,在草甸内部波浪衰减的作用更有效,而在草甸边缘处则易发生更大的侵蚀(Oreska et al.,2017)。海草床的生产力受不同因素制约,包括养分和光照可用性(Apostolaki et al.,2011;Hendriks et al.,2017)。光照可用性由多种因素控制,包括水深和浑浊度。浑浊度与当地地貌驱动因素、富营养化(控制浮游植物密度)和叶片上附生植物的生长(导致水下大型植物光合作用降低的因素)有关。

滨海碳封存的关键是垂直高程增加速率,尤其是未分解植物的有机碳对矿物沉积物的相对贡献。在潮间带湿地中,大部分有机碳的累积是就地(原位)发生的,而在海草床中,捕获外部来源(异地)的有机碳也可能很重要。湿地植物生物量生产的归宿在不同系统之间存在很大差异,这取决于净初级生产力(net primary production,NPP)、生活在潮间带湿地上及其中的微生物和大型动物呼吸(R_e)(即有机碳的分解和消耗),以及未分解的植物物质随潮汐输出(其中大部分是地上植物)的速率(Hopkinson,1988)。净初级生产力、微生物和大型动物呼吸及输出之间通过被埋藏和保存的有机物达到平衡。随着时间推移,持续的表面沉积作用使沉积物中有机碳的深度增加,在这种情况下,有机物的分解减少,从而使有机碳的保持时间越来越长(Redfield,1972)。

与陆地生态系统相比,潮汐和河口系统的一个独特特征是有机碳向相邻系统的动态交换和释放。横向释放的碳可能通过二氧化碳逸出或溶解的有机碳和颗粒碳释放到开阔大洋而离开沿海区域,同时也有可能通过这些界面输入碳。这些过程的平衡导致有机碳的年度储存速率高于长期有机碳的封存速率(Breithaupt et al.,2012)。为了简化委员会在本研究中对负碳排放的处理,本章重点是长期(50~100年)埋藏的土壤碳。

第三节 滨海蓝碳的未来
——变化的生态系统驱动力影响

海岸湿地和海草甸的基准碳封存能力,是指在没有人为干预的情况下这些生态系统的面积和范围及有机碳埋藏率的预测变化。如果没有任何的人为干预,在气候变化和人类活动的影响下,与目前的埋藏率相比,这一基准可能会随时间的推移而降低。正是基于这一预期基准,可以评估增加未来二氧化碳去除轨迹的碳去除方法。通过外推过去和当前的二氧化碳去除速率预测未来的二氧化碳去除速率,可能无法提供准确的估计值,因为许多沿海地区的驱动力正在迅速发生变化。研究议程的核心是填补关于应对这些不断变化的驱动因素的知识空白,并限制滨海蓝碳的不确定性,以便更好地预测和管理未来的轨迹,并增加二氧化碳去除的新途径。

值得关注的驱动因素是那些在未来 100 年内最有可能因气候变化或其他人为影响而发生变化的因素,包括:

- 相对海平面上升(影响潮汐洪水的范围、深度和持续时间);
- 沉积物可得性[来自流域输入、潮汐洪水和(或)风暴];
- 温度(和生长季长度);
- 光照可用性;
- 盐度(与河流流量、当地气候和海平面有关);
- 无机氮和磷的供应和富集;
- 湿地区域或湿地相邻高地的开发。

部分或完全由上述非生物因素驱动的生物因素包括:

- 植物生产力和物种组成;
- 植物迁移率;
- 有机物分解速率。

潮间带湿地向河口开阔水域扩张的速度已经放缓,在过去 100 年左右的时间内有些地方的扩张方向甚至已经逆转,主要是由于流域管理活动减少了沉积物输入,加上相对海平面上升速率的增加。海平面上升速率的增加又导致海侵(湿地扩展到陆地高地)加剧。海平面上升与人为影响因素相互作用,在一定条件下导致加速侵蚀和沉降。目前已经开发了几个模型,为潮间带湿地面积和范围及有机碳埋藏成分提供了一种预测性理解(French et al.,2008;Kirwan et al.,2010,2016b;Morris et al.,2002;Morris,2016;Mudd,2011)。这些模型表明,海拔和生产力之间的简单钟形关系表征潮汐能生物量的生产,而海拔-分解的线性关系表征地下有机碳的降解(图 2-3)。目前的模型表明,存在一个海平面阈值,在这个阈值下,潮间带湿地的垂直高度和横向迁移可能落后于水位的变化,导致湿地被淹没、有机碳埋藏量突然减少(图 2-4)。除了能驱动垂直响应外,海平面上升还可以驱动潮间带湿地向内陆迁移(海侵),或进入开阔水域(进积),或进入内陆湿地(侵蚀碳的再沉积,图 2-5)。如果没有足够的沉积物供应来维持潮间带湿地附近潮滩的临界深度,现有的湿地边缘侵蚀会导致湿地面积和范围减少(Mariotti and Fagherazzi,2010、2013;Mariotti and Carr,2014)。因此,未来潮间带湿地的扩张将反映正、负进积或侵蚀与高地海侵之间的平衡。

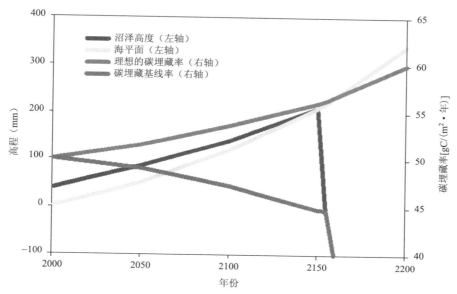

图 2-4　基于各因素的假设预测:包括沼泽高度(蓝色)、海平面(黄色)、理想碳埋藏率(绿色)和没有人为干预的基线碳埋藏率(红色)。海平面上升相对速率的影响超过潮间带湿地海拔的增长,直到 2150 年(本例中)沼泽曲线下降。在没有人为干预的情况下,碳埋藏率的预测基线从目前的 50 g/(m² · 年)下降到 2150 年时的 0,此时沼泽曲线开始下降*

　　尽管这些预测模型具有一定的价值,但影响预测未来二氧化碳去除能力的知识空白仍然存在。一个关键的知识空白是,受侵蚀的有机碳有何归宿。当湿地被侵蚀或淹没时,其归宿(即有机碳是否会分解并促成碳排放,是否会长期沉积和埋藏,或重新沉积在沼泽平台上)取决于控制侵蚀、沉积和再悬浮的地貌过程(Hopkinson et al.,2018)。想要更好地理解被侵蚀的碳会发生什么情况,就需要进一步了解有机碳的保存、难以溶解性和迁移沉积的结果。此外,尽管当前潮间带湿地有机碳埋藏模型与选定的野外观测结果之间存在明显的一致性,但

---

　　*　彩图请见彩插。

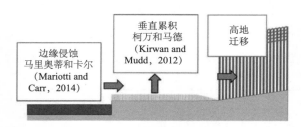

图 2-5 通过各类途径实现的有机碳平衡,通过高地迁移(海侵)、海岸线侵蚀
(或递进)和垂直累积(包括有机碳埋藏)实现的有机碳平衡。海平面上升和沉
积物有效性是控制有机碳平衡的两个最重要因素。

资料来源:改编自柯万等(Kirwan et al.,2016a)。

如果到 21 世纪末海平面增加 1～2 m,那么依靠土壤有机碳保存的旧范式(Leh-
mann and Kleber,2015;Schmidt et al.,2011)和作为潮间带湿地平台植被对洪
水的双曲线反映证据的微观结果,并不能使人们对沼泽存活和有机碳埋藏的预
测产生信心(Morris,2016)。区域和本地驱动因素以及最近的变化(包括人为影
响)会限制这些模型广泛的预测能力。然而,实验操作与分层测量方法相结合,
以及更好地整合对遥感的现场验证,极大地改善了基于地块的有机碳累积率驱
动因素与沿海湿地二氧化碳去除的景观尺度估算的整合(Byrd et al.,2018;
EPA,2017;Holmquist et al.,2018)。

未来潮间带湿地的二氧化碳去除能力取决于它们随着海平面上升速率的提
升而侵入高地的能力。"海岸挤压"和植被迁移可能会减少湿地向高地侵蚀的横
向空间。当高地迁移没有更多的横向空间时,就会发生海岸挤压(DOE,2017a;
Doody,2004)。当高地被其他土地(如农业、城市土地)用途占用时,或当斜坡不
支持湿地向高地地区迁移时,产生的高地屏障造成可利用的横向空间减少
(Doody,2004)。对可用土地轨迹的预测是另一个关键的知识空白,包括哪些因
素可能减少湿地向侵入被其他土地用途占用的高地时的障碍。与湿地海侵和碳
吸收能力变化有关的植被转移,例如,向木本物种的转变或因沼泽退化造成内陆
53 沉降而导致植被湿地的损失,会导致碳埋藏速率的整体变化。

空气和海水变暖将影响沿海碳循环和封存,这是由植物、微生物和物理过程
复杂相互作用驱动的(Megonigal et al.,2016)。净初级生产力和有机碳分解都

会随气温升高而增加。虽然河口水文的理论和围隔生态研究表明,相对于净初级生产力,气候变暖将不同程度地使微生物和大型动物呼吸增加,从而降低净生态系统生产力和可用于埋藏或输出的潜在有机碳,但现有数据不足以将这些结果外推到潮间带湿地和海草床生态系统(Yvon-Durocher et al.,2010)。气候变暖也可能导致红树林取代盐沼(Megonigal et al.,2016)。最终碳埋藏速率由这些过程相对于气候变暖的速率和敏感程度决定。

第四节　滨海蓝碳方法

滨海蓝碳研究议程的总体目标是,能够在一系列不断变化的社会障碍、人类活动和气候情景下,对增强有机碳埋藏的一系列管理和工程方法进行定量评估。这些方法建立在目前对年度碳埋藏率基线的理解,和对这些项目引起的碳埋藏增量估计的基础上。每种方法在研究和技术方面都存在知识缺口。委员会重点讨论了五种方法,通过这些方法,可以在 2060 年之前以及 21 世纪剩余的时间内加速滨海蓝碳的持续增长。这些方法在潜在成本、所需人为干预程度、技术成熟度和社会障碍(实施的可能性)等方面各有不同。

(1)积极管理滨海湿地和海草甸,在碳埋藏率基线下降的情况下增加二氧化碳去除率。

(2)恢复退化或消失的滨海湿地和海草甸。

(3)作为海岸适应战略的一部分,将硬化和受侵蚀的海岸线转化为由湿地区域组成的自然海岸线。

(4)根据海平面上升和人类驱动因素/影响的变化,对湿地海侵至高地进行管理。

(5)通过增加富碳材料来提高滨海湿地和海岸线的碳储存能力。

一、积极的生态系统管理

由于不断增加的海平面上升速率和人为干扰,碳埋藏率基线正随着时间的

54   推移而下降(图 2-4),这意味着目前滨海湿地的自然负排放能力正在萎缩。通过积极管理可以扭转这一趋势,可能使碳埋藏速率等于当前速率或随时间的推移而增加。该领域对美国沿海大型植物系统中有机碳的埋藏情况进行了合理的估计,尽管目前海草床的面积和范围存在很大的不确定性,其适宜的有机碳埋藏率的置信度中等。

维持现有自然潮间带湿地和海草甸区的关键是采取管理措施,减少造成海岸变化的人类因素影响。如前所述,预测美国现存湿地未来的面积和范围及有机碳埋藏率的模型开发已经取得了进展。其中一些最大的不确定性包括:①沉积物可用性和有机碳累积之间的相互作用;②气候驱动因素和海平面上升对净生态系统生产力和有机碳埋藏的影响;③能控制边缘侵蚀的因素和释放的沉积物对湿地平台的重要性;④其他人类活动(如污染物径流)对净生态系统生产力和有机碳埋藏的影响。将未来海平面上升情景纳入坦帕湾河口(Tampa Bay Estuary)的栖息地演化模型表明,如果管理得当,到 2100 年,滨海栖息地将从大气中去除约 74 Mt 二氧化碳(ESA,2016)。该模型可以用于确定对滨海湿地区域进行积极管理的优先顺序。

考虑到碳埋藏率基线的预期下降,任何能够扭转这一趋势的管理实践和项目都是一种滨海负排放技术。例如,通过建立污水处理系统加强海岸氮管理,能够显著减少氮向盐沼浸出,提高根系深度和沼泽生产力(Deegan et al.,2012)。此外,为防止海岸线侵蚀,湿地附近的潮滩也需要沉积物来维持高度(Bilkovic et al.,2017;Fagherazzi et al.,2012)。边缘侵蚀可以通过直接(如疏浚)或间接(如河流改道或拆除河流上的水坝)方式增加沉积物来控制,也可以由生态岸线(living shorelines①)或紧邻湿地海岸线的防波堤直接控制。通过防波堤防止海岸线侵蚀的潜在问题是,它会阻止河口系统内部沉积物的释放,而这些沉积物可能是导致湿地内部到其边缘海拔上升的关键因素。在侵蚀的海岸线边缘保存碳,或在岛屿屏障退化之前创建防波堤来保护内陆沿海沼泽二氧化碳封存的管理策略,可以维持这些滨海湿地实现的二氧化碳负排放(Bilkovic et al.,2017)。

---

①   生态岸线是指由植物、沙子或岩石等天然材料制成的受保护且稳定的海岸线(来源:美国国家海洋和大气局,https://www.fisheries.noaa.gov/insight/understanding-living-shorelines)。——译者注

一些州用相关政策和监管框架作为一项积极的管理措施,保护海岸线免受侵蚀(Bridges et al.,2015)。此外,保护内陆滨海沼泽不仅能够维持有机碳埋藏面积,而且可以保护大量的泥炭储量。最初的盐水侵入可能会影响甲烷排放(Neubauer et al.,2013),而古老的泥炭沉积物在盐碱化时可能很容易分解(Wilson et al.,2018)。防波堤式的生态岸线项目可以减缓边缘侵蚀,但其对平台增高所需泥沙的贡献尚不确定,因为边缘侵蚀可能是沉积物维持剩余沼泽平台高程的重要因素。例如,在普拉姆岛生态系统长期生态研究(Plum Island Ecosystems LTER)中,沼泽侵蚀释放出的沉积物,足以满足沉积物年累积率的近30%,而河流所起的作用只有9%(Hopkinson et al.,2018)。

二、受损或退化海岸湿地的恢复与湿地的创建

由于人类活动导致湿地被排干、挖掘和潮汐受限,减少了湿地面积或它们吸收二氧化碳并提供其他生态系统服务的能力(Kroeger et al.,2017a)。修复的主要目标是恢复或改善湿地功能和生态系统服务供给。虽然修复活动进行的同时也伴随着有机碳封存(Kroeger et al.,2017a),但后者通常不是主要目标,甚至也不是次要目标。然而,扭转人为活动对滨海湿地的影响,以减少大气中温室气体负担,并重新启动促进二氧化碳去除的过程,已成为美国和国际政策行动的一部分,如最近的《IPCC 国家温室气体清单指南》(IPCC,2014a)和新纳入美国环境保护署的《美国国家温室气体清单》(EPA,2017)内容。斯诺霍米什(Snohomish)河口的潮汐沼泽修复场地测量到的累积速率在 0.9 t~3.52 t 碳/(年·hm²)(3.3 t~12.9 t 二氧化碳),这取决于修复场地的特征,包括项目周期和海拔高程(Crooks et al.,2014)。坦帕湾河口的修复场地在 2006—2016 年间估计累积了 21.7 万 t 二氧化碳当量[①](ESA,2016)。

潮间带湿地和海草甸正在恢复,增加恢复面积的潜力是巨大的(EPA,2017)。在美国,大约130 万 hm² 的潮间带湿地和海草床已经被转换成其他用途

---

① 对于任何浓度和类型的温室气体(如甲烷、全氟碳化合物和一氧化二氮),二氧化碳当量(CO_{2e})表示具有相同辐射强度量的二氧化碳浓度。

土地,或以其他方式消失,目前可能用于修复。值得注意的是,这些曾经的滨海湿地由于不同土地利用方式可能会对恢复造成重大障碍。美国国家海洋和大气管理局(National Oceanic and Atmospheric Administration,NOAA)制定的《海岸变化分析计划》(*Coastal Changes Analysis Program*,*C-CAP*)将海岸边界内[上限为平均较高高潮(mean higher high water,MHHW)面]的这些土地利用描述为开发土地(低至中—高强度)、耕作用地(包括牧场/干草和草地),其中包括受潮汐限制的部分土地(Kroeger et al.,2017a),以及由于潮间带湿地的侵蚀或海草甸的消失而形成的开阔水域或软质海岸(以及可能较老的侵蚀区)(Way-cott et al.,2009)。

在滨海地区已开发的土地和耕地内,通过逆转排水行为或消除潮汐限制来恢复水文可能是恢复湿地最重要的活动。将盐水流恢复到潮汐受限的湿地,既能减少甲烷排放,又可以重新连通促进土壤积累的海平面上升过程(Kroeger et al.,2017b)。在必须提高海拔的淹没区域,可以采用两种沉积物管理方式:①直接增加沉积物到沼泽表面(如通过薄层沉积);②间接在河口增加沉积物,然后经潮流输送至湿地表面(如河流改道和沿河水坝拆除)。一旦达到潮间带海拔且形成湿地植被,有机碳埋藏就可以重新恢复(Osland et al.,2014)。例如,扭转因沉降和海平面上升带来的海岸湿地损失,是路易斯安那州总体规划(CPRA,2017)的主要重点。疏浚材料已经被证明是湿地形成的宝贵沉积物来源,并因此将封存作用提高到基线以上。每年从美国通航水域疏浚出的沉积物大约有1.94亿 yd³(cubic yards)[①](USACE,2015)。密西西比河改道的规模较小,但可能对扭转湿地损失影响更大。然而,考虑到海岸变化其他驱动因素的相互影响,这些方法在所有沉降或侵蚀的沿海湿地中的应用是否会取得类似的结果,仍然存在很大的不确定性。

只有一小部分滨海水域进行了海草床调查。全球海草甸估计覆盖3 000万~6 000万 hm²(Duarte et al.,2005;Fourqurean et al.,2012;Kennedy et al.,2010;Mcleod et al.,2011)。根据目前所报告的损失范围和比例,估计美国海草甸的现有面积为60万 hm²(Waycott et al.,2009)。对于海草甸来说,能改善水

---

① 1 yd(码)=0.914 4 m。——译者注

质和透明度的流域管理,进行沉积物负荷量控制、退化海草床覆盖物的再悬浮和再种植,都是提高海草床面积、生产率和有机碳埋藏的成熟技术。

尽管在美国还没有得到广泛应用,但人们一直在大力推动湿地特别是潮间带湿地发展碳市场。虽然还没有建立市场,但已开发出一种将潮间带湿地和海草床修复计入碳封存的方法学(核证碳标准 VM0033[①])。

三、硬化和受侵蚀的海岸线转化为自然海岸线

将硬化和受侵蚀的海岸线转变能与海平面上升保持同步的自然和基于自然的海岸线,是一项日益发展的降低环境风险的战略(van Wesenbeeck et al.,2014)。当项目可以提高湿地面积或性能时,这一战略也可以作为一种有效的二氧化碳去除方法(Bilkovic and Mitchell.,2017;Bridges et al.,2015;Davis et al.,2015;Saleh and Weinstein,2016)。来自洪水和风暴潮的风险正在增加,并将影响美国和全球的沿海居民。根据海平面上升和人口预测,由海平面上升引起的高地洪水预计将使 220 万~1 310 万人处于危险中(Hauer et al.,2016)。由搬迁产生的费用估计为每位居民 100 万美元(Huntington et al.,2012),期望采取广泛的措施以降低沿海地区的风险(Brody et al.,2007)。延伸到滨海区域的基础设施的故障和昂贵的维护费用,预示着新的、基于自然的沿海基础设施将显著增加,以此作为规避风险和降低沿海适应成本的一种手段。此外,由于美国几个州禁止或严格限制海岸线防御工程[②](O'Connell,2010),可能会更多地使用基于自然的、生态岸线方法。

世界各地在采用自然和基于自然的特征(nature and nature-based features,NBBF)方面开展了大量工作,这可以提高沿海适应项目二氧化碳去除价值(Bridges et al.,2015)。基于自然的特征是一种模仿自然特征,但是由人工设

---

① 核证碳标准(verified carbon standard)是气候组织(Climate Group, CG)、国际排放交易协会(The International Emissions Trading Association, IETA)及世界经济论坛(World Economic Forum, WEF)于 2005 年开发的标准,目的是为自愿碳减排交易项目提供一个全球性质量保证标准。——译者注

② 海岸线防御工程(shoreline armoring)是使用物理结构来保护海岸线免受海岸侵蚀的做法(来源:美国国家海洋和大气管理局)。——译者注

计、工程和建筑来创造的,用于提供诸如降低海岸风险之类的特定服务。该系统的建造组成部分包括自然结构和其他结构,它们支持一系列的目标,包括控制侵蚀和减少风暴风险(如海堤、堤坝),以及提供经济和社会功能的基础设施(如航道、港口、码头、住宅)。美国、欧洲、墨西哥和中国的示范项目案例研究正在从这个快速增长的研究领域中涌现出来[参见比尔科维奇等(Bilkovic et al.,2017),布里奇斯等(Bridges et al.,2015),萨利赫和温斯坦(Saleh and Weinstein,2016)的研究;参考扎努提和尼科尔斯(Zanuttigh and Nicholls,2015)的研究]。大约14%(22 000 km)的美国海岸线已经被防御工程覆盖(Gittman et al.,2015)。将此类"防御"海岸线转换为具有植物、沉积物和潮汐洪水特征的自然海岸线并作为一种负排放技术,会带来显著效益。然而,尽管基于自然潮间带湿地创建的方法的实施已经达到部署水平,但对二氧化碳去除的估计主要基于以下假设:这些方法达到的累积率与自然湿地或恢复湿地的有机碳累积率相似。

四、湿地海侵进入高地的管理

湿地海侵使潮间带湿地的面积随着海平面的上升而增大,而且如果现有潮间带湿地的侵蚀也能得到控制,每年二氧化碳的去除能力将增加。海岸带测绘和海平面上升带来的水灾预测能够识别潜在的海侵机会。舒尔茨等(Schuerch et al.,2018)在 2018 年建立的模型显示,如果全球只有 37% 的湿地区域发生海侵,那么湿地收益将可能达到 60%,而在没有海侵的情况下,海平面上升预计会使湿地损失达到 30%。然而,当前高地地区的土地覆盖、所有权和经济价值会如何影响海侵的实际潜力,关于这方面的知识非常有限。例如,一旦洪水风险变得明显,具有商业价值的高地就会被建成防御工程。哈尔等(Haer et al.,2013)报告说,到 2100 年淹没的土地面积将增加 260 万~760 万 hm^2,具体取决于海平面上升的预测和外推方法。假设到 2100 年垂直增量为 1 ft[①],当平均较高高潮面上方的海平面上升垂直增加 2 ft、4 ft 和 6 ft 时,被淹没的净高地(不包括已开发土地)分别相当于 150 万、87 万和 93 万 hm^2(根据美国国家海洋与大气管

---

① 1 ft≈0.305 m。——译者注

理局海平面上升监测器①）。在洪水风险增加的地区,受管理的海岸线后退战略会阻碍发展、减少人口,并允许这些地区被沿海水域淹没(Kousky,2014),但这些战略不仅可以降低沿海风险,而且还增加了二氧化碳去除的土地面积。湿地有管理地侵入高地的障碍可能因高地土地利用类型而异。在平均大潮较高高潮面及其以上 2 ft 之间,约有 43％的高地面积已经种植了作物,另有 20％是牧场/干草和草地(NOAA Office for Coastal Management,2018)。目前还没有得到被淹没且已被开发的地区的变化信息。然而,由于不作为的经济成本随着时间的推移而增加(Hauer et al.,2016;Reed et al.,2016),降低滨海风险的滨海适应政策会促进一种预料之中的趋势,即不仅可确认内陆迁徙的额外区域及其管理能力,还可以明确其他负排放技术的新增面积和范围。换言之,在将其他滨海土地利用方式转换为沿海湿地(即恢复)时,可能存在类似的社会经济问题。

需要采取管理策略,最大限度地扩大潮间带湿地侵入高地的扩张潜力。湿地入侵管理还包括能同时降低洪水风险(Brody et al.,2007)和提高二氧化碳去除能力的政策措施。然而,目前缺乏类型学和严格的方法学来预测哪里会发生海侵,现有土地利用方式将如何允许海侵发生,以及保护一些潜在的大片低洼海岸进行湿地扩张的成本。在与高地受海侵成为湿地相关的有机碳埋藏速率轨迹方面,还缺乏相应的知识。高地土壤可以以较高的初始速率埋藏有机碳,但当湿地物种入侵时,高地物种的生产力可能会下降,在一段时间内,其净生产力和有机碳埋藏率均低于"自然"滨海湿地。

五、用富碳材料增强海岸线

在滨海项目中增加富碳材料,可以通过埋藏外来的富碳材料(如埋葬木材或生物炭)来增强碳储存,并可以通过能降低分解速率(如控制木质素含量)的生物工程湿地物种来提高有机碳埋藏速率。这些方法可以与恢复、海岸适应和海岸线保护以及湿地海侵管理同步进行。

直接添加原木、生物炭等分解形式缓慢的有机碳,可以增加碳埋藏。有几项

①　见 https://coast.noaa.gov/digitalcoast/tools/slr.htm。

研究评估了将木埋法作为增加二氧化碳封存能力的一种方法(Freeman et al.,
2012),以及将添加生物炭作为减少泥炭和滨海湿地氮矿化的一种手段(Luo et
al.,2016;Zheng et al.,2018)。科学文献也支持富碳材料的使用,通过"注入"木
材提高泥炭地的二氧化碳去除潜力(Freeman et al.,2012)。同样,可以利用潮
间带湿地和海草甸的耐腐条件"注入"材料,但需要进一步评估不同材料的腐烂
速度,并需要示范项目来实现大规模的二氧化碳去除。有证据表明,在海洋环境
中,淹没在沉积物中浸水的船舶木材通常处于非常好的原位保存状态(Gregory
et al.,2012)。马奇奥尼等(Macchioni et al.,2016)于 2016 年发现,意大利威尼
斯的所有木地基样本都显示至少 30%的残余体积密度,其中已知最早的建筑建
于 1854 年。木材保存状态与几个因素有关,包括元件的厚度、埋藏深度、水平/
垂直位置和木材种类(Macchioni et al.,2016)。一项为期 3 年的木材降解研究
表明,埋在地下 43 cm 深处的木材不会腐烂,侵蚀细菌仅会对木材表层造成损失
(<0.5 mm;Bjordal and Nilsson,2008)。木埋法只是自然方法中的一种。使用
由富碳的水、骨料或嵌入木材组成的混凝土建造护岸或防波堤是另一种更为工
程化的方法。

　　在沼泽地区种植红树林的造林管理策略也在考虑之中。海平面上升和气候
60 变暖导致一些地区的红树林不断扩张,这表明红树林或其他树种可能被引入其
他海侵湿地地区。为避免将湿地的造林收益与陆地区域重复计算,必须发展基
于遥感和野外验证研究的核算方法,这已被确定为未来美国环境保护署在编制
温室气体清单时,需要改进的一个方面(EPA,2017)。

　　对湿地大型植物进行基因工程化以提高其木质素含量,是增强湿地有机碳
埋藏的另一种选择。人们对木质素降解和改变植被木质素含量以提高纤维素生
物燃料生产效率有相当大的兴趣(Wei et al.,2001)。对生物燃料的关注点在于
降低木质素含量,增加植物多糖体对微生物和酶消化的可能性(Ragauskas et
al.,2006),但是对滨海蓝碳的关注点在于增加根和根茎的木质素含量并减少有
机碳分解。生物燃料研究人员已经确定了酶的基因编码,这些酶是木质素的组
成部分(Hoffmann et al.,2003),并且通过对其中一些基因实现向下调节,从而
实现木质素生物合成(Chen and Dixon,2007;O'Connell et al.,2002;Reddy et
al.,2005)。沿海泥炭沉积物中占主导地位的缺氧环境促使木质素中酚类化合

物积累,通过抑制酚氧化酶活性和衰老植被的微生物酶分解来防止腐烂(Appel,1993;McLatchey and Reddy,1998)。有人已经考虑在淡水环境中对产生酚类物质的植物(如泥炭藓)进行基因改造,促进酚类物质和腐烂抑制剂的产生(Freeman et al.,2012)。也有人提出,通过控制氧的可用性,添加硫酸盐进行酸化,添加酚类化合物(泥炭浸出液和多酚废料),降低 pH 值、易溶碳和无机营养物供应抑制酚类氧化酶的活性(Freeman et al.,2012)。

　　这个考虑中的新领域正处于研发和示范阶段。这些类型的项目将需要提高技术能力以评估所使用材料的持久性,并可以采用基于适应性管理的方法"边做边学"。还可以利用专门的设计实验,了解它们最适合的应用条件,并加快大规模部署的进程。因为美国有几个州禁止或明确限制修建海岸线防御工程,因此使用这种方法时,除非项目设计能增强湿地功能并提高海岸线进程,否则与强化海岸防御相关的生态问题和场地外负面影响会持续存在(O'Connell,2010)。其他的机会包括使用木质素含量较高的物种或表型,或者(在红树林中)造林。这些机会的技术障碍较少,但具有潜在的生态影响。

61

第五节　潜在影响

一、滨海蓝碳的总碳通量

　　在以最少的硬基础设施来维护、恢复、建设或设计滨海生态系统并用于其他目的(如降低沿海风险,进行渔业生产)时,滨海蓝碳是一种准备周期短、成本低的方法。海岸带的恢复、适应和管理为二氧化碳负排放速率的保持和加速提供了潜力,其规模为 0.02~0.08 Gt 二氧化碳/年(表 2-1)。委员会预计每种方法准备的时间表会有所不同。据委员会估计,到 2030 年,实施上述几种管理方法可以产生的碳通量为 0.037 Gt 二氧化碳/年。到 2060 年,碳通量可达 0.077 Gt 二氧化碳/年,这取决于技术发展水平、科学认识的提高和克服社会障碍的能力。如果技术进步能够使富碳项目示范和部署成功,到 2030 年约可提供年碳通量的 36%,到 2060 年可以提供 43%。随着时间推移,湿地海侵会成为一个更重要的碳通量,到 2100 年约可增至年碳通量的 32%。本节主要描述这些估算结果的来源。

滨海蓝碳每年的总碳通量和潜在碳影响,主要受滨海碳生态系统总面积、其埋藏有机碳的速度以及增加湿地海侵管理项目和战略的潜力。如上所述,委员会考虑了以下主要的滨海蓝碳方法:①积极的生态系统管理;②恢复已经退化或消失的滨海湿地;③将硬化和受侵蚀的海岸线转化为自然海岸线,作为海岸适应的一部分;④管理随着海平面上升和人类驱动因素/影响的变化而引起的湿地向高地海侵;⑤通过添加富碳材料提高二氧化碳去除能力。滨海蓝碳的总碳通量潜力是基于可用于实施每种方法的最大面积及其封存率,其中潮间带湿地的二氧化碳封存率为 7.98 t/(hm² · 年),海草甸为 1.58 t/(hm² · 年)(EPA,2017;*SOCCR-2*)。

(一) 积极的生态系统管理

据美国国家海洋和大气管理局的《海岸变化分析计划》统计,目前(美国的)河口湿地面积为 22 万 hm²。由于在海草甸的分布、范围和物种特征方面存在知识空白,对海草甸面积的估算更具挑战性。目前美国的海草甸面积估计为 24 万 hm²(*SOCCR*)。根据现有潮间带湿地和海草床的总面积和有机碳埋藏率,可以估算出滨海蓝碳的总碳通量。对于现有的"自然"潮间带湿地和海草床,目前总碳通量约为 2 100 万 t 二氧化碳/年(表 2-1)。为维持这样的年封存率水平,滨海湿地的单位面积封存率和总面积需要采取不同程度的管理措施,在许多情况下还需要主动管理。由于对封存基线未来变化的预测存在高度不确定性,委员会在计算这种负排放技术的潜在影响时没有扣除基线。相反,委员会使用目前的沿海碳埋藏率作为主动生态系统管理的二氧化碳去除能力以维持这一数字。

表 2-1　本书评估的主要滨海蓝碳方法中美国潮间带湿地和海草甸的年度碳通量总量

	通量(Gt 二氧化碳/年)			
	2018 年	2030 年	2060 年	2100 年[e]
积极的生态系统管理[a]	0.021	0.021	0.021	0.021
恢复[b]		0.002	0.008	0.008
基于自然的适应性[c]		0.001	0.002	0.002

续表

		通量（Gt 二氧化碳/年）			
		2018 年	2030 年	2060 年	2100 年[e]
湿地海侵管理[d]	0～2 ft			0.012	0.012
	2～4 ft				0.007
富碳项目[f]			0.013	0.034	0.008
合计		0.021	0.037	0.077	0.058

注：a. 积极的生态系统管理不同于其他方法，通过维持而不是增加湿地面积形成负排放。然而，需要主动管理来保持通量和面积的比率。由于在估计当前碳埋藏率基线下降时存在高度不确定性，委员会在计算该二氧化碳去除数值时没有扣除基线。b. 到 2030 年恢复潜在面积的 25%，到 2060 年恢复全部面积。c. 到 2030 年，25% 的潜在面积被改造，到 2060 年全部潜在面积进行适应性管理。d. 预计到 2060 年海平面上升 0～2 ft，到 2100 年上升 2～4 ft，土地面积估值反映了到 2100 年上升 1 ft 的假设。e. 在 2100 年的情景中，除受管理的湿地海侵外，任何二氧化碳去除方法均不额外增加面积。f. 到 2030 年，将使用富碳材料的项目扩大到 25% 的潜在恢复和适应项目区域，到 2060 年，在全部潜在区域实施（每年的比率基于所示年份实施的项目面积）。

（二）恢复已消失或退化的海岸湿地与湿地创建

滨海湿地恢复所产生的总碳通量可以使用海岸湿地边界内（平均较高高潮线下）目前处于其他土地用途或湿地条件已退化区域与有机碳埋藏率进行估算。滨海湿地可以通过多种途径恢复，具体取决于其类型、退化程度和地貌环境。现已证明，每种方法都被证明能以类似或高于"自然"潮间带湿地的速率实现二氧化碳去除［如见奥斯兰等（Osland et al.，2012）］。委员会根据六类潜在可恢复土地利用类型的年封存量之和估算了总的潜在年碳通量：①中—高强度已开发土地（53 938 hm²）；②低强度已开发土地、开阔空间和荒地（139 171 hm²）；③耕作土地、牧场/干草和草地，包括潮汐限制土地（317 468 hm²）；④软质的海岸（341 721 hm²）；⑤最近消失或受侵蚀转化成开阔水域的土地（125 525 hm²）（EPA，2017；NOAA Office for Coastal Management，2011）。此外，美国估计已经消失的海草甸面积为下一步恢复提供了机会（342 943 hm²）（Waycott et al.，2009）。为避免重复计算土地面积，委员会假设已开发土地和耕地与潮汐体系的平均海平面—平均较高高潮面（MSL-MHHW）的潮位范围接近，其中耕地约位于平均海平面范围，软质海岸为从平均海平面以下至平均低潮面往下 50 ft 的潮位，近期形成的开阔水域位于平均低潮面以下 50～150 ft 的范围。委员会估计，如果所有以前的滨海湿地都得到恢复，并将和所潜在适宜的区域共同用于湿地建设，那么二氧化碳通量可以达到 0.008 Gt/年。由于并非所有以前的滨海地区都能立即恢复，委员会估计，到 2030 年，二氧化碳通量将达到 0.004 Gt/年（恢复 50％的可用土地面积）；到 2060 年，二氧化碳通量将达到 0.008 Gt/年（恢复所有的潜在面积）。委员会将这一速率保持到 2100 年，尽管它取决于这些（受损）滨海湿地的修复情况。

64

实现这些土地二氧化碳去除潜力的能力将取决于场地条件、海拔和受干扰程度。例如，利用低强度或无人区域的土地对增加滨海蓝碳可用土地的潜在风险最低。克勒格尔等（Kroeger et al. ，2017a）报告称，美国大西洋海岸27％曾经的潮间带湿地目前受到潮汐限制。这些地区的大部分土地可能用于农业生产。与强度相对较低的土地转化为滨海湿地相比，从农业用地转化为滨海湿地可能会带来更大的社会和经济影响（关于土地利用重大变化的影响，详见第三章）。尽管软质海岸区域可能包含受侵蚀或沉降的潮间带湿地，但它们也可能包括宝贵的近岸栖息地，因此这些地区不适合进行潮间带湿地恢复或创建。有些地区可能被认为更适合海草床的恢复。其他考虑因素包括滨海管理政策的变化，例如，如果《国家洪水保险计划》（*National Flood Insurance Program*，NFIP）采用基于风险的模型，那么现有因洪水或风暴潮而造成经常损失的已开发土地，可能更容易作为其他可以封存有机碳的用途。由于恢复和创建的滨海湿地的年碳通量或存在变化，对这些因素的考虑产生了重大的知识空白。

（三）硬化海岸线向自然海岸线的转化及侵蚀海岸线的稳定化

委员会使用美国防御海岸线的长度（22 000 km）和 61 m 的宽度［用作从平均海平面到平均低潮面以下 50 ft 的近似潮差］来计算可以转换为生态海岸线并埋藏有机碳的潜在面积。为避免与目前正处在培育和发展中的潜在恢复区重复计算，委员会使用了平均海平面以下潮差所占用的近似面积。委员会估计，到2030 年，用生态海岸线取代现有长度的硬化海岸线（22 000 km），二氧化碳的封存率为 0.001 Gt/年。采用这些自然的和基于自然的措施，防止另外 22 000 km的现有海岸线再受到侵蚀，到 2060 年，二氧化碳封存率将达到 0.002 Gt/年。

(四) 湿地侵入高地的管理

委员会估计的海平面上升情景 2060 年时为 0.68 m,2100 年时为 1.12 m,2130 年时为 1.68 m(NOAA Office for Coastal Management,2011)。如果现有潮间带湿地面积维持现状(即与海平面上升保持同步),并且潮间带湿地面积随着高地被规律性潮汐洪水淹没(通过辅助管理或其他手段)而增加,那么潮间带湿地的总面积将会增加。海平面上升 0.68 m 时预计将新增约 150 万 hm² 潮汐河口湿地(NOAA Office for Coastal Management,2018)。按潮汐沼泽二氧化碳通量为 7.98 t/(hm²·年)计算,相当于 0.012 Gt 二氧化碳/年。当海平面上升 1.12 m 时,预计将增加 87 万 hm² 的面积(0.007 Gt 二氧化碳/年),总碳通量将增至 0.019 Gt 二氧化碳/年。然而,在海平面上升和未来海岸带管理条件下,潮间带湿地的归宿仍然存在重大不确定性(Kirwan and Megonigal,2013)。随着高地前缘向内陆迁移成为沼泽,海岸边缘可能会被淹没和(或)侵蚀,这取决于海岸管理情况。因淹没(或)侵蚀而损失的碳可能会成为永久性的碳损失,也有可能会排放到大气中,或可能重新沉积在沼泽及红树林海岸线或者河岸上。目前已经观察到一些地区的滨海湿地受到了严重侵蚀,而预计的海平面上升表明,如果没有管理干预,将会有新的地区受到侵蚀(图 2-4)。按照到 2100 年为 1 ft 的堆积速率,预计海平面每上升 1 ft,"开阔水域"的面积随之增加 150 万~200 万 ac.[①](NOAA Office for Coastal Management,2018)。

(五) 用富碳材料增强负排放技术项目

美国约有 467 246 hm²(软质海岸和最近被侵蚀的湿地面积之和)土地可用于湿地恢复,这些土地中可以加入富碳材料,将海拔升高到适合湿地植被持续生长的水平。如果富碳材料的供应速度与恢复和适应项目的实施速度相同,并将其作为管理湿地海侵政策的一部分(2030 年为 50%,2060 年为全部面积),那么 2030 年,碳通量将达到 0.007 Gt 二氧化碳/年,到 2060 年将达到 0.027 Gt 二氧化碳/年(在软质海岸地区恢复项目中增加富碳材料至 1.5 ft,在最近被侵蚀的湿地恢复项目中增加富碳材料至 3 ft,在海岸适应项目中增至 3 ft,在湿地海侵

---

① 1ac.(英亩)=4.046 856×10³ m²。——译者注

管理战略项目中增加相当于 1 ft 的库存量）。添加富碳材料只是碳储存，而非碳去除。因此，年度速率是通过将项目实施水平的总储存容量除以项目持续年数（在本情景下可到 2100 年）获得的。

（六）滨海蓝碳估算汇总表

根据每种方法可能实施的潜在速率，结合每种方法的年碳通量，委员会估计当前（2018 年）、2030 年、2060 年和 2100 年四个时间段的年碳通量率。潜在碳通量总量估算分别为 0.021 Gt 二氧化碳/年、0.037 Gt 二氧化碳/年、0.077 Gt 二氧化碳/年和 0.058 Gt 二氧化碳/年（表 2-2、图 2-6）。

如果委员会确定的所有潜在活动都得到实施，并且有机碳封存率在规定的时间内能够保持，那么美国总的潜在碳去除能力就是有机碳埋藏率的大小。虽然对全球沿海潮间带湿地和海草床植被的面积进行了估计，并使用年度比率来推算现有面积的全球碳容量，但如果这些恢复、创建和基于自然的工程方法在全球范围内得到应用，那我们对全球碳容量仍知之甚少。

表 2-2　美国潮间带湿地和海草甸的总（累积）潜在碳通量

	通量（Gt 二氧化碳/年）			
	2018 年	2030 年	2060 年	2100 年[f]
积极的生态系统管理[a]	0.021	0.233	0.868	1.714
恢复[b]		0.023	0.265	0.591
基于自然的适应性[c]		0.006	0.068	0.152
湿地海侵管理[d]　0～2 ft			0.496	0.980
湿地海侵管理[d]　2～4 ft				0.561
富碳项目[f]		0.148	1.123	1.426
合计	0.021	0.410	2.820	5.424

注：a. 与其他方法不同，积极的生态系统管理是一种关键的二氧化碳去除方法，因为维持而不是增加湿地面积构成了负排放。然而，需要积极的管理来维持其通量和面积。b. 到 2030 年恢复 25% 的潜在面积，到 2060 年恢复全部面积。c. 到 2030 年 25% 的潜在面积进行适应性管理，到 2060 年扩大到全部潜在面积。d. 预计到 2060 年，海平面上升 0～2 ft，到 2100 年上升 2～4 ft，估计的土地面积包括到 2100 年堆积 1 ft 的假设。e. 预计到 2030 年，恢复和适应项目的 25% 的潜在面积实施富碳材料增强项目，到 2060 年在全部潜在面积内实施（数值为累计数值）。f. 在 2100 年的情景中，未包括任何滨海蓝碳方法的其他新增面积，但受管理的湿地海侵除外。

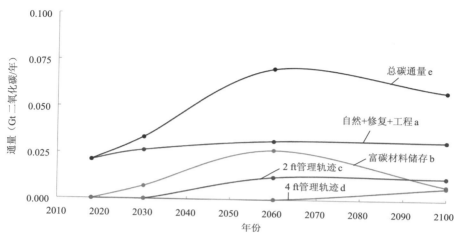

图 2-6 滨海湿地基于各种去除方法的二氧化碳通量:(a)自然、恢复和基于自然的滨海适应性管理;(b)利用富碳材料增强的恢复和基于自然的滨海适应性;(c)在海平面上升 0～2 ft 和 2～4 ft 情景下管理湿地海侵;(d)所有滨海蓝碳方法的累计通量总和

到 2030 年、2060 年和 2100 年,现有滨海生态系统管理区的潜在碳容量估计分别为 0.233 Gt、0.868 Gt 和 1.714 Gt 二氧化碳。到 2030 年、2060 年和 2100 年,可恢复的潮间带湿地和海草床区域分别再储存 0.023 Gt、0.265 Gt 和 0.591 Gt 二氧化碳。这些估算假设,到 2030 年,滨海边界内[平均较高高潮面以下]湿地恢复面积是可恢复总面积的 25%,到 2060 年是可恢复总面积的 100%。该估算值不包括 2060 年以后的任何新项目,这说明 2100 年的总容量还会增加。到 2030 年、2060 年和 2100 年,基于自然的适应项目分别增加 0.006 Gt、0.068 Gt 和 0.152 Gt 二氧化碳。该估算值也不包括 2060 年以后的新项目,这也会增加 2100 年的总容量。到 2060 年,受管理的湿地海侵可以再增加 0.496 Gt 二氧化碳(海平面上升为 0.68 m),到 2100 年增加 0.980 Gt 二氧化碳(海平面上升为 1.12 m)。最后,在 2030 年、2060 年和 2100 年之前,以相同的速度使用富碳材料增加海岸线,将分别增加 0.148 Gt、1.123 Gt、1.426 Gt 二氧化碳容量。因此,到 2030 年、2060 年和 2100 年,滨海的潜在碳总容量分别为 0.410 Gt、2.820 Gt 和 5.424 Gt 二氧化碳。

二、其他辐射影响

（一）甲烷

将排干水的高地和蓄水的新建湿地恢复成潮间带湿地为负碳排放提供了附加收益，即减少了这些地区沟渠的甲烷排放。一般来说，潮汐限制（如道路或尺寸过小的涵洞）会增加温室气体排放，因为它们要么会排干湿地，导致二氧化碳排放，要么会切断抑制甲烷排放所需的盐水输入。潮汐盐水的供应通常与能抑制甲烷生成的硫酸盐有关，因为硫酸盐的还原作用超过了作为电子供体的碳还原作用（Poffenbarger et al. ，2011）。因此，经常使用盐度作为估算甲烷排放的指标。恢复潮汐与目前蓄水湿地联合，每年可以减少 $7.9\sim41.1$ g/m^2 的甲烷排放量（Kroeger et al. ，2017a），按照 34 倍的系数（甲烷全球变暖潜力）转化为二氧化碳当量，相当于每年 $739\sim3\ 843$ g 二氧化碳$/m^2$（IPCC，2013）。在美国大西洋海岸，如果能够恢复 $2\ 650$ km^2 的湿地，甲烷的收益相当于 $2.0\sim10.2$ Mt 二氧化碳/年。

（二）一氧化二氮

一氧化二氮（N_2O）是另一种强效的温室气体，其全球变暖的潜力为 298（IPCC，2013）。一氧化二氮主要由湿地和浸透水的高地发生脱氮作用产生。潮间带湿地中的盐度和硫酸盐抑制了一氧化二氮的产生。因此，与二氧化碳和甲烷通量相比，潮间带湿地中的一氧化二氮排放量非常小，约比甲烷通量小一个数量级（Martin et al. ，2018；Murray et al. ，2015）。

（三）反照率

土地利用和土地覆盖的变化可以改变地球表面的反照率或反射率，从而改变辐射平衡。不同湿地植物的反照率差异不大。被淹没的盐沼的反射率约为 0.089（Moffett et al. ，2010），略高于海水。鉴于美国和世界上滨海湿地的总面积都不大，仅考虑反照率的话，滨海蓝碳方法对全球整体辐射平衡的影响微乎其微。

第六节　次要影响

一、生态系统服务

潮间带湿地和海草甸提供了生态系统服务(Barbier et al.,2011),生态系统服务在广义上被定义为"人们从生态系统中获得的利益"(MEA,2005a)。滨海生态系统提供的服务包括娱乐和旅游、主要渔业的栖息地、水质改善以及减轻洪水和侵蚀。每种服务都具有货币价值和非货币价值,它们可以降低生命、财产和经济方面的风险(Barbier et al.,2011;Duarte,2000;Lovelock et al.,2017;Mcleod et al.,2011)。如上所述,这些滨海生态系统得到维护、恢复、用于基于自然的适应,并得到管理以使湿地侵入高地,从而提供生态系统服务并去除二氧化碳。

尽管对滨海生态系统中的生态系统服务已经有了充分的记载,但关于其货币和非货币价值的数据有限。在具有货币价值的情况下,除红树林中的碳之外,事实证明很难将那些服务推向市场(Jerath et al.,2016)。人们对潮汐沼泽所提供的服务价值已经开展了广泛研究,但对海草甸的了解则较少(表2-3)(Barbier et al.,2011;Craft et al.,2009;Gedan et al.,2009;Orth et al.,2006;Waycott et al.,2009)。甚至不考虑碳去除市场价值,流域恢复也能提供3∶1(CPRA)到8∶1[斯卡拉(Sklar)向委员会提交的报告]的投资回报。美国国家科学技术委员会(The National Science and Technology Council)曾经发布了一份关于为改善生态系统服务评估而开展的滨海绿色基础设施研究需求的报告(NSTC,2015)。

表 2-3　滨海蓝碳生态系统服务价值示例

生态系统服务	生态系统过程或功能	生态系统服务价值示例		
		红树林	海草床草地	滨海沼泽
原材料和食品供应	创造生物生产力和多样性	484 ～ 595 美 元/(hm² · 年)(2007 年美元)	不适用	15.27 英镑/(hm² · 年)(1995 年英镑)

续表

生态系统服务	生态系统过程或功能	生态系统服务价值示例		
		红树林	海草床草地	滨海沼泽
自然灾害监管	衰减和(或)波浪消散	8 966~10 821 美元/(hm²·年)(2007 年美元)	不适用	8 236 美元/(hm²·年)(2008 年美元)
侵蚀监管	在植被根系结构中稳定沉积物和土壤保持	3 679 美元/(hm²·年)(2001 年美元)	不适用	不适用
污染和脱毒监管	提供养分和吸纳污染物,以及保持颗粒沉积	不适用	不适用	785~15 000 美元/(ac.·年)(1995 年美元)
渔业维持	提供可持续的繁殖栖息地和育苗场,有遮蔽的生存空间	708～987 美元/(hm²·年)(2007 美元)	19 澳元/(hm²·年)(2006 年澳元)	981~6 471 美元/(ac.·年)(1997 美元)
有机质积累	产生生物地球化学活动、沉积作用、生物生产力	31 美元/(hm²·年)(2011 年美元)	不适用	30.5 美元/(hm²·年)(2011 年美元)
娱乐与美学	提供独特而美观的水下植被景观,适合各种动植物栖息	不适用	不适用	33 英镑/(人·年)(2007 年英镑)

资料来源:改编自巴比尔等(Barbier et al.,2011)。

二、滨海蓝碳的风险

本书所考虑的一些滨海蓝碳方法所带来的风险将影响其部署的地点和方式(如大量填充、潮下带、沿海景观过程)。这些风险包括:

- 潜在的底泥污染物、毒性、生物累积和生物质富集;
- 与改变沿海植物降解性相关的问题;
- 使用潮下带进行潮间带湿地碳去除;
- 海岸线改变对沉积物再沉积和自然沼泽扩张的影响;
- 滥用滨海蓝碳作为开垦土地的手段,降低了碳去除能力。

根据食品和药品管理局《关于人类食物用鱼和贝类中有毒有害物质的行动标准》(Food and Drug Administration Action Levels for Poisonous and Deleterious Substances in Fish and Shellfish for Human Food)和 1999 年的《水资源开发法》(Water Resources Development Act),美国陆军工程兵团(The U. S. Army Corps of Engineers, USACE)使用《海洋和内陆测试手册》(*Ocean and Inland Testing Manuals*)和分层方法,评估了与疏浚材料相关的毒性问题。他们按照《海洋保护、研究和保护区法》(Marine Protection, Research and Sanctuaries)第 103(b)节的规定,选择美国环境保护署指定的安置地点,最大限度地减少对人类和环境影响(EPA,1991)。

湿地植物群落的变化或退化引发了重大的生态问题。美国东海岸和墨西哥湾沿岸的大多数沿海渔业都依赖于河口,换言之,它们依靠潮间带湿地作为幼鱼发育的育苗场。在某些阶段,这些生物大多依赖湿地植被衍生的腐屑。改变腐屑原料的木质素含量会对整个沿海地区的二次生产产生负面影响。在开展有关木质素改性的任何研究议程之前或同时,必须评估将转基因植物引入沿海地区的社会和经济影响,以研究在哪个点上(若有的话)基于木质素含量增加的沼泽生长可以实现与沿海渔业变化和人类生存依赖之间的平衡。

三、社会影响

(一) 社会障碍

尽管沿海地区的洪水风险不断增加,但将易受洪水影响的土地转化为湿地也可能存在重大的社会障碍。为了克服这些障碍,管理者必须以一种允许人类持续发展的方式规划和设计海岸,同时提升更大面积的湿地的碳去除能力(Stark et al. ,2016)。沿海地区的洪水和风暴灾害的风险上升可能会导致监管的改变,这种改变能减轻美国联邦政府的财政负担并抑制沿海地区的开发。沿海灾害大大增加了人员和基础设施的风险。例如,2017 年美国 160 亿美元的气象灾害①累计费用为 3 062 亿美元(NOAA National Centers for Environmental Information,2018)。美国联邦应急管理局(Federal Emergency Management

---

① 根据美国国家海洋和大气管理局的报告,2017 年美国共经历了 16 起单个经济损失超过 10 亿美元的气象灾害事件。——译者注

Agency,FEMA)因超级飓风"桑迪""卡特里娜"和 2017 年的天气事件而产生了超过 240 亿美元的债务(CBO,2017),预期借款还会增加。

随着监管机构更好地促进生态恢复并实施了基于自然的适应项目,为防止土地复垦而作出的努力可能造成社会经济障碍(Chee et al. ,2017)。为沿海适应而创建湿地(湿地恢复)和土地复垦之间的区别是明显的,但可能会因政策信息不够充分或执行不力而变得模糊。作为一种最佳实践,监管框架应保证海岸恢复和基于自然的适应项目的目标是建造湿地以有效地去除碳,而不是开发沿海地区土地。

(二) 其他障碍

本书讨论了现有负排放技术部署的许可机制。然而,许可审批程序需要改进。例如,美国陆军工程兵团的审批流程平均需要三百多天才能完成(USACE,2017)。2016 年,加快生态岸线或海岸生物工程的 NW54 项目获批。符合这项快速许可审查条件的仅限于那些距离海岸线 30 ft 深和 500 ft 长的项目(US-ACE,2017)。确定加快监管部门批准项目的方式也是确保强有力和有效碳去除的一项关键需求。

第七节　实施滨海蓝碳的估计成本

实施不同滨海蓝碳方法的成本差异很大,在很大程度上取决于项目规模、干预类型、设计和施工成本、材料成本、材料和设备的运输成本以及碳去除监测。因为项目提供了多种生态系统服务和沿海适应功能,如果这些项目的存在与碳去除潜力并不相关,那么只需要考虑碳去除监测的增量成本。

如果项目的实施是为了碳去除之外的其他目的,那么成本将降低为监测沿海碳去除的增量成本。所有滨海蓝碳方法中,潮间带湿地和海草甸的监测增量成本分别约为 0.75 美元/t 二氧化碳和 4 美元/t 二氧化碳,但那些添加了富碳材料(估计为 1～30 美元/t 二氧化碳)的除外,具体取决于材料和使用的施工方法。为了估算这些监测费用,委员会考虑了与现有沿海和陆地负排放技术监测有关的费用,包括遥感耦合和基于地块的测量。例如,加利福尼亚州森林变化检测项目通过机构增效和跨项目调动员工实现了 0.004 美元/hm² 的成本（Fisher et al.，2007a）。对滨海蓝碳的监测需求将不限于土地变化监测，这只代表最低成本。综合监测计划的一个相关例子是全海岸基准监测系统（Coastwide Reference Monitoring System，CRMS），它是路易斯安那州根据《滨海湿地规划、保护和恢复法案》（Coastal Wetlands Planning，Protection，and Restoration Act，CWPPRA）从项目、区域和全海岸带尺度来监测和评估项目实施效果的一种机制（Steyer et al.，2003）。这个监测网络为各种用户群体，包括资源管理人员、学术人员、土地所有者和研究人员，提供多种形式的数据和研究。根据迄今为止资助的项目，该研究和监测计划的估计成本为 80 美元/hm² 或 6 美元/(hm²·年)。据报道，国家级项目监测系统成本为 0.50～5.50 美元/hm²（Böttcher et al.，2009）。由此可知，海岸参考监测系统包括了研究，监测增量成本可能会更低①。

第八节　研究议程

委员会制定了一项研究议程，其首要目标是保护和增强沿海地区现有潮间带湿地和海草床的高有机碳封存率，并扩大这些生态系统的覆盖面积。如前所述，碳封存率的提高可以通过组合的管理活动来实现，后者则取决于以下措施：

- 增加海岸系统土壤中的有机碳密度；
- 减缓现有湿地边缘的侵蚀；
- 随着高地地区被海水淹没，通过海侵增加湿地的地表以上覆盖面积；
- 增加矿物沉积物的可用性，确保湿地海拔与海平面上升速率的增加保持平衡；
- 混合"工程"（恢复、创建、海岸适应）方法，增强碳去除并维持或改善海岸生态系统服务；
- 增加土壤中能缓慢降解的高浓度有机碳，如生物炭或原木。

---

① 基于 CWPPRA 网站上列出的 2005—2019 年项目。见 https://www.lacoast.gov/new/Projects/List.aspx。

　　本研究议程还研究了作为海岸保护项目一部分的碳去除技术的需求和可行性,旨在将人类系统暴露于风暴和洪水的风险降到最低。我们建议开展这项研究,以减少在美国实现去除 1 Gt 二氧化碳规模部署时的障碍,以及降低与最能影响年度碳去除及其容量相关的最大不确定性。

　　研究议程涵盖了不同方法下的碳去除潜力、碳转化和持久性的基础科学研究,以及为碳去除而调整土地用途的相关社会经济和政策。提出了一个加速部署滨海负排放技术方法的框架,通过恢复、创建、基于自然的适应和大规模湿地海侵管理,结合设计的实验研究、示范场地和工程项目的适应性管理,进而增加湿地面积。经过设计的研究可以对滨海各种负排放技术方法进行严格的验证;示范场地可以对使用增加富碳材料的项目进行验证;适应性管理可以在项目不能满足预期性能标准时修改技术、工程或管理参数。书中提出的一些建议方法将对观测滨海地区物种多样性和生产力产生可能的影响。最后,社会科学研究将调查这些项目的影响和这些项目达到规模化的社会障碍。下面详细描述了研究议程的组成部分,成本概述见表 2-4。

表 2-4　滨海蓝碳研究议程的成本和构成

	推荐的研究项目	估计的研究预算(万美元/年)	时间框架(年)	理由
基础研究	了解和应用作为一种负排放技术的海岸生态系统的基础研究	600	5～10	5 个项目,为期 10 年,每年 200 万美元,用于研究解决沿海生态系统土壤/沉积物中产生和埋藏的有机碳的归宿;5 个项目,为期 10 年,每年 200 万美元,用于解决滨海蓝碳生态系统因主要气候变化,或海平面上升和管理驱动因素变化而发生的变化;5 个项目,每年 200 万美元,为期 5 年,用于解决原材料和滨海植物/表型的选择,其产生的高有机碳密度材料可在海岸沉积物中缓慢腐烂

续表

	推荐的研究项目	估计的研究预算（万美元/年）	时间框架（年）	理由
开发	当前和未来（即海平面上升之后）滨海湿地制图	200	20	以前的美国国家航天局碳监测系统项目（湿地：每年150万美元；海草床：每年50万美元）
	美国国家滨海湿地数据中心，包括所有恢复和碳去除项目的数据	200	20	美国国家科学基金会可持续研究网络的规模
示范	富碳负排放技术示范项目和现场实验网络	1 000	20	富碳负排放技术示范项目和野外实验网络（资助15个场地，每个场地每年670 000美元
	滨海地区碳去除和碳储存综合科学与实验网络	4 000	20	15个工程场地，每个场地每年的费用为100万美元〔大约是一项长期生态研究（long-term ecological research，LTER）的资金〕；20个强化管理和工程场地，每年费用为50万美元；8个新管理场地，每年费用为50万美元（湿地海侵——0～2 ft和海草床）；5个美国规模化综合性活动（湿地3个，海草床2个），每个活动每年的费用为20万美元
部署	滨海蓝碳项目部署（关于激励和障碍因素的社会科学、经济和政策研究）	500	10	随着滨海地区风险的增加，政策、激励和主要障碍将发生变化

一、基础研究

需要开展研究以解决理解和利用滨海生态系统作为负排放技术的一些关键不确定性因素，包括但不限于以下方面：①固定在滨海生态系统中的有机碳的最终归宿；②滨海生态系统在应对气候变化、海平面上升和人为干扰时产生的面积范围变化；③基因工程或选择高有机碳密度材料和在海岸沉积物中缓慢腐烂的滨海植物。委员会设想了一个综合性研究计划，其规模与美国国家海洋与大气管理局国家海洋补助计划的预算相当。

(一) 有机碳在海岸生态系统土壤/沉积物中产生和埋藏的最终归宿

需要通过开展基础研究,以减少关于海平面、气候和人类活动变化如何影响沿海湿地生态系统的初级生产、生态系统呼吸和有机碳长期埋藏方面的不确定性。我们目前对现有滨海湿地生态系统碳埋藏速率的认知和预测能力都有限,而且预测碳埋藏速率会如何变化是一个重大挑战。研究应旨在利用现有有机碳埋藏速率、潮汐幅度、生物地理区/湿地物种组成、气候、沉积物可用性、当地人类直接活动(如富氮)的强梯度,开发具有普遍适用性的模型。这项研究可以通过野外试验、实验室实验与建模活动相结合的方式进行。

潜在资助者:美国国家科学基金会环境生物学部和化学与材料科学学部,美国陆军工程兵团,美国能源部的工业研发项目,建筑与工程公司和基金会。

研究预算:10 年内每年约 200 万美元。

(二) 在 21 世纪剩余的时间内,滨海生态系统的面积和范围的变化,受主要控制因素变化的影响,如气候变化、沉积物可用性、海平面上升和人类干扰

滨海湿地生态系统正受到严重影响,由于海平面上升、沉积物可用性和其他因素的快速变化,导致其面积和范围正在迅速改变。对于现有滨海湿地生态系统的归宿,以及它们是否会因为边缘侵蚀或淹没而减少面积,或是会因海水随海平面上升淹没高地区域而增加面积,人们对此知之甚少。预测面积扩展的能力至关重要,因为它会影响未来的碳去除趋势。应当开展研究以发展对未来这些有关动力学的机械性和预测性的理解。应当制定一项研究计划,提高对多重应力下滨海湿地面积和范围的理解和预测。

潜在资助者:美国国家科学基金会环境生物学部、美国国家科学基金会海洋科学部、美国能源部、美国国家航空航天局)。

研究预算:10 年内每年预算 200 万美元。

(三) 选择能够产生高有机碳密度组织的植物/表型,以及其他能够抵抗滨海生态系统沉积物碳衰变的有机碳材料,和用于增强海岸碳含量的缓慢衰变的物种/表型

对沿海沉积物中保存的富含有机碳的材料,以及通过滨海植物的新菌株/表

型增加保存能力，人们知之甚少，需要对其进行研究以更好地了解富含有机碳的材料，如原木和生物炭的分解和保存能力。应该开展研究以调查引入能够产生更大量较难降解组织的新植物/表型/基因型的可行性、生态成本及效益。遗传研究可以提高现有湿地植物木质素的含量。还需要一个项目来提高富碳材料使用的技术准备水平，在某些情况下，还需要开展包括材料科学在内的新的实验室规模的试验。应支持多组学技术研究，以更好地理解木质素分解如何与微生物和环境变化相关联并受其控制(Billings et al.，2015)。

潜在资助者：美国国家科学基金会环境生物学部、美国陆军工程兵团、美国能源部、工业研发、建筑与工程公司和基金会。

研究预算：5 年内每年预算 200 万美元。

二、发展

（一）对由海平面上升和其他因素驱动引起的湿地和海草床土地覆盖和土地利用变化进行填图

需要开展更多的工作来发展和完善遥感方法，以估计那些未来基于自然的适应和湿地高程增加、湿地生产力、湿地有机碳埋藏、边缘侵蚀和向高地海侵而可能恢复的潜在区域。目前的野外和实验室方法都是劳动密集型的。遥感技术为有效地进行扩大规模、提高精度，并能够更好地预测和绘制现有的和潜在的滨海湿地区域以进行碳去除提供了一个机遇。对于现有的海侵和恢复的潮间带湿地来说，绘制盐度边界图方面存在知识空白，这降低了预测甲烷和二氧化碳排放和吸收的能力。同样，对于海草甸，人们大致了解其有机碳的累积率，但绘制和监测其面积和范围的能力有限。其他关键的研究需求包括开发与情景建模相吻合的稳健类型学，以识别和预测需要重点管理和恢复的脆弱土地区域。最后，在湿地海侵地区，开发新的方法来说明沿潮汐边界的森林/造林湿地（即区分它们与陆地森林）是另一个关键的研究需求。

我们建议进一步发展填图和遥感技术以及现场验证建模，以便在检测作为碳去除基础的海岸分类（如项目类型、盐度、土壤沉积）时推导出更稳健的关系并限制其变化。研究工作应该优先考虑长期的研究场地,研究场地应增加长期数据,以支持遥感技术的应用。

潜在资助者:美国国家航空航天局、美国能源部、美国国家海洋和大气管理局、美国林务局、美国环境保护署。

研究预算:5 年内每年预算 200 万美元(潮间带湿地:150 万美元;海草床:50 万美元)。

(二)滨海蓝碳项目综合数据库的开发

需要一项策略以制定一种可靠的方法,对滨海蓝碳方法的数量、类型、规模、成本、工程规范和性能进行验证并编目。最佳的管理实践可能包括与项目技术和生态规范相关的设计标准和性能。该数据库将有助于开发和验证滨海蓝碳生态系统的范围和二氧化碳封存率的预测模型,它对评价碳去除在何种条件下最优也至关重要,进而有利于适应性管理的实施。

委员会建议:

• 建设一个综合项目数据库;

• 设计滨海蓝碳指南,重点是海岸恢复、基于自然的适应和最具成本效益的湿地海侵管理方法,包括技术成熟度以及最佳管理实践;

• 用于实施、监测和评估的政策工具,包括滨海蓝碳方法的数量、类型、规模、生态和地球物理场地条件、绩效以及相关资源需求评估目录。

"蓝碳研究协调网络"(Blue Carbon Research Coordination Natwork)正在开发一个综合性的碳数据库并开展一些生态海岸线在线资源目录的项目,但定量数据有限,而且没有相关的综合性项目和这类数据库。

潜在资助者:美国国家科学基金会、美国环境保护署、美国鱼类和野生动物管理局、美国陆军工程兵团、美国国家海洋和大气管理局和州机构。

研究预算:20 年内每年预算 200 万美元,由一个跨学术—非政府组织—行业项目工作组负责。

三、示范

（一）滨海蓝碳示范项目及现场试验网络

富碳项目的示范将有助于证明提高二氧化碳去除能力的最具成本效益的方法是合理的，并应优先考虑。现场规模试验应该利用美国滨海碳生态系统中持续存在的环境条件和设定的极端范围，以促进对基本过程的理解，例如，有机碳埋藏速率和富碳材料在积水、盐水条件下的长期衰变速度。还应该对低风险、高碳物种或表型开展持续数年的研究。现场试验应包括增加一个现有的自然、恢复、侵蚀和适应示范场地的子集，以测试中等规模现场项目中的富碳方法。

潜在资助者：美国国家科学基金会工程和基础设施项目、美国国家海洋和大气管理局、美国陆军工程兵团、美国能源部、行业研发、建筑与工程公司和基金会。

研究预算：加速碳去除示范项目的新的现场试验网络：20 年内每年预算1 000万美元。

（二）碳去除系统现场试验和适应性管理的场地网络（管理和工程场地）

对于工程项目（即湿地恢复和创建以及基于自然的海岸适应），在案例研究中所报告的各种管理方法对于保持有机碳累积速率方面还存在知识空白。虽然湿地恢复项目的数量和覆盖范围有所增加，但很少有研究考虑不同环境和项目类型下的长期有机碳累积速率，指导试验实施的类型学（Dürr et al. ,2011），以及监测和评估碳去除性能或应对海平面上升的最佳管理实践。这些项目从 20 世纪 50 年代就已经开始实施，但很少有研究能够回答严格地应用于自然滨海系统的一系列研究问题。例如，将人工和自然特征结合起来进行海岸防御的干预项目通常侧重于生物栖息地或多样性，而不是碳封存（Firth et al. ,2014）。考虑到保护海岸线项目的数量有增加的可能性，这个对基础设施服务进行研究既可以解决提高碳去除能力的海岸线工程的技术问题，又可以测试和示范现有的和新项目的性能。此外，还需要了解能降低人类和基础设施风险的适应项目如何随着时间的推移增加和加速碳去除，同时还可以保护和增强其他生态系统服务。

80

目前尚不确定的是,在依靠沉积物再悬浮和再沉积形成沼泽的地区,大规模海岸线改造能否长期维持沼泽和湿地的功能。委员会并不掌握任何地表海拔表(surface elevation tables,SETs)或长期估算的有机碳累积量,这些估算来自已经将基于自然的方法应用于海岸风险降低的项目,很少有估算来自人工湿地。

为了更好地了解如何管理湿地海侵和侵蚀,还需要进一步进行研究。这些研究应该调查通过不同管理活动增强有机碳埋藏的基本(潜在)过程,或研究使湿地发生海侵的过程,以及成本、效益、社会生态系统情景和响应,以便预测有机碳埋藏随时间的轨迹和变化。虽然对湿地海侵的管理可以提供大量新的湿地区域来埋藏有机碳并实现碳去除,但人们对这些条件下实现的有机碳累积速率知之甚少。使用适应性管理,如果管理活动没有保持有机碳累积速率,则可采取纠正措施。

在没有持续的和新的研究情况下,工程湿地的性能和湿地生存预测的不确定性可能会对所有滨海蓝碳方法造成障碍,在不满足性能标准的情况下,利用适应性管理方法可以进行规划、反复试错和纠正措施(Zedler,2017)。虽然滨海蓝碳的土壤有机碳埋藏被认为是滨海恢复能力项目的增量成本,但仍然需要建立一个监测网络。该网络将包括管理干预的景观层面研究、预测结果的土壤—衰退耦合模型,以及用于经验性现场测量验证。所有这些研究的目的都应该是最大限度地向多种沿海环境转移技术和方法。研究目标包括:①采用一系列结构性和非结构性的管理方法来优化海侵湿地有机碳埋藏;②预测海平面上升和沉积物的可用性对湿地海拔上升和有机碳埋藏轨迹和阈值的影响;③了解因海平面上升引发的海侵而形成的新沼泽中辐射性气体的排放。该领域还将受益于高地向潮间带湿地过渡时对有机碳平衡的更好了解。在潮汐洪水暴发、暴露于盐水中和转化为潮间带湿地的过程中,对高地植物生产力、有机碳积累和有机碳演化的轨迹知之甚少。应该在 21 世纪可能被海水淹没的主要高地的土地利用和土地覆盖类别中进行示范/部署。

需要在新的工程和管理场地发展研究基础设施,并在现有场地上加以扩充,同时结合现场试验、适应性管理的项目间联网以加速部署,并与建模和综合工作相结合。研究和现场试验设计将包括在联网点进行观察,并在项目类型、海岸生物地貌条件、流域管理、海平面上升和气候变化风险的梯度上进行应用统计抽样。具体研究所需的基础设施至少包括与遥感相结合的二氧化碳和甲烷通量从地表到大气的测量以及二氧化碳和甲烷的涡流通量测量点、微气象站、水位和盐度仪器、一系列地表海拔表和植被图。建议在现有的美国国家科学基金会/长期生态研究(NSF/LTER)沿海站点、美国国家海洋和大气管理局/国家河口研究保护区协会(NOAA/NERRA)站点和美国国家科学基金会/国家生态观测站网络(NSF/NEON)沿海站点之间建立一个综合研究网络,通过一些已经部署的研究基础设施扩充现有场地,对各场地碳去除率进行统一和可比性监测。应该优先考虑在海平面上升达到 2 ft 的预期湿地海侵地区、近岸水下区域(即海草床)和工程项目的管理区域内进行长期研究。

应该积极利用已知的适应性管理研究基础设施,如路易斯安那州的滨海全海岸参考监测系统。这项研究应当确定优先考虑那些在提高二氧化碳去除能力和其他生态系统服务方面最具成本效益的方法(最少的基础设施和最小的负面影响)。需要通过开展数据综合活动,以评估知识差距,并随着新研究成果的出现,更新知识状态,进而将知识扩展到区域层面。综合成果将为一个多地区、跨组织(机构—学术—非政府组织—行业)工作组的研究提供信息,以制定适应性管理计划的框架,确定碳去除和其他生态系统服务项目和通用研究协议,并确定一套通用的海平面上升和气候变化情景和模型。

潜在资助者:美国国家海洋和大气管理局海洋基金会、美国国家科学基金会多个理事机构、美国能源部、美国国家航空航天局、美国鱼类和野生动物管理局、美国陆军工程兵团、美国各州机构和基金会。

研究预算:20 年内每年预算 3 000 万美元。

四、部署

滨海蓝碳方法产生了许多社会和政策方面的问题,尤其是与土地覆盖和土地利用变化有关的问题。社会障碍并没有得到充分理解,特别是在新的政策举措中,为减少沿海风险而产生了费用。允许湿地侵入高地地区的社会接受度存在高度不确定性(Brody et al.,2012)。其他社会生态知识差距包括如何激励前瞻性决策和监管下的海岸线撤退战略(如降低风险的"真实"价值,而不是基于保险的价值)以降低沿海风险。随着监管机构更好地开展恢复和基于自然的适应项目,防止土地复垦的努力可能会给项目实施造成社会经济障碍(Chee et al.,2017)。为适应海岸而创建湿地(湿地复垦)和土地复垦截然不同,但可能会因为不完善的政策或未执行的政策而变得模糊。作为一种最佳做法,应该将海岸恢复和基于自然的适应项目纳入监管框架,确保它们的目的是建设湿地以有效地去除碳,而不是为了开发沿海地区的土地。

需要研究增加滨海蓝碳可用面积的障碍和激励措施,以及滨海湿地开垦作为一种碳去除方式的潜在影响(如许多研究都解释了与减少潮滩面积的海堤有关的生物多样性风险)。这类社会科学和政策研究可解决以下问题:

• 如果滨海湿地复垦产生的生态系统服务价值增加,那么需要进行哪些取舍和以哪些管理/政策来应对意外结果?

• 许可[美国陆军工程兵团/州/地方机构相关的程序]会增加哪些成本?

如果滨海恢复项目的实施是为了增强碳去除之外的生态系统服务,那么碳去除的成本(美元/t 二氧化碳)仅仅是监测的增量成本。然而,考虑和不考虑碳去除的滨海项目成本可能有所不同。例如,实施二氧化碳封存(自然或基于自然的基础设施)的沿海适应结构策略可能比更典型的结构策略(海堤)成本更高。需要继续在地方和区域层面进行研究,以确定预测海岸脆弱性的方法。该方法综合了基于模拟和现场测量的土壤有机碳累积的可靠信息,这些信息是通过管理海岸线后退策略而获得的。

将滨海碳作为一种负排放技术进行开发和推广并不取决于碳的价格,因为大多数湿地恢复和沿海适应性项目都没有考虑到二氧化碳减排。滨海蓝碳成本效益的量化研究可能会激励政府将易受沿海洪水影响的土地转变为湿地,或者激励私有财产所有者放弃这一脆弱的财产(如全美洪水保险制度重复损失财产)和土地用途(如农业、低密度土地),而代之以其他生态系统服务,并最终放弃这些土地用于碳去除。此外,科学家应该评估湿地恢复、创建、保护的协同经济效益。他们还需要进一步了解如何使减少湿地脆弱性的行动所支出的时间与地方政府和公民纳税人应获得的利益相一致。

鉴于目前关于社会科学、经济和政策研究方面的缺乏,许多社会经济问题都构成了大规模部署滨海蓝碳的障碍。研究人员应该探索潮间带湿地保护、恢复和扩大行动与人类福祉之间的社会生态和经济联系：

- 美国联邦、州和地方的哪些决策组合最有效，成本效益最高，并能保护当地社区财产权和价值，同时降低社区对海平面上升和风暴损害的脆弱性？
- 市场如何影响沿海地区的土地使用？监管与市场化的湿地管理方法的成本和收益是什么？

这一领域将会受益于一种可以更好地预测随着海平面上升，县域的个别地块（主动和被动）成为湿地的可能性的类型学。这种类型学可能会考虑以下因素：

- 当地土地利用的变化趋势、财产的价值、地方政府收入的主要来源，以及沼泽管理在多大程度上可以减少风暴和海平面上升造成的财产损失；
- 在气候变化和海平面上升情景下的当前发展程度、现有开放空间以及维护基础设施的未来成本；
- 政治上或人们对财产转化为湿地的态度。

最后，需要研究：

- 风险规避的决策是如何做出的？风险规避决策是否随风险时间线而产生相关变化？
- 资源的可用性如何影响社区/当地的适应机会和能力？
- 涉及湿地的适应性选择如何影响地方政府的收入和财政？

潜在资助者：美国国家科学基金会的多个理事机构、美国国家海洋和大气管理局、美国环境保护署、美国州机构和基金会。

研究预算：10 年内每年预算 500 万美元。

五、监测、核查和研究管理

滨海蓝碳的成本（美元/t 二氧化碳）包括监测的增量成本（如上所述）。

在评估研究计划的时间表时，应当考虑筹资、计划审查和建设方面的时间延迟。研究的监督和协调工作包含在研究议程成本中。建议包括：①建立一个多机构（美国联邦、州、地方机构和学术机构）工作组，负责并资助监督和整合研究工作；②基于最佳实施/管理实践标准评估开发湿地缓解型策略绩效。

第九节　小结

滨海湿地是具有极高生产力的生态系统，它们通过光合作用从大气中去除碳，在土壤中长期储存，从而起到长期碳汇的作用。与其他生态系统相比，滨海湿地的单位面积碳汇量非常高：潮间带湿地的二氧化碳储存量为 7.98 t/(hm² · 年)，海草甸的二氧化碳储存量为 1.58 t/(hm² · 年)。

本章明确了潮间带湿地和海草床生态系统管理的方法，与预期的未来自然封存基线相比，这些方法能够促进碳去除和可靠封存的收益。这些措施包括恢复以前的湿地，在海岸恢复力项目中使用基于自然的功能，随着海平面上升进行监管下的迁移，增加用富碳材料的工程项目，以及为防止未来碳容量的预期损失而采用的管理手段。委员会认为，实施这些方法可能会使滨海湿地到 2100 年额外储存 5.424 Gt 二氧化碳。碳封存是滨海湿地提供的许多生态系统服务之一，这些服务激发了人们对保护和恢复滨海湿地的兴趣。正在进行中的恢复活动和滨海恢复工作的预期增长，提供了一个以无边际成本或低边际成本利用碳效益的机会。

虽然一些滨海地区正在进行湿地恢复，但由于其预计的滨海碳去除能力还存在不确定性，这让湿地作为一种长期负排放技术显得不成熟。人们对碳积累和封存的速率及持久性的生物和地貌限制还没有充分的了解，无法预测它们对海平面高速上升的影响，和在未来海岸带管理实践中的影响。关于滨海水域变化对有机碳埋藏的基本控制和人类干预的影响，仍然存在大量未知因素。

在本章中，委员会提出了有关基础研究、试点部署和监测的研究议程，目的是更好地了解 21 世纪剩余时间内碳封存基线水平的控制因素，并将封存率提高到不断变化的基线水平之上。此外，有关气候适应和滨海开发的社会决策将会影响维持或增加沿海湿地面积的能力（Schuerch et al.，2018）。因此，研究议程还概述了有关滨海地区土地利用变化的社会反应的信息需求。

第三章　陆地碳去除和封存

第一节　引言

一、陆地碳封存的定义

陆地碳封存定义为：植物从大气中吸收二氧化碳，推动生物种群中有机碳的数量随时间增加并维持其水平。生物碳储量主要受主动循环过程控制，即吸收（从大气中吸收碳）和排放（碳流失到大气中）。值得关注的是那些能够在数十年时间内累积和保持的碳储量，即木质生物质、粗木质碎片和土壤有机质（soil organic matter，SOM）。更短期的碳储量在碳封存中通常被忽略，包括停留时间较短（小于 1 年）的草本植物生物质和植物凋落物，因为它们没有体现从大气中去除二氧化碳的持久性。用收获的木质生物质制作的长期使用的木制品可以累积并保持碳，但储存的碳也会随着产品使用的停止而释放，除非将其封存在填埋场。虽然委员会认识到，增加林业和农业碳吸收的技术可能会因为土壤中顽固碳的分解和扰动而导致排放增加，但本书所报告的几乎所有数据都是净碳吸收的数据，由存量随着时间变化而确定。因此，净值中包含了分解和扰动对碳损失的影响。

作为一般原则，这些碳储量的总体平衡是由碳输入（通过植物吸收二氧化碳）和碳流失到大气（通过微生物分解以及火的燃烧）之间的差异驱动的。因此，可以通过增加碳的输入速率或减少碳的输出，或者两者同时进行来增加碳的存量。对于木本生物质，意味着单位面积内要种植更多生物质较多的树木，并在较长时间跨度内维持该生物质，和（或）减少树木死亡、火灾和收获造成的木质生物

质的损失。对于土壤有机碳,意味着要增加植物衍生腐屑向土壤中输入的速率,
和(或)降低土壤中添加的或已存在的有机化合物分解矿化为二氧化碳的速率。
为实现和维持生物碳储量的增加,需要各种现有的以及未来潜在的管理实践来
推动系统碳平衡。

二、陆地碳封存的基本原理

　　全球陆地生物碳储量包括:生物质中约 600 Gt 碳、深度为 1 m 的土壤中约
1 500 Gt 碳(深度 2 m 的约 2 600 Gt 碳);大气和陆地生态系统之间的碳通量大
致平衡,约为 60 Gt 碳/年,但陆地生态系统的平均净剩余吸收量为 1~2 Gt 碳
(Le Quéré et al.,2016)。然而,从历史上看,由于原生生态系统向受管理土地
(特别是农田)的转变,特别是过去 200~300 年人口和土地转型激增,使其一直
是二氧化碳流入大气的巨大净来源,并伴随着生物质和土壤碳储量的大幅减少。
最近对人为导致陆地碳储量损失的估算显示,1850—2015 年间,木本生物质和
土壤碳储量损失约为 145 Gt(Houghton and Nassikas,2017),过去 12 000 年土
壤碳储量损失约为 133 Gt(Sanderman et al.,2017),过去 10 000 年生物质碳储
量损失约为 379 Gt(Pan et al.,2013)。这些对历史损失的估算指出了通过调整
土地管理能恢复的陆地碳储量的假想上限,但这个上限非常不现实。

　　将陆地碳封存作为二氧化碳去除战略的根本原因至少有三个方面。首先,
为储存提供了机会的碳捕获和封存技术已经存在,该技术通过植物吸收二氧化
碳并将其储存在寿命更长的生物碳库中,在能源和经济性上比其他碳去除和缓
解措施更具竞争力。其次,与当前低得多的碳储量相比,根据历史碳储量的规
模,陆地碳封存有显著的存储容量。在很大程度上,陆地碳封存方法可以被看作
是以前生态系统退化的逆转,即改变土地用途和管理方式,以支持更大的生物量
和土壤碳储量。再次,增加生物量和土壤碳储量可以带来额外的生态系统服务
效益,包括流域保护、增加生物多样性以及改善土壤健康和肥力。相反,如果创
造碳汇的活动改变了扰动机制或影响了物种的其他景观特征,生态系统服务的
效益(包括生物多样性)可能会降低。下面将进行更详细的讨论。

第二节　陆地封存方法

委员会对陆地碳封存方案的评估以林地、农田和草地等主要经营性生态系统为中心，每一种生态系统都有多种管理"手段"来调整碳储量。其他集约管理的土地，如在树木和绿地（公园、草坪等）中储存生物碳的城市和郊区景观，可以适用林地和草地类别下的一些封存措施。湿地尤其重要，因为它们在任何生态系统中单位面积碳储量都最高。如果湿地被抽干并转化为农田、牧场或森林，其恢复碳封存能力的方法将分别在这三种主要土地利用类型下讨论。第二章介绍了存在于陆地和海洋生态系统边缘的滨海生态系统（即"滨海蓝碳"）。第四章介绍了生物能源碳捕获和储存，并参考了本章有关负排放技术方法的土地需求。

在描述技术选择时，委员会对去除二氧化碳、增加碳存量的"常规"和"前沿"技术和做法进行了区分。常规做法是指已经在一定程度上使用，并具有应用研究知识体系的管理实践。这种增加碳储量的做法需要土地管理者深度参与，改进其适用性和支持服务，以促进更广泛地应用。相比之下，前沿技术还处于基础研究阶段，尚未进行广泛部署（如多年生粮食作物），或涉及现行土地管理框架之外的做法（如加强木材保护）。

一、常规林业实践

能够去除二氧化碳和减少排放的林业实践可以分为三类做法：①避免将林地转换为碳储存较少且去除率较低的其他土地利用方式（森林砍伐）；②将非林地转换为森林（造林/再造林），从而增加碳的去除量和储存量；③改变森林管理的做法，要么增加碳储存，要么增加大气中碳的净去除量（二氧化碳的损益平衡），或二者兼而有之。改变森林管理涉及一系列做法，例如，在扰动后加速无储碳能力的森林再生，从而在短期内增加碳的去除；将退化的森林恢复到更健康、更可持续的状态，以保持碳去除能力并延长轮伐时间（采收时的林龄），这样可以避免与木材采收相关的排放，将更多的生物质用于具有储碳能力的长寿命木材产品中。还有一类是改变管理和木材产品设计，保存更长寿命的木材产品，储存收获的生物质碳，本章将其作为前沿技术置于后面部分。

由于林业活动对碳循环有许多不同的直接和间接的作用，其碳结果的评估比较复杂。森林生态系统由三个主要的碳库组成：有生命的生物质（地上和地下）、枯立木和枯倒木，以及土壤有机质（包括地表凋落物、腐殖质和矿物土层），它们对采伐、管理和其他扰动有不同的响应。这些碳库对几年到几十年的扰动作出反应，因此估算扰动的影响是一个持续进行的过程。除了生态系统的影响外，木质林产品还对碳循环产生多重影响，包括在使用或处置过程中临时储存被去除的碳的功能，用木材代替其他需要大量化石能源生产的建筑材料（避免了排放），以及使用木材作为生物燃料，与燃烧化石燃料相比可以减少净排放量（详见第四章讨论）。

虽然避免森林砍伐对每公顷土地上的碳排放减少和碳汇能力有最直接、最显著的影响，但是由于这种行为主要是为了减排或避免排放，而不是增加二氧化碳去除，本书并未对此进行深入探讨。避免森林砍伐是一项潜在的重大活动，在美国可避免的排放量为每年每公顷 $56 \sim 116$ Mg 碳，在全球为每年每公顷 $96 \sim 103$ Mg 碳（EPA，2005；Griscom et al.，2017）。

二、造林/再造林

造林/再造林在美国和世界各地已经进行了广泛的研究和实施，可以考虑立即部署用于碳去除。造林/再造林是指在已有一段时间处于非林地使用状态的土地上植树或促进树木的自然更新。即使树木的覆盖率可能暂时降低到典型的非林地使用水平，委员会仍将采伐后的森林再生视为一种森林管理实践。几十年来，林业工作者一直在种植新的森林或在非林地重新造林，他们充分了解哪些物种可能成功种植，哪些地区适合种植或适合辅助自然再生（Sample，2017）。在树木种植及木材生产相关的地区（如美国东南部和太平洋西北部），种源试验、树木育种计划、遗传改良等都取得了进展，以确定存活率好、生长快、具有最适合木材产品特性的树种（Burley，1980）。然而，迄今为止，碳去除率并不是提高蓄积量研究的目标，相反，提高蓄积量的目标一直是增加木材产量（地上生物量），而对地下生物质和土壤碳的影响在很大程度上仍然不清楚（Noormets et al. ，2015）。因此，有必要考虑选择能够增加整树生物质的树木，以提高它们作为碳去除生物体的功能［如穆切罗等（Muchero et al. ，2013）］。目前已经具有关于树木生长和碳去除率的数据，以及成功种植和自然再生的参考指南。表 3-1 说明了一些较为常见的和具有代表性的碳去除率，由于气候、立地森林类型的不同，它们的值跨度也很大。

表 3-1　各种林业活动生物质碳封存率估计值

全球估计值		
活动	库存净增加［Mg C/(hm² · 年)］	参考文献
造林/再造林	2.8～5.5	格利斯柯姆等（Griscom et al. ，2017）
造林/再造林	3.4	史密斯等（Smith et al. ，2016）
改善森林管理	0.2～1.2	格利斯柯姆等（Griscom et al. ，2017）
美国估计值		
活动	库存净增加［Mg C/(hm² · 年)］	参考文献
造林/再造林	0.7～6.4	伯宰（Birdsey,1996）
改善森林管理	1.4～2.5	迪尼夫等（Denef et al. ，2011）

在美国，生态系统的碳增加率随着造林/再造林而增加，在 50～100 年或更长时间内生态系统的碳范围为 0.7～6.4 Mg/(hm² · 年)（表 3-1）。在这段时间内碳去除率是可变的，一般遵循生长曲线，在森林达到成熟增长率后逐渐降低（图 3-1）。但是，如果这项活动在几年的时间内分别在不同地区开展，那么其可能受到基础设施和资金的限制，除了早期年份外，碳储存增量的理想化模式可能线性更强（图 3-2）。对造林/再造林的潜在碳汇的估算包括生物量和土壤碳的变化，不考虑未来采伐或自然扰动的影响。扰动会使储存的碳从生态系统中释放出来。就采伐而言，生态系统中损失的一些碳将保留在木材产品或垃圾填埋场中。采伐木材产品的增加还可能通过用木材代替其他需要更多能源来生产的建筑材料类型，进而减少排放。在这里没有估算增加采伐木材产品代替其他材料所能减少的排放量，尽管其意义可能重大，但是这些行为并没有代表碳去除的增加。

91

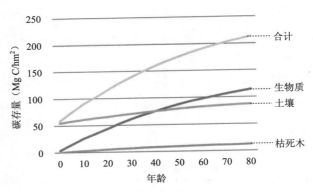

图 3-1   造林产生的碳存量变化

注:以美国东南部的短叶火炬松为例。

资料来源:数据来自史密斯等(Smith et al.,2006)。

92

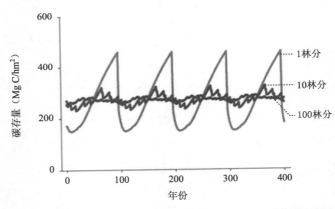

图 3-2   管理行为在不同空间尺度上对道格拉斯冷杉林碳存量假设的影响

资料来源:改编自麦金利等(McKinley et al.,2011)。

三、改善森林管理

发达国家已经广泛研究了改善森林管理对碳去除的影响、可行性及其成本。因此,这种技术是可以立即部署应用的。森林管理涉及的做法非常广泛,这些做法在总结造林经验的基础上充分考虑了区域和当地条件,许多做法已经实施了几十年(Malmsheimer et al. ,2011;McKinley et al. ,2011)。有望增加碳去除的森林管理做法包括:

- 在发生严重扰动的地区加速森林再生;
- 恢复已经转变为"不可持续"林地状态的森林,包括将森林恢复到更适应立地和气候的原始植被类型来增加碳储量,以及将碳库存过剩林分的碳储量降低到不可能发生强烈野火的水平,而野火会将森林转变为碳密度低得多的非森林;
- 延长采收轮作,使树木长得更大并维持碳去除率(不涉及避免与采收相关的排放);
- 通过治疗受病虫害影响区域的森林或预防引发病虫害的条件来保持森林健康;
- 与未经处理的情况相比,间伐和其他造林处理可促进总体上更高的林分生长。

根据对美国和全球的估算,改善森林管理的做法,如延长木材采伐轮作、改善蓄积量和生产力,可以在几十年内使森林每年每公顷额外储存 0.2～2.5 Mg 碳(表 3-1)。这些估算包括生物质和土壤碳的变化,但不包括采伐木材产品的库存变化。虽然更多地使用采伐木材代替其他材料所减少的排放量可能很大,但由于这些活动并不代表碳去除量的增加,因此本书并未估算其所能减少的排放量。

由于需要考虑不同的土地用途和管理历史,以及不同的气候、立地条件和森林类型,改善森林管理的潜在效益变化幅度非常大。一般来说,在没有管理的情况下,现有森林中的树木因蓄积量的增长仍然会吸收大量二氧化碳,所以每公顷吸收的二氧化碳的数值比观察到的造林/再造林要低得多。因此,额外吸收的二氧化碳比森林和非森林之差要小(McKinley et al. ,2011)。

93

四、森林前沿做法

(一) 增加采伐木材的使用和保护

据多方研究,增加采伐木材产品的使用对气候的主要效益是通过用木材产品替代需要更多化石燃料生产的混凝土和钢铁等材料来减少排放[见如桥本等(Hashimoto et al. ,2002);佩雷斯-加西亚等(Perez-Garcia et al. ,2005);塞斯里和奥康纳(Sathre and O'Connor,2010)]。然而,通过改进防腐处理方法(Song et al. ,2018)或高级填埋方法来增加采伐木材的保存,可能是一种非常重要的、具有额外经济效益的二氧化碳去除方法。曾(Zeng,2008)建议,从管理的森林中采伐活树木和其他生物质,并且为防止碳被释放,将原木埋在沟渠中或以其他方式储存。在现有的采伐作业基础上改进对木材产品的保存,和以高水平的保存方式来增加采伐,可能是增加碳去除的可行方法。

全球 40 亿 hm^2 森林的年木材采伐量平均约为 30 亿 m^3,占森林生长量的 0.65%,其中约一半用于制作木材产品,另一半用作燃料(FAO,2015b)。在采伐期间,大部分现生生物质作为采伐残枝(不包括树根)留在森林中,在美国国家尺度上,这些约占采收前生物质的 30%~40%,在更局部的地方范围内有更高的变化性(Oswalt et al. ,2014;Winjum et al. ,1998)。一些伐木碎片被用作薪材和木炭。大部分工业木材的砍伐来自占全球森林约一半的、被指定用于木材生产或多种用途的森林(FAO,2015b)。

用于木材产品生产而从森林中砍伐的大部分生物质主要是在初级加工过程中排放碳,根据转化效率的不同,损失为 20%~60%(Bergman and Bowe,2008;Ingerson,2009;Kline,2005;Liski et al. ,2001)。木制品的使用寿命结束后,通常会被储存在所设计的可相对快速分解的垃圾填埋场中,但可能会受到其他安排的影响,如在倾倒时其储存的碳被排放(Skog,2008)。根据几项估算,在考虑了当前的采伐投入和过去采伐延续的损失后,采伐木材中每年约有 0.5~0.7 Gt 二氧化碳在使用中或填埋中被封存(Hashimoto et al. ,2002;Miner and Perez-Garcia,2007;Pan et al. ,2011;Winjum et al. ,1998)。

（二）农田和草地常规做法

世界上绝大多数农业用地并没有达到土壤碳储量增加的最佳管理。温带气候地区，大多数年耕农田在主要作物生长季节之外都有裸露休耕的情况，而且精耕细作的做法仍然非常普遍。一些年耕农田位于土壤持续退化的边缘。许多牧场和草地采用不完善的放牧制度和牧草管理方式。但是，有许多可以增加土壤中碳储量的保护管理措施，这些措施已经被思想先进的农民和牧场主成功地采用。通过长期的现场试验和对比观察，这些做法在许多情况下得到了很好的研究。表3-2列出了几类管理做法，按照增加土壤碳输入和（或）减少土壤碳损失方面的主要作用方式进行了分类。

表3-2 增加有机碳储存并促进大气中二氧化碳净去除的常规农业管理行为实例

管理做法	增加碳输入	减少碳损失
提高生产力和残留物保留	×	
覆盖作物	×	
免耕和其他保护性耕作	×	×
肥料和堆肥添加	×	
转化为多年生草本和豆类植物	×	×
农林业	×	
有机（即泥炭和淤泥）土壤再湿润	×	×
改善牧场管理	×	×

资料来源：改编自保斯蒂安（Paustian，2014）。

在改进的做法实施后，土壤碳的累积率可以持续几十年，但随着时间的推移，土壤碳的含量趋于新的平衡状态，除非采取额外的碳累积管理做法，否则不会有进一步的碳收益。此外，由于矿物—有机质相互作用的动态性在很大程度上控制了碳在土壤中的停留时间（Lehmann and Kleber，2015），与碳浓度高的土壤相比，最初碳浓度较低的土壤更容易获得碳。因此，实际上存在一个随土壤质地和矿物变化而变化的"饱和极限"（Stewart et al.，2007），阻碍了高有机质含量的矿质土壤碳的进一步积累。

95

（三）改进年种植制度

在年耕农田中，农民可以采取的增加土壤碳输入的种植方式有几种：用季节性覆盖作物取代冬季裸地,种植能产生大量残留物的作物,在半干旱环境中推广更为连续的种植(减少夏季休耕频率),以及增加多年生草本和豆科作物在作物轮作中的比例。这些种植方式可以最大限度地延长土壤上活的植被覆盖时间,并增加土壤中根的衍生碳量(Rasse et al.,2005)。在过去的几年中,覆盖作物种植得到了美国农业部自然资源保护服务局(Natural Resource Conservation Service)的大力推动,人们对覆盖作物的使用越来越积极,覆盖作物的采用率正在上升。但是在美国的采用率仍然很低(小于5%的耕种面积;USDA,2014)。这反映出种植者对该领域不熟悉、额外成本带来的障碍、与农作物保险有关的限制,以及某些领域可能不成熟的技术。尽管有大片地区仍然以小麦隔年休耕方式为主,但在半干旱农田中增加种植频率和减少夏季休耕的制度已经成功提高了土壤生产力和碳储量(Peterson et al.,1998),由于主要大宗商品作物(如玉米、大豆)的价格较高,粮食单作的连续种植方式受到了鼓励,而作物轮作的广泛应用则受到了限制,这种轮作包括2~3年的草类或豆科干草和一年生作物(在20世纪中期的玉米带农业中很常见)。因此,美国年耕农田由于各种原因没有广泛采用碳封存的最佳种植做法,意味着如果将土壤碳封存设定为重要的政策目标,那么提高采用率的空间将会很大。

农民利用耕作来管理作物残留,并为作物准备苗床,这是农田土壤扰动的主要来源。精耕细作往往会加速土壤有机质的分解速率(Paustian et al.,2000)。近几十年来,耕作工具技术和农学实践的进步使农民减少了耕作频率和强度,有时会完全停止耕作,这种做法被称为"免耕"。减少耕作的制度,尤其是免耕制度,可以增加有机质的平均停留时间并减缓土壤衰减(Six and Paustian,2014),促进更多的土壤碳储存(表3-3)。许多田野调查表明,采用减耕和免耕措施后,土壤有机碳有所增加,但因土壤质地和气候的不同而有所变化。然而,与传统耕作相比,有些情况下免耕并不能增加土壤碳,尤其是在潮湿、凉爽的气候下,免耕可能会降低土壤生产力(Ogle et al.,2012),在表层土壤碳含量已经很高的土壤中,有机质的稳定性可能低于那些残留物混入耕作土壤深处的土壤(Angers and Eriksen-Hamel,2008;Ogle et al.,2012)。尽管存在显著的区域差异,但美国大部分年耕农田都没有广泛采用免耕和减耕的做法。

总之,将延长植被期、增加残留物(尤其是根来源)的投入和减少耕作的制度综合起来,可以广泛地作为增加年耕农田土壤碳储量的最佳做法。碳封存率随着气候、土壤和土地使用历史的变化而显著变化,但正如对全球和美国长期田间试验数据的多元分析所观察到的,在 20~40 年的时间内,具有代表性的碳封存率是 0.2~0.5 t 碳/(hm² · 年)(表 3-3)。

97

表 3-3 采用保护措施的年耕农田土壤碳封存率摘要和元分析示例

采用的做法		ΔSOC(SE) [t C/(hm² · 年)]	地区	比较的 田地编号	来源
作物轮作	覆盖作物	0.32(0.08)	全球	139	波普劳和唐(Poeplau and Don,2014)
	覆盖多种作物	0.36	美国	31	伊格尔等(Eagle et al.,2012)
	改进轮换	0.14~0.18ᵃ	美国	78	伊格尔等(Eagle et al.,2012)
	改进轮换	0.1~0.21ᵇ	全球(温暖干旱地区)	13	奥格尔等(Ogle et al.,2005)
	改进轮换	0.17~0.34ᵇ	全球(温暖湿润地区)	13	奥格尔等(Ogle et al.,2005)
保护性耕作	免耕	0.48(0.13)	全球	276	韦斯特和波斯特(West and Post,2002)
	免耕	0.15~0.80ᵇ	全球	160	奥格尔等(Ogle et al.,2005)
	免耕	0.33	美国	282	伊格尔等(Eagle et al.,2012)
	免耕	0.30(0.05)	美国东南部	60	弗兰茨卢伯斯(Franzluebers,2010)
	免耕 + 覆盖作物	0.55(0.06)	美国东南部	87	弗兰茨卢伯斯(Franzluebers,2010)
	免耕	0.48(0.59)	美国中北部	19	约翰逊等(Johnson et al.,2005)
	免耕	0.27(0.19)	美国西北部	40	李比希等(Liebig et al.,2005)

注:ΔSOC 表示具有标准误差(SE)的土壤有机碳储量[t 碳/(hm² · 年)]平均变化(如有报告),或在某些情况下取值以年均变化率的代表范围进行报告。a. 平均值的范围来自轮作的改进,包括消除裸露休耕(夏季)和增种多年生牧草(1~3 年)。b. 这些研究显示了土壤有机碳储量(0~30 cm 深)的年度变化相对于基准土壤碳储量的百分比变化。为了换算成代表土壤有机碳变化率范围的量[t 碳/(hm² · 年)],委员会分别使用 15 t 碳/hm² 和 60 t 碳/hm²(0~30 cm 深度)作为储量的低值和高值。这对应于政府间气候变化专门委员会的土壤碳库存方法(IPCC,2006)中永久农田主要土壤类别碳储量的低值和高值。

98

(四) 有机质改良

添加动物粪肥和堆肥等有机质可以增加土壤碳含量,一方面是因为改良行为本身添加了碳,另一方面也改善了土壤物理属性和养分供应。接受大量有机改良剂的农田土壤,其土壤碳浓度总是会因改良剂本身的投入而增加。然而,这不一定能够等同于从大气中去除二氧化碳,而只是从另一个地方转移出了碳(Leifeld et al.,2013)。在一定程度上,改良剂改善了土壤性能,从而提高了当地植物的生产力和残余碳的输入,所以改良剂实际上增加了二氧化碳的去除量。因此,需要采用全生命周期评估(life cycle assessment,LCA)方法,将评估边界延伸到农场之外,将温室气体(greenhouse gas,GHG)和净碳排放与改良剂生产和利用相合,以准确估算净二氧化碳影响。由于几乎所有的原始动物粪肥都是在土地上施用的(Wu et al.,2013),所以增加一个地点的粪肥添加率就需要在其他地方减少同样的粪肥。因此,将粪肥碳添加量作为总碳平衡的一部分是不合理的。对于其他废物,如替代用途可能是填埋的市政来源的堆肥,可以用全生命周期评估方法作为一种对其评估的二氧化碳排放策略,对填埋替代方式提升的净排放量与堆肥生产和土地应用相关的净排放量进行了计算。关于加利福尼亚州草地堆肥应用的一项研究(DeLonge et al.,2013;Ryals and Silver,2013)估计,因为土壤碳增加(扣除添加的堆肥碳),以及潟湖储存肥料和绿色废物填埋转化为堆肥,可避免的温室气体净排放,其中堆肥后的前三年,每公顷土地的二氧化碳净去除量和温室气体减少量为 23 t 二氧化碳当量。但是,美国其他地区则缺少类似的研究。

(五) 年耕农田转为多年生植被

增加一年生农田土壤碳储量最有效的方法,或许是将其转为种植多年生植被,可以用于放牧和牧草生产、造林(见上一节)、专用能源作物(如柳枝稷、芒雀麦),或作为保护地而休耕。特别是多年生草本植物,它们将大部分碳同化物分配给地下生产,通过根系渗出、脱落和循环进入土壤有机质碳池。随着时间的推移,在土壤长期没有退化的情况下,土壤有机碳储量能够接近或等于耕作前的天然草地。用作专用能源作物(详见第四章)且建立在之前的农田上的多年生草本植物,通常会增加土壤碳储量,这有助于净温室气体的平衡(Field et al.,2018;

Liebig et al.，2008）。转化为多年生木质植被（如森林）增加了木质生物质碳的储量，但也可能增加土壤碳的储量。尽管一些研究表明，土壤碳增益主要发生在落叶植物下，针叶林木本植被下的土壤碳增益最小（Laganière et al.，2010；Morris et al.，2007），但在许多情况下，其累积率与转换为草地植被的累积率相似（Guo and Gifford，2002；Post and Kwon，2000）。多元分析记录了农田转化为多年生植被的土壤碳增益（表3-4）。

表3-4　已发表的有关年耕农田转换为多年生植被或森林植物群后的
土壤碳封存率的摘要和元分析示例

采用的做法	ΔSOC(SE) [t C/(hm² · 年)]	地区	比较的田地编号	资料来源
年耕农田转换为草地	0.9(0.1)	全球	161	科南特等(Conant et al.，2017)
	0.12～1.1[a]	全球	58	奥格尔等(Ogle et al.，2005)
	0.28～0.56	全球	76	郭和吉法德(Guo and Gifford，2002)
	0.33	全球	46	波斯特和权(Post and Kwon，2000)
年耕农田转换为森林	0.27～0.54	全球	38	郭和吉法德(Guo and Gifford，2002)
	0.34	全球	30	波斯特和权(Post and Kwon，2000)
	0.16～1[a]	全球	189	拉加尼耶尔等（Laganière et al.，2010)

注：ΔSOC 表示具有标准误差（SE）的土壤有机碳存量[t 碳/(hm² · 年)]平均变化（如有报告），或在某些情况下取值以年均变化率的代表范围进行报告。a. 这些研究显示了土壤有机碳储量（0～30 cm深）的年度变化相对于基准土壤碳储量的百分比变化。为了换算成代表土壤有机碳变化率范围的量[t 碳/(hm² · 年)]，委员会分别使用 15 t 碳/hm² 和 60 t 碳/hm²（0～30 cm 深度）作为储量的低值和高值。这对应于政府间气候变化专门委员会的土壤碳库存方法（IPCC，2006）中永久农田主要土壤类别碳储量的低值和高值。

（六）农林业

农林业是将树木与一年生作物或牧场（通常称为林牧系统）纳入农业系统中。在许多不同的做法中，树木可以与农作物（如巷带种植）或草本牧草穿插种植，用作边界或缓冲植物（如生活围栏、防风林、森林缓冲区），或按时间顺序使用，或与一年生作物轮作（如改进的树木休耕）。无论形式如何，将多年生木本物种与一年生作物或牧草结合在一起，通常会导致土壤碳储量和木本生物质储量增加(表 3-5)。

表 3-5　来自近期温带农林业实践元分析和多站点评估的生物质和土壤碳累积率的实例

采用的做法	ΔC 储量 [t C/(hm² · 年)]	时间(年)	地区	比较的田地编号	来源
巷带种植(木炭)	0.65	6~41	法国	13	卡迪纳尔等(Cardinael et al.,2017)
巷带种植(土壤碳)	0.24	6~41	法国	6	卡迪纳尔等(Cardinael et al.,2017)
农林业(土壤碳)	0.43~1.88	NR	美国	NR	伊格尔(Eagle et al.,2012)

注:ΔC 表示土壤有机碳或生物质储量的平均变化[t 碳/(hm² · 年)],或在某些情况下,数值被报告为年平均变化率的代表范围。NR 表示未报告。

(七) 改善放牧土地管理

　　草原的土壤碳储量是所有受管理的生态系统中最高的。除了一些受管理的牧场外,放牧的土地很少或从不耕作,在大多数牧场中占主导地位的多年生草本植物将相当一部分光合成固定碳分配到地下,从而使土壤有相对较大的碳储量。

　　美国的草原可以粗略地划分为草地和牧场。草地通常处于较湿润的环境中,具有较高的生产力,通常采用精选的(播种)物种和更密集的土壤管理,如施肥、施用石灰和灌溉。在某些情况下,过去进行过耕作的草地可以与一年生作物轮作。相比之下,牧场主要分布在干旱和半干旱的气候区,通常以天然草地植被为主,从未耕作过,没有(或很少)进行施肥或灌溉。放牧管理是牧场的主要管理"手段"。

　　放牧管理通过放牧来消耗植被的数量、时机和持续时间,从而影响牧场的草地生产力和碳储量(Milchunas and Lauenroth,1993)(表 3-6)。过多的放牧压力(过度放牧)会降低植物生产力和此后的碳吸收,并减少土壤碳储量(Dlamini et al.,2016)。因此,降低载畜率和放牧强度可以恢复植被生产力和增加碳储量。然而,除了取消过度放牧之外,与管理较少的连续型放牧相比,更集约管理的放牧(即轮牧、适应性多牧、群牧)对土壤碳的影响还存在相当大的争议。有研究认

为,管理密集型放牧(短期重度放牧期之后是长时间的无放牧期)能够增加土壤
碳储量(Chaplot et al.,2016;Wang et al.,2015),尽管许多实验并未证明轻度
至中度的连续放牧与管理密集型放牧之间的显著差异(Briske et al.,2008),但
是,对于不同的放牧形式,确定植被生产力与土壤碳响应力之间的相互作用是复
杂的(McSherry and Ritchie,2013)。一般来说,维持植被覆盖并最大限度地提
高植物活力和生产力的放牧形式最有利于建立和保持土壤碳储量(Eyles et al.,
2015)。为确定土壤碳封存的最佳草场和地区特定系统及其温室气体净减排和
二氧化碳去除能力,需要开展更多的实地研究和改进现有模型(Conant et al.,
2017;Eyles et al.,2015)。

表 3-6　近期改良草地管理实践的元分析和实地研究中土壤碳累积速率的实例

采用的做法	$\Delta SOC(SE)$ [t C/(hm²·年)]	地区	比较的田地编号	来源
提高肥力	0.57(0.08)	全球	108	科南特等(Conant et al.,2017)
豆科间种	0.68(0.22)	全球	13	科南特等(Conant et al.,2017)
改善放牧	0.3(0.14)	全球	89	科南特等(Conant et al.,2017)
改善放牧	−0.8～1.3	美国	13	伊格尔等(Eagle et al.,2012)
适应性的多围场	0.48	美国(得克萨斯州)	6	蒂格等(Teague et al.,2011)

注:ΔSOC 表示具有标准误差(SE)的土壤有机碳量[t 碳/(hm²·年)]平均变化(如有报告),或在某些情况下取值以年均变化率的代表范围进行报告。

(八) 有机土壤再湿化

生长在湿地植被下的有机土壤(即泥炭和淤泥土)一年中的大部分时间都充满了水,其有机质含量极高(最低 20 cm 深度的土壤有机碳超过 12%;FAO,1998),并可以延伸至数米的深度。在被排干水、施用石灰和施肥后转为农业用途(或森林种植)时,在其上种植的作物产量非常高,但土壤中有机质分解速度也很快,碳损失率高达 20 t/(hm²·年)(Armentano and Menges,1986)。尽管恢复湿地后甲烷排放会降低整体净碳汇,但与被排干水的有机土壤相比,恢复湿地水文和多年生植被可以逆转土壤碳损失的过程,并大大减少二氧化碳排放,在许多情况下可以重建土壤净碳汇。威尔逊等(Wilson et al.,2016)在一份全球综述中报道了大多数进行了土壤再湿化管理的有机土壤每年的净二氧化碳去除量

［通常小于 1 t 碳/(hm² · 年)］，其随温度状况、场地生产力、地下水位和恢复以后的时间等因素的变化而变化。关于土地恢复对热带有机土壤的影响的相关数据比较缺乏。

（九）农田和草地前沿实践

上述管理干预措施在美国和其他地方是众所周知的，且在不同程度上得到应用，而且也是曾经（和正在进行的）研究主题。尽管重要的基础和应用科学问题仍然存在，但大多数情况下碳储量响应的因果机制和相对规模是已知的。相比之下，委员会将一些方法定性为"前沿技术"，原因包括它们处于发展的早期阶段；关于碳去除速率和能力的许多问题仍然没有得到解答，而且除了现场研究，这些技术很少或根本没有得到部署。其中两项技术涉及增加有机碳在土壤中的停留时间和稳定性，另外两项技术涉及大大增强土壤碳汇能力的植物培育。

（十）生物炭改良

植物材料的热解（在没有氧气的情况下加热）是一种放热（即产生能量）过程，这一过程产生了挥发性化合物、油脂（可用于生物能源和生物材料）以及具有高芳香性、低氧碳比（O：C）和氢碳比（H：C）的固体"炭化"有机残留物，比原始植物残留物（如稻草、木材、贝壳）更能抵抗微生物分解。应用于土壤的生物炭的寿命会因为热解温度、持续时间、生物质类型以及气候和土壤条件而发生很大的变化。从木材中生成的高度浓缩、低氢碳比的焦炭极难分解，可以在土壤中保留超过数个世纪（Lehman et al. , 2015）。在许多易发生火灾的草原和森林生态系统中，自然产生的热解碳（如黑碳、木炭）占总的土壤有机碳的很大一部分（Skjemstad et al. , 2002），新石器时代的农民添加了烧焦的生物质，从而大大增加了土壤有机碳的储量（如亚马孙的黑土）（Glaser and Birk, 2012）。

热解是一种生物能源途径（主要用于生产液态生物燃料），可作为生物能源生产战略的一部分（详见第四章）。热解生物能源碳捕获和储存的目标是既能取代化石燃料，又能生产一种可以添加到土壤中用于长期碳储存的生物炭副产品。或者，有目的的生物炭生产［为工业用热和（或）工业用能而热解液体和燃烧挥发物］可以将生物炭作为主要产品应用于土壤，以固碳和提高农艺性状。生物炭生产并添加到土壤中能在多大程度上实现净二氧化碳去除，取决于生物质来源及其生产和使用情况,以及与抵消化石燃料相关的所有温室气体排放的全生命周期考虑(Roberts et al. ,2010;Woolf et al. ,2010)。此外,生物炭对其他生物来源的温室气体排放和植物碳吸收的间接影响也被看作是评估其减少净温室气体潜力的因素。最近的元分析表明,生物炭的应用可以使土壤中的一氧化二氮排放量减少 10%左右(Verhoeven et al. ,2017),尽管不同土壤的反应有所不同,甚至添加一些生物炭增加了一氧化二氮通量。桑切斯-加西亚等(Sánchez-García et al. ,2014)认为,生物炭减少了脱氮(厌氧)途径的一氧化二氮排放,但增加了氮化(好氧)途径的一氧化二氮排放,这可能说明不同土壤类型和土壤条件对生物炭影响一氧化二氮通量存在一些差异。生物炭应用似乎也减少了水田(如水稻)土壤和酸性土壤中甲烷的排放(Jeffery et al. ,2016),而应用于中性或碱性的旱田土壤可以降低甲烷氧化速率(甲烷汇)。最后,施用生物炭往往提高植物生产力,从而提高植物对土壤的碳输入,尤其是高度风化和酸性土壤,最新的元分析显示,植物对土壤碳的输入平均增加了约 10%(Jeffery et al. ,2011;Verhoeven et al. ,2017)。然而,植物的反应因土壤类型、生物炭属性和管理机制等因素而有所不同,需要进一步开展研究,以更好地确定生物炭在增加植物碳吸收、减少非二氧化碳温室气体排放、促进大气二氧化碳净去除时的最佳条件。

(十一) 深翻耕作

通过一次深翻耕作,将富含有机质的表层土壤置于底层,可以显著增加土壤有机质的整体停留时间。对大多数土壤来说,微生物活性随深度的增加而急剧下降,这是由通气量较少、温度较低、有机物输入更稀疏更分散导致的。此外,将有机质含量低的底层土置于土壤剖面的顶部,也就是大部分根系所在位置,会增加根系和光合作用产生的土壤碳汇。阿尔坎塔拉等(Alcantara et al. ,2016)发现,在德国的几个农田中,对富含有机质的表层土壤进行深耕和埋藏(深度大于50 cm),以及碳耗尽的深层土壤在地表暴露增加的土壤碳累积,40 年间平均碳积累速率约为 3.6 t 二氧化碳/(hm² · 年)。最近,其他地区(如新西兰)也在开展深翻耕作来储存碳的试验与贝尔(M. Beare)的个人交流],但据我们所知,美国没有开展这类试验。美国潮湿地区的大部分农田,特别是中部和中北部各州,可能是实施该计划的潜在地区。

104

(十二) 高碳输入作物表型

增加土壤碳储量最直接的方法,是以植物残体(特别是在地下的残体)的形式增加土壤中有机碳的输入速率。此处讨论了两种方法:①在当前农业粮食生产系统中占主导地位的一年生作物中增加分配给根系的相对碳量;②开发多年生粮食作物新品种,这些作物天生具有较高的地下碳分配量,并且可以模拟多年生草场的高土壤碳储存能力。

培育能增加碳输入的一年生作物

与多年生草本植物相比,一年生作物增加土壤有机碳储量的效果较差,主要原因是它们的地下根和根际沉积的干物质份额较少。大多数土壤有机碳来自根系(通过根的死亡和更替排出)(Rasse et al.,2005),因此增加土壤有机碳储量的一种选择是开发能在地下分配更多干物质和(或)拥有更深根系的作物,使分解的有机碳化合物平均停留时间更长(Kell,2012)。在不减少地上产量的情况下增加根系的碳分配将是作物育者面临的关键问题,但这种作物的培育是有可能的,原因有几方面:首先,许多根系特征(如结构、深度分布、大小)都受到遗传性状的强烈控制,这些性状可以选择(Hochholdinger et al.,2004;York et al.,2015);其次,在磷等有效养分限制了作物产量的地方(常见于热带土壤中),促进根系生长可增加养分获取,并增加总的吸收量和产量(Lynch,1995);最后,由于增加根系碳汇不一定会降低地上生产力和产量(Jansson et al.,2010),因此约束碳汇的规模通常会限制植物的碳吸收总量,从而限制植物育种。初步估计,广泛采用具有增强根系表型的一年生作物,可以在几十年内使美国每年的土壤碳储量增加 500~800 Mt 二氧化碳当量(表 3-7)。

表 3-7　全球和美国受管理的非林地土壤碳汇潜力估算

	资料来源	估计 (Gt CO_{2e}/年)	范围
全球 估计 值	保斯蒂安等(Paustian et al.,1998)	1.5~3.3	改善耕地管理,休耕,恢复退化土地
	拉尔和布鲁斯(Lal and Bruce,1999)	1.7~2.2	改善耕地管理,恢复退化土地[a]

续表

	资料来源	估计 (Gt CO_{2e}/年)	范围
全球 估计 值	政府间气候变化委员会(IPCC，2000)	3	改善耕地和草地管理,休耕,农林复合经营,恢复泥炭土
	拉尔(Lal,2004)	1.5～4.4	改善耕地和草地管理,休耕,农林复合经营,恢复退化土地
	史密斯等(Smith et al.,2008)	5～5.4	改善耕地和草地管理,休耕,农林复合经营,恢复退化土地,恢复泥炭土[b]
	萨默和博西奥(Sommer and Bossio,2014)	2.5～5.1	改善耕地和草地管理,休耕,农林复合经营,恢复退化土地
	保斯蒂安等(Paustian et al.,2016b)	2～5	改善耕地和草地管理,休耕,农林复合经营,恢复退化土地,恢复泥炭土
	保斯蒂安等(Paustian et al.,2016b)	4～8	上述实践的潜力,加上非常规技术(包括高根碳输入作物表型和生物炭改良)
	格利斯柯姆等(Griscom et al.,2017)	3～5	保护农业,农林复合经营,改善放牧,避免草地转化,生物炭
	菲斯(Fuss et al.,2018)	2.3～5.3	改善耕地和草地管理,休耕,农林复合经营,恢复退化土地,恢复泥炭土

	资料来源	估计 (Mt CO_{2e}/年)	范围
美国 估计 值	拉尔等(Lal et al.,1998)	275～639	土地转换和休耕,恢复退化土地,改善农田管理
	斯佩罗等(Sperow et al.,2003)	305	改善耕地管理,将边际(高侵蚀)耕地划归草地
	斯佩罗(Sperow,2016)	240	改善耕地管理,将边际(高侵蚀)耕地划归草地
	钱伯斯等(Chambers et al.,2016)	250	改善耕地和草地管理,将边际(高侵蚀性)耕地划归草地[c]
	保斯蒂安等(Paustian et al.,2016a)	500～800	主要一年生作物增强根系表型的部署(假设根系碳输入为2倍,根系分布下移到相当于原生草原草的程度)[d]

注：所有数值均反映不受碳价格或政策约束的技术或"生物物理"潜力的估计值。a. 预计生物燃料燃烧产生的二氧化碳的抵消将进一步减少 1～1.5 Gt 二氧化碳当量排放量。b. 本研究还包括对"经济潜力"的估计：对于小于 50 美元/t 二氧化碳,可实现约 2.5 Gt 二氧化碳当量的储存。c. 根据美国农业部国家资源保护局在所有私有土地上广泛采用的养护做法进行的估算。d. 不包括对生产用水有重大限制的非灌溉半干旱农田。

培育多年生粮油作物

世界上主要的大宗商品作物是谷物（如玉米、小麦、水稻、高粱、小米）和油料种子（如豆类、向日葵），它们必须每年重新种植，在种植前要进行培育，以最大限度地将干物质分配给收获的种子。与多年生草本植物和非禾生草本植物相比，一年生作物的现有品种分配给根部和未收获的秸秆的碳要少得多，在建立和维持较高土壤碳储量方面效果也较差。因此，如果多年生作物可以替代当前一年生作物的大部分产量，那么开发具有多年生生长习性和更大地下碳分配的作物可以从根本上增加土壤碳收益的潜力。

对与主要一年生作物类似的多年生作物的开发研究，在十几年前才开始（Glover et al.，2010），而且规模有限。涉及的方法包括：在一年生和多年生物种中培育多年生杂交品种［如水稻（Zhang et al.，2017a）、小麦（Hayes et al.，2012）、高粱（Cox et al.，2018）］，以及驯化天然大籽野生多年生植物以进一步提高种子产量和质量［如中生小麦草（Culman et al.，2013）、多年生向日葵（Vilela et al.，2018）］。主要挑战是从经济和粮食安全的角度开发具有足够高产量的多年生谷物，迄今为止多年生水稻是最有希望的（Zhang et al.，2017a）。有研究认为，一年生和多年生生物的历史进化进程（即一年生植物将大量资源分配给种子，而多年生植物将大量资源分配给地下结构）从本质上限制了多年生作物对一年生植物的替代潜力（Smaje，2015）。然而，多年生植物被植被覆盖的时间的延长（因此碳同化更强），以及部分土壤中更强大的根系发育和养分获取之间的正反馈并不排除多年生作物粮食具有高产量的潜力（Crews and Dehaan，2015；Jansson et al.，2010）。

第三节　潜在影响

一、二氧化碳去除能力

对于所有受管理的陆地碳汇，潜在的碳去除率取决于所采用技术的生物/生态能力以及经济和社会接受度等因素。大多数已经公布的估计碳封存率可以被认为是技术潜力,即单位面积可实现率乘可实施的最大可行土地面积的估计值。这种实现率和容量代表上限,不能完全反映经济限制,包括可供竞争用途的土地供应竞争,或其他社会或政策限制。碳封存的较低经济潜力反映了这样一个事实:采用对碳更友好的土地利用方式可能需要一种经济激励(尽管部分碳储量收益可能以低于成本的价格实现)。生态和经济共同分析已经被用于估算碳储存的边际供给曲线[如麦卡尔和施耐德(McCarl and Schneider,2001);默里等(Murray et al.,2005);史密斯等(Smith et al.,2008)],每增加一个储存单位,碳储存的单位成本就会增加。然而,考虑到未来市场条件的复杂性和高度不确定性,一般分析极少考虑经济潜力。最后,可实现的实际储存潜力将会考虑与社会接受度和政策实施相关的其他约束。对美国和全球主要土地用途的估算如下。

(一)森林常规做法

造林/再造林

综合分析表明,美国在大约 $50 \sim 100$ 年的时间内,造林/再造林的潜在碳去除量低于 0.45 Gt 二氧化碳/年(表 3-8),通过这种方式去除土壤碳的效果很明显,最近的一项研究估算的去除范围为 $0.05 \sim 0.08$ Gt 二氧化碳/年(Nave et al.,2018)。

表 3-8 全球和美国对林业活动去除碳潜力的总估计

	资料来源	估计值(Gt CO₂e/年)	范围
全球估计值	纳布厄斯等(Nabuurs et al.,2007)	4.0	造林/再造林
	格利斯柯姆等(Griscom et al.,2017)	$2.7 \sim 17.9$	造林/再造林
	史密斯等(Smith et al.,2016)	$4.0 \sim 12.1$	造林/再造林
	纳布厄斯等(Nabuurs et al.,2007)	5.8	改善森林管理
	格利斯柯姆等(Griscom et al.,2017)	$1.1 \sim 9.2$	改善森林管理
美国估计值	纳布厄斯等(Nabuurs et al.,2007)	0.445	造林/再造林
	麦金利等(McKinley et al.,2011)	$0.001 \sim 0.225$	造林/再造林
	杰克逊和贝克(Jackson and Baker,2010)	$0.15 \sim 0.4$	造林/再造林
	纳布厄斯等(Nabuurs et al.,2007)	1.6	改善森林管理
	麦金利等(McKinley et al.,2011)	$0.029 \sim 0.105$	改善森林管理

在全球范围内,已公布的造林/再造林估算值范围很大。根据全球分析,每年二氧化碳去除量为 2.7~17.9 Gt,其中高值采用自上而下方法,低值采用自下而上方法(表 3-8)。数据来源范围较广代表了不同的假设和建模方法以及实施活动的可变价格或激励措施。

在取值范围的下限,假定碳价格较低,次要影响较少,例如,有足够的边际农业土地可用,土地所有者愿意参与减排。在取值范围的上限,碳的价格将高达 100 美元/t 二氧化碳,这将激励数千万公顷的土地从农作物或草地生产转向造林,粮食生产将受到重大影响,导致可造林/再造林的土地总面积受到替代土地用途的限制(即耕地转化对粮食价格的影响)。随着时间的推移,二氧化碳净减少量可能会因(碳)泄漏(即在其他地方采伐木材以满足对林产品的持续经济需求)和对持久性的担忧(随后的清除或自然扰动)而减少。

改善森林管理

从表 3-8 可以看出,美国改善森林管理的潜力为 0.03~1.6 Gt 二氧化碳/年,全球的潜力为 1.1~9.2 Gt 二氧化碳/年。与造林/再造林相比,改善现有林地的森林管理不涉及土地用途的变化,仅限于不与其他用途土地竞争,要想取得类似的效果,就必须进行大面积的治理,而且森林管理所需要的林地所有者参与比例远远大于以往参与任何激励计划的所有者比例,可能会导致成本更高。与造林/再造林相同,随着时间的推移,(碳)泄漏和因扰动而逆转的风险(改善森林管理的)都会降低潜在的碳去除收益。

短期森林碳去除潜力

根据最近的文献,将各国在对《巴黎协定》国家自主贡献(intened nationally determined contributions,INDCs)中提议的林业活动进行汇总,预计造林/再造林和改善森林管理(不包括避免毁林)将带来约 1.0 Gt 二氧化碳的全球碳去除效益,这与上面报告的估计值下限相当。因为各国政府有意地将国家自主贡献设定在适度范围内,这代表它们相信将气温变化限制在 2℃ 以内的目标是可以实现的。

考虑到土地的可获得性和次要影响(本章后面将进行阐述),根据已经公布的碳去除范围下限,在美国,适度的造林/再造林计划碳去除效益是 0.15 Gt 二氧化碳/年,在全球是 1.0 Gt 二氧化碳/年。考虑到土地限制,美国造林/再造林的实际碳去除上限约为 0.4 Gt 二氧化碳/年,全球不会超过 6.0 Gt 二氧化碳/年(专栏 3-1)。同样,改善森林管理的短期碳去除可能接近上述范围的下限,美国约为 0.1 Gt 二氧化碳/年,全球约为 1.5 Gt 二氧化碳/年。更积极的改善森林管理提高碳去除上限的计划,美国可以实现的碳去除量为 0.2 Gt 二氧化碳/年,在全球为 3.0 Gt 二氧化碳/年。

专栏 3-1 陆地碳去除估算概要

土地的可获得性和碳去除方法的采用程度是陆地负排放技术的主要制约因素。实现表 3-7 和表 3-8 所示的常规做法(造林/再造林、改善森林管理、改善农田和草地管理)的最高估计值是极不可能的,主要制约因素如下:转换现有用途的土地可得性,因泄漏和扰动而逆转的风险,以及在所有可用土地上充分采用这些做法的经济和行为障碍。

在权衡这些限制因素后,并且不涉及受保护林的森林区域的使用,或不损害粮食供应与生物多样性的情况下,委员会对"实际可实现"的、在现有技术条件下可行的二氧化碳去除率进行了评估。评估值包括不受土地供应限制的前沿技术(如碳埋藏方法、高碳输入表型在当前土地使用范围内的替代使用)的额外碳去除能力。

	执行情况	森林(Gt CO₂/年)	农业(Gt CO₂/年)	合计(Gt CO₂/年)
美国	实际可实现	0.25	0.25	0.5
	实际可实现＋前沿技术	0.35	0.8	1.15
全球	实际可实现	2.5	3	5.5
	实际可实现＋前沿技术	3.3	8	11.3

(二)林业前沿做法

增加采伐木材产品的使用和保存

如果将大部分(80％以上)当前收获和生产的废弃木材产品及相关木材废料

放置在一个慢速分解的垃圾填埋场中,在美国会额外产生 0.1～0.3 Gt 二氧化碳/年的碳汇,在全球额外产生 0.2～0.8 Gt 二氧化碳/年的碳汇。只要继续建造这种垃圾填埋场,碳汇就可以无限期延长。保留目前木材的采伐,再增加次生林的采伐,以利用所有可用的生长期(可持续采伐),在不涉及受保护的或完好无损的森林,也不影响粮食供应或生物多样性的情况下,在美国碳去除效率为 0.1～0.7 Gt 二氧化碳/年,在全球为 0.8～9.3 Gt 二氧化碳/年。

　　曾等人(Zeng et al.,2013)估计,全球绿树去除二氧化碳的潜力在 1.0～3.0 Gt 二氧化碳/年,该范围的下限大致是当前全球采伐量的两倍,影响大约 80 万 hm^2 的林地。上述结果不包括农业用地、保护区、人迹罕至的森林以及用作木料和纸张等其他用途的木材。虽然这种技术简单易用,但到目前还未进行过试验。

(三) 农田和草地常规做法

　　在过去的 20 年中,对美国和世界土壤碳封存潜力的估算陆续公布(表 3-7)。几乎所有的估算都假定完全被实践采用的技术或"生物物理潜力",因此,代表了对所考虑的碳封存做法的潜力估算上限。但是,这些估算确实考虑了与土地的可获得性有关的限制,例如,将有限的土地利用向高碳储存做法的转变(如在不损害粮食和纤维生产的情况下,可能会发生的永久性草地预留)。大多数已经公布的估算使用了按广义土地利用和气候类别(有时是土壤类型)分级的综合数据,以及不同土地利用(管理)做法的每公顷代表性比率,这些比率是根据长期现场试验或测量(如土壤的年代序列)而确定的。

(四) 农田和草地前沿做法

　　除生物炭改良外,对前面描述的前沿做法(即高碳输入表型、深翻耕作)的全球碳汇潜力的详细分析尚未发表。最近对大规模部署生物炭应用于土壤的全球碳汇能力的估算表明其规模为 10 亿 t/年[例如,伍尔夫等(Woolf et al.,2010)估计为 6.6 Gt 二氧化碳当量/年,史密斯(Smith,2016)估计为 2.6 Gt 二氧化碳当量/年,菲斯等(Fuss et al.,2018)估计为 0.5～2.6 Gt 二氧化碳当量/年]。由于生物炭的应用主要针对现有农田,尽管有生物质原料来源(见后面的土地需求部分),但农田中的高添加率(高达 50 t 碳/hm^2;Smith,2016)在农艺上是可行的,因此其应用没有土地限制。但关键的不确定性仍然存在,包括净生命周期温

室气体影响，对作物生产力的长期影响，以及大规模生物炭应用的经济可行性。　113

二、其他辐射影响

（一）森林

通过造林/再造林减少二氧化碳对气候的影响可能部分会被反射率变化（地表反射辐射的比例）抵消。一般来说，森林覆盖率的增加会降低地表反射率，导致更多地表变暖。而采伐会增加地表反射率，引起降温效应。这意味着增加采伐或林地清理对气候的负面影响将比仅考虑温室气体变化的影响要小。反射率效应通常在采伐后的前几年比较大，在土地用途变化时持续的时间更长，在雪线以上针叶树覆盖变化时最显著（Cherubini et al. ，2012；Holtsmark，2015）。这些效应对气候驱动因子的影响通常比温室气体变化的影响要小，但具有高度变化性（Anderson-Teixeira et al. ，2012）。一般来说，在寒带区域造林/再造林的增温效应将超过温室气体减少的降温效应，而在热带地区则相反。在温带地区，这种影响在空间上是高度可变的，取决于植被类型、积雪坡度、时间、坡向等因素。最近的研究工作将辐射效应的分析扩展到包含非辐射过程，如空气湍流，这可能比反射率的变化具有更大的局部变化效应（Bright et al. ，2017）。

（二）农田/草地

在设计和实施涉及农田管理的二氧化碳去除战略时，对其他温室气体的影响至关重要，尤其是一氧化二氮和甲烷。农业土壤为了促进植物生长而大量添加氮，使其成为一氧化二氮的最大来源。水田土壤（水稻）是甲烷的主要来源。基于土壤二氧化碳去除战略除了对一氧化二氮排放产生影响外，还应避免氮肥的额外需求，因为氮肥在制造过程中会有大量的化石能源碳排放（van Groenigen et al. ，2017）。因此，任何支持植物产量和碳输入增加的额外氮需求，都应该来源于更有效地利用已应用于农业土壤的氮和生物固氮。应该优先考虑既能增加土壤碳储量又能减少一氧化二氮（和甲烷）排放的管理办法。

增加二氧化碳去除的农业做法对其他辐射强迫因子（如悬浮颗粒、反射率）的影响可能最小。例如，将冬季休耕的裸露土壤转化为较浅的冬季老化植被覆　114

盖层,以及减少那些保留地表残留物的耕作体系,在大多数情况下可以增加反射率,提供较小的降温效果(Davin et al.,2014)。大部分其他农业碳去除做法对反射率的影响微乎其微。

三、商业化现状

目前,通过陆地土地利用方式去除碳的商业化程度仍然有限,但是在不断增长。仅有少数温室气体减排限额交易市场(如欧盟、加利福尼亚州)在运行,对于大多数市场而言,如果包括以土地使用为基础的补偿(即允许不限制排放实体的减排),也只起到很小的作用。因此,陆地碳储存的需求及其货币价值仍然很低。涉及农业和(或)林业的碳封存项目更直接的融资主要在碳(减排)自由交易市场。2016 年,林业和土地利用项目碳减排总量为 13.1 Mt 二氧化碳当量,平均价格为 5.10 美元/t 二氧化碳,总价值为 6 700 万美元。超过 95% 的二氧化碳减排活动侧重于森林生物质碳,其中"减少森林砍伐和森林退化+"(Reduced Deforestation and Forest Degradation Plus,REDD+)项目占二氧化碳减排总量的75%(Hamrick and Gallant,2017)。在美国,对土地所有者来说,商业价值的一个间接衡量指标,是政府为促进环保而实施的碳封存措施支付的补贴。在许多情况下,这些补贴针对多种环境后果,通常采取成本分担或贷款的形式,而不是像自愿减排市场或限额交易市场那样根据碳封存的吨数直接支付。钱伯斯等(Chambers et al.,2016)估计,2005—2014 年,促进土壤碳储存的保护补贴平均约为 6 000 万美元/年,其间美国农田的碳储存估计增加了 13~43 Mt 碳,相当于 5~17 美元/t 二氧化碳当量的碳价格。

四、供选择的负排放技术的土地需求和竞争

尽管科学上对通过改善土地管理实践产生的本地碳封存量的不确定性较低,但对气候变化的长期影响和经济反馈所造成的远源场地影响的不确定性较高。一个重要的考虑因素是本书中的几个负排放技术之间的土地需求和土地竞争,尤其是造林/再造林与生物能源碳捕获和封存。因为土地用途不变,所以土

壤碳封存和生物炭虽然都使用土地，但不会造成竞争。我们对上述技术中的每种都单独进行了评估，但它们的最大潜力不能同时实现。在此，研究了这些不同活动的土地需求，并将其与当前的土地用途和潜在碳去除的可用土地进行了比较。表 3-9 概述了从林业与生物能源碳捕获和储存中实际可实现的碳去除范围，包括对每种碳去除方法所需土地面积的估算。

表 3-9　本书中实际年度二氧化碳去除通量的范围和相关土地需求估算

活动类别	碳去除量—低值 （Gt CO_2/年）	碳去除量—高值 （Gt CO_2/年）	面积—低值 （Mhm²）	面积—高值 （Mhm²）
美国的造林/再造林[a]	0.15	0.4	3～4	16～20
全球的造林/再造林[b]	1.0	6.0	70～90	350～500
美国的生物能源碳捕获和储存[c]	0.52	1.5	0	78
全球的生物能源碳捕获和储存[c]	3.5～5.2	10.0～15.0	0	380～700

注：对生物能源碳捕获和储存的估算来源详见第四章。不需要改变土地用途的活动类别（如农业、改善森林管理）未列入表中。a. 基于杰克逊和贝克（Jackson and Baker，2010）的数据。碳去除的低价为 15 美元/t 二氧化碳，高价为 50 美元/t 二氧化碳。b. 基于格利斯科姆等（Griscom et al.，2017）和史密斯等（Smith et al.，2016）的数据。c. 估算来源详见第四章。在取值下限，生物质来源于现有土地用途，因此生物能源碳捕获和储存不需要专用的新土地。

（一）林业

在美国，即使造林/再造林的碳去除量和碳封存量相对较低（0.15 Gt 二氧化碳/年），也需要将 3～4 Mhm² 的非林地转换为永不采伐的森林。改善森林管理需要改变 11～19 Mhm² 的现有森林，使二氧化碳去除量每年适度增加 0.1 Gt。在全球，造林/再造林要实现 1.0 Gt 二氧化碳/年的碳去除量，如果通过改善森林管理来实现，则需 1.5 Gt 二氧化碳/年的碳去除量，对现有林地的土地需求分别为 70～90 Mhm² 和 1 000 Mhm² 以上。这些水平的活动应该在低碳价格（即 10～50 美元/t 二氧化碳）下实现，但有必要采取保障措施以减少负面影响并确保持久性。此外，还需要土地所有者有很高的参与率。

尽管通过造林/再造林在技术上可以实现更高水平的碳去除，但是要想在美国达到年去除 0.4 Gt 二氧化碳的水平，需要更大的土地面积（高达 20Mhm²）和高昂的碳价格（＞50 美元/t 二氧化碳）。在全球范围内，支持造林/再造林年去除 6 Gt 二氧化碳所需的土地面积将多达 500 Mhm²。这些较高的造林/再造林水平将产生重大的不利影响，包括粮食产量减少和粮食价格上涨。

在美国，要达到更高水平的改善森林管理，实现 0.2 Gt 二氧化碳的年去除量，需要 22~38 Mhm² 的现有林地。在全球范围内，要达到 3.0 Gt 二氧化碳的年去除量，需要超过 2 500 Mhm² 的现有林。这些管理上的改变可能会因为采伐转移到其他地方而导致（碳）泄漏，而且需要大多数私人土地所有者的参与，这将难以实现。

(二) 农业

农业土壤管理所考虑的大部分碳去除做法是在现有农业生产用途的土地上实施，不涉及土地用途的改变。由于许多做法改善了土壤健康和生产力，因此碳去除活动在不增加农业用地面积的情况下，还可以满足不断增加的粮食和纤维需求。那些可能导致农业生产转移和其他地方潜在土地利用转变的主要活动，是出于保护目的而将农田划为多年生草地（或森林，见前面内容）。如果将退化或边际农业用地留置，泄漏效应（即农业生产的转移导致其他地区的土地用途转换和土壤碳损失）将是最小的。目前，美国大约有 9.8 Mhm² 的农田被划在保护储备计划（Conservation Reserve Program，CRP）中。在 20 世纪 90 年代末的高峰时期，保护储备计划的区域超过 13 Mhm²（Mercier，2011），导致已封存碳约 20％的泄漏（Wu，2000），也有人认为可能存在的泄漏更大（Murray et al.，2007）。

(三) 生物能源碳捕获和储存

正如第四章所讨论的，假设现有土地利用的生物质（如木材和其他未利用的有机废物）来源充足，不需要改变土地用途，委员会估算了生物能源碳捕获和储存方法的碳去除下限。美国的估计值上限，其专用土地需求是根据经济上可行的能源作物计算的，假设每公顷土地平均生产力为 18 t 二氧化碳当量，每年可产生高达 0.65 Gt 二氧化碳当量（DOE，2016），这水平将需要 36 Mhm² 的土地。将估计值上限扩大到 1.4 Gt 二氧化碳当量，意味着需要 78 Mhm² 土地，相当于当前农业用地的近 20％（表 3-9）。2016 年史密斯等人（Smith et al.，2016）估计,全球为兑现 12 Gt 二氧化碳当量/年的需求,将在 2100 年为高产能源作物(如柳树、杨树短轮作林和芒草)提供 $380\sim700$ Mhm² 的土地。因此,大规模实施生物能源碳捕获和储存,预计将会与陆地碳捕获与封存倡议以及粮食生产[如史密斯等(Smith et al.,2010)]或其他生态系统服务[如巴斯塔曼特(Bustamante et al.,2014)]产生竞争。

(四) 碳去除用地总需求与"边际土地"的可用性

在美国,农业和林业管理的土地总面积为 781 Mhm²,全球为 7 130 Mhm²(表 3-10)。其中一部分土地可能被其所有者视为边际土地。边际土地可以作为一项指标,表明有多少土地可以转移到其他用途,而不会对必要的服务性生产,尤其是粮食生产产生重大影响。边际土地没有一个普遍接受的定义(它是一个随时间变化或基于生存需要的经济判断),但美国的一个指标是,目前登记在美国保护储备计划中的约 10 Mhm² 农田。全球的类似估算更难确定,但最近的一项研究估计全球边际土地总量约为 1 300 Mhm²。这些土地支撑着全世界约三分之一的人口对粮食的需求,因此只有一小部分可以用于造林/再造林与生物能源碳捕获和储存。另一项全球分析估计,政府间气候变化专门委员会的非关联国家中有 760 Mhm² 适合植树造林的可用土地,这些国家大多位于热带和亚热带生物圈(Zorner et al.,2008)。

表 3-10　2015 年按土地利用类型划分的土地管理面积(Mhm²)[a]

类别	森林	农田	草原	合计
美国[b]	293	163	325	781
世界[c]	2 429	1 426	3 275	7 130

注:a. 美国的定义是根据环境保护署(EPA,2017)而得的。世界的定义是根据联合国粮农组织统计数据库(FAOSTAT)而得的。b. 美国环境保护署数据(EPA,2017)。c. 联合国粮农组织统计数据库的数据,2018 年 3 月 11 日访问。

由于专门用于生物能源碳捕获和储存的新土地可能会种植芒草树等生长较快的物种(在更多产的地点),因此去除每单位碳所需的面积将远小于造林/再造林所需的面积。汉朋欧德等(Humpenöder et al.,2014)采用了以土地为基础的建模方法,模拟出了与本书中估值上限类似的碳去除水平,强调了造林与生物能

源碳捕获和储存的轨迹及其相对土地需求(图 3-3)。他们认为,由于每公顷基
于草本生物燃料的产量大幅增加,高达 25~30 t 碳/(hm² • 年),而森林天然更
新的造林产量低得多,为 2~6 t 碳/(hm² • 年)(表 3-1),因此生物能源碳捕获和
储存所需的土地面积远低于造林所需的面积(表 3-9)。但是,正如第四章所指
出的,生物能源生产的时间性质也应予以考虑。

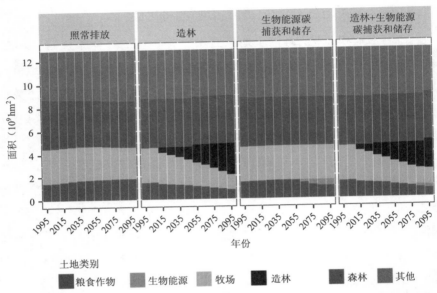

图 3-3   对照常排放、造林、生物能源碳捕获和储存、造林+生物能源碳捕获和储存
进行的全球土地利用时间序列模拟 *

注:增加造林与生物能源碳捕获和封存都需要额外的土地,对用于粮食和牧场的土地产生重大影
响。到 21 世纪末,造林用地(约 2 800 Mhm²)与生物能源碳捕获和封存(约 500 Mhm²)相比,全球
所需要的土地面积将增加 5 倍以上。

资料来源:改编自汉朋欧德等(Humpenöder et al. ,2014)。

总之,通过委员会对造林/再造林、生物能源碳捕获和储存的碳通量与碳容
量估算值的下限知道,这两项负排放技术之间的土地竞争不会太大(因为生物能
源碳捕获和储存的生物质可以完全从现有土地用途获得),也不会与目前的粮食

---

*   彩图请见彩插。

生产所需土地产生竞争。尽管全球范围内部分边际土地用于支持人口对粮食和纤维的需求,但美国和全球的造林/再造林的土地需求仍然可以通过利用粮食生产的"边际"土地来得到满足。在表 3-9 所示的上限,造林/再造林、生物能源碳捕获和储存组合所需土地的面积总和很可能会超过可用边际土地。考虑到对粮食生产所需土地的额外影响,这种碳去除水平可能不会实现。

第四节 大规模实施陆地碳封存的成本估算

根据经验,在不同区域建立新的森林和开展管理活动的直接费用是众所周知的,一些研究揭示了土地所有者会如何应对不同的碳价格水平。然而,将直接成本扩大到非常高的水平则具有挑战性。目前可以获得陆地碳封存的间接成本及其对碳的影响的估计值,这些与抵消土地用途变化和商品生产等附带效应相关,但宏观经济模型模拟复杂反应的能力限制了对这些效应的认识。

不同林业实践的成本因做法和地区的不同而有很大不同,而且当扩大到较高的碳去除规模时,其估计值会因为估算方法的不同而存在较大差异(Alig,2010;图 3-4)。与考虑市场调整的计量经济学或优化方法相比,在使用工程方法估算成本时,会导致碳去除水平在低估值处成本更高,而在高估值时成本却更低。

实施常规土壤碳封存做法(如种植覆盖作物、改变耕作方式和轮作等)的成本估算可以从国家和区域具体农业预算中获得①。然而,更基本的信息,如关于将来的成本和作为碳价格函数的碳封存做法的预期采用意愿等,则主要来自学术研究。虽然随地理区域、耕作制度和做法发生变化(Alexander et al. ,2015),但许多估算表明,当每吨二氧化碳当量价值小于 50 美元时,改良耕作做法的采用率会非常高(Tang et al. ,2016)。在全球分析中,史密斯等(Smith et al. ,2008)估计,当碳价格分别为 0～20 美元/t 二氧化碳当量、0～50 美元/t 二氧化碳当量和 0～100 美元/t 二氧化碳当量时,经济上可行的温室气体减排量分别为每年 1.5 Gt、2.2 Gt 和 2.6 Gt 二氧化碳当量(其中 90% 来自土壤碳封存)。但前面描述的非常规(前

---

① 例如,见 https://www.ers.usda.gov/data-products/commodity-cost-and-return。

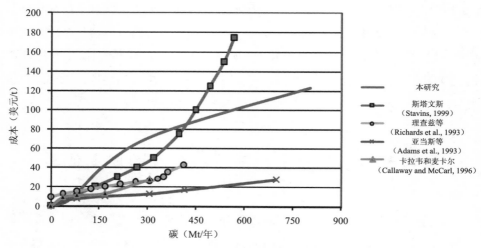

图 3-4　美国森林碳汇边际成本曲线的比较

注:使用卢博夫斯基等(Lubowski et al.,2006)对美国森林碳封存边际成本曲线与使用优化模型

(Adams et al.,1993;Callaway and McCarl,1996)和自下而上工程成本法(Richards et al.,1993)

进行的比较。

资料来源:改编自亚利(Alig,2010)。

沿)碳封存技术的经济可行性和边际成本曲线尚不清楚。

　　一个用于估算美国林业、农业和生物能源供应减少排放函数的经济优化模型
(图 3-5)表明:在碳价格较低时,林业和农业碳去除的经济潜力大致相等,且都优于
生物能源;在碳价格较高时,农业对碳去除的影响最大,其次是造林和森林管理。

第五节　次要影响

　　土地管理的变化对生物多样性、水和其他土地属性的影响,可能是正面的,
也可能是负面的,取决于土地覆盖类型的变化和立地类型的土地特征。例如,木
材采伐改变了森林结构、组成和生产力,进而影响了森林的许多其他性能和服
务,如野生动物栖息地、生物多样性和径流等(Venier et al.,2014)。通过建立空
间格局,这些影响可能是深远和持久的,而空间格局会对森林和景观生态产生类

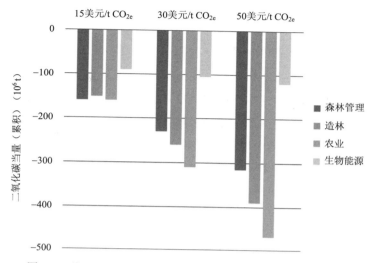

图 3-5　美国土地负排放技术在三种碳价格情形下的缓解潜力

注：每吨二氧化碳当量 15 美元、30 美元和 50 美元。负数表示从大气中去除二氧化碳。根据贝克等（Baker et al.，2010）、杰克逊和贝克（Jackson and Baker，2010）报道的 FASOM（Forestry and Agricultural Sector Optimization Model）模型进行的估算。

似于许多自然干扰那样的广泛影响。一些研究表明，对碳的管理，特别是对森林的管理，会减少生物多样性，因为对于那些依靠扰动创造栖息地的物种来说，栖息地正在减少（Lawler et al.，2014；Martin et al.，2015）。采伐原木对森林生态影响重大，应该在制定政策时加以考虑，并通过监测进行评估，尽管还需要进行更多的研究，以确定如何在不同的尺度上评估这种影响。特纳（Turner，2010）强调了一些关键概念，即随着森林恢复，干扰和恢复在林分与景观尺度上如何产生深远且持久的影响，基本的生态系统进程和功能会受到影响。例如，生产力和死亡率与扰动后的时间密切相关，扰动产生的空间异质性对某些野生动物物种来说是必不可少的。

　　增加土壤的碳含量除了能去除二氧化碳外，还有利于土壤的健康和其他生态系统服务功能，包括增强碳和养分库、蓄水、改善土壤结构、聚集、水和空气渗透，以及减少土壤侵蚀、增强土壤生物多样性等（Al-Kaisi et al.，2014；Lefèvre et al.,2017)。一项针对生态系统服务在保护规划中的目标效益与协同效益的研究发现,当生态系统服务代表可替代协同效益/成本而不是目标效益时,将其纳入保护规划可能是最具成本效益的(Chan et al.,2011)。受管理的土壤既增加了土壤碳又促进了土壤的生物多样性,反过来又增强了土壤的功能和代谢能力,并在增加粮食生产和适应气候变化的能力方面发挥重要作用。增加土壤有机质含量有利于:①促进土壤有机质中的养分储存;②促进养分从有机矿物到植物可利用矿物的循环;③控制养分吸附和有效性的物理和化学过程。正是受管理土壤的动态特性让土壤发挥了作用并提供了生态系统服务(Lefèvre et al.,2017)。

第六节　研究议程

一、研究预算估算依据

美国国家研究议程中有关陆地基础研究和应用研究部分的拟议预算,与当前美国国家粮食与农业研究所(National Institute of Food Agriculture,NIFA)同美国农业部农业和粮食研究倡议(Agriculture and Food Research Intiative,AFRI)设立的各种土壤和植物研究的预算一致。农业和粮食研究倡议为各研究组成部分的每个项目每年拨款 50 万～75 万美元,为期 3～5 年,研究项目有植物健康与生产、生物能源和动物健康等。一般来说,在不同研究的估算中,委员会为博士后研究人员每年分配 30 万美元的经费,还提供行政和技术支持以及设备、差旅费、出版费和其他用于所述研究的特定费用。表 3-11 概述了研究议程各组成部分的费用。

二、基础研究

(一) 高碳输入作物表型

需要研究开发改变根系形态和生物质(如更多根系、更深根分布、更难分解)的作物品种,以增加并保持根系对土壤的高碳输入,同时保持地上的高产量。具

表 3-11 陆地负排放技术研究议程的费用和组成部分

组成部分	推荐研究	估计研究预算（万美元/年）	时间范围（年）	理由
基础研究	高碳输入作物表型	4 000～5 000	20	美国能源部/高级能源研究计划署根际观测优化陆地封存计划(Rhizosphere Observations Optimizing Terrestrial Sequestration,ROOTS)，目前获得资金总额为 3 500 万美元，分配给 10 个多年期项目。因此,拟议资金增加了 4～5 倍
	深层土壤动力学	300～400	5	每年资助启动 4～6 个项目
	采收木材的保存	240	3	资助启动 3 个多年期项目,每个项目 80 万美元,涉及典型地点
	生物炭研究	300	5～10	每年资助 3～5 个项目,以评估生物炭改良对不同管理系统和土壤类型的影响
开发和测量（监测）	森林蓄积量增强工程的监测	＞500	≥3	系统开发,每年 100 万美元,为期 3 年;持续运营,每年 400 万美元,用于组建一个小型办公室以分析数据、协调现场监测、编制报告;改进国际森林监测和报告,是美国所需数量的 10～20 倍
	美国国家农田监测系统	500	进行中	扩大美国农业部现有自然资源清单(National Resource Inventory,NRI)系统
	农田土壤碳去除与储存的预测与量化数据模型平台	500	5	初始开发侧重于系统集成,包括现有数据源和模型
示范	森林示范项目:增加采伐木材的收集、处置和保存;森林恢复	450	3	改善木材产品使用后的处置和收集的示范项目(3 个为期 3 年的项目,每个项目每年 50 万美元);3 个在不同环境中保存采收木材的多年期项目(每个项目每年 50 万美元);3 个展示不同地理区域森林恢复的碳效益的多年期项目(每个项目每年 50 万美元)
	改善农业土壤碳过程的试验网络	600～900	≥12	10～15 个站点,每个站点每年费用为 60 万美元

续表

组成部分	推荐研究	估计研究预算（万美元/年）	时间范围（年）	理由
部署	提高土地所有者对激励和阶层公平反应的社会科学研究	100	3	拓展、推广教育计划,将研究成果和技术转让给农民和从业者。资助启动 3 个多年期项目
	减少传统生物质燃料使用对温室气体和社会的影响的研究	100	3	资助启动 1 个多年期项目
	扩大农业封存活动	200	3	每年资助启动 4～5 个区域项目,以确定克服障碍的解决方案

体研究领域包括:对根系大而深的一年生作物的育种和选择、主要粮食和油料作物的多年生化、先进的根系表型技术、新作物的性能试验以及土壤和生态系统对新作物品种的响应。研究计划可以建立在高级能源研究计划署制定的根际观测优化陆地封存计划基础之上[①]。本研究最初 20 年的费用为每年 4 000 万～5 000 万美元,可以由美国农业部、美国国家科学基金会和(或)美国能源部开展。相比之下,目前美国每年用于常规作物改良和遗传的研发经费中,约 15 亿美元来自公共部门,约 18 亿美元来自私营部门(Fuglie and Toole,2014)。

(二) 深层土壤碳动态

目前对有机质在底土(30 cm 以下)中分解和稳定的控制研究还很有限。一些增加土壤碳储量的有前景的技术(如草原恢复、深层土壤反演和碳埋藏、增强根系表型)都以增加土壤下层的碳添加量为基础。有机残留物的稳定性和停留时间会随透气深度的改变、微生物群落组成、土壤理化性质(如土壤质地、土壤矿物)和植物(根)残留物成分发生何种变化,这些都需要进行研究。这项研究可由美国农业部和美国国家科学基金会开展,费用为每年 300 万～400 万美元,为期5 年。

[①] 能源高级研究项目局根际观测优化陆地封存计划项目力求开发先进技术和作物品种,使土壤碳累积增加 50%,同时减少 50% 的一氧化二氮排放,并提高 25% 的生产力。更多信息参见:https://arpa-e. energy. gov/? Q＝arpa-e-programs/root。

（三）采收木材的保存

这方面需要在两个领域进行研究：第一个领域是垃圾填埋场设计，以实现尽可能低的木材分解率。减少木材分解尚未成为垃圾填埋场设计的明确目标；相反，其设计的目的是容纳埋藏的废物，收集从废物中渗出的受污染的沉淀物（渗滤液），收集和控制气体排放。在几个代表性地点进行的大型垃圾填埋场设计研究，为聚焦木材分解最小化奠定了基础（美国林务局、美国环境保护署和美国国家科学基金会；3 个项目，每年费用 240 万美元，持续 3 年）。第二个领域是对净温室均衡、成本和所需土地的综合评估，包括对全球木材产品消费及其生命周期排放的意义。木材产品消费的任何变化都将对其他经济部门的相关排放产生广泛影响，如建筑或材料运输（现有研究能力和成本详见第四章的综合评估部分）。

（四）生物炭改良研究

虽然对不同类型的生物炭在土壤中的停留时间，以及生物炭特性如何随所用原料和热解过程作用而变化已经有了相当的了解，但是不同生物炭对作物性能、养分循环与保留以及土壤中一氧化二氮和甲烷排放的二次影响还需进一步研究评估，这些都会影响生物炭改良的净温室气体结果。此外，为了全面评估生物炭改良的净碳去除潜力，还需要研究对原料不同归宿或用途的生物炭生产的全生命周期进行分析（Paustian et al. ，2016a）。

三、开发和测量（监测）

（一）森林碳储量增强工程的监测

对于私人和公共林地，美国林务局应该制订计划以监测所推荐的增强碳储量活动，对项目子集的生态系统总碳量进行统计抽样，并分析当地的气候影响因素，这些因素也可以解释生物物理效应。直接测量许多小型项目对温室气体净排放量的影响既费时，费用又高，为了降低交易成本，需要有能够对全部项目（基于遥感和经过验证的膨胀因子）进行精确平均估计的方法。需要对泄漏（这是一种全球现象）进行额外的监测，还需要利用监测系统将所观察到的碳去除变化归因于管理活动，而不是二氧化碳增加或气候变化。监测泄漏可能需要新的激光雷达卫星专门绘制全球林业活动图。目前对于碳从土地向内陆水域的横向转移缺乏了解和监测,目前的遥感或实地核查没有探测到这些变化。当前遥感和实地核查的巨大能力可以建立在满足这里所描述的额外需求上。例如,美国林务局森林清查与分析计划(Forest Inventory and Analysis,FIA)的资金大约为每年 7 000 万美元,用于收集连续的有关美国森林状况和趋势的地面数据,并与美国航天局合作开发将遥感数据同地面数据集成的方法。在国际上,不同国家的监测情况变化非常大,许多国家缺乏实地测量和实施监测计划的能力。但是在提高国家森林监测能力以及推进卫星全球监控能力研究方面,国际援助进行了重大努力。美国为期 3 年的系统开发研究的费用大约是每年 100 万美元,而持续运行每年的费用大约 400 万美元,用于组建小型办公室、分析数据、协调实地核查和编制报告。需要对国际森林监测和报告工作作出重大改进,包括在全球范围内检测泄漏,所需费用是美国的 10~20 倍。

(二) 全国农田土壤监测系统

美国农业部应该在现有自然资源清单中的农田和草地观测点全面实施全国农田土壤监控系统。建议对 5 000~7 000 个自然资源清单地点进行全面建设,每隔 5~7 年进行土壤取样和分析(类似于森林清查分析系统,每年轮换)。许多国家或组织包括欧盟、澳大利亚、新西兰和中国(van Wesemael et al. ,2011),都有类似的系统。该系统将提供持续的数据流,以改进国家层面的土壤碳清单系统并减少不确定性。这种监测系统在追踪和评估土壤健康方面具有更广泛的用途,并为美国农业经济的土壤长期可持续性提供支持。美国仅农业产出就为国内生产总值贡献了 1 350 亿美元。该系统的费用是每年 500 万美元,作为美国农业部现有自然资源清单系统费用的补充。

128

(三) 土壤碳去除的量化和预测模型数据平台

为了实现每年 Gt 规模的土壤碳封存目标,需要改进平台以使土壤碳封存的量化更准确、成本更低(图 3-6)。这类系统应该整合现有和新试验场地资源库中的数据,从而为基于过程的土地利用/生态系统模型提供信息,这些模型可以通过农田土壤监控网进行独立验证。模型驱动的空间数据层(如天气、土壤地图、地形等)以及管理实践的综合遥感活动数据(如作物种类、是否存在覆盖作物、耕作系统、灌溉、植被生产力等），为模型提供了主要的输入数据。土地使用者本身可能会将农场管理信息（如养分管理）众包出去，这也可以提供无法通过遥感技术轻易获得的数据。这一系统具有可扩展性，可根据土地利用政策（如国家温室气体清单报告）来估算全国范围内二氧化碳去除量随时间变化的结果，并提供现场和区域的动态信息，为基于碳市场和农业产业支持的可持续产品供应链政策提供信息。系统的许多组成部分（如实地实验网、遥感数据）已经存在并且可以被利用。每年投入 500 万美元，为期 3 年，随后每年投入类似规模的运营费用，用于支持系统集成、数据模型融合、模型开发、决策支持系统、可视化和通信。

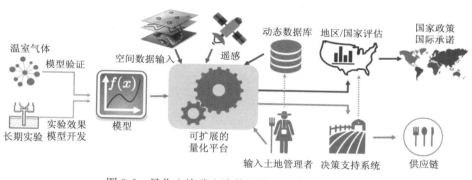

图 3-6　量化土壤碳去除数据模型平台的概念设计

129

四、示范

（一）森林示范项目

常规的关于林业的做法已在全球范围内实施了几十年，因此示范是现成的。需要新示范的是提高木质林产品保存的前沿技术领域，特别是如何改进木质林产品使用年限后的处理和收集流程。这项研究与改善垃圾填埋场设计以保存木质林产品所需的基础研究有关。美国农业部和环境保护署开展这项研究的成本为每年 150 万美元，为期 3 年，共 3 个项目。结合改进垃圾填埋场设计来改善木材保存的基础研究，需要在不同环境下实施多个代表性示范项目，以促进这项新技术的推广。美国林务局和环境保护署所完成的这项研究的费用为每年150万美元,为期3年,共3个项目。另一项需要示范的项目是森林恢复。森林恢复前景广阔,对碳去除有潜在影响。对火灾易发地区来说,由于森林恢复短期内减少了库存过多的林分的碳储量,从而在长期增加了碳去除量;对于自然植被转为无法持续管理的森林地区,则过早失去了碳封存能力;对于退化森林,相应的干预措施能改善再生和碳储备。美国林务局和合作伙伴开展这项研究的费用为每年150万美元,为期3年,共3个项目。

(二) 农业系统田间试验网

比起常规做法,应当在美国主要农业土壤类型协调网络中建立现场试验站点,对于特定区域土壤碳封存(和温室气体净减少)的最佳管理做法进行严格评估,这涉及赠地大学[①]与其他具有生态系统碳和温室气体动力学相关专业知识的研究机构。选定的试验点应该补充美国农业部农业研究服务局(Agricultural Research Service,ARS)的格雷斯网(GraceNET)、长期农业实验网中已有的站点,以及美国国家科学基金会长期生态研究(Long-term Ecological Research,LTER)、美国国家生态观测网(National Ecological Observatory Network,NE-ON)计划的相关站点。这样新建立起来的网络应该具有一套协调的测量协议和方法,包括整个系统的碳平衡(即涡流协方差)和其他温室气体(如一氧化二氮和甲烷)的通量测量,以及精确的土壤碳储量和储量变化测量。数据共享和存档是支持建模和元分析的最重要事项,田间站点应该包括重要的推广、外展服务,能力建设,技术转让和示范,以便向生产者、推广人员、作物顾问、代理人员和其他利益相关者提供信息。站点的设计应当按照适合至少12年的田间试验和示范进行。这项研究应由赠地大学和美国农业部在10~15个站点进行,每个站点每年的费用为60万美元,费用总额为每年600万~900万美元。

130

---

① 赠地大学(land-granted universities),是美国一种接受联邦政府资助的大学,最初设立的目的是教授工人阶级与农业和科学相关的科目。资料来源:剑桥词典(Cambridge Dictionary)。——译者注

五、部署

（一）森林碳项目部署

虽然改善林业做法提高当地吸收碳量在科学上的不确定性很低，但对气候变化的长期影响和经济反馈所造成的长远影响的不确定性很高。为了减少这种不确定性，需要进行以下研究：

（1）改进经济模型以估计"泄漏"（即减少一个地点的森林采伐导致另一个地点的采伐）及退耕还林对粮食价格的影响。还需要进行生物学研究，了解碳去除对生物多样性和生物圈可持续保障措施的重大影响。该研究及其相关费用在第四章的综合评价模型的研究议程部分进行了讨论。

（2）改进生命周期评估方法，用于评估使用木材产品替代其他材料的情况。这种替代能扩大木材的使用，特别是当它们取代的是钢铁和水泥等需要大量碳排放才能生产的结构材料时。用木材替代其他材料通常会导致温室气体净减排，然而，量化温室气体净减少量的工具并不容易获得或得到验证。第四章讨论了生命周期评估的研究需求和相关费用。

（3）围绕土地所有者如何响应激励和利用赠地大学"推广服务"体系进行社会科学研究，以接触到更多从事小地块森林工作的土地所有者和从业人员，以提高那些往往倾向于参与较大土地所有者的援助计划的公平性，因为只有小部分林地所有者通过改变土地管理方式来响应激励措施或价格变化。关于这些主题的研究很少（美国农业部和美国国家科学基金会资助；有 3 个为期 3 年的项目，每年费用 100 万美元）。

（4）关于减少传统生物质燃料使用对温室气体和社会的影响研究。传统燃料用途涉及使用木质生物质取暖和烹饪的家庭和小型实体。在全球范围内，增加耐用木制品或增加生物燃料的商业使用，可以减少传统燃料使用的生物质消耗，这将对能源供应类型产生连锁反应（美国农业部和美国国家科学基金会资助；每年 100 万美元，为期 3 年）。

（5）对减少肉类消费和食物浪费的经济与行为激励的反应开展社会科学研究。这项研究及相关费用已列入第四章的综合评价模型的研究议程中。

（二）扩大农业碳封存活动

目前，土壤碳封存最佳管理实践的采用程度仍然较低（如美国耕地使用的覆盖作物小于 5％；Wade et al. ,2015），并且人们对扩大规模方面存在的障碍，包括经济和行为变化（如价值主张、风险管理、激励等）、信息需求和技术转让等知之甚少。开展经济和行为研究，连同减排和碳去除试点项目的继续和扩大（如通过美国农业部自然资源保护服务局的保护创新资助），可以提供必要的经验知识，以了解哪些障碍是最具局限性的，以及如何设计最有效的政策和教育计划，以促进大规模的农业碳去除活动。

（三）区域生命周期评估

任何激励土地所有者采取碳去除和储存措施的计划，都应该先由联邦土地管理机构（如美国农业部林务局和美国农业部农业研究服务局）和（或）大学研究人员对生命周期的排放、成本、协同效益和负面影响进行区域性评估，包括"泄漏"和持久程度估计，并由独立的科学委员会对研究结果进行审查。该研究及相关费用将在第四章的生命周期评估部分进行讨论。

六、陆地碳封存的实施

为克服开展稳健研究和采用碳去除及土壤碳封存的陆地负排放技术（农田和林地）的潜在障碍，可能采取的政策包括以下几种不同的机制：①政府对土地所有者采用碳封存的做法进行补贴，类似于《农业法案》（Farm Bill）中现有的（土地）保护补贴；②碳补偿市场，在这个市场里，陆地"碳项目"向参与自愿或强制减排（即限额与交易）的主要温室气体排放者出售减排/碳封存；③需求侧计划，即开展碳去除活动以满足对低碳足迹土地消费产品的需求。这三种方法目前都实际存在。就政府激励措施而言（如补贴采用碳封存的做法），美国拥有由联邦和州土地管理机构以及负责推广和外联的专家参与实施的完善的基础设施。对于碳补偿市场，自愿温室气体登记处［如验证碳标准（Verified Carbon Standard，VCS）、美国碳登记处（American Carbon Registry，ACR）、气候行动储备（Climate Action Reserve，CAR）］和州相关机构（如加利福尼亚州空气资源

132

委员会)的经验和治理结构为研究提供了基础。目前,作为可持续或"低碳"供应链措施的一部分,企业为鼓励生产商所做的努力更加分散,实际开展的碳去除活动可能被重复计算且透明度低。因此,未来还需要建立制度、发展治理结构,以便更好地让私营部门参与需求侧的碳去除活动。

促进或鼓励农地和林地实施土壤碳封存的土地利用和保护措施,应与鼓励农民、土地管理者和土地所有者采用这种做法的激励措施和法规水平相结合。美国农业部当前的保护计划,如《保护管理计划》(*Conservation Stewardship Program*)、《环境质量激励计划》(*Environmental Quality Incentives Program*)和《保护研究计划》(*Conservation Research Program*),是实施这种做法成本分摊的很好的例子。但是,应当在《农业法案》中制定一套激励措施,将保护措施的采用和遵守程度与土壤碳的改善水平挂钩。通过政府项目的财政激励,或寻求开发更环保的供应链的行业价格溢价驱动,来增强土壤碳封存及相关土壤和生态系统服务的共同效益的持久性。最终,在那些广泛采用和长期维护的工作地上,将土壤碳封存和减少温室气体排放置于高度优先位置,这就要求它们为农民、牧场主、林农带来的收益与它们所取代的常规系统一样多(或更多)。

133

七、研究议程实施的障碍

为实现建议的研究议程的目标并产生持久影响,必须克服采用碳封存管理做法的某些障碍。减少这些障碍的做法包括:政府和私人实体通过拓展和外联方式进行能力建设,以健全的教育计划推广碳去除和土壤碳封存概念、研究成果,并将技术转让给终端用户;在向新的管理做法过渡时,为弥补增加的成本或潜在的收益损失而采取的经济激励措施;培养能够培训最终用户并与其合作的农学家和专家等。然而,仅仅注重新技术的交付和推广是不够的。这些尝试应该与社会科学研究相结合,以更好地了解导致土地管理做法发生根本性变化的驱动因素,从而实现大规模的陆地碳去除。研究议程应该包含一个农田、草地和林业项目一体化平台,例如,美国国家粮食农业研究所的农业协同项目(Coordinated Agricultural Projects,CAP),其中研究、拓展和教育是资助提案的必要组成部分,特别是研究议程的应用部分(如农田网络和示范),将受益于多学科的研究方法和美国联邦、州、私营机构之间的合作,以实现研究计划的目标。开展相关的 K-12 课程①可以提高人们对促进碳去除和土壤碳封存做法的认识,包括为教师、学生和广大公众提供培训机会。这些努力可能包括成熟技术的实际操作示范,如免耕、覆盖作物、残留物管理和农林业做法。大学和美国农业部的科学家可以通过赠地大学和其他公共或私营机构内现有的基础设施和项目,合作发展和促进教育和技术转让。

第七节　小结

陆地生态系统可以通过增加活植物体、死植物体和土壤中有机碳的储存量等做法,在二氧化碳去除和封存方面发挥重要作用。请注意,本书第四章涵盖的生物能源碳捕获和储存也涉及通过植物光合作用去除碳。

涉及农业和林地的两套土地管理做法在科学上和实践中都足够成熟,如果在美国和全球范围内广泛应用,将显著增加碳储量。对碳捕获和储存的做法进行成本较低的遥感监测和核查是可行的,再加上净碳储存的数据和基于模型的量化,可以降低直接现场进行碳测量的昂贵费用。

通过造林/再造林增加林地面积,在 $50\sim100$ 年或更长时间内可产生 $1.5\sim6.4$ t 碳/($hm^2 \cdot$ 年)的碳汇。改善森林管理做法,例如,延长木材采伐轮作,通过恢复退化的森林来改善碳储存和生产力,几十年内可额外储存 $0.2\sim2.5$ t 碳/($hm^2 \cdot$ 年)。为增加对长寿命木材产品的使用而发展新技术,和对采伐木材进行碳埋藏的方案,都是提高森林碳去除潜力的选择。

对于农田和草地,许多长期的试验资料表明,通过采取更加多样化的作物轮作、使用覆盖作物、减少耕作、改进放牧制度等保护做法,土壤碳增加了 $0.2\sim0.5$ t 碳/($hm^2 \cdot$ 年)(在 $2\sim40$ 年内)。土地利用和管理的其他变化,如农林业或在边际土地上重建湿地和多年生植被,可以使土壤有机碳储量增加 1 t 碳/

①　K-12 课程是美国的基础教育机制,指从幼儿园(kindergarten)到 12 年级(类比国内的高三年级)的教育。——译者注

(hm²·年)以上。其他的前沿土壤负排放技术包括深翻耕作、埋藏富碳表土、生物炭改良、发展增强根系碳输入作物表型。

委员会估算了"实际可实现"的碳去除量,就是以不需要土地用途转换而实施现有的做法,土地用途转换将危及粮食安全和原生态系统的生物多样性。这些碳去除量的估计值:美国林地为 0.6 Gt 二氧化碳/年,农业土壤为 0.25 Gt 二氧化碳/年;全球范围相应的估算值为 9 Gt 二氧化碳/年和 3 Gt 二氧化碳/年。其中大部分二氧化碳去除的成本将低于 50 美元/t。如果前沿负排放技术被证明是实用和经济的,那么森林和农业土壤的碳去除率可能会增加一倍。

最后,相关研究需求的组合较为广泛,包括基础研究,测量和监测技术,具有区域代表性的示范项目,以及部署和扩大规模的障碍。

第四章　生物能源碳捕获和储存

第一节　引言

将生物能源生产与碳捕获和封存相结合,会导致净负排放,这是因为光合作用使生物质生长所储存的碳被封存,无法释放到大气中(IEA,2011)。这一概念最初由奥伯斯坦等(Obersteiner et al.,2001)提出,作为应对气候风险的支持措施,基思(Keith,2001)则将其视为一种潜在的气候缓解工具。从那时起,生物能源碳捕获和储存(biomass energy with corbon capture and sequestration, BECCS)就成为一种重要的二氧化碳去除方式,以保证全球大气中的二氧化碳浓度在 500 ppm 以下,并避免灾难性的气候变化。综合评价模型(integrated assessment models, IAMs)大多使用生物能源碳捕获和储存,因为与其他低碳技术相比,其成本较低,而且其他二氧化碳去除技术的模块尚未开发(如直接空气捕获和土壤碳管理)。根据一份利用综合评价模型开发气候减缓情景的文献综述,政府间气候变化专门委员会在其第五次评估报告中得出以下结论:为了将全球变暖温度变化控制在 2℃以内,通常选择生物能源碳捕获和储存作为实现 21 世纪下半叶温度控制目标的最低成本选项(高置信度条件下),并且生物能源碳捕获和储存在许多低稳定情况下(证据有限且观点一致性中等)能够发挥重要作用(Fisher et al.,2007b)。国际能源机构的气候变化模型表明,为了将全球温度上升控制在 2℃以内,到 2050 年,生物能源碳捕获和储存每年至少应去除 2 Gt 二氧化碳(IEA,2009)。从长远来看,1 Gt 干生物质大致相当于 1.4 Gt 二氧化碳和 14 EJ(Exajoules,EJ)一次能源,美国每年约排放 6.5 Gt 二氧化碳,消耗的一次能源略高于 100 EJ。然而,尽管生物能源碳捕获和储存还处于起步阶段,许多决策者和学者并没有意识到其在缓解气候变化路径中所发挥的普遍和关键性作用(Anderson and Peters,2016)。

生物能源碳捕获和储存通常指的是树木和作物在生长过程中吸收大气中的二氧化碳,将这种生物质用于发电,并通过向地质构造中注入二氧化碳实现碳捕获和封存。本章涉及更广泛的基于生物质能源的碳去除路径,主要包括三方面:①生物质燃烧转化为具有碳捕获和封存功能的热与电(传统的生物能源碳捕获和储存);②利用生物炭土壤改良剂将生物质通过热化学转化为燃料;③具有碳捕获和封存功能的生物质发酵转变为燃料(图 4-1)。本章研究了以电、热和燃料形式存在的生物能源,以及以二氧化碳和生物炭的形式进行的捕获。所涉及的二氧化碳压缩、运输和封存的相关内容见第七章①。

本章首先回顾了各种基于生物能源的碳去除路径及其商业地位。随后,根据生物质供应潜力和工艺经济性,对其去除和封存潜力进行评估。在本章的结尾,委员会提出了基于生物能源二氧化碳去除技术的研究议程。

第二节　背景

一、方法描述

本节回顾了生物能源碳捕获和储存的各种技术路径,将路径分为四个步骤(图 4-2):①生物质生产;②生物质运输;③生物质转化;④碳捕获和封存。

(一)生物质生产

生物质原料可能来自森林管理(如树干、树枝、树皮、伐木残留物、锯木厂废料)、农业(如专门种植的原料、作物残留物)、藻类养殖或城市有机固体废物收集。生物质在生长的同时吸收大气中的二氧化碳,从而实现初始的负排放。生物质原料的生产和收集涉及多种活动,如播种、施肥和农药加工,以及传播、耕作、伐木道路和树木采伐,这些活动中所使用的能源是生命周期评估的一部分。

----

① 考虑到生物能源碳捕获和储存与直接空气捕获的二氧化碳在压缩、运输、注入和储存方面的成本大致相同,本书在第七章中对此进行了讨论,在附录 F 中再次对其进行了讨论。

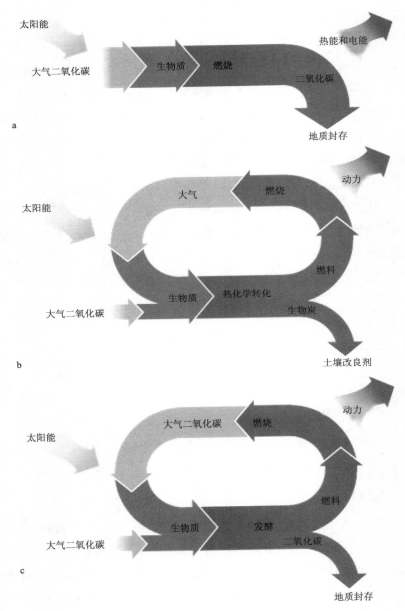

图 4-1　基于普通生物能源的二氧化碳去除路径

注:a. 生物质发电碳捕获和封存;b. 产生生物炭的生物质燃料;c. 生物质燃料碳捕获和封存。要注意的是,这些封闭的碳循环是理想化的,在现实中可能发生"碳泄漏"。有关"泄漏"的更详细内容可参见第七章。

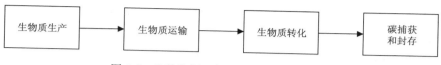

图 4-2 生物能源二氧化碳去除和封存步骤

在美国,可用于生物质生产的受管理土地总面积接近 900 Mhm²,但其中大部分土地已经用于粮食、饲料和纤维等产品的生产(表 4-1)。但是,在不改变土地用途的情况下,大部分土地的生物质供应量是可以增加的。一个重要的警告是陆地基础只有一个:因此,在本研究中,生物能源的土地基础与林业和农业二氧化碳去除方法的潜在土地基础相同。第三章讨论了生物能源碳捕获和储存与其他陆地方法的土地利用要求如何关联。

林地的年生物质产量比当前收获量高约 70%(Smith et al.,2007),即每年产生 204 Mt 干生物质。其中一部分可用于生物能源,但这会降低森林的碳储量和碳汇强度,进而降低森林的碳去除效益。然而,在目前已经收获的林地上,有大量没有得到利用的伐木残留物,其中一些已经可以用于增加生物能源的供应。现有伐木残留物利用的限制因素包括:生物质清除和运输的经济可行性以及对生态系统生产力的潜在影响。美国许多州都规定,必须将一定量(约 25%)的伐木残留物留在现场,以维持其生产力,使野生动物栖息地保持稳定(Janowiak and Webster,2010;Venier et al.,2014)。如何处理伐木残留物(例如,留在原地分解、燃烧或用于生产不同的木制品)以及现场的分解速度也会影响碳去除效益。

表 4-1 按土地利用类别分列的 2015 年美国受管理土地面积(万 hm²)[a]

类别[b]	美国
林地	29 300
农地	16 300
草地	32 500
居民点	4 300
湿地	4 200
其他土地	2 300
合计	89 000

注:a. 资料来源于美国环境保护署(EPA,2017)。b. 根据政府间气候变化专门委员会和美国环境保护署(EPA)的界定。

农地提供了增加诸如玉米秸秆等农业残留物利用的机会,这些残留物中有许多目前尚未得到利用。居民点产生了大量有机废物,其中大部分可以用来增加生物燃料供应。一个更有前景和可能更多产的选择,是在被认为对作物具有"边际生产力"的土地上种植能源作物。在美国和全球范围内,在不影响其他商品生产的前提下,还有大量的边际土地可以转化为能源作物(详见第三章)。对美国这类土地数量的一个很好的估计值,是每年列入保护区储备计划的农田数量,在划定区域范围之前,通常超过 800 万 hm^2/年(Mercier,2011)。

生物质供应替代品的生产力因地理位置和生物质来源不同而产生很大变化。表 4-2 中的数据不包括废物和残留物、某些类别以及若干特定的生物能源作物生产力的估值。这些数据突出了区域内和区域间由于气候、场地因素和原料差异而导致的生产力变化,并为生物质总供应量增加时生物质成本的增加提供了依据。

表 4-2　按地区分列的选定生物能源作物的生产率(t/hm^2)

作物类型/物种	东北	东南	三角洲	玉米生产带	大湖区	平原区
多年生草	9.0～16.8	7.8～21.3	6.7～15.7	9.0～15.7	1.8～11.2	4.5～14.6
木本作物	11.4	11.2～12.3	—	7.8～13.4	7.8～13.4	7.8～13.4
柳枝稷	10.3～16.4	10.5～20.8	13.7～21.3	12.3～19.5	6.0～7.4	3.8～19.9
白杨树	9.9～13.2	9.0～14.8	10.5～14.6	10.3～15.0	8.3～13.0	5.8～12.5
柳树	8.5～16.4	8.5～16.8	10.8～12.5	8.7～18.4	8.3～15.9	3.1～13.9
芒属植物	14.3～20.4	13.0～19.3	16.1～23.1	17.7～25.1	11.9～23.5	8.5～25.1

资料来源:美国能源部(DOE,2011、2016)。

(二) 生物质运输

生物质必须从来源地运输到转化设施的所在地或终端用户,在那里被转化为热、电或其他燃料,然后分配给终端用户。美国各地生物质资源分布图(图 4-3)显示,美国东西海岸和中部的资源最丰富,而介于这两者之间的地区,资源供应要少得多。因此,生物质必须经过远距离运输才能供给这些地区使用。即使在生物质供应更丰富的地区,虽然运输距离会更短,但运输所发生的费用和排放也可能相当可观。

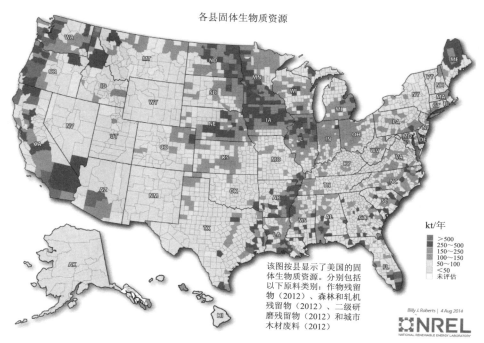

图 4-3　美国按县划分的固体生物质资源 *

资料来源：NREL（National Renewable Energy Laboratory）：

https://www.nrel.gov/gis/images/biomass_2014/National_biomass_solid_total_2014-01.jpg。

　　图 4-4 中对致密生物质运输成本的估算结果表明，海运是目前美国国内长途运输中成本最低的运输方式（Gonzales et al.，2013）。然而海运所需的航道非常有限，其余的选择包括公路和铁路运输。在距离较短的情况下，公路运输费用较低，运输成本与距离的关系如图 4-4。此外，与更有限的铁路网相比，美国发达的公路网为公路运输提供了便利。但在更长距离上，铁路运输比公路运输成本更低。

　　除成本外，与生物质运输相关的碳排放也可能很显著，在评估生物质利用的净碳排放时应该加以考虑。根据运输方式（公路、铁路或船运）和距离，生物能源生产中温室气体排放的生命周期评估对生物质运输中的排放量进行了估算。图

* 彩图请见彩插。

4-5 是通过公路、铁路或船运方式运输干生物质的一个排放量估算例子(Beagle and Belmont,2016)。结果表明,公路运输的每千米排放量明显高于铁路和船运。

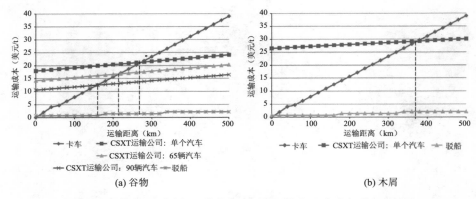

(a) 谷物

(b) 木屑

图 4-4 谷物(a)和木屑(b)从美国中西部到东部和东南部的运输成本

资料来源:冈萨雷斯等(Gonzales et al.,2013)。

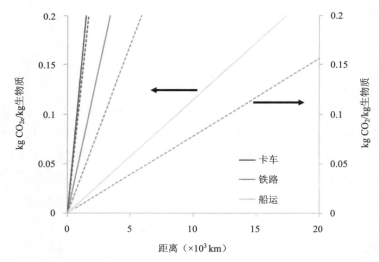

图 4-5 每单位干生物质产生的二氧化碳和二氧化碳当量

排放量与公路、铁路或船运运输距离的函数关系

资料来源:比格尔和贝尔蒙特(Beagle and Belmont,2016)。

（三）生物质转化

图 4-6 详细说明了许多生物质转化为能源的潜在技术，这些技术处于不同的技术准备水平（或技术成熟度，technology readiness levels，TRL）。本节主要介绍两种普遍的生物质转化方法。

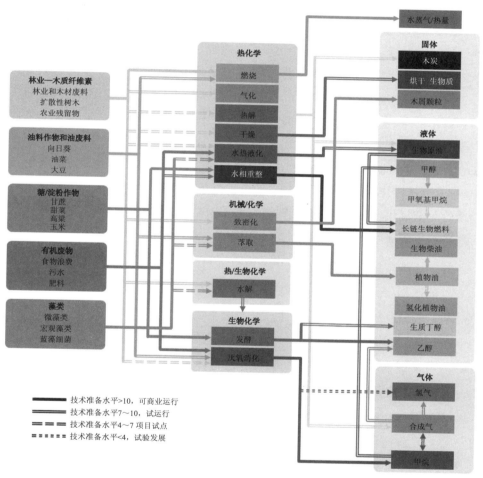

图 4-6　生物质转化路径和技术准备水平*

资料来源：改编自斯塔福德等（Stafford et al., 2017）。

---

*　彩图请见彩插。

热化学方法

将生物质转化为能源的几种热化学和生物路径已经得到证明并实施。热化学路径非常广泛，包括热解、水热液化、气化和燃烧（Goyal et al.，2008）等。热解方法是在没有空气（缺氧或无氧）或存在氢气（氢热解）的情况下加热生物质，以产生可升级为燃料或直接燃烧的液体和气体，或形成富碳固体生物炭，可以作为土壤改良剂用于燃烧、气化或封存①。热解可以在较高的升温速率和较短的停留时间下进行，以利于液体产出率（快速热解），也可以在升温速率较低和较长停留时间下进行，以利于固体碳生产（缓慢热解或碳化）。

水热液化在高温和高压蒸汽下将生物质转化为主要的液体产物。气化与热解和液化不同，它使用一种氧化剂（如蒸汽、空气或二氧化碳）将生物质部分氧化产生一种合成气，合成气由一氧化碳和氢气组成，然后通过费托（Fischer-Tropsch）合成和甲醇制气（methanol-to-gas，MTG）等热催化过程，将其转化为液体燃料；或直接燃烧以产生热量和（或）发电。最后，使用空气或纯氧气燃烧达到生物质的完全氧化，以产生热量供直接使用或发电。

生物学方法

除了生物质转化为燃料的热化学路径外，还有几种生物学路径也能产生液体和气体燃料（Antoni et al.，2007）。生物学方法利用厌氧消化和发酵生产氢气、甲烷和酒精（如乙醇）燃料。这些生物衍生燃料可以直接燃烧用于供热和发电，也可升级为其他燃料。还有一种微生物路径也可以用于生物燃料生产，它利用产油微生物直接生成生物燃料前体，例如，通过光合作用利用藻类。

（四）碳捕获和封存

目前考虑的用于生物能源碳去除的主要碳捕获和封存途径是：①通过生物质燃烧或发酵捕获、压缩和运输二氧化碳到地质站点进行长期封存；②生物质转化燃料和副产品生物炭（固体碳），可用作土壤改良剂长期储存（详见第三章）。

碳捕获

用于生物质热能和发电的二氧化碳捕获技术，与目前正在开发的常规化石

---

① 第三章讨论了生物炭作为土壤改良剂的应用。

燃料发电厂的碳捕获和封存技术基本相同。总体而言,这种技术分为四大类:燃烧后捕获、预燃烧(或气化)、富氧燃烧和化学循环(图 4-7)。虽然目前正在为燃煤电厂开展以上所有类别技术的积极研究,但不同方法在技术成熟度方面存在显著差异。表 4-3 列出了不同燃煤电厂碳捕获方法的技术准备水平、碳捕获功、有效能效率、平准化电力成本(levelized costs of electricity,LCOE)和碳捕获成本的估计值。碳捕获的根本挑战是实现用于封存的纯二氧化碳流,包括燃烧前从空气中分离氧气,或燃烧后从发电厂废气中分离二氧化碳。有效能效率是根据分离气体的理想(最小)功除以分离二氧化碳的估计实际功计算得出的,用于提供参考以评估碳捕获的总能源需求和衡量相对于理论上可能的最先进技术。

146

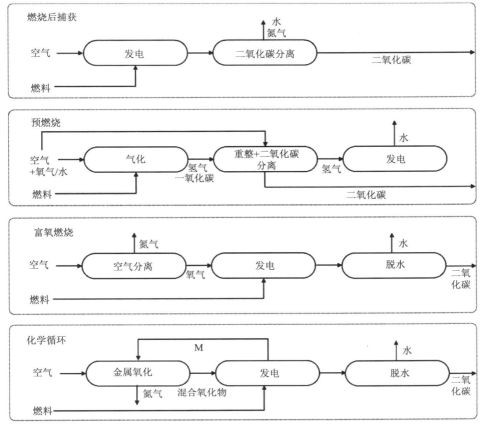

图 4-7 采用碳捕获方法的煤或生物质发电的简化流程:燃烧后、

预燃烧、富氧燃烧和化学循环碳捕获

这些值仅适用于二氧化碳的捕获成本(能源和财务),而二氧化碳的避免成本(a-voided cost)包括对二氧化碳的压缩、运输和封存,以及执行操作所需要的额外动力及其产生的二氧化碳。发酵工艺(如那些生产乙醇的发酵工艺)的碳捕获,可以使用燃料厂开发的碳捕获技术。二氧化碳既是发酵工艺的副产品,也来自为发酵工艺提供电力和热量的发电厂。因此,这两种来源均是二氧化碳捕获的备选来源。在美国,生物精炼厂目前通过发酵每年会排放约 45 Mt 二氧化碳,其中 60%可以被捕获和压缩,估计成本低于 25 美元/t 二氧化碳(Sanchez et al.,2018)。

表 4-3　燃煤电厂碳捕获方法和对不同碳捕获方法二氧化碳捕获功、有效能效率和成本的估算

碳捕获方法	电厂类型	技术准备水平	二氧化碳捕获功(GJ/t)	有效能效率(%)	平准化电力成本[美元/(MWhe)]	二氧化碳捕获成本(美元/t)	参考文献
燃烧后	SCPC	9	1.0～2.6	8～21	94～130	36～53	鲁宾 等(Rubin et al.,2015)
预燃烧	IGCC	7	1.1～1.6	12～18	100～141	42～87	鲁宾 等(Rubin et al.,2015)
富氧燃烧	SCPC/USC	7	1.3～1.7	12～15	91～121	36～67	鲁宾 等(Rubin et al.,2015)
化学循环	CDCL	6	约 2.1	约 9	约 101	?	范(Fan,2012)

注:有效能效率是火用过程中碳捕获的最小功(0.2 GJ/t 二氧化碳)。SCPC:超临界煤粉;IGCC:整体煤气化联合循环发电;USC:超超临界;CDCL:煤直接化学循环。

资料来源:布伊等(Bui et al.,2018)。

生物炭土壤改良

根据原料和工艺条件(温度、压力、分压和停留时间),生物质通过热化学转化为燃料可随之产生 25%～45%(按质量计)的副产品——生物炭(固体碳)。生物炭产出的比例很重要,因为它有助于确定一些生物质转化为燃料的方法是否实际上是碳负的(Del Paggio,personal communication,2017)。生物炭土壤改良已经被认为是一种很有前景的长期碳去除策略,但生物炭在土壤环境中的长期稳定性仍然存在争议。赞成者认为,施用生物炭可从几方面减轻农民负担:由于生物炭吸收、储存并缓慢地将磷等营养物质释放到植物中,进而释放到外部环境中,因此所需的肥料更少;生物炭可以提高土壤的保水性,确保作物免受干旱影响;随着发芽率的提高,农民在种子上的花费将减少;生物炭减少了稻田和农场堆肥的甲烷排放;增加了土壤微生物和其他土壤生物的密度;减少了土壤硬化;促进根系更好地生长并有助于恢复退化土壤(Jeffery et al. ,2011)。更多详细信息可参见第三章。

第三节　商业现状

尽管目前没有与碳捕获和封存(carbon capture and sequestration,CCS)相结合,但生物燃料发电在美国和世界范围内都得到了商业应用。2016年,在美国4 000 TW·h的发电量中,只有40 TW·h来自木材衍生燃料,22 TW·h来自其他生物质,包括城市固体废物、农业副产品和其他生物质(EIA,2017d)。

生物质燃料转化技术已经大规模投入商业应用,最明显的是已经生产了约3.7亿桶乙醇(EIA,2017c)。表4-4列出了一些生物质转化为燃料的路径及其技术准备水平和开发商。这些项目中很少有将燃料生产过程同碳捕获和封存结合。其中,规模最大的是伊利诺伊州工业碳捕获和储存(Illinois Industrial Carbon Capture and Storage,IL-ICCS)项目,位于伊利诺伊州迪凯特附近的阿彻·丹尼尔斯·米德兰(Archer Daniels Midland,ADM)工厂,在这里,纯二氧化碳气体作为乙醇发酵的副产品,被收集并注入附近的西蒙山砂岩层。该项目计划每年捕获0.9~1.0 Mt二氧化碳,并于2017年开始注入二氧化碳。该项目在伊利诺伊州盆地的迪凯特项目完成后进行,从工厂捕获二氧化碳,并用三年时间以较低的速率将其注入西蒙山砂岩层中。值得注意的是,米德兰工厂每年排放的二氧化碳约为5 Mt,由于发电厂的二氧化碳排放,使该工艺的净碳为正值。然而,技术经济研究表明,若将碳捕获与封存应用于包括发酵罐和发电装置的整个化工厂,整个工艺可能会产生碳负效应。

此外,目前生物炭生产是一项商业活动,生产商遍布北美各地。根据美国林务局最近委托的一项调查（Draper et al.，2018），美国每年大约生产 3.9 万～7.7 万 t 生物炭，加拿大每年生产 1 900～7 300 t 生物炭。目前生物炭的售价约为 1 800 美元/t。据报道，大多数消费者将生物炭作为土壤改良剂，用于改善土壤质地、提高孔隙度、改进水管理和增加土壤碳含量。为了扩大市场规模，生物炭生产商正在积极寻求将生物炭作为动物饲料补充剂的认证，正如在欧洲所做的那样。

149

表 4-4　某些生物燃料工艺、开发商和技术准备水平

原料	工艺	产品	开发商	技术准备水平
藻类	水热液化	液态烃	太平洋西北国家实验室（PNNL）/杰尼福生物燃料公司（Genifuel）	6
	发酵	乙醇	KIIT	6
	提取	生物柴油	RIHL	7
糖/淀粉	厌氧消化	甲烷	（很多）	10
	发酵	丁醇	绿色生物制剂公司（Green Biologics）	8
	发酵	乙醇	（很多）	10
	水相改良	液态烃	Virent/壳牌（Shell）	3
有机废物	水相改良	液态烃	Virent	3
	水热液化	液态烃	PNNL/Genifuel	4
	厌氧消化	甲烷	（很多）	10
	气化	乙醇	Enerkem	8
	气化	乙醇	LanzaTech	8
	加氢热解	液态烃	CRI/GTI	6
油料作物/废弃物	厌氧消化	甲烷	（很多）	10
	提取	植物油	（很多）	10
	提取	生物柴油	（很多）	10

续表

原料	工艺	产品	开发商	技术准备水平
木质纤维素	水热液化	生物	莱斯拉公司（Licella）	5
	致密化	颗粒	（很多）	10
	烘干	烘干生物质	阿巴火焰公司（Arbaflame），SINTEF	8
	厌氧消化	甲烷	（很多）	9
	发酵	丁醇	绿色生物制剂公司	9
	发酵	乙醇	（很多）	10
	热解	木炭/生物炭	（很多）	10
	热解	液态烃	（很多）	5
	加氢热解	液态烃	CRI/GTI	8
	气化	液态烃	（很多）	7

注：CRI：CRI 催化剂公司，壳牌集团；GTI：美国天然气技术研究所；KIIT：韩国工业技术研究所；PNNL：太平洋西北国家实验室；RIHL：信实实业投资控股有限公司；SINTEF：挪威科技工业研究院。

资料来源：改编自斯塔福德等（Stafford et al.，2017）以及国际可再生能源机构（IRENA.，2016）的 150 研究。

第四节 潜在影响

在评估生物能源碳捕获和储存在缓解气候变化方面的潜在作用时，生物质原料的可得性是一个关键问题，文献中提供了大量数值，但这些数据范围广泛，存在数量级上的不确定性（Azar et al.，2010；Slade et al.，2014）。例如，贝恩德斯等（Berndes et al.，2003）根据对 17 项已有研究成果的综述，估计到 2050 年生物质对未来全球能源供应的年贡献总量在 100～400 EJ 之间。斯莱德等（Slade et al.，2014）认为引起这一广泛争议主要与土地可用性，能源作物产量，以及废物、森林木材和林业、农业残留物未来可用性等相关的高度不确定性有关。在本节中，委员会对美国和世界的生物质潜力、相关的二氧化碳负通量、潜在辐射影响以及生物能源碳捕获成本进行了估算。

一、碳通量

利用生物质可用性数据(见表 4-5 的总结和后面讨论的假设),委员会估算了美国经济上可行(即对当前土地和生物质使用没有重大影响)的生物能源碳捕获和储存的二氧化碳通量潜力。经济上可行的下限为 522 Mt 二氧化碳/年,并基于以下假设:

表 4-5　美国干生物质潜力和等效二氧化碳通量估算值(万 t/年)

来源	当前使用量	2017 年				2040 年			
		技术潜力		经济上可行		技术潜力		经济上可行	
	生物量	生物量	二氧化碳通量	生物量	二氧化碳通量	生物量	二氧化碳通量	生物量	二氧化碳通量
农业副产品	**13 000**	**15 400**	**26 900**	**12 500**	**21 800**	**21 900**	**38 200**	**19 500**	**33 900**
农业残留物	—	10 600	18 500	9 400	16 400	17 100	29 800	16 100	28 000
农业废弃物	—	4 800	8 400	3 100	5 400	4 800	8 400	3 400	5 900
能源作物	**8.7**	**50 300**	**87 500**	**—**	**—**	**50 300**	**87 500**	**37 300**	**64 900**
柳枝稷	—	—	—	—	—	—	—	14 600	25 400
芒属植物	—	—	—	—	—	—	—	14 500	25 300
生物质高粱	—	—	—	—	—	—	—	1 700	3 000
能源甘蔗	—	—	—	—	—	—	—	0	0
非矮林	—	—	—	—	—	—	—	4 100	7 100
矮林	—	—	—	—	—	—	—	2 400	4 100
林业	**13 200**	**33 200**	**60 900**	**12 400**	**22 800**	**33 200**	**60 900**	**12 200**	**22 500**
伐木残留物	—	4 300	7 800	1 600	3 000	4 300	7 800	1 900	3 500
整株林木	—	14 300	26 300	6 400	11 700	14 300	26 300	5 500	10 200
其他木材废料	—	14 600	26 800	4 400	8 200	14 600	26 800	4 800	8 800
有机废物	**3 600**	**25 900**	**24 000**	**25 900**	**24 000**	**30 900**	**28 600**	**30 900**	**28 600**
城市固体废物	3 000	20 300	16 600	20 300	16 600	24 200	19 800	24 200	19 800
建筑和拆除废物	—	4 600	6 800	4 600	6 800	5 400	8 100	5 400	8 100
污水和废水	600	1 000	600	1 000	600	1 200	700	1 200	700
合计	**29 800**	**124 800**	**199 300**	**50 800**	**68 600**	**13 6300**	**215 200**	**99 900**	**149 900**

注:在不考虑生物质转化路径的前提下,假设所有生物质碳含量都被捕获和封存,估算值包含当前生物质利用水平,不同原料类型的干生物质潜力的上限和下限,以及相关的二氧化碳通量潜力。

资料来源:美国能源部(DOE,2016)、美国环境保护署(EPA,2016c)、罗斯等(Rose et al.,2015)、塞佩尔等(Seiple et al.,2017)、美国农业部(USDA,2014)。

• 生物能源碳捕获和储存不使用能源作物。尽管生物能源碳捕获和储存的高水平部署依赖于每年约 1‰ 的生产率增长，但由于能源作物的生产和利用并不普遍，而且增加能源作物的生产对气候和粮食安全存在关联影响，因此将能源作物从下限估算中剔除。事实上，正如赫克等（Heck et al.，2018）所提出的那样，如果采取预防性约束措施，将生物多样性或淡水利用等非气候影响限制在行星边界内，那么生物能源专用种植园的生物能源碳捕获和储存潜力将微不足道。

• 农业副产品的数量等于 2040 年经济上可行的产量与当前利用水平之间的差额，以避免替代性需求和产生可能导致土地负担的新需求（年通量为 113 Mt 二氧化碳/年）。

• 基于 2040 年的可得性，将经济上可回收的和目前未使用的林业伐木残留物，以及其他木材废料包含在内。来自间伐和燃料处理的整树生物质，以及目前用于家庭和工业供暖的木材均未被包括，因为未来这些来源预期会出现障碍，如对森林完整性的担忧（年通量为 123 Mt 二氧化碳/年）。

• 基于 2040 年的可得性，包括了主要由城市固体废弃物组成的有机废物（年通量为 286 Mt 二氧化碳/年）。

基于所有可用的农业副产品、能源作物、林业废物和副产品以及有机废物，美国经济上可行的生物能源碳捕获和储存的二氧化碳通量潜力上限估计值为 1 500 Mt/年。这一通量与可用生物质总的碳含量相对应，不包括整个供应链的损失和其他温室气体排放。这里也没有考虑在最大通量值下可能出现的土地需求或冲突。因此，并不认为这个值可以安全地实现。

根据政府间气候变化专门委员会的评估（IPCC，2014b），到 2050 年，全球生物能源碳捕获和储存的二氧化碳通量上限潜力估计为 10～15 Gt/年。通量下限基于美国最大通量和下限的折减系数来估算。该方法假设全球可用生物质具有与美国生物质供应相似的组成和来源分布，并受到类似的限制。虽然这一假设可能存在缺陷，但它提供了全球通量潜力的粗略估计值。美国的下限范围约为最大潜在通量的 35%，因此，到 2050 年，全球生物能源碳捕获和储存的二氧化碳通量潜力下限估计为 3.5～5.2 Gt/年。

（一）农业副产品

根据美国能源部《2016 年十亿吨生物质能源发展报告》（*2016 Billion-Ton*

Report）中的定义和汇总，农业副产品包括残留物和废物流。该报告基于 2014
年美国能源部能源信息署（Energy Information Administration，EIA）的数据，
提供了当前能源生产中所有农业副产品的消费量，包括用于年度热电生产的副
产品（9.5 Mt），以及每年用于燃料和生物化工生产的大量农业生物质（分别约
为 115 Mt 和 5.3 Mt）。虽然农业残留物的碳成分可能有所不同，一般用 47.5%
的平均碳含量（按质量计）评估二氧化碳的产量。

农业残留物

农业残留物包括玉米秸秆、小麦秸秆和高粱，以及燕麦和大麦的残留物。本
书将技术潜力定义为可用资源总量，2017 年和 2040 年的可用量是基于美国能
源部（DOE，2016）在产量年增长率为 1% 的情景下，干生物质以 88 美元/t（80 美
元/短吨①）的可用农业残留物估算的。

这些数量被视为对总可用量的合理估算，因为报告中的生产曲线显示，当农
场交货价格高于 88 美元/t 并达到 110 美元/t 时，潜在产量的增长最小。表 4-5
所示的经济上可行的农业残留物数量，是在农场交货价格为 66 美元/t、年增长
率为 1% 的情景下，从美国能源部（DOE，2016）收集的关于 2017 年和 2040 年的
相关数据。

农业废物流

农业废物流包括甘蔗渣和垃圾、大豆壳、稻壳和稻草、谷尘和谷糠、果园和葡
萄园修剪残枝、轧棉垃圾和田间残留物以及动物粪便。尽管动物脂肪和黄脂膏
也是美国能源部（DOE，2016）确定的农业废物资源，但由于它们可能的利用途
径是生物柴油，因此本书未将其纳入农业废物流的总量评估中。虽然生物柴油
取代了化石燃料，但本书中确定的碳负路径（伴随二氧化碳捕获的燃烧或伴随生
物炭封存的热解）都不是通过生物柴油实现的。根据美国能源部（DOE，2016）
报告的数据，对 2017 年和 2040 年的技术潜力和经济可行性进行了估算，本书中
采用的经济可行性是以 66 美元/t 的农场交货价格和 1% 年增长率为基础的。

（二）能源作物

如美国能源部（DOE，2016）报告所述，目前草本能源作物的产量来自美国

---

① 短吨（short ton），也译美吨，1 短吨＝0.907 184 74 吨。——译者注

农业部最新的一次普查数据(USDA,2014)。一方面,这个值可能被高估,因为它包括非能源用途,如动物寝具。另一方面,这个值也可能被低估,因为特别作物没有列入美国联邦补贴项目,或在公立大学等非私人农田种植,所以生产者通常不报告特别作物的种植情况。但是,由于这个值非常低,因此潜在的低估或高估可以忽略不计。

目前木本能源作物的产量也来自美国农业部最新的普查数据(USDA,2014)。美国农业部网站上可获得的数值是以短轮伐期木本作物的英亩数为单位的。这个值通过作物英亩数乘每英亩平均干生物质产量(t/ac.)转化为年产量值(Mt/年)。平均产量是美国能源部(DOE,2016)报告中杨树和柳树作物的区域特定平均产量。

理论上,能源作物生产生物质的技术潜力非常大,因为美国的所有作物都可以转化为能源作物。然而,这是非常不现实的。因此,对当前技术潜力进行了粗略的估计,将美国农业部报告(USDA,2014)中的当前总耕地数和已收获的耕地数之间的差值用于能源作物的种植。在美国农业部的普查中,总耕地数包括"已收获的耕地,未经改良即可用于作物种植的其他牧场和牧草地,所有作物都已歉收或被撂荒的农田,夏季休耕农田,以及闲置或用于覆盖作物或土壤改良但未收获、未放牧和未牧养的耕地"。可以用这一面积乘美国能源部提出的所有六种能源作物类型的平均产量(t/ac.)(DOE,2016),从而转化得出每年的干产量(Mt/年)。

美国能源部详细评估了每种生物质经济上可行的生物质产量(DOE,2016),也就是,属于草本植物的柳枝稷、芒属植物、生物质高粱和能源甘蔗,以及属于木本植物的非矮林(白杨、松树)和矮林(柳树、桉树)。这些数据摘自《2016年十亿吨生物质能源发展报告》,基于年产量增加1%,农场交货的干生物质价格低于66美元/t。产量要实现每年1%的增长,就需要对草本作物进行基因改造研究,并开发以生物质生产而非以木材体积或质量为目标的造林系统(Dietrich et al.,2014;Lotze-Campen et al.,2010;Robison et al.,2006)。美国能源部(DOE,2016)假设农业用地多年来用途保持不变,因此额外的能源作物将取代其他类型的现有作物,如粮食作物。到2040年,在1%的年产量增长率和干生物质为66美元/t的情景下,8.3%的农田将用于能源作物。由于模型中包含约束条件,如所有农业生物质原料都来自残留物,因此美国能源部没有2017 年经济上可行的生产值。

二氧化碳年通量潜力是根据干生物质中 47.5% 的碳含量计算的。事实上,施莱辛格和伯恩哈特(Schlesinger and Bernhardt,1991)发现,干生物质的碳含量几乎总是占其质量的 45%~50%。因此,我们使用了平均值,这个值是对生物质生长过程中从大气中吸收的二氧化碳的估计值,可以利用生物能源碳捕获和储存技术进行储存。然而,这并不是对生物能源碳捕获和储存技术的二氧化碳封存净潜力的估计。事实上,特定碳捕获和封存过程的效率,以及其他的生命周期排放,包括陆地碳储量的减少,都会对二氧化碳通量潜力产生显著影响。

(三) 林业

美国是世界上最大的工业圆木制品生产国,占全球工业圆木产品总量的19%。其他国家,尤其是处于热带地区的国家,则将采伐的大部分圆木用于供暖和家庭燃料消费(FAO,2015a)。美国工业木材生产的庞大基础推动了薪材的使用,薪材主要与用于纸张和木材等其他产品生产的木材采伐有关。主要资源类别是伐木残留物、增加的绿树或受损树木的整树采收,以及其他木材废料(包括工厂和城市的废弃木材残留物)(Perlack et al. ,2005)。

目前,美国每年使用约 132 Mt 木材和木材废料用于热力和电力,根据经济模型,干物质以 66 美元/t 的价格计算,这一数量有可能增加近一倍,该模型不包括来自离公路 0.8 km 以上的土地、保护区和陡坡的潜在额外供应(DOE,2016)。除了整树采伐外,生物能源的潜在额外木材,与提高木材和残留物利用率以及与用于其他产品生产的木材采收水平有关,再加上供应面积的限制,因此对其他森林价值的影响有限。增加整树采伐受到木材生长量超过当前采收量的限制,因此,只要木材生长不受诸如日益增加的自然干扰和气候变化等因素的影响,潜在的增长是可持续的。然而,采伐面积在不同模拟情景下具有高度可变性,这表明随着时间推移,对温室气体净排放量和受影响森林的其他价值有潜在影响。在全球范围内,每年有 1 194 Mt 木材生物质用作燃料,主要用于家庭燃料和木炭,大约相当于每年生产的工业木材数量(FAO,2016)。全球范围内工业生物燃料的潜在额外木材供应量尚不清楚,但可能干生物质在 1 316~10 532 Mt/年(FAO,2016)。

　　当前美国和全球的薪材使用基础设施之间的显著差异,需要采用不同的战略来大规模部署生物能源碳捕获和储存。在美国,大部分薪材主要集中在南方的制造设施中,用于生产纸张和其他木材产品(DOE,2016)。相比之下,全球对薪材的使用更为分散,尤其是在热带地区,那里几乎没有大型木材加工设施。

157

(四) 有机废物

　　生物衍生有机废物和二氧化碳通量潜力的估算分别来自三类废物流:①城市固体废物;②建筑和拆除废物;③污水和废水。

城市固体废物

　　美国环境保护署估计,2013 年美国产生了 2.305 亿 t 城市干固体废物(每人每天 4.4 lb[①]),其中 70.3% 是生物垃圾(纸张 27.0%,食物 14.6%,庭院垃圾 13.5%,木材 6.2%,皮革、纺织品和橡胶 9.0%)(EPA,2016c)。根据这些数据和美国人口普查局的人口估计值(Colby and Ortman,2015),2017 年城市固体废物产生的干生物质约为 167 Mt,2040 年约为 199 Mt(表 4-5)。据此,使用每吨干生物质产生 0.82 t 城市固体废物二氧化碳排放的系数(EPA,2014),估算出 2017 年和 2040 年二氧化碳通量的潜力分别为 166 Mt 和 198 Mt(表 4-5)。

建筑和拆除废物

　　美国环境保护署估计,2013 年美国产生了 481 Mt 建筑和拆除废物(每人每天 9.2 lb),其中 7.6% 是生物废物(木材)。根据这些数据和美国人口普查局的人口估计值(Colby and Ortman,2015),2017 年建筑和拆除废物产生的干生物质约为 37 Mt,2040 年约为 44 Mt(表 4-5)。据此,使用每吨干生物质产生 1.5 t 木材废物二氧化碳排放的系数,估算出 2017 年和 2040 年二氧化碳通量的潜力分别为 68 Mt 和 81 Mt(EPA,2014)。

污水和废水

　　塞佩尔等(Seiple et al.,2017)估计,美国每年产生 12.56 Mt 的废水污泥干生物质,其中约 50% 得到有收益的利用(6.23 Mt/年)。罗斯等(Rose et al.,2015)提出,人类粪便和尿液中干固体的产生率中位数分别为 29 g/d 和 59 g/d,

---

　　①　1 lb(磅)=0.453 592 4 kg。——译者注

而人均干生物质产生率的中位数为 88 g/d。根据这个产生率中位数和美国人口普查局的人口估计值(Colby and Ortman,2015),2017 年人类污水产生的干生物质约为 10 Mt,2040 年约为 12 Mt(表 4-5)。假设人体干粪便和尿液的碳含量分别为 20％和 13％(Rose et al.,2016),那么 2017 年和 2040 年人类污水中的二氧化碳通量潜力分别为 6 Mt 和 7 Mt。

二、碳容量

根据国际能源署的数据(IEA,2016),大多数能使全球平均气温上升保持在 2℃以内的气候情景包括:到 2050 年,全球生物能源碳捕获和储存至少总计减少 140 Gt 二氧化碳,或约占全球累积减排量的 2％。如果美国承诺减少一定比例的二氧化碳排放量(2015 年排放量美国占全球的 15％),那么它需要在 2050 年前去除 2.1 Gt 二氧化碳。

(一) 基础供应能力

如果从 2018 至 2040 年,美国的二氧化碳年封存量从下限二氧化碳通量潜力(522 Gt 二氧化碳/年)的 0 线性上升至 100％,那么到 2040 年,基于对当前土地和生物质使用影响最小的生物质供应,美国的累积二氧化碳储存容量下限将达到 6.0 Gt。如果以同样的速率继续,到 2050 年,累积二氧化碳储存容量下限将达到 11 Gt。如果从 2018 到 2040 年,二氧化碳年封存量从上限二氧化碳通量潜力(1 500 Mt 二氧化碳/年)的 0 线性上升至 100％,那么到 2040 年,基于对当前土地和生物质使用影响最小的生物质供应,美国的累积二氧化碳储存容量上限将达到 17 Gt。如果以相同的速率继续,到 2050 年,累积二氧化碳储存容量的上限将达到 32 Gt。全球二氧化碳容量的下限是通过使用与美国相同的折减系数对全球总供应能力来进行评估的。对美国二氧化碳总容量上限和下限的比较表明,下限容量是上限容量的 35％,因此,如果 2018—2050 年二氧化碳年封存率从 0 到 100％线性上升,那么到 2050 年,全球二氧化碳储存容量下限为 57～86 Gt 二氧化碳。根据全球二氧化碳通量潜力的上限范围(10～15 Gt 二氧化碳/年),到 2050 年,全球二氧化碳累积容量上限为 165～248 Gt。

（二）基础封存能力

制约生物能源去除路径的碳封存潜力因素，是碳储存资源的可得性和经济可行性。生物质燃烧和发酵路径的限制因素是地质封存的可得性和容量（详见第七章）。对于生物质热化学转化为燃料并同时产生生物炭的路径来说，无论如何储存（即作为土壤改良剂或填埋），其可储存的碳容量没有明显的技术或经济限制。

159

（三）辐射影响

克鲁兹等（Creutzig et al. ，2015）确定了影响生物能源系统辐射（生命周期）的五个主要来源：①沿价值链使用化石燃料产生的温室气体排放；②与生物质或生物燃料燃烧相关的温室气体排放；③土地扰动产生的温室气体排放及吸收；④生物质或生物燃料燃烧产生的短期气候胁迫因子（如黑碳），和土地管理产生的非二氧化碳温室气体［如甲烷（CH_4）、一氧化二氮（N_2O）］的排放；⑤地表变化（如反照率变化）引起的气候作用力（climate forcing）。

必须采用生命周期方法计算与生物能源碳捕获和储存技术相关的温室气体排放及吸收，以确定其对缓解气候变化的净贡献。生物能源碳捕获和储存涉及化石碳流与生物碳流。生物碳流包括光合作用过程中生物质生长从大气中吸收的二氧化碳，以及通过生物呼吸、降解和燃烧排放的二氧化碳。

化石碳流包括生物能源碳捕获和储存技术所需的化石燃料或物质燃烧所产生的二氧化碳、甲烷排放。例如，在估算净碳去除量时，必须考虑由化石燃料驱动的车辆或火车来运输生物质。此外，二氧化碳并不是导致气候变化的唯一温室气体，甲烷和一氧化二氮与生物质系统也密切相关。例如，2015 年，美国75.1％的一氧化二氮排放归因于农业土壤管理活动，如施肥和其他增加土壤中氮的可用性的做法（EPA，2017）。甲烷也会在生物呼吸、降解和燃烧过程中排放，而生物质在厌氧条件下的分解可能导致甲烷的高排放。在生物能源碳捕获和储存过程的不同生命周期阶段，也可能发生其他温室气体排放。例如，可以用于生物质转化过程的天然气会导致甲烷排放。图 4-8 显示了与生物能源碳捕获和储存相关的"碳损失"的例子，这个例子涉及在一个集成气化联合循环发电厂中燃烧柳枝稷，并进行碳捕获和封存（数据摘自文献）。

160

二氧化碳

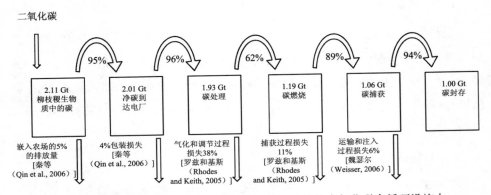

图 4-8　在经过改造为碳捕获和储存而燃烧生物质的综合气化联合循环设施中，
燃烧柳枝稷的碳流量

资料来源：史密斯和托恩（Smith and Torn，2013）。

　　充分计算与生物能源有关的陆地碳存量和通量的净变化，是促成生物能源碳捕获和储存对大气产生净效应的重要因素。无论是活的植物还是废物，生物质的来源决定了基本的核算要素。为了计算对净二氧化碳平衡的影响，首先有必要在实践上将生物能源生产情景与预测的"照常排放"基线情景进行比较，以准确反映排放的净增量变化。时间界限在以下几个方面都很重要。根据生物能源来源的不同，回收利用的生物质需要不同的时间（有时称为"偿还碳债务"）和额外的"碳封存平价时间"，也就是使用生物能源产生的累积（或"额外"）净温室气体效应等于基线的净温室气体效应（通常是"无收获"情景）（Ter-Mikaelian et al.，2015）。采伐活树可能需要几十年或几百年才能恢复其原始生物质并达到等额碳封存，与之形成鲜明对比的是，使用木材残留物作为生物能源可以在短时间内减少排放，否则这些残留物会被分解或焚烧。然而，如果木材残留物的其他用途是生产刨花板等长寿命产品，那么这种材料作为生物能源使用可能需要几十年时间，才能对减少大气二氧化碳产生积极效果。在计算总体净二氧化碳平衡时，间接影响是重要的考虑因素，例如，对土地利用和其他木材产品供应的更广泛的影响，以及它们对温室气体排放的后续影响。

　　土地覆盖变化或土地利用扰动（如森林采伐或将自然土地转化为作物用地）也会导致反照率（Betts and Ball，1997；Zhao and Jackson，2014）、地表粗糙度和蒸散量(Swann et al.,2010)的变化,从而影响气候系统。反照率变化是主要的影响因素,尤其是在季节性积雪覆盖的地区(Bathiany et al.,2010),而且可能比生物质碳封存相关的影响更强(Bernier et al.,2011;Betts.,2000;Jones et al.,2013b;O'Halloran et al.,2012)。尽管这些生物地球物理气候影响非常重要,因为它们具有区域特性,所以很难进行大规模量化,并且它们在不同地理区域的影响程度各不相同(Anderson-Teixeira et al.,2012)。

161

第五节 实施生物能源碳捕获和储存的成本估算

生物能源碳捕获和储存的实施程度将在很大程度上取决于诸如天然气等竞争性发电方式的生物质供应成本等因素。这些成本在后面进行了汇总,并对发电厂产生和捕获的二氧化碳以及热解所产生的生物炭的碳成本进行了具体估算。

一、生物质供应成本

每吨生物质的供应成本受许多因素影响,包括每公顷生产率或产量、运输(与路边的距离)、肥料添加、加工、立木价格或向种植者支付的费用、采收成本和其他的原料特定因素(DOE,2011)。图 4-9 显示随总供应量的增加,每种原料价格的上涨,以及不同供应水平下不同原料的相对可得性。

162

二、电力成本

二氧化碳的捕获、压缩和运输到地质封存地点主要考虑的是通过生物燃料燃烧产生热能和电能,而不是生产燃料。采用碳捕获和封存的生物质发电面临的主要挑战是生物质发电厂的效率过低(通常小于 25%)。生物质发电厂的低效率增加了原料成本(50~80 美元/t 或 3~4 美元/GJ 干生物质)和资本成本[超过 4 100 美元/(kW·h)],最后平准化电力成本为 100 美元/(MW·h)(或

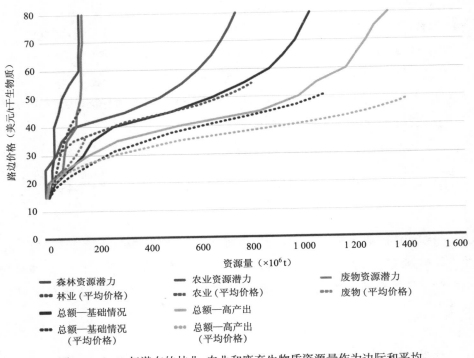

图 4-9　2040 年潜在的林业、农业和废弃生物质资源量作为边际和平均

路边干生物质价格的函数*

资料来源:美国能源部(DOE,2016)。

28 美元/GJ),毫无竞争力(表 4-6)(EIA,2017b)。相比之下,常规天然气联合循环发电厂具有高效率(通常大于 45%)、低燃料成本(2~3 美元/GJ 或 2~3 美元/10^6 Mcf① 天然气)、低资本成本[低于 920 美元/(kW·h)]的特点,其平准化电力成本约为 60 美元/(MW·h)(或 17 美元/GJ),几乎是生物质电力成本的一半。因此,该领域的研发应优先考虑提高生物质发电厂的效率,而不是碳捕获、压缩和运输研究的研发。

---

　* 彩图请见彩插。
　① Mcf 代表兆立方英尺。——译者注

表 4-6 估算的平准化电力成本

电厂类型	容量系数	平准化电力成本[2016 年美元/(MWhe)]				
		资本成本	固定运维成本	可变运维成本	输电投资	合计
天然气	87%	14.0	1.4	42.0	1.1	58.6
生物质	83%	47.2	15.2	34.2	1.2	97.7

注:基于 2022 年投入使用的美国新电厂预计新增产能的地区加权平均值。运维成本(operations and maintenance,O&M)为运营和维护成本。

资料来源:美国能源信息署(EIA,2017b)。

(一)生物质发电碳捕获

有两个因素影响生物质发电碳捕获的经济性:即平准化电力成本和碳捕获成本。基于美国联邦能源监管委员会的数据(FERC,2016),美国能源信息署估计,2016 年燃煤电厂的平均平准化电力成本为 5.1~36.1 美元/(MW·h)的运营成本、5.5 美元/(MW·h)的维护成本和 25.5 美元/(MW·h)的燃料成本。假设运营和维护成本在煤炭发电厂和生物质发电厂之间没有显著差异,那么生物质发电的成本可以通过修改化石燃料的当前发电成本来估算,以考虑生物质原料和碳捕获的成本。为了对燃料进行简单直接的比较,即使生物质和燃煤电厂的效率在很大程度上取决于燃烧效率和生物质预处理,如烘干或致密化,但我们假定它们的效率相同。根据美国能源信息署(EIA,2017a)的数据,2016 年燃煤电厂的平均效率为 32.5%。假设生物质热值较高,为 17 GJ/t(约是煤炭的一半),农场交货成本为 66 美元/t,那么农场交货的生物质成本对生物质平准化电力成本的贡献为 43 美元/(MW·h),几乎比煤炭高出 70%。假设生物质运输成本与 22 美元/t 的煤炭运输成本相同(EIA,2017a),那么,生物质运输对生物质电力成本会再增加 14 美元/(MW·h)(EIA,2017a)。将生物质的农场交货成本和运输成本加起来,发电厂的总燃料贡献的电力成本为 57 美元/(MW·h),比 26 美元/(MW·h)的煤炭成本高两倍多。由于燃料成本在平准化电力成本中占主导地位,用生物质代替煤炭对电力成本具有重大影响,平准化电力成本从煤炭的 36 美元/(MW·h)增至生物质的 67 美元/(MW·h)就证明了这一点。

二氧化碳捕获增加了工厂成本。根据二氧化碳燃烧后碳捕获估计成本为

46 美元/t(Rubin et al.，2015)，碳捕获增加了 52 美元/(MW·h)的发电成本。因此，采用碳捕获技术的生物质发电的平准化电力成本约为 119 美元/(MW·h)。假设所有类型生物质的碳含量均为质量的 47.5％，在采用碳捕获的生物质发电厂，发电的总成本为 105 美元/t 二氧化碳，相比之下，未采用碳捕获的基准燃煤发电厂，发电的总成本约为 70 美元/t 二氧化碳。

(二) 结合生物炭碳封存的生物质燃料

目前，大多数将生物质转化为燃料的热化学方法都经过了优化，以实现最大化的燃料产量，其中伴随产生的生物炭被燃烧用来提供过程热量。如果假设生物炭被用作土壤改良剂以封存土壤中的碳(或简单地埋藏)，并且该过程的热量由价格为 2～7 美元/GJ(或 2～7 美元/10^6 Mcf)的天然气提供，那么作为替代，有效的生物炭碳捕获成本为 37～132 美元/t 二氧化碳。因为生物炭很容易被分离，而且如果进行就地储存，几乎不会氧化成二氧化碳，这样二氧化碳的"避免"成本将与二氧化碳的"捕获"成本相同。这一估计并没有假定通过向农户销售生物炭来抵消成本，因为与提供气候效益所需的规模相比，目前生物炭的市场还较小。最近，通过美国农业部委托对美国生物炭行业进行了一项调查，估计目前生物炭市场的规模仅为 35 000～70 000 t/年，大致相当于每年封存 75 000～150 000 t 二氧化碳(USDA，2018)。调查显示，生物炭的销售价格从 600 美元/t 到 1 030 美元/t。假设碳含量为质量的 70％，这些价格相当于 230～400 美元/t 二氧化碳的碳价格。

第六节 次要影响

政府间气候变化专门委员会很少关注生物能源碳捕获和储存等大规模二氧化碳去除技术对生态系统和生物多样性的非气候影响(Williamson，2016)。然而，近年来的一些出版物讨论了与生物能源碳捕获和储存相关的一系列不同类型的环境与社会影响。除了对生物质生产的物理限制、生命周期温室气体排放和其他潜在辐射影响外，在间接排放、对粮食安全的不利影响、对生物多样性和土地保护的影响、水资源竞争以及社会公平和接受度问题等方面还有一些关键的不确定性(Sanchez and Kammen,2016)。

一、环境影响

　　从大气中去除每单位质量的碳所需的土地面积对生物能源碳捕获和储存来说尤其重要,这会对土地利用变化、土地保护(如养分可用性)和生物多样性方面产生不同的潜在影响。一些研究人员提供的证据表明,某些类型的生物能源碳捕获和储存在安全运行范围内与人类的发展不相适应,因为它们开始威胁到地球边界,如生物圈的完整性和氮气流(Heck et al. ,2018)。综上所述,对美国和全球对生物能源碳捕获和储存下限的估计均不需要改变土地利用,因为生物质将来自现有土地利用的废物和残留物。基于 18 t/hm² 二氧化碳当量的平均生产率,美国每年二氧化碳封存的上限为 1.5 Gt(表 4-2),表明土地面积需求约为780 Mhm²。对于全球 10~15 Gt 二氧化碳/年的封存量上限估计值,史密斯等人(Smith et al. ,2016)估计,对所有来源,包括现有土地利用产生的废物和残留物,以及各种生产力等级的专用能源作物,如柳树、杨树或芒属植物而言,输送 12 Gt 二氧化碳当量/年所需的土地面积为 380~700 Mhm²。这些土地面积占已经确定为废弃或边际土地面积的 36%~163%①(Canadell and Schulze,2014)。同样,亨彭诺德等(Humpenöder et al. ,2014)发现,土地需求在 3 亿~5亿 hm²,具体取决于造林是否是二氧化碳去除计划的主要部分。

　　通过造林和再造林去除碳也需要大面积的土地(约 2 800 Mhm²),可能比生物能源碳捕获和储存所需的规模大一个数量级(图 3-3)(Humpenöder et al. ,2014)。该图显示了生物能源碳捕获和储存以及林业负排放技术的全球土地利用模拟时间序列。因此,生物能源碳捕获和储存的大规模实施将与造林/再造林以及粮食生产、其他生态系统服务供给存在一定的竞争关系(Bustamante et al. ,2014)。

　　与生物质收获相关的养分去除(用于能源作物以及收集农业和森林残留物,而不是将它们作为养分留在地面)在不同的生物质来源中可相差几倍。这种养

---

①　由于边际土地的定义不同,对边际土地的估计是不确定的。关于边际土地的讨论详见第三章。

分去除避免了由于生物质分解而导致的进一步排放，但它可能会造成养分的消耗，这取决于植被或被替代的土地利用（Smith et al.，2016）。此外，增加种植将增加流向海洋的营养径流，从而导致富营养化，这可能会导致沿海渔业产量下降，并对滨海蓝碳产生潜在的负面影响。使用具有低营养浓度的生物能源原料，如残留物、林木和木质纤维素生物质，可以有助于减少养分消耗和径流。

来自食物和纤维生产废物的生物能源原料对现有的土地用途没有直接影响。然而，建立新的专用生物能源原料生产力将引发与其他土地用途的直接竞争，除非该土地具有边际生产力且未得到有效管理。这些直接和间接影响应在对二氧化碳净影响的总体核算中加以考虑，如果影响显著，可以使用综合经济土地利用模型方法进行量化（Plevin et al.，2010；Searchinger et al.，2008）。还可能对使用相同材料的商品供应和价格产生影响，如木材产品（Ahlgren et al.，2013）。由于生物质产品的生产系统、使用和处置方式的差异，以及存在可能能够替代生物质产品的其他材料，导致其他产品生产的变化可能反过来影响二氧化碳平衡。此外，由于粮食和原材料市场是全球化的，所以选择预测间接影响模型的方法应从全球尺度考虑。

未灌溉的生物能源作物造成的蒸发损失高于平均矮植被的蒸发损失（Smith et al.，2016）。产量较高的灌溉生物能源作物可以减少对土地的压力，但会增加对淡水生态系统的压力，并与其他使用者产生竞争关系，导致土地和水需求之间的不平衡（Bonsch et al.，2016）。能源作物灌溉大量取水可能会导致淡水生态系统的退化和水生生物多样性的损失。此外，碳捕获和储存过程也需要使用水。史密斯等（Smith et al.，2016）估计，通过生物能源碳捕获和储存进行 12 Gt 二氧化碳当量/年的封存，所需的水量约为目前人类活动使用的总用水量的 3%。但是，二氧化碳储存作业中也可以提取水，因此与生物能源碳捕获和储存过程相关的水的使用要视具体情况而定。

为了指导政策制定，研究人员越来越多地使用综合评价模型为不同的排放路径制定潜在的缓解方案。这些前瞻性模型综合了典型的人类系统（如技术经济模型）与气候变化和（或）其他环境影响（如碳循环、水可用性）相关的物理过程。尽管这些综合评价模型存在局限性，但它们可以加深对可能的技术或政策选择如何导致不同结果的理解（Edenhofer et al.，2014）。尤其值得一提的是，由于它们通过能源和农产品贸易等方式来捕捉区域之间的联系,因此适合识别生物能源碳捕获和储存的潜在间接影响。然而,模型仍然需要改进,以便将对生物多样性、生态系统服务和水资源的影响包括在内。

二、社会影响

能源作物会与粮食作物争夺可用的农业用地,因此生物能源碳捕获和储存可能会导致食品安全问题。例如,鲍威尔和伦顿(Powell and Lenton,2012)认为,生物能源碳捕获和储存的气候缓解潜力很大程度上取决于对未来粮食生产效率和饮食中肉类占比的假设;最悲观的情景(低效率和高肉类占比)会导致气候变暖加快。对土地的竞争导致粮食价格上涨。由于食品价格非常缺乏弹性,因此必须提高价格以确保在气候减缓较高情景下为粮食生产分配足够的土地(Calvin et al. ,2014)。几年前就有人关注到粮食价格的上涨。一些作者认为第一代生物燃料产量的增加是主要原因(Tangermann,2008;World Bank,2008)。张等人(Zhang et al. ,2010)还将乙醇产量的增加与短期农产品价格联系起来。原油价格和干旱也可能在短期内影响粮食价格(Ajanovic,2011)。更高的粮食价格降低了低收入人群获得食物的机会,尤其是在发展中国家,这可能导致营养不良和社会不和谐(Rosegrant,2008)。

第七节　研究议程

一、科学和技术问题

在制定生物能源碳捕获和储存研究议程时,委员会以下列问题为指导:

• 在考虑诸如粮食安全、水和土地利用竞争、反照率变化和生物多样性等次要影响时,作为一种碳负方法,生物质资源潜力的限制因素有哪些?

• 能否发展足够多样化的生物质原料供应链,以便将现有燃煤电厂转化为生物质发电厂(1 GW 的规模)?

- 考虑到仅在美国就需要超过 10 亿 t 干生物质(约 15 EJ 一次能源)取代煤炭(约 17 EJ 一次能源),生物质发电是否值得投资?
- 生物炭土壤改良剂如何影响农业生产力、水资源利用和反照率? 生物炭土壤改良剂的碳封存极限是多少?
- 优化现有生物质燃料净碳去除工艺的技术经济影响是什么?

二、定义

我们建议的生物能源碳捕获和储存研究议程,使用了美国能源部《洁净煤计划》(*Clean Coal Program*)(DOE,2015a)中关于技术准备水平、实验室规模、中试规模和示范规模的定义(表 4-7)。这些定义假设商业规模的生物质发电厂或燃料发电厂的干生物质容量约为 1 000 t/d,大致相当于 19 GJ/t 干生物质条件下 220 MW 的燃料热值。

168

表 4-7　基于美国能源部定义的生物能源碳捕获和储存的技术准备水平和相关描述

研究阶段	技术准备水平	美国能源部定义	生物能源碳捕获和储存相关研究内容
应用研究	1	观察和报告的基本原则	技术成熟度最低。科学研究开始转化为应用研发。实例包括对技术基本特性的学术研究
	2	形成的技术概念和(或)应用	开始创作。一旦确定了基本原理就可开发实际应用。应用是推测性的,可能没有证据或详细分析来支持这些假设。实例仍然局限于分析研究
	3	分析和实验关键功能和(或)概念特性的证明	启动积极研发。包括分析和实验室规模的研究,以从物理上验证技术单独要素的分析预测(例如,单个技术组件已经过实验室规模的测试)
开发	4	实验室环境中的组件和(或)系统验证	已在实验环境中开发并验证了实验室规模的组件和(或)系统。实验室规模原型被定义为小于最终规模的 1%(例如,该技术已在 0.1~1.0 t/d 的生物质原料/模拟原料进行了实验室规模测试)

续表

研究阶段	技术准备水平	美国能源部定义	生物能源碳捕获和储存相关研究内容
开发	5	相关环境中的实验室规模的类似系统验证	集成了基本的技术组件,使实验室的系统配置几乎在所有方面都与最终应用类似。实验室规模原型被定义为小于最终规模的1%(例如,使用0.01~1.0 t/d的实际干生物质原料,完整的技术已经历了实验室规模测试)
	6	在相关环境中演示的工程/中试规模原型系统	在相关环境中测试工程规模的模型或原型。中试规模原型被定义为最终规模的1%~5%(例如,完整的技术已经过使用10~50 t/d的实际干生物质,进行了小规模的试点测试)
示范	7	在工厂环境中示范的系统原型	与6级技术准备水平相比,这是技术成熟的一大进步,需要在相关环境中论证实际的系统原型,最终设计几乎完成。示范规模的原型被定义为最终规模的5%~25%或50~250 t/d干生物质设备的设计和开发(例如,完整的技术已经历了使用规模相当于50~250 t/d的干生物质原料的大规模试验)
	8	实际系统在工厂环境中通过测试且论证完成并合格	这项技术已被证明在预期条件下以其最终形式有效。在几乎所有情况下,该技术准备水平代表了真正系统开发的结束。实例包括在50~250 t/d干生物质容量的工厂内启动、测试和评估系统(例如,在全面示范时,启动了完整和完全集成的技术,包括启动、测试和评价相当于约50 t/d干生物质或更大规模下使用干生物质原料)
	9	实际系统在预期条件的全部范围内运行	该技术处于最终形式,并在各种操作条件下运行。该技术的规模预计为50~250 t/d干生物质(例如,完整且完全集成的技术已在相当于约50 t/d干生物质或更大规模下使用干生物质原料进行了全面示范验证)

资料来源:改编自美国能源部(DOE,2015a)。

三、组成和任务

委员会关于推进生物能源碳捕获和储存技术的研究议程包括四个主要组成部分:①跨学科活动;②生物质发电碳捕获;③产生生物炭的生物质发电;④生物质燃料碳捕获。表4-8总结了这些研究的组成部分、具体任务和预算,并在下面进行详细说明。

表 4-8　生物能源碳捕获和储存研究议程、预算及预算合理性

构成和任务	技术准备水平	预算（万美元/年）	持续时间(年)	预算合理性
1. 跨学科活动				
1.1 区域生命周期评估和综合评价模型				
模型开发	1～3	150～500	10	每个项目50万～100万美元，每年3～5个项目，每个项目1～3年
次要影响	1～3	60～250	10	每个项目50万～100万美元，每年2～3个项目，每个项目1～3年
时空分辨率	1～3	60～250	10	每个项目50万～100万美元，每年2～3个项目，每个项目1～3年
食品安全影响	1～3	50～200	10	每个项目50万～100万美元，每年2～3个项目，每个项目1～3年
技术评估	1～3	50～200	10	每个项目50万～100万美元，每年2～3个项目，每个项目1～3年
2. 生物质发电碳捕获				
2.1 生物质供应和物流				
预处理技术	1～3	120～350	5	每个项目20万～50万美元，每年6～7个项目，每个项目1～2年
原料物流研究	1～3	80～250	5	每个项目20万～50万美元，每年4～5个项目，每个项目1～2年
实验室原型	4～5	200～500	5	每个项目50万～100万美元，试验规模<1 t/d生物量，每年4～5个项目，每个项目1～2年
可行性研究[阶段—关卡研究(Stage-Gate)]	5～6	20～30	5	经验法则：估计工厂资本支出的1%(100 t/d，约500万美元)，每个项目5万美元，每年4～5个项目
中试规模原型	6	600～1 200	5	每个项目200万～300万美元，中试规模：约10 t/d生物质，每年3～4个项目，每个项目1～2年

续表

构成和任务	技术准备水平	预算（万美元/年）	持续时间（年）	预算合理性
试点测试设施	6	200～250	5	50 万美元/全职人力工时（free time equivalent，FTE），每工厂 4～5 个全职人力工时，1 个工厂，运营 5 年
工程研究（阶段—关卡研究）	6～7	370～880	1	基地级示范项目的 2%，1 000～2 000 t/d，100～120 美元/t，每个项目 1.8 亿～4.4 亿美元，为期 5 年
基地级示范	7～9	3 700～8 800	5	根据工程研究修改预算，每个项目 1.8 亿～4.4 亿美元，为期 5 年
2.2 高效生物质发电				
高效生物质发电概念	1～3	100～700	10	每个项目 20 万～100 万美元，每年 5～7 个项目，每个项目 1～3 年
实验室原型	4～5	300～1 000	10	每个项目 100 万～200 万美元，<1 t/d 生物量，每年 3～5 项目，每个项目 1～3 年
可行性研究（阶段—关卡研究）	5～6	100～300	10	经验法则：估计工厂资本支出（1 亿美元）的 1%，每个项目 100 万美元，1～3 个项目，每个项目 1～3 年
中试规模原型	6	1 000～1 500	7	每个试点装置 500 万～700 万美元，约 10 t/d 生物量，每年 2～3 个项目，每个项目 1～3年
试点测试设施	6	200～250	7	50 万美元/全职人力工时，每工厂 4～5 个全职人力工时，1 个工厂
工程研究（阶段—关卡研究）	6～7	200～600	5	经验法则：估计工厂资本支出（1 亿美元）的 2%，项目 200 万美元，每年 1～3 个项目
示范规模原型	7～9	2 000～5 000	5	每个示范规模工厂 2 000 万～2 500 万美元，约 100 t/d 生物质，每年 1～2 个项目，每个项目 1～3 年

续表

构成和任务	技术准备水平	预算（万美元/年）	持续时间（年）	预算合理性
3. 产生生物炭的生物质燃料				
生物炭土壤改良剂	1～3	40～300	10	每个项目 20 万～100 万美元,每年 2～3 个项目,每个项目 1～3 年
负碳路径	1～3	100～700	10	每个项目 20 万～100 万美元,每年 5～7 个项目,每个项目 1～3 年
实验室原型	4～5	300～1 000	10	每个项目 100 万～200 万美元,<1 t/d 生物质,每年 3～5 个项目,每个项目 1～3 年
可行性研究（阶段—关卡研究）	5～6	100～300	10	经验法则:估计工厂资本支出(1 亿美元)的 1%,每个项目 100 万美元,1～3 个项目,每个项目 1～3 年
中试规模原型	6	1 000～2 100	10	每个中试规模工厂 500 万～700 万美元,约 10 t/d 生物质,每年 2～3 个项目,每个项目 1～3 年
试点测试设施	6	200～250	10	50 万美元/全职人力工时,每个工厂 4～5 个全职人力工时,1 个工厂,运营 10 年
工程研究（阶段—关卡研究）	6～7	200～600	5	经验法则:估计工厂资本支出(1 亿美元)的 2%,每个项目 200 万美元,1～3 个项目
示范规模原型	7～9	2 000～5 000	10	每个示范规模的工厂 2 000 万～2 500 万美元,约 100 t/d 生物质,每年 1～2 个项目,每个项目 1～3 年
4. 生物质燃料碳捕获				
碳负路径	1～3	42～600	10	每个项目 20 万～100 万美元,每年 7～10 个项目,每个项目 1～3 年

（一）组成 1：跨学科活动

任务 1.1 区域生命周期评估和综合评价模型

生命周期评估（life cycle assessment，LCA）方法是确定不同环境下生物能源碳捕获和储存方法缓解气候变化潜力的成熟工具。因此,它可以用来估算在美国使用生物能源碳捕获和储存能够从大气中去除的二氧化碳总量。然而,可能会由此出现与间接土地利用变化相关的温室气体排放,以及因生物质和土地利用的竞争而产生其他潜在的间接影响。综合评价模型考虑了这些间接温室气体排放,因为它将经济和物理模型耦合在一个框架内。然而,模型仍然需要不断改进以减少结果的不确定性,对于提高作为输入的模型的稳健性至关重要(Popp et al.,2014)。应该对模型进行更进一步的敏感性分析,以更好地理解各种参数和假设的含义。其他二氧化碳去除方法,如直接空气捕获、生物炭或土壤碳封存,也应纳入模型,以说明潜在解决方案的全部组合,提高对生物能源碳捕获和储存以及其他基于土地利用的缓解措施如何在不同经济和政治背景下相互作用的认识(Popp et al.,2014)。大多数综合评价模型将生态系统服务、水资源和生物多样性的影响等重要因素排除在外。事实上,不断增加的生物能源生产很可能导致生态系统服务和生物多样性的损失、反照率变化的辐射影响以及水资源的枯竭(Calvin et al.,2014)。有必要在综合评价模型中更好地体现这些次要影响。为了反映更多局部参数的效果,可能需要更精细的建模尺度。还应该更新综合评价模型,以展现关于消费者对需求侧激励减少肉类消费和浪费的反应的最新认识(Clark and Tilman,2017;Griscom et al.,2017;Poore and Nemecek,2018;Stehfest et al.,2009)。委员会认识到,需要对减少肉类消费和食物浪费进行更多的社会科学研究,但是出于健康和经济方面的考虑,该主题已经开展了大量工作。最后,这一领域需要深入考虑潜在的社会后果,例如,粮食价格上涨对粮食安全的影响。

　　学术研究人员和国家实验室应该开展这项研究计划,因为这需要进行大规模的综合分析,并且这些机构正在开展相关工作。国家实验室应该参与开发和策划面向学术研究人员使用的综合评价模型开放平台,并协调国际综合评价模型工作。该项目适合美国农业部、美国能源部和美国环境保护署现有的研究项目。建议采取协调一致的跨机构措施来开发综合评价模型。

　　1. 模型开发

　　这项活动旨在提高综合评价模型的稳健性,包括用于其他的二氧化碳去除方法,并对关键参数作出更好的估算。随着全球人口增加,以及对食物、纤维和生物多样性等其他生态系统服务的需求,不同土地用途之间的竞争可能会加剧。生物能源碳捕获和储存的部署中尤其值得关注的是,生产生物质用于生物能源而需要的土地,与造林等其他二氧化碳去除方法所需的土地将面临竞争。综合

174

评价模型非常适合分析不同商品的价格以及影响粮食、纤维和生物能源生产的政策如何影响在总规模上的土地利用决策;然而,其中一些需求驱动的价格因素在当前模型中可能无法得到很好的体现。需要对模型进行研究,以改进对综合评价模型中生物质产量等关键参数的估计,并纳入其他二氧化碳去除方法来预测未来情景,这些情景考虑了所有可能的气候缓解方案。

2. 次要影响

这个领域需要改进生物能源技术部署对生态系统服务、生物多样性、反照率变化和水资源影响的综合评价模型。大规模生物能源生产可能会对非气候可持续性问题产生负面影响。一项多标准分析表明,不同的可持续性问题和可能的缓解解决方案之间可能存在权衡(Humpenöder et al. ,2018)。然而,为了更好地估计和量化这些潜在的环境影响,仍然需要进一步研究。例如,能源作物的水的可得性仍然是一个值得关注的研究领域。需要改进区域尺度的地质水文模型和分析,以便更好地了解对水的影响方面的限制和可能的解决方案(Slade et al. ,2014)。

学术研究人员和国家实验室应该积极参与这项正在各个大学开展的研究,这项研究将会因填补知识空白而受到额外支持。

3. 时空分辨率

这项活动旨在创建具有更高时间和空间分辨率的综合评价模型。大多数综合评价模型在全球范围内运行,因此在较小尺度的有效政策决策方面,可能无法准确地反映实际情况并进行系统响应。所以,研究人员应该探索在全球尺度模型(类似于全球气候模型)中嵌套或链接较小尺度模型的方法,这些模型可以根据当地的情况进行调整,但仍能在全球范围内充分发挥作用。

4. 食品安全影响

这项活动的目的是促进关于生物能源碳捕获和储存技术部署对粮食价格和粮食安全的影响的认识。正如一些研究(Kreidenweis et al. ,2016;Smith et al. ,2013)表明的那样,大规模实施基于陆地的二氧化碳去除方法可能会通过土地竞争导致粮食价格上涨。然而,如果能获得需要的额外土地,或者如果生物质原料生产不与农业用地竞争,那么粮食价格的上涨就不会过高(Lotze-Campen et al. ,2014),可以采取缓解措施来限制对粮食安全的影响(Smith et al. ,2013)。通过综合评价模型估计,大规模生物能源生产会导致粮食价格上涨。然而,对粮食安全问题(如营养不良、粮食暴乱)的潜在影响尚不清楚,因此需要进一步开展研究,以便更好地了解这些影响,并为实施潜在的缓解措施制定政策准则。还需要进行研究以设计适当的保障措施确保粮食安全。在面临大规模土地利用变化时,为确保粮食安全所需的一般保障措施方面,已经开展了大量以社会科学和政策为重点的研究。本研究需要针对生物能源碳捕获和储存的特殊情况进行重新解释和修订。

5. 技术评估

很少有生命周期评估研究会对与二氧化碳去除技术有关的潜在环境影响进行评估。生命周期评估方法严重依赖可用的数据、模型和假设来量化二氧化碳生命周期排放。因此,在比较生命周期评估结果时,遵循类似的方法学规则以确保结论的有效是至关重要的。产品类别规则通过提供特定于产品或部门的指导,实现结果的一致性和可比性。在美国,有必要为生物能源二氧化碳去除技术制定这种协商一致的生命周期评估指南。

176

(二) 组成 2:生物质发电碳捕获

生物质发电碳捕获的研究议程包括两个主要要素:①将传统粉煤发电厂转化为生物质发电厂的生物质预处理和物流;②高效生物质发电。短期内,为传统燃煤电厂预处理的生物质原料将撬动全球固定资本的燃煤电厂投资,同时建立生物质燃料供应基础设施,以支持更高效的生物质发电。从长远来看,高效生物质发电对于碳负生物质发电的可持续性、可扩展性和成本效益至关重要。

任务 2.1:生物质供应和物流

发展强大的生物质原料供应和有效的供应链,是生物质发电厂取代当今燃煤电厂的关键。本研究任务旨在建立一个与煤兼容的生物质原料库,能够输送足够的燃料以使燃煤电厂完全转型为生物质发电厂。该项目有两个重点:①将生物质转化为煤炭替代品的预处理技术;②解决生物质供应链问题(即生产、储存、处理和运输)的物流研究。

本研究项目需要利用从学术界到私营企业的整个国家的创新生态系统。农业和电力行业都应该尽早参与到这项计划中来。预处理技术、供应物流的应用研究和实验室规模原型的开发应该由大学科研人员、国家实验室和研发机构进行。试点和示范规模的开发应该利用公私伙伴关系，在国家实验室的支持下，发挥私营企业和初创公司的带头作用。特别是国家实验室应该参与运营中试规模的测试设施。项目经理应该委托第三方工程设计和评估公司，对考虑扩大规模的技术提供工程和经济评估（阶段—关卡）。最终生物质示范基地项目的管理和运营应该采用公私合作方式，最好由拥有煤炭发电资产的大型公共事业公司主办。

本计划将与美国能源部和美国农业部的投资研究组合与资助的优先顺序保持一致，属于本计划的项目可以根据这些机构的指导方针进行管理。

1. 预处理技术

这项活动旨在确定最佳的生物质致密化、预处理和成型技术，将各种生物质原料转化为标准化的煤炭替代品。需要对使用各种生物质原料（农业副产品、能源作物、木材和有机废物）的生物质致密化、预处理和成型技术进行研究、评估和开发，使其成为与燃煤电厂兼容的产品。应该将有前景的技术从应用研究推广到实验室规模原型（小于 1 t/d 生物质）和中试规模原型（10 t/d 生物质）。工艺设计应以模块化解决方案为目标，针对约 100 t/d 的生物质产能，实现分布式预处理的生物质供应链。

2. 原料物流研究

这项活动的目标是确定向美国燃煤电厂输送预处理生物质燃料所需的供应链物流（即来源、收集、加工、储存和运输），目的是建立一个国家预处理生物质示范基地，能够提供足够的生物质，将传统燃煤发电厂转化为生物质发电厂。研究项目应评估为美国一个未满 20 年的现有燃煤发电厂提供预处理生物质所需的物流。

这里拟定的研究不同于美国能源部目前的原料供应和物流研究（BETO，2017）。美国能源部的原料供应和物流研究的目标是在生产或接近生产时对生物质进行预处理，即分布式生物质预处理。本研究应考虑地质二氧化碳封存的可用性，以实现生物质发电与碳捕获和封存相结合。最后，本研究涵盖生物质生产，废物资源收集、加工和运输，以及碳生命周期评估、供应链经济学和实施障碍。

任务 2.2 高效生物质发电

生物质发电转换效率面临的根本挑战是传统生物质发电厂的火侧（fireside）锅炉温度相对较低，通常远低于 700℃。在这种温度下，热—电转换的技术选项仅限于效率低于 40% 的传统蒸汽涡轮机（朗肯循环，Rankine cycle）。因此,需要开展研究以开发将生物质转化为热能,并产生超过 1 100℃的工作流体温度和(或)转化效率超过 60% 的生物质转化为电能的技术。一些可能但并非详尽的转化研究方向包括:①液相(熔融玻璃或盐)燃烧;②化学循环燃烧;③工艺强化和增材制造的新型反应器设计;④新型耐高温、耐腐蚀材料和材料加工;⑤工艺强化和增材制造的高效换热器设计;⑥气化路径;⑦液化和液体燃烧路径;⑧原位高温气体净化;⑨生物质预处理工艺;⑩小型模块化发电概念。

本研究项目将需要利用涉及学术界到私营企业的整个国家的创新生态系统。高效生物质发电概念的应用研究和实验室规模原型的开发应该由大学研究人员、国家实验室和研发组织进行。试点和示范规模的开发应由私营企业和初创公司主导,并需要得到大学、国家实验室和研发机构的支持。特别是国家实验室应该参与运营中试规模的测试设施。项目经理应委托第三方工程设计和评估公司,对考虑扩大规模的技术提供工程和经济评估(阶段—关卡)。本项目将与美国能源部的研究组合和资助优先顺序保持一致。虽然生物质发电并不完全属于美国能源部化石能源办公室的优先事项,但美国能源部化石能源办公室和国家能源技术实验室(National Energy Technology Laboratory,NETL)因其在发展燃煤电厂技术、先进发电和碳捕获技术方面的悠久历史,拥有着管理该项目最相关的专业知识和丰富经验。

(三) 组成 3:产生生物炭的生物质燃料

产生生物炭的生物质燃料作为一种具有成本效益的碳负路径,具有广阔的前景。尽管最近热化学生物质燃料技术在商业化方面出现了一些引人注目的失败(Fehrenbacher,2015),但有前景的新型生物质燃料工艺仍在不断涌现。例如,最近对加氢快速热解处理工艺的技术—经济分析表明,这项技术可以用 88 美元/t 的干木材制造汽油/柴油混合燃料,其最低燃料销售价格为 29 美元/GJ [3.46 美元/gal 汽油当量(gge)],并且每生产一单位燃料,会产生 3 kg/GJ 二氧化碳的负碳排放量(NREL,2015)。另一个例子是新型综合加氢热解结合加氢处理的工艺(integrated hydropyrolysis with hydrotreating process,IH^2),该工艺从 79 美元/t 的干木材中生产出预计最低燃料售价为 14 美元/GJ(1.68 美元/gal 汽油当量)的纯汽油和柴油,且生产的每单位燃料产生 0.89 kg/GJ 二氧化碳的负碳排放量(Maleche et al.,2014;Tan et al.,2014)。尽管这些技术在生命周

179

期中仍有净正的温室气体排放，但其过程本身可能是负碳的。

通过确定联合生产的生物炭的价值，优化现有工艺或开发新路径，以最大限度去除碳，可以推进产生碳负的生物炭的生物质燃料工艺。为此，本书建议在两个主要研究领域开展研究。首先，土壤中生物炭的持久性和对作物生产力的影响需要更好地量化，以确定其作为土壤改良剂的长期价值和碳封存的能力。其次，需要发展碳负生物质燃料的转化路径，理想情况下既可从燃料生产中盈利，又能通过生产大量被封存的生物炭副产品而实现碳负。

本研究项目需要利用从学术界到私营企业的整个国家的创新生态系统。碳负生物质燃料工艺和赋权子系统的应用研究和实验室规模原型开发应由大学科研人员、国家实验室和研发组织进行。试点和示范规模的发展应由私营企业和初创公司主导，并需要得到大学、国家实验室和研发机构的支持。国家实验室应参与运营中试规模的测试设施。项目经理应委托第三方工程设计和评估公司，对扩大规模的技术（阶段—关卡）提供工程和经济评估。该项目将与美国能源部和美国农业部的研究组合和资助优先顺序保持一致。

生物炭土壤改良剂

需要对生物炭土壤改良剂如何影响农业生产力、用水和反照率进行定量评估。此外，还需要评估生物炭作为土壤改良剂的碳封存极限和持久性，以准确量化该技术的碳储存潜力。由于生物炭的组成和结构取决于生物质原料和生产工艺，因此定量评估应与有前景的生物质燃料转化工艺相结合。

碳负路径

一些将生物质转化为燃料的热化学转化路径已经得到了开发，包括气化、热解、加氢热解和水热液化，目前这些路径均没有生命周期的净负碳排放。然而，大多数技术开发优化工艺是为了实现燃料生产最大化，而不是碳排放。在许多情况下与燃烧一起产生的生物炭来提供低成本的工艺热量，需要对现有生物质燃料转化工艺进行优化研究，并发展净碳负排放的新路径。重点应该是稳健的工艺和能够利用多种生物质原料来最大限度地发挥其长期商业潜力，并实现碳负生物质燃料转化工艺总成本降低的子系统技术。

（四）组成4：生物质燃料碳捕获

在本次研究期间，将木质纤维素生物质转化为燃料的生物路径似乎是最具风险性的碳去除方法。根本问题是因木质素的顽固性而使有机体无法对它进行代谢。因此,大多数综合性的木质纤维生物精炼厂会燃烧木质素以获得工艺热能和动力。因为木质素约占所有生物质量的 30％以及能量的 40％,燃烧木质素严重限制了可扩展的碳负工艺的可能性。尽管如此,它在发酵过程中会产生易于捕获和封存的纯二氧化碳流,这个优点足以推动对净碳负生物路径进行基础和应用研究。具体来说,应该进行生物工程研究,目标是设计出分解木质素并将其转化为燃料的路径。生物木质素的稳定价值可以彻底改变生物学上生物质燃料工艺的经济性及其碳去除潜力。因此,建议在大学和国家实验室开展一项由美国能源部管理的应用研究项目,以开发木质纤维素生物质燃料的碳负生物转化。 181

(五) 未来研究考虑

如果要大规模部署生物能源碳捕获和储存技术,在未来的实施过程中可能会出现更多的研究考虑。具体而言,需要一个高效、协调的供应和利用系统。委员会确定了以下系统层面的需求:

• 该领域需要对生物质转化为燃料和电力的实施在空间上进行明确的优化,综合考虑工厂规模、相对于生物质供应的位置、生物质供应的竞争、二氧化碳运输网络以及二氧化碳和(或)生物炭的碳封存地点,设计出最佳的生物能源碳捕获与储存配置网络;

• 在未来,生物质发电厂与包含大量可再生能源技术(如太阳能、风能)电网进行整合,这将在负荷跟踪方面带来挑战,需要改进对负荷增加和灵活性的理解与控制;

• 必须降低碳捕获和封存的资本成本及能源消耗,以提高生物能源碳捕获和储存的经济技术可行性,并特别注意生物质原料可能给碳捕获和封存带来的任何挑战;

• 需要分析生物质发电厂所产生的二氧化碳的质量和变化性,以及对碳捕获系统组件的影响,以了解对管道、井口和地下设备的长期影响;

• 为促进生物质市场,需要连续的政策和治理措施,如生物质供应与消费(如不同国家)不匹配时的排放核算,并且可能需要扩大和推广范围,以鼓励土地所有者调整作物和耕作计划。

四、研究议程的实施

（一）资助

资助规模

在估计原型开发的研究议程预算时，假设一座 1 000 t/d 干生物质商业规模工厂的资本成本约为 1 亿美元，对于一个效率为 50％ 的发电厂而言，相当于约 900 美元/kW 的资本成本，与天然气联合循环发电厂的成本相当。然后使用 "2/3 定律" 计算单位规模经济：

$$k(c) = k(c_0)(\frac{c}{c_0})^{\alpha}$$

式中：k 是工厂资本成本（美元）；c 是工厂产能（t/d）；c_0 是参考单位产能；α 是 2/3 比例系数。表 4-9 估算了实验室、试点、示范规模原型的数量及成本。

表 4-9　估计的实验室、试点、示范规模的工厂成本、干生物质产能和技术准备水平

工厂规模	实验室	试点	示范	商业化
技术准备水平	4～5	6	7～9	10＋
干生物质产能（t/d）	1	10	100	1 000
燃油功率（MW）	0.2	2.2	22	220
资本成本（万美元）	100	500	2 200	10 000
单位产能成本［万美元/（t/d）］	100	50	20	10

资助顺序

利用碳捕获技术开发生物能源的研究议程的预算拟在 15 年内交错进行。这种方法应该可以降低技术和财务风险。图 4-10 显示了三种生物能源碳捕获和储存研究路径的研究资助序列。

资金来源

虽然在研究议程中没有明确提到资金来源，但一般认为大部分资金将来自联邦政府。即便如此，对于更成熟的技术开发项目，期望行业参与者提供部分甚

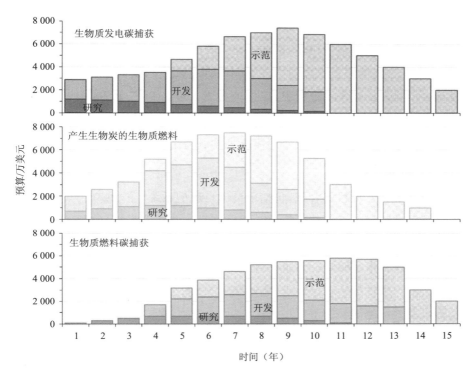

图 4-10　每年的示例性研究议程预算。显示了生物质发电碳捕获(上)、产生生物炭的
　　　　　生物质燃料(中)以及生物质燃料碳捕获(下)路径可能的顺序

至全部的项目资金也是合理的。虽然该研究议程的资助不在本书的研究范围
内,但除了传统的资助研究的美国联邦工具以外,其他机制如基于市场的政策激
励措施,也值得探索。

(二) 制度结构

美国有几家联邦机构具备相应能力来有效执行大部分拟定的基础和应用研
究的组成和任务,其中最积极的是美国农业部、美国能源部和美国环境保护署。
尽管这些机构的内设项目非常适合开展基础和应用研究,但可能不具备良好的
设备来有效运行技术示范项目。过去,公私伙伴关系在新技术的示范和部署中
发挥了关键作用。例如,电力研究所(Electric Porrer Research Institute,EPRI)
和天然气研究所(Gas Research Institute,GRI)从州际输送税(电力和天然气)中
获得资金,直到 20 世纪 90 年代放松对公用事业管制,才逐步取消这一资助机

制。在缺乏此类组织的情况下，多伊奇（Deutch,2011）提议建立一个新机构，负责管理和选择技术示范项目，该机构将得到美国联邦政府的支持，但与联邦政府分离，他将其称为能源技术公司。该组织将拥有适当的权限、工具和专业知识，能设计一个良好的技术示范项目，以加速技术开发。为了确保新技术的成功推广和部署，必须由美国联邦机构一起评估现有的技术示范能力，并调查具有有效开发和示范新型生物质能源技术所需能力的制度结构。

（三）研究管理

一个技术开发项目的管理，包括示范试点原型系统，需要具有工业经验的工程师以及管理和评估新工艺的标准。美国国家能源技术实验室的碳捕获与封存项目（NETL's CCS program）可以作为联邦政府最近实施项目的一个示例[①]。美国国家能源技术实验室开发了一种标准方法，用于评估燃煤电厂的碳捕获成本及其对电力成本的影响。此外，它还制定了一个全面的技术发展路线图，涵盖从基础研究到示范规模的工厂。

制定试点和示范规模的工艺评价标准是有效治理生物能源技术开发的关键。这些标准包括工艺设计工程、设备成本和技术经济分析。一旦制定了标准的设计基础，应通过第三方、独立的、营利性工艺工程和评估公司来提供技术评估和技术经济分析，这是审查新型生物能源工艺最具成本效益的方法。这些技术评估应该向公众提供，并说明如何获得评估结果。

（四）碳核算和监测

实施任何碳去除技术的一个实际挑战是碳去除的核算和信用。相比之下，通过现有化石燃料开采、进口和销售报告可以方便地核算化石燃料燃烧产生的二氧化碳排放量。对于生物能源碳去除方法，碳核算尤其具有挑战性，因为净碳去除量在很大程度上取决于所选择的特定路径（即生产、运输、转化、封存）。也许有必要开展政策研究，以确定能够提供一个简单和公平的系统来跟踪净碳去除的方法。

监测生物燃料产量的增加对土地面积和泄漏的影响，以及用于生物燃料的土地上二氧化碳的累积速度，是项目实施的重要方面。第三章介绍了基于现有

---

① 见 https://www.netl.doe.gov/research/coal/carbon-capture/program（2019 年 1 月 28 日访问）。

土地监测计划的研究需求。同样,第七章详细介绍了监测碳捕获与封存中被封存的碳气体泄漏的必要性。

第八节　小结

可持续、可扩大以及商业上可行的碳负生物能源技术的开发和部署是一项艰巨的任务,有许多可能的方法,并且每种方法都有其独特的优势和挑战。委员会提出了一项研究议程,试图对其中最有前景的一些方法进行分组和优先排序,并为研究、开发、示范和部署商业性生物能源碳捕获和储存技术确定一条现实的路径。本研究议程包括四部分:①综合评价模型;②生物质发电碳捕获;③产生生物炭的生物质燃料;④生物质燃料碳捕获。

生物质供应是大规模实施生物能源碳捕获和储存技术的首要问题和须考虑的因素。在全球范围内,全面部署生物能源碳捕获和储存,将额外需要 3 亿～6 亿 hm² 土地(大致相当于整个澳大利亚的国土面积)用于种植能源作物。在美国,假设需要 1 Gt 生物质,能源作物、森林生物量、有机废物和农业残留物可以实现充足供应,但相关的温室气体排放和环境影响仍然不清楚。为了准确评估生物能源碳捕获和储存对温室气体净浓度和气候变化的影响,需要建立包括以下基本要素的模型:①土地利用变化影响,包括长期的养分和生产力变化;②与生物质收获、加工和运输有关的排放(供应链排放);③不同燃料的燃烧效率和相关排放(称为"燃料替代");④间接影响,如由于生物质需求增加导致的土地利用变化或木材产品库存减少;⑤与碳捕获和储存有关的排放。此外,还应探索反照率和其他生物物理过程如何改变温室气体对气候变化的影响。目前还不存在这种综合评价模型。为了准确评估生物能源碳捕获和储存对温室气体浓度与气候变化的影响,需要建立一个全面的综合评估平台,将上述基本要素及反照率和其他气候影响纳入其中。

目前,生物质发电厂受到了无法维持稳定的生物质供应、价格和成分,以及效率低下的困扰,这两个方面体现了利用碳捕获技术的碳负生物质发电的障碍。因此,生物质发电碳捕获的研究议程聚焦于:①通过将传统煤粉发电厂转化为预处理生物质燃料,解决生物质供应和物流问题;②新一代高效生物质发电。在短期内,预处理生物质在传统燃煤发电厂替代煤炭,会撬动现有的固定资本投资(燃煤电厂),同时创建一个强大的分布式生物质燃料供应基础设施,能够支持未来更高效的生物质发电厂。从长期看,生物质转化为电力的效率必须更高,才能使这种碳去除方法兼具成本效益和可持续性,并具有广泛的影响力。为了加快技术部署,这项研究议程要求开发最有前景的生物质预处理,与生物质发电转换技术的实验室、试点和示范规模原型。

生物炭是近期最具前景的、商业上可行的碳去除方法之一。然而,新兴的产生生物炭的生物质燃料商业热化学工艺寻求的是:①要么最大限度地提高液体燃料产量,从而使生物炭最小化;②要么最大限度地提高生物炭产量,将其销售到利基①、高端和家庭花园市场,并最大限度地减少液体燃料的生产。几种热化学工艺可能在没有确定碳价格的情况下具有商业可行性,也可能产生净碳负排放,但二者不会同时发生。然而,如果可以明确证明生物炭土壤改良剂能够提高作物产量,从而积极地改变生物炭联产的经济性,那么技术开发人员也可以对燃料和生物炭同时进行优化,从而使其生产工艺的净碳为负。因此,其中一个研究目标是量化土壤中生物炭的持久性以及对作物生产力的影响,另一个研究目标是优化现有的生物质燃料碳去除工艺,并研究全新的碳负路径。为了加快技术部署,研究议程要求为最有前景的碳负方法开发实验室、试点和示范规模的原型,将干生物质产能从大约 1 t/d 的实验室规模扩大到 100 t/d 的示范规模。

187　　　生物燃料碳捕获路径是最后一种潜在的碳负生物质技术。然而,由于当前的生物体无法有效地分解木质素,生物转化路径已经被确定为具有较低的碳负潜力。在综合生物炼制厂中,从生物质中提取的木质素通常用于加热和发电。考虑到所有生物质中,木质素占总质量的 30% 和总能量的 40%,特别建议采用生物工程方法分解木质素并将其转化为液体燃料。更广泛地说,在木质素的稳定价值取得突破性进展之前,建议对生物的生物质转化只开展碳负路径的基础
188　研究和应用研究。

---

① 利基(niche),是针对企业的优势细分出来的市场,规模不大,且没有得到令人满意的服务。——译者注

第五章 直接空气捕获

第一节 引言

最近的综合评价模型(Fuss et al. ,2013)结果清晰地表明,有必要将负排放技术作为防止到2100年全球气温升高超过2℃的气候解决综合方案(例如,缓解气候变化、提升能源效率、利用可再生能源、促进燃料转换等措施)中的一个组成部分。在这些负排放技术中,有一种技术直接从大气中去除二氧化碳,通常称为直接空气捕获。要想被视为一种负排放技术,直接空气捕获系统就必须在一个对气候变化有积极影响的时间尺度上封存捕获的二氧化碳。目前,储存捕获的二氧化碳唯一合理的方法是地质封存,详情见第七章。

直接空气捕获已经在大众媒体上引起了极大的关注,因为它提供了一种逆转二氧化碳排放的方法,对气候变化来说似乎是一种相对"简单的解决方法",并且是一种相对新的、高科技的负排放技术。直接空气捕获系统除了负排放潜力之外,还受益于其固有的布局灵活性,因此可以减少从捕获地到封存地的管道需求[①]。此外,直接空气捕获系统还具有以商品市场所期望的纯度生产二氧化碳的灵活性。然而,热力学对分离气体混合物所需的能量设定了下限。稀释的气流比浓缩的混合物更难分离,也需要更多的能量。关于热力学限制因素的讨论见附录D。本章所述的直接空气捕获方法在技术上是可行的,但因为空气中的二氧化碳比燃煤电厂的烟气浓度稀释了约300倍,因此同样纯度的二氧化碳的分离过程所需费用可能比从化石燃料发电厂捕获二氧化碳更昂贵。

---

① 通过管道运输二氧化碳的大约成本为每100 km专用管道2.24美元/t二氧化碳(DOE,2015a)。

从气流中去除二氧化碳是许多工业过程的重要组成部分。去除技术的选择取决于气流的浓度和压力。物理溶剂被用于产生的二氧化碳浓度较高的天然气加工和化工生产中,较低浓度的二氧化碳则需使用能与二氧化碳(即路易斯酸)反应的化学碱。其中最简单的是氢氧化物和胺类,它们既可以作为液体溶液(通常是水溶液)的成分引入,也可以作为高比表面积固体材料表面的官能团引入。因此,二氧化碳可以通过与碱性液体或固体接触而从稀释的气流(包括二氧化碳浓度为 400 ppm 的空气)中被捕获。然而,捕获只是第一步。对于人工制造的直接空气捕获系统[①]来说,捕获剂不管是液体还是固体,都必须能够在低能量输入时即可达到的温度和压力条件下释放二氧化碳,以便使捕获剂可以重复使用,并为一些安全的封存形式制备二氧化碳。捕获通常是在使用这些化学试剂时自发进行,而最主要的能源消耗发生在回收和浓缩捕获的二氧化碳的环节。二氧化碳捕获通常是放热过程,而为了浓缩进行解吸则是吸热过程。

本章评估了两种直接空气捕获的二氧化碳分离工艺:一种使用液体溶剂,另一种使用固体吸附剂。根据假定的能量能源(如可再生能源、核能、天然气或煤炭),开展物质和能量平衡分析并进行比较,从而量化大气中二氧化碳的净减少量。该分析有助于确定每种捕获工艺面临的技术挑战,以便为未来研发议程的制定提供信息。关于二氧化碳压缩、输送和随后的地质封存的讨论和分析分别在第七章和附录 F 中进行。本章还提供了与每种捕获工艺相关的二氧化碳年减排潜力、成本和容量的估算。

第二节　背景

一、经济学(文献综述)

直接空气捕获系统的碳捕获成本一直是一个有争议的问题。文献中关于二

---

① 本章的重点是人工制造的直接空气捕获系统,它通过化学或物理过程从环境空气中捕获二氧化碳。这些系统不同于那些依赖自然现象(如植物或自然环境中的矿物)吸收二氧化碳的系统。

氧化碳捕获成本的估计值跨越了一个数量级，从 100 美元/t 二氧化碳到 1 000 美元/t 二氧化碳(Ishimoto et al.，2017)。这些估计值是二氧化碳捕获的成本，而不是从大气中净去除二氧化碳的成本，这些成本往往使直接空气捕获成为最昂贵的大气二氧化碳去除方法之一。比较这些估计值的一个挑战是，早期的报告经常使用不同的系统边界，例如，并非所有的研究都考虑了一个完整周期所需的所有步骤。有些研究使用了一般相关性的工艺操作，而有些则对特定系统进行了详细优化。随着试点示范工厂的不断发展，预计会有更精确的成本估算方法。

190

成本范围中的估值上限(1 000 美元/t 二氧化碳)(House et al.，2011)并不是基于特定技术。相反，它们是基于直接空气捕获的能量需求并应用第二定律效率，以 75% 的空气捕获率和 95% 纯度的二氧化碳产品来计算最小分离所需要的能量值。考虑到从风能到天然气的一系列能源成本，得出了约 1 000 美元/t 二氧化碳的估值上限。

美国物理学会(American Physical Society，APS)在其编制的第一份评估直接空气捕获的报告中，根据基准液体系统，提供了 641～819 美元/t 二氧化碳的估值(Socolow et al.，2011)。尽管该报告的分析很全面，但它的基准系统存在关键的局限性。该系统在概念上将从烟道气流(填充塔中气体和液体腐蚀性溶液的逆流)中捕获二氧化碳的技术调整为从空气中捕获二氧化碳的技术。因为空气中的二氧化碳浓度低得多，所以捕获每吨二氧化碳的气体流量要大得多，还有为克服垂直填料塔配置中的压降所需的电力，这都将增加大量的投资和运营成本。尽管优化运营条件可以在一定程度上降低这种成本，估计为 528～579 美元/t 二氧化碳(Mazzotti et al.，2013)和 309～580 美元/t 二氧化碳(Zeman，2014)，但基本几何形状和气体—液体接触方案将保持不变。现在认为这种设计不能广泛适用于直接空气捕获系统。

正如有些研究所强调的，与美国物理学会的基准系统相比，改变流配置以减少压降可以显著降低捕获成本。美国物理学会的基准系统是基于一种更传统的方法，即模拟了燃烧后捕获吸收器技术。霍姆斯和基思引入了一种气体与下降液体的横流式方案同另一种新方案的组合方式，新方案涉及从空气和氧、天然气燃烧产生二氧化碳的碳酸盐基质捕获系统中捕获产生的二氧化碳。这种配置推

断出的估值为 336～389 美元/t 二氧化碳(Holmes and Keith,2012)和 93～220
美元/t 二氧化碳(Keith et al. ,2018)。对于固体吸附剂,类似于汽车催化转换
器的"蜂窝状"整体结构的低压降装置和其他超低压降装置是首选设计(Realff
and Eisenberger,2012)。这个新的配置需要进一步的试验示范来实现更低的二
氧化碳捕获价格。

　　无论是基于固体吸附还是液体溶剂的工艺,实验室研究对操作成本的估计
均较低。例如,功能化胺吸附剂工艺的估计成本为 82～155 美元/ t 二氧化碳
(Kulkarni and Sholl,2012),不过这仅是运营成本。早先基于水化学捕获设计
的成本估值也都相似,为 60～145 美元/t 二氧化碳(Stolaroff et al,2008),而不
包括封存的完整系统估值为 165 美元/t 二氧化碳(Keith et al. ,2006)。然而,
由于所考虑的系统的完整性和所产生二氧化碳流的纯度各不相同,应谨慎对不
同的研究进行比较。

二、商业应用现状

　　一些公司目前正致力于将直接空气捕获系统商业化(表 5-1)。这些公司主
要专注于每年能够从空气中捕获 1 Mt 二氧化碳的运营装置,所产生的费用主要
由私人出资。

表 5-1　致力于将直接空气捕获系统商业化的公司

公司名称	系统类型	技术	再生条件	纯度/应用	规模
Carbon Engineering	液体溶剂	氢氧化钾溶液/碳酸钙	温度	99%	试点,1 t/d
Climeworks	固体吸附剂	功能化胺过滤器	温度或真空	99%(可根据应用稀释)	示范,900 t/年
Global Thermostat	固体吸附剂	胺改性整石	温度和(或)真空	99%	1 000 t/年
Infinitree	固体吸附剂	离子交换吸附剂	湿度	3%～5%藻类	实验室
Skytree	固体吸附剂	苄基胺功能化多孔塑料珠(Alesi and Kitchin,2012)	温度	空气净化,温室气体	独立装置

已经有很多直接空气捕获系统被提出，根据一些特征可对其进行区分，包括：液体溶剂或固体吸附剂的选择、二氧化碳释放/捕获（再生）方法和输出二氧化碳流的纯度。虽然地质储存或封存需要纯二氧化碳（>99%），但含有 3%～5% 二氧化碳的气流仍然可以用于封闭的温室和藻类养殖场（Wilcox et al.，2017）。尽管商业实体需要在二氧化碳上盈利来抵消研发成本并扩大业务，但如果将二氧化碳从空气中分离出来加以利用，那这些二氧化碳就必须在一个对气候产生积极影响的时间尺度上被封存，才能被视为是一种负排放技术。在表 5-1 所列公司中，尽管有些公司在其持续开发中考虑使用其他类型的结构化固体吸附剂，但除了碳工程公司外的所有公司都利用胺基（或铵基）固体吸附剂捕获二氧化碳。碳工程公司的除碳工艺包含氢氧化物水溶液与二氧化碳反应后生成碳酸盐。大多数方法都依赖加热或加热与真空相结合，将捕获的二氧化碳从固体吸附剂上的束缚状态解吸出来，或如碳工程公司工艺中将生成的碳酸盐进行热分解。分解产生的碱性氧化物，或其他公司工艺中产生的氢氧化物在水溶液中被重新溶解，从而恢复其吸收二氧化碳的能力。王涛等人（Wang et al.，2013）和如无限树（Infinitree，采用"湿变方法"）等一些公司已提出了再生固体吸附剂的替代方法。在"湿变方法"中，当二氧化碳在相对干燥的条件下被捕获后，将充满二氧化碳的吸附剂暴露在轻度真空下的湿空气中，即可释放被捕获的二氧化碳。

在撰写本书时，所有公司的技术要么处于实验室阶段，要么已经发展到一次性试点或示范工厂阶段。克莱姆沃克斯公司的技术发展最快，它在瑞士运营了一个平均 900 t/年的示范工厂，可以将二氧化碳用于各种用途，而不是储存在地质储层中。

192

第三节　能量学、碳足迹和成本

本节介绍了委员会对基于液体溶剂和固体吸附剂的直接空气捕获系统的能量学、碳足迹和成本分析，两种系统的分析均基于以下基准假设：

- 工厂从空气中的捕获速率：1 Mt 二氧化碳/年；

- 空气中二氧化碳的浓度:400 ppmv(百万分体积比,parts per million by volume);

- 体积流量(空气):≥58 000 m³/s;

- 空气捕获分数:≥60+二氧化碳;

- 产品浓度:≥98%二氧化碳

- 排放系数:

　　　　天然气产生的热量:227 g 二氧化碳/(kW·h);

　　　　煤产生的热量:334 g 二氧化碳/(kW·h);

　　　　核能产生的热量:4 g 二氧化碳/(kW·h);

　　　　太阳能产生的热量:8.3 g 二氧化碳/(kW·h)

　　　　电网供电(美国平均):743 g 二氧化碳/(kW·h);

　　　　天然气发电:450 g 二氧化碳/(kW·h);

　　　　煤发电:950 g 二氧化碳/(kW·h);

　　　　核能发电:12 g 二氧化碳/(kW·h);

　　　　太阳能发电:25 g 二氧化碳/(kW·h);

　　　　风力发电:11 g 二氧化碳/(kW·h);

- 工厂寿命:10 年[①]。

在设计一个每年能够从空气中捕获 1 Mt 二氧化碳的工厂时,必须仔细考虑为工厂提供动力的能源,从而确定空气中二氧化碳的净去除量。例如,如果化石燃料在没有常规碳捕获与封存的情况下提供能量,则空气中二氧化碳的净去除量可能会显著减少。在比较不同边界条件下直接捕获空气的成本时,直接比较的估值可以通过使用下式代表的成本系数来校准:

$$成本系数(Cost\ Factor)=\frac{1}{1-x} \qquad 公式(5\text{-}1)$$

式中:x 是捕获一个单位二氧化碳时排放的二氧化碳。当 x 接近 1 时,或者说每捕获 1 t 二氧化碳,就释放 1 t 二氧化碳时,这个系数接近无穷大,成本也趋于无穷大。相比之下,随着 x 接近 0,净二氧化碳去除成本变得更接近捕获成本。可能使 x 接近 0 的技术实例是那些使用低碳能源来提供系统运行所需的热量和

----

① 与美国能源部用于基准电厂研究的方法相同,如见德雷克等人 2010 年的研究(Draucker et al. , 2010)。

电力的技术,这对于特定直接空气捕获方法来说可能是特有的。例如,液体溶剂方法的再生需要高达 900℃ 的温度,能够达到这一温度的技术包括聚光太阳能发电塔(DOE,2013)、低碳氢燃烧、光伏或风能电力加热以及包括高温气冷反应堆在内的核能替代设计(Harvey,2017)。相比之下,基于固体吸附剂方法的再生需要的温度更低(如低于 150℃)。因此,提供低碳能源的选择虽然不同,但可能包括地热和轻水核反应堆。同样重要的是,建造一个每年能够处理 1 Mt 二氧化碳的工厂,所需的材料隐含的排放量也需要考虑,虽然目前的分析中未包括隐含排放量,但建造工厂的钢材和水泥的数量不容忽视。目前的分析清楚地表明,如果通过低碳能源提供燃料,直接空气捕获会产生最大的影响。然而,用低碳能源为直接空气捕获工厂提供燃料,而不是用这类资源直接取代基于化石燃料的点源排放,还需要进一步考虑。

194

两种直接空气捕获方法的设计都包括空气接触器和再生设施。一般来说,一个实际工艺需要五个关键属性:①低成本的空气接触器,考虑到足够大的接触器面积使压降达到最小化,因为空气中二氧化碳浓度低,需要大量气体通过接触器。②最佳的二氧化碳吸附热力学,这关系到在二氧化碳分压低于 500 ppmv 时具有适当的高二氧化碳吸附等温线,以尽量减少吸附剂的用量和整个工艺规模。在低分压下提高二氧化碳吸附能力,需要吸附剂与二氧化碳有强的化学相互作用,与之相反,在较高二氧化碳分压下操作的分离工艺,可以使用与二氧化碳有较弱的、物理相互作用的吸附剂。③快速吸附/解吸动力学,会产生快速吸附和解吸从而使整体循环更快,因此相同输出所需的吸附剂更少。④降低吸附剂再生能量,使吸附剂对二氧化碳的结合能足够,达到高吸附量,但又不至于太高而使吸热的吸附剂再生工艺需要大量能量,从而产生不可接受的再生成本。此外,有效的工艺设计将使设备在吸附和解吸之间反复热循环的热量最小化,即工艺的显热应该降到最低。⑤降低资本成本,这几乎适用于所有工艺,但与直接空气捕获系统尤为相关,这些系统的吸附剂寿命会构成某些设计潜在的重要成本。

委员会采用不同的方法来分析下面描述的液体溶剂和固体吸附剂直接空气捕获系统。液体溶剂系统分析源自碳工程公司推出的概念性工艺设计(Holmes and Keith,2012;Keith et al.,2018)。在 2018 年基思等人发表的研究工作之前,委员会就开展了相关分析,但在仔细调查了这项工作后,确定其分析与设计

"C"配置最接近,该设计省略了现场独立供电区,而是使用电网来为所有电气工程供电,这种方式适用于使用低碳电力的地区。然而,C配置中假设将二氧化碳压力压缩到 15 MPa,而委员会的分析中不包含二氧化碳压缩。压缩工作会造成 0.48 GJ/t 二氧化碳的能量消耗和 8 美元/t 二氧化碳的成本,假设电力成本为 60 美元/(MW·h),电网平均排放系数为 744 kg 二氧化碳/(MW·h),则会导致每捕获 1 Mt 二氧化碳将产生 0.1 Mt 二氧化碳的额外排放。

特别是碳工程公司的捕获材料,其再生需要的热量来自氧烧窑炉中燃烧的天然气,在这一过程中,二氧化碳通过天然气燃烧和碳酸钙煅烧产生,而碳酸钙在一定程度上负责从空气中去除二氧化碳。委员会对这一过程的分析考虑了联合工艺过程的全部能量和成本,也分析了仅有直接空气捕获而不包括化石燃料燃烧产生的二氧化碳。有几家公司正致力于固体吸附剂系统(如 Climeworks、Global Thermostat 和 Skytree),每个公司都在开发自己的专利工艺,具有不同的设计特点。因此,与其分析某一具体的工艺,不如考虑一个基于吸附剂的通用工艺,并通过改变关键参数来降低一系列的能量和过程成本。

一、液体溶剂系统

(一) 工艺描述

液体溶剂直接空气捕获工艺的两个主要部分组成是空气接触器和再生设施(图 5-1)。在该工艺中,首先,氢氧化钾(KOH)水溶液与来自空气的二氧化碳在空气接触器中反应,形成水和碳酸钾(K_2CO_3);其次,将碳酸钾水溶液倒入苛化器中与氢氧化钙[$Ca(OH)_2$]反应后,形成碳酸钙($CaCO_3$)沉淀;再次,将碳酸钙浆料送入澄清机和压滤机以去除水;最后,将去除水的碳酸钙送入煅烧炉。在煅烧炉中,碳酸钙沉淀物与天然气一起在氧烧窑中加热至约 900℃,从而生成固体氧化钙(CaO)和高纯度二氧化碳气体,这些气体可以压缩和运输并长期封存。

(二) 操作单元

空气接触器

空气接触器用于使空气与氢氧化钾水溶液接触,使二氧化碳反应生产碳酸钾：

$$2KOH + CO_2 \rightarrow H_2O + K_2CO_3$$

环境空气以 400 ppm 的浓度进入接触器，其中 75% 的二氧化碳被氢氧化钾溶液捕获形成碳酸钾。由于碳酸钾具有高稳定性，需要苛化步骤使其与氢氧化钙反应以形成碳酸钙沉淀，进而重新生成氢氧化钾溶液，以在接触器中重复使用。

196

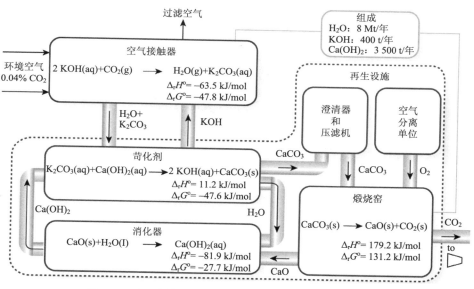

图 5-1　通用液体溶剂直接空气捕获系统的简化工艺流程

接触器尺寸：在空气接触器中，通过风机将空气吹到由 PVC 制作的填充材料上（如工业冷却塔所用材料一样），见图 5-2。均匀喷涂在填充材料上的是 1mol/L 的氢氧化钾水溶液，假定填充材料为 Brentwood XF12560。霍姆斯和基思（Holmes and Keith，2012）根据基于溶液的分离工艺，确定空气中二氧化碳的最佳捕获比例是 0.75。在风速为 1.5 m/s、空气中二氧化碳捕获率为 75% 的条件下，按 1 Mt 二氧化碳/年的速率所需的接触器面积为 38 000 m²。目前最大的商业填充塔面积约 100 m²，表明想要实现 1 Mt 二氧化碳/年的分离，需要建造数百个填充塔。由于这一挑战，霍姆斯和基思建议采用大型冷却塔和废物处理厂使用的技术。它们的空气接触器的体积最优设计近似为 20 m×8 m×200 m，需要 10 个接触器就可以每年捕获 1 Mt 二氧化碳，这比起传统填料塔有了很大的改进。此外，与 10 000 m³ 的大型冷却塔体积和约 285 m³ 的常规填料塔相比，两系统的填充体积估计为 20 000 m³。这些考虑突出表明，直接空气捕获接触器的优化设计与传统的煤或天然气燃烧后碳捕获工厂的设计有很大的不同。

197

图 5-2　液体溶剂直接空气捕获系统的空气接触器概念图

资料来源：霍姆斯和基思（Holmes and Keith，2012）。

压降[①]：在计算压降时，除了考虑通过潮湿填充材料的空气流的基本特征，还必须考虑填充材料的组成（如金属、塑料、陶瓷）。对于燃烧后捕获装置的压降计算，通常采用逆流模型（Mazzotti et al.，2013；Socolow et al.，2011），而在基思等的文章中（Keith et al.，2012、2018）的模型为横流形式。现有文献提供了几种具有逆流形式的常规金属填充材料的压降相关性，但似乎没有横流形式 PVC 填充材料，如基思等人（Keith et al.，2012、2018）研究的压降相关性。为此，在委员会的分析中，通过分别考虑与不锈钢和聚氯乙烯（polyvinyl chloride，PVC）填充材料相关的压降，确定了风机功率能耗范围。在基思等人（Keith et al.，2012、2018）的文章中，跨越填料塔的压降是专门针对 Brentwood XF12560 型 PVC 填充材料建立的关系式：

$$\Delta P = 7.4D\, v^{2.14} \qquad\qquad 公式（5-2）$$

---

① 压降，是指流体在管中流动时由于能量损失而引起的压力降低。——译者注

式中：ΔP 为压降(Pa)；D 为柱状物的深度(m)；v 为空气流速(m/s)。根据霍姆斯和基思的设计($v=1.5$ m/s，$D=6\sim8$ m)，产生的压降 $\Delta P=106\sim141$ Pa $(1.0\sim1.4$ mbar)。

马佐蒂等(Mazzotti et al.，2013)展示了一种专门为燃烧后捕获设计的新型不锈钢填充材料，可能实现 $\Delta P=380$ bar($v=2.57$ m/s，$D=3.6$ m)的压降。该压降是针对逆流接触器导出的，其中空气流速和捕获分数被当作是可优化的变量。填充材料选择的背后含义将在工艺经济学部分详细讨论。

风机功率：从压降中可以计算出驱动 58 000 m^3/s 的流动空气通过接触器所需的风机功率：

$$\dot{W}_{fan}=\frac{\dot{V}\Delta P}{\varepsilon} \qquad\qquad 公式(5\text{-}3)$$

式中：$\dot{W}_{fan}$ 为风机功率(MW)；$\dot{V}$ 为气流流速(m^3/s)；ε 为风机电气效率(假定为 60%)。通过计算得到的空气接触器风机功率为 $10\sim37$ MW。因此，对于一个每年捕获 1 Mt 二氧化碳的工厂，所需的风机能量为 $0.32\sim1.18$ GJ/t 二氧化碳($14.2\sim52.5$ kJ/mol 二氧化碳)。这些能量若来自燃煤发电，则会产生 $0.073\sim0.269$ Mt 二氧化碳/年的排放；若来自天然气发电，则会有 $0.044\sim0.160$ Mt 二氧化碳/年的排放。这导致了为风机采用煤发电和天然气发电捕获的净二氧化碳量分别为 0.83 Mt/年和 0.90 Mt/年。

水损失：根据氢氧化物溶液的浓度和相对湿度，空气接触器中的水损失是 $1\sim30$ mol 水/mol 二氧化碳 。斯托拉罗夫等的研究(Stolaroff et al.，2008)表明，增加氢氧化物的浓度可以减少水损失。具体来说，在 15℃和 65% 相对湿度下，约 7.2 mol/L 的氢氧化钠溶液中，水损失现象基本消除了。然而，霍姆斯和基思(Holmes and Keith，2012)估计减轻水损失的氢氧化钾溶液的最低浓度为 2 mol/L。斯托拉罗夫等的研究(Stolaroff et al.，2008)表明，对于 65% 相对湿度的低浓度氢氧化物溶液(如 1.3 mol/L)来说，每捕获 1 mol 二氧化碳通常会产生 20 mol 的水损耗。因此，具有 1 Mt 二氧化碳/年捕获速率的液体溶剂直接空气捕获系统，需要增加 8.2 Mt 水/年以弥补水损失。

溶剂泵

要计算出泵送氢氧化钾溶液并将其均匀喷洒在填料上所需的功，需要知道压降、体积流速和液体密度。对于霍姆斯和基思(Holmes and Keith,2012)的系统,这些信息无从得知,但他们提出了一个经验法则——流体泵送所需的能量约为风机所需能量的 15%,即捕获每吨二氧化碳需要 0.048~0.065 GJ 能量(2.13~2.84 kJ/mol 二氧化碳)。使用燃煤发电或天然气发电的溶剂泵每年分别额外产生 0.013 Mt 二氧化碳和 0.007 7 Mt 二氧化碳。

消化器

在消化器中,氧化钙与水发生放热反应生成氢氧化钙,氢氧化钙在苛化器中可以再次使用:

$$CaO + H_2O \rightarrow Ca(OH)_2$$

在消化器中可能产生惰性砂砾,这将影响该步骤的效率。砂砾的产生取决于颗粒大小、温度和所用设备的类型(Hassibi,1999)。消化器工艺所需的功大约为 0.005 GJ/t 二氧化碳(0.2 kJ/mol 二氧化碳)(Baciocchi et al. ,2006),文献中效率的范围为 0.95~0.99(Emmett,1986)。燃煤和天然气发电时,使用平均效率计算的消化器的功每年将分别增加 0.001 Mt 二氧化碳和 0.000 7 Mt 二氧化碳的排放。尽管石灰熟化是放热反应,并且熟化和苛化步骤之间会发生热交换而放热,但这种低品位热能不容易被整合,并且很难将其考虑成为再生累积的能量。

苛化器

在苛化器中,碳酸钾水溶液从空气接触器的出口流中泵出,与氢氧化钙反应生成碳酸钙并重新生成氢氧化钾,以在空气接触器中重复使用:

$$H_2O + K_2CO_3 + Ca(OH)_2 \rightarrow 2KOH + CaCO_3$$

氢氧化钠的典型苛化效率(文献中缺乏氢氧化钾的苛化效率)为 0.8~0.9,意味着能量需求的增加,以补偿非理想转化而产生的额外处理所需的能量(Mahmoudkhani and Keith,2009)。然而,与再生周期中的其他步骤相比,苛化步骤的功需求可以忽略不计(Baciocchi et al. ,2006)。因此,由于苛化效率导致的功增量变化表现在下游工艺(如澄清器和压滤机)中。

苛化反应后,上清液氢氧化钾溶液澄清后与其余回收溶剂混合并泵送回吸收器。假定前序工艺中转化效率理想,澄清步骤所需的功估计为 0.109 GJ/t 二氧化碳(4.8 kJ/mol 二氧化碳)(Baciocchi et al. ,2006)。调整这一功值以达到消化和苛化效率,将会引起煤和天然气的年二氧化碳排放量分别为 0.025 Mt 和 0.015 Mt。沉淀的碳酸钙经过过滤、增稠和压制,准备运往窑内进行煅烧。在进入能量密集的煅烧步骤之前,有必要加热和干燥碳酸钙以去除尽可能多的水分。这一准备工作也是能量密集型的,估计需要 3.18 GJ 能量/t 二氧化碳(140 kJ/mol 二氧化碳),分别使用燃煤和天然气获得以上热量,相当于每年分别额外产生 0.3 Mt 和 0.2 Mt 的二氧化碳排放。

煅烧炉

经过过滤、净化和干燥后,必须在煅烧炉中将碳酸钙加热至高温(约 900℃),才能形成氧化钙(生石灰)和高浓度二氧化碳:

$$CaCO_3 \rightarrow CaO + CO_2$$

煅烧后,生石灰返回到消化器中,与水发生放热反应再产生氢氧化钙,并将熟化溶液加热到约 95℃(Baciocchi et al.,2006)。尽管这种低品位热能通常很难整合,但使用从水合石灰中回收的蒸汽干燥碳酸钙的工艺,可将干燥过程的能量需求抵消掉 2.39 GJ/t 二氧化碳(105 kJ/mol 二氧化碳)(Zeman,2007)。此外,文献中已报道了超过 0.9 的煅烧效率(Martinez et al.,2013;Stamnore and Gilot,2005),且煅烧工艺的热能需求范围为 6~9 GJ/t 二氧化碳(264~396 kJ/mol 二氧化碳)(Baciocchi et al.,2006;Zeman,2007),其中热能直接利用的效率系数为 0.75。

由于这种工艺的高热能需求,传统煅烧工艺带来的二氧化碳排放量非常大,如果燃烧天然气和煤炭,则导致的每年二氧化碳排放量分别为 0.38~0.57 Mt 和 0.56~0.84 Mt。为了尽量减少直接空气捕获过程中产生的二氧化碳,理论上任何由加热产生的二氧化碳都可以与周围空气中的二氧化碳一起被捕获。然而,煅烧后窑炉废气的平衡气体主要是氮气,如果最终目标是产生接近纯的(≥99%)二氧化碳流,则需要增加额外的二氧化碳分离设备。氧烧窑则不需要额外的二氧化碳分离设备,因为它们产生的废气只有二氧化碳和水,在水冷凝后就形成了近纯的二氧化碳流。为了从煅烧炉中回收热量,可以使用热交换器将排出的 900℃ 烟气与进入的气体冷却到 200℃,之后将 200℃ 的烟气通过冷凝器进一步冷却至 30℃。使用空气分离装置(air separation unit,ASU)将氧烧窑的纯氧从空气中分离出来,所需电力为 0.3 GJ/t 二氧化碳(13.2 kJ/mol 二氧化碳),如果使用燃煤发电和天然气发电，则分别带来每年 0.068 Mt 二氧化碳和 0.041 Mt 二氧化碳的碳足迹[①]。

补充化学试剂

在液体溶剂直接空气捕获过程中，试剂损失可能发生在几个阶段。由于直接空气捕获的特点，外来污染物可能会进入吸收器（如昆虫、鸟类、颗粒物、硫氧化物和氮氧化物），与钙离子结合，形成副产物。钙离子损失还会在过滤和窑内烧制过程中发生。钙离子损失应优先选用碳酸钙补充，因为其相对较低的成本（200 美元/t），其碳足迹小于其他石灰产品（如生石灰和熟石灰[②]）。此外，氢氧化钾可能通过气溶胶形态和喷雾漂移而在吸收器中产生损耗（Keith and Holmes，2012）。捕获每吨二氧化碳所需的化学补充试剂费用估计为 0.9 美元（Socolow et al.，2011）。假设将该成本分解为氢氧化钾水溶液和固体碳酸钙的成本，则氢氧化钾水溶液的成本相当于 0.20 美元/t 二氧化碳，固体碳酸钙的成本相当于 0.7 美元/t 二氧化碳，那么每年需要补充 400 t 氢氧化钾[③]和 3 500 t 碳酸钙。考虑到氢氧化钾是由能量密集型氯碱工艺（7 GJ/t 氢氧化钾）生产的，补充氢氧化钾产生的碳足迹为 590 t 二氧化碳/年。补充固体碳酸钙产生的碳排放可能归因于运输车辆产生的排放[0.11 kg 二氧化碳/(t·mile)]，这包括往返行程以及该循环中任何废物积累所需的额外处理[④]。

（三）质量和能量平衡

液体溶剂直接空气捕获系统的能量需求估算见表 5-2 和图 5-3，捕获 1 t 二氧化碳的电能和热能的需求分别为 0.74～1.66 GJ 和 9.18～12.18 GJ。假定风机、泵、消化器、苛化器/澄清器和空气分离装置均由电网供电，而加热器/干燥器和煅烧炉则代表了整个系统的全部热需求，如图 5-3 所示，总的来说，运行系统的电气部件所需的总能量占整个工艺能源需求的 6%～18%。特别要提出的

202

---

① 在空气分离装置中产生 200(kW·h)/t 二氧化碳以供给煅烧炉，需要 0.56mol 氧气/mol 碳酸钙。

② 每吨碳酸钙采矿所消耗的电量为 1.5～80(kW·h)，与本节概述的其他步骤相比，二氧化碳的排放量可忽略不计。

③ 基于每吨氢氧化钠 506.5 美元的批量购买价格[依据综合环境控制模型（Integrated Environmental Control Model，IECM）]。

④ 这种处理可被认为类似于单乙醇胺（MEA）再生中的回收废物处理（260 美元/t）（依据 IECM）。

是,该工艺中主要的能量密集环节是氧化钙的加热再生和随后的高纯度二氧化碳生产,其次是加热和干燥碳酸钙环节的耗能。如果使用天然气作为热源,那么这些步骤共同将净捕获的二氧化碳降低到 0.11～0.42 Mt 二氧化碳/年,如果煤作为热源则降低到 0～0.11 Mt 二氧化碳/年。换言之,使用煤作为热源产生的二氧化碳量与捕获的二氧化碳量几乎相等。这些估计值包括由煅烧炉排气装置冷却带来的 1.5 GJ/t 二氧化碳的节省热量值。由于使用从水合石灰中回收的热量蒸汽干燥碳酸钙的工艺仍有不确定性,因此上述估值中并未包含这一节省热量值。这也是当前的分析研究与基思等人的分析(Keith et al.,2018)之间的主要区别,因为他们假设显著的热集成会导致平均热功需求为 5.25 GJ/t 二氧化碳,而当前分析研究中的下限为 8.4 GJ/t 二氧化碳。结合泽曼(Zeman,2007)所述的热回收方法,这一需求可以降到 6 GJ/t 二氧化碳。然而,由于在公开文献中对热集成方法缺乏清晰的认识,因此将其排除在当前研究之外。此外,由于煅烧炉是氧烧的,这种方法除了捕获空气中的二氧化碳,同时还捕获窑炉中天然气燃烧所产生的二氧化碳。对这一特殊方法的考虑揭示,除了直接从空气中捕获二氧化碳,每年还可额外产生 0.38～0.57 Mt 高纯度二氧化碳。

表 5-2　液体溶剂直接空气捕获系统单元操作能量需求和产生的二氧化碳

单元操作	所需能源 (GJ/t CO_2)	产生 CO_2(Mt/年)	
		天然气	煤炭
接触器风机	0.32～1.18	0.044～0.160	0.071～0.095
溶剂泵	0.048～0.065	0.007～0.009	0.011～0.014
消化器	0.005	0.000 7	0.001
苛化器/澄清器	0.109	0.015	0.028
空气分离装置	0.30	0.041	0.028
加热器/干燥器	3.18	0.20	0.30
氧烧煅烧炉	6.0～9.0	0.38～0.57[a]	0.57～0.85[a]
废气冷却	−1.5	−0.11	−0.15
额外热量回收[b]	−2.4[c]	—	—
总计(不计气体冷却节能)	9.9～14	0.69～1.00	1.00～1.31
总计(计气体冷却节能)	8.4～12.5	0.58～0.89	

注:a. 与环境空气中的二氧化碳共同捕获的排放。b. 从水合氧化钙中回收的热量,用于干燥碳酸钙(Zeman,2007)。c. 工艺中遗漏的总量。

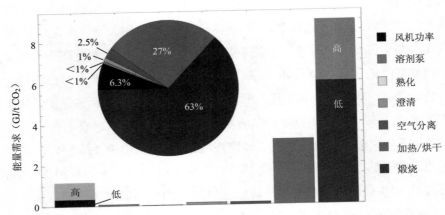

图 5-3　使用碳酸钙循环的液体溶剂直接空气捕获系统的能量需求估计，其中

大部分能量用于窑中煅烧和释放二氧化碳（在 900℃ 条件下计算）*

　　假设在 25℃ 条件下二氧化碳的初始大气浓度为 400 ppm，捕获空气中 75%二氧化碳并形成 98% 的纯度，最小功为 0.45 GJ/t 二氧化碳（20 kJ/mol 二氧化碳）。根据液体溶剂直接空气捕获系统能量要求概述，"实际"的功为 8.2～11 GJ/t 二氧化碳，导致的有效能效率为 4.1%～6.2%①。

（四）工艺经济学

　　在评估直接空气捕获的成本和效益时，文献中报道的宽泛的成本范围一直是一个有争议的领域。在没有首先将范围条件和边界标准化的情况下比较成本具有误导性。因此，必须强调，这里给出的成本估计值是利用适度优化的通用直接空气捕获系统，从大气中分离和捕获二氧化碳，而大气中的二氧化碳是以 75% 的捕获率捕获的高浓度（约 98%）二氧化碳，这一浓度是地质封存二氧化碳压缩成本和体积最小化所必须的。这些成本估计值反映了以捕获每吨二氧化碳为基础，从空气中去除 1 Mt 二氧化碳所导致的年度经济处罚总额。然而，在直接空气捕获系统所需的几个步骤中，可能会产生额外的二氧化碳排放。因此重要的一点是，通过假设产生的任何排放都会受到处罚，把这些排放直接计入避免

---

*　彩图请见彩插。

①　有效能效率定义为最小功（W_{min}）与实际功（W_{real}）之比。

成本表达式中。避免的二氧化碳的成本总是高于捕获的二氧化碳成本，并且随着捕获过程中产生的二氧化碳量接近捕获的量，这种成本接近无穷大。此处给出的成本估计值也随能源来源而变化，且不包括压缩、运输、注入和封存成本①。

表 5-3 列出了每年处理 1 Mt 二氧化碳的液体溶剂直接空气捕获系统所需的资本和运营成本估计值。该成本分析是在最优参数（Holmes and Keith，2012；Keith et al.，2018）基础上得出的乐观方案，其中对相关参数进行协同优化以使系统成本最小化。在这里，任何有关安装设备成本的值均是直接取自文献，而直接设备成本乘系数 4.5 就可以得到总安装成本（Rudd and Watson，1968）。表 5-3 给出了一个实例，将参数设置在它们各自的上限。现实的最坏情况通过单参数和联合参数优化仍然以最小化成本为目标，但是额外的因素（如更高的电力成本、热集成程度、新技术倍增因子、设备报价）增加了额外的成本构成，由此导致更高的总成本。这些估计值得出的捕获成本：天然气燃料系统为 147～264 美元/t 二氧化碳，煤炭燃料系统为 140～254 美元/t 二氧化碳（表 5-4）。对于以天然气为燃料的系统，去除二氧化碳的净成本估计为 199～357 美元/t 二氧化碳，而对于以煤为燃料的系统，由于产生的二氧化碳多于捕获的二氧化碳，因此净成本接近无穷大。

虽然本书中没有考虑，但二氧化碳的压缩将使净去除成本增加大约 8 美元/t 二氧化碳，从而使该成本可以与文献中报道的考虑压缩的成本进行比较（Keith et al.，2018；Mazzotti et al.，2013；Socolow et al.，2011）。本书中提出的净二氧化碳去除成本（490～880 美元/t 去除的二氧化碳）可能可以与美国物理学会的研究（641～819 美元/t 避免的二氧化碳）和马佐蒂等人（Mazzotti et al.，2013）的后续相关研究（510～568 美元/t 避免的二氧化碳）中的避免成本进行比较。马佐蒂等考虑了三种苏尔寿（Sulzer）公司的填充材料：Mellapak-250Y［也用于索科洛等（Socolow et al.，2011）的研究］、Mellapak-500Y 和专门为碳捕获设计的新型不锈钢填充材料 Mellapak-CC。围绕特定填充材料（Mellapak-250Y）对系统进行优化的结果是避免成本降低了 7%。例如，优化前后分别为 610 美元/t 二氧化碳

---

① 由于假设通过生物能源碳捕获和储存及直接空气捕获所捕获的二氧化碳的压缩、运输、注入和储存成本大致相同，因此本书在第七章和附录 F 中再次讨论了这些成本。

表 5-3　每年去除 1 Mt 二氧化碳的通用液体溶剂直接空气捕获系统的估算资本和运营成本

资本支出	成本	注评
接触器阵列	21 000 万～42 000 万美元	下限:霍姆斯和基思(Holmes and Keith,2012)报道的空气接触器阵列成本;基于 75% 的最佳捕获率、6～8 m 的床层深度和 250 美元/m³ 的 PVC 填料。上限:使用不锈钢填料(1 500 美元/m³)、浅填料床(3 m)和 1.5 倍新技术成本系数、重新优化的霍姆斯和基思配置的预计成本
消化器、苛化器、澄清器	13 000 万～19 500 万美元	下限:取自索科洛等的研究(Socolow et al.,2011)并调整为 2016 年美元的资本成本。上限:1.5 倍系数,用于计算新技术成本。虽然钙回收循环在纸浆和造纸工业中已经成熟并得到了很好的研究,但可能会产生与集成到直接空气捕获系统中有关的学习成本
空气分离装置和冷凝器	6 500 万～100 000 万美元	下限:根据综合环境控制模型(Integrated Environmental Control Model, IECM)(Rubin et al.,2007)中空气分离装置(air separation unit, ASU)的资本成本比例计算得出。上限:1.5 倍系数,用于直接空气捕获系统中与煅烧结合。冷凝器成本根据综合环境控制模型估算进行换算,并假设相对于空气分离装置和其他部件可忽略不计(30 万美元)
氧烧煅烧炉	27 000 万～54 000 万美元	下限:来自行业源头的报价,4.5 倍系数,用于将界内区(inside battery limits, ISBL)的设备成本扩展到全部成本(Socolow et al.,2011)。上限:引用索科洛等(Socolow et al.,2011)的煅烧炉价格,采用 4.5 倍系数,用于燃烧的天然气窑和煤窑,其商业可行性未知
资本支出小计	67 500 万～125 500 万美元	
年度资本支出	8 100 万～15 100 万美元/年	假设工厂寿命为 30 年且固定支出系数为 12%

运营成本	成本(美元/年)	注评
维护	1 800 万～3 300 万	按总资本要求的 0.03 计算
人工	600 万～1 000 万	按维护成本的 0.30 计算

资本支出	成本	注评
补给和废物清除	500 万~700 万	下限:假设 500 美元/t KOH,250 美元/t Ca(OH)$_2$,0.30 美元/t H$_2$O,260 美元/t 废物处理成本(Rubin et al.,2007)。上限:用 1.5 倍系数乘补给的运营成本
天然气	2 500 万~3 500 万	根据表 5-2 中报告的热能需求的低值和高值计算,假设天然气成本为 3.25 美元/GJ
煤炭	1 800 万~2 500 万	根据表 5-2 中报告的热能需求的低值和高值计算,假设 2016 年美国平均烟煤为 48.40 美元/短吨,或 2.33 美元/GJ
电	1 200 万~2 800 万	根据表 5-2 中报告的电力需求计算,电价为 60 美元/(MW·h)
运营成本合计(天然气)	6 600 万~11 300 万	
运营成本合计(煤炭)	5 900 万~10 300 万	

(Socolow et al.，2011)与 568 美元/t 二氧化碳(Mazzotti et al.，2013)。使用先进的填充材料(Mellapak-CC)的结果是进一步降低避免成本至 510 美元/t 二氧化碳。马佐蒂等人和美国物理学会在压降关系的开发中都假设了逆流形式，这直接关系到风机的功耗。这与基思等人(Keith et al.，2018)的研究不同，基思等人基于一种新型 PVC 基填充材料，该材料的压降关系假设为横流形式下的。这种塑料填充材料的成本大约是美国物理学会假定的金属填充材料的 1/6，并且与更常测试的金属填充材料的压降(约 100 Pa/m)相比，预计有明显更低的压降(约 10 Pa/m)。如果这种塑料填充材料确实足够耐用，可以在工厂的整个生命周期中经受住腐蚀性溶剂的侵蚀，那么在考虑系统优化之前，美国物理学会的资本支出(capital expenditure，CAPEX)估计值将减少近 15 美元/t 二氧化碳。此外，通过降低压降，可以减少风机 2/3 的运营能源支出，假设天然气发电成本为 60 美元/(MW·h)，则可额外节省 7 美元/t 二氧化碳的成本。这强调了在该领域开展示范规模项目的必要性，以便测试和验证新型填充材料，例如，将塑料与独特流动形式如恒流的耦合效果。

表 5-4　以天然气或煤驱动的液体溶剂直接空气捕获系统的碳捕获成本(美元/ t 二氧化碳)汇总

成本组成	天然气	煤炭
捕获成本[a]	147～264	140～254
净去除成本[b]	199～357	∞
生产成本，氧烧炉[c]	113～203	∞

注：a. 基准＝从空气中净去除 1 Mt 二氧化碳。b. 基值＝每单位净去除的二氧化碳，天然气平均为 0.3 Mt，煤炭为 0。c. 基准＝每单位净去除的二氧化碳，包括从平均产生 1.3 Mt 二氧化碳的天然气氧烧炉捕获的二氧化碳。

美国物理学会的系统设计的另一个不同之处是垂直吸收器法，具有 330 个矮粗洗涤塔阵列，总横截面积为 37 000 m²。尽管采用的是 50％的捕获率，但较高的空气速度(2.0 m/s，相较于本书中的 1.5 m/s)产生的横截面积与本书中所述的(38 000 m²)相当。然而，330 座矮粗塔的设计是资本密集型的，总安装成本为 13 亿美元，约占系统总成本的 60％。相反，霍姆斯和基思(Holmes and Keith，2012)展示了图 5-2 中 10 个空气接触器阵列的总安装成本约为 1.5 亿美元。最后，美国物理学会报告的一台煅烧炉的安装成本为

5.4亿美元。但是,与每年捕获1 Mt二氧化碳的捕获系统兼容的工业煅烧炉价格约6 000万美元,使总安装成本为2.7亿美元,这比美国物理学会研究的所需成本低50%。

如前所述,基思等人(Keith et al. ,2018)认为,这些差异可能部分归因于设计构型,例如,将恒流耦合PVC填料的组合与逆流耦合金属填料的组合进行比较,前者除了水平吸收器设计和广泛的热集成外,还可产生更低的压降以及更低的资本成本。尽管新材料的使用和合理的流动形式可能使成本降低,但若没有机会在现实条件(如现实的环境和长时间)下进行测试,将难以实现该成本估计值的下限。本书解释了这些先前的研究(Keith et al. ,2018;Mazzotti et al. ,2013;Socolow et al. ,2011),提供了包括溶剂基分离过程中所有步骤的宽泛能量需求和成本,这也证实了这一领域的研发需求,从而可以建立一个直接空气捕获的真实基线成本。

除了考虑天然气和煤炭资源作为直接空气捕获设备的燃料以外,委员会还考虑了基于太阳能光伏和电解氢气的低碳方案以分别满足电力和热量需求,试图使公式(5-1)中的成本因子"x"最小化。委员会还研究了一套纯粹基于太阳能光伏的另一种路径,并假设煅烧过程使用电烧炉,成本详情见附录D。表5-5详细说明了基于这种低碳情景的资本、运营和维护成本,该情景产生的净去除二氧化碳的平均成本范围为317~501美元/t二氧化碳。

就资本支出而言,这一途径的主要区别包括:用氢烧炉替代氧烧炉、没有空气分离装置、使用电解槽生产氢气、使用压缩机和加压储罐现场储存氢气,以及安装太阳能光伏板、逆变器和蓄电池用于现场发电。以风机、溶剂泵、消化器、苛化器或澄清器和气体冷却装置(表5-2)的运行能量需求作为输入参数,确定光伏太阳能的能耗成本,蓄电池也考虑在内以使系统持续运行。此外,要产生一个捕获1 Mt二氧化碳/年的直接空气捕获设备所需的热量,需要5.7×10^5 t/年的水流速度来生产4 150 mol/h的氢气。如表5-5所示,电解所需的能量占能量运营成本的绝大部分,其次是压缩氢气所需的能量。

表 5-5 液体溶剂直接空气捕获的光伏、存储和氢烧煅烧炉相关的经济成本

资本支出组成	成本	注评
接触器阵列	21 000 万～42 000万美元	下限：霍姆斯和基思（Holmes and Keith, 2012）报告的空气接触器阵列的成本，基于75%的最佳捕获比、6～8 m的床深和大约250美元/m³的PVC填充材料。上限：使用不锈钢填料（1 500美元/m³）、浅填料床（3 m）和1.5倍新技术成本系数，重新优化霍姆斯和基思配置的预计成本
消化器、苛化器、澄清器	13 000 万～19 500万美元	下限：取自索科洛等的研究（Socolow et al., 2011）并调整为2016年美元的资本成本。上限：1.5倍因子，用于计算新技术。虽然钙回收循环在纸浆和造纸工业中已成熟并得到了很好的研究，但集成到一个直接空气捕获系统中可能带来学习成本
氢烧煅烧炉	36 000 万～72 000万美元	下限：来自工业的氧烧炉的报价，采用6倍因子将界区内设备成本换算为全部成本，并考虑新技术。这个估值可能太低了，因为氢烧炉的商业可用性存在不确定性。假设效率为95%。上限：索科洛等（Socolow et al., 2011）研究中引用的煅烧炉价格，采用6倍系数来计算新技术
冷凝器	30 万美元	冷凝器成本根据综合环境控制模型估算，并假设相对于其他部件可忽略不计（30万美元）
水	110 万美元	假设损失可以忽略不计，水投资为2美元/t，3 600～4 700 kmol/h，每年需要 5.7×10^5 t 水
电解槽	26 000 万～42 000万美元	碱性（成熟工艺）850～1 500 美元/kW；假设氢气的高位热值为283.74 MJ/kmol（IEA, 2015b），电解槽功率需求为310～525 MW
光伏＋电池	86 500 万～146 500 万美元	直接用电需求，即直接空气捕获处理需要33～73 kJ/mol CO_2，电解槽需要430～730 kJ/mol CO_2，氢气压缩需要51～68 kJ/mol CO_2。假设总安装成本为2.2美元/W交流电，包括光伏组件和逆变器，而蓄电池会额外增加15美元/（MW·h）（Fu, 2017）
压缩机	2 200 万～3 700 万美元	88%的效率压缩至18 MPa，70美元/kW$_{H_2}$（IEA, 2015b; Ogden, 2004）
加压罐	7 300 万～20 700 万美元	236～394 美元/kW$_{H_2}$
资本支出小计	192 100 万～304 500 万美元	
年化资本支付	23 000 万～36 500 万美元/年	假设工厂寿命为30年，固定支出系数为12%

续表

运营成本组成	成本	注评
维护	5 800 万～9 100 万美元	成本区间按总资本需求的 0.03 计算
人工	1 700 万～2 700 万美元	按维护成本的 0.30 计算
补给[H_2O,KOH、$Ca(OH)_2$]和废物清除	500 万～700 万美元	下限:假设 500 美元/t KOH、250 美元/t CaOH、0.30 美元/t H_2O、260 美元/t 废物处理(Rubin,2007)。上限:使用 1.5 系数乘补给的运营成本
光伏+电池	670 万～1130 万美元	被认为是 18 美元/kW交流电(Fu et al.,2017)
运营小计	8 700 万～13 600 万美元	

成本=避免成本[a]		
光伏+仓储+氢气燃烧	317～501 美元/(t CO_2·年)	

注:a. 基准=1 Mt 二氧化碳。

二、固体吸附剂系统

(一)工艺描述

与液体溶剂系统相同,固体吸附剂直接空气捕获系统有两个主要工艺:循环操作的吸附和解吸(图 5-4)。在这些系统中,首先,空气吹过被包含在空气接触器内的固体吸附剂,其中的二氧化碳被吸附在固体吸附剂上;其次,将含有二氧化碳的固体吸附剂暴露于热和(或)真空环境,以从固体吸附剂中释放二氧化碳;最后,固体吸附剂冷却后再重新使用。

由于变温吸附(temperature swing adsorption,TSA)适用于捕获超稀物质(Lively and Realff,2016),委员会评估了一种通用吸附工艺,要么仅使用变温吸附,要么结合变温吸附与真空变压吸附(vacuum swing adsorption,VSA),以确

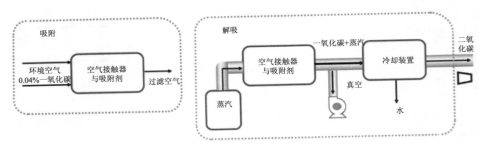

图 5-4　基于吸附剂的两步骤直接空气捕获过程示意

注:(1)空气与吸附剂通过气固接触器(左图)接触;(2)使用可施加真空条件的

加热系统从吸附剂中解吸二氧化碳,之后冷却返回初始状态(右图)。

定固体吸附剂系统的能耗、二氧化碳排放和相关成本可能的界限[①]。本节描述了一个通用的假设过程,及其估计的能源使用和随之产生的二氧化碳排放。

(二) 单元作业

吸附

空气被吹入一个装有合适的二氧化碳吸附材料的固体结构(接触器),二氧化碳被耗尽后的空气从工序中排出。在吸附器中,能量使用主要是风机驱动空气通过含有固体吸附剂的接触器所需的电力。与该步骤相关的能源消耗的主要驱动力是通过接触器的压降。该部分工艺实质上偏离了更常研究的烟气分离。

解吸

当二氧化碳吸附达到饱和后,固体吸附剂将被转移到解吸器中[②],在那里使用热(TSA)或热和真空(TSA/VSA)系统来解吸二氧化碳(再生)并产生浓缩的二氧化碳流。再生是固体吸附剂直接空气捕获系统能耗最密集的步骤,包括二氧化碳解吸(ΔH_{ads})和加热吸附剂、接触器和其他设备(ΔH_{sens})所需的热能,以及(如果使用)真空泵所需的电能。冷凝器的能量消耗可以忽略不计,尽管若将部分热量集成到蒸汽生成中可回收一些热量,但在本分析中暂不考虑。总的来说,该工艺的能量密集步骤与针对更浓缩进料(如从烟道气捕获)的类似再生步

---

① 这样的工艺不会映射到表 5-1 中无限树公司(Infinitree)采用的湿变方法。

② 或者如果部署单个装置,则将吸附器切换到解吸模式。

骤的能量学原理相同。由于能源密集度的原因,该解吸步骤的工艺设计创新对整体工艺效率会有很大影响。快速传热并将吸附介质上的二氧化碳分压降至最低的设计是有利的,可以在浓度和热量方面为二氧化碳解吸提供驱动力。

(三) 质量和能量平衡

通常,固体吸附剂系统设计的目标是:①将通过空气吸附剂接触器的气流压降降至最低;②最小化接触器质量的同时最大化吸附剂质量(从而最小化感热能量损失);③最大化二氧化碳吸收;④有利地管理水分吸收[①]。对于这里所设想的通用工艺,其关键的工艺参数在物理现实范围内变化(表 5-5)。采用里尔夫(Realff)和川尻(Kawajiri)的方法(Sinha et al.,2017),委员会估计了该工艺中能量消耗的单个因素和二氧化碳捕获的成本。

通过改变表 5-6 提供的参数范围,估算出通用固体吸附剂直接空气捕获系统的过程能量强度。表 5-7 列出的是计算出的热能和电能需求,若能源是由煤炭、天然气、核能、风能或太阳能提供,那么相关的二氧化碳排放量见表 5-8(NREL,2013)。电能消耗按平均电网价格[0.06 美元/(kW·h)]计算,热能成本是通过考虑取代电厂冷凝汽轮机输送的电能而必须产生的额外蒸汽得出的(Sinha et al.,2017)。估计的能耗范围与文献中提到的其他工艺相似[图 5-5,布罗姆等(Broehm et al.,2015)]。

由于参数可能存在很大差异,委员会考虑了五种场景(即最佳、低、中、高和最差场景)来代表不同程度的过程优化和性能。最佳场景中每个参数的组合形成了成本的下限(1—最佳),这种场景由于各种参数之间存在相关性而可能无法实现,使用当前已知的材料和方法去优化其中一个参数,会使另一个参数远离最优参数。同样,有很多方法可以设计出能耗很高的不良工艺。这里呈现的最差场景(5—最差)就是一个例子,其中使用了所有最保守的值。展示这两种极端情况是从完整性角度考虑,委员会并不期望任何一种极端情况的实际操作。更现实一些,根据中间范围的参数对三种中间场景进行估算(2—低,3—中,4—高),

---

① 对于许多吸附剂,水的吸收应当最小化,以最小化每个循环中必须从吸附剂解吸的水量及其相关的能量损失。然而,一些吸附剂可能受益于同时吸附的水,因其可能增加二氧化碳吸收。在这种情况下,水的吸附必须方便管理。还可以管理水吸附以平衡作为副产品的淡水的生成。

其中的描述性语言指的是预期的碳排放和能源消耗。

表 5-6　影响固体吸附剂直接空气捕获过程估计性能的模型参数

参数	单位	范围
输入		
接触器与吸附剂比	kg/kg	0.10～4.0
吸附剂采购成本	美元/kg	15～100
吸附剂寿命	年	0.25～5.0
吸附剂总容量（400 ppm 时）	mol/kg	0.5～1.5
解吸摆动能力[a]	mol/mol	0.75～0.90
空气流速	m/s	1～5
解吸压力（VSA）	bar[c]	0.2～1.0
解吸最终温度（TSA）	K	340～373
吸附热（二氧化碳）	kJ/mol	40～90
输出		
吸附时间	min	8～50
解吸时间	min	7～35
传质系数[b]	1/s	0.01～0.1
压降	Pa	300～1 400

注：根据文献报道，一些参数（输入）在物理现实范围内变化，输出由模型计算得到。a. 被吸附的二氧化碳被解吸并作为产物回收的百分数。b. 考虑所有阻力的集中线性驱动力系数，见附录 D。c. 1 bar＝100 kPa。

最近的许多固体吸附剂直接空气捕获工艺的优点在于，它们不需要高温热能。在一种理想的场景下，电能需求应该用可再生能源来满足，且当有合适且可用的余热时，所使用的热能应从低温余热中获取。这样做有助于净二氧化碳去除量最大化。此外，利用余热可以为早期装置的运行提供重要基础，从而获得更优的经济运行方式，可能抵消技术学习曲线前期的不足。然而，若想在全球范围内影响负排放（余热利用）的部署，将需要热能和电力，因此在本章所考虑的所有场景中，所使用的能源仅用于直接空气捕获过程，而没有对余热利用作任何假设。

对于固体吸附剂直接空气捕获工艺中的每一步在几种场景下都进行了二氧化碳排放量评估，包括由风能、太阳能、核能、天然气或煤炭提供的电能，以及来自太阳能、核能、煤炭或天然气的热能(表5-8)。计算出的能源需求表明,在使用化石能源的任何情况下,最差场景(5—最差)都无法达到负排放,即使是那些使用可再生能源发电的情况也不行,因为广泛的热能需求由化石能源提供。然而即使是能提供负排放的最差场景也要使用太阳能或核能来运行。相比之下,大多数其他情景基本是碳负的,更现实的估计情景(场景2至场景4)是,即使用煤炭来提供所有的能源,也是负排放(每捕获 1 Mt 二氧化碳排放 $0.47 \sim 0.74$ Mt 二氧化碳)。虽然不太可能使用煤炭为固体吸附剂直接空气捕获系统提供动力,但它提供了一个有用的最差排放场景,提供了问题的上限。在短期内,人们可以设想利用天然气来提供热能的快速部署。这样的场景可以产生一种让人们可接受的负排放工艺(每捕获 1 Mt 二氧化碳排放 $0.29 \sim 0.44$ Mt 二氧化碳)。当使用可再生能源发电时,负排放量会进一步下降,当热能由可再生能源产生时,负排放将进一步下降。核能提供了另一种低排放方案。

与液体溶剂系统一样,当捕获空气中 $60\% \sim 75\%$ 的二氧化碳并提纯到 99% 的浓度时,固体吸附系统的功耗最小,为 0.45 GJ/t 二氧化碳。根据固体吸附系统列出的能量要求,"实际"功耗为 $1.9 \sim 23.1$ GJ/t 二氧化碳,从而得到有效能效率范围为 $2\% \sim 24\%$,中间场景(2—低至4—高)的有效能效率范围则为 $7.6\% \sim 11.4\%$。

表 5-7 固体吸附剂直接空气捕获系统的估计单位操作能量需求

步骤	类型	所需能量(GJ/t CO_2)	
		中间场景(低到高,2~4)	全场景(最佳到最差,1~5)
解吸热(100℃饱和蒸汽)	热能	$3.4 \sim 4.8$	$1.85 \sim 19.3$
空气接触器风机	电能	$0.55 \sim 1.12$	$0.08 \sim 3.79$
解吸真空泵	电能	$(110 \sim 140) \times 10^{-4}$	$(4 \sim 910) \times 10^{-4}$
合计		$3.95 \sim 5.92$	$1.93 \sim 23.09$

表 5-8 固体吸附剂直接空气捕获系统基于不同能源每年去除 1 Mt 压缩二氧化碳产生的二氧化碳排放量估计值

步骤	能源	碳排放量(Mt CO_2/年)	
		中档(低到高,2~4)	全范围(最佳到最差,1~5)
解吸的热能	太阳能	$0.008 \sim 0.01$	$0.004 \sim 0.04$
	核能	$0.004 \sim 0.005$	$0.002 \sim 0.02$

续表

步骤	能源	碳排放量（Mt CO₂/年）	
		中档（低到高，2～4）	全范围（最佳到最差，1～5）
空气接触器风扇	天然气	0.22～0.30	0.12～1.2
	煤炭	0.32～0.44	0.17～1.7
	太阳能	0.000 4～0.008	0.000 5～0.026
	风能	0.002～0.003	0.000 2～0.012
	核能	0.002～0.004	0.000 2～0.013
真空泵	天然气	0.07～0.14	0.01～0.47
	煤炭	0.15～0.3	0.019～1
	太阳能	$(0.93 \sim 1.9) \times 10^{-6}$	$(0.0015 \sim 2.8) \times 10^{-5}$
	风能	$(0.47 \sim 0.7) \times 10^{-6}$	$(0.0059 \sim 13) \times 10^{-6}$
	核能	$(0.47 \sim 0.93) \times 10^{-6}$	$(0.0059 \sim 14) \times 10^{-6}$
	天然气	$(1.6 \sim 3.3) \times 10^{-5}$	$(0.029 \sim 50) \times 10^{-5}$
	煤炭	$(0.35 \sim 0.7) \times 10^{-4}$	$(0.0056 \sim 10.8) \times 10^{-4}$
合计	太阳能/太阳能	0.008 4～0.018	0.0045～0.066
	核能/核能	0.006～0.009	0.0022～0.032
	太阳能/天然气	0.22～0.30	0.12～1.2
	风能/天然气	0.22～0.30	0.12～1.2
	天然气/天然气	0.29～0.44	0.13～1.67
	煤/煤	0.47～0.74	0.19～2.7

注：不同能源的排放系数在本章开头部分作了参考（NREL，2013）。

（四）工艺经济学

如上所述，这里给出的成本估计值适用于从大气中分离和捕获二氧化碳，使用捕获率为 65%～75% 的适度优化的、通用的直接空气捕获系统，并形成高浓度的二氧化碳产品（约 99% 纯度）。这些成本估计值反映了在捕获每吨二氧化碳的基础上，从空气中去除 1 Mt 二氧化碳所产生的年度经济代价。由于在直接空气捕获系统所需的几个步骤中会产生额外的二氧化碳排放，因此还列出了去除二氧化碳的净成本。所列的成本估计值因能源来源而不同，且没有计算压缩、

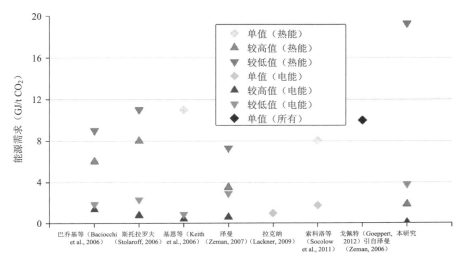

图 5-5　文献中报道的固体吸附剂直接空气捕获系统的能量需求和本研究的计算值*

资料来源：改编自布罗姆等人的研究（Broehm et al. , 2015）。

运输、注入和封存（详见第七章）的成本。表 5-9 和 5-10 提供了所考虑的各种场景的二氧化碳捕获成本估计值。

　　循环吸附工艺的两个主要阶段如图 5-4 所示。在吸附阶段，空气与包含合适二氧化碳吸附材料的固体结构接触，二氧化碳被耗尽后的气流从这一工序中排出。在这一步骤，主要的工艺成本有：①使空气越过或穿过吸附材料所需的能量；②吸附剂的成本；③接触器和其他设备，如提供气流的风机的成本。对于如鼓风机和真空泵等常规设备，采购成本乘 4 倍系数以表示总安装成本。对于如气—固接触器等更新颖的组件，采用的系数为 6 倍。比较液体溶剂和固体吸附剂情况下空气—吸附剂接触器的投资成本具有指导意义，对于前者，接触器的总资本成本范围从 2.1 亿美元到 4.2 亿美元不等，后者的总成本范围从 1 300 万美元到 8 400 万美元不等。考虑到固体吸附剂每单位体积的表面是液体溶剂的10 倍，所以二者的这些成本的数量级是相似的。

　　在工艺的解吸阶段，采用热（TSA）或热和真空组合（TSA/VSA）促使二氧

　　* 彩图请见彩插。

化碳解吸并回收浓缩产物。这个步骤会显著增加操作成本,包括引发二氧化碳解吸(ΔH_{ads})和加热吸附剂、接触器与其他设备(ΔH_{sens})所需的能源,以及(如果使用)真空泵所需的能源。在资本成本中,泵和冷凝器的成本包括在该步骤,而其他成本包括在上一步骤。根据里尔夫和川尻描述的方法(Sinha et al. ,2017),委员会估计了不同参数下二氧化碳捕获成本中的单个因素。

对于通用固体吸附剂系统,所有参数都在表 5-5 中所列出的范围内变化,委员会计算的每吨二氧化碳捕获成本是 18~1 000 美元。最佳情况的每个参数组合起来就产生了成本的下限(1—最佳),这种场景由于各参数之间存在相关性而可能无法实现,并且对其中一个参数进行优化可能使另一个参数偏离最佳(使用当前已知的材料和方法)。有很多方法可以设计出成本超过 1 000 美元/t 二氧化碳的不良工艺,在该参数范围内计算出的成本上限被视为是最坏情况(5—最差)。如上所述,还考虑了其他三个更现实的场景(2—低、3—中等、4—高)。附录 D 提供了计算方法的描述,表 5-9 提供了每种场景下使用的具体参数及其值。表 5-10 提供了各参数影响的敏感性分析。所有五个场景都清楚地表明吸附剂成本支出在总成本中占的主导地位。相比之下没有其他资本和运营成本是驱动成本的主要因素,这说明吸附剂的成本及其寿命的重要性,以及通过吸附剂材料创新进一步降低成本的潜力。

表 5-9 用于通用固体吸附剂直接空气捕获系统成本估算的输入参数及选定的输出

参数	1—最佳	2—低	3—中	4—高	5—最差
吸附剂采购成本(美元/kg)	15	50	50	50	100
吸附剂寿命(年)	5	0.5	0.5	0.5	0.25
吸附剂总容量(mol/kg)	1.5	1.0	1.0	1.0	0.5
解吸摆动能力(mol/mol)	0.90	0.8	0.8	0.8	0.75
接触器与吸附剂比(kg/kg)	0.1	0.1	0.2	1.0	4.0
解吸压力(bar)	0.2	0.5	0.5	0.5	1.0
产出					
最终解吸温度(K)	340	360	360	360	373
周期时间(min)	39	16	28	42	26

表 5-10　具有 1 Mt 二氧化碳/年去除能力的通用固体吸附剂
直接空气捕获系统的估计年度资本和运营成本

参数	1—最佳	2—低	3—中	4—高	5—最差
吸附剂资本	3.6	70	122	186	988
吸附运营成本	1.3	9	12	19	4.3
鼓风机资本	3.6	2.1	3.7	6.7	13.7
真空泵资本	4.5	2.6	4.7	8.5	17.4
蒸汽运营成本	2.5	2.2	2.4	3	43
冷凝器资本	0.03	0.07	0.075	0.1	0.4
接触器资本	2.2	1.3	2.3	4.1	8.4
真空泵运营成本	0.3	0.2	0.2	0.24	0.3

如上所述,成本估计值的范围很广。忽略不现实的下限场景和昂贵的上限场景,中间范围的场景也许最具启发性。这些估计值得出的固体吸附剂直接空气捕获系统的捕获成本为 88~228 美元/t 二氧化碳。考虑到克莱姆沃克斯公司已经报告其第一代商业设备的捕获成本约为 600 美元/t 二氧化碳,以上估算的成本在未来 10 年内可能会达到。由此看来,随着工艺设计和工艺操作的不断改进,成本应该会下降到上述计算的范围内。

对固体吸附剂直接空气捕获系统的分析揭示了以下观察结果:首先,没有专门优化的直接空气捕获工艺,其成本将在豪斯等人(House et al.,2011)估计的范围内(≥1 000 美元/t 二氧化碳);其次,如果采用为直接空气捕获系统设计的物理真实的工艺参数,直接空气捕获工艺能够产生的成本范围是 100~600 美元/t 二氧化碳;最后,在最有前景的场景下,使用已知材料和气—固接触器的大规模工艺(捕获量超过 1 Mt 二氧化碳/年),可能产生的成本接近 100 美元/t 二氧化碳,尽管目前还不存在如此大规模的、持续运行的设备。

三、液体溶剂和固体吸附剂直接空气捕获系统分析小结

表 5-11 列出了直接空气捕获估计的能源需求,以及假设设计目标为每年捕获 1 Mt 二氧化碳的装置的二氧化碳足迹和二氧化碳净去除量。表中对液体溶剂和固体吸附剂的情况,以及不同场景下满足直接空气捕获装置的电能和热量需求都进行了考虑。

表 5-11 每年捕获 1 Mt 二氧化碳的液体溶剂和固体吸附剂直接空气捕集系统的能量需求、二氧化碳足迹和碳捕获估值

直接空气捕集系统	能源		所需能源 (GJ/t CO_2)		二氧化碳产生 (Mt CO_2/年)		二氧化碳净避免值 (Mt CO_2/年)	捕获成本 (美元/t CO_2)	
	电能	热能	电能	热能	电能	热能		捕获	净去除[a]
液体溶剂	天然气	天然气	0.74~1.7	7.7~10.7	0.11~0.23	0.47~0.66	0.11~0.42	147~264	199~357
	煤炭	天然气	0.74~1.7	7.7~10.7	0.18~0.38	0.47~0.66	0~0.35	147~264	233~419
	风能	天然气	0.74~1.7	7.7~10.7	0.004~0.009	0.47~0.66	0.34~0.53	141~265	156~293
	太阳能	天然气	0.74~1.7	7.7~10.7	0.01~0.03	0.47~0.66	0.31~0.52	145~265	165~294
	核能	天然气	0.74~1.7	7.7~10.7	0.01~0.02	0.47~0.66	0.32~0.52	154~279	173~310
	太阳能	氢能[b]	11.6~19.8	7.7~10.7	0.01~0.03	0	0.99	317~501	320~506
固体吸附剂[c]	太阳能	太阳能	0.55~1.1	3.4~4.8	0.0004~0.008	0.008~0.01	0.892~0.992	88~228	89~256
	核能	核能	0.55~1.1	3.4~4.8	0.002~0.004	0.004~0.005	0.91~0.994	88~228	89~250
	太阳能	天然气	0.55~1.1	3.4~4.8	0.0004~0.008	0.22~0.30	0.70~0.78	88~228	113~326
	风能	天然气	0.55~1.1	3.4~4.8	0.002~0.003	0.22~0.30	0.70~0.78	88~228	113~326
	天然气	天然气	0.55~1.1	3.4~4.8	0.07~0.14	0.22~0.30	0.56~0.71	88~228	124~407
	煤炭	煤炭	0.55~1.1	3.4~4.8	0.15~0.3	0.32~0.44	0.26~0.53	88~228	166~877

注：a. 假设在煅烧工艺中使用氧燃烧炉由天然气提供热量，会产生更多的二氧化碳，从而降低净二氧化碳去除的成本。使用的基准为：天然气/天然气产生 1.3 Mt 二氧化碳，煤/天然气产生 1.2 Mt 二氧化碳。b. 假设所有氢能都是使用接近零碳的电力通过电解产生的。c. 场景范围从 2—低到 4—高。

（一）能源要求

运行直接空气捕获装置所需热能在电力产生的热能中占主导地位，因为需要较强的二氧化碳化学结合能。所需的电力主要用于操作风机和泵，而且通过浅层接触器的设计，可以将通过系统的压降降至最低。较强的化学结合能对于从空气中稀释了的二氧化碳（即约 400 ppm）生产高纯度二氧化碳是必要的。通过直接燃烧天然气，所产生的热量直接或通过产生的蒸汽间接进行再生，可以满足捕获材料再生的热需求。满足热需求的另一个选择是氢气燃烧，这会导致零二氧化碳排放。从表 5-11 可清楚地看出，液体溶剂系统的热需求明显大于固体吸附剂系统的热需求。这是因为液体溶剂方法包含将碳酸钙加热到 900℃以产生高纯度二氧化碳的步骤，而固体吸附剂再生所需的温度低得多，大概为100℃。该表给出了基于固体吸附剂方法的一系列能量估计值[①]。

无论采用何种方法，电力需求都是相似的。液体溶剂方法也考虑了通过电解产生的氢气。如果使用电网混合电力，液体溶剂方法会显著地增加电力占比。然而，电力可能来自无碳核能、风能或太阳能，这将最大限度地促进液体溶剂系统对空气中二氧化碳的直接捕获。

221

（二）碳足迹

如果使用化石燃料满足电力或热能需求，将产生显著的二氧化碳排放，从而降低直接空气捕获装置从空气中去除二氧化碳的效果。委员会假设了一个电网混合无碳路径，如核能、风能和太阳能，以及化石密集型路径，如煤炭和天然气。满足排放二氧化碳所需能源的顺序如预期的那样从低到高为从核能、风能或太阳能到天然气，最后是排放量最大的煤炭。由于液体溶剂方法在氧烧炉中会再生碳酸钙，因此除了最大限度地去除空气中的二氧化碳外，它还可以很轻松地捕获为满足热能要求而燃烧天然气所产生的二氧化碳（Keith et al. ，2018）。事实上，平均而言，通过冷凝二氧化碳与水蒸气的废气混合物，每年可以伴随空气中二氧化碳捕获再额外产生并捕获 0.5 Mt 二氧化碳。原则上，任何工艺都可以使用化石能源，再将释放能量产生的二氧化碳捕获以减少其碳足迹，尽管这需要额

---

① 与固体吸附剂系统相比，液体溶剂系统并不一直处于不利地位，并且如果吸附/解吸化学反应是这样设计的，则两者都可以在高温或低温状态下操作。

外的资本和运营成本。在这里，我们将此种情况考虑到了溶液溶剂二氧化碳捕获系统中，因为它是碳工程公司设计的固有部分。

（三）碳去除成本

如果采用化石能源为直接空气捕获系统提供能源需求，那么要准确估计从空气中去除二氧化碳的成本，就需要考虑二氧化碳的净去除，因为燃烧化石燃料也会产生二氧化碳。平均而言，固体吸附方法根据吸附场景不同，净二氧化碳去除成本为 89～877 美元/t 二氧化碳；而液体溶剂方法根据天然气或可再生氢气作为热量来源，成本范围为 156～506 美元/t 二氧化碳。

第四节　潜在影响

直接空气捕获的通量和容量潜力并没有根本的物理条件作为限制，主要受限于资本。潜在影响受限于扩大直接空气捕获规模所需的投资以及封存所捕获的二氧化碳的地质储存的可用性。可用的孔隙空间也必须与除了生物能源碳捕获和储存以外的常规碳捕获工作中产生的二氧化碳共享。主流文献经常指出，直接空气捕获装置的一个优点是它可以放置在任何地方。尽管直接空气捕获装置可以部署在生物能源碳捕获和储存不能部署的地方（因为它无需占用耕地，因而更容易到达偏远的地下孔隙），但也应该谨慎对待这项评估。部署任何大规模（即每年去除数千吨二氧化碳）的直接空气捕获系统都需要大量基础设施、能源和土地。在去除 1 Gt 二氧化碳/年及 100 美元/t 二氧化碳的分离、运输和安全封存成本的情况下，每年的总投资约为 1 000 亿美元，相当于美国国内生产总值（GDP）的 0.5%。从全球范围来看，在去除 5 Mt 二氧化碳/年及 100 美元/t 二氧化碳的情况下，每年的总投资将增至约 5 000 亿美元，相当于全球 GDP 的 0.6%。要达到这样的二氧化碳去除速度和规模，需要在基础研究、示范和部署等方面进行大量投资。

为最大限度地从空气中去除二氧化碳产生净排放，以及为最大限度地减少空气中的二氧化碳净排放量，最大化直接空气捕获与封存的最终影响，应该尽可能最大限度地利用可再生能源。将可再生能源与基础能源天然气相结合，或使用热电联产机组,可能是扩大直接空气捕获和封存规模的一种具有成本效益的方法。

第五节　次要影响

一、土地

直接空气捕获系统的土地需求比造林/再造林、生物能源碳捕获和储存要少得多,而且由于它们不需要可耕地,因此对生物多样性的影响要小得多。以亚马孙雨林为例,亚马孙河的净初级生产力大约为每 270 km² 每年产生 1 Mt 二氧化碳。亚马孙雨林的土地面积为 550 万 km²,相当于每年去除约 20 Gt 二氧化碳。如本节后面所讨论的,如果使用天然气发电,使用直接空气捕获系统进行等效二氧化碳去除的土地面积需求约小 40 倍,每 7 km² 每年产生 1 Mt 二氧化碳。如果考虑的是净初级生产力为每 390 km² 每年生产 1 Mt 二氧化碳的温带落叶林,平均树木密度为 200 棵/ac.,单株树木每年净去除(平均)50 kg 二氧化碳。从这个意义上讲,1 Mt 二氧化碳的直接空气捕获系统所做的工作相当于 2 000 万棵树,或相当于 10 万 ac. 的森林。

一般情况下,直接空气捕获所需的土地面积受接触器尺寸以及多个接触器布局要求和接触器形式的影响。本节讨论的土地面积估计值是那些以 65%～75% 的捕获率每年捕获 1 Mt 二氧化碳所需要的。

液体溶剂系统:在基思和霍姆斯的接触器设计中,入口横截面垂直于地面。这种垂直空间的使用使每个接触器的直接土地使用最小化。例如,通过包含填充尺寸为 20 m 高、200 m 长、8 m 宽的结构,可以实现 4 000 m² 的入口面积。这些填充尺寸是在对高度和宽度敏感性进行全面结构工程分析和成本优化的基础上确定的(Holmes and Keith,2012)。若填充材料被封装在 110% 填充尺寸的壳体结构中,每个接触器的直接土地使用面积大约为 2 000 m²,即为入口横截面积的一半。在空气中二氧化碳浓度为 400 ppm、捕获效率为 100% 时,每年从空气中捕获 1 t 二氧化碳对应的空气体积流率为 4.09×10^{-2} m³/s。假设空气进入速度为 1.5 m/s,二氧化碳捕获效率为 75%,则由下式获得的空气接触器横截面

224

积为 38 000 m²:

$$A_{inlet} = \frac{\dot{V}_{air}}{v_{air} \cdot \delta_{CO_2}}$$

公式(5-4)

在本研究考虑的优化条件下(75%的捕获效率和 1.5 m/s 的空气进入速度),每年捕获 1 Mt 二氧化碳需要大约 38 000 m² 的横截面积,或相当于 10 组填充尺寸为 20 m×200 m×8 m 的空气接触器。

多个接触器的阵列需要围绕中央再生设施进行布置,并且应该将管道和其他相关基础设施的成本降到最低。接触器布置中的一个重要考虑因素涉及二氧化碳耗尽后的空气排出接触器的区域。为了使分离效率最大化,该区域不应靠近相邻接触器的进气口。相反,需要适当的间隔来产生适当的对流层混合,以使进入相邻接触器的空气与环境条件(二氧化碳浓度为 400 ppm)完全平衡(图 5-6)。包含了苛化器、消化器、煅烧炉、空气分离单元和其他辅助设备的中央再生设施,预计对地面的直接影响约为空气接触器阵列的 20%(Keith et al.,2018)。当设置多个接触器以使管道和其他基础设施成本最低时,包括再生设施在内的直接土地需求约为 24 000 m²(约 6 ac.)(Keith et al.,2018)。如果在一个区域内建造多个直接空气捕获装置,那么间接土地使用应该考虑接触器间距。在单装置设计中,尽管没有相邻装置,但由于二氧化碳的局部浓度较低,对于流层混合区域可能会带来尚未完全了解的风险。例如,众所周知,在冰川条件(二氧化碳浓度<200 ppm)下生长的 C3 光合基因型植物(所有物种的 80%~95%)生存能力下降,繁殖能力有限。此外,这些条件可能会影响植物对干旱、高温和其他应激源的耐受性,如果直接空气捕获选址区域包括耕地,这会是一个重要的考虑因素(Sage and Cowling,1999;Ward,2005)。为了避免与这一二氧化碳耗尽区域相关的不必要的后果,或潜在的营养级中自上而下的连锁反应,无论是单装置还是多装置设计,该土地区域应当被划为间接土地使用。当考虑间接土地使用时,土地需求总量约增加 300 倍,达到 7 km²(约 1 730 ac.)。

上面所讨论的土地面积没有考虑现场电力供应区。美国天然气工厂的平均占地规模为 30 ac.,或 1 400 m²/MW(Stevens et al.,2017)。与资源生产相关的间接土地使用(不包括传输和运输)使土地需求增至大约 8 100 m²/MW,或者说 300 MW 发电量需要 2.4 km² 土地,如果使用现场可再生能源(例如,光伏太

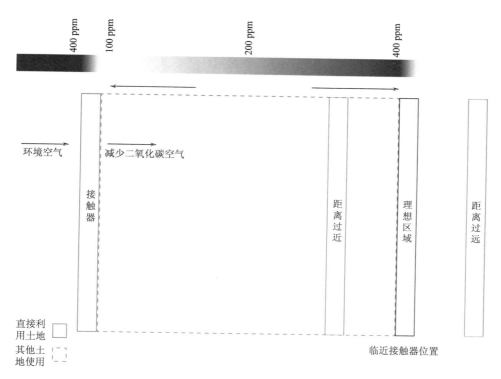

图 5-6 直接空气捕获系统空气接触器配置的直接和间接土地使用

注：当放置相邻接触器时，应注意在进入下一个接触器之前，使一个接触器的排气与环境条件完全平衡。

阳能电池板或集中太阳能热能）来抵消电力和热力需求，那么可能需要额外的土地。美国国家可再生能源实验室报告了集中太阳能发电的发电加权总用地为 3 ac./(GW·h·年)，小型双轴平板光伏发电厂为 5.5 ac./(GW·h·年)（Ong et al.，2013）。如果用太阳能来抵消 25% 的电力和热力需求，那么另外还需要 3 600 ac. 的土地总面积。在使用太阳能和保护管理计划（Conservation Stewardship Program，CSP）来抵消所有电力和热力需求的理论极限点，土地使用总面积上升到 14 500 ac.，或大约 58.6 km²。100 个这样的设施（代表了每年去除 100 Mt 二氧化碳）将需要大约相当于特拉华州的国土面积[1]。

---

[1] 总的土地面积需求因位置、阵列配置、降额因子和跟踪技术而异，对于小型双轴平板光伏。年均 10 亿(W·h)需要 2~7 ac. 土地；对于集中太阳能，年均 10 亿(W·h)需要 2~8 ac. 土地。

　　美国国家可再生能源实验室还报告了风力发电的土地使用数据。这里,由于风力配置的范围很广,而且风力发电厂的土地使用缺乏普适性衡量标准,平均总面积为 40±25 ac./(GW·h·年)。虽然这一需求大于太阳能,但风力发电的一个关键优势是能够使用涡轮机之间的土地,因为涡轮机的占地面积小于直接受影响土地面积的 10%。通过与近海风电场签订合同,可以完全避免直接使用土地,与陆上风电场相比,离岸风电场通常有更高的容量系数。

　　基于固体吸附剂的直接空气捕获的另一种替代装置为使用太阳能就地电解氢气。去除 1 Mt 二氧化碳的装置需求电力范围为 400 MW 至 500 MW 以上。使用上面引用的太阳能光伏发电的加权平均土地使用密度,这一装置需要的土地为 19 250～25 500 ac.,或 80～100 km²。

　　以上土地面积计算中的一个重要考虑因素是图 5-6 所示的接触器间距。一个配置直接使用的土地包括接触器阵列和再生设备所占的土地,但不包括占总土地使用面积 0.3% 的发电土地。因此,假设这种设备的存在对接触器排气与环境水平(400 ppm)平衡的影响可以忽略,直接空气捕获的运营商可能会决定使用间接陆地空间来容纳部分现场电力基础设施。例如,该空间可能适合安装低矮的太阳能板,而风力涡轮机会潜在降低风速,这将影响对流层空气混合的速率,以及潜在地影响进入相邻接触器的空气速度。为了获得最佳的土地利用方案,必须充分了解不同土地利用方案对直接空气捕获装置整体性能的影响。

　　固体吸附剂系统:与液体溶剂系统类似,固体吸附剂系统接触器的间距约束也存在。如今,开发商业化直接空气捕获技术的公司的设计目标是,根据技术的不同,以 2～200 kt 二氧化碳/(年·ac.) 的面积强度从空气中去除二氧化碳。这个占地面积包括工艺设备、区域混合和提供安全边界的土地面积,空气/固体接触设备只占整个工厂面积的一小部分,通常小于 5%。对于上述假设的直接空气捕获吸附过程,单个直接空气捕获装置将捕获 200～1 370 kg 二氧化碳/(m²·年)[①]。考虑到上述捕获率,每年为了捕获 1 Mt 二氧化碳,通常会部署许多这样的装置(即装置横向扩展,而不是放大装置)。考虑到捕获率的范围,每年捕获 1 Mt 二氧化碳需要 200～1 250 ac. 的土地,中间三种场景(2—低到 4—

———————————

① 这是五种场景所跨越的范围,1—最佳,5—最差。

高)需要 300～425 ac.,这些面积需求只考虑了直接空气捕获装置。此外,假设直接空气捕获装置占地面积中没有空间可以容纳发电设备,考虑到当地发电所需的面积,土地需求会增至 550～800 ac.(由天然气提供热能和电能),或 1 355～2 450 ac.(由天然气提供热能,由太阳能提供电能)。

二、水

直接空气捕获中的水损失主要发生在吸附剂与空气的接触过程中。在所提出的基于固体和液体溶剂的直接空气捕获方法中,大多数水的使用被包含在闭环系统中,从而使水可以被循环利用。尽管如此,几乎所有工艺都有可能发生水损失,在开发任何新工艺时都应仔细考虑这一参数。

液体溶剂系统:接触器中的水主要是通过蒸发损失,通过漂移损失的水很少。正如本章第三节所述,每年应补充 820 万 t 水以弥补这一损失。这个数值是在 65% 湿度、2 mol/L 的氢氧化钾水溶液条件下计算的,如果直接空气捕获设备放置在更为干燥的条件下,这个值可能还会增加。斯托拉罗夫等人的研究(Stolaroff et al.,2008)表明,当相对湿度降低到 50% 时,蒸发损失的水会增加 4 倍,从 20 mol 水/mol 二氧化碳增加到 80 mol 水/mol 二氧化碳。高浓度的溶液具有较低的蒸汽压和蒸发损失。直接空气捕获经营者可以根据大气条件,通过调节溶剂的浓度来减少水损失。"漂移"损失是冷却行业中的一种现象,即由于交叉流配置导致液体飞沫从接触器中逸出。基思等人(Keith et al.,2018)描述的测量值表明,空气流出接触器的氢氧化钾质量浓度低于 $0.6\ mg/m^3$,这一数值低于美国国家职业安全与健康研究所规定的 $2\ mg/m^3$ 的接触上限。示范规模项目应该对这种情况进行进一步的测量,以使与配置选择相关的风险最小化。

煅烧烟气中的水蒸气需要冷却水来冷凝。在烟气输出约为 640 ft^3/min 时,每分钟需要约 1 300 L 的水。这种水基本上是可再循环的,对总耗水量没有显著的影响。

在氧烧炉工艺中,天然气在富氧环境中燃烧产生水和二氧化碳。根据基思等人(Keith et al.,2018)的研究,二氧化碳压缩之前存在一个水"淘汰"阶段。这些水与速率为 531 t/h 的补给水混合流入沉淀池,随后与氧化钙混合反应,以产生用于接触器反应的氢氧化钙。

　　大多数工艺废料由钙基固体组成,因为污染物通过接触器进入吸附剂循环而使其沉淀出来。通用液体溶剂工艺不会产生大量废水,并且预计不会现场处理废水。

　　固体吸附剂系统:直接空气捕获公司目前采用的不同工艺在淡水资源使用量方面差别很大。这里的分析假设的吸附剂直接空气捕获工艺利用变温/真空吸附剂(T/VSA)吸附剂和接触器上的饱和蒸汽冷凝作为传热方式,这会导致环境中的水损失。对于那些采用这种方法的公司,如全球恒温器公司,这种潜在的水损失通常被认为是传热模式改善了传热和整体过程性能的结果。在另一种方法中,吸附剂再生可以通过间接传热来完成,这样蒸汽就被包含在一个完全封闭的系统中,在某些情况下水损失可以忽略不计。据研究,在某些操作条件下,固体吸附剂的工艺会产生淡水,这些淡水会与捕获的二氧化碳同时从空气中被收集。

　　在假设的吸附剂直接空气捕获工艺的典型配置中,对于每年捕获 1 Mt 二氧化碳,水损失将达到约 1.6 Mt(捕获 1 mol 二氧化碳约损耗 4 mol 水)。这个值可能会因捕获位置的环境湿度不同而有很大变化,正如上面提到的,在某些情况下,淡水实际上是可以被生产出来的。预计在干燥的气候中水损失较大,而在潮湿的气候中损失较小。此外,合成固体吸附剂需要水,考虑到吸附剂寿命较短,由此可能会导致消耗相当多的水。

　　至少有一家名为无限树(Infinitree)的公司正在开发固体吸附剂新技术,该技术采用了一种完全不同的捕获方法。与变温/真空吸附剂工艺和固体胺基吸附剂不同,该技术将采用季铵盐基吸附剂,利用湿度的变化来促使二氧化碳吸附和解吸。这种方法与本章中所述的假设工艺有很大不同,它在干燥条件下捕获二氧化碳,然后在潮湿条件下将其解吸和浓缩。

　　在学术文献中,相对于能源使用等其他因素,迄今为止直接空气捕获工艺的水损失受到的关注很少,未来的研发工作应认真考虑水的生产与使用。

三、环境

　　直接空气捕获工艺对环境的一个潜在影响是,接触器排向空气中的二氧化碳含量减少。许多研究都检验了大气中二氧化碳浓度升高对环境的影响,但很少有研究检验大气中二氧化碳浓度降低的影响。德马钦等人证明了二氧化碳浓度下降会导致藻类培养物中光系统Ⅱ型(PSⅡ)的光化学效率降低(de Marchin et al.,2015)。这样二氧化碳耗尽的地区可能会对农作物生产效率和当地栖息环境的整体健康产生不利影响。因此,直接空气捕获的选址应考虑大型二氧化碳去除装置"下风处"区域的自然性质和作用。

液体溶剂系统:通用的溶剂直接空气捕获工艺涉及两个化学密集型工艺:①在苛性氢氧化钾水溶液中接触周围的二氧化碳;②通过钙基苛化和化学循环变化再生氢氧化钾。这两种都是成熟的、经过充分研究且长期在工业中使用的工艺:氢氧化钾水溶液用于洗涤二氧化碳作为低温空气分离的前期阶段(Holmes and Keith,2012),而钙基回收循环工艺是基于纸浆和造纸工业使用的牛皮法(Kraft)工艺(Baciocchi et al.,2006)。该工艺不会产生大量废水,并且在回收循环中积累的固体废物与传统的单乙醇胺(monoethano lamine,MEA)洗涤操作中的回收废物应该有类似的环境影响和处置指南。

230

固体吸附剂系统:对于通用吸附剂直接空气捕获工艺,化学物质主要从活性二氧化碳吸附材料中释放出来,这些材料间歇性地暴露在大气中。大多数现有公司使用胺基固体吸附剂,其在有氧条件下不能保持无限稳定。对使用液体胺溶液作为捕获剂的传统碳捕获装置来说,通过对其挥发性有机碳排放的研究表明,胺基吸附剂可以随时间的推移而分解成各种物质,如氨、亚硝胺和其他含氮化合物,这可能会破坏生物体或环境(Azzi et al.,2014;de Koeijer et al.,2013;Karl et al.,2011,2014;Ravnum et al.,2014;Zhang et al.,2014)。人们关于固体胺基吸附剂的排放知之甚少,这是一个通过研究可以阐明潜在排放的领域。

第六节　研究议程

当前,不可能选择固体吸附剂或液体溶剂中的一种作为主导技术,这两种方法都需要协同研发,并应当认识到它们在不同地点的可扩展性、成本和适用性都将会有所不同。

　　然而,基础科学研究和工程知识方面的缺乏似乎并没有制约直接空气捕获工艺的部署。因为直接空气捕获只能捕获二氧化碳,所以它只能解决部分问题,它本身并不能封存所捕获的气体;相反,缺乏碳排放成本等自然的经济驱动因素,限制了直接空气捕获技术的快速测试和部署。因此,缓慢的部署限制了对直接空气捕获的各种已知方法进行技术经济分析,并影响公开可用数据的信息量,反过来又限制了决策者对部署直接空气捕获以达到遵守《巴黎协定》所需负排放规模的成本的理解。因此,最重要的研究将会促进公众支持一系列综合直接空气捕获工艺的试点研究,这些综合直接空气捕获工艺可以根据运营时间评估工艺的性能和可靠性,并为改进和完善工艺技术经济模型提供必要的数据。

231

　　尽管如此,基础科学和工程技术的进步可以继续降低直接空气捕获成本。在本节,为促进从大气中去除二氧化碳,委员会列出了直接空气捕获的研究议程,包括相关的成本和实施方案(表5-12)。

一、基础研究

　　尽管基础科学创新并不是直接空气捕获技术最初部署的主要障碍,但它们对于扩大直接空气捕获方法的应用范围,为技术突破提供新的机会从而推动降低成本都至关重要。例如,先进的工艺设计(如减低压降的浅层接触器、填充材料性能的改进和接触器的设计)可能开发用于液体溶剂空气捕获。此外,溶剂和吸附剂材料性能的改进可以降低成本。例如,反应动力学和溶剂吸附量是影响溶剂直接空气捕获分离工艺设计的两个主要关键参数。二氧化碳捕获的总体动力学受到扩散动力学的影响,即二氧化碳从空气中扩散到溶剂上所需的时间。以类似的方式,二氧化碳从材料中扩散出来对于生产高纯度二氧化碳也很重要。较慢的反应、较慢的扩散和较低的容量会导致需要更多的材料来捕获一定数量的二氧化碳。反过来,捕获所需的装置数量的增加会提高整个系统的资本成本。因此,增加动力学和容量(如通过使用新型溶剂来催化)将降低对溶剂的需求,从而降低资本成本。委员会建议在基础研究和早期技术开发方面每年投资3 000万美元,为期10年。这项投资每年将涵盖多个领域的大约30个项目,每个项目的预算大约为100万美元/年,为期3年。

表 5-12 直接空气捕获的研究议程建议：任务、预算、期限和解释

阶段	任务	年度预算（万美元）	期限（年）	解释
基础科学与应用研究	• 模拟、合成、测试新材料（溶剂/吸附剂）； • 设计、建模、测试新设备； • 设计和建模新的系统概念，其中一些专门针对可再生能源集成	2 000~3 000	10	项目费用：约100万美元 项目工期：约3年 项目数量：20~30项/年 项目人员：约1名全职员工
	为以下项目建立独立评估： • 材料性能测试、表征、验证； • 公共材料数据库的创建和管理	300~500	10	合同：2份 合同工：3~5名全职员工
	• 将材料合成规模放大至>100 kg； • 为中试规模设计和测试新型设备； • 在综合实验室规模的直接空气捕获系统中测试系统创新（>100 kg CO_2/d）	1 000~1 500	10	项目费用：约500万美元 项目工期：3年 项目数量：2~3项/年 项目人员：约3名全职员工
开发	建立材料综合经济分析的第三方评估： • 大宗材料性能测试、表征和验证； • 设备测试； • 基本工程设计包； • 建立和管理材料和设备的公共数据库； • 示范规模试点工厂的阶段关卡；	300~1 000	10	合同：2~5份 合同人员：3~5名全职员工 满载全职人力工时费用：50万美元

续表

阶段	任务	年度预算（万美元）	期限（年）	解释
示范	• 设计、建造和测试中试规模的直接空气捕获系统（>1 000 t CO$_2$/年）	2 000~4 000	10	项目费用：约2 000万美元；项目工期：3年；项目数量：1~2项/年；项目人员：10~15名全职员工；名义上，1~3年周期的3~5项，4~6年周期的5~10项，8~10年周期的3~5项
	建立美国国家直接空气捕获测试中心： • 支持试点工厂示范项目； • 开展第三方前端工程设计和经济分析； • 保持试点工厂工绩效的公开记录	1 000~2 000	10	合同：1份；合同人员：20~30名全职员工；满载全职人力工时费用：50万美元
部署	• 扩大/缩小选址系数以优化直接空气捕获性能（>10 000 t CO$_2$/年）	10 000	10	项目费用：1亿美元；项目工期：3~5年；项目期限：约1年；项目人员：60~70名全职员工；项目数量：2年1个；3年试点项目（年均1 000 t CO$_2$）后的第一个项目，取决于上述资金支持的技术能否成功，如果成功则证明如此大的投资是否合理的
	聘请美国国家直接空气捕获测试中心人员： • 支持全面工厂示范项目； • 保持工厂全面绩效和经济性的公开记录	1 500~2 000	10	合同：1份；合同人员：30~40名全职员工；满载全职人力工时费用：50万美元

可以显著推进直接空气捕获技术发展的基础科学创新的例子包括：

（1）低成本固体吸附剂，理想成本应低于 50 美元/kg，其设计要结合能够大规模部署的气体/固体接触器。固体吸附剂通常是在（对直接空气捕获来说）物理上不现实的接触器中开发的，例如，固定床层，通常这种吸附剂由非常昂贵的材料制成。通过科学家和工艺工程师在早期阶段的共同努力，开发的低成本接触器、可规模化生产的吸附剂，将会促进实用的、可规模化的直接空气捕获工艺的快速发展。

（2）将直接空气捕获工艺大量的热能需求降到最低的策略，对于降低系统的运行成本至关重要。实例包括但不限于：稀溶剂（正/负催化剂）和气体/固体接触器，后者会限制不直接参与结合二氧化碳的物质的质量，从而使显热负荷最小化。对于二氧化碳而言，具有二氧化碳选择性但结合强度不高的、导致再生能量降低的材料同样重要。

（3）具有增强的二氧化碳吸附能力和反应与扩散动力学的新材料，特别是那些与二氧化碳结合足够强，能够在环境条件下从空气中将其去除的材料，以及那些使用新的结合路径或机制的材料。模拟和建模可与实验相结合，以帮助对新材料进行优化设计。不仅应表征这些材料的吸收能力，还应表征其吸收动力学和在实际的气/固接触器中不同湿度条件下的循环稳定性。材料应该提供与最先进的技术相媲美或超越最先进技术的可变吸附量和反应动力学。

（4）液体溶剂、固体吸附剂或接触器设计方面的进步，可以促进传质系数提升，或有助于降低系统的资本成本。

①液体溶剂：先进的填充材料（塑料与金属）和溶剂性质（密度、表面张力与黏度）的优化，以最大限度地扩展填充外立面；

②固体吸附剂：方便地控制水的吸附，优化设计吸附剂孔径的大小分布，最大限度地发挥摆动能力，提高吸附剂的持久性和寿命。

（5）确定由液体溶剂和固体吸附剂释放到环境中的潜在降解产物，特别是正在广泛考虑部署的固体胺基吸附剂。

（6）针对直接空气捕获的特点而设计的工艺流程，如高气体通量和低压降。

（7）对现有的和新的直接空气捕获工艺进行生命周期分析，特别是关于吸附剂生产和使用产生的二氧化碳排放（考虑以固体吸附剂为基础的工艺对吸附剂寿命敏感性的影响),以及对水的使用。

如前所述,为了降低直接空气捕获系统的成本,需要改进二氧化碳液体溶剂和固体吸附剂。然而,在控制条件下,可能对吸附量进行精确和可重复的测量(例如,寻求测量二氧化碳和水的同时吸收),有时会得出与文献相矛盾的结果。因此,委员会建议,使用标准化测试方法进行独立的材料性能表征(例如,气体/蒸汽吸附、生成吉布斯自由能、热容、导热系数、热膨胀、热化学稳定性),应该成为研究议程的重要组成部分。

此外,材料合成的初步成本应该独立进行评估。材料性能数据应该定期编制并公开。适合进行独立评估的机构可以是美国能源部国家能源实验室(U. S. Department of Energy National Laboratory)、美国商务部国家标准与技术研究所(Department of Commerce National Institute of Standards and Technology, NIST)、非盈利的研究组织,甚至是一个吸附设备制造商。最好通过多个供应商进行评估以确保测量的质量和可重复性。美国国家可再生能源实验室的国家光伏中心(National Center for Photovoltaics, NCPV)是一个为太阳能电池研究提供类似服务的典型机构,它们已经建立了太阳能电池效率的测量标准,并提供电池效率研究的最佳年度出版物。

二、开发

(一) 材料

因为许多新材料是以克为单位生产的,所以在早期阶段,新材料的合成可能很昂贵。如果材料合成方面没有任何创新,那么即使要将生产规模扩大到千克级,成本也往往高得令人望而却步。因此,委员会建议,为材料合成规模的扩大提供一些研究经费,其目标是开发效益高的方法合成 100 kg 以上的材料。为了支持这些研究,委员会还建议拨出资金,邀请第三方供应商对感兴趣的新材料的合成进行详细的成本分析。此外,为了支持材料开发,委员会建议建立一个国家级中心,使用标准化硬件,在公平的基础上测试大宗物料的性能(见上文分析)。该中心还应该建立测试材料及其性能结果的数据库。与基础研究部分中对新材料进行的独立测试不同,该中心应专注于包含现实世界中的挑战(如污染物、磨损、循环寿命)的大宗物料(>100 kg)测试。

(二)组件

具有新颖性质的系统组件和设备的设计(例如,热交换器、接触器、再生器、单体、压缩机、泵)关注的中心是降低直接空气捕获系统的整体成本,这些新颖性质可以实现更有效的质量与热传输和(或)一体化的单元操作(工艺强化)。需要投入资金用于在中试规模(>1 000 t 二氧化碳/年)制造和测试组件硬件。作为这项工作的补充,应该确定一个供应商来进行标准化的第三方设备测试和验证。与研究机构相比,具有工业化试验气体处理经验的私营供应商更具优势。

(三)系统

应当支持开发(如设计、建造、测试)综合实验室规模的系统(>100 kg 二氧化碳/d),该系统以新的和具有成本效益的方式利用低碳能源。由于溶液溶剂和固体吸附剂变温再生需要大量热能,因此需要制定策略,尽量减少用于热能的化石能源造成的排放。这些策略包括:利用来自其他工艺的废热,使用发电厂和电网运营商在低热能需求时期浪费的电力,以及使用低碳能源。这项工作十分重要,因为据估计,如果不降低通过天然气的供能,迄今为止大部分被认定为直接空气捕获的工艺都将产生显著的碳足迹。上述减少碳足迹的策略相互之间并不排斥。例如,由于每个直接空气捕获工艺所需的热能质量不同,从低温—低热值(70~130℃)到高温—高热值(700~900℃)都有,因此需要由低碳来源(如集中太阳能、地热、生物能、核能)的直接空气捕获工艺提供用于广泛操作需求的热能。同样,迄今为止所有考虑的直接空气捕获工艺都需要电力,因此采用低碳电力为直接空气捕获工艺提供动力的策略是必要的,还可在非用电高峰时存储电力,从而在限电时使用电力。

改进系统设计的另一个驱动力是需要接触器的低压降来最大限度减少用电量。在液体溶剂方法中,整个直接空气捕获设备 20% 的资本成本、30% 的运营和维护成本与空气接触器有关。图 5-7 显示了液体溶剂直接空气捕获设备的空气接触器填料的填充深度与总估计成本之间的关系。总估计成本是与接触器相关的运营成本和资本成本的总和。运营成本是基于风机或鼓风机的电力成本,而资本成本则与基础设施的材料和液体溶剂或吸附剂的材料直接相关。如上所述,空气接触器的典型设计都基于对大比表面积的需求,以使所接触的空气和随后捕获的二氧化碳最大化。同时空气接触器需要设计得足够浅,以实现压降和使随后处理大量空气所需风机电力的费用最小化。例如,直接空气捕获的典型接触器深度为 6~8 m,而用于燃烧后捕获的佩特拉努瓦(Petra Nova)吸收接触器("接触塔")深度达 115 m,是前者的近 15 倍。然而,填充深度越深,捕获的二氧化碳量就越大。因此,当接触器深度最大化且风扇功率最小化时就需要进行优化。为了补偿浅床层深度,直接空气捕获接触器必须具有很大的表面积,以便能够捕获等量的二氧化碳。图 5-7 体现了直接空气捕获接触器的总成本随填充深度增加而降低,达到大约 8 m 的临界深度后,随着风机功率在总成本中占主导地位,成本开始增加。正如预期的那样,随着电力成本的下降,这种关系也会减弱。

需要强调的是,将直接空气捕获与低碳能源相结合可能是很好的一个机会。例如,如果可以最优价格使用风能或太阳能,那么接触器就可以做得更深(表面积更小),这可以减少直接空气捕获设备的资本投资。

图 5-8 显示了电力成本、年度总成本与填充深度之间的关系。可以看出,在大约 8 m 深之后,电力成本在空气接触器的总成本中所占比例开始增加。因此,为了使空气接触器的成本最小化,填充深度必须较浅,从而有较大的表面积以捕获足够量的二氧化碳。

为了支持这些系统的开发,应该聘请专业的工程设计公司与研究人员合作,进行新系统所要求的基本工程成套设计,包括:质量和能量平衡、工艺流程图、初步管道和仪表图、主要设备的定义和尺寸、初步材料清单、风险评估和工艺经济学分析等。这些工程评估将作为一个阶段—关卡,在此之前任何示范规模的试点项目都将得到资助。只有那些有可能以低于 300 美元/t 二氧化碳的成本的封存项目才应考虑进行试点示范。

其他系统级的研究领域可能包括:使用建模和模拟创建更好的综合设计,评估利用现有硬件和基础设施(如建筑中的暖通空调系统或热电联产系统)进行直接空气捕获优化和降低成本的概率,与具有大量不同质量废热的工业系统(如钢

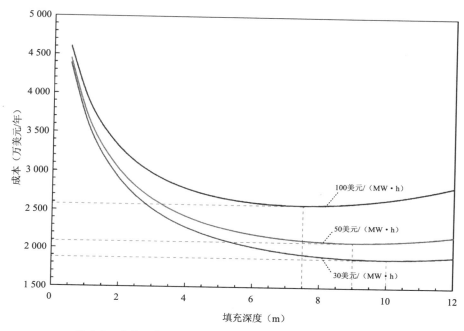

图 5-7　直接空气捕获装置的填充深度和总成本之间的关系①

铁和水泥制造)进行整合,用超低成本材料(如塑料)制造接触器,以及构建系统
建模以评估使用直接空气捕获作为一个专用加载选项的可行性,以解决本地或
区域电力堵塞或缩减问题。

三、示范

　　评估和部署直接空气捕获过程的最大障碍是缺乏工艺规模的运营数据来进
行准确的技术经济分析。目前,对私人投资的项目提供此类数据并没有激励
措施。

　　当前,基本上所有工艺规模的运营都是在私人公司进行的,这些公司可能对
公布运营数据并不感兴趣。此外,在缺乏全球公认的碳成本的情况下,对直接空

240

---

① 假设电费为 30 美元/(MW·h)、50 美元/(MW·h)和 100 美元/(MW·h)。

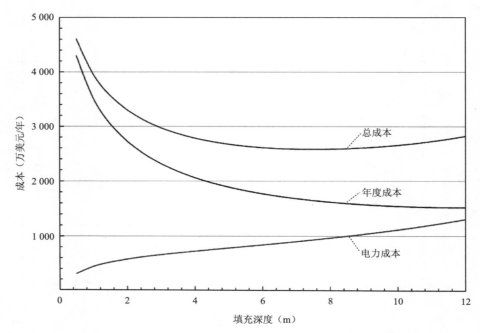

图 5-8　电力成本、年度成本、总成本与空气接触器填充深度的关系

气捕获和封存的工艺设计需求很少。为此,现有为数不多的商业实体一般都不进行碳去除,因为直接空气捕获获得的二氧化碳可以被出售用于其他生产用途,例如,温室或食品饮料行业。尽管当前形势对目前正在开发直接空气捕获技术的新兴商业实体是有益的,但它们为整个行业提供的增长机会有限。

　　为了提供有关工艺性能和可靠性的数据,并改进和完善工艺技术经济模型,需要进行一系列由政府资助的、可长期操作的综合直接空气捕获工艺的示范规模研究。委员会建议计划支持 3 个每年 2 000 万美元预算的中试规模项目,每个项目应该捕获 1 000 t 二氧化碳/年。

　　举例而言,这种中试规模的研究可以评估固体吸附剂方法的工艺性能。如前所述,整体工艺成本对固体吸附剂的成本最为敏感,而固体吸附剂成本在很大程度上取决于固体吸附剂的价格和使用寿命。到目前为止,对固体吸附剂稳定性的研究大多来自学术界,商业实体基本上没有发布任何数据。而且,大多数学术研究都是在受控的、理想化的实验室条件下进行,测试时间有限,研究结果通常不能直接外推到更大规模的试验中。为此,需要进行由政府资助的试点研究,提供来自实地运营的长期数据,以便更准确地模拟固体吸附剂的持久性和寿命,这将显著影响固体吸附剂直接空气捕获工艺的整体工艺成本。

中试规模研究还可用于评估最佳的场地位置和工厂配置。不同的直接空气捕获工艺可能适用于特定的部署地点,具体取决于涉及的特定工艺特征(例如,不同的气候,潮湿或干旱,温暖或凉爽)。此外,部署的位置将影响运营和资本成本,它们可以根据当地可用的能源资源进行优化。例如,如果有低成本的无碳电力(例如,得克萨斯州或俄克拉何马州的风能),就可以设计一个具有更深填充层的设备,这样可以提高捕获能力,但会因使用风机功率克服压降而增加电力成本,但是在这些案例中,因为捕获等量的二氧化碳时,对接触器的表面积要求较小,所以总的资本投资可能更低。

为加快现有公司的运营学习速度,并鼓励更多新公司进入该领域,需要为直接空气捕获示范项目提供资金。此外,政府提供资助将确保运营数据可供非商业研究团体进行独立的技术经济分析,进而为决策者提供指导,并进行工艺创新以改进直接空气捕获技术。

有关工艺成本和能量学数据的可用性可使这些参数最小化,使设计达到优化,从而促进高效工艺的快速部署。应该指定单一的机构来制定数据公开和共享的指导方针,以便用一种有用且统一的方式报告数据,并足以对工艺成本和能量学进行精确分析。

四、部署

直接空气捕获工艺预计最初将部署在有适宜地质封存的地点附近,从而限制或消除开发长距离二氧化碳运输管网的需求。广泛部署的二氧化碳点源捕获和封存需要建立一个更广泛的二氧化碳运输管网,如果位置合适,它可以被直接空气捕获工艺加以利用。其他选址因素诸如:①降低当地环境中二氧化碳浓度和因此对农业或当地植物的生长造成影响的可能性;②在需要时靠近适当的水源;③应该考虑接近可再生能源或热能的机会,以便优化直接空气捕获设备的性能并减少对当地社区的影响。

为实现必要的碳排放目标,直接空气捕获工艺可以扩大规模(部署更大型的部件)或扩展规模(部署大量小型部件),目前还不清楚哪一种部署更具优势。年捕获 10 000 t 二氧化碳的示范规模的工厂具有足够大的规模为各种方法提供最佳选址方面的信息。

考虑到商业规模的直接空气捕获系统所需的规模和资金(每个项目约 1 亿美元),只有在完成详细的工程和经济分析(阶段—关卡)并证明了商业可行性之后,才能进行公共投资。公共投资为有前途的直接空气捕获技术提供非重复性的初始工程成本补贴,可能有助于加速直接空气捕获技术的部署。

五、研究议程执行情况

(一) 机构

美国能源部化石能源办公室和国家能源技术实验室拥有合适的设施来管理直接空气捕获的研究、开发和示范项目,通过一个典型的拨款流程,将资金分配给大学、非营利研究组织、初创公司和大公司。美国能源部也可以通过现有基础设施管理那些能提供独立材料测试、组件测试、技术经济分析和专业工程设计的承包商。对于直接空气捕获组件和系统的开发与示范测试,建议采用与美国南方服务公司运营的国家能源技术实验室国家碳捕获中心类似的中央设施或国家实验室(图 5-9)。

(二) 资金

资金规模

在过去的几十年中,美国联邦的研发资金不断从示范和开发研究转向基础和应用研究,从远离工业界转向工业界和国家实验室。为了开发商业上可行的直接空气捕获系统,资金需要转向开发和示范研究。这样做的理由是:一般认为,扩大工艺规模的成本应当遵循“2/3 定律”,其中设备的资本成本为 K_n,容量为 C_n,扩大规模的成本为 $K_n = K_0(C_n/C_0)^{2/3}$,K_0 和 C_0 分别是参照设备的单位成本和单位容量。假设一个实验室规模工艺的容量是一个完整设备容量的 0.1%,

图 5-9　阿拉巴马州威尔逊维尔国家碳捕获中心①

资料来源:国家碳捕获中心(NCCC,2017)。

中试规模是完整设备容量的 1%,而示范规模是完整设备容量的 10%;那么每花
1 美元用于实验室规模的开发,大约应花 5 美元在中试规模上,应花 20 美元在
示范规模上。

———————————

① 由美国能源部化石能源办公室资助,由南方服务公司运营。项目编号:DE-NT0000749,期限:
2008 年 10 月—2014 年 9 月;资金:2.51 亿美元,美国联邦政府:2 亿美元。项目编号:DE-FE0022596;期
限:2014 年 6 月—2019 年 5 月;资金:1.87 亿美元,美国联邦政府:3 700 万美元。

资助时间

当前,直接空气捕获技术的成熟度涵盖了从基础材料研究到准商业系统的开发和示范。为了建立从基础研究和应用研究到系统部署的技术流程,委员会建议进行分期投资,早期重点放在研发上,并在 15 年内过渡到示范和部署项目,(图 5-10)。融资的每个阶段都应该有技术和经济指标的要求。值得注意的是,在承诺为示范规模的项目提供资金之前,必须进行详细的第三方工程和经济评估,以证明其具有以低于 300 美元/t 二氧化碳的成本的碳去除潜力。

数据管理

数据收集、组织和公开发布是现代直接空气捕获研究议程的重要组成部分。应当建立一个中央存储库,存放材料数据以及直接空气捕获的工程分析和测试结果。此外,应该开发类似于马图谢夫斯基(Matuszewski,2014)提出的标准工245 程评估方法。

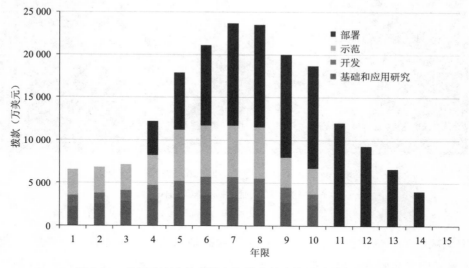

图 5-10   美国政府支持直接空气捕获技术的基础和应用研究、
示范、开发和部署的年度拨款金额建议

第六章　二氧化碳碳矿化

　　碳矿化是一种从空气中移除二氧化碳并且(或)将其封存在诸如方解石或菱镁矿等碳酸盐矿物中的新兴方法。矿化发生在硅酸盐材料(如橄榄石、蛇纹石和硅灰石)和富钙、镁的岩石自然风化过程中,特别是橄榄岩,它构成地球上地幔和上地幔部分熔融形成的玄武岩熔岩。术语表中提供了上述相关地质学术语的定义。

　　本章介绍了碳矿化的动力学原理以及捕获和封存二氧化碳的主要途径,探讨了能够有效储存二氧化碳的总量和成本,并提出了相关研究议程。本章所论述的碳矿化方法包括将富集的二氧化碳封存在碳酸盐矿物中,以及从空气中移除二氧化碳并将其封存在碳酸盐矿物中。用本书中介绍的方法模拟和加速了自发的自然过程,利用来自地球内部深处的岩石在地表或接近地表时所产生的丰富化学势能,在那里它们与大气和水圈远远未达到均衡。因为利用了这种天然的可用化学能,可以提供一种低成本方法来减少温室气体排放。而且,由于二氧化碳被固定在固体碳酸盐矿物中,因此从持久性和无毒性方面而言,二氧化碳的封存具有很大潜力。

第一节　引　言

　　通过与常见的硅酸盐岩矿物反应来封存二氧化碳有近三十年的研究历史(Lackner et al.,1995;Seifritz,1990)。最近,利用钢渣等碱性工业废料进行碳矿化的可能性也成为备选方案(Gadikota and Park,2015;Huijgen et al.,2007;Pan et al.,2012;Sanna et al.,2014)。下面,委员会总结了碳矿化反应以及在含碳矿物中捕获和封存二氧化碳的方法。

一、碳矿化

一般来说,矿物碳酸化的程度取决于三个因素:①溶解在溶液中的有效二氧化碳;②溶液的有效碱度;③通过矿物溶解和碳酸盐沉淀培养有效碱度的化学条件。低 pH 值会加速矿物溶解[见如波克洛夫斯基和肖特的研究(Pokrovsky and Schott,2004)],而较高的 pH 值有利于碳酸盐沉淀[见如哈里森等人的研究(Harrison et al. ,2013)],但实验表明,硅酸盐溶解和碳酸盐沉淀可以在一个步骤中完成(Chizmeshya et al. ,2007;Gadikota et al. ,2015;O'Connor et al. ,2005)。

通过碳矿化来封存 Mt 到 Gt 规模的二氧化碳的一个关键的碱性源是地球深部富镁、钙的高活性岩石,包括地幔橄榄岩、玄武岩熔岩和超基性侵入岩,此类岩石富含橄榄石和辉石矿物。硅灰石($CaSiO_3$)矿物与二氧化碳的反应速率比橄榄石和辉石更快,但它的数量不多且地理分布有限。

在碳矿化过程中,二氧化碳与富含钙和镁的矿物反应形成碳酸盐,此类矿物如方解石($CaCO_3$)、菱镁矿($MgCO_3$)、白云石[$CaMg(CO_3)_2$]及石英(SiO_2)。一些理想的反应如下:

硅灰石:$CaSiO_3 + CO_2 \rightarrow CaCO_3 + SiO_2$

橄榄石:$Mg_2SiO_4 + 2CO_2 \rightarrow 2MgCO_3 + SiO_2$

辉石:$CaMgSi_2O_6 + 2CO_2 \rightarrow CaMg(CO_3)_2 + 2SiO_2$

蛇纹石:$Mg_3Si_2O_5(OH)_4 + 3CO_2 \rightarrow 3MgCO_3 + 2SiO_2 + 2H_2O$

水镁石:$Mg(OH)_2 + CO_2 \rightarrow MgCO_3 + H_2O$

硅灰石、橄榄石和水镁石的反应速率相对较快,表面积与体积比高的纤维状蛇纹石(如石棉状的温石棉)也是如此。碱性工业废料中钙和镁的反应速率与硅灰石的反应速率大致相同。下面将对碳矿化动力学数据进行更广泛的讨论(详见本章第二节)。

这些反应是自发的,并释放热量,对近地表岩石系统[如镁—钙—碳—氧—氢(Mg-Ca-C-O-H)和镁—钙—硅—碳—氧—氢(Mg-Ca-Si-C-O-H)]中的二氧化碳而言,碳酸盐矿物是"基态"(图 6-1)。

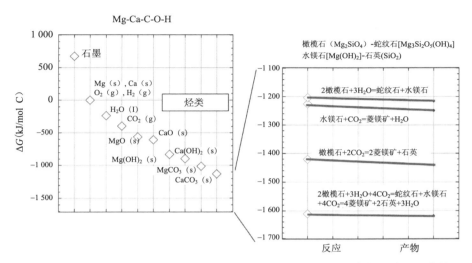

图 6-1 化学体系 Mg-Ca-C-O-H 和 Mg-Ca-Si-C-O-H 中，选定化合物形成和反应的
标准状态吉布斯（Gibbs）自由能

注：标有"烃类"的矩形包含了普通烃种类（如甲烷、乙烷和丁烷）每摩尔碳转化时产生的
吉布斯自由能的范围。

二、二氧化碳捕集和封存方法

碳矿化方法的目的是将二氧化碳封存在碳酸盐矿物中（称为固体封存），或从空气中移除二氧化碳并将其封存在碳酸盐矿物中（称为矿物捕获与封存）。固体封存可通过以下三种方式实现：

1. 异位碳矿化——固体反应物被运送到二氧化碳捕集地点，然后与富含二氧化碳的流体或气体反应；

2. 表层碳矿化——含二氧化碳的流体或气体与尾矿、碱性工业废物或富含反应性岩石碎片的沉积地层发生反应，两者均具有高比例的反应性表面积；

3. 原位碳矿化——含二氧化碳的流体在地下深度合适的岩层中循环。

矿物捕获和封存可通过上面讨论的地表或原位碳矿化过程来完成，使用天然地表水而不是富含二氧化碳的流体。此方法最接近于模拟二氧化碳吸收的自然过程。相比之下，直接空气捕获系统需要额外的技术和能量输入来封存二氧化碳。

关于异位碳矿化的实验室研究已相对广泛，但迄今为止，研究在各种试剂和条件下进行，因此难以对实验结果进行比较。关于矿山尾矿及其他细粒固体反应物表面的碳化研究尚处于中等规模的准备阶段，已经为开展大规模现场试验做好准备。玄武质岩石中原位碳矿化二氧化碳封存已经开展了两个中等规模的试验研究，并进一步探索每年封存 Mt 规模二氧化碳的可行性。因为超基性岩中大量存在的原位矿物捕获和封存的自然案例，实验室研究中的快速反应速率，以及永久封存数百万亿吨二氧化碳的潜力，都需要对这一研究少、风险高、回报高的碳矿化技术继续开展基础性研究。

利用矿山尾矿进行矿物捕获和封存，成本较低，但处理能力有限。值得注意的是，以矿物捕获和封存为目的而进行采矿和研磨岩石的成本，可能与直接空气捕获系统的成本大致相同，且二者都有不确定性。与表层碳矿化相比，原位矿物捕获和封存的成本较低，且封存潜力巨大，但涉及渗透率、反应表面积和反应速率之间的关系仍存在不确定性，因此，仍然是一项基础性、理论性的研究课题。

橄榄岩含水层中，对于天然的、富含氢氧化钙（CaOH）的碱性水，或与空气进行二氧化碳交换达到平衡时的水来说，由于溶解的碳化合物浓度较低，抽水是矿物捕获的一项巨大成本。在这种情况下，矿化需要与地热电厂和（或）有明显的热梯度共存以驱动对流。每年 Gt 规模的二氧化碳地表矿物捕获将产生许多立方千米的岩石产品，带来潜在的运输和封存问题。此外，对于原位矿物捕获和封存的关键地下储层规模、可注入性、渗透性、地质力学和微观结构等，几乎未开展系统研究。

第二节 碳矿化动力学

难以置信的是，尽管人们对异位碳矿化的各方面已开展了大量的研究（Gadikota and Park，2015；Pan et al.，2012；Power et al.，2013a，2013c；Sanna et al.，2014），但很少涉及温度和二氧化碳分压与碳矿化速率以及其他关键变量的比较。原因之一是不同研究方向同步开展持续探索，包括：①单一过程反应，将富含二氧化碳的流体与固体反应物结合；②两阶段过程反应，包括通常在低 pH 值下溶解固体反应物，然后注入二氧化碳，并通常在高 pH 值下沉淀碳酸盐矿物;③首先对固体反应物进行预处理,如快速加热。然而,在两阶段反应过程中,一般认为矿物溶解是限速步骤,因此可以将矿物溶解速率(作为两阶段过程联合速率的上限)与全碳矿化速率进行比较,例如,使用实验中的晶粒尺寸数据来计算几何表面积(粒度直径的中值或均值的平方×π),并以每秒形成 $50\sim70$ μm 晶粒的速率表示质量分数(Kelemen et al.,2011;Matter and Kelemen,2009)。

在此,我们更新了以上比较,合并了新的数据,并使用了许多地学科学家更熟悉的单位——摩尔/(平方米·秒)[mol/(m² · s)]。图 6-2 给出了其中一些信息。在必要和可能的情况下,使用几何表面积来计算速率,因为我们希望进行比较的许多数据集并没有更详细的表面积测量。测量速率的巨大变异性,即在同一组流体与矿物反应的不同实验之间的一致性表明,在这种比较中,表面积的不确定性相对次要。由于时间限制,本书中没有对碱性工业废料的速率与温度、二氧化碳分压和其他因素的关系进行比较分析。

实验表明,硅灰石(CaSiO₃)是碳酸化最快的硅酸盐之一[见如奥康纳等人的研究(O'Connor et al.,2005)],之后,一些研究小组开始关注这种矿物的碳酸化。实际上,它可能是钢渣等工业废料中硅酸钙碳化较为类似的矿物。然而,美国地质调查局(U. S. Geological Survey,USGS)硅灰石网站(U. S. Geological Survey,2018d)显示,2016 年和 2017 年,全球天然硅灰石储量约 1 亿 t,每年开采量不足 100 万 t。具有经济性的硅灰石储量几乎完全受限于由花岗质岩浆与

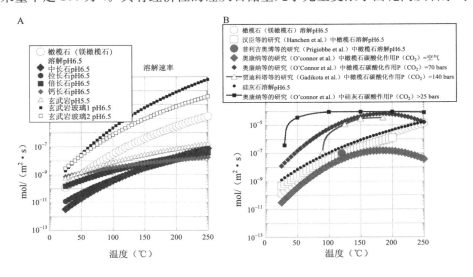

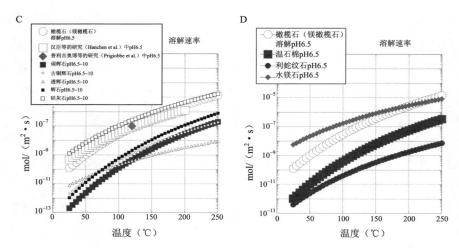

图 6-2　不同矿物溶解和碳酸化速率随温度和二氧化碳分压的变化比较*

注:所有图具有相同的水平和垂直轴范围,温度线性范围为 $0 \sim 250℃$,速率对数范围为 $10^{-13} \sim 10^{-12}$ mol/(m²·s)。根据帕兰德里和卡拉达(Palandri and Kharaka,2004)编制的数据拟合,所有四个图上的浅红色空心圆是镁端元橄榄石(镁橄榄石)在 pH 值为 6.5 时的溶解率。

图 A:矿物碳酸化和溶解速率:"汉臣等的研究中橄榄石溶解 pH 值为 6.5"和"普利吉奥博等的研究中橄榄石溶解 pH 值为 6.5":pH 值为 6.5 的含二氧化碳水溶液中圣卡洛斯(San Carlos)橄榄石(91%镁橄榄石)的稳态溶解(Hanchen et al.,2006、2008;Prigiobbe et al.,2009)。"奥康纳等的研究中橄榄石碳酸化":与凯莱门和马特(Kelemen and Matter,2005)和奥康纳(O'connor et al.,2008)在不同二氧化碳分压下,1 M、0.64 M NaHCO₃水溶液中,pH 约为 6.5 时橄榄石(91%镁橄榄石)的碳酸化数据相吻合。"贾迪科塔等的研究中橄榄石碳酸化":在 0.64 M NaHCO₃水溶液中,不同二氧化碳分压下橄榄石的完全碳酸化,pH 值约为 6.5 时,加入或不加入 NaCl 处理 3 h(Gadikota et al.,2014)。"硅灰石溶解 pH 值为 6.5",由帕兰德里和卡拉达(Palandri and Kharaka,2004)中提供的方法计算。"奥康纳等研究的硅灰石碳化":在 1 M NaCl、0.64 M NaHCO₃水溶液中,在不同二氧化碳分压下的硅灰石完全碳酸化(O'Connor et al.,2005)。

图 B:在升高 $P(CO_2)$ 的矿物水溶液为 1 M NaCl 和 0.64 M NaHCO₃ 3 h 的碳酸化速率(Gadikota et al.,2018),允许直接比较的碳矿化率橄榄石(图 6-2)、斜长石[拉长石,Ca/(Ca+Na)的物质的量比值为 0.54]、岩石由斜长石、橄榄石、铁氧化物[斜长石的 Ca/(Ca+Na)摩尔分数为 0.98,橄榄石的 Mg/(Mg+Fe)摩尔分数为 0.66]和玄武岩熔岩[Ca/(Ca+Na)摩尔分数为 0.60,Mg/(Mg+Fe)摩尔分数为 0.48]。注:在"湿"、含水、超临界二氧化碳条件下,玄武岩、橄榄石和页岩的碳矿化速率与具有相同 $P(CO_2)$ 的水溶液中相同材料的碳酸化速率大致相同(Loring et al.,2011、2013;Schaef et al.,2011、2013)。

图 C:在 pH 值为 6.5 时,斜长石[安山石中 Ca/(Ca+Na)摩尔分数为 30%～50%,拉布拉多石中为 50%～70%,白石中为 70%～90%,钙长石中为 90%～100%]和橄榄石[Mg/(Mg+Fe)摩尔分数为 100%]的稳态水溶液溶解速率的比较,由帕兰德里和卡拉达(Palandri and Kharaka,2004)编制的数据拟合计算得出,一种玄武岩熔岩的实验数据符合史卡夫和麦格雷尔(Schaef and McGrail,2009)的结果,另一种玄武岩玻璃的实验数据符合吉斯拉森和奥尔科斯(Gislason and Oelkers,2003)的研究结果。

图 D:pH 值为 6.5 时镁橄榄石和橄榄石蚀变产物的稳态溶解速率比较(Palandri and Kharaka,2004)。蚀变矿物为蛇纹石、温石棉、蜥蜴石和水镁石[Mg(OH)₂]两种类型。

---

* 彩图请见彩插。

灰岩或大理岩反应形成的狭窄"矽卡岩"。根据美国地质调查局对硅灰石储量的估计,包括开采价值为 200～350 美元/t 硅灰石(取决于纯度和晶体形状)的矽卡岩数据,以及销售副产品的收入数据,当完全碳化后,每吨硅灰石可以封存 0.33 t 二氧化碳,所以相当于封存的成本为 600～1 000 美元/t 二氧化碳。即使这是使用硅灰石封存二氧化碳的唯一成本,但也比在地下孔隙空间封存二氧化碳的成本(10～20 美元/t)高 10 倍以上。这并不奇怪,在大型矿床中开采坚硬岩石的一般成本约为 10 美元/t 岩石,小矿山成本会更高一些。如果矿床中的硅灰石含量低于 10%,则开采成本将超过 100 美元/t。因此,除了矽卡岩之外,由变质作用形成的含有少量硅灰石的大理石并不是碳矿化硅灰石的合适来源。

橄榄石[$(Mg，Fe)_2SiO_4$]与含二氧化碳流体的反应几乎和硅灰石一样快,它是上地幔中最重要的矿物成分。橄榄石也是部分水化(蛇纹石化)橄榄岩岩体的主要成分,许多研究都集中在这种矿物上。地幔和超基性侵入岩中的橄榄石往往含有 88%～92%(摩尔分数)的镁元素的镁橄榄石(Mg_2SiO_4),因此,如下面所述,简化的碳化反应往往忽略了对含有铁元素的镁橄榄石的讨论。

精心设计的"pH 值波动"方法[见如帕克和范(Park and Fan,2004)]被认为对橄榄石碳酸化至关重要,因为人们认为:①高二氧化碳分压的水溶液本质上具有低 pH 值,对于广泛的碳酸盐沉淀来说太低;②橄榄石在中性至碱性时缓慢溶解。奥康纳等(O'Connor et al.,2005)在 2005 年进行的突破性实验表明,使用碳酸氢钠($NaHCO_3$)缓冲 pH 值(在实验条件下达到约 6.5),可以出现快速的橄榄石碳酸化。由于以上实验前后的碳酸氢钠浓度和随后的类似实验大致相同(Chizmeshya et al.,2007;Gadikota et al.,2014),因此碳酸氢钠显然不是形成碳酸盐矿物的净碳来源,而是起到催化剂的作用。溶解的碳酸氢钠将 pH 值缓冲到使橄榄石溶解和碳酸盐沉淀相对较快的范围内。反过来,在实验中,碳酸盐沉淀可促进镁元素的下沉,并保持了较高的橄榄石溶解速率(Gadikota et al.,2014),即使在水/岩石比值较低时也是如此。在自然系统、理论研究以及实践工程中所涉及的含二氧化碳的流体与富含橄榄石的岩石发生地下反应的原位碳矿化中,可能不需要使用碳酸氢钠来达到同样的效果,因为反应路径模型反复表明,低 pH 值、富含二氧化碳流体与富橄榄石(超镁铁)岩石发生反应可迅速缓冲至高 pH 值[见如布鲁尼等(Bruni et al.,2002)、鲍克特等(Paukert et al. ,2012)的研究]。

橄榄石碳酸化实验的另一个重要特征是没有观察到钝化作用。虽然已观察到部分溶解的橄榄石表面是恒富二氧化硅(SiO_2)层(Bearat et al. ,2006;Chizmeshya et al. ,2007),并且随着时间的推移可能会导致反应速率减慢,但这并没有在时间序列实验的结果中得到证实。图 6-3 显示了奥康纳等(O'Connor et al. ,2005)、贾迪科塔等(Gadikota et al. ,2014)和艾克兰德等人(Eikeland et al. ,2015)所做的时间序列实验的新图。尽管这些数据集显示的速率略有不同,但每个数据集都可以与恒定的橄榄石碳酸化速率相匹配,并持续到橄榄石消耗量大于 90%,说明钝化不会显著降低橄榄石碳酸化速率,至少对约小于 100 μm的晶粒来说如此。暂时将橄榄石碳化过程中这种缺乏钝化归因于反应驱动的裂解过程和(或)各种相关过程,例如,在本章后面讨论因反应而在橄榄石表面上形成的蚀刻坑。另一个因素可能是在实验中添加碳酸氢钠,在橄榄岩中通过自然的水/岩石反应来调节 pH 值,已观察 pH 值变化抑制了铁氧化物的沉淀,而铁氧化物在较低的 pH 值条件下形成钝化层(Gadikota et al. ,2014)。

在橄榄石碳酸化过程中较少存在钝化现象,在其他矿物与岩石反应物中似乎并不是这种情况。在比较碳矿化速率方面一直存在的一个问题是,缺乏用相同流体与不同固体进行反应的动力学实验。贾迪科塔等人(Gadikota et al. ,2018)在 2018 年进行了一系列实验,开始解决这个问题(图 6-2B)。这些数据为以下观点提供了定量支持:在富含碳酸氢钠的水溶液中,橄榄石碳酸化比斜长石、镁铁质侵入岩(斜长岩,55 wt%斜长石、35 wt%橄榄石、5 wt%辉石、3 wt%氧化铁)和玄武岩熔岩(约 0~20 wt%橄榄石、0~40 wt%辉石、约 60 wt%斜长石)的碳酸化更快。重要的是,可能由于钝化作用,除橄榄石外,所有反应物的碳化速率都随时间的推移而降低。这可能表明,无论是原位或异位,钝化将是工程系统中需要考虑的一个问题,这就需要大量的碳化含镁和钙的玄武岩反应物,其中含有丰富的斜长石、辉石矿物以及相对较少的橄榄石。

图 6-2C 中的数据为人们广泛持有的观点提供了依据,即富含橄榄石的超基性岩(如地幔橄榄岩)比玄武岩和与玄武岩类似的辉长岩溶解得更快。玄武岩和辉长岩富含铝硅酸盐矿物,如斜长石,Ca/(Ca+Na)摩尔分数小于 80%[最常见的是拉布拉多石,Ca/(Ca+Na)摩尔分数为 50%~70%],在水溶液中的溶解度

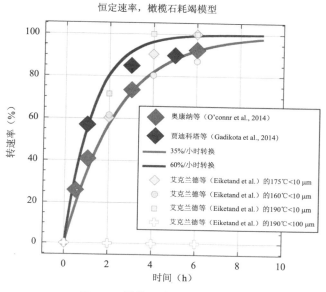

图 6-3 橄榄石碳化的时间序列

注：185℃时，含91%（摩尔分数）的镁橄榄石，二氧化碳分压为140 bar，平均粒度约50 μm，含有 1mol/L NaCl 和 0.64 mol/L NaHCO$_3$ 的流体的反应（Gadikota et al.，2014；O'Connor et al.，2005）符合恒定的橄榄石消耗率（参见贾迪科塔等的粒度演变）。结果表明，在这些条件下，橄榄石碳化过程中表面钝化作用并不显著。来自艾克兰德等（Eikeland et al.，2015）的数据为：100%的镁橄榄石、0.75 mol/L NaCl、0.5 mol/L NaHCO$_3$ 以及尺寸小于 10 μm 的晶粒与之前的数据一致；而在其他条件相同，直径约为 100 μm 的晶粒没有反应。基于贾迪科塔等（Gadikota et al.，2014）的数据，委员会推断艾克兰德等的晶粒直径为 100 μm 的实验中缺乏反应可能不仅仅是由晶粒尺寸的大小引起的。贾迪科塔等人在奥康纳等进行实验的几年间观察了磨碎的橄榄石的钝化现象，表明微妙的表面效应会影响反应速率。

低，晶内扩散缓慢。然而，这些数据也说明，非晶玄武岩玻璃是橄榄岩反应速度比玄武岩熔岩快的一个重要的例外。当部分玄武岩熔岩流冷却的速度快于晶体成核和生长所需的时间时，就会形成非晶态玻璃。具有丰富玻璃层的玄武岩熔岩地层可以为碳矿化提供非常好的反应物。我们不知道玄武岩熔岩中玻璃的丰度和分布的区域组合，但因为玻璃是在玄武岩冷却迅速的地方形成的，因此在海底环境中喷发的熔岩（特别是由流面淬火碎片组成的透明角砾岩），以及煤锥和其他由小熔岩液爆炸性喷发到空气中形成的岩浆中，可能玻璃最为丰富。

除了橄榄岩、玄武岩等火成岩及其组成矿物外，橄榄岩的一些蚀变产物作为碳矿化的可能反应物也受到了广泛的关注。图 6-3 中在速率范围广泛的情况下,溶解速率数据与使用各种不同流体反应物和实验条件进行更详细研究的结果非常相似,我们可以仅使用溶解数据简单地总结出相对速率(图 6-2D)。蛇纹石的溶解要比橄榄石慢得多,这与多晶型叶蛇纹石在有利于橄榄石快速碳化条件下的缓慢碳化一致。相比之下,水镁石在低温条件下的溶解速度比橄榄石快得多,这与许多研究结果一致,表明水镁石(和一些纤维状的石棉状乳石棉)在超基性矿山尾矿暴露于空气中时发生快速碳化。

图 6-4 比较了二氧化碳分压升高和在环境表面温度下的碳矿化速率,这对于评估从空气中直接捕获二氧化碳拟采用的方法,以及通过矿山尾矿和工业废料堆"喷洒"富含二氧化碳气体等拟定的封存方法非常有用(Assima et al.,2013a、2014c;Harrison et al.,2013)。

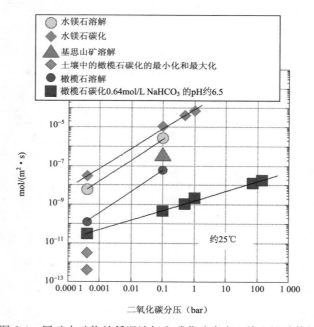

图 6-4　尾矿中矿物的低温溶解和碳化速率在土壤和沿滩传播

注:水镁石、基思山矿(Mt. Keith Mine,MKM)、富水镁石、蛇纹石矿尾矿和橄榄石在 0.1 bar 二氧化碳分压时的溶解速率(Greg Dipple,personal communication,2018)。帕兰德里和卡拉达(Palandri and Kharaka,2004)报告了水镁石和橄榄石在二氧化碳分压为 0.000 4 bar 时的稳定状态溶解速率。土壤中的橄榄石碳化见伦福斯等的研究(Renforth et al. 2015);水镁石碳酸化见哈里森等的研究(Harrison et al. 2013)。用凯莱门和马特(Kelemen and Matter,2008)报告的方法计算的橄榄石在 pH 约为 6.5、0.64 mol/L NaHCO$_3$ 条件下碳化,与奥康纳等人(O'Connor et al.,2005)报告的反应 1 h 时的数据吻合。

最后，人们认识到富含蛇纹石的矿山尾矿非常丰富，星状温石棉的碳化可以减少对环境的危害，因此对蛇纹石快速热处理的无定形（去羟化）产物的碳化进行了大量研究，并且使用从碳氢燃料发电厂捕获的二氧化碳（Balucan et al.，2011；Balucan and Dlugogorski，2013；Dlugogorski and Balucan，2014；Fedoročková et al.，2012；Ghoorah et al.，2014；Larachi et al.，2010、2012；Li et al.，2009；Maroto-Valer et al.，2005；Mckelvy et al.，2004；O'Connor et al.，2005；Sanna et al.，2014），或使用不捕获二氧化碳的烟气（Hariharan et al.，2014、2016；Hariharan and Mazzotti，2017；Pasquier et al.，2014；Werner et al.，2013、2014）作为异位碳矿化的拟定原料。在以上所列出的研究中，如果热处理是利用发电厂的废热来完成的，那么从成本和二氧化碳产量来看，热处理被认为是相对次要的步骤，而发电厂也是碳捕集和异位矿物碳化的场所。如果需要的温度高达 600℃，那废热可能不足够［见如刘和贾迪科塔的研究（Liu and Gadikota，2018）］。如若这样，热处理的成本可能会变得相当高。使用热处理来提高蛇纹石碳化速率和从空气中捕集与封存二氧化碳的方法不太相关。此外，通过使用热处理的蛇纹岩和富含二氧化碳的流体进行异位碳矿化来封存二氧化碳的成本仍然高于将二氧化碳注入地下孔隙空间的成本（表 6-1）。　　256

地幔橄榄岩和一些超基性侵入岩与熔岩流中地质条件丰富的橄榄石，以及橄榄石水化蚀变所产生的水镁石，为原位碳矿化提供了最佳的反应物。硅灰石的反应速度比橄榄石更快，但其地质储量并不大（更多信息，详见本章第二节）。矿物，如 Ca/(Ca＋Na)摩尔分数小于 80％（玄武岩的主要成分）的典型斜长石等矿物，反应比橄榄石更慢，并且在相对较早的反应阶段就产生了钝化。然而，玄武岩比超基性岩含量高，并且大量存在于相对接近人口聚居区。对于通过注入　　257高孔隙度、高渗透性熔岩流可以获得大量岩石的原位碳矿化，局部反应速率和总反应程度可能不是限制因素。

在变质的超基性岩中，次要矿物水镁石（0～10wt％）与石棉型温石棉蛇纹石一起，为低温近地表条件下（如在尾矿中）的矿物捕集和固体封存提供了最佳的反应物，仅就固体封存而言，与未经处理的尾矿从空气中吸收二氧化碳相比，向矿山尾矿或碱性工业废料中喷射富含二氧化碳的气体，可以使碳矿化速率提高数百万倍。

表6-1 在二氧化碳分压和(或)温度升高情况下通过碳矿化的二氧化碳固体封存

方法	质量分数 (CO₂/h)	t CO₂/ (km³·年)	CO₂储层产量 (Gt 岩石/年)	CO₂储层 (Gt 岩石)	表中速率为1年内最大CO₂质量分数	Gt CO₂/年	美元/t CO₂	参考文献	附注
异位碳矿化									
橄榄岩和橄榄石	高温、高压条件下与纯化的CO₂反应，或与高压下饱和的CO₂分压反应，有或没有pH值变化和热处理	0.1~0.3		0.2 Gt (超基性尾矿的部分年产量)		0.1~0.5	0.02~0.1	50~100	最近的全面综述，包括：博得南等(Bodenan et al.,2014);奇兹梅希亚等(Chizmeshya et al.,2007);贾迪科塔和帕克(Gadikota and Park,2015);贾迪科塔等(Gadikota et al.,2014);格德曼等(Gerdemann et al.,2007);吉安诺拉基斯等(Giannoulakis et al.,2014);邱等(Khoo et al.,2011);奥康纳等(O'Connor et al.,2005);潘等(Pan et al.,2012);鲍尔等(Power et al.,2013a,2013c);桑娜等(Sanna et al.,2013,2014);合适的数据来自:凯莱门和马特(Kelemen and Matter,2008);凯莱门等(Kelemen et al.,2011);马特和凯莱门(Matter and Kelemen,2009)	2,3

方法	质量分数 (CO₂/h)	t CO₂/ (km³·年)	CO₂储层产量 (Gt 岩石/年)	CO₂储层 (Gt 岩石)	表中速率为1年内最大CO₂质量分数	Gt CO₂/年	美元/t CO₂	参考文献	附注
水镁石 通过水镁石粉末+水喷射升高CO_2分压，环境温室气体	0.03~0.3		0.2(部分年产量)		0.03~0.1	0.01~0.02	10~20?	哈里森等(Harrison et al., 2013)	2
水镁石 在高温条件下与$NaOH$-H_2O溶液反应，再用富含CO_2气体喷射，从尾矿中提取水镁石	0.3?		0.2(部分年产量)		0.03~0.1	0.01~0.02	200~600	马德度等(Madeddu et al., 2015)	2
蛇形石 高温、高压条件下与纯化的CO_2反应，或在CO_2分压下饱和的水反应，有或没有pH值变化和热处理	比橄榄石慢得多		0.2(部分年产量)		0.03~0.1	0.01~0.02	200~600	博得南等(Bodenan et al., 2014);格德曼等(Gerdemann et al., 2007);休金等(Huijgen et al., 2007);邱等(Khoo et al., 2011);奥康纳等(O'Connor et al., 2005);桑娜等(Sanna et al., 2013, 2014)	2,4

续表

方法	质量分数 (CO_2/h)	$t\ CO_2/(km^3 \cdot 年)$	CO_2储层产量 (Gt岩石/年)	CO_2储层 (Gt岩石)	表中速率为1年内最大CO_2质量分数	$Gt\ CO_2/年$	美元/$t\ CO_2$	参考文献	附注
蛇纹石	高温，高压条件下与烟气或在烟气中的水反应，或(和)有预先热处理	仍然比橄榄石慢，钝化问题		部分年产量0.2		0.03~0.1	0.01~0.02	200~600	哈里哈兰等(Hariharan et al.,2013);哈里哈兰和马佐蒂(Hariharan and Mazzotti,2017);与马佐蒂的个人交流(2017);桑娜等(Sanna et al.(2017);桑娜等(Sanna et al.,2013,2014);沃纳等(Werner et al.,2011,2013,2014)	2,4
硅灰石	高温、高压条件下与纯化的CO_2反应，或与高CO_2饱和的水反应，压下饱和的水反应	0.2~0.6	0.000 55	0.1		0.3	0.000 2	80~160	格德曼等(Gerdemann et al.,2007);吉安诺拉基斯等(Gianoulakis et al.,2014);休金等(Huijgen et al.,2007);奥康纳等(O'Connor et al.,2005);美国地质调查局(U.S. Geological Survey,2016)	1
钢和高炉矿渣	高温、高压条件下与纯化的CO_2反应，或与高CO_2饱和的水反应，有或没有pH值变化和热处理	比硅灰石快		0.17~0.50		0.01~0.20	0.002~0.1	75~100	戈梅斯等(Gomes et al.,2016);休金等(Huijgen et al.,2007);伦福斯等(Renforth et al.,2011);桑娜等(Sanna et al.,2013,2014)	5

方法	质量分数(CO₂/h)	t CO₂/(km³·年)	CO_2储层产量(Gt岩石/年)	CO_2储层(Gt岩石)	表中速率为1年内最大CO_2质量分数	Gt CO_2/年	美元/t CO_2	参考文献	附注
水泥废料	高温、高压条件下与纯化的CO_2反应，或与在高CO_2分压下饱和的水反应的各种预处理步骤	比硅灰石快		0.42~2.1		0.016~0.25	0.001~0.3	大概是钢渣成本除以钢渣CO_2质量分数与该商品的比例	戈梅斯等（Gomes et al.，2016）；伦福斯等（Renforth et al.，2011）；桑娜等（Sanna et al.，2013,2014）	5
建筑和拆除废料	高温、高压条件下与纯化的CO_2反应，或与高CO_2分压下饱和的水反应的各种预处理步骤	比硅灰石快		1.4~5.8		0.08~0.11	0.1~0.6	大概是钢渣成本除以钢渣CO_2质量分数与该商品的比例	伦福斯等（Renforth et al.，2011）	5
其他主要固体废物	高温、高压条件下与纯化的CO_2反应，或与高CO_2分压下饱和的水反应的各种预处理步骤	比硅灰石快		1.3		0.016~0.25	0.004~0.16	大概是钢渣成本除以钢渣CO_2质量分数与该商品的比例	霍恩威和巴达-塔塔（Hoornweg and Bhada-Tata，2012）；桑娜等（Sanna et al.，2013,2014）	5

方法		质量分数 (CO_2/h)	$t\ CO_2$/ ($km^3 \cdot$ 年)	CO_2 产量 (Gt 岩 石/年)	CO_2 储层 (Gt 岩石)	表中速率 为 1 年内 最大 CO_2 质量分数	Gt CO_2 /年	美元 /t CO_2	参考文献	附注
一般煤灰	高温、高压条件下 与纯化的 CO_2 反 应,或与高 CO_2 分 压下饱和的水反 应的各种预处理 步骤	比硅灰 石快		0.4~0.6		0.022~ 0.29	0.000 2~ 0.09	大概是钢 渣成本除 以钢渣 CO_2 质 量分数与 该商品的 比例	戈梅斯 等（Gomes et al.， 2016）；桑娜 等（Sanna et al.， 2013,2014）	5
褐煤灰	高温、高压条件下 与纯化的 CO_2 反 应,或与高 CO_2 分 压下饱和的水反 应的各种预处理 步骤	比硅灰 石快		0.03~ 0.06		0.03~ 0.10	0.000 9~ 0.006	大概是钢 渣成本除 以钢渣 CO_2 质 量分数与 该商品的 比例	伦福斯 等（Renforth et al.， 2011）；桑娜 等（Sanna et al.， 2013,2014）	5
无烟煤灰	高温、高压条件下 与纯化的 CO_2 反 应,或与高 CO_2 分 压下饱和的水反 应的各种预处理 步骤	比硅灰 石快		0.02~ 0.05		0.01~ 0.10	0.000 2~ 0.005	大概是钢 渣成本除 以钢渣 CO_2 质 量分数与 该商品的 比例	伦福斯 等（Renforth et al.， 2011）	5

续表

方法	质量分数 (CO₂/h)	t CO₂/(km³·年)	CO₂储层产量 (Gt岩石/年)	CO₂储层 (Gt岩石)	表中速率为1年内最大CO₂质量分数	Gt CO₂/年	美元/t CO₂	参考文献	附注
烟灰 高温、高压条件下与纯化的 CO_2 反应，与高 CO_2 分压下饱和的水反应的各种预处理步骤	比硅灰石快		0.15~0.28		0.003~0.020	0.000 4~0.006	大概是钢渣成本除以钢渣质量与该商品的比例	伦福斯等（Renforth et al., 2011）	5
赤泥，从氧化铝中提取的残铝土矿渣 高温、高压条件下的 CO_2 反应，或高 CO_2 分压下与饱和的水反应的各种预处理步骤	比硅灰石快		0.12		0.04~0.07	0.000 01~0.006	约150	戈梅斯等（Gomes et al., 2016）；国际铝业协会（International Aluminium Institute, 2018）；桑娜等（Sanna et al., 2014）	5
其他碱性废物，大多以低于 0.01 Gt/年 的速率生产								见桑娜等（Sanna et al., 2014）的综合清单	

续表

方法	质量分数 (CO₂/h)	t CO₂/ (km³·年)	CO₂储层产量 (Gt岩石/年)	CO₂储层 (Gt岩石)	表中速率为1年内最大CO₂质量分数	Gt CO₂ /年	美元 /t CO₂	参考文献	附注
常温超镁铁矿尾矿									
超镁铁矿尾矿 通过矿井喷射富含CO_2气体尾矿	0.03~ 0.30	$1×10^8$~ $1×10^9$	0.2		0.03~ 0.10	0.006~ 0.02	10~30	阿西玛等（Assima et al., 2013a）；哈里森等（Harrison et al.,2013）；美国地质调查局（U.S. Geological Survey.,2018a,2018b,2018c）	
原位碳矿化									
橄榄岩 钻至温度>25℃的深度,在CO_2分压>60bar处注入富含CO_2流体	0.1~0.3	$3×10^8$ ~$1×10^9$	1~100	$1×10^5$~ $1×10^8$		0.1~60	10~30	凯莱门和马特（Kelemen and Matter,2008）；凯莱门等（Kelemen et al.,2011,2016）；马特和凯莱门（Matter and Kelemen,2009）	6
玄武岩熔岩,特定位点卡费（CarbFix）和瓦卢拉（Wallula） 钻至温度>25℃的深度,在CO_2分压>60 bar处注入人富含CO_2流体	在卡费>0.000 3, 在瓦卢拉约0.001	>10 000	0.000 03		0.01~ 0.25	$3×10^7$~ $8×10^6$	10~30	与阿拉多希尔的个人交流（2017）；吉斯拉森和奥尔克（Gislason and Oelkers,2014）；马特等（Matter et al.,2016）；西格夫松等（Sigfusson et al.,2015）；熊等（Xiong et al.,2018）	6

续表

	方法	质量分数 (CO_2/h)	$t\ CO_2/$ $(km^3 \cdot 年)$	CO_2储层产量 (Gt 岩石/年)	CO_2储层 (Gt 岩石)	表中速率为1年内最大CO_2质量分数	Gt CO_2/年	美元/t CO_2	参考文献	附注
玄武岩熔岩，全球，陆地洪水玄武岩	钻至温度>25℃的深度，在CO_2分压>60 bar 处注入富含CO_2流体			1~100	$1\times10^5\sim$ 1×10^6	0.01~0.25	0.01~25	10~30	麦格雷尔等（McGrail et al.，2017a）对哥伦比亚河玄武岩和德干玄武岩的研究，以及我们对包括西伯利亚玄武岩、卡鲁玄武岩、阿法尔火山区和巴拉那玄武岩的推断	7
全球玄武岩熔岩，海底，适合沉积盖层的地点	钻至温度>25℃的深度，在CO_2分压>60 bar 处注入富含CO_2流体			1~100	$8\times10^4\sim$ 4×10^5	0.01~0.25	0.01~25	200~400	戈尔堡和斯莱格尔（Goldberg and Slagle，2009）；与戈尔堡的个人交流（2017）	7

注：1. 美国地质调查局对产量和全球资源的估计。2. 产量和二氧化碳储存量假设橄榄岩、橄榄石、水镁石和（或）蛇纹石和来自蛇纹石化的超基性矿山尾矿。如果开采和磨碎超镁铁质岩石是为了储存二氧化碳，那么储存二氧化碳石变成几万亿到几亿吨几亿吨的岩石，再乘以特定储存过程所获得的二氧化碳质量分数。而额外成本为10美元/t除以捕获的二氧化碳质量分数。3. 随着反应进行，很少或没有证据表明橄榄石钝化，几小时内几乎100%的碳化。4. 降低矿山尾矿中的石棉含量。5. 通常减小减少减少废物对环境的危害。6. 忽略了可能的负反馈，渗透率以及碳酸盐结晶作用及下活性表面积容易厚，对于初始孔隙比初始表面积容易厚，对于初始孔隙度为1%的橄榄岩比初始孔隙度大于10%的玄武岩格岩流孔隙空间的10%，最终导致碳矿化。

　　由于许多碱性工业废料中的含钙成分与快速碳化的矿物硅灰石的成分相似(图 6-2A),但结晶度较低,溶解和反应可能更快,因此碱性废料的反应速率可能比本书中已总结的动力学数据的矿物要快一些。然而,一些工业废料中钙和镁的浓度相对较低,限制了每吨固体反应物的二氧化碳封存能力(表 6-1)。

　　最后,当玄武岩熔岩地层中含有丰富的非晶质玻璃,这些地层的反应比橄榄石更快,并为原位碳矿化提供了极好的目标。玄武岩玻璃还可以为异位碳矿化提供非常好的材料。

第三节　异位碳矿化

　　根据马佐蒂等(Mazzotti et al.,2005)的一项具有影响力的研究得出结论,已知的异位碳矿化方法,加上从烟气和其他点源捕获的二氧化碳,大规模实施成本太高。他们估计这种工艺将使燃煤发电厂的电力成本增加约一倍。最近的文献研究(Gadikota and Park,2015;Giannoulakis et al.,2014;Huijgen et al.,2007;Khoo et al.,2011;Sanna et al.,2014)证实,通过异位碳矿化封存二氧化碳的成本明显高于在深层沉积地层中封存超临界二氧化碳的成本(能源需求的一般估算见附录 E)。此外,异位碳矿化规模的扩大,会带来运输和封存数十亿吨碳化的固体材料的问题,这可能涉及巨大的运输成本和未知的环境影响。

　　表 6-1 列出了可能用于异位碳矿化的固体反应物。这些反应物包括矿物、岩石和工业废料,它们可以在高温、高压条件下与反应器中的高浓度二氧化碳流体结合。橄榄石和含有百分之几十橄榄石的岩石,如地幔橄榄岩、超基性侵入岩和玄武岩熔岩,可以大量获得并和二氧化碳迅速反应,因此是最常用的碳矿化固体反应物。

　　许多工业过程中产生的碱性废料,如钢渣、建筑拆除废料、水泥窑粉尘等,都含有丰富的金属阳离子,二氧化硅(SiO_2)和氧化铝(Al_2O_3)的含量相对较低。这些材料很容易与二氧化碳反应形成碳酸盐矿物,其反应速度和与二氧化碳反应最快的天然硅酸盐矿物(即硅灰石和橄榄石)相当或略快。在碱性工业废料中,硅灰石碳化的峰值温度约为 100℃(图 6-2B),低于橄榄石碳化的最佳温度

（约 185℃），从而可能节省成本［与贾迪科塔（Gadikota）的个人交流（2017）］。据估计，在不包括矿山尾矿库对二氧化碳吸收能力的情况下（下面讨论），这些材料吸收二氧化碳的能力为 0.5～1.0 Gt/年［如伦福斯等（Renforth et al.，2011）；桑娜等（Sanna et al.，2014）］。

　　碳矿化的成本在很大程度上取决于所使用的路径和材料。尽管如此，一个不变的主题是，即使包括监测存储在孔隙空间中二氧化碳潜在泄漏的长期成本，通过异位碳矿化封存二氧化碳的成本比在隔水层下方的孔隙空间中注入二氧化碳并进行封存的成本高出约 10 倍，为此，最近的研究［见如贾迪科塔等（Gadikota et al.，2015）；休金等（Huijgen et al.，2007）；潘等（Pan et al.，2012）；桑娜等（Sanna et al.，2014）的研究］表明，目前在专注于生产可出售的增值材料，以抵消二氧化碳捕获和矿化过程中的部分或全部成本。特别是建筑材料，因为这些材料在全球的使用量超过 10 Gt/年，并且可以封存数十年到数百年，因此具有较大的研究价值和潜能。贾迪科塔等（Gadikota et al.，2015）报道：用含有人为产生的二氧化碳的碳化矿物替代 10％的建筑材料，每年（可以）减少 1.6 Gt 二氧化碳的排放量。一个具体的想法是，使用大量的碳化材料，将二氧化碳与矿物或工业废料的异位反应产生的大量碳化材料用作混凝土中的骨料。与其他来源的混凝土骨料相比，碳化过程增加了成本，所以研究的重点是生产具有额外的、理想性能的混凝土骨料的可能性［见如贾迪科塔等（Gadikota et al.，2015）］。另一个想法是，利用供应链中的反应产物将二氧化碳转化为甲烷和更复杂的碳氢化合物。

269

　　碳捕获、利用和封存是美国国家科学院、工程院和医学院的一个独立研究课题①。

第四节　超镁铁尾矿和沉积物的强化碳化

　　与地下地质构造相比，尾矿具有较高的表面积与体积比，而且由于其他原因

---

　　①　见 Developing a Research Agenda for Utilization of Gaseous Carbon Waste Streams, http://nas-sites. org/dels/studies/gcwu/（2019 年 1 月 28 日访问）。

被采掘和开采,因此尾矿作为岩石反应物提供了从空气中去除二氧化碳并通过碳矿化封存二氧化碳的"唾手可得的果实"。新近的、更常见的是,来自地幔的部分蛇纹石化超基性岩被用来开采铬(Cr)和镍(Ni)。镁硅比接近2且橄榄石含量丰富的超基性侵入岩可开采铂族元素、铬和金刚石。超基性熔岩流(科马提岩)及地质构造上裸露且风化了的地幔橄榄岩是铬和镍的重要来源。基性侵入岩在成分上可以与玄武岩媲美,通过开采能够获取铂族元素、铬和镍。

这些材料中橄榄石和水镁石完全碳化的吸收能力是显著的:每吨橄榄石反应物吸收 0.62 t 二氧化碳,每吨水镁石反应物吸收 0.76 t 二氧化碳,每吨辉石和蛇纹石吸收 0.4~0.5 t 二氧化碳。根据对美国现有矿山数量的非正式评估,估计现有超镁铁矿尾矿的总质量不到 100 亿 t,其中有未知比例的尾矿因自然风化过程而碳化。新的超镁铁矿尾矿年产量约 2 亿 t(Power et al. ,2013c)。迪普(Dipple)及其同事(Harrison et al. ,2013;Power et al. ,2011,2013c;Wilson et al. ,2014)强调,在地表条件下(温度 10~30℃,二氧化碳分压约 0.004 atm[①]),超基性岩和基性岩中的大多数矿物相对于水镁石和一些石棉状纤蛇纹石与二氧化碳反应更缓慢。因此,他们的研究重点是后两种矿物中所含的不稳定镁元素的快速碳酸化。通常情况下,不稳定镁在部分至完全蛇纹石化的超基性矿山尾矿中约为 3 wt%,最大比例约为 10 wt%[与格雷格·迪普(Greg Dipple)的个人交流(2017)]。在新生产的尾矿中碳酸化这种镁(约 24 mg/mol),每年可消耗的二氧化碳不超过 3 600 万 t。

由于这种矿物存储容量很小,因此出现了一个问题,即是否可以开采超基性岩并将其处理成细颗粒以从空气中捕集和封存二氧化碳。矿山尾矿的开采、破碎和研磨成本约为 10 美元/t(InfoMine,2018)。加速碳矿化的每吨额外费用(例如,将尾矿铺成薄层,搅拌,提供气流通道)可能可以忽略不计。碳酸化 1 wt%~10 wt% 的活性镁,可消耗 2 wt%~18 wt% 的二氧化碳,相当于 55~500 美元/t 二氧化碳。在所有成本的不确定性范围内,这一成本与直接捕集系统(详见第五章)以及深层沉积地层中存储的成本(详见第七章)相当。一方面,如果仅为了消耗活性镁而制造尾矿,以便从空气和固体封存中快速捕获二氧化

270

---

① 1 atm(标准大气压)=101 325 Pa。

碳，每捕获 1 Gt 二氧化碳会产生 5～50 Gt 的尾矿（2～17 km³），如果将这些尾矿平铺，相当于每从空气中捕获和封存 1 Gt 二氧化碳可以在 5.1 亿 km² 的海洋上形成 3～30 μm 的薄层，在全球 1 400 万 km² 的可耕地上薄层厚度为 0.1～1.2 mm，在华盛顿特区（177 km²）上厚度为 10～100 m。但这种处理可能会因处理位置和社会接受度，以及运输和封存或处置这些尾矿产生问题。

　　除了活性镁快速碳化外，超基性尾矿中的一些橄榄石和少量非石棉蛇纹石在几十年的风化过程中也将发生碳化。为了计算具体数值，使用图 6-4 中的数据，假设反应速率恒定（图 6-3），水镁石转化率（质量分数/s）为 3×10^{-8}/s，橄榄石和蛇纹石的转化率分别为前者的 1/100 和 1/10 000。通过该计算结果估计，含 3 wt% 活性镁（7.2 wt% 水镁石、40 wt% 橄榄石、52.8 wt% 蛇纹石）的典型矿山尾矿的碳矿化可以在 100 年内捕获并封存约 21 wt% 的二氧化碳（图 6-5）。如果碳化的成本不比开采岩石和磨碎的初始成本（约 10 美元/t 岩石）高多少，捕获每吨二氧化碳将花费 48 美元，略低于直接空气捕获系统的最低估计成本，并且每捕获和封存 1 Gt 二氧化碳会产生约 1.7 km³ 的尾矿（超华盛顿特区国土面积，厚度为 10 m）。然而，大面积的薄层尾矿将不得不保存几十年。通过将超基性尾矿分散到海岸线或浅海海底，也可能会达到类似的目标（Hartmann et al.，2013；Köhler et al.，2010，2013；Montserrat et al.，2017；Rigopoulos et al.，2018；Schuiling and Krijgsman，2006），但环境影响和社会接受的障碍还不确定。

　　在环境表面温度下，超基性岩中矿物碳化速率随二氧化碳分压的升高而增加（图 6-4），这表明通过向尾矿堆喷射富含二氧化碳的气体或流体可以加速尾矿对二氧化碳的吸收，以便进行固体封存。鉴于前述中的成本估算，这种方法可能比在沉积地层中封存超临界二氧化碳（10～20 美元/t；详见第七章）的费用更高，但它可以提供一种就地解决方案，例如，采矿公司或地热发电厂希望封存现场排放的二氧化碳和（或）通过碳抵消来增加价值。

271

　　有人建议将超基性岩或基性玄武岩反应物研磨成比典型矿山尾矿更小的颗粒，并将其撒在农田土壤、森林土壤或海滩上，作为从空气中移除二氧化碳的一种手段〔见如舒伊林和克里格斯曼（Schuiling and Krijgsman，2006）〕。这种想法最近已有学者在几篇论文中进行了实验评估和评述（Beerling et al.，2018；Edwards et al.，2017；Hartmann et al.，2013；Kantola et al.，2017；Köhler et al.，

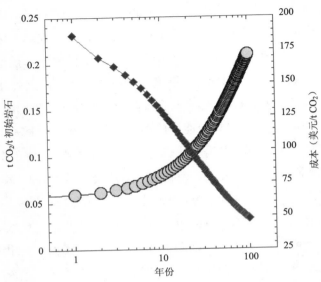

图 6-5 从空气中去除并封存在含 3 wt% 不稳定镁的超镁铁尾矿中的
二氧化碳的质量分数与时间的函数关系

注：初始岩石反应物含 7.2 wt% 水镁石、40 wt% 橄榄石和 52.8 wt% 蛇纹石，恒定反应速率
（质量分数/s）分别为 3×10^{-8}、3×10^{-10} 和 3×10^{-12}。钝化效果以及改善钝化效果的成本
不包括在内。尾矿堆内结壳［如威尔逊等的研究（Wilson et al.，2014）的图 3］和颗粒上碳酸
盐涂层［如威尔逊等的研究（Wilson et al.，2014）的图 2］的形成会导致钝化。其中一些可通
过搅拌尾矿和类似的低成本方法来解决。

2010，2013；Meysman and Montserrat，2017；Montserrat et al.，2017；Moosdorf
et al.，2014；Renforth et al.，2015；Renforth and Henderson，2017；Rigopoulos
et al.，2018；Taylor et al.，2016，2017；ten Birge et al.，2012）。这些研究大多数
使用橄榄石作为矿物反应物，因为水镁石和石棉型温石棉在大多数可选岩层中并
不丰富，石棉是一种严重危害健康的物质，而大多数其他蛇纹石矿物在地表条件下
反应缓慢（详见本章第二节）。一些研究认为玄武岩熔岩也可以作为一种反应物。

　　图 6-6 说明了不同溶解速率与颗粒大小的碳矿化情况。土壤中的碳吸收是
通过空气与溶解的碱度相互作用而发生的，在某些已知情况下，溶解的碱度以
$10^{-15}\sim10^{-16}$ mol/（cm² · s）的速率释放钙（Renforth et al.，2015），海水的反应
速率相当于研磨至约 1 μm 的橄榄石的反应速率（Köhler et al.，2013；

272

Montserrat et al.，2017；Rigopoulos et al.，2018）。采用伦福斯（Renforth，2012)的方法，能源成本为 0.05～0.30 美元/(kW·h)，开采和破碎橄榄石至尾矿粒度的成本为 10 美元/t，计算出该方法的成本为 25～105 美元/t。

同样，伦福斯等（Renforth et al.，2009,2015）已经证明，在拆除碎石改良的棕地上，土壤中的碳酸盐沉淀比城市地区的平均碳含量高 3 倍，对应的封存潜力为 30 ± 10^{-2} kg 二氧化碳/m^2。碳酸盐沉淀的增加归因于从橄榄石和（或）富含钙的建筑材料中浸出的碱性物质，这些材料在拆除过程中被粉碎以增加反应表面积，并在表层与土壤混合。

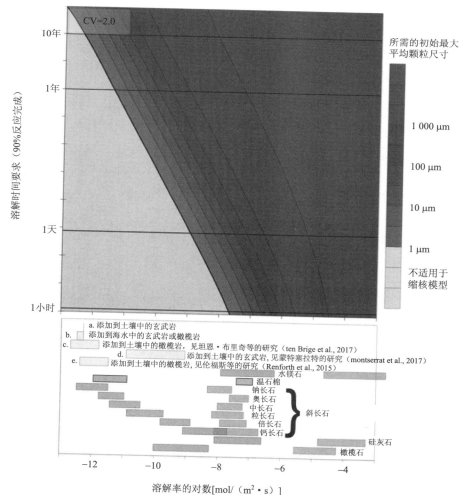

图 6-6 使用缩核模型实现任意矿物 90% 体积溶解时典型粒度分布的初始平均粒度
协方差(σ/μ,CV＝2.0)、矿物溶解速率、所需时间之间的关系 *

注:对于给定的溶解度(X),通过缩核模型,初始粒径(D_0;m)可与溶解速率$[W_r;\mathrm{mol}/(\mathrm{m}^2 \cdot \mathrm{s})]$
相关:

$$X_{(t)} = \frac{D_0^3 - (D_0 - 2\,W_r V_m t)^3}{D_0^3} \qquad 公式(6\text{-}1)$$

式中:V_m 为物料的摩尔体积(这里假设 1 摩尔体积为 40 cm^3/mol,而天然原生硅酸盐矿物的摩尔体积范
围从该值到大于 100 cm^3/mol 不等);t 为溶解时间(s)。研磨产生粒度范围。在这里使用了先前耦合到
缩核模型的伽马分布(Gbor and Jia,2004):

$$P(D) = \frac{D^{a-1} e^{-D/\beta}}{\beta^a \Gamma_{(a)}} \qquad 公式(6\text{-}2)$$

其中,α 和 β 是描述颗粒大小变异性的经验推导系数。模拟了最大平均粒径,从粉碎到溶出的典型粒径分
布达到 90%。水镁石$[\mathrm{Mg(OH)_2}]$、石棉状蛇纹石$[\mathrm{Mg_3 Si_2 O_5 (OH)_4}]$、斜长石矿物长石固溶体[钠长石
(Alb-NaAlSi$_3$O$_8$)、钙长石(Ano-CaAl$_2$Si$_2$O$_8$)、钠钙长石(Olg—10%～30% Ano)、中长石(30%～50%
Ano)、拉长石(Lab—50%～70% Ano)、倍长石(Byt—70%～90% Ano)]、硅灰石($\mathrm{CaSiO_3}$)和富镁橄榄石
($\mathrm{Mg_2 SiO_4}$)的溶解速率是从帕兰德里和卡拉卡(Palandri and Kharaka,2004)对所有矿物(石棉状蛇纹石
除外)的速率数据推导得出的(Thom et al.,2013)。前提条件是假设 pH 值为 3～7,温度为 25℃(蓝色条)
和 180℃(橙色条),矿物溶液饱和度的影响可以忽略不计。矿物溶解实验确定的速率展示了:①添加到人
工土壤中的玄武岩(约 10℃)(Manning et al.,2013);②添加到海水中的玄武岩或纯橄榄岩或斜方辉橄榄
岩(25℃)(Rigopoulos et al.,2018);③添加到土壤中的富镁橄榄石(25℃)(ten Berge et al.,2012);④添加
到海水中的富镁橄榄石(25℃)(Montserrat et al.,2017);⑤添加到土壤中的富镁橄榄石(19℃)(Renforth
et al.,2015)。数据和计算由与伦福斯的个人交流(2018)提供。

因为微生物降解有机物会产生螯合剂、有机和无机酸,所以微生物过程可能
会提高土壤的风化速率。这些微生物过程还通过将原位二氧化碳分压提高到大
气浓度的 10～100 倍来加速矿物碳化(Power et al.,2009,2013a)。

这些研究表明,将细颗粒的橄榄石混合到农田土壤中,或将其播撒到海洋表
面的速度快、成本低,足以与直接空气捕获系统竞争。但一个令人担忧的问题
是,橄榄石中的少量成分,如镍和铬,可能会随时间的推移在土壤或水中积累,而
水和食品中的氧化镍和铬化合物在低浓度时都会对人体健康构成重大危害。

---

* 彩图请见彩插。

第五节　原位碳矿化

原位封存，即通过在适当的地层中循环富含二氧化碳的流体（富含二氧化碳的水或含有水的超临界二氧化碳）以形成地下碳酸盐矿物，解决了异位固体封存二氧化碳存在的许多问题，但这在很大程度上仍是一种推测性的替代方案。大多数关于原位固体封存及原位捕获和封存的研究都集中在基性、超基性岩层上，特别是大型玄武质岩和地幔橄榄岩区，因为它们含量大，分布广泛，碳矿化速度快。

动力学研究（详见本章第二节）表明，在超基性岩石（具有高物质的量镁硅比）和富含玻璃的玄武岩熔岩流中，原位碳矿化可能在几年内消耗尽注入的二氧化碳质量的百分比之几十。反应动力学的实验研究与基性和超基性地层中碳矿化的初步实验结果一致，如下各节所述。

需要补充的是，通过对枯竭油藏中特定砂岩的碳矿化速率的研究（Benson et al.，2005），结果给人普遍的印象是，原位碳矿化进程非常缓慢，以至于在注入后几千年内它都不会成为大规模封存二氧化碳的重要途径。然而，该结果不适用于玄武岩熔岩和超基性岩中的碳矿化（图6-7）［与本森（Benson）的个人交流（2017）］。

一、玄武岩原位碳矿化作用

委员会在2017年11月的研讨会内容包括两个玄武岩中原位碳矿化的实验报告：正在冰岛卡费（CarbFix）进行的实验和最近在华盛顿州完成的瓦卢拉（Wallula）实验报告。这两个实验报告都涉及对玄武岩熔岩厚层的组成、结构和水文特征的广泛定性，然后注入富含二氧化碳的流体，以研究孔隙空间和固体碳酸盐矿物的储存情况。以下信息来自这些报告和已发表的关于卡费与瓦卢拉的综述文献。前者见如阿拉多迪等（Aradóttir et al.，2011），吉斯拉森等（Gislason et al.，2010），冈纳森等（Gunnarsson et al.，2018），马特等（Matter et al.，2011、

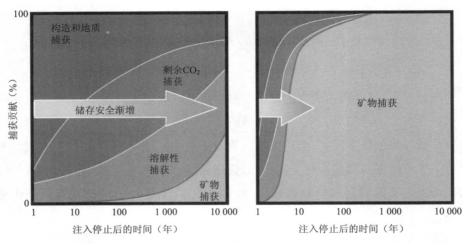

图 6-7　本森等人 2005 年的图的修改版本

注:二次捕集机制因地质、构造和水文条件而有很大差异。左图:典型沉积储层(Krevor et al. ,2015);
右图:橄榄岩储层(使用图 6-5 中的近似数据)。

2016),斯奈布约恩斯多蒂尔等(Snæbjörnsdóttir et al. ,2017)的研究;后者见如麦格雷尔等(McGrail et al. ,2014、2017a、2017b)的研究。

　　瓦卢拉项目实验在 828~886 m 的深度注入 977 t 水饱和的超临界二氧化碳。来自主钻孔壁的岩芯显示,玄武岩与注入的二氧化碳反应析出大量新形成的碳酸盐矿物,与钻孔中水的组分一致。几年来大量的地表研究和钻孔观测资料表明,注入二氧化碳的高渗透性地层中没有发生过二氧化碳泄漏。熊伟等人(Xiong et al. ,2018)通过对与瓦卢拉注入主体相同的玄武岩地层钻芯进行实验,推断该地点的二氧化碳矿化率为 0.04 wt%/年(约为质量分数的 10^{-11}/s),与上面讨论的玄武岩及其替代矿物的其他实验室实验,以及下面估计的卡费观察到的碳矿化速率一致。在几年至几十年的时间跨度内,活性表面的钝化可降低矿化速率。由于这个原因和其他原因,目前还不知道注入的二氧化碳中有多少形成了碳酸盐矿物,以及有多少仍然停留在瓦卢拉留存孔隙空间的流体中。

　　卡费的实验由地热发电公司雷克雅未克能源公司(Reykjavik Energy)与一个研究科学家联盟共同进行。除了研究表明的二氧化碳封存方法外,该项目的目标是在特定发电厂中封存与地热流体共同产生的二氧化碳和硫化氢。实验的第一阶段在 500 m 深度(环境温度 20～50℃,孔隙度约 10％)处将约 200 t 二氧化碳注入高渗透性存在断裂的玄武岩中。在这个深度,二氧化碳在水中的溶解度不高,富含二氧化碳的流体不是超临界的。因此,该项目采用了新技术,分别将水和二氧化碳注入,并调整二者的比例,以确保二氧化碳在目标深度处完全溶解到含水流体中(图 6-8),这项技术被称为"溶液捕获"。

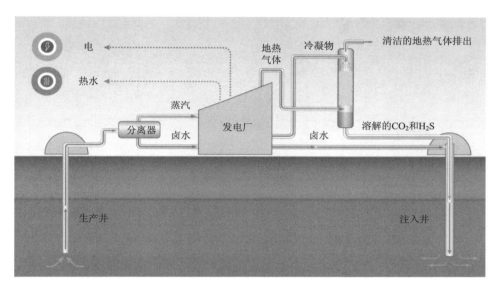

图 6-8　通过卡费实验现场地热发电厂的水和气体流量示意

注:二氧化碳和二氧化硫是地热气体的重要组分,与其他气体组分分离,并与电厂的地热卤水流出物共同注入。二氧化碳与二氧化硫作为单独的气相注入,直到它们与卤水在一定深度以一定比例混合,使所有气体都溶解在水中。

资料来源:与阿拉多迪(Aradóttir)的个人交流(2017)。

卡费实验还使用了一种新的示踪剂技术,将 SF_6 和其他保守示踪剂与标记的富含[14]C 的二氧化碳一起注入。由于测试地的地下水流路径有相当大的各向异性,因此可以放心地将生产井和监测井置于注入井的下游。示踪剂使研究人员能够看到注入的流体脉冲到达生产井(图 6-9)的过程。值得注意的是,在生产井的[14]C 初始小脉冲之后,碳浓度和[14]C 在碳中的比例恢复到接近环境水平,表明从注入井到生产井的大约 100 m 流动路径上几乎损耗了全部的碳。据推测,这些碳是通过注入的流体与宿主玄武岩发生反应形成碳酸盐矿物而损失的。

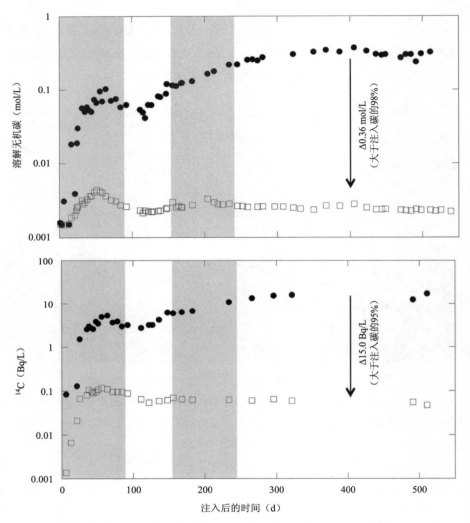

图 6-9　基于观测到的保守示踪剂(如 SF_6)浓度,卡费实验第一阶段
生产井水中碳的预测浓度和同位素比率

注:观察到的碳浓度和 ^{14}C 的亏损与沿流动路径注入的几乎所有二氧化碳的消耗损失一致,
形成了固体碳酸盐矿物。

资料来源:马特等(Matter et al.,2016)。

卡费实验的第二阶段继续采用第一阶段的方法,但注入的深度更深、范围更广(在温度更高时达到约 1 500 m),二氧化碳通量大幅增加。累计注入的二氧化碳超过 20 000 t,示踪剂结果继续表明,在大约 2 000 m 的流动路径上,碳几乎全部损耗。第二阶段已经接近常规运行的目标规模,容纳了雷克雅未克能源公司在某地热发电厂排放的大部分二氧化碳,并处理发电厂产生的硫化氢。

如果假设大部分流量被限制在 10～100 m 的垂直区间内,在第一阶段和第二阶段,宽度为 100 m、长度为 100～2 000 m 的流动路径上,可以粗略计算注入富含二氧化碳的含水流体的岩石体积(实际体积从注入井到生产井可能会变宽,但在此计算中,我们保持宽度不变)。在此假设下,注入的岩石体积约 $10^5 \sim 2 \times 10^7 \, \text{m}^3$,密度约为 2.8 t/m³,第二阶段注入量中会产生 ≤56 Mt 的岩石。那么,对于第二阶段,该体积内的二氧化碳质量分数约为 3.6×10^{-4}(约 0.7 wt%碳酸盐矿物),迄今为止,三年以上的二氧化碳吸收速率(以每秒质量分数计)约为 $10^{-11}/\text{s}$。如果岩石反应物可以近似为 1 mm 的立方体或球体,那么这个数字大约对应 $5 \times 10^{-9} \, \text{mol}/(\text{m}^3 \cdot \text{s})$。该速率与使用斜长石溶解实验数据(图 6-2C)和玄武岩碳化实验数据(图 6-2B)计算得出的速率相似。最活跃的矿物的初始粒度可能小于 1 mm 和(或)每个颗粒的表面积大于立方体或球体的表面积。如果是这样,卡费实验中的二氧化碳消耗率可能会受到二氧化碳供应的限制,而不是局部反应率的限制,如果二氧化碳注入的速度更快,二氧化碳消耗的速度可能会大大增加。

即将出现四个需要关注的问题。第一个问题是确定哪些矿物在起反应。冰岛和哥伦比亚的河流玄武岩中存在各种各样的蚀变矿物,包括沸石、黏土和其他可能快速反应的细粒物质。通常,这种蚀变矿物只占玄武岩熔岩的百分之几。如果蚀变矿物是碳矿化的重要反应物,那么确定它们的丰度对于预测玄武岩储层在当前反应速率下的容量至关重要。另外,火成岩形成的矿物也许是碳矿化的主要固体反应物。这将是一个好消息,因为在注入层中,形成岩石的矿物可能比蚀变矿物更丰富。

第二个问题是随着时间的推移,活性矿物表面可能发生钝化。钝化要么是矿物溶解不平衡留下富含二氧化硅的残余结壳,要么是新形成的固体反应沉淀产物覆盖在固体反应物的表面导致的。如上所述,在玄武岩和斜长石完全碳化的实验中已经观察到了钝化现象[见如贾迪科塔等(Gadikota et al.,2018)]。玄武岩地层可能比橄榄岩地层更容易被新反应产物覆盖活性表面。

　　第三个问题是孔隙空间的堵塞。迄今为止,尚未观察到卡费实验储层的渗透率降低[与阿拉多迪(Aradóttir)的个人交流(2017)]。如果产生的一小部分碳酸盐广泛分布在体积很大的储层中,就不会看到渗透率的明显变化。对于高度局部化的沉淀锋面、更高的注入速率和(或)更长的注入时间,渗透率变化可能会变得明显。然而,初始孔隙度约为10%的玄武岩地层中孔隙空间的堵塞可能不如橄榄岩中的堵塞严重,橄榄岩以裂缝为主的孔隙度约为1%。

　　第四个问题是碳酸盐矿物沉淀与溶解的空间分布。在深层进行溶液捕集后,卡费实验注入的流体pH值较低(约为3),并且碳酸盐矿物处于不饱和状态。在远离注入地点的低液岩比条件下,由于与寄主玄武岩和沿流动路径新形成的碳酸盐矿物反应,pH值将上升。在注入点周围必须有一个环状空间,将现有的碳酸盐矿物溶解在低pH值流体中,新生成的碳酸盐才不会沉淀。正如阿拉多迪等人通过建模预测的那样,注入点周围的液岩比随时间的推移而增加,这种低pH值的环状空间很可能会扩大,随着新生成的碳酸盐溶解体积的扩大,会将碳酸盐沉淀区向外推移(Aradóttir et al.,2012)。

280　　　　前面讨论的四个问题可以在一定程度上通过正向模型[见如斯奈布约恩斯多蒂尔等的研究(Snæbjörnsdóttir et al.,2017)]进行检验。此外,溶解和结晶锋面的实际演变取决于许多变量,而这些变量的值还不太清楚。模型需要使用大量的观测数据进行校准和验证。幸运的是,卡费实验第二阶段预计还将持续数年,雷克雅未克能源公司希望将注入二氧化碳(+硫化氢)作为其操作程序的标准部分。值得注意的是,卡费实验并没有被设想成是从空气中移除二氧化碳的过程的一部分,而是作为一种将地热发电厂排放的气体封存的方法。然而,最近在卡费实验现场新增加的克莱姆沃克斯公司的直接空气捕获装置实际上提醒了我们,直接空气捕获系统和玄武岩熔岩中的原位碳矿化可能是实现负排放的有效组合。

　　卡费实验的方法可以看作是一种两个阶段的封存技术,首先在深层捕获溶解在水中的二氧化碳,然后在地下水流至超过2 000 m时将溶解的二氧化碳转化为固体碳酸盐矿物。如有必要,可以在下游生产无碳水(carbon depleted water)并进行循环利用,从而减少总用水量。由于第一步(溶液捕获)不需要隔水层来避免二氧化碳泄漏,因此这种方法的成本估计为 30 美元/t[与阿拉多迪的个人交流(2017)],该过程的成本比注入地下孔隙空间的估计成本高 10～20 美元/t 二氧化碳,在某些地区可能是首选的方法。这一前景为将陆地和海底火山区域以及近岸环境作为潜在的二氧化碳封存库开辟了广阔的空间(图 6-10)。

图 6-10　美国本土地表及其附近的玄武岩地层*

注:除这里所描述的资源外,在所有大陆和许多海洋岛屿上都有大型的陆上和近岸玄武岩区。表 6-1 列出了 10^5～10^6 Gt 岩石的玄武岩储层的潜在大小。基于麦格雷尔等人(McGrail et al.,2017a)的估计,其二氧化碳含量可能高达 25％。从哥伦比亚河和德干特拉普斯洪水玄武岩的容量,扩展到包括陆上(巴拉那、西伯利亚、北大西洋)和近岸(冰岛凯尔盖朗群岛)的其他大型玄武岩地区。我们不知道关于陆地玄武岩的全球二氧化碳封存能力的更详细、更全面的研究。戈德伯格和斯莱格尔(Goldberg and Slagle,2009)估计了海底玄武岩的全球碳封存能力。

资料来源:改编自 https://www.netl.doe.gov/coal/carbon-storage/faqs/carbon-storage-faqs#type(2019 年 1 月 28 日访问)。

───────────

*彩图请见彩插。

表 6-1 和表 6-2 表明，从更广泛的角度看玄武岩地层中原位碳矿化的全球潜力，该方法在成本和质量上都具有优势，可能在几十年内每年容纳数十亿吨的二氧化碳。重要的是，要认识到玄武岩熔岩层——深度大约在 1 000 m 以下、具有中等程度的孔隙度（约 10%）和不渗透的盖层岩石——可以被认为是在地下孔隙空间中封存超临界二氧化碳的合适储层。这种方法还有一个额外的好处，那就是至少有一部分封存的二氧化碳会在几年内或几十年内转化为碳酸盐，从而减少了泄漏的风险，也减少了随时间的推移进行监测的需要。这种混合方法结合了地下孔隙空间的封存和相对快速的碳矿化作用，可能代表了在适宜地质条件的地区进行二氧化碳封存的最佳组合，正如戈德伯格及其同事在一系列关于陆上和近海岸玄武岩的论文中所强调的那样（Goldberg and Slagle，2009；Goldberg et al.，2008，2010）。

281　　　　对玄武岩地层中原位捕获和封存二氧化碳的研究很少。这是因为与超基性岩及其中常见矿物（如橄榄石、石棉状纤蛇纹石和水镁石）相比，玄武岩和玄武岩中常见矿物（特别是斜长石）的实验室碳矿化速度相对较慢（图 6-2、6-3）。然而，玄武岩玻璃中快速碳矿化的潜力（图 6-2C）不应被忽视。

二、橄榄岩和其他超基性岩层的原位碳矿化

巴尔内斯和奥尼尔（Barnes and O'Neil，1969）的经典论文证明，地球表面附近的地幔橄榄岩以可观的速度经历了明显的低温水化（蛇纹石化）和碳化。研究
282　这一过程最好的自然案例是萨迈勒蛇绿岩［如尼尔和斯坦格（Neal and Stanger，1985）］中地幔橄榄岩的蚀变，这是一块 9 600 万年前至 7 000 万年前冲入阿拉伯大陆边缘的大洋地壳和地幔橄榄岩块，现在由于断层和侵蚀而在阿曼北部和阿联酋东部露出地表。在环境、近地表温度和压力条件下，现今的碳矿化在裂缝中和部分蛇纹石化的橄榄岩中形成碳酸盐脉，并在地表形成化学沉积方解石（CaCO_3）大型钙华阶地。受 [14]C 年代学和其他数据的限制，在平均深度约为 15 m 的风化层中，持续的碳化速率约为 1 mg 二氧化碳/（m³ · 年）［1 000 t/（m³ · 年）］（Kelemen and Matter，2008；Kelemen et al.，2011；Mervine et al.，2014；Streit et al.，2012）。岩石基质中的碳酸盐和矿脉充填在裂缝中的碳酸盐平均约

表6-2 通过环境二氧化碳分压[P(CO$_2$)]碳矿化、从空气、地表水中捕获和固体封存二氧化碳

地点	方法	晶粒尺寸和裂纹间距（μm）	自然速率（t CO$_2$/年）	比率质量分数（CO$_2$/年）	额定CO$_2$ [t/(km^3·年)]	CO$_2$储层产量（Gt岩石/年）	CO$_2$储层（Gt岩石）	表内最大CO$_2$质量分数	成本（美元/t CO$_2$）	参考文献	附注
自然过程											
富含水镁石和细温石棉的矿山尾矿 基思山矿，澳大利亚	自然渗流	20~200	4.0×10^4	3.6×10^{-3}	9.0×10^6		0.011	0.03~0.1	0	威尔逊等（Wilson et al.,2014）	1,2
富含水镁石和细温石棉的矿山尾矿 加利福尼亚州迪亚维克矿	自然渗流	20~200	3.0×10^4	4.0×10^{-5}	1.6×10^4		0.002	0.03~0.1	0	威尔逊等（Wilson et al.,2011）	1,2,3
蛇纹石尾矿 加利福尼亚布来克湖煤矿	自然渗流	20~200	6.0×10^3	5.0×10^{-5}	2.0×10^4		0.120	0.03~0.1	0	普龙诺斯特等（Pronost et al.2012）	1,2
全球超镁铁质尾矿 全球	自然渗流	20~200				0.200	<10	0.03~0.1	0	与迪普和凯莱门（Dipple and Kelemen）的个人交流（2017）	
破碎橄榄岩含水层 阿曼，深度<3 km	天然地下水循环	1~1×10^6		3.3×10^{-7}	1.0×10^3		50 000	0.60	0	凯莱门和马特（Kelemen and Matter,2008）	4,5,6

地点		方法	晶粒尺寸和裂纹纹距(μm)	自然速率(t CO₂/年)	比率质量分数(CO₂/年)	额定CO₂[t/(km³·年)]	CO₂储层产量(Gt岩石/年)	CO₂储层(Gt岩石)	表内最大CO₂质量分数	成本(美元/t CO₂)	参考文献	附注
全球裂隙橄榄岩含水层	在陆地表上，地下以下<3 km深度	天然地下水循环	$(2{\sim}1)\times10^6$		3.3×10^{-7}	1.0×10^3		$1\times10^5{\sim}1\times10^6$	0.60	0	凯莱门等(Kelemen et al.，2011)	4,5,6
全球裂隙橄榄岩含水层	海底,海底以下<3 km深度	天然地下水循环	$(3{\sim}1)\times10^6$		3.3×10^{-7}	1.0×10^3		约1×10^8	0.60	0	凯莱门等(Kelemen et al.，2011)	4,5,6
富街建筑垃圾污染土壤	英国纽卡斯尔	自然渗流	1~100		4.6×10^{-3}	9.2×10^6			约0.015	0	曼宁和伦福斯(Manning and Renforth,2013);伦福斯等(Renforth et al.，2009);沃什伯恩等(Washbourne et al.，2015)	3,7

强化过程

地点		方法	晶粒尺寸和裂纹纹距(μm)	自然速率(t CO₂/年)	比率质量分数(CO₂/年)	额定CO₂[t/(km³·年)]	CO₂储层产量(Gt岩石/年)	CO₂储层(Gt岩石)	表内最大CO₂质量分数	成本(美元/t CO₂)	参考文献	附注
水镁石矿的近纯氢氧化镁	实验室试验	空气喷射透过水镁石+水	2~40		9.9×10^{-5}	2.5×10^5	0.200	<10	0.03~0.1	10~30	哈里森等(Harrison et al.，2013)	1

续表

地点	方法	晶粒尺寸和裂纹间距(μm)	自然速率(t CO₂/年)	比率质量分数(CO₂/年)	额定 CO₂ [t/(km³·年)]	CO₂产量储层岩石(Gt岩石/年)	CO₂储层(Gt岩石)	表内最大CO₂质量分数	成本(美元/t CO₂)	参考文献	附注
生物浸矿与微生物碳酸盐沉淀 提议	生物工程			3.6×10^{-3} ~ 3.6×10^{-2}		0.200	<10	0.03~0.1	10~30	鲍尔等（Power et al.，2010，2011，2013a）	7
超镁铁矿尾矿的薄层分布和搅拌 通用	机械			3.6×10^{-3} ~ 3.6×10^{-2}		0.200	<10	0.03~0.1		阿西玛等（Assima et al.，2013a）；哈里森等（Harrison et al.，2013）；鲍尔等（Power et al.，2013c）；威尔逊等（Wilson et al.，2014）	7
土壤、海滩上的地面或散播橄榄岩或玄武岩 实验室试验	研磨和散播	0.01~1.0		5×10^{-11} ~ 5×10^{-10}	0.025~0.25		28 000	0.05?	25~115	哈特曼等（Hartmann et al.，2013）；科勒等（Köhler et al.，2013）；蒙塞拉特等（Montserrat et al.，2017）；伦福斯等（Renforth et al.，2012，2015）；里哥普洛斯等（Rigopoulos et al.，2018）	3,8~11

续表

方法	地点	晶粒尺寸和裂纹间距(μm)	自然速率(t CO₂/年)	比率质量分数(CO₂/年)	额定CO₂[t/(km³·年)]	CO₂储层产量(Gt岩石/年)	CO₂储层(Gt岩石)	表内最大CO₂质量分数	成本(美元/t CO₂)	参考文献	附注
从橄榄岩含水层产生碱性水	通用	必要时钻孔和泵送　NA							约10?	凯莱门等(Kelemen et al.,2016)	5,12,13
通过热对流使高渗透性含橄榄岩含水层中循环	通用	钻到以下深度:温度约90℃，由水热对流驱动的流量和补给,渗透率10~12 m²　1~1×10⁶		1.5×10^{-4} ~ 1.5×10^{-3}	4.5×10^{5} ~ 4.5×10^{6}		1×10^{5} ~ 1×10^{8}	0.60	30~60	凯莱门等(Kelemen et al.,2011,2016)	5,14
用泵送水循环通过低渗透橄榄岩含水层	成本大高	钻到以下深度:温度约90℃，由泵驱动的流量和补给,渗透率10~14 m²　1~1×10⁶		1.5×10^{-4} ~ 1.5×10^{-3}	4.5×10^{5} ~ 4.5×10^{6}		1×10^{5} ~ 1×10^{8}	0.60	3 000~6 000	凯莱门等(Kelemen et al.,2016)	5,11,14

续表

地点	方法	晶粒尺寸和裂纹间距 (μm)	自然速率 (t CO₂/年)	比率质量分数 (CO₂/年)	额定 CO₂ 储层 [t/(km³·年)]	CO₂ 储层产量 (Gt 岩石/年)	CO₂ 储层 (Gt 岩石)	表内最大 CO₂ 质量分数	成本 (美元/t CO₂)	参考文献	附注
结合地热发电和橄榄岩含水层使水循环 通过碳补偿降低地热发电成本 通用		$1\sim1\times10^{6}$		1.5×10^{-4} $\sim$ 1.5×10^{-3}	4.5×10^{5} $\sim$ 4.5×10^{6}			0.60	<0?	凯莱门等(Kelemen et al.,2011,2016)	5,14
开采超基性岩以制造干扰碳移除的尾矿 采矿和研磨 通用		$20\sim200$					$1\times10^{5}\sim$ 1×10^{6}	$0.03\sim0.1$	$100\sim300$	与迪普和凯莱门的个人交流(2017)	15
有机废料和采石场的人造细粉的工混合 自然渗流 实验室试验		$2\sim3\,400$		8.81 $\times10^{-4}$	1.76×10^{6}		$2\times10^{4}\sim$ 5×10^{4}	约 0.015	$50\sim100?$	曼宁和伦福斯(Manning and Renforth,2013);伦福斯等(Renforth et al.,2009);沃什伯恩等(Washbourne et al.,2015)	3,8,9

注:1. 假定尾矿密度为 2.5 t/m³。2. 影响可能仅限于矿山尾矿现场,假设尾矿密度为 2.5 t/m³。3. 假定尾矿和土壤中的碳化深度为 1 m。4. 部分蛇纹石化天然橄榄岩的假定密度为 3 t/m³。5. 没有已知的地球化学污染;橄榄岩含水层的碳化仅限于上部 15 m,但这里所列能仅限于上部 3 km。6. 这里所列的自然二氧化碳吸收速率仅限于上部 15 m。7. 与已知的最快自然速率相比,最大加速度为其 10 倍。8. 假定土壤密度为 2 t/m³。9. 总质量为全球(注(3)中深度的耕地面积)。10. 随着时间的推移,镍和铬在土壤中积累。11. 假设能源成本为 0.05~0.30 美元/(kW·h),开采和研磨至尾矿尺寸的成本为 10 美元/t 岩石,从尾矿至研磨干岩石,则需要 300~350(kW·h)/t 二氧化碳。12. 若在现有泵水地点钻孔,则泵送能源也可用。是最小的,成本估算仅以是典型尾矿。13. 一旦方解石沉淀,水达到正常 pH 值,就可以通过反应驱动开裂保持,或增强渗透性和活性表面积(Jamtveit et al.,2008;Kelemen and Hirth,2012;MacDonald and Fyfe,1985;Zhu et al.,2016)。14. 地下碳酸盐矿物的结晶可以破坏渗透性和粗化的活性表面,或可通过反应驱动开裂保持,或增强渗透性和活性表面积。15. 用于采矿和研磨至典型尾矿尺寸的成本为 10 美元/t 岩石。

占露头橄榄岩的 1%。在过去,完全碳化橄榄岩称为滑石菱镁岩类(Listvenites),在阿曼约 100℃的稍高温度以及有高二氧化碳分压流体的情况下形成,其中所有镁和钙与二氧化碳结合形成了碳酸盐矿物,二氧化硅以石英的形式存在(de Obeso et al.,2017;Falk and Kelemen,2015;Godard et al.,2017;Kelemen et al.,2017;Manning et al.,2017),类似于建议的原位二氧化碳封存条件。

橄榄岩中原位碳矿化工程研究受到五个关键因素的驱动。

第一,橄榄石是地球上层地幔中最丰富的矿物,并且在地表及其附近的大部分局部蚀变的橄榄岩中含量丰富。在地壳上部几千米的环境中[温度为 50～300℃,和(或)二氧化碳分压升高],橄榄石与流体中的二氧化碳反应生成固体碳酸盐矿物的速度比其他任何常见的岩石形成硅酸盐矿物的速度都要快(详见本章第二节)。在低温条件下的变质橄榄岩中,水镁石矿物与二氧化碳迅速反应生成固体碳酸盐。因为在含水流体中的溶解度水平较高,橄榄石和水镁石会快速碳化,另外,与富含玄武岩的成岩铝硅酸盐矿物(如斜长石)相比,它们在矿物内的扩散速度相对较快。

第二,橄榄石和地幔橄榄岩中的橄榄石及其他矿物碳矿化的高溶解度和快速反应速度,部分原因是它们与空气和地表水中的二氧化碳、水和氧气之间的交换平衡相差甚远。在地幔橄榄岩岩体被挖出的地方形成了一个巨大的化学势能水库,驱动反应快速、自发地进行,并可以转化为热量(Kelemen and Matter,2008)和功(Kelemen and Hirth,2012)。从原则上来说,利用这种势能设计的处理系统可能是结合从空气中捕集和固体封存二氧化碳最便宜的途径之一。橄榄岩工程碳矿化的建议方法包括模拟自然系统,即利用这种化学势使外部能量的输入以及成本最小化。

第三,根据凯莱门等人(Kelemen et al.,2011)及凯莱门和曼宁(Kelemen and Manning,2015)的研究,地幔橄榄岩露出地表的岩层中含有丰富的碳酸盐矿脉(图 6-11)。世界各地露出地表的橄榄岩岩层中也出现了碱性泉水,其中富含溶解的氧化钙和少量溶解的镁与碳[见如巴尔内斯和奥尼尔(Barnes and O'Neil,1969,1971),巴尔内斯等(Barnes et al.,1967、1978),克拉克和方特斯(Clark and Fontes,1990),福尔克等(Falk et al.,2016),凯利等(Kelley et al.,2001),劳奈和方特斯(Launay and Fontes,1985),默文等(Mervine et al.,

2014），尼尔和斯坦格（Neal and Stanger，1985）的研究］。碱性泉水可解释为地下水与橄榄岩反应过程中镁碳酸盐矿物沉淀引起的，以及橄榄岩（如辉石和斜长石）中含钙硅酸盐矿物溶解引起的。在地表，碱性泉水直接与空气中的二氧化碳结合，在当地广阔的钙华阶地中形成碳酸钙（图 6-12）。[14]C 的数据表明，这些大型钙华的形成时间不超过 2 万年（Kelemen and Matter，2008；Kelemen et al.，2011；Mervine et al.，2014；Streit et al.，2012）。

图 6-11　阿曼部分蛇纹石化橄榄岩中的白色碳酸盐矿脉，这些矿脉由
裂缝中的沉淀与周围围岩的扩散交换形成

资料来源：与凯莱门（Kelemen）的个人交流（2017；左图上、左图下）；凯莱门和马特（Kelemen and Matter，2008；右图上）；福尔克和凯莱门（Falk and Kelemen，2015；右图下）。

第四，完全碳化的橄榄岩（listvenites），其中所有的镁都已经与二氧化碳结合形成了碳酸盐矿物，而硅仍然留在纯二氧化硅矿物［石英、玉髓和（或）蛋白石］中，在阿曼（Falk and Kelemen，2015；Lacinska et al.，2014；Nasir et al.，2007；

图 6-12   方解石组成的钙华,由大气二氧化碳与阿曼橄榄岩
含水层中富含氢氧化钠的无碳碱性泉水反应形成
资料来源:凯莱门和马特(Kelemen and Matter,2008)。

Stanger,1985;Wilde et al.,2002)和世界各地(Akbulut et al.,2006;Beinlich et
al.,2012,2014;Boschi et al.,2009;Garcia del Real et al.,2016;Halls and
Zhao,1995;Hansen et al.,2005;Quesnel et al.,2013,2016;Tominaga et al.,
2017;Ulrich et al.,2014)均有出露。图 6-13 显示了阿曼的岩矿,其中许多记录
在约 100℃,即碳矿化速率高的温度范围发生置换。尽管在后文"原位碳矿化过
程中矿化反应与流体流动之间的反馈"中讨论了潜在的负反馈,但滑石菱镁片岩
的存在表明,在这种温度条件下存在完成反应的自然途径。

　　第五,当完全碳化时,最初富含橄榄石的橄榄岩可掺入 40wt% 的二氧化碳,
相对于橄榄石的初始质量,固体质量增加了 60%。例如,无铁橄榄石(Mg_2-
SiO_4,约41 gm/mol)+2CO_2(2×44 gm/mol)形成 2 mol 碳酸镁($MgCO_3$)和 1
mol 石英(SiO_2)。这与地球表面 3 km 范围内橄榄岩的丰富程度相结合,原则
上形成能够以固体形式容纳 $10^5 \sim 10^8$ Gt 二氧化碳的封存库(Kelemen et al.,

图 6-13 阿曼部分绿灰色蛇纹石化地幔橄榄岩中完全碳化的橄榄岩的红色带*

注:右上图为锂云母背散射电子图像,深灰色区域为磁铁矿,浅灰色区域为石英,

亮灰色和白色区域为富铬氧化物矿物。

资料来源:福尔克和凯莱门(Falk and Kelemen,2015)。

2011、2016;表 6-1、表 6-2)。291

这五个因素共同作用,支撑了近十年来橄榄岩岩体自然原位碳矿化和工程原位碳矿化的基础研究。然而,目前还没有对橄榄岩的工程原位碳矿化进行现场规模的研究。这可能是由于相对玄武岩而言,橄榄岩的初始孔隙度和渗透率较低,露出地表的橄榄岩丰度较低,以及它们远离人口聚居中心和点源二氧化碳排放地。因缺乏这方面的经验,对橄榄岩中原位矿物碳化的潜在利弊的评估仍然是高度推测性的,这也是一个基础研究和初步工程评估的课题。292

---

* 彩图请见彩插。

三、原位碳矿化过程中矿化反应与流体流动之间的反馈

在自然和工程系统中，负反馈过程可以抑制快速和广泛的碳矿化。在反应路径的初始阶段，产生的反应损耗了二氧化碳，会限制离注入井更远端岩石的二氧化碳供应。用反应产生物填充孔隙空间可以降低渗透性并保护活性表面，从而在流体和固体反应物之间形成固体扩散边界层。这种负反馈通常会导致橄榄岩的碳化（以及水合和氧化）的自我限制，在露出地表部分保存了与地表条件相差甚远的岩性。

引言中概述的所有反应都涉及固体体积的大幅增加，通过将流体中的二氧化碳（±水、±氧气）添加到固相中，再加上固体产物相对于固体反应物的低密度。如果大量其他组分从岩石中溶解出来，那么固体体积的净变化可能很小。然而，从完全碳化的橄榄岩中主要阳离子 $[Mg^{2+}/Si^{4+}、Mg^{2+}/(Fe^{2+}+Fe^{3+})]$ 几乎恒定的比率推断，与不含二氧化碳的橄榄岩反应物相比，物质几乎没有溶解和迁移出岩石系统（Kelemen et al.，2017），这一结果与几十年前的研究结果[见如科尔曼和基思（Coleman and Keith，1971），马尔瓦森（Malvoisin，2015）]一致。近地表橄榄岩以裂缝为主，孔隙度约为 1%，在这样一个有限的孔隙度网络中，孔隙空间中固体体积和矿物沉淀的微小增加可能会导致岩石渗透性大幅增加，从而可能会限制橄榄岩与富含二氧化碳流体反应的碳矿化①。

然而，由地下橄榄岩碳化和水合作用形成的天然碱性泉水可持续数万到数十万年（Früh-Green et al.，2003；Kelemen and Matter，2008；Kelemen et al.，2011；Ludwig et al.，2006，2011；Mervine et al.，2014，2015），这一现象表明，在该时间尺度上，下层反应流网络不会堵塞，或与表面反应物完全反应。此外，本节前几段总结的观察结果表明，橄榄岩确实发生了完全碳化，即所有镁和钙阳离子都与二氧化碳发生了结合。

293　　　一种可以解释地质上橄榄岩持续（长时间持续并会持续至 100% 完成）快速碳化作用的正反馈机制是反应驱动开裂，即由于岩石碳化引起的体积膨胀产生

---

① 上述负反馈最有可能发生在富含二氧化碳流体与反应物橄榄岩储存二氧化碳的地下碳矿化过程中。相比之下，在从空气和固体封存物中移除二氧化碳的方法中，孔隙堵塞对于地表循环水中缓慢吸收二氧化碳可能不那么重要。

了较大的差异应力,进而导致岩石断裂,从而保持或增强其渗透性和反应表面积(图 6-14)(Jamtveit et al.,2008、2009;Kelemen and Hirth,2012;MacDonald and Fyfe,1985;O'Hanley,1992;Rudge et al.,2010;Ulven et al.,2014a,2014b;Zhu et al.,2016)。如上所述,在橄榄石粉末实验中,缺乏钝化(图 6-3)可能是反应驱动开裂过程中一个非常小规模的结果。在该过程中,可以观察到橄榄石表面上有非晶质二氧化硅层(Bearat et al.,2006;Chizmeshya et al.,2007)溶解颗粒破裂和剥落,或者被反应的沉淀产物从表面"推"走。在经历碳化或水合作用的橄榄岩中反应驱动开裂的可用化学势能很大,足以导致岩石断裂(Kelemen and Hirth,2012)。整个概念似乎足够简单,并且该过程已在橄榄岩碳化实验中被观察到(Zhu et al.,2016)。

294

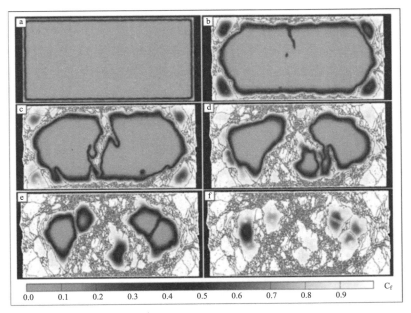

图 6-14 二维流体包围的矩形岩石中反应驱动开裂的数值模拟结果*

注:蓝色岩石与黑色流体反应形成白色固体产物,随着体积增加、相关应力集中而形成红色裂缝。反过来,裂缝使流体可以快速进入岩石更深处。该离散单元模型在晶粒尺度上清晰模拟了裂缝的形成,但没有将达西流(Darcy flow)并入多孔裂缝网络中。

资料来源:赖恩等(Røyne et al.,2008)。

───────────

* 彩图请见彩插。

　　然而，在其他橄榄岩碳化和水化实验测试中，并没有观察到体积变化和裂缝（van Noort et al.，2017），而渗透率还随反应进程的进行而下降（Andreani et al.，2009；Godard et al.，2013；Hövelmann et al.，2012），其原因目前尚不清楚。越来越明显的是，流体—岩石系统在微米级和纳米级尺度上的性质，如流体—矿物表面能，以及吸附性和分离压力等相关特性（Evans et al.，2018；Lambart et al.，2018；Zheng et al.，2018）可能在找出限制负反馈（堵塞）和加速正反馈（破裂）之间的关键分歧方面发挥着重要作用（图 6-15、图 6-16）。此外，在诸如反应速度较慢的条件下的产物，如石膏（Skarbek et al.，2018）和水镁石（Moore and Lockner，2004，2007；Morrow et al.，2000；Zheng et al.，2018）中，黏性和（或）摩擦性应力损耗，也可能在因体积膨胀引起的应力足够高而产生新裂缝之前降低结晶压力。

　　其他过程，如选择性、局部溶解和沉淀过程（Lisabeth et al.，2017；Peuble et al.，2018），和（或）橄榄石晶体中沿错位边界的蚀刻坑与其他缺陷的裂缝扩展（Daval et al.，2011；Grozeva et al.，2017；Klein et al.，2015；Lisabeth et al.，2017；Malvoisin et al.，2017；McCollom et al.，2016；Plümper et al.，2012；Rouméjon and Canat，2014；Velbel，2009），也可能在维持渗透性和流体流动方面发挥作用。正如冯·诺尔特等人（van Noort et al.，2017）所建议的那样，自然系统中的物质完全碳化可能相对缓慢，因此无法在人类时间尺度上进行设计。然而，体积膨胀和应力累积与弹性应力松弛（例如，沿现有裂缝的黏性流动或摩擦滑动）之间未达到平衡时，当反应速率和体积变化率达到最大，很可能发生反应驱动开裂。

　　综上所述，尽管橄榄岩碳化过程中的反馈最初看起来很简单，但理解它们并通过实验和现场观察来验证预见性假设，是一个越来越复杂、越来越有趣的研究领域；而且通过对完全碳化橄榄岩的地质观察，证明对这一主题的持续研究是正确的。如果自然系统能做到这一点，那就有可能设计出模拟这一过程的工程系统。此外，对导致反应驱动开裂反馈的了解，可以应用于地热发电，原位采矿（如铀），从致密储层中提取油气，以及二氧化碳捕集和封存。

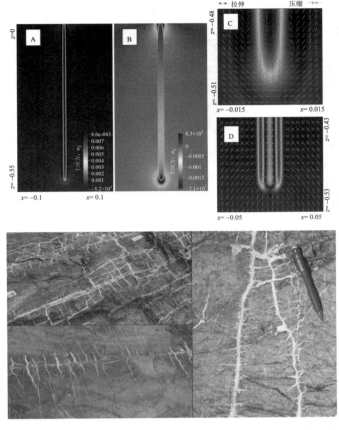

图 6-15 上图:被富含二氧化碳的流体渗透,与橄榄石发生反应生成体积膨胀了的碳酸盐矿物,其高孔隙度板状区域的二维模型中无量纲的应力(颜色)。其中,图 A:在没有表面能驱动的"毛细管"流模型中,模型域显示了反应后裂缝周围最小主压应力的大小。最大拉伸应力(暗红色)为 80 MPa。图 B:在缺乏表面能驱动流模型中,最大主压应力的大小,最小值为 21 MPa。图 C:在没有表面能驱动流模型中,最大拉伸和主压应力的方向,长度以最大压应力为标准进行换算。图 D:同图 C,但是是在包括表面能驱动流模型中。

下图:部分蛇纹石化的橄榄岩中的白色碳酸盐脉,具有被称为阶梯裂缝或弗兰肯斯坦脉(Frankenstein veins)的特征结构,其中中央碳酸盐脉两侧有垂直于中央碳酸盐脉的较小的、临界的碳酸盐脉,类似于上图 C 中的模型结果*

资料来源:埃文斯等(Evans et al. ,2018)。

---

* 本图彩图见彩插。

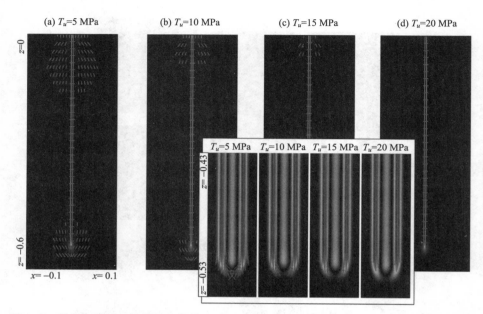

图 6-16　粉红色线是二维模型中拉伸裂缝的位置,粉红色线的长度指示富含二氧化碳的流
体渗透的高孔隙度板状区域,与橄榄石反应产生的体积膨胀的碳酸盐矿物。标记为(a)～
(d)的图片显示出没有表面能驱动的"毛细管"流的模拟结果,它是作为断裂所需的张应力的
函数,标记在每个图的顶部。插图说明包括表面能驱动流体流动的模拟的结果*
资料来源:埃文斯等(Evans et al. ,2018)。

在其他应用场景中,如在井筒水泥中和超临界二氧化碳流体储层上方的盖
层中,防止反应驱动开裂是可取的。正在进行的研究试图描述出反应驱动开裂
条件的"相位图",以及由反应表面的堵塞和粗化控制的周围空间参数。

四、通过原位碳矿化在橄榄岩中封存二氧化碳

本章第二节中总结的动力学数据得出了橄榄石碳化速率的经验预测(橄榄
石质量分数≤75 μm),例如,可以通过 $\Gamma = 1.15 \times 10^{-5} [P(CO_2)]^{1/2} \exp$

---

* 彩图请见彩插。

$[0.000334 (T-185)^2]$(Kelemen and Matter,2008;Gadikota et al.,2014)进一步验证。其中,Γ 为碳化速率;$P(CO_2)$ 为二氧化碳分压(bar);T 为温度(℃)。

我们没有猜测天然橄榄岩含水层中的有效粒度,和(或)裂缝间距,而是使用近地表风化层中观测的碳化速率作为校准点,使用该表达式计算了相对碳化速率的提升,并从观测速率和提升的相对速率的乘积推导出比例速率(scaled rate)。这种方法表明,在温度高于约150℃、二氧化碳分压高于约 60 bar 的情况下,富含橄榄石的橄榄岩原则上每年可消耗超过 1 Gt 二氧化碳/km³(Kelemen and Matter,2008)。即使在大约 100℃ 的较低温度下,橄榄岩中的碳矿化与高二氧化碳分压流体反应也可达到 300 Mt 二氧化碳/(km³·年)的速率。考虑到 300 万~600 万美元的钻井成本和 10 美元/t 注入流体的压缩成本,在 10 年内,该方法可以 10~20 美元/t 的价格固体封存①3 Gt 二氧化碳。图 6-17 说明了如何以这种成本实现每年 3 Mt 二氧化碳的固体封存,即通过将富含二氧化碳的流体围绕单个 3 km 深的钻孔注入一个体积为 10^7 m³(10 km³)的岩石中。

五、橄榄岩原位碳矿化作用下去除空气中二氧化碳及固体封存

除了固体封存外,还可以使用工程方法从空气中去除二氧化碳,这些方法与橄榄岩中的自然碳矿化非常相似。

298

在风化过程中,和大气二氧化碳平衡的浅层地下水与地下橄榄岩发生反应,形成一个与二氧化碳—大气交换类似的系统。这会通过在矿脉中沉淀的镁和钙的碳酸盐矿物迅速将溶解碳浓度降至 0(图 6-11)。沿着反应路径,pH 值上升至 11.5 或更高,溶解的 Ca^{2+} 浓度将上升至约 400 ppm。当这些碱性水到达地表时,它们将与大气中的二氧化碳结合形成方解石($CaCO_3$),在某些地方产生大量的钙华沉积物(图 6-12)[见如巴尔内斯和奥尼尔(Barnes and O'Neil,1969),巴尔内斯等(Barnes et al.,1978),克拉克和方特斯(Clark and Fontes,1990),凯利等(Kelley et al.,2001),劳奈和方特斯(Launay and Fontes,1985),尼尔和斯坦

---

① 虽然术语"储存"可能意味着积累以备未来使用,但委员会根据所审查的文献,将该术语与"封存"互换使用。

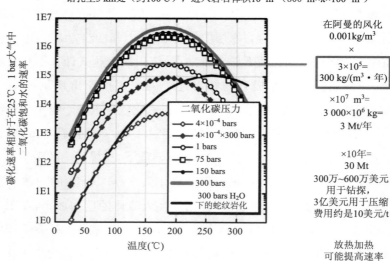

图6-17　二氧化碳吸收及其相关成本,通过将二氧化碳分压约为 70 bar 的流体注入
约 100℃(表面温度:25℃;深度:3 km,温度梯度:25℃/km)的橄榄岩中的费用

注:由于温度和二氧化碳分压升高,来自凯莱门和马特研究(Kelemen and Matter,2018)的相对于
25℃空气速率的速率增强值,符合奥康纳等(O'Conor et al.,2005)2005 年的数据,也与贾迪科塔等
(Gadikota et al.,2014)2014 年的经验数据一致。在阿曼因风化引起的橄榄岩碳化速率数据来自
2008 年凯莱门和马特(Kelemen and Matter,2018),以及 2018 年凯莱门等(Kelemen et al.,2018)的
研究。钻井成本数据来自奥古斯丁等(Augustine et al.,2006),布鲁姆菲尔德和莱尼(Bloomfield and
Laney,2005),谢弗内(Shevenell.,2012)等的研究。二氧化碳压缩成本数据来自麦科勒姆和奥格登
(McCollum and Ogden,2006),以及鲁宾等(Rubin et al.,2015)的研究。

格(Neal and Stanger,1985)的研究]。

　　从空气中去除二氧化碳的工程可以从橄榄岩现有含水层中生产无碳碱性水
开始,从而在地表形成钙华。由于碱性橄榄岩含水层的规模、渗透性、二氧化碳
生产率和再补给速率是未知的,因此通过这种简单且相对便宜的方法可捕获的
二氧化碳的数量是不确定的。这代表了一个明显的、相对低成本的研究机会。

　　同时,碱性含水层可通过增强地表水循环流经地下橄榄岩地层来补充。对
于这种方法,重要的是考虑泵送流体的成本。由于水中的碳浓度在 1 bar(约
100 ppm 二氧化碳)时与空气达到平衡,泵送水的费用相当于 100 美元/t 二氧化

碳。因此,最好依靠热对流来驱动流体循环以降低费用。在这种情况下,地表水和目标含水层之间的温度差异,以及地下橄榄岩含水层的渗透率是关键变量。由于钻井费用与地热井类似,在 20 年的使用寿命期内摊销,二者产生的成本非常接近,因此,当热对流足以驱动流体循环(温度>50℃,渗透率$>5\times10^{-13}$ m²)时,估计费用低于 100 美元/t 二氧化碳(Kelemen et al.,2016)。

在渗透率较低的地层(渗透率$<5\times10^{-14}$ m²)中,由于泵送流体的能量需求上升,因此成本增加至 1 000 美元/t 以上。如此高的成本将使得通过地表水循环来捕获二氧化碳变得不切合实际。但有一个例外,如果地热发电和二氧化碳捕获位于同一地点,从成本角度考虑也许是可行的。大型地热发电厂通常在地面和钻孔内使用泵,从而优化流速,以最小泵送速率产生最大的电力。在这种组合中,二氧化碳捕获的碳补偿可直接提高多项收益,和(或)允许额外的泵压力、更快的流体流速及额外的发电量。

单个注入井每年可能通过碳矿化捕获最大约 1 000 t 二氧化碳,而无须再大量泵送。通过钻更多的井,就可能捕获数十亿吨二氧化碳。以这种方式每年捕获 1 Gt 二氧化碳所需的油井数量,约等于美国正在运行的油气井数量。然而,没有明显的规模经济降低二氧化碳的捕获成本。

一些关键的不确定性因素需要进行中等规模的现场测试。尤其是在含有分层裂隙网络的结晶岩含水层中,流体流动过程中的反应进程和渗透率的变化是很难预测的。虽然建模工作是可取的,但在比关键断裂组间距大几十至几百倍的规模上,确实没有可替代的试验。

如表 6-1～6-2 所示,在橄榄岩地层中捕获和封存二氧化碳的潜在储层是巨大的,其容量大于 10^5 Gt 二氧化碳。通过饱和地下水的循环捕获空气中二氧化碳的速率和成本,可能可以与其他从空气中去除二氧化碳的方法竞争。因此,所建议的方法需要加强基础研究,以确定反应驱动开裂而不是堵塞的条件,并确定断裂的、部分蛇纹石化的地下橄榄岩的各重要物理特性。此外,现场测试应该阐明产生当地水源污染、诱发地震和其他负面影响的可能性①。

300

---

①　初步数据表明,橄榄岩中丰富的镍和铬等在橄榄岩含水层中的浓度非常低,完全在美国环境保护署安全饮用水的限值内[与阿梅莉亚·范·库伦(Amelia VanKeuren)的个人交流(2016)]。

　　如果能找到正反馈机制的途径,即碳矿化引起的能保持或增强渗透性和活性表面积的小规模裂缝,那么橄榄岩中原位碳矿化的成本可能相对较低(如图6-17),与类似卡费实验的第 n 种玄武岩碳化过程的预估成本相近,并且与向地下孔隙空间注入二氧化碳的成本也大致相同。既然如此,橄榄岩丰富的地方就可能是二氧化碳的最佳封存地区。最后,对于地表水流经橄榄岩循环来驱动的原位碳矿化作用直接捕集空气的方法,可以将富含二氧化碳的流体注入橄榄岩中的原位二氧化碳封存方法与地热发电相结合。

　　在美国本土的 48 个州,东西海岸附近橄榄岩中二氧化碳原位封存的潜在地点有很多(Krevor et al.,2009)。为了在高温下提高反应速率(图 6-18),高热流

图 6-18　美国本土地表的超基性岩层分布 *

注:除美国的这些资源外,在所有大陆上都发现了海洋地壳和地幔逆冲岩块中的橄榄岩(蛇绿岩),其在距地表 3 km 深度范围内的橄榄岩总质量为 1 014~1 015 t。最大的是"萨迈勒蛇绿岩"(Samail ophio-lite),位于阿曼和阿联酋。它在距地表 3 km 深度范围内含有约 5×10^{13} t 橄榄岩(Keleman and Matter,2008)。其他单独的蛇绿岩,包括规模相似的橄榄岩岩体,位于新喀里多尼亚、巴布亚新几内亚和阿尔巴尼亚。南非巨大的布什维尔德(Bushveld)火成岩层状侵入体含有超过 1×10^{13} t 的橄榄岩,并且非常靠近一个为该国大部分地区供电的煤矿密集开采和燃煤发电区。蒙大拿州类似的斯蒂尔沃特(Stillwater)侵入体含有近 1×10^{12} t 橄榄岩。包括摩洛哥的本尼波色拉(Beni Boussera)地块和西班牙东南部的隆达(Ronda)地块在内的大陆地幔橄榄岩地块(不包括蛇绿岩),总质量约为 1×10^{12} t。

资料来源:克雷沃等(Krevor et al.,2009)。

────────────

　* 彩图请见彩插。

值区域是首选,而这些区域位于美国西部各州。北美最大的橄榄岩地块之一是加利福尼亚州北部的崔尼蒂(Trinity)橄榄岩,低垂于凯斯凯德(Cascade)火山前缘下方(Fuis et al.,1987)。这是一个浅层温度升高的高热流区域(Bonner et al.,2003;Ingebritsen and Mariner,2010),是橄榄岩地热发电和碳矿化的理想场所。同样在加利福尼亚州北部盖塞斯(Geysers)地区,两侧也有较小的橄榄岩岩体(Sadowski et al.,2016),靠近世界上最大的地热发电厂——卡尔派恩(Calpine)发电厂。

第六节　潜在影响

　　超基性、基性和沉积地层中每年二氧化碳的地质封存潜力可能有数十亿吨,并最终封存千万亿吨二氧化碳。本章主要讨论超基性地层中二氧化碳的地质封存,第七章讨论沉积地层中二氧化碳的地质封存。连同土壤和海洋中的碳一起,地质封存是少数几个适应这种(必要)规模的空气中二氧化碳去除的选择之一。涉及数十亿吨流体和岩石的工程不可避免地会产生重大影响。社会是否愿意为了降低从过去持续到现在的温室气体排放而容忍这些影响,还有待观察。 301

　　尽管减少温室气体排放是首要目标,但碳矿化还有另外的好处。特别是,开发控制化学和物理过程之间反馈的工程方法可以有其他重要的应用,例如,从致密储层中提取石油和天然气,原位溶浸采矿(如用于铀)和地热发电。此外,在某些情况下,异位碳矿化可起到减轻环境危害的作用。例如,如果石棉纤维存在于地表(如矿山尾矿中),会对人体健康造成重大危害。在这种情况下,温石棉碳化后可以降低其对人体健康的危害。同样,某些碱性工业废料的碳化可显著降低化学污染的风险。此外,碳酸镁($MgCO_3$)拥有一个规模虽小却很稳定的市场,根据其纯度不同,售价在 $100\sim1\,000$ 美元/t 之间。 302

　　在沉积地层中进行碳封存的所有潜在负面影响,尤其是水资源污染和诱发地震(详见第七章),也可能会在碳矿化项目中存在。但初步的数据表明,水污染的风险很小。例如,天然碳矿化系统中的镍和铬的浓度,比美国环境保护署规定的安全饮用水的限值低几个数量级[与范·库伦的个人交流(2017)]。这一观察结果是否适用于工程系统还有待测试。触发地震的原因可能是地下岩石的碳矿化增加了固体体积,增大了可能导致断裂的应力。从理论上考虑和对自然形成的碳酸盐脉范围的理论研究与观察表明,大多数由反应驱动的断裂事件引发的地震可能很小,发生的地震震级为 1 或更小。一般来说,断裂事件的大小应该受到地下几千米内断裂岩石的低屈服强度的限制,这可能是原位碳矿化的可能目标深度。然而,与每年数百万吨二氧化碳注入相关的更大规模的岩石形变,可能导致更大规模的破坏,因此需要通过模型和监测进行研究。

第七节   小结:碳矿化方法的成本和容量

本章概述了几种加速自然碳矿化过程的工程方法,以实现二氧化碳的固体封存或从空气中捕集二氧化碳并将其进行矿物封存。在此,总结了表 6-1～6-2 中的数据,对各种推荐方法的成本和潜力进行简要评估,并与直接空气捕获系统和(或)在地下孔隙空间中封存的超临界二氧化碳流体进行比较。

大多数通过碳矿化进行固体封存的异位方法(使用富含二氧化碳的液体,而非空气和水,来使二氧化碳与空气交换平衡),比在地下孔隙空间封存超临界二氧化碳流体的成本高得多。然而,在某些情况下,碳矿化作用可减轻对环境的危害,如超基性尾矿中的石棉和碱性工业废料中的毒素,因此可能会增加其应用价值。目前正在进行利用反应产物的研究,例如,用于建筑材料,或在供应链中用于将二氧化碳转化为甲烷和更复杂的碳氢化合物。碳捕集、利用与封存是美国国家科学院关于《制定气态碳废物流利用研究议程》的单独研究主题[1]。

使用富含二氧化碳的流体进行表面和原位固体封存的方法,其成本与地下孔隙空间封存相比可能具有竞争力(图 6-19)。它们可能也具有一些潜在的优势,因为二氧化碳封存在永久的惰性碳酸盐矿物中,几乎没有地下水污染的风险,并且可能是一种具有区域适宜性的技术。

通过利用现有的超基性矿山尾矿的表层工艺,将空气中的矿物捕获和固体

---

[1]   见 http://nas-sites.org/dels/studies/gcwu(2019 年 1 月 28 日查阅)。

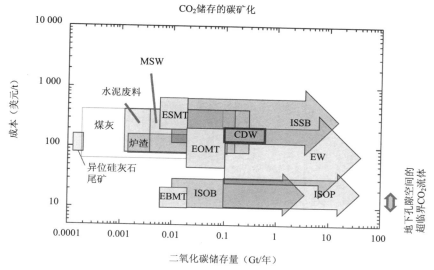

图 6-19　基于表 6-1 中的数值和其中的参考资料，使用富含二氧化碳的
流体进行固体封存的年度封存潜力与成本（美元/t CO$_2$）对比 *

注：1. ESMT：异位富蛇纹石尾矿；EOMT：异位富橄榄石尾矿；EBMT：异位富水镁石尾矿；ISSB：
原位海底玄武岩；ISOB：原位陆上玄武岩；ISOP：原位陆上橄榄岩；EW：风化增强的橄榄岩开采
和研磨矿化；MSW：城市固体废物；CDW：建筑和拆除废物。2. 成本应与在地下孔隙空间封存超
临界二氧化碳的成本进行比较，后者约为 10～20 美元/t 二氧化碳（详见第七章）。

封存结合起来，可能是一种相对便宜且简单的技术，但储存的能力有限。目前，
高度近似的成本估算表明，在每种工艺成本估算的不确定范围内，为了从空气中
捕获矿物并通过增强的风化作用对其进行封存，对适当的岩性进行采矿、破碎、
或者可能进行额外的研磨（以地幔橄榄岩为重点），可能比直接空气捕获系统的
成本更具竞争力（图 6-20）。

原位矿物捕获和封存与直接空气捕获系统相比具有潜在的成本竞争力，如
果可以避免诸如堵塞的负反馈，并可以利用诸如反应驱动开裂等正反馈，那么它
还可以提供巨大的封存潜力。

所有这些通过碳矿化减少二氧化碳排放的途径都需要继续加快研究计划，
包括实验室试验、数值模拟、社会和监管因素调查以及在美国的试点研究。

* 彩图请见彩插。

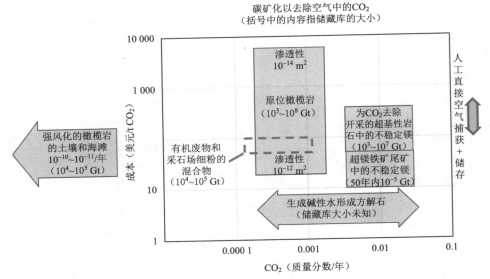

图 6-20　基于表 6-2 中的数值及其参考文献建议的直接空气捕获二氧化碳,并通过

碳矿化储存方法每年添加到储层的二氧化碳质量分数与储存成本(美元/t)的比较

注:每种建议方法的圆弧号中都注明了潜在储层的大小。其成本与直接空气捕获系统的成本进行比

较,为 100~600 美元/t 二氧化碳(详见第五章)。

第八节　推荐的研究议程

一、碳矿化动力学

　　由于实验方法缺乏一致性,难以对不同矿物、岩石和合成固体反应物速率进行比较。在相同的温度、压力、二氧化碳分压、粒度、表面积和流体成分下,对不同材料的碳化速率的比较研究,仍然是一项可以低成本实现的高度优先事项。在我们的汇编中缺少碱性工业废料中碳矿化速率的关键数据。汇编这些材料的实验数据允许使用诸如"摩尔/(平方米·秒)"[$mol/(m^2 \cdot s)$],或在普通粒度下的"每秒质量分数"等单位进行比较,这本身就是一个有价值的研究目标,并可能揭示出对额外的、比较性实验研究的需求。

二、异位碳矿化

二氧化碳封存的异位碳矿化过程的实验室研究已经非常广泛,且目前仍在开展研究。由于与在地下孔隙空间中封存超临界二氧化碳相比,异位碳矿化的成本相对较高(表 6-1),因此过去 10 年来,对异位方法的关注重点是生产具有经济价值的商品并封存捕获的二氧化碳。碳捕获、利用与封存是美国国家科学院一项关于《制定气态碳废物流利用研究议程》的单独研究的主题①。制造混凝土中添加碳、添加价值的混凝土骨料是一个活跃的研究领域,通过将捕获的二氧化碳转化为碳氢化合物进而使空气转化为燃料也是如此。岩石反应物,尤其是地幔橄榄岩,有可能被用来实现这种转换[见如麦科洛姆等(McCollom et al.,2010)],尽管直接空气捕获技术可能是一种成本较低的二氧化碳来源。上述部分研究方向得到了美国能源部的支持,并且似乎有大量拨款和风险投资支持。

305

306

三、矿山尾矿、工业废料和沉渣中的表层碳矿化

基于几个小组对这一课题的广泛研究,用于固体封存或矿物捕获和储存的表层碳矿化,已经准备好进行每年千吨至百万吨规模的现场试验,同时对各种潜在的固体反应物的活性进行广泛的实地调查和实验室定性。对矿山尾矿和工业废料进行的实地试验可能是构建大学与产业和(或)政府与产业伙伴关系的好机会,钻石生产商戴比尔斯(DeBeers)公司和几个学术研究团体最近发起的合作就说明了这一点(Mervine et al.,2017)。矿山尾矿的累积量和年生产量相对较小,镁和钙浓度较低的工业废料的二氧化碳封存能力相对有限,这些都是重要的限制因素。在许多情况下,试验的实施工作可能临近地表水和地下水资源,因此需要花更多精力关注污染的潜在影响。在美国,超基性矿尾矿的碳化可以与努

---

① 见 http://nassistes.org/dels/resears/gcwu(2019 年 1 月 28 日查阅)。http://nassites.org/dels/studies/gcwu。

力减少这一地方的石棉的危害相结合。美国环境保护署和美国能源部对通过工业废料的碳化以减轻其危害具有潜在的兴趣。

微生物对尾矿中碳矿化的促进作用是一个极具潜力的基础研究领域，但目前还无法对其效果和成本进行评估［见如鲍尔等（Power et al.，2013a）］。这应该是由几个研究小组资助的以实验室为基础的调查。

另一个研究重点是优化各种预处理策略，包括热预处理、研磨或粉碎工艺和新技术方法，如微波处理，以增加尾矿中快速反应的活性镁含量，和（或）降低每吨二氧化碳的加工成本。这种方法目前用于增加金属提取效率，但也可以用于增加碳矿化效率。例如，通过将岩石研磨以分离硫化物或金属氧化物矿物来进行释放和浮选所需的研磨量，可能超过为获得不稳定镁所需的研磨量。因此，仅用于碳矿化的开采和研磨岩石的成本和能源量是有可能降低的。此外，当目标既是提取金属又是碳矿化时，可以开采具有高活性镁浓聚物的部分矿床，即使这部分矿床包括矿石品位相对较低的岩石。由美国国家科学基金会资助的产学合作项目似乎最适合解决这种优化问题。

307

另一个优先事项是在核查规则和监管及定价框架方面取得进展。最近由于美国和加拿大发生的破坏性尾矿坝事故，当前的监管和社会环境都阻碍了尾矿储存设施的设计创新。创造一个安全的研究空间来探索创新，最终可能产生更安全和更有效的运营。资金可来自当前和未来的行业合作伙伴。

一些研究团体已开始将异位方法（将固体反应物带到二氧化碳捕集地点）和原位方法（将捕集的二氧化碳输送到大型岩石储层）结合进行研究。其研究的重点是对超基性矿山尾矿进行局部改造，尤其是包含丰富水镁石（和星状温石棉）的、来自高度蚀变蛇纹岩的尾矿（Alt et al.，2007；Assima et al.，2012、2013a、2013b、2014a、2014b、2014c、2014d；Bea et al.，2012；Gadikota et al.，2014；Hansen et al.，2005；Harrison et al.，2013、2015、2016；Larachi et al.，2010、2012；McCutcheon et al.，2014、2015；Mervine et al.，2017；Power et al.，2007、2009、2010、2011、2013a、2013b、2013c、2016；Pronost et al.，2011、2012；Sarvaramini et al.，2014；Thom et al.，2013；Wilson et al.，2006、2009a、2009b、2010、2011、2014）。他们所建议的改进措施很简单，只需要为了直接空气捕获搅拌尾矿，将其沉积在更薄的地层中，然后向其洒水，将大气中的二氧化碳输送到尾矿堆的更

深处，以便直接进行空气捕获。其他的改进则更具创新性，例如，将富含二氧化碳的气体或流体引入输送尾矿的泥浆管道中。最近的两项研究表明，通过向矿井尾矿喷射富含二氧化碳的气体，碳矿化速率有可能提高百万倍（Assima et al.，2013a；Harrison et al.，2013）。在环境表面温度下，他们的实验达到了接近或超过高温、高压条件下碳矿化的最高实验室速率，至少二氧化碳吸收率在 3 wt%～10 wt%时是这样。这是一条很有前景的研究路径，应该同时在实验室进行试验和在几个矿区进行实地规模的中试研究。类似的技术也可应用于碱性工业废料堆。

在富含橄榄岩的冲积砾石中，粉碎的超基性材料的碳矿化是可行的，这些砾石具有很高的表面积与体积比，并且存在于某些构造板块边界。对一个古代矿床的研究发现，它已被广泛地碳化了（Beinlich et al.，2010）。然而，还应该调查其他具有大量橄榄岩砾石的盆地，以确定它们在多大程度上能为工程碳矿化提供潜在的反应物。例如，由阿曼和阿联酋的萨迈勒蛇绿岩的机械风化作用而形成的富含橄榄岩的沉积物，以千米厚的底层形式存在于巴提那（Batinah）沿海平原下方［见如拉兹基等（Al Lazki et al.，2002）］，以及在蛇绿岩南部和西部广泛的巴扎曼（Barzaman）地层中（Lacinska et al.，2014；Radies et al.，2004；Styles et al.，2006）。

308

虽然这些岩石中的一些超基性碎屑发生了广泛的蚀变，但在这些环境中，需要进行地下勘探，以寻找蚀变较少、活性更强的二氧化碳储层。在美国，这种勘探最好由美国地质调查局进行。

四、玄武质熔岩中的原位碳矿化

瓦卢拉和卡费项目已验证了将在地下孔隙中封存二氧化碳和在玄武质熔岩中碳矿化进行结合的可行性。尤其是卡费项目使用的策略，将溶解在水中的二氧化碳的溶液捕集与快速的碳矿化相结合，证明了这种组合不需要像许多人担心的那样消耗大量的水，并为在相对容易获得、易于发现的近地表玄武岩地层中广泛储存二氧化碳打开了窗口。

从逻辑上来说，下一步应该在美国进行每年数百万吨规模的试验。到目前为止,研究重点一直是具有大容量的哥伦比亚河和东海岸三叠纪洪水玄武岩区(图 6-10)。此外,喀斯喀特火山弧,尤其是俄勒冈州和加利福尼亚州最北端,可能提供具有高封存潜力的储层。潜在的玄武岩储层具有富含高活性、无定形的火山玻璃层,具有高渗透性且在浅层具有相对较高的温度,理想情况下,这些地层将由低渗透性的屏障层包围,几乎没有断层或变形。然而,卡费项目使用的溶液捕集策略,不需要不透水的盖层来防止泄漏。这一策略可能适用于比大多数洪水玄武岩地层活性更强的浅层玻璃状熔岩流。在从小规模试验转向中等规模试验的过程中,研究团体必须关注附近含水层和地表水潜在的化学污染,以及诱发地震的风险。

这种集中在储层岩石中的活性和容量,以及对不渗透盖层岩石的可用性的广泛研究,应该由美国能源部和美国地质调查局提供资金,也可以与美国州政府和(或)产业界合作。中等规模的试验项目每年可能要花费 1 000 万美元,其中大量资金来自美国能源部(附录 F 提供了这样一个项目的概略预算)。已经实施碳税或为碳管理提供其他激励措施的州,以及在这些州中寻求扣税补偿的产业可能愿意进行合作。一旦选择了试验地点,在设计示踪剂研究时就有必要借鉴卡费项目的经验教训。试验应着重于优化单相和双相注入策略,尤其是对于需要溶液捕集的浅层储层。持续时间更长、通量更高的试验应该检查地下反应锋面的变化,确定局部碳矿化反应的性质(即哪些矿物正在以何种粒度、何种速率进行反应),尤其是影响渗透性和反应表面积的反馈。玄武岩中原位碳矿化的实验室实验和数值模拟研究,与超基性岩中原位碳矿化的实验室实验和数值模拟研究结果基本相同(见下文)。

到目前为止,很少有人对玄武岩储层中的二氧化碳捕获和封存研究感兴趣,这可能是因为在低温、近地表条件下,玄武岩中广泛天然碳矿化的例子很少,而且实验室研究发现,玄武岩中的碳矿化速率比超基性岩(如地幔橄榄岩)要慢(玻璃状玄武质熔岩除外)。因此,大多数玄武岩地层的试点研究,要将注意力集中于通过注入富含二氧化碳的流体实现地下孔隙空间封存和固体封存的结合。由于二氧化碳注入受美国联邦第六级(Class VI)井管理条例的约束,因此需要进行大规模的现场定性描述、监测和注入后的现场封闭操作①。

不同的玄武岩类型和流体组分的组合，得到的实验碳矿化速率和容量差异很大。对玄武岩碳矿化速率的控制进行量化，是实验室研究的另一个高度优先事项，也是一个成本相对较低的方向，应该得到美国能源部的大力支持。

五、超基性岩中的原位碳矿化

超基性岩（大部分在大地构造暴露的大型地幔橄榄岩地块中）的原位碳矿化是一个高风险、高回报的项目，需要大量的基础研究来评估其实用性，并在未来10年与一个或多个小规模现场试验结合起来。

超基性岩往往孔隙度低，裂隙广泛。这些特征为碳矿化和渗透性之间的重要反馈创造了可能。因此，需要对其中的化学—力学过程进行广泛研究，以确定有利于反应驱动开裂和其他正反馈的条件，以及通过活性表面的钝化导致孔隙堵塞和钝化的条件。一个关键的研究目标是创建一个"相位图"，用于描述超基性岩中碳矿化正反馈和负反馈的有利条件。

如果能很好地理解反应驱动开裂，就有可能设计出在晶粒尺度上产生分叉裂缝网络的条件。这样的方法对于各种技术都是有价值的，包括二氧化碳捕集与封存、地热发电、原位采矿和从低渗透油藏开采油气。同样，对于地下二氧化碳和油气储层来说，避免反应驱动开裂对于确保不渗透盖层和井筒水泥的长期完整性至关重要。

研究人员越来越意识到，纳米级材料的特性（矿物流体表面能、吸附性、分离压力）可能在控制堵塞和开裂的分歧方面起着关键作用。由于这些特性在不同材料之间会出现不可预测的变化，因此研究正从简单的模拟系统［氧化钙（CaO）、氧化镁（MgO）和硫酸钙（$CaSO_4$）的水合或碳酸化］，转向涉及与地质关系最紧密的岩层试验（如橄榄岩和玄武岩用于捕获和封存二氧化碳，页岩用于驱油试验，砂岩用于地浸采铀）。越来越多的学术团体正在致力于研究这些主题，其中部分受到原位矿物碳化的相关问题和前景的启发，而且世界各地不同研究

310

————————

① 见 https://www.epa.gov/uic/class-vi-guidance-documents（2019 年 1 月 28 日查阅）。

团队之间的对话有望取得成果。美国在这一新兴基础科学领域的参与和领导,应该得到美国国家科学基金会和美国能源部的持续、重点支持。

上述主题对实验室和数值模拟方法的理想选择,并且在使用自然系统在野外进行观测中将两者结合并加以约束时效果十分显著。美国国家科学基金会和美国能源部都资助了活性流体输送反馈的基础研究。来自美国国家科学基金会和美国能源部不断增加的支持,使整合实验室、建立模型和现场试验成为可能。

在进行实验室研究和数值模拟的同时,我们建议向 2～3 个中小规模(1 000～100 000 t/年)的野外试验提供资金支持。这些试验将研究以下过程中原位碳矿化的可行性:①通过地表水在橄榄岩中的循环来捕获和封存二氧化碳;②通过橄榄岩循环富含二氧化碳的流体来固体封存二氧化碳。它们还可以用于优化设计方法,以实现快速碳矿化并最大限度地减少负反馈。

我们设想在超基性岩石中进行多步骤原位碳矿化试点项目,逐步增加成本、目标和风险,并由美国能源部、美国地质调查局提供资金和(或)国家资源,最好能与行业合作伙伴联合进行研究。这些项目首先需要进行范围界定——确定物理特性和岩层对可能的试点项目的适用性,并评估重要二氧化碳储层的长期潜力。研究范围还将包括政策研究,公共宣传,和对附近社区,地区的政治、社会因素进行调查等重要内容。

假设可以确定一个在地质与社会环境方面都适合的地点,下一步将是从现有碱性无碳含水层中生产水,直接从空气中吸收二氧化碳,在地表钙华中形成碳酸盐矿物,并将碳酸氢盐溶解在地表水中。这类含水层的大小、渗透性、生产能力以及物理和化学补给速率是未知的,不过能够很容易地以相对较低的成本对几个站点进行评估。然后可以开展实验,将循环水注入橄榄岩含水层中,并持续记录其注入性、渗透性、体积和地下二氧化碳的矿化速率等特征数据。在这一步骤取得成功之前(从循环流体中移除二氧化碳后,渗透率不会持续降低),实验可以进一步研究碳矿化速率更快、更热岩层的更深层循环。最后一组实验可能包括注入高浓度的二氧化碳流体,以评估对其他地方捕集的二氧化碳的拟定储存方式。涉及地下水生产和再注入的步骤取决于美国的州和地方法规,但实施起来可能相对简单。因为富含二氧化碳的流体的注入受美国联邦第六级井管理条例的约束,所以最后一组实验将需要更多的现场表征描绘、监测和注入后现场关闭等操作。

根据卡费项目的第一阶段[与阿拉多迪(Aradóttir)的个人交流(2017)]的成本和在玄武岩中进行大规模二氧化碳储存实验的名义预算(附录 F 中表 F-3),这种分阶段试验的可能成本估计为 1 000 万～2 000 万美元/年。由于橄榄岩中碳矿化速率在约 185℃时是最佳的,因此碳矿化与地热发电之间存在潜在的协同作用。在美国探索这种协同作用的最佳地区是加利福尼亚州北部,那里的碳管理激励措施和活跃的地热产业可能会促进美国能源部、州和行业的联合参与。

六、改进公共传播和影响评估

除了开展研究以促进对基本科学过程的理解,以及为去除和封存二氧化碳而开发碳矿化技术的中试规模试验外,委员会还确定了其他三个需要额外研究的领域:首先,在研究议程中包括呼吁开发一个碳矿化数据库,以确保研究活动的结果可以广泛地向研究界传播;其次,还需要进行研究以审查采矿业的扩大对社会和环境的影响,以满足扩大这些负排放技术的需要;最后,委员会认为,需要进行研究以评估矿物添加对陆地、海岸带和海洋环境的影响。该研究将与陆地碳去除和封存的研究议程(详见第三章)共享。

七、研究议程的费用

与深层沉积地层中封存超临界二氧化碳的经验和数据相比,通过碳矿化进行每年千吨级规模的二氧化碳封存的经验和数据要少得多,更不用说每年百万吨级和十亿吨级规模的二氧化碳的封存过程了。之所以如此,很大程度上是因为与碳矿化相关的经济激励和技术专长比不上注入超临界二氧化碳以提高石油采收率的经济激励和技术专长。本研究议程要想在 10 年内取得重大进展,就需要将总体目标结果相同的基础研究和应用研究结合起来(表 6-3)。

表 6-3 碳矿化研究议程预算

	典型学术补助金（约50万美元/年）	国家实验室和美国地质调查局项目（约150万美元/年）	费用（美元/年）	年限	合计（美元）	研究将解决的问题或开拓的新领域
基础研究						
动力学	5	2	550万	10	5 500万	STU：在常见的温度、二氧化碳分压、流体成分上进行实验，以建立定量框架并进行比较和优化
岩石力学	6	2	600万	10	6 000万	前沿：探索反应和流体流动之间的正反馈和负反馈，用于原位碳矿化、原位采矿、地热发电，从致密储层中提取油气、确保盖层和井筒水泥的完整性
数据建模	6	2	600万	10	6 000万	同上
实地研究	4	2	500万	10	5 000万	同上
确定试验地点的范围	0	5	750万	5	3 750万	STU,OENV,G
碳矿化资源数据库的建立	4	0	200万	5	1 000万	STU,PBSU
审查为实现碳去除而扩大采掘工业的社会和环境影响	10	0	500万	10	5 000万	C,OENV,PBSU
土壤中添加的活性矿物质	3	0	300万	10	3 000万	前沿：评估添加到农业土壤中的活性矿物（即橄榄石）的风化速率，以及对农业生产力、土壤碳、养分使用和水分使用和反射率可达到的影响。确定添加矿物可达到的碳储存极限

	典型学术补助金（约50万美元/年）	国家实验室和美国地质调查局项目（约150万美元/年）	费用（美元/年）	年限	合计（美元）	研究将解决的问题或开拓的新领域
研究添加矿物对陆地、海岸和海洋环境的影响	8	4	1 000 万	10	1 亿	STU,C,OENV,G,PBSU
	学术/国家实验室/工业合作伙伴数量	项目每年总成本	费用（美元/年）	年限	合计（美元）	研究将解决的问题或开拓的新领域
试点研究						
异地[a]	2	25 万美元	50 万	10	500 万	C,EN,OENV,G,M&V,PBSU
矿山尾矿、碱性废渣	4	25 万美元	100 万	10	1 000 万	STU,C,EN,OENV,G,M&V,PBSU
土壤、海滩	3	100 万美元	300 万	10	3 000 万	前沿：在自然投入和产出控制不力的大面积地区的缓慢速率，进行实地规模的特征描绘具有挑战性
原位玄武岩	1	1 000 万美元	1 000 万	10	1 亿	STU,C,EN,OENV,G,M&V,PBSU
原位橄榄岩[b]	1	1 000 万美元	1 000 万	10	1 亿	前沿：没有现场规模的先前实验，初始低孔隙度和（或）正反馈（如反应驱动裂解）的实践知识需要促进

注：STU：科学技术认识；C：成本；EN：能源消耗；OENV：其他环境问题；G：治理；M&V：监测和验证；PBSU：扩大规模的实践障碍。前沿（frontier）：长期研究。a. 以上实验室动力学，与所有类别相关，但更大规模研究将留给异地捕获留给网络碳捕获、利用和封存研究团队。b. 此处所列的是固定成本。连续阶段逐年增加费用的分阶段项目在正文和附录 F 和表 F-3 中进行了描述。

八、研究议程执行情况

　　虽然上面列举的研究主题对从事科学研究的科学家很有吸引力,但这类研究可能很难获得美国联邦政府的资助。部分原因是本研究介于美国国家科学基金会地球科学理事会(NSF Geosciences Directorate for Geosciences)和美国能源部的研究领域之间,许多研究主题在美国国家科学基金会地球科学理事会看来可能“实用性太强”,而同样的主题在美国能源部却可能被视为“太过理论化”。美国能源部的一些项目弥合了基础科学和应用科学之间的差距,但资金主要流向了国家实验室。美国能源部的“交叉地下技术和工程研究、开发与示范”计划(Crosscutting Subsurface Technology and Engineering Research, Development, & Demonstration, SubTER)就是一个例子。该计划涵盖了国家实验室对与石油和天然气开采相关的水力裂缝和诱发地震的调查。美国能源部制定了一个类似的资助计划,授权大学研究裂缝多孔介质中,流体反应传输过程中的开裂与堵塞,碳矿化过程中的化学—力学反馈、地热能生产和原位溶液开采[①]。

　　美国国家科学基金会与美国能源部可以建立正式的合作伙伴关系,以促进跨越这两个部门所辖领域的研究课题开展,重点资助温室气体减排研究(不限于从空气中去除二氧化碳)。这种合作伙伴关系可能类似于美国国家科学基金会地球科学理事会内的几项成功的项目,如“全球海岭研究的学科间实验”、“大陆边缘计划”(MARGINS)和“裂谷与俯冲边缘的地球动力学过程”项目。在这几个项目中,地球科学和海洋科学部合作资助了“跨越海岸线”的多学科研究。这类机构间合作的例子包括火山监测和暗物质调查等。

---

　　① 见 https://www.energy.gov/subsurface-science-technology-engineering-and-rd-croscut-subter(2019年1月28日查阅)。

第七章　深层沉积地质构造超临界二氧化碳封存

第一节　引言

地质封存是直接空气捕获(详见第五章)及生物能源碳捕获和储存(详见第四章)二氧化碳的必要补充。捕集后的二氧化碳,被压缩成超临界流体后注入足够深(通常为 1 km 或更深)的地质地层的井中,使其保持超临界流体状态。将气体压缩为超临界流体可以封存更多的二氧化碳。这是由于相对于气态二氧化碳,流体的密度更高(约 600 kg/m³),且在充水地质地层中浮力降低,尽管它们在二氧化碳和盐水之间仍保持了强大的浮力驱动(Benson et al. ,2005)。

适合封存二氧化碳的地质构造包括多孔且可渗透的储层岩石,其上覆有不可渗透的岩石(图 7-1)。潜在的储层岩石包括砂岩、石灰岩、白云岩或这些岩石组合。由于超临界二氧化碳的密度低于最初填充在岩石孔隙空间的流体,因此它将通过浮力上升穿过储层岩石,直到遇到通常被称为储层密封层的低渗透性岩石。盖层是由页岩、硬石膏或低渗透碳酸盐岩组成的。一旦二氧化碳被限制在盖层以下,预计其将保持永久封存,除非在盖层中有透水断层或密封井筒出现裂缝。

储层岩石以岩石类型和岩石中的孔隙空间是否含有盐水或充满油气为特征。石油和天然气储层被进一步注入二氧化碳以研究能否增加油气采收率,这一过程被称为二氧化碳提高油气采收率。也有人对煤层中的二氧化碳封存进行了研究,但技术上的挑战阻碍了大规模试验或应用(Gale and Freund,2001;Shi

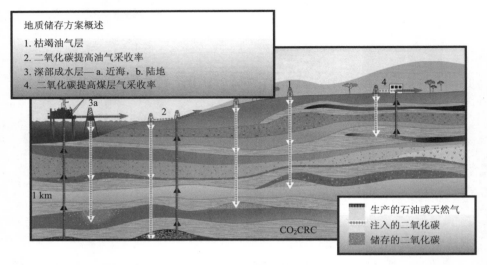

图 7-1　沉积岩中二氧化碳地质封存的选择*

资料来源:本森等(Benson et al.,2005)。

and Durucan,2005)。最近,有人建议将水力压裂页岩地层作为封存二氧化碳的一种选择,无论是否能提高油气采收率(Tao and Claens,2013)。然而,要以所需的速度达到封存规模还存在许多实际挑战(Edwards et al.,2015)。

　　将超临界二氧化碳封存在沉积岩孔隙中是目前最成熟可靠的可用方案。一些综合评价和研究路线图为安全封存奠定了科学和工程基础,这些研究讨论了场地表征与选址,描述了有效的监测和风险评估、管理方法,并测算了全球的封存能力和成本(Bachu,2015;de Coninck and Benson,2014;DOE,2017d,2017g;Rubin et al.,2015;U. S. Geological Survey,2013)。更重要的是,目前为止已有近半个世纪的二氧化碳提高石油采收率(enhanced oil recovery,EOR)的经验,以及近二十年的咸水层封存商业经验(Furre et al.,2017;Hansen et al.,2013;IEA,2016;Koottungal,2014;Wilson and Monea,2004)。最后,大量接近工业规模的试验得以开展,用于测试封存的各个方面,包括二氧化碳在地下储层中的运移,以及泄漏的监测技术(Ajo Franklin et al.,2013;Greenberg et al.,2017;

---

　　* 彩图请见彩插。

Hovorka et al. ,2006;Ivandic et al. ,2015;Jenkins et al. ,2012;Mito et al. ,2008;Rodosta et al. ,2017;Spangler et al. ,2010)。

320

得益于广泛的研究和经验,科学家现在对全球和区域的碳封存潜力分布以及地质封存的完整性、风险和成本有了很好的了解。咸水层和二氧化碳提高驱油采收率(CO_2-EOR)项目目前正以约 31.5 Mt/年的速度封存人为排放的二氧化碳(GCCSI,2017)。未来一个世纪,通过技术进步封存二氧化碳的潜力可能达到 2 000 Gt,这足以为温室气体减排战略做出实质性贡献(IPCC,2005)。相比于到 2100 年需要从化石燃料和工业排放中捕集和封存 125 Gt 碳以实现 2℃ 的控制目标,而依靠技术进步提高到 2 000 Gt(封存规模)的潜力很大(IEA,2014)。这种封存潜力可能并不与所有大型二氧化碳排放源位于同一地点,因此需要通过管道或船舶对某些排放源的二氧化碳进行大规模、长距离运输。碳捕获和封存预计将为缓解气候变暖而使气温升高控制在 2℃ 以内所需的减排量贡献约 14% 的份额(IPCC,2005)。提高到该水平的主要障碍涉及地质(如场地地质特征)、法规(如难以获得许可)以及实际风险和感知风险(如诱发地震、二氧化碳泄漏)。本章总结了地质封存方面的知识,并讨论了需要进行的研究,以确保安全可靠地封存每年数十亿吨人为排放的二氧化碳。

第二节 背景介绍:安全可靠的碳封存要求

一、适合封存的地质构造

沉积地层封存的可靠性有两个基本要求:第一是厚储层,通常是砂岩或碳酸盐岩,具有足够的孔隙度来封存大量二氧化碳(约 50~100 Mt/项目),以及足够的渗透率以适应有商业意义的注入速度;第二是盖层,通常由页岩组成,具有足够高的表面进入压力和足够低的渗透性,以在地质时期尺度内防止二氧化碳泄漏。除此之外,还要考虑现场的特殊要求,包括没有可渗透断层和裂缝贯穿盖层,已知且可能产生泄漏路径的井的数量少到理想状态,在注入期间可以避免压裂储层或盖层的良好地质力学条件,用于监测的合适条件,影响地下水的可能性较低,以及与现有土地和资源使用的兼容性。

封存的安全性也可以通过二次捕获机制来增强,这些机制能够随时间推移降低二氧化碳从储层泄漏的风险,包括溶解捕获(二氧化碳溶解到咸水中)、残余气捕获(注入后通过毛细管作用束缚),以及通过二氧化碳、咸水和岩石之间的地球化学相互作用碳矿化(Emami-Meybodi et al.,2015;Krevor et al.,2015;Talman,2015;Zhang and DePaolo,2017)。这些二次捕获机制的相对重要性具有高度场地特定性(图 7-2),应该使用先进的多物理、多尺度数值模拟模型进行评估。例如,在封闭的构造圈闭中(图 7-2 左图),由于二氧化碳运移距离不长,所以溶解捕获缓慢,残余气捕获最小。在水动力圈闭,如区域咸水层(图 7-2 中图),二氧化碳可能有相当长距离的水平运移。在这种情况下,由于二氧化碳暴露在大量充满水的岩石中,所以溶解捕获速度更快,残余气捕获作用广泛,矿化也可以增强。

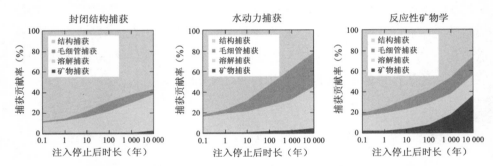

图 7-2　因场地的地质、建筑和水文地质情况差异很大的二次圈闭机制

注:这是以石英为主的硅质岩,与图 6-7 所示橄榄岩储层的结果形成对比。

资料来源:德·科宁克和本森(de Coninck and Benson,2014)。

在某些情况下,不同的二次捕获过程的组合可能足以在停止注入后的几十到几百年内完全避免任何未来风险,而在其他情况下,二氧化碳仍可能保持数千年的流动性。封存项目的工程设计可以通过注入井的优化配置,水的共同注入或顺序注入,随时间变化的注入速率,以及可能尚未开发的其他方法来加速捕获(Cameron and Durlofsky,2012;Ide et al.,2007;Pawar et al.,2015)。

二、建模与仿真

二氧化碳羽流运移、压力累积、地质力学效应和地球化学反应的可靠数值模拟是封存项目设计、优化与性能认定的必要条件。有人使用有限差分、有限体积或有限元方法对地下封存过程进行离散化,求解了一组描述地下过程的耦合非线性偏微分方程(DOE,2017b)。专有数据和公开数据都可以用于模拟地下过程。相互比较的研究表明,使用相似的空间和时间离散化、流体性质的热力学模型、与物理过程的成熟编码计算出的结果彼此非常一致(Class et al.,2009;Pruess et al.,2004)。然而,在实践中,由于这些问题的空间域大、时间范围长、物理性质多样,建模者使用了各种方法来使这些模拟更易于处理,包括使用简化的物理模型、粗化和非收敛的离散化(Nordbotten et al.,2013)。可以比较灵活地使用不同的方法来解决即便是简单的问题,结果发现在重要的模型输出(如羽流范围、羽流中心、羽流扩散和二氧化碳相分布)方面存在很大差异。由此得出的结论是,需要更好的建模工具以使模拟结果更符合实际(Nordbotten et al.,2012)。计算能力的快速增长与求解大量耦合非线性方程的先进算法相结合,提供了在几个领域取得快速进展的机会,可以支持将二氧化碳封存量扩大到Gt/年的规模。

值得一提的是,重要的物理和化学过程跨越了从纳米到千米的空间尺度,从毫秒到千年的时间尺度(图7-3)。因此,需要平均空间和时间来使模拟易于处理。体积平均属性通常依据经验参数设定,该经验参数是在短时间内对小样本进行的室内实验中获得的,实验设定的条件可能代表了封存项目的实际情况,也可能不具代表性。例如,相对渗透率用于对多重流体相(如二氧化碳和水)如何充满和流过岩石进行参数配置。由于实际原因,对这些参数进行测量时的流速通常比在封存项目期间实际实验的流速高得多。计算密集型、先进的孔隙网络模型和纳维尔·斯托克斯方程(Navier Stokes equations)在现实孔隙几何中的直接求解现在被用于减小流速差距。但仍然有许多工作要做(Abu-Al-Saud et al.,2017;Raeini et al.,2018)。类似的考虑适用于计算储层中发生的地球化学过程的反应速率常数(Zhang and DePaolo,2017),或咸水层中对流溶解开始的参数(Riaz et al.，2006)。为了协调这些挑战，需要多尺度、多物理建模来弥补尺度之间的差距，以精确设定模型参数。实现这一目标所需的超级计算机和实验工具(如美国能源部光源实验室)正在迅速改进，如果有足够的支持，预计会快速取得进展。缺乏对地下地质特征的充分描述也是模拟二氧化碳地下封存过程的主要挑战。关于地下的信息可从岩屑、地球物理测井、地震勘探和多种附加技术中获得。然而，地下的完整高清模型仅在钻井本身可用，井间的一切都需要通过地震勘探或其他类型的地球物理成像技术来间接推断。为处理因缺乏完整信息导致的不确定性，可以使用概率地理统计方法来表征地下情况[见如科尔斯和张(Caers and Zhang，2004)，基塔尼迪斯(Kitanidis，1997)的研究]。随机模拟则被用于获得羽流运移、捕获比例和封存容量的概率估计。

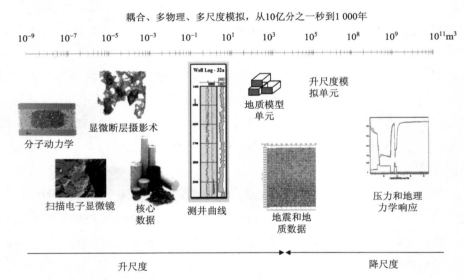

耦合、多物理、多尺度模拟，从10亿分之一秒到1 000年

图 7-3　二氧化碳地质封存的大量相关空间尺度和相关过程

资料来源：改编自与哈姆迪·切勒皮(Hamdi Tchelepi)的个人交流(2018 年 5 月)。

必须指出的是，预测羽流运移的替代方法已得到了开发，即所谓的简化物理模型，它保留了许多关键过程，但需要的数据更少，计算强度也要小得多(MacMinn et al.，2012；Nordbotten et al.，2005；Szulczewski et al.，2012)。简化的物理模型虽然不能代替包含了地质环境的真实信息的复杂模型，但它们提供了有用的信息和对二氧化碳从注入井、残余捕获、溶解捕获中运移的距离的初步估算。该模型还被用于对美国几个盆地进行动态容量估算（Szulczewski et al.，2012）。

最后，在目前的实践中，模拟模型以迭代方式与监测数据一起使用，迭代中通过与历史数据进行匹配以对模型进行校准。从已有的大型项目和数十个试点项目中可以看出，经过校准的模型在地质封存项目中应用效果较好，至少在注入期的几十年内较好。

三、监测

为了确保封存工程的安全、有效，需要跟踪封存二氧化碳羽流的位置，测量储层内及其上方的压力积聚，确认注入井或穿透储层的其他井中是否存在泄漏，并查找是否泄漏到地下水中。监测要求或指南是二氧化碳封存项目政府法规的关键部分［见如美国环境保护署（EPA，2010）］。许多试点试验和商业运营都展示了多种监测技术。地震成像是追踪二氧化碳羽流位置的最常用监测方法（Ajo-Franklin et al.，2013；Hovorka et al.，2006；Ivanova et al.，2012；Jenkins et al.，2015；Pevzner et al.，2011；White，2013）。图 7-4 是应用地震成像技术跟踪二氧化碳羽流位置的示例。数据表明，二氧化碳被圈闭在盖层之下，储层内的几个页岩层起到阻隔作用。图像显示，二氧化碳在盖层之下沿着与盖层起伏度吻合的南北轴线移动。

在储层的注入井和监测井及其上方的含水层中可以测量压力累积情况。注入井压力数据用于确保压力不会增至导致盖层破裂的水平（EPA，2010）。监测井压力数据可以用于评估整个储层的压力累积程度，这对于理解"审查区域"[①]和预测同一储层中的多个封存项目如何相互作用很重要。垂直分布的井下压力传感器也可以用于跟踪羽流的迁移（Strandli and Benson，2013；Strandli et al.，2014）。在储层上部测得的压力变化是二氧化碳是否泄漏到上覆含水层的高度敏感指标（Kim and Hosseini，2014；Meckel et al.，2013）。

325

---

① 地质封存项目周围区域的地下水源可能因注入活动而受到危害。使用计算模型对审查区域进行了描述，计算模型解释了注入的二氧化碳流和置换流体的所有阶段的物理及化学属性，这基于现场特征、监测和运行数据的可得性（EPA，2013）。

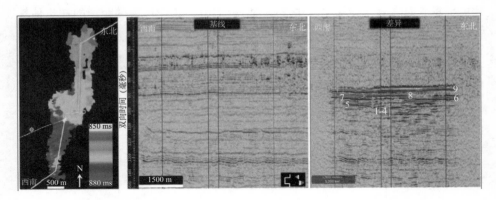

图 7-4　斯莱普内尔项目的地震图像显示了二氧化碳羽流的位置，

密封层下的防渗漏层，以及密封层下方最上层羽流位置的解释"地图"*

资料来源:弗瑞尔等(Furre et al.,2017)。

利用干涉合成孔径雷达(interferometric synthetic aperture radar,InSAR)卫星图像监测地表变形,成功地监测了因二氧化碳注入引起压力增加的地质力学响应。这项技术首先在阿尔及利亚的因萨拉(In Salah)油田使用,在那里检测到厘米级的隆起,并用于推断盖层中是否存在断层(Vasco et al.,2010)。这项技术最适用于 10 年内,有证据表明地震事件与油田地下注入盐水有关,在较小程度上也与用于采油和天然气的页岩水力压裂有关(Ellsworth,2013;Langenbruch and Zoback,2016;Walsh and Zoback,2015)。这些事件大多在地表感觉不到,但用地面检波器阵列或埋在地下的检波器可以探测到。二氧化碳注入导致的压力升高所引起的地震事件也需要进行监测,以确保它们不会对地质结构、人员或储层的完整性造成危险。表 7-1 总结了与地质封存和提高采收率项目相关的微地震事件信息。需要注意的是,微地震事件在地表感觉不到,也不需要灵敏的仪器来检测和定位。如表 7-1 所示,大多数微地震事件小于 M2,并且用检波器的钻孔阵列进行了最可靠的测量。微地震事件的震源定位需要多个检波器。

监测方法也可以用于检测泄漏到地面的二氧化碳。许多这类技术都借鉴了研究陆地环境中碳循环的生态系统科学,如涡流协方差(Lewicki et al.,2010),

---

* 彩图请见彩插。

通量累积室,用于测量移动或静止平台^{13}C 和^{12}C 同位素的光腔衰荡光谱仪(Krevor et al.,2010),开放式激光雷达探测系统、土壤气体采样(Fessenden et al.,2010),以及机载和静止平台植物应力的高光谱成像(Male et al.,2010;Rouse et al.,2010)。此外,红外探测器也广泛用于探测和测量空气中的二氧化碳,且常用于确保二氧化碳源周边的安全性。蒙大拿州的零排放研究与技术协作实验表明,用上述几种方法可检测面积为 500 m^2 区域分布的 100 kg/d 的泄漏(Spangler et al.,2010)。

表 7-1 在注入二氧化碳用于封存或提高石油采收率现场测量的微地震事件

场地	类型	操作	监控	观察结果
安奈斯(美国)	CO$_2$-EOR		钻孔微震	震级:M1.2~M0.8 频率:一年内发生 3 800 次。两个类似断层的群集
科迪尔(美国)	CO$_2$-EOR		区域负排放技术	6 年内发生 1 起 M4.4 事件和 18 起 M3+事件。附近无重大地震活动,操作类似
温伯恩(加拿大)	CO$_2$-EOR	2000 年至今 3 Mt Pa	钻孔微震	震级:M3~M1。频率:7 年 100 次。地点分散
迪凯特(美国)	二氧化碳注入	2011 年至 2014 年 1Mt Pa	钻孔微震与地面阵列	震级:M2~M1 频率:1.8 年内 10 123 次。多个类似断层的群集
因萨拉(阿尔及利亚)	二氧化碳注入	2004 年至今 1 Mt Pa	浅孔微震	震级:M 至 M1.7 频率:1 年以上 10 000 次。显示了压裂刺激
奎斯特(加拿大)	二氧化碳注入	2015 年至今 1 Mt Pa	钻孔微震阵列	地下局部震源区<100 次微震事件

资料来源:美国能源部(DOE,2017c)。

地下水监测也可用于检测泄漏的二氧化碳。现场实验采用了几种方法直接监测二氧化碳或间接监测地下水中新的化学物质(Anderson et al.,2017;Hovorka et al.,2006;Jenkins et al.,2012;Romanak et al.,2012;Yang et al.,2013)。

新的取样方法已经得到开发,用于获得可代表地下情况的加压样品(Freifeld et al.,2005)。示踪剂也被用于跟踪水和(或)溶解的二氧化碳的运动,包括全氟碳化合物和荧光素（Kharaka et al. ，2009；Ringrose et al. ，2009；Würdemann et al. ，2010）。由于流体取样和分析的高成本及劳动密集型性质，地球化学分析主要用作开发研究工具。

四、沉积岩可靠封存的期望与要求

在沉积岩中封存二氧化碳的经验，与首次在《政府间气候变化专门委员会关于二氧化碳捕获与封存的特别报告》中综合的专家意见相一致（IPCC，2005，p. 12）：

根据现有的地下信息选择合适的场地，制订监测计划来发现问题，建立监管体系，并适当使用补救方法来阻止或控制二氧化碳的释放，地质封存给当地带来的健康、安全和环境风险，将与当前天然气储存、提高石油采收率和酸性气体深层地下处置等活动的风险相当。

如表 7-2 所总结的，以上陈述的基础是满足若干要求以确保安全可靠封存的需求（Benson et al. ，2005，2012；de Coninck and Benson，2014）。

表 7-2　沉积岩中超临界二氧化碳安全可靠封存的要求

要求	目标
基本封存和泄漏机制	对多相流、界面过程、岩石—水—二氧化碳反应、二次捕获机制、压力累积和密封过程有扎实的科学理解和预测能力。在长达千年的所有时间尺度上对耦合过程的多物理、多尺度建模
场地表征、选址和风险评估	地质、水文地质、地质力学和地球化学特征。评估封存能力、封存潜力及其对地下水、自然资源和人类的环境风险
封存工程	注入操作、压力管理、羽流控制和二次捕获加速的设计
安全操作	应用最佳实践并进行操作，以最大限度地降低工人受伤、不受控制的二氧化碳排放和散逸性排放的风险
监测	监测以跟踪羽流向地下水或大气运移、泄漏；确保井的完整性、控制压力积聚，避免对生态系统造成影响并保证公共安全
应急计划及整改	在二氧化碳意外排放到大气中或泄漏到地下水中时，以及为控制公共危害而计划和执行的行动
监督管制	政府对项目的有效监督，以确保二氧化碳封存项目所有方面的尽职调查和问责
财务责任	与财务预留共担风险，以确保在项目关闭后需要补救的情况下资金充足
公众参与和支持	与二氧化碳封存项目附近社区进行有效沟通、咨询，并获得其支持

第三节　深层沉积岩的封存经验

向沉积岩中注入二氧化碳开始于 20 世纪 70 年代,主要是为了提高石油采收率。然而,斯莱普内尔咸水层封存项目为封存人为排放的二氧化碳以减缓气候变暖奠定了基础。自 1996 年以来,该项目每年在海平面以下 800~1 000 m 深处的离岸地层中封存约 100 Mt 二氧化碳(Furre et al. ,2017)。该项目已证明,商业规模的二氧化碳可以安全地封存在低渗透性页岩盖层下的可渗透砂岩地层中。它还为促进对二氧化碳在地下运移的理解,以及利用地震成像跟踪羽流提供了丰富的经验和数据。

包括"斯莱普内尔咸水层封存项目"在内,已经有 6 个商业规模的咸水层封存项目(表 7-3),其中 4 个目前正在成功运营,每年共封存 4.2 Mt 二氧化碳。328

表 7-3　大型咸水层二氧化碳封存项目

项目名称	地点	存续时间	碳封存量(Mt/年)
斯莱普内尔	挪威近海	1996 年至今	1
因萨拉	阿尔及利亚	2004~2010 年	0.7
斯诺赫维特	挪威近海	2008 年至今	1
迪凯特	美国伊利诺伊州	2011~2014 年 2017 年至今	0.3 1
奎斯特	加拿大艾伯塔省	2015 年至今	1.2
戈尔贡	澳大利亚西澳大利亚州	?	3.4

资料来源:全球碳捕集与封存研究院(GCCSI,2017)。

澳大利亚西北部地区的戈尔贡(Gorgon)项目是目前最大的咸水层封存项目,预计每年封存二氧化碳的量为 3~4 Mt,即将开始运营(Flett et al. ,2009)。因萨拉(In Salah)和斯诺赫维特(Snohvit)项目的注入能力不足(Eiken et al. ,2011)。因萨拉项目由于二氧化碳注入过程中产生的压力过大及伴随发生的意外地质力学变形而暂停(Eiken et al. ,2011;Rutqvist et al. ,2010;Vasco et al. ,2010);斯诺赫维特项目则通过注入的间隔不同,弥补了注入能力不足的问题。

此外,美国的 125 个二氧化碳提高驱油采收率项目在向正在枯竭的油藏每年注入 Mt 级的二氧化碳(EPA,2016a)。每年有约 21 Mt 人为排放的二氧化碳被捕获(EPA,2016a),以能从储层中有效地提取。一部分注入的二氧化碳会再次生成二氧化碳,但会被立即分离,经再压缩注入地下。除非在提高石油采收率项目完成后有意将注入的二氧化碳,从储层中移除,否则注入储层的几乎所有二氧化碳,在项目寿命期内都将留在地下。仅在美国,通过二氧化碳提高驱油采收率技术就可以开采 1 000 亿桶石油(Kuuskraa,2013),这不包括残油区的产量。按照每吨二氧化碳约 3 桶石油的行业标准比例,相当于约 30 Gt 二氧化碳被封存在枯竭的油藏中(IEA,2015a;Kuuskraa,2013)。使用旨在协同碳封存和采收率的先进的二氧化碳提高驱油采收率技术,注入的二氧化碳与产出的石油的比例可以增加两倍或更多,从而使封存潜力大于 90 Gt 二氧化碳。

330

第四节　潜在影响

据估计,全球沉积地层的碳封存潜力约为数千 Gt 到 25 000 Gt(Benson et al.,2005,2012)。这些估计值如此巨大,使得潜在封存地点与大型排放源的地理分布和相邻位置,以及碳封存的潜在速度成为更突出的问题。如果二氧化碳是从集中碳源捕集的,最好在附近的储层将其封存,以避免长距离运输的复杂性和成本的增加。因此,可投资的储存量可能只是总体评估的一小部分,而运输距离等因素可能会影响到哪些地点被优先开发。图 7-5 显示了富有前景(深灰色)和有前景(中灰色)的沉积盆地位置。直接空气捕获的一个主要优点是,二氧化碳可以在最佳封存地点附近捕集,以充分利用所有可用的封存容量,从而避免因与大型排放源处于相邻位置而受到的限制。

美国能源部和美国地质调查局对沉积盆地的二氧化碳封存潜力进行了测算。美国地质调查局使用基于地质的概率评估方法,估计地下二氧化碳封存能力约为 3 000 Gt,这个封存能力在技术上可以在沿海地区和州水域以下实现(U. S. Geological Survey,2013)。这一数字是美国 2011 年与能源相关的二氧化碳年排放量(5.5 Gt)的 500 倍以上。美国能源部基于与美国地质调查局类似的

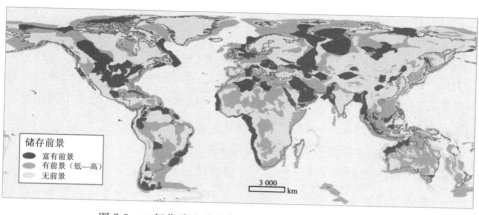

图 7-5　二氧化碳地质封存前景较好的沉积盆地位置*

资料来源：布德拉肖和丹斯（Bradshaw and Dance，2005）。

方法提出了 2 600～22 000 Gt 二氧化碳的评估结果（DOE，2015b）。

虽然在地质封存潜力的全球统一评估方面做了大量工作，但这些评估中确定的地下孔隙空间有多少实际可用，仍存在许多不确定性（Bachu，2015）。压力积聚和相关风险是封存能力的主要限制因素之一（Birkholzer et al.，2009）。出于该原因，一些人认为容量处于估值范围的下限（Ehlig-Economides and Economides，2010；Zoback and Gorelick，2012）。压力积聚限制封存能力的程度可以用动态容量来描述，动态容量受到最大注入速率的约束，该速率将避免地质地层中形成过度压力。动态容量与场地和环境有关（如其他人是否也使用地层进行封存），并取决于是否实施主动的压力管理（如卤水提取以抵消二氧化碳注入造成的压力积聚）（Buscheck et al.，2012）。只有当更多商业规模的项目得到实施时，我们才能完善这些评估，并获得对这些封存资源的实现程度的信心。

封存的每吨二氧化碳的足迹具有高度的场地特异性，这取决于储层和盖层的结构、岩石的岩石物理（petrophysical）性质、储层压力和温度以及二次捕获的程度。例如，斯莱普内尔的碳足迹为 1～3 t/m² （Furre et al.，2017）。而在较薄的储层，这一数值会大大减少。各种封存场地的合理范围为 0.5～5.0 t/m²。

---

　　* 彩图请见彩插。

　　要决定一个预先选定的地点是否适合一个实际项目，需要将封存地层的属性与排放源相匹配。换言之，比如，静态容量为 5 Gt 的封存储层对碳捕获与封存的投资决策只能提供有限的指导。碳捕获和封存的投资者需要有信心，例如，一个封存储层有 20 万 t 二氧化碳/年的容量，持续 25 年，在持久性、成本和运营许可证方面的风险水平是可以接受的。一系列技术和非技术风险及不确定性限制了对可投资储层的评估（与静态评估相比），包括：

- 密封性：盖层封闭能力的验证以及无断裂穿过盖层；
- 单位表征成本：可得性、勘探和容量评估以及成本；
- 单位封存成本：主要是钻井成本和总成本，这取决于初始注入率和下降速率，以及井的测量、监测和核查（measuring, monitoring and verification, MMV）；
- 封场和放弃：技术标准、持续的监测和核查需求以及债务减免。

　　这些风险是盆地风险、流域风险和管辖权独立风险，因此实践的方法和建议可能因环境而异。

　　去风险化和探明储存容量需要传统的勘探、评估和油田开发规划等活动，这些是油气运营商和油气服务公司的领域。这些活动包括钻井、抗震和延长试井，完成一个项目需要大量时间（几年）和超过 1 亿美元的成本。油气行业和服务提供商的密切合作和参与将为这方面的研究提供宝贵的指导及建议。这些指导及建议应该延伸到对目前地质封存潜力或容量评估的有效性提出看法。

第五节　深层沉积盆地的封存成本

　　在沉积岩中封存二氧化碳的成本是基于上述项目的经验以及基于情景评估模型估算的结果。估计值为 1～18 美元/t 二氧化碳（2013 年美元；表 7-4）。美国能源部最近的估算成本范围为 7～13 美元/t 二氧化碳。估值范围反映了地质封存项目具有高度的场地特定性，其主要变量包括地层深度、所需注入井的数量、现有土地用途和部署监测计划的难易程度。附录 F 提供了关于压缩、钻井和完成注入以及管道运输的额外成本信息。

　　表 7-4 中的成本估算包括钻井、注入、监测、维修、报告、土地征用和许可以

及其他附带成本。它们不包括与修复活动相关的成本，比如在发生泄漏、地下水污染或主动压力管理诱发地震风险情况下需要的成本（Brunner and Neele，2017；Kuuskraa，2009；Zahasky and Benson，2016）。正确的设计和操作应该避开这些风险，所以这里没有包括与补救相关的成本。

表 7-4 深层沉积盆地封存的全部成本汇编

研究	低估值（2013 年美元/t CO$_2$）	高估值（2013 年美元/t CO$_2$）
IPCC（2005）	1	12
ZEP（2011）	2	18
DOE（2014）	7	13
GCCSI（2011）	6	13

注：以上估值不包括压缩成本（附录 F）。

资料来源：鲁宾等（Rubin et al.，2015）。

第六节 法规、最佳实践和标准

在美国，每年有超过 2.5 Gt 的盐水被注入地下深处进行处置（EPA，2018）。这些经验为在沉积盆地中实现安全可靠的超临界二氧化碳封存提供了技术、管理和监管方法方面的实质性基础。美国制定了在咸水层中封存二氧化碳的法规，涵盖了选址、井的建设、监测和风险管理等问题，尤其是对所谓的审查区域中存在的活跃或废弃井进行风险管理（EPA，2010）。在油田中注入（二氧化碳）受到不同要求的监管（EPA，2018）。这些法规通过《美国国家环境保护局地下注入控制计划》（*U. S. Environmental Protection Agency's Underground Injection Control Program*）颁布，旨在保护淡水资源。

（国际上）为二氧化碳捕集与封存项目清单核算制定了跟踪和报告温室气体排放的国际准则（IPCC，2006）。此外，国际标准化组织还制定了二氧化碳捕集、运输和地质封存相关活动的标准，包括项目的设计、施工和运行，监测和核查，环境规划和管理，以及风险管理（ISO/TC 265，2011）。最后，美国能源部制定了最佳实践手册，内容包括场地筛选、选址和鉴定（DOE，2017d），公众监督，核查和会计(DOE,2017g),推广和教育(DOE,2017b),运营(DOE,2017f),风险管理和模拟(DOE,2017e),以及储层分类(DOE,2010)。随着新商业项目的实施,这些监管方法和实践可能会随着经验的增长而发展。

尽管在制定二氧化碳捕获与封存的法律和监管框架方面已经做了大量工作(Dixon et al.,2015),但对于深层地层中二氧化碳封存、监管和法律框架方面仍然存在一些挑战和未解决的问题,包括:

(1)长期负债的财务责任:埋藏在深层地质构造中的二氧化碳预计将在超临界阶段持续数百年至几千年或更长时间。尽管由于二次捕获机制和项目后期的压力降低,发生泄漏或其他环境危害的风险预计会随着时间的推移而降低,但仍然有一些二氧化碳可能会泄漏出储层。项目关闭后,由谁负责监控和整改,整改时间多长,机制如何? 虽然有人提出用债券、共享风险池和保险作为解决这个问题的方案,但由于这项技术还处于早期阶段,这些解决方案尚不成熟[见如杰勒德和威尔逊的研究(Gerard and Wilson,2009)]。这个问题在一些地下属于政府"所有"的地区则没有那么突出,政府将承担责任,保证二氧化碳持续封存。在财务责任问题上缺乏明确性是扩大深层地质构造中二氧化碳封存规模的最大障碍之一(Davies et al.,2013)。

(2)孔隙空间所有权:谁可以授予地下孔隙空间封存二氧化碳的权利,这取决于界定矿权、水权、地表权和其他有益土地使用的国家和地方法律。需要澄清可能存在冲突的权利以加快提升二氧化碳封存的规模。全面的二氧化碳封存项目的巨大足迹可能延伸 $100 \ km^2$ 或更多,将会带来额外的问题。聚合十几个到数百个土地所有者的使用权可能既费时又昂贵。当土地所有者希望利用他们的地下孔隙空间进行封存时,或者如果人们不支持该项目,石油和天然气行业可能需要采取法律措施,如统一管理(在共同的经营制度下管理相邻土地),而这样做的规则在美国各州并不相同。

(3)监管障碍:正如预期的那样,当颁布新的监管要求时,一些条款对运营者来说太具有挑战性或者太昂贵。例如,过于规范的监管程序无法为运营者提供根据现场特性而灵活制定的监测方案,从二氧化碳提高驱油采收率项目过渡到封存项目的规则;美国各州的条款与国家条款相冲突。

随着时间的推移,以上问题都是可以解决的,较成熟的矿物和资源开采活动实践证明了这一点。然而,坚持使用科学方法来评估风险、管理风险和更新法规,对于支持这项 Gt 规模的技术部署至关重要。

第七节　研究议程

一、主要研究内容

将全球深层沉积地层中的二氧化碳封存规模扩大到 5～10 Mt/年是一项艰巨的任务,需要通过研究以确保其安全可靠地实施。从长远来看,在深层地层中进行 5～10 Mt/年的二氧化碳封存需要将目前的封存行动放大 100 倍以上,并假设全球石油生产产值为每年 2 万亿美元。地质构造的巨大封存潜力,加上地质储存的永久性质,使我们有理由在研发方面投入大量资金。一百多年的油气作业为继续扩大油气储层和咸水层地质封存项目提供了足够的知识基础。将边做边学作为能力建设和知识创造的关键组成部分,封存规模将逐步扩大。然而,如果要将这项技术扩展到每年 Gt 规模及以上,就需要更密集地使用封存资源,而这取决于评估风险、选择场地和保证其安全性和有效性的更好的信息。未来十年的研究议程旨在发展所需的科学和工程知识,以评估在何种条件下,可能在深层地质构造中每年封存 Gt 规模的二氧化碳,以及研究让当地社区和公众参与地质封存的最佳实践。

主要研究需求总结如下,其成本见表 7-5。其中一些需求来自现有封存项目或类似作业的经验,如大规模注水或天然气储存。另外一些需求则来自数百年到千年时间尺度上预测复杂耦合多物理、多尺度过程的结果。所有这些研究对于将碳封存规模扩大到每年 Gt 规模的水平至关重要。

在未来十年内,预计将有大量新项目在 45Q 规则下部署。45Q 规则是一项新的税收激励措施,二氧化碳提高驱油采收率为 35 美元/t,咸水层封存为 50 美元/t[①]。这为研发界提供了一个与工业界合作的巨大机会,以获得 Mt 规模封存

---

① 见 http://uscode. house. gov/view. xhtml? req＝(title:26％20section:45Q％20edition:prelim) (2019 年 1 月 28 日访问)。

336 的实际经验。事实上,许多研究需求只能通过与工业界合作来满足,这有助于对场地特性和基础设施进行大量投资,以及在现实项目的背景下进行知识的双向转移。

这些研究需求虽然主要是在美国的背景下提出的,但它们涉及有价值的基础知识,这些知识可通过国际合作转移到世界各个地区。

在过去的十年间,很多这样的研究课题在某种程度上得到了美国能源部、美国内政部、美国环境保护署和美国国家科学基金会的支持。支持对发电和工业过程中使用化石燃料造成的排放进行封存,这方面已经取得重大进展。本研究议程的设计要么是对现有项目的补充,要么是对当前某些主题的进一步强化。当考虑几十年、一个世纪甚至更长时间内每年数 Gt 规模的二氧化碳负排放前景时,就会出现这种需求。在深层地质构造中封存以实现负排放带来了独特的挑战,原因是:①二氧化碳可能在缺乏大排放源的区域,即尚未成为当前调查重点的区域进行封存;②为实现负排放目的而大规模使用深层地质构造,可能使地质封存总量增加一倍、两倍(或更多)。这种大规模的地质封存将需要更密集的资源利用和对新封存资源的开发,这种资源可能依赖仍处于起步阶段的先进油藏工程实践,例如,加速二次圈闭机制和储层压力管理。这些活动将支持化石燃料的净排放和封存。

1. 诱发地震风险的量化与管理

在过去五年中,在历史地震活动频率较低的地区(主要是美国中西部)发生了数量空前的诱发地震事件。值得注意的是,俄克拉何马州的地震数量和震级都快速增加(Walsh and Zoback,2015)。这些事件主要归因于将油田卤水注入咸水层中(Keranen et al. ,2014)增加了孔隙压力,有时导致严重的应力断层滑动。将盐水直接注入破裂基岩上方的含水层中的行为导致了数量最多、规模最大的地震。少数诱发地震则是水力压裂所致(Ellsworth,2013)。虽然大多数地震震级都很小,但有些事件大到足以造成危害,最严重的可能造成财产损失。一337 些人认为,在深层咸水层中封存之所以会带来类似的风险,是因为与高速率注入大量二氧化碳相关的广泛压力积聚(Zoback and Gorelick,2012)。

目前的信息和知识不足以区分低风险场地和高风险场地,特别是对于直接位于基岩上方的咸水层封存来说。沿基底断层滑动时,诱发地震事件的敏感性在两个数量级以上,而目前的知识空白阻碍了对那些诱发地震事件敏感地区的预测。此外,虽然许多地点由于二氧化碳注入而发生了大量微地震(地表没有感觉到)事件,但这些事件是否可能发生更大的事件尚不确定,需要对其进行研究,以更好地理解加压引起的滑移机制、风险和后果,以及基底岩石中预先存在的与裂缝相关的地震活动。此外,在选择封存地点之前,需要通过现场测试以量化风险。例如,在注入流体过程中测量的压力瞬变通常用于测量地层的渗透率。类似的测试可以用于解决诱发地震事件的敏感性问题。该信息可用于开发一种方法,用于选择低风险地点和(或)管理注入速率,以限制诱发地震事件发生。

　　一些二氧化碳封存地点发生了地震,尤其是阿尔及利亚的因萨拉项目和伊利诺伊州的迪凯特项目。地震震级很小($<M1$),地表感觉不到或对地表没有造成任何损坏。其他封存项目没有引起任何可检测到的地震事件,即使是向结晶基底岩石上方的基底含水层注入时。需要评估发生有害地震的可能性和程度,当到达这种程度时需要谨慎地排除某些地点会影响封存能力。具体研究方向包括:

- 了解为什么一些二氧化碳封存场所会发生诱发地震,而其他场所则不会;
- 利用可用的最佳模型和数据评估预选场地的潜力,以避免发生诱发地震;
- 在项目投入前开展短期测试以评估发生诱发地震的风险;
- 理解诱发地震对封存潜力评估和注入率的影响;
- 制定缓解措施以最大限度地降低风险,如咸水抽采、注入压力管理,或顶部和底部密封;
- 认识断层滑动会增加储层渗漏的可能性。

338

2. 提高场地表征和选择方法的有效性

　　场地表征和选择可以说是沉积岩中安全可靠地封存二氧化碳的最重要因素,但它所构成的挑战超出了油气勘探和生产所需的范围。扩大商业碳封存项目相关的研究需求包括:

- 开发和论证储层和密封性的有效方法。50~100 Mt 规模的封存地点需要鉴定和评价的区域可能约为 $100~km^2$,甚至可以与大型油气田相比。只要所有的数据都能提供给公众,这项工作应该与工业界合作进行。

339

表 7-5　地质封存研究议题的成本和构成

	推荐研究	估计研究预算（万美元/年）	时间（年）	理由
	降低地震风险	5 000	10	建议的预算允许在美国不同地区进行 3 次试验,每次试验的成本约为每年 1 500 万美元,为期 10 年。具体区域的项目每年将得到 500 万美元预算,以支持模型开发,实验室研究,新数据采集和现有数据集分析。本研究将提高对地质封存点系统发生诱发地震危害性的认识,开发评估和减轻地震风险的方法,通过评估诱发地震风险高的地点未来提高容量估计,并帮助量化断层滑动造成泄漏风险
基础研究/开发	改进二次捕获的预测及加速二次捕获的方法	2 500	10	该研究项目将支持为期 10 年的多研究团队进行大规模实验,旨在量化自然捕获和加速捕获来注入 CO_2,后对其固定有效性。该实验需要结合现场试验,多尺度,多物理过程的理解,可靠地预测和验证其有效性,并开发演示加速二次捕获 CO_2 的方法
	改进性能预测和确认的仿真模型	1 000	10	该计划将支持 2~3 个研究团队开发改进的仿真模型,用于预测 CO_2 在地下的去向和扩散,特别是地层非均质性,二次捕获机制,地球化学反应,对 CO_2 注入从纳米到盆地级的相关尺度上。在这些尺度下的耦合作用会被开发出来,仿真模型将建立起来,以确保油藏和更大尺度的模型准确地包含注入作业期间和注入后影响羽流迁移的相关物理过程
开发/实证	提高场地特征和选择的效率及准确性	4 500	10	与专业界合作,开发和测试表征新场地的创新方法。该项目可以通过将碳捕获保障设施企业(CarbonSAFE)项目扩大至包括 2 个封存地点的相关工作。通常需要约 1 亿美元评估地的适用性,项目扩存量为 2 000 万 t CO_2 的场地来实施,从而协助美国各州和商业实体确定适合大规模部署的地点(4 个项目,为期 10 年)。从该项目中收集所需的数据库,大学等将公开提供。该(EDX)平台,美国国家数据调查局,大学数据档案和联合数据库(如 NatCarb)等平台公开提供。该计划将开发和演示以下内容所需的高效有用的方法:在大范围(约 100 km²,商业规模的 CO_2 封存项目)中鉴定地质封存下内容表征的知识,识别和描述密封盖石中断层的方法,以及表征地层非均质性和捕获的 CO_2 捕获相关的方法。建议的预算中每年 500 万美元将用于支持学术,实验室和工业界,开发可以在上述实地项目中测试的创新方法

	推荐研究	估计研究预算（万美元/年）	时间（年）	理由
开发/实证	完善监测工作，降低监测核查重成本	5 000	10	许多新的封存项目因因45Q规则可能会在未来10年内开发。这些项目为与工业界合作开发、测试和部署下一代商业项目综合监测系统提供了一个理想的机会。拟议的研究计划将优化综合监测4～6个项目，经费为每年500万～1 000万美元。这些合作项目将优化监测方法，以降低成本，提高质量，并获得关于实时的CO_2状态的实时信息。除了现场试验，每年1 000万美元的研究费用将用于支持基础研究，以开发和测试新方法来量化质量平衡、测量CO_2、饱和度和量化渗漏
	研究储层工程方法，共同优化CO_2提高驱油采收率和封存	5 000	10	开发和论证油藏管实践，共同优化CO_2封存、以实现油田作业期间的负排放。量化通过共同优化实现的负排放程度。提议与工业界合作进行两项现场实验，每项实验的预算为每年2 000万美元，以共同开发优化的新方法。每年1 000万美元支持学术界、国家实验室和行业共同研究，为期10年
应用	评估和管理受损的封存系统的风险	2 000	10	提高渗漏对地下水系和气带影响的认识。量化这些相互作用在多大程度上削弱了CO_2的运移，以及降低大气泄漏的风险
	社会科学研究，提高当地社区和公众的参与率	100	10	发现社区参与、实践规则和监管指南的最佳范例。提供教育材料，提高公众对地质封存对负排放的必要性、可能性、风险利益的认识

340

• 识别密封层中的断层，如果它们是可渗透的，就可能提供二氧化碳泄漏的路径。这种断层很难从地震成像中分辨出来。因萨拉和其他储层项目的经验表明，常规分析不能揭示通常称为亚地震波的小断层。在这种情况下，二氧化碳出乎意料地快速通过储层和应力突然增加，突出了裂缝的存在。需要更好的方法来检测具有较小偏移的断层。还需要改进地震数据的采集和处理方法，并与工业界合作进行现场试验。

• 对火成岩和变质岩基岩中可能产生诱发地震风险的断层进行成像。这种断层很少被成像，因为地震数据集被优化以对上覆资源丰富的沉积地层提供最高的分辨率。此外，由于断层的近垂直性质，加上缺乏地层标志来支持沉积岩中断层的检测，基底断层检测面临着挑战。重新分析现有数据集以识别基底断层，同时获取新的数据集以优化基底断层检测，将有助于开发基底断层检测的方法。这项工作可以与工业界合作完成，因为已经存在大量有用的数据，但目前无法访问。

• 获得关于储层非均质性的可靠信息，这对二次捕获机制有显著影响，可能是封存安全案例的重要组成部分。

• 开发可供研究机构和对封存项目感兴趣的私人开发商使用的公开可用的数据集。

• 扩大碳储存保障设施企业（CarbonSAFE）①等项目，将极具前景的封存场所纳入其中，在这些场所，生物能源碳捕获和储存与直接空气捕获是二氧化碳的可能来源。

3. 完善监测工作，降低监测核查成本

监测对于确定项目是否按设计执行至关重要。在过去的 20 年间，在调整和论证元件技术以跟踪羽流运移，和检测泄漏、地表变形、压力积聚、岩石—水—二氧化碳反应和其他因素方面，取得了令人印象深刻的进展。然而，在一些对大规

---

① 　碳储存保障设施企业（CarbonSAFE）计划项目的重点是开发地质储存场所，以储存来自工业的 5 000 万吨以上二氧化碳。碳储存保障设施企业计划项目将提高对项目筛选，选址，鉴定，基线监测、核查、会计（monitoring, verification, accounting, MVA）和评估程序的理解，以及为商业规模的项目正确申请许可，设计注入和监测战略提供所需的信息。这些努力将有助于开发预计到 2026 年可注入 5 000 万吨以上（二氧化碳）的储存场所。

模部署地质封存至关重要的领域仍然存在重要差距：

• 需要使用数学方法对多数据集耦合性能预测模型进行协同反演，以提供比单一数据集更多的信息。例如，很难仅用地震数据来测量羽流中二氧化碳饱和度的分布，但是使用三维储层模型对地震数据与电阻层析成像数据进行协同反演，可以提供关于饱和度分布的详细信息。

• 目前的监测方法可以识别储层中二氧化碳的位置并监测其泄漏。然而，通过更多关于二氧化碳饱和质量平衡的定量信息，可以使其得到改进。该信息可以校准和验证用于各种目的的模拟模型，包括资源优化、注入后羽流运移的预测以及执行标准。

• 适应性监测计划需要策略和技术，该计划针对特定地点，并对封存项目不断变化的需求和条件作出反应。需要足够灵活且符合目的的方法，以响应对项目不确定性和风险不断变化的理解。

• 如今，地震监测是跟踪二氧化碳封存位置的主要方法。这项调查需要密集劳动，耗费时间长且费用昂贵，因此每隔几年才进行一次。可以部署地震成像的替代方法，允许其连续采集和实时分析井下压力数据，从而实现对泄漏的监测和快速响应。

• 如果发生泄漏，需要采用先进的方法来定位和描述泄漏，以指导补救和合规操作。

4. 提高对二次捕获机制的信心，加快捕获速度

二次捕获机制可以看作是二氧化碳地质封存的一种保险策略。"二次"并不意味着这一机制是次要的，只是当油井泄漏或密封性能不符合预期时，它们才起到备用作用。二次捕获机制（如溶解捕获、毛细管捕获和矿物捕获）的优点是弥补密封或泄漏路径中的缺陷，这些缺陷是由穿透储层上方盖层的井筒造成的（详见本章第三节）。对于许多储层，泄漏的风险是比较低的，因此二次捕获机制并不重要。而对于另一些储层，二次捕获可能是确保储层适合封存的因素。当二次捕获机制是封存安全性的重要组成部分时，就有必要提高对它们是如何工作和如何加速的理解。需要开展研究，以提高对控制二次捕获的耦合、多尺度、多物理过程的理解，并可靠地预测和验证其有效性。例如，目前还不可能精确模拟几乎所有注入二氧化碳在注入后 1 000 年内的对流驱动溶解。一些研究模拟器

正在开始解决该问题,但商用模拟器既没有足够高的空间分辨率,也没有模拟这一问题所需的可靠高级数据(Riaz et al.,2006)。类似地,兰德(Land)捕获模型是为了用于水驱油藏而开发的(Land,1968)。由于二氧化碳溶于水,奥斯特瓦尔德熟化(Ostwald Ripening)有可能重新分配残留的二氧化碳,从而可能导致气体的重新活化(de Chalendar et al.,2018)。这种现象没有引起兰德捕获模型或当今任何其他可用的商用模拟器捕获模型的注意。同样,没有任何模型能够准确地模拟溶解捕获和毛细管捕获之间的耦合、矿物沉淀或溶解引起的润湿性变化与随之发生的二氧化碳再分配,以及受这些过程影响的二氧化碳羽流在千年尺度上的演化。

　　此外,一个很少探索的研究领域是加速二氧化碳二次捕获的机会。这种加速将限制二氧化碳羽流的扩散,缩短泄漏可能发生的时间,减少在井筒泄漏和密封质量差的情况下泄漏的二氧化碳量,并减少对风险管理活动的需求,如监测和维护的应急计划。

　　本研究活动需要理论、模拟、实验室和现场试验相结合。

5. 开发油藏工程方法以协同优化二氧化碳提高驱油采收率和封存

　　在油气储层中封存二氧化碳有可能实现碳中和或碳负活动,同时产生碳氢化合物,可以用于难以脱碳的领域(如航空运输)。此外,油气储层既有一个能明确长时间保留上浮气体的盖层,又有一个被广泛表征的储层。目前的二氧化碳提高驱油采收率项目旨在通过使每生产一桶石油注入油藏的二氧化碳量最小化来实现利润最大化。在一个重视二氧化碳封存的环境下,经济驱动力将发生变化,转向使石油生产和二氧化碳封存的收入达到共同提高。为了使这类项目实现碳负增长,必须大幅提高开采每桶石油所注入二氧化碳的比例。需要研究开发油藏工程方法,以共同优化二氧化碳封存和提高石油采收率,因为目前的二氧化碳提高驱油采收率方法不太可能仅仅通过增加二氧化碳注入量来有效封存更多的二氧化碳。采用现有的油藏工程方法提高二氧化碳的注入量,只会导致更多的二氧化碳循环利用,从而提高成本、降低效率。采用诸如水平井重力稳定注气等替代方案可以使二氧化碳循环最小化,提高原油采收率,同时增加二氧化碳封存效率和封存量。此外,传统的二氧化碳提高驱油采收率方法经被优化为混相采收(油和二氧化碳变成单相,因此更容易生产油),这仅适用于深层轻质原油。由于油藏的油成分、温度或压力,许多油藏并不适于混相采收,但它们仍然具有显著的封存能力。需要能协同优化不与二氧化碳相溶的油类的采收方法。另外,还需要能协同优化从残油区和过渡区(例如,对于初级生产或水驱的常规油采收操作而言,原油饱和度太低的区域)采收油类的方法(Koperna et al.,2006)。封存和协同优化的机会也存在于以下地方:①考虑重要基础设施因素而选择的近岸地层;②在一个位置具有多个不同的二氧化碳可封存区的堆叠地层;③通过在储层侧翼或主产层下方封存二氧化碳以提供压力支持的地层。

6. 评估和管理受损的封存系统的风险

必须更好地了解二氧化碳泄漏(尤其是泄漏到淡水含水层)的潜在影响。早在二氧化碳泄漏到大气中之前,它就从封存储层向上运移到陆地表面。在这个过程中,它会与地质系统(如岩石、地下水和微生物群)和人造材料(如套管和水泥)相互作用。这些相互作用可能会减少二氧化碳向大气的泄漏,从气候变化的角度来看,这是有益的,但也可能会产生负面影响,尤其是二氧化碳泄漏到含水层中会降低水的 pH 值,并改变地球化学平衡。在某些场所的某些条件下,可能会使砷等有害元素流动(Zheng et al.,2009)。与泄漏到地下有关的风险具有高度的场地特定性和地区性,尽管可能的后果未必会发生而且可以忽略,但仍然存在产生实质性影响的风险,其后果将取决于泄漏量、泄漏气体的组成(对于油田或气田封存,二氧化碳可能携带一些碳氢化合物),以及地下水文地质环境特征。需要对上述问题进行研究,以量化泄漏对深层、中层、浅层含水层以及渗流带的可能影响。

7. 改进仿真模型,用于性能预测和确认

模拟影响注入沉积岩的超临界二氧化碳的归宿和运移的多尺度、多物理、耦合过程,仍然是二氧化碳地质封存关键领域面临的重大挑战。场地选址、封存工程、风险评估和项目绩效确认都强烈依赖仿真模型的准确性。对于目前的地质封存仿真模型来说,特别具有挑战性的问题来自三个因素,即典型封存项目的占地面积非常大(100 km²);二氧化碳的热力学性质导致重力、浮力和黏性力之间的复杂耦合,并伴随着在咸水中的溶解及其与岩石的反应;封存的长期性,需要了解地质封存的二氧化碳在千年或更长时间尺度上的表现。

这些挑战需要处理非常大空间域上的地层非均质性,并寻找有效的方法来计算岩石平均性质的有效方法;模拟数百年到几千年时间尺度上的过程;量化不确定性;纳入耦合过程,包括扩散和对流传输,地质力学变形和诱发地震的相关风险,以及岩石—水—二氧化碳的反应动力学。为量化可能的结果和置信水平,需要对地下地质进行概率处理。重要的是,为了预测二氧化碳注入后的性能并支持监管部门对重要问题的决策,比如需要多长时间的监测,需要采用可靠的方法来整合有关二次捕获过程的知识。

8. 提高社区参与度,并向公众宣传深层二氧化碳地质封存的必要性、机会、风险和利益

由于公众的反对或监管,全球范围内一些大型碳捕获与封存示范项目被推迟、放弃或变换场地。任何研究议程都应该关注建立社区参与、实践规则和监管指南的最佳范例。公众和决策者应该了解地质封存的风险和利益。

二、研究议程的实施、成本和管理

实施上述研究议程需要数据、社区协调和资金。数据是研究的命脉,但许多相关数据很难获得,要么是因为它们分散在世界各地的实验室,要么是因为它们是专有的。尤其是石油和天然气行业,研究者收集了几十年来有关二氧化碳注入、封存、石油开采、咸水开采和其他过程的数据,然而,这些数据只有一小部分是可用的,而且使用受到一定的限制,比如不发布原始数据。同样,实验室分析、计算建模和监测方面的专业知识,以及封存项目的实际经验也存在于不同国家。然而,为了将二氧化碳封存在沉积地层中,我们需要共同努力来理解和开发有效的协同优化技术。一个虚拟数据储存库将促进必要的数据共享和协作。

上述预算反映出美国能源部 2017 年在深层地层中封存二氧化碳的预算(DOE,2018),以及为了负排放与封存相关的额外需要和特殊需求大幅增加。本研究支持在未来十年内,将深层沉积地层的二氧化碳封存规模提高到 100 Mt,然后是 Gt 规模。许多研究议程需要进行现场实验和测试。在大多数情况下,新井的钻探和完工成本大约为每口井 500 万美元,还必须要修建道路和电线

等基础设施,并且必须以通常 100 美元/t 的成本购买二氧化碳。与现有或计划中的工业项目密切合作有助于降低这些成本。然而,过去的经验表明,研究活动并不总是与行业计划及其优先事项保持一致。

美国能源部、美国国家科学基金会、美国环境保护署和美国内政部在综合性研究议程方面具有独特而重要的作用。此外,支持监管和土地使用决策的能力建设将受益于协调而严格的多机构研究计划。表 7-6 列出了美国联邦机构对满足研究需求和数据资源库的潜在贡献,并总结如下:

美国能源部:科学办公室和化石能源办公室在过去 20 年中一直支持地质封存的基础和应用研究。在能源部职权范围内的新研发需求包括:封存机制研究;二氧化碳在地下的归宿和运移的多尺度、多物理建模;开发储存工程方法,以优化和加速封存,协同优化碳氢化合物生产,降低实时监测成本,评估诱发地震的风险,并加快场地鉴定和选择。

美国国家科学基金会:在参与和应用与封存有关的地球过程的大学研究方面发挥着重要作用。水文、地球化学、地球物理、生物地球化学和社会科学的前沿进展,都关系到地质封存的有效性和可接受程度。此外,国家科学基金会还可以支持转化研究,例如,将最新的创新引入碳封存科学和工程,并能为行业与监管机构培养快速推广这项技术的能力。

表 7-6　美国联邦机构在研究需求和数据资源库方面的职责

研究需求	能源部	国家科学基金会	环境保护署	内政部
诱发地震	×	×		×
鉴定和选址	×		×	×
监测	×			
加速捕获		×		
提高石油采收率与封存的协同优化	×			
环境影响和风险评估	×		×	
模型开发	×	×		
数据资源库建设	×			

美国环境保护署:对场地选择和遵守操作、监测及报告要求方面进行监管,并为地质封存项目制定温室气体库存核算要求。该机构也关注风险,并可与美

国能源部和美国内政部合作，支持发展可靠的方法来评估、最小化和监测封存地点地下水污染的风险。该机构还与美国能源部合作，开发监测建模工作流程，以降低为满足监管要求而产生的持续成本。

美国内政部：美国地质调查局开展研究以提高对诱发地震活动的理解。此外，美国地质调查局和美国内政部土地管理局（Bureau of Land Management，BLM）在扩大地质封存规模方面都发挥了重要作用。美国地质调查局已经评估了美国沉积盆地的地质封存量（Blondes et al.，2013），并且在确定二氧化碳地质封存的潜在区域方面有很好的定位。美国地质调查局使用现实生活中的经验信息，持续更新对未来封存场地和封存资源规模的估计，这些信息将支持负排放技术部署达到每年 Gt 规模，并可以指导场地表征和选择。美国联邦土地需要用于实现 Gt 规模的年封存量，而土地管理局可以承担对其封存潜力的研究。

第八节　小结

每年有数千万吨二氧化碳被注入地下孔隙空间，主要是为了提高石油采收率。因此，人们常常想当然地认为，当经济上可行时，石油工业及其合作行业可以很容易地为二氧化碳提供无限的封存。然而，百万吨级油田提高石油采收率的项目与在深层咸水层中每年封存数十亿吨二氧化碳（项目）之间存在巨大差异。实施上述研究议程将获得必要的信息，以封存足够的二氧化碳，为温室气体减排做出重大贡献。该研究议程还将帮助项目经营者避免可能伤害人体健康，以及产生反对地质封存行为的次要影响。一些研究旨在减少二氧化碳储层上方地下水污染的可能性，即使是在那些存在其他难以察觉的泄漏的储层。其他研究旨在减少诱发地震的数量和规模，甚至通过详细的场地选择来避免发生诱发地震。前期的实验室与现场研究相结合的研究计划会为未来将深层地层中的二氧化碳封存扩大到每年 Gt 规模奠定基础。

第八章 总结

本章综合了各种负排放技术的影响潜力和研究议程,总结了委员会对美国和全球潜在二氧化碳去除率的评估,以及每种负排放技术的成本,并将每种负排放技术的研究建议合并为一份综合性的研究建议和一份研究优先事项列表。

委员会反复遇到这样一种观点,即在化石燃料排放的二氧化碳减少到接近零后,负排放技术将主要用于减少大气中的二氧化碳。与此相反,一旦人为排放达到低水平,减少二氧化碳的成本可能很高,因此减少排放与负排放可能会在很长一段时间内成为竞争对手,即使在全球净负排放持续期间也是如此。

结论 1:负排放技术应该被视为减排组合的一个组成部分,而不是只有在人为排放被消除之后才用于降低大气中二氧化碳浓度。

第一节 二氧化碳的影响

在第二章至第七章中,委员会根据目前的知识和技术开发水平,确定了安全、经济地实现二氧化碳去除和封存的潜在速率。"安全"指的是,委员会很有信心对于负排放技术的部署不会造成前面相关章节和本章所述的不利于社会、经济、环境的影响。"经济"意味着,部署二氧化碳的成本[①]将低于100美元/t(在某些情况下低于20美元/t)。正如前面所指出的,地质封存是一项支持性技术,其本身不是负排放技术。将基于燃烧的生物能源碳捕获和储存(BECCS)纳入已

[①]　委员会是指实现负排放的直接成本(如运营成本、劳动力成本)。所有负排放技术都有一整套间接成本(如对土地价值的影响),此类成本可能无法反映在直接成本估算中。

351 经准备好大规模部署的(技术)范畴,意味着委员会认为地质封存已经做好大规模部署的准备。

下列资料为这些估算的部署费用提供了背景:

• 根据美国环境保护署最近公布的数据,按照 2.5%～5% 的贴现率计算,2020 年的碳排放社会成本为 10～100 美元/t 二氧化碳,2050 年为 25～200 美元/t 二氧化碳(EPA,2016b);

• 截至 2018 年 7 月 19 日,欧盟碳市场的二氧化碳价格为 19.66 美元/t[①];

• 目前美国对碳捕获和封存的税收抵免为 50 美元/t 二氧化碳,即 45Q 规则[②];

• 根据加利福尼亚州低碳燃料标准,2018 年二氧化碳的平均价格约为 100 美元/t(Aines and Mcoy,2018);

• 结合 45Q 规则和最近宣布的根据加利福尼亚州低碳燃料标准(该标准将允许使用直接空气捕获的二氧化碳来制造燃料)公布的碳信用额度变化,二氧化碳价格约为 200 美元/t[③];

• 根据政府间气候变化专门委员会的最新报告(IPCC,2014b)中审查的几个综合评价模型估计,2100 年的二氧化碳价格超过 1 000 美元/t。

此外,100 美元/t 二氧化碳也约等于 1 美元/gal 汽油,因为燃烧 1 gal 汽油释放大约 10 kg 二氧化碳。

委员会对每种负排放技术和二氧化碳封存技术的评估分别见表 8-1 和 8-2。表中的负排放技术和封存方法显示了各种不同技术的成熟度。一些碳去除方法,如再造林,已经发展了几十年并且已经大规模部署。其他的碳去除方法,如增强碳矿化类型,则处于学术研究的早期阶段,尚未进行现场实验。一般来说,对尚未证明的技术所进行的成本估计比对大规模部署的技术所进行的成本估计推测性更强,风险也更大。然而,即使是相对成熟的负排放技术也可以从进一步的研究中受益,以降低成本和负面影响,并增加共同效益。

352

---

① 见 https://www.eex.com/en/market-data/environmental-markets/spot-market/european-emission-allowances#!/2018/07/19(2019 年 1 月 29 日查阅)。

② 见 https://www.law.cornell.edu/uscode/text/26/45Q(2019 年 1 月 29 日查阅)。

③ 见 https://www.arb.ca.gov/fuels/lcfs/lcfs.htm(2019 年 1 月 29 日查阅)。

表 8-1 负排放技术和相关指标综合表(委员会评估)

负排放技术	使用当前技术和理解下的潜在 CO_2 去除率(Gt CO_2/年)		使用当前技术和理解下的潜在容量(Gt CO_2)		所需土地(万 hm²)		大规模实施成本估算(美元/t CO_2)	其他影响
	美国	全球	美国	全球	美国	全球		
滨海蓝碳:年度碳埋藏	0.024~0.050[a]	0.13[b]~0.80[c]	0.26~4.0[a]	8[b]~65[c]	0	0	10[d]	多种共同效益;对土地和水下栖息地的竞争
陆地碳去除与封存:造林/再造林与森林管理	0.25[e]~0.6[f]	2.5[e]~9[f]	15~38[g]	1 125~570[g]	(300~400)[e] ~ (1 600~2 000)[f]	(7 000~9 000)[e]~ (35 000~ 50 000)[f]	15~50	高纬度地区变暖;降雨量少的地区减少水流
陆地碳去除与封存:提高土壤碳储量的农业活动	0.250[h]	3[h]	7[i]	90[i]	没有	没有	0~50	改善土壤健康和水土保持;提高作物产量;可能会增加 N_2O 排放
生物能源碳捕获和储存	0.5[j]~1.5[k]	(3.5~5.2)[j]~ (10~15)[k]	受限于地质储存量(电力)或可用生物质(燃料)限制	受限于地质储存量(电力)或可用生物质(燃料)限制	0[j]~7 800[k]	0[j]~(38 000~ 70 000)[k]	电力:70 燃料:37~132	原料生产的生物物理影响
直接空气捕获:基于溶剂和吸附剂的方法	0[l]	0[l]	受限于经济需求或大规模扩大的实际障碍	受限于经济需求或大规模扩大的实际障碍	50~580[m] /Gt CO_2	50~580[m] /Gt CO_2	90~600[n]	未评估
碳矿化:地表现存尾矿[o]	0.001	0.02~0.20	<1	10	NA	<100	10~20	可能的水和空气污染物

负排放技术	使用当前技术和理解下的 CO₂ 去除率 (Gt CO₂/年)		使用当前技术和理解下的潜在储存量 (Gt CO₂)		所需土地 (万 hm²)		大规模实施成本估算 (美元/t CO₂)	其他影响
	美国	全球	美国	全球	美国	全球		
碳矿化：地表采矿和研磨°	未知	NA	本质上是无限的	本质上是无限的	尾矿：10~1 00 mm /(Gt CO₂·美国面积)	尾矿：300~3 000 μm /(Gt CO₂·海洋面积)	50~500	可能的水和空气污染物
碳矿化：从方解石中生产碱性水°	NA	NA	NA	NA	NA	NA	<10	可能学者有担忧，但没有正式发表的研究
碳矿化：原位玄武岩和橄榄岩°	未知	未知	本质上是无限的	本质上是无限的	NA	NA	20~5 000	可能学者有担忧，但没有正式发表的研究

注：每种负排放技术所提供的属性的影响因素的范围各不相同。一般来说，陆地负排放技术的容量范围的上限代表了更激进的计划，并可能导致对社会、经济和环境的不利影响。有效数字的数量反映了不同负排放技术之间以及美国和全球估算的知识状况。

a. 低去除率和高去除率分别基于实施约 25% 和 100% 的恢复与基于自然的负排放技术的适应，积极管理现有区域或受管理的湿地海岸。b. 全球去除率基于约 1980 年以来沿海湿地损失频率（Pendleton et al.，2012）和伴随恢复的年度管理碳率，不包括积极管理现有区域或受管理的湿地海岸。c. 基于自 1980 年以来滨海湿地损失区域恢复的估计储存量（来自沿海地区以外的去碳源储存和核查）。d. 假设将碳去除和存储目标添加到目前的而进行的项目中，费用全部用于监测和核查。e. 数量越小，对粮食和生物多样性的影响越小。关于沿技术的封存率和存育容量估计，见专栏 3-1。f. 数量越大，对粮食和生物多样性的影响越大。g. 容量估计见专栏 3-1。在 21 世纪末之前碳存量增加的二氧化碳，在可行假设下造林/再造林为 80 年，森林管理为 30 年。在这期间生物质存量的净增加量不再大于照常排放的基线情景。h. 在现有技术下可行的假设二氧化碳碳增加发生在 30 年的同段内，之后土壤碳供应接近新的经济平衡，不再增加。i. 假设估计假设碳专门的能源作物。j. 取决于接触生物质作物的尺寸，多个接触器的经济需求增加。k. 假设原料包括废弃生物质和专门的能源作物。l. 未来对 100 美元/t 二氧化碳直接空气捕获的经济需求每年可能导致将碳移去的湿地海岸。m. 取决于废弃生物质用作原料，多个接触器的同隔需求和接触器配置。n. 上限是目前示范目前范围的分析和论证数量有限，但已发现的应用有多数百亿吨。o. 碳矿化的应用范围较广，碳化直接空气捕获成本（详见第五章）。更多细节见表 6-1、6-2。

表 8-2 现有技术和理解下二氧化碳封存指标综合表（委员会评估）

负排放技术	当前技术和理解下的 CO₂ 潜在去除率（Gt CO₂/年）	当前技术和理解下的 CO₂ 的潜在存容量（Gt CO₂）		大规模实施的估计成本（美元/t CO₂）	其他影响
		美国	全球		
滨海封存（因来自其他地区的碳而增加）	0.008~0.034ᵃ（基于每年为其他目的完成的项目区域，从增强技术中获得的年封存量）	0.15~1.43ᵃ	12~18ᵇ	NA	未评估
在现有的水镁石、橄榄石和蛇纹石中异地封存ᶜ	0.012~0.04	约为 0	0.6~2.0	10（水镁石），100（橄榄石），200~500（蛇纹石）	与咸水层储存相比，较高。地下水污染风险较低，泄漏风险较低。减轻石棉危害风险。
在橄榄岩和玄武岩中原位封存ᶜ	多达 32	约为 100 000	约 1 000 000	10~30	与咸水层相比，持久性较高，地下水污染和诱发地震的风险相似，泄漏风险较低。
与城市和工业环境清理的废弃物共同封存ᶜ	0.05~1.6	未评估	0.5~5.0	75~1 000+	减轻水污染风险
地质封存：咸水层封存	考虑到目前每年 65 Gt CO₂ 的排放基数，现在美国每年 1 Gt CO₂ 的封存能力只需提升 10%ᵈ	2 600~26 000，中位数约为 3 000ᵉ	5 000~25 000ᶠ	7~13ᵍ	持久性很高（>99%）。表面泄漏可能是急性的而非缓慢发生，因此可进行补救。注入高压时会诱发地震。地下水存在一些风险。

注：a. 基于通过滨海以外地区的碳来源而增加大约 25% 和 100% 的实施区域。b. 基于估计的美国增加了的咸比例。c. 碳矿化应用种类繁多，而发表的分析和示范数量有限。更多细节见表 6-1，表 6-2。d. 实际的限制将由二氧化碳的可用性、管道、监管基础设施和公众舆论来确定。e. 见美国能源部(DOE，2015b)，美国地质调查局(U. S. Geological Survey，2013)。f. 见本森等人(Benson et al.，2005，2012)的研究。g. 范围广泛反映了地质存储项目的高度场地特异性。主要变量包括地层深度，所需注入井的数量，现有土地用途和部署监测计划的便利性。

限制负排放技术的潜在速率和容量的主要因素之间也有根本差异。陆地负排放技术,尤其是造林/再造林与生物能源碳捕获和储存,由于粮食生产和生物多样性保护的竞争需求,以及土地所有者对激励措施的响应,最终受到土地可用性的限制。对陆地负排放技术的研究将有助于确保表 8-1、表 8-2 所列的容量得到提升。相比之下,大规模直接空气捕获的主要障碍是高电流成本。如果其成本能够降低,直接空气捕获技术就可以通过扩大规模去除大量的碳。最后,碳矿化目前受到许多未知因素的制约,包括环境影响和可能的成本。然而,与直接空气捕获一样,如果碳矿化技术的成本和环境影响能够充分降低,其容量将非常大。这些表格提供了相关依据来支持委员会关于负排放技术准备水平的结论。

结论 2:四种负排放技术已经准备好大规模部署,包括:造林/再造林、改善森林管理、农业土壤的吸收和储存、生物能源碳捕获和储存。这些负排放技术的成本范围可能是低到中等(100 美元/t 二氧化碳或更低),并且它们有很大潜力可以将当前的部署规模进一步安全地扩大。同时,这些方案还有其他优势,包括:

- 提高森林生产力(改善森林管理);
- 提高农业生产力、土壤氮保持力和土壤水分保持能力(提高农业土壤的吸收和储存);
- 液体燃料生产和发电(生物能源碳捕获和储存)。

结论 3:目前,直接成本不超过 100 美元/t 二氧化碳的负排放技术可以安全地扩大规模,以捕获和储存大量碳,但现状是,二氧化碳捕获量在美国明显低于每年 1 Gt 二氧化碳,在全球则远低于每年 10 Gt。

尽管如此,最近几乎每一项评估都显示(EASAC,2018;Fuss et al.,2018;Griscom et al.,2017;IPCC,2014b;Mulligan,2018;NRC,2015b;UNEP,2017),全球负排放总量远低于 10 Gt 二氧化碳/年,也远低于充分解决碳和气候问题可能需要的负排放。这些"安全"上限,代表了美国约 6.5 Gt 二氧化碳当量的总排放量和全球超过 50 Gt 二氧化碳当量总排放量的一部分,但要实现这一目标还具有很大挑战性,因为这需要以前所未有的速度部署农业土壤保护实践、林业管理实践和废弃生物质捕获。许多旨在引导土地所有者改变森林、放牧和农田管理的项目,都没有得到很好的应用。加强研究可能有助于改善这些结果,但也存在不确定性。此外,美国每年 1 Gt 二氧化碳和全球每年 10 Gt 二氧化碳的捕获量中的约一半,将完全由以生物质废料为燃料的生物能源碳捕获和储存实现,并需要收集所有经济上可行的农业、林业和城市废物,将其运送到能够利用这类废料资源的生物能源碳捕获和储存的设施。这在任何地方都将面临物流方面的挑战,特别是在组织能力有限的国家更是如此。因此,重要的是要理解"封存量在美国明显低于每年 1 Gt 二氧化碳,在全球则低于每年 10 Gt 二氧化碳",意味着可以达到的限值可能会是原来的三分之一或更多。

政府间气候变化专门委员会第五次评估报告(IPCC,2014b)分析了一些将全球变暖限制在工业化水平前以下的路径,菲斯等(Fuss et al.,2018)最近也发表了一篇关于将气候变暖的温度变化限制在 1.5℃ 和 2.0℃ 以下的情景的综合评述。这些不同场景的广度较大,使分析变得复杂,但总体而言,信息还是很明确的,两个目标没有太大的不同。所有温室气体的人为净排放量必须从现有的超过 50 Gt 二氧化碳当量,下降到 21 世纪中叶的大约 20 Gt 二氧化碳当量,再到 2100 年下降到接近 0(图 8-1)。有 10～20 Gt 二氧化碳当量的总人为排放量的来源很难消除或消除起来很昂贵,包括大部分农业甲烷和一氧化二氮。因此,根据可行的方案(图 8-1 中的方案),在 21 世纪中叶大约需要去除和储存 10 Gt 二氧化碳,到 21 世纪末需要去除和储存 20 Gt 二氧化碳。

结论 4:如果要实现气候和经济增长的目标,可能需要负排放技术在减缓气候变化方面发挥重要作用。到 21 世纪中叶在全球每年消除约 10 Gt 二氧化碳,到 21 世纪末每年消除约 20 Gt 二氧化碳。

在二氧化碳排放量大大低于 10 Gt/年时,可用的安全、经济的负排放技术不足以将气温升高限制在 2℃ 或以内,也无法保证达到该水平的减排。拥有更多选择有助于降低总体风险和成本,并增加成功的机会。因此,需要改进现有的选择,并开发新的方法,或两者兼顾。本书提出了一个研究计划,旨在降低所有负排放技术的成本,并扩大安全、经济的选择的组合。对负排放技术进行新研究的理由不仅仅是适应 2℃ 以内的气候目标。负排放技术可以通过减少消除最顽固或最昂贵的二氧化碳碳源(如农业、土地利用变化或航空燃料)的排放,来降低限制气候变化相关项目的成本和破坏性。在低于 20 美元/t 的情况下,目前可用的一些负排放技术比大多数缓解方法更便宜(表 8-1)。因此,根据《巴黎协

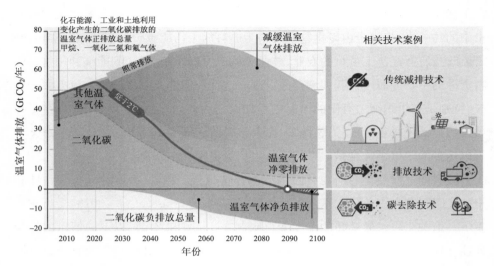

图 8-1　负排放技术在实现净零排放方面作用的情景

注:绿色代表减排量,棕色代表人为温室气体排放,蓝色代表人为负排放。由于农业等基本活动(主要是一氧化二氮和甲烷)与减排成本非常高的活动正在持续正排放,21 世纪 50 年代末需要 10 Gt 二氧化碳的负排放,21 世纪 90 年代末需要 20 Gt 二氧化碳的负排放。

资料来源:联合国环境规划署(UNEP,2017)。

定》提交的国家自主贡献目标,已经包括了约 1 Gt 二氧化碳/年的造林/再造林负排放。

委员会认识到,美国联邦政府还有许多其他的研究优先事项,包括缓解和适应气候变化的其他研究重点。进行负排放技术的研究有多种原因。

首先,世界各国、各州、地方政府、公司正在进行大量投资以减少它们的净碳排放,并计划增加这些投资,其中一些投资已经包括负排放。这意味着,如果知识产权由美国公司持有,负排放技术的进步将有利于美国经济。这些进展将提高美国的竞争力,创造新的就业机会和增加出口,并可能有利于农业和林业产量,以及农业和林业经济的稳定。

其次,随着损害的增加,美国将不可避免地加大努力来限制未来气候。

最后,美国已经作出实质性努力,包括出台 50 美元/t 二氧化碳的碳捕获和储存的新 45Q 税收抵免规则,包括将直接空气捕获作为碳去除来源,这将影响负排放技术研究新投资的价值[①]。

表 8-1 强调了每种负排放技术的主要限制因素。例如,造林/再造林和生物能源碳捕获和储存主要受到对土地需求的竞争限制,农业土壤中每公顷二氧化碳去除率低的限制;直接空气捕获当前的成本较高;对碳矿化和滨海/近岸蓝碳的未来吸收速率还缺乏基本的认识。表 8-1 也反映出了这些限制因素:林业方法与生物能源碳捕获和储存的潜在二氧化碳去除率、容量、土地需求的范围很广;直接空气捕获的当前成本很大;两种高容量的碳矿化方案(非现场开采和研磨活性岩石,以及在玄武岩或橄榄岩中现场捕获和封存)的成本范围很大。如果能够找到一种方法,在不中断粮食供应或导致残存的热带森林被砍伐的情况下,将造林/再造林与生物能源碳捕获和储存扩展到数亿公顷的耕地上,那么这些方案可以为全球每年提供超过 10 Gt 二氧化碳的负排放,如政府间气候变化专门委员会(IPCC,2014b)审查的综合评价模型结果所示(表 8-1)。同样,在为防止分解而设计的垃圾填埋场中对木材产品进行简单处理,可以使基于森林管理的方法促进的全球容量加倍。低廉的直接空气捕获或碳矿化方案将是革命性的,因为这些方案的潜在容量都大于需求(表 8-1)。

第二节　影响规模扩大的因素

委员会审议了一系列影响负排放技术规模扩大的因素。这些因素包括:考虑到粮食和生物多样性保护需求竞争的土地约束、其他环境约束、能源需求、高成本、实践障碍、持久性、监测和核查、治理以及科学或技术理解不足。这些因素有助于为每个负排放技术的推荐研究计划提供信息,本节对上述因素进行了总结。

一、土地约束

土地约束是得出需要新的二氧化碳去除方案这一结论的关键。最近公布的

---

① 见 https://www.law.cornell.edu/uscode/text/26/45Q(2019 年 1 月 29 日查阅)。

所有对负排放技术的评估都强调了造林/再造林、生物能源碳捕获和储存、粮食生产和生物多样性保护之间存在争夺土地的竞争关系,但也报告了生物能源碳捕获和储存、造林/再造林等负排放潜力的巨大上限,这些技术需要数亿公顷土地[见欧洲科学院科学咨询委员会(EASAC,2018);菲斯等(Fuss et al.,2018);格利斯柯姆(Griscom et al.,2017);联合国政府间气候变化专门委员会(IPCC,2014b);穆里根等(Mulligan et al.,2018);联合国环境署(UNEP,2017)]。可以谨慎地认为,部署造林/再造林、生物能源碳捕获和储存将获得超过每年 10 Gt 二氧化碳的负排放上限是不切实际的,除非研究证明并非如此。

委员会认为,最好是假设地球上每平方米的肥沃土地都已经用于某些目的(Smith et al.,2010)。换言之,那些没有被冰或沙漠覆盖的每一块土地都已经被用于生产农作物或肉类,保存剩余的生物多样性,提供有价值的生态系统服务,生产木材纤维,地或为人们提供城市和郊区空间[根据联合国粮农组织(FAO,2008)的资料,地球上目前大约有 37 亿 hm^2 森林,16 亿 hm^2 农田,35 亿 hm^2 牧场,以及一个城市或郊区的印记]。尽管在国家和国际清单中存在大量被归类为"退化"或"边际"的土地,但一个人的非必要土地通常是另一个人的基本生计、避难所或保护区的来源。如第三章所述,最近一项研究估计的 1 300 Mhm^2 的边际土地包括了为三分之一的人类提供基本食物和燃料的土地(Kang et al.,2013)[1]。

更复杂的是,在气候变化的同时,还应该处理另外两个令人生畏的全球性土地利用问题。由于财富增加和人口增长,肉类消费增加,预计到 21 世纪中叶,食品需求将翻一番(Foley et al.,2011)。据估计,物种灭绝的速度是化石证据显示的灭绝速度的 100～1 000 倍,80%的受威胁物种因栖息地丧失而处于灭绝境地,其中 90%的物种因农业扩张而处境危险(MEA,2005b;Thornton,2010;Tilman et al.,2011)。气候变化、食物需求和栖息地的持续丧失相结合,可能会导致物种大规模灭绝(Barnosky et al.,2011;Tilman et al.,1994)。随着对食物和纤维需求的增长,也随着生态系统和农业对抗日益恶化的气候变化,土地利用之间的竞争在 21 世纪只会加剧。幸运的是,大多数针对粮食问题提出的解决方案

---

[1] 由于定义不一致,边际土地的估计是不确定的。详细的讨论请见第三章。

都表明,通过提高农业生产率和减少粮食浪费,到21世纪中叶大致可以在当前农业耕地(作物加牧场)情况下满足粮食需求(Foley et al.,2011;Thornton,2010;Tilman et al.,2011)。一些研究还提出,在饮食上需要适度减少肉类的丰富程度(Foley et al.,2011),但事实证明,肉类消费与收入之间的联系难以改变。

363

不可避免的结论是,将大量现有农业耕地重新用于生产生物能源碳捕获和储存或造林/再造林所需的原料,可能会显著影响粮食供应和粮食价格[如联合国政府间气候变化专门委员会(IPCC,2014b)中的综合评价模型所预测的]。除了损害全球贫困人口的利益之外,粮食价格冲击还会对国家安全产生重大影响(Bellemare,2015;Carleton and Hsiang,2016;Hsiang et al.,2013;Werrell and Femia,2013)。由于剩余的生物多样性已经受到气候变化加剧导致的栖息地丧失的威胁(Barnosky et al.,2011),将大量非农土地用于"需要土地的负排放技术"可能会导致物种灭绝的大幅增加(Smith et al.,2008)。此外,从农业或生产型林业中取得土地用于造林/再造林或生物能源碳捕获和储存,将产生经济压力,会迫使剩余的原始森林转为农田和牧场,以满足持续的粮食需求,或采伐森林以满足持续的纤维需求。同样,增加森林采伐时间间隔的森林管理方法将增加纤维生产地的平均碳生物质,而且还在一定程度上增加了其他地区采伐的经济压力。后果将是森林砍伐造成的更多的生物多样性丧失和额外的二氧化碳排放(Fargione et al.,2008)。如果大量土地转换为另一种用途,这个问题是不可避免的。

尽管一些综合评价模型(IAMs)和其他模型试图估计与土地利用变化相关的远场效应的成本,包括上述情况,但这些估计具有高度的不确定性(IPCC,2014b;Popp et al.,2014;Riahi et al.,2017;Rose et al.,2014),现有模型可能会忽略可能是最重要的成本。例如,土地利用变化对粮食生产安全的影响问题,没有明确纳入综合评价模型。格利斯科姆等人(Griscom et al.,2017)最近评估了减少碳排放的土地利用方案,试图通过排除或限制最严重的土地问题来尽量减少土地利用转换的不利后果,但在有意为造林/再造林、生物能源碳捕获和储存提供经济刺激的情况下,这种限制能维持到何种程度尚不清楚。由于对该问题认识有限,并且如果弄错将产生最严重的后果,因此委员会认为,人类应该开发

新的高容量负排放技术，如低成本的直接空气捕获和碳矿化。表 8-1 中设定的
造林/再造林、森林管理与生物能源碳捕获和储存的安全水平，都是为了在土地
利用转变出现意外后果时将风险降至最低。

二、其他环境约束

其他环境约束在不同的负排放技术之间各不相同。高纬度地区的森林会降
低反射率，如降低积雪的反射率，因此在高纬度地区造林/再造林可能会导致净
升温，尽管森林吸收二氧化碳会导致降温。此外，在降雨量有限的地区造林会对
水流、灌溉和地下水供应产生不利影响（详见第三章）。异位碳矿化方法将产生
大量废弃岩石，可能会污染水和（或）空气。农业土壤方案通常有很大的积极的
附带效应，包括提高生产力、水土保持能力、产量稳定性和氮利用效率，但有时会
增加一氧化二氮的排放。造林/再造林、生物能源碳捕获和储存及一些可能的直
接空气捕获路径或需要大量的水。尤其是灌溉生物能源作物除了造成淡水生态
系统退化和生物多样性丧失之外，还可能导致土地与水需求之间的取舍。

364

三、能源需求

直接空气捕获和一些碳矿化方法需要为捕获的每吨二氧化碳投入大量能
量，这增加了成本。基于溶剂的直接空气捕获系统每捕获 1 t 二氧化碳大约需
要 10 GJ 能量，基于吸附剂的直接空气捕获系统则大约需要 5 GJ 能量。从长远
来看，每燃烧 100 gal 汽油能释放大约 13 GJ 的能量，并排放大约 1 t 二氧化碳。
因此，Gt 规模的直接空气捕获需要大量增加低碳或零碳能源以满足这些能源需
求，这将使其与为减排而利用这些能源的其他部门产生竞争。表 8-1 包含了用
可再生能源（不包括具有碳捕获与封存功能的核能或天然气）生产此类能源所需
的大规模土地面积。

四、高成本

直接空气捕获的主要障碍是成本高。克莱姆沃克斯(Climework)公司拥有目前唯一的商用直接空气捕获机,据称其捕获二氧化碳的成本为 600 美元/t 二氧化碳[与丹尼尔·埃格(Daniel Egger)的个人交流,于 2018 年 10 月 11 日]。在基思等人(Keith et al.,2018)最近的一篇论文中,估计溶剂捕获系统从大气中捕获二氧化碳的成本为 200~300 美元/t 二氧化碳(如果将系统中用于产生热量所捕获的二氧化碳包括在内,成本会更低)。第五章的分析表明,基于吸附剂的直接空气捕获和封存的成本可能降低到约 90 美元/t 二氧化碳。本章进一步指出,现在证明基于吸附剂或溶剂系统的直接空气捕获最终是否是最便宜的,还为时过早。

用于发电的生物能源碳捕获和储存系统的碳捕获和封存成本估计为 70 美元/t 二氧化碳(表 8-2),这主要是因为其相对于化石电力较低的热效率。用于生产液体燃料和炭的生物能源碳捕获和储存系统的成本可能较低(表 8-2),但取决于炭的不确定的经济性。此外,通过液体燃料或生物炭途径实现的每单位负排放比生物质发电或碳捕获途径要小。

因为缺乏对过程的基本了解,碳矿化的成本很难确定。两种高容量选择(活性岩石的异位开采和研磨,以及在玄武岩或橄榄岩中原位捕获和封存)的成本可能低至 20~50 美元/t 二氧化碳,也可能高得令人望而却步。陆地碳去除和封存方法的成本比较容易理解,也比较低。

五、实践障碍

扩大负排放技术部署的实际障碍包括材料短缺,资金和人力资本短缺,需要强力且可靠的财政激励措施以及大规模部署的社会接受度。例如,为了扩大地质封存的地下注入规模,需要在目前 65 Mt 二氧化碳/年的地下注入规模基础上每年增加 10%,用于二氧化碳提高驱油采收率(CO_2-EOR)和咸水层的二氧化碳封存规模。如果要认真落实将全球气温升高限制在 2℃ 以内的目标,那么每种可用的负排放技术都需要类似的或更高的增长率。在这样的速度下,扩大规模可能会受到材料短缺、监管障碍、基础设施发展（即二氧化碳管道和可再生电力）、可用的训练有素的工人以及许多其他障碍的限制。然而，美国的造林/再造林、森林管理和农业土壤活动已得到了发达的州及联邦机构（美国农业部）推广服务的支持。这些服务在促进土地利用实践方面拥有数十年的经验，可以通过额外技术转让、培训和推广来进一步拓展服务。

此外，人类经常会抵制看起来符合他们经济利益的行为。例如，农业土壤保持和林业管理做法可以为农民和森林土地所有者节省资金，但其历史采用率低得惊人。历史采用率同样低的还有改变饮食习惯，例如，减少肉类消费可以促进健康，同时将农业用地腾出来用于建设林业负排放技术与生物能源碳捕获和储存。这些行为可能会限制负排放技术的部署，公众对本地新的基础设施的抵制也会造成一样的影响，但它们在综合评价模型中没有得到很好的体现。虽然常规的处理方法超出了其任务范围，但委员会确实考虑了社会科学问题。尤其是委员会支持这个研究需求，即更好地了解土地所有者对林业、农业土壤和滨海负排放技术激励措施的反应，以及全面提升综合评价模型对激励措施响应的预测能力（表 8-3 中第 6、8、12 和 16 项）。

六、持久性

通过陆地方式（造林/再造林、森林管理和农业土壤）和滨海蓝碳增加的碳储量，如不能很好地保持，都会出现可逆的情况。林地可能再次被砍伐用于农业，从而使生物质炭被消除。农业土壤方法中，如果恢复集约式耕作，将使减少耕作措施所带来的大部分或全部土壤碳收益逆转（Conant et al.，2007；Grandy and Robertson，2007；Minasny et al.，2017）。恢复后的滨海湿地可能再次被硬化用于开发。尽管如此，适当的政策和治理可以减少任何此类逆转的频率，而且逆转本身也是可逆的。此外，负排放技术加上森林种植的逆转（造林/再造林）将最终导致斑块镶嵌的树龄结构，其中树龄测量的是自从在斑块中建立负排放做法以来的时间。尽管出现了反转，但镶嵌斑块所储存的总碳量将随平均年龄增加。相比之下，由于海平面上升太快而从滨海湿地中流失的碳不能在同一地点恢复。同样，由于气候变化影响生态系统平衡导致碳含量下降，森林或土壤里损失的碳

表8-3 负排放技术的研究计划和预算（从第二章至第七章的研究表中提炼）

项目	负排放技术	研究标题	费用（万美元/年）	年限	总结	研究的潜在发起人和执行者	阻碍因素或前沿研究
1	滨海	了解和应用滨海生态系统作为一种负排放技术的基础研究	600	5~10	5个项目，为期10年，每年200万美元，用于了解滨海生态系统的土壤/沉积物中产生和埋藏有机碳的问题；5个项目，为期10年，每年200万美元，用于了解滨海蓝碳生态系统因气候变化或海平面上升，以及管理因素变化而发生的变化；5个项目，每年200万美元，为期5年，解决材料和滨海植物表型的选择问题，生产埋在滨海沉积物中衰减速率变缓慢的高有机碳密度的材料	NSF USACE DOE 工业界	科学/技术理解；持久性
2	滨海	绘制当前和未来（即海平面上升后）滨海湿地图	200	20	20年，每年200万美元（潮间带湿地150万美元；海草床50万美元）	NOAA USFS EPA	科学/技术理解；持久性；监测和验证
3	滨海	碳去除和储存的科学技术与实验工作的沿海站点综合网络	4 000	20	15个工程站点，每个站点的每年费用为100万美元[接近长期生态研究(LTER)]；20个强化管理和工程站点，每年费用为50万美元；8个新管理场地，每年费用为50万美元（即0~2 ft的湿地海侵和海草床）；5个美国规模化综合活动（湿地3个、海草床2个），每个活动每年的费用为20万美元	NSF NOAA	科学/技术理解；成本；其他环境约束

续表

项目	负排放技术	研究标题	费用（万美元/年）	年限	总结	研究的潜在发起人和执行者	阻碍因素或前沿研究
4	滨海	美国国家滨海湿地数据中心，包括所有海岸恢复和碳去除项目的数据	200	20	该中心将公布地图数据，并覆盖所有海岸恢复和工程项目的信息，包括碳去除项目。一个中心每年200万美元	NOAA USACE	科学/技术理解；监测和核查；治理
5	滨海	富碳负排放技术示范项目和现场试验网络	1 000	20	富碳负排放技术示范项目及现场试验网络（15个场地，每个场地，每年资金为67万美元）	NSF NOAA USACE DOE 工业界	科学/技术理解；成本；监测和验证；持久性；其他环境约束
6	滨海	滨海蓝碳项目部署	500	10	关于滨海蓝碳成本效益的适应性管理，以及滨海土地所有者、管理者对碳去除和储存的激励措施的反应的社会科学研究。每年500万美元	NSF NOAA	实践障碍；治理
7	造林/再造林、森林管理	森林蓄积量增强工程的监测	500	≥3	开发（100万美元）并运行（每年400万美元）一个国家森林碳监测系统，作为美国林务局的森林清查单（目前每年为7 000万美元）的补充。这可以远程监测造林/再造林和森林管理活动，并在相关地点统计样本中测量碳。能够测量国际远场效应（在其他地方增加碳以应对美国收成减少）的一个系统的成本将高出10～20倍以上	USFS及其伙伴	监测和验证；治理

续表

项目	负排放技术	研究标题	费用（万美元/年）	年限	总结	研究的潜在发起人和执行者	阻碍障因素或前沿研究
8	造林/再造林、森林管理、生物能源捕获和储存	缓解生物能源碳捕获和储存在和次要影响的潜在的综合评价模型与区域生命周期评估（LCA）	370~1 400	10	经济和行为研究和建模，以估算世界其他地方因土地转向造林/再造林，或因木材采收减少（森林专用能源作物种植）而发生的土地利用变化。试图提高关于土地转向造林/再造林与生物质能源碳捕获和储存对粮食价格、反射率和水文影响的理解。提高模型的空间分辨率	DOE NSF USDA EPA 大学和国家实验室	土地、其他环境约束；监测和核查；持久性；治理
9	造林/再造林、森林管理	森林示范项目：增加采伐木材的收集、处置和保存；森林恢复	450	3	提高木材产品使用后可能低的收集和处置的示范项目（3个为期3年的项目，每年50万美元）；3个多年期项目，研究在不同环境中保存木材采技术（每年50万美元）；3个多年期项目，示范不同地理区域森林恢复的碳效益（每个项目50万美元）	USFS NSF USFS及其伙伴	实践障碍；其他环境约束；治理
10	森林管理	采伐木材的保存	240	3	填埋设计，以实现尽可能低的木材分解率（3个多年期项目，每个80万美元）。综合评价模型和生命周期评估见项目8	EPA USFS	前沿
11	森林管理	研究减少生物质作为燃料的传统用途对温室气体和社会的影响	100	3	研究减少生物质作为燃料的传统用途对温室气体和社会的影响，涉及使用木材生质取暖和烹饪的家庭和小型实体。资助启动3个多年期项目	USDA NSF	其他环境约束；能源使用；治理

续表

项目	负排放技术	研究标题	费用（万美元/年）	年限	总结	研究的潜在发起人和执行者	阻碍因素或前沿研究
12	森林管理	提高土地所有者对激励和土地所有者阶层平等的反应（社会科学研究）	100	3	拓展和推广教育计划，将研究成果和技术转移给农民和从业者。资助启动3个多年期项目	USDA NSF	实践障碍；治理
13	农业土壤管理	美国国家农业土壤监测系统	500	持续	扩大美国农业部现有的国家农业监测系统。对大约5 000~7 000个监测点进行全面建设。每隔5~7年进行土壤取样和分析（类似于USFS和FIA系统的年度轮换）。监测美国农业土壤的采用率和持久性	USFS	监测和验证；持久性；治理
14	农业土壤管理	改善农业土壤碳过程的实验室网络	600~900	≥12	进行现场试验，以严格评估和进一步发展区域特有的土壤封存（和净温室气体减少）的最佳管理实践。10~15个站点，每个站点60万美元	USDA 赠地大学	科技/技术理解；其他环境约束；成本；治理
15	农业土壤管理	农田土壤碳排放和储存的预测与量化数据模型平台	500	5	开发改进的工具，准确、经济地预测和量化土壤碳储量。初始开发该应测重子系统集成，包括现有数据源和模型	USDA NSF	科学/技术理解；监测和验证；其他环境约束；成本；治理
16	农业土壤管理	扩大农业土壤封存活动	200	3	支持每年启动4~5个区域项目，以确定克服采用障碍的解决方案。观念上与第14~15项中的1~15项程结合。4个项目，每年50万美元	USDA NSF	实际障碍；治理

续表

项目	负排放技术	研究标题	费用（万美元/年）	年限	总结	研究的潜在发起人和执行者	阻碍因素或前沿研究
17	农业土壤管理	高碳输入作物表型	4 000~5 000	20	筛选和开发作物类型和品种，以提高农业土壤的储存能力。DOE/ARPA-E ROOTS项目目前的资金总额为3 500万美元	USDA NSF	前沿
18	农业土壤管理	深层土壤碳动态	300~400	5	开发和测试土壤深层反演的方法。这可能会在数十年里增加大约每年每 1 t CO_2 的封存量。每年 4~6个项目，每个项目75万美元	USDA NSF	前沿
19	农业土壤管理·生物能源碳捕获和储存	生物炭研究	300	5~10	评估生物炭对农业生产力，土壤碳、养分利用，水利用和反射率的影响。评估土壤中生物炭的寿命。确定生物炭可以达到的碳储存极限 3~5个项目	USDA NSF	科学/技术理解
20	农业土壤碳矿化	添加到土壤中的活性矿物	3	10	评估添加到农业土壤中的活性矿物（即橄榄石）的风化速率，以及对农业生产力，土壤碳，养分使用，水分使用和反射率的影响。确定添加的矿物可以达到的碳储存极限	USDA NSF	前沿
21	生物能源碳捕获和储存	产生物炭的生物质燃料	4 000~10 300	10	评估所有生物质转化为燃料途径的碳去除潜力，并开发具有成本竞争力的负碳燃料途径	DOE USDA 工业界	科学/技术理解；成本

续表

项目	负排放技术	研究标题	费用(万美元/年)	年限	总结	研究的潜在发起者和执行者	阻碍因素或前沿研究
22	直接空气捕获	基础研究和早期技术开发	2 000~3 000	10	研究低成本吸附剂,降低大规模能源需求的方法,具有更好吸附能力,反馈效应和扩散动力学的新材料,溶剂和吸附剂接触器设计的进步,识别解放的任何环境污染物,增加气体通过量和降低压降。每年约30个项目,每个项目周期约3年,费用约为100万美元	DOE	科学/技术理解;成本;能源使用;其他环境约束
23	直接空气捕获	独立的技术经济分析,第三方材料测试和评估;公共材料数据库	300~500	10	基础研究成果的独立技术经济分析(项目22)和为促进快速进展的公共材料数据库	工业界	科学/技术理解;成本;能源使用
24	直接空气捕获	空气捕集材料和组件的扩大和测试	1 000~1 500	10	将材料合成规模扩大到>100 kg,为中试规模实验设计和设备,测试集成可达实验室规模的系统的空气捕获系统(>100 kg CO_2/d)。	DOE	科学/技术理解;成本;能源使用
25	直接空气捕获	第三方专业工程设计公司协助上述工作,包括独立测试和公共数据库	300~1 000	10	项目工程设计的专业支持,包括质量和能量平衡,工艺流程图,初级管道和仪表图,主要设备的定义和尺寸,风险评估过程经济分析,初步材料清单。在国家测试中心标准化对硬件材料和部件的独立测试(第27项)。对测试材料及其性能的公共数据库进行维护	DOE;工业界	科学/技术理解;成本;能源使用

续表

项目	负排放技术	研究标题	费用（万美元/年）	年限	总结	研究的潜在发起人和执行者	阻碍因素或前沿研究
26	直接空气捕获	设计、建造和测试空气捕集系统的试点（>1 000 t CO_2/年）	2 000～4 000	10	每个项目 2 000 万美元，每个项目为期 3 年，每年 1～2 个项目	DOE	科学/技术理解；成本；能源使用
27	直接空气捕获	美国国家直接空气捕获测试中心对试点的支持	1 000～2 000	10	建立国家直接空气捕集测试中心以支持试点工作，包括第三方前端工程设计和经济分析，以及建立和维护有关于关于工厂工性能的公共数据库	DOE NIST 工业界	科学/技术理解；成本；能源使用
28	直接空气捕获	设计、建造和测试空气捕获 > 10 000 t CO_2/年的示范系统	10 000	10	每个项目 1 亿美元，每年 1 个项目，每年项目期限 3～5 年	DOE	科学/技术理解；成本；能源使用
29	直接空气捕获	国家直接空气捕集测试中心对示范的支持	1 500～2 000	10	支持示范项目，并保持完整的关于工厂房性能和经济性的记录	DOE NIST 工业界	科学/技术理解；成本；能源使用
30	碳矿化	成矿动力学基础研究	550	10	5 个项目，共 50 万～150 万美元，为期 10 年	USGS DOE NSF	科学/技术理解

项目	负排放技术	研究标题	费用（万美元/年）	年限	总结	研究的潜在发起人和执行者	阻碍因素或前沿研究
31	碳矿化	岩石力学基础研究、数据模拟和现场研究	1 700	10	探索反应与流体流动之间的正反馈和负反馈，用于原位碳矿化。原位采矿、地热发电，从致密储层中提取油气，确保取储层盖层和井筒密合的完整性。岩石力学方向每年为600万美元，数据模拟每年为500万美元，现场研究每年为500万美元，22个项目，费用为0.5万~150万美元，为期10年	USGS DOE NSF	前沿
32	碳矿化	活性矿物矿床和现有尾矿的测绘（界定试点研究范围）	750	5	矿物和岩石包含了所有与CO_2快速放热反应相关的物质，包括水镁石、橄榄石、玄武岩等。5个项目，共150万美元，为期5年	USGS DOE NSF	科学/技术理解；其他环境约束；治理
33	碳矿化	地表（异位）碳去除的试点研究	350	10	异位矿（山尾矿），活性矿物在土壤、海滩、浅海活性矿物和岩石的散播。5个项目，费用共100万美元，为期10年	USGS DOE NSF	成本；能源使用；其他环境约束；监测和验证；实践障碍
34	碳矿化	在橄榄岩进行中型规模原位试验研究	1 000	10	之前没有现场规模的实验和实践知识，初始低孔隙度要求正反馈相关知识，如"反应驱动开裂"。为期10年，每年1 000万美元，分阶段项目的年成本不变，后续项目年度费用增加	USGS DOE NSF	前沿
35	碳矿化	碳矿化资源数据库的建立	200	5	可将碳矿化研究活动的结果广泛传播给研究界的数据库。4个项目，费用共50万美元，为期5年	USGS	科学/技术理解；扩大规模的实践障碍

续表

项目	负排放技术	研究标题	费用（万美元/年）	年限	总结	研究的潜在发起人和执行者	阻碍因素或前沿研究
36	碳矿化	研究添加矿物对陆地、沿海和海洋环境的影响	1 000	10	12个项目，每年约80万美元。	NSF	科学/技术理解；成本；其他环境约束；扩大规模的实践障碍
37	碳矿化	审查为去除 CO_2 而扩大萃取导致的社会和环境影响	500	10	10个项目，共50万美元，为期10年	NSF	成本；其他环境约束；扩大规模的实践障碍

注：ARPA-E：美国能源部能源高级研究项目局；CCUS：碳捕获、利用和储存；DOE：美国能源部；EPA：美国环境保护署；FIA：森林调查与分析；FTE：全职人力工时；IAM：综合评价模型；LCA：生命周期评估；LTER：长期生态研究；NET：负排放技术；NIST：美国国家标准技术研究所；NRI：自然资源清单；NSF：美国国家科学基金会；ROOTS：根际观测优化陆地封存；USACE：美国陆军工程兵团；USFS：美国林务局。

也无法在同一地点恢复。生物炭土壤改良被认为是一种很有前途的长期碳去除策略(对基于农业土壤、基于产生生物炭的生物质燃料生物能源碳捕获和储存途径都是如此),然而,生物炭在土壤环境中的长期稳定性仍然存在疑问。

生物能源碳捕获和储存的其他路径与直接空气捕获的持久性问题相对不大。二氧化碳可能会从咸水层中泄漏,但其泄漏速率低到足以补救。玄武岩或橄榄岩的矿化作用具有很高的持久性。值得注意的是,由可靠的低成本直接空气捕获与碳矿化提供的二氧化碳去除和封存潜力巨大,其高容量将减少对持久性的担忧,不仅和其他封存技术相比如此,和太阳辐射管理相比也是如此,这提出了对其持久性的主要关切(Jones et al. ,2013a;NRC,2015a)。正如第一章所讨论的,与二氧化碳封存时间长短以及这段时间的价值相关的科学和经济问题令人生畏。

七、监测和核查

监测和核查将是任何大规模负排放技术部署的关键组成部分。重要的是要区分私人交易中为确定单个项目是否实现了负排放所需要的监测和核查的承诺,以及一个国家为确定其总体缓解努力的有效性而要求的监测和核查。前者要求直接测量现场储存的碳,而后者则可以依靠对一项活动进行低成本的监测,例如,重新造林或改良的作物轮作,以及有限的、成本较高的对统计样本的直接测量。虽然在任何地方都可以进行直接测量,但与所增加的成本相比,可能并不总是值得。

对造林/再造林、森林管理和农业土壤已经有了充分了解,在大多数情况下,它们可在美国部署,并通过统计样本中的现场测量进行远程监测和核查。对其有效的监测和核查将不需要对碳动力学进行额外的基础研究。相反,它将需要改进农田森林碳和土壤碳的监测系统,推广土地利用遥感和管理做法,更好地整合现有的数据集和模型,并有选择地改进全球监测某些方面,以帮助解决泄漏问题(即一个地点的土地利用变化导致其他地点的土地利用变化)。这也适用于生物能源碳捕获和储存,附带条件是核实生物质运输和加工产生的排放。生物能源碳捕获和储存使用生物炭转化为燃料,有一个独特的复杂问题,即还没有完全了解炭分解的排放。不过,在表 8-1 第二和第三列的标准之上实施造林/再造林、森林管理、生物能源碳捕获和储存,可能会引起远场变化,例如,增加其他地方的森林砍伐,因此需要进行全球监测和核查。为全面对待这个问题,参见美国国家科学院的《验证温室气体排放:支持国际气候协议的方法》报告(*Verifying Greenhouse Gas Emissions: Methods to Support International Climate Agreements*)(NRC,2010)。

滨海蓝碳和储存可以用低成本的远程方法进行监测和验证,该方法得到统计样本的现场测量的支持。然而,滨海湿地在高精度情况下存在空间异质性,可能需要比监测和核查造林/再造林、森林管理、农业土壤、生物能源碳捕获和储存有更高精度的空间分辨率。由于景观和海岸线的演变,密集的滨海核查可能不得不无限期地持续下去。

以惰性和基本永久固体的形式储存二氧化碳的某些原位和异位碳矿化,其监测和验证的成本可能比任何其他负排放技术都低。然而,活性岩石材料在土壤、海滩或进入浅海的扩散,可能与农业土壤核查一样难,甚至更难。直接空气捕获的监测和核查相对比较简单直接。监测和核查咸水层中的封存需要复杂的方法,例如,地震成像,测量封存储层之中和上方的压力,以及井完整性的常规测量。

八、治理

对负排放技术进行适当的治理显然至关重要,因为过于宽松的监管将导致二氧化碳排放无效和公众信心丧失,而过于严格的监管会限制其部署。当大规模部署迫在眉睫时,治理尤为关键。目前,只有在国家或国际协定所涵盖的部门才有良好的管理,包括造林/再造林(根据《联合国气候变化框架公约》)和咸水层储存(根据《安全饮用水法地下注入议定书》)。此外,美国和其他国家在以非负排放技术为目的的农业和林业管理方面有着丰富的经验。

在快速部署负排放技术期间保持公众信心的一个方法是,在研发阶段投入大量精力对公众进行宣传教育。此外,《自然》杂志最近的一篇评论(Lenzi et al.,2018)呼吁更多地利用社会科学来开发模型中的假设,这些模型用于评估负排放在缓解气候变化方面的作用。

九、科学/技术理解不足

几乎所有的碳矿化方法都受到理解不充分的限制。例如,①没有关于适当的地质矿床和现有的有活性但不发生反应的岩石尾矿全面公开清单;②缺乏对实验室规模和现场二氧化碳吸收动力学的了解;③缺乏管理尾矿堆从而有效吸收二氧化碳的专业技术知识。负反馈是无法预测的,如碳酸盐矿物堵塞孔隙或活性产物覆盖活性表面而导致孔隙度降低。此外,正反馈也还没有得到很好的理解,例如,通过"反应驱动开裂"增加渗透性和反应表面积。在农业土壤、海滩或浅海中沉淀粉碎的活性矿物的长期后果尚不清楚。

尽管对潮间带湿地的研究比海草甸进展更快,但对滨海蓝碳的科学认知也处于类似的发展状态。对于由潮间带湿地的恢复和创造实现碳去除可以有信心预测。但是,该领域对控制滨海生态系统中碳埋藏和封存的若干关键过程的数字缺乏机械学理解,滨海生态系统在高速的海平面上升和气候变化的其他直接或间接影响下可能会发生变化,并且对滨海湿地内陆海侵的研究很少。最后,作为海岸工程(即海岸适应)项目的一部分,很少有人用经验验证的方法来增加碳去除和封存。

虽然其他负排放技术比碳矿化和滨海蓝碳更容易理解,但也存在一些知识空白。例如,并不完全了解的领域有:①向地下注入二氧化碳引起的地震活动;②生物炭在储存之外的共同效益,尤其是生物炭的添加是否增加了农田的碳储存速率。农业土壤方法在某些种植系统和许多放牧系统中并不存在,特别是在半干旱的牧场,而且在任何系统中,所建立的农业土壤方法的优化也不明显。

第三节　拟定的研究议程

扩大负排放技术的容量以满足预期碳去除需求,需要各方协调一致地研究努力,以解决目前部署的限制因素。研究议程不仅必须解决潜在的研究缺口,还必须满足扩大负排放技术的其他需求,包括降低成本、部署、监测和核查。拟定的研究分为：①专门推进负排放技术的项目（表 8-3）；②关于生物燃料和二氧化碳封存的研究，这不仅将促进负排放技术发展，而且还应作为减少排放研究组合的一部分（表 8-4）。根据某些专家成员的经验，委员会估计了每项研究工作的预算。当然，这些预算估计值包含一些不确定性因素，但在评估推进每种负排放技术和封存方法所需的相对投资水平时还是有价值的。例如，造林/再造林和森林管理的估计研究预算低于其他负排放技术，因为这些方法更为成熟。相比之下，碳矿化和直接空气捕获的估计研究预算更大，因为这些技术相对较新且未充分开发。

384

委员会任务声明中的第一项任务是，"评估陆地与近岸/滨海环境中二氧化碳去除和封存方法的效益、风险、可持续规模潜力；提高二氧化碳去除和封存的商业可行性"。依据这一指导原则，委员会在那些需要在 10 年内获得答案的研究和那些需要更长时间才能获得答案的研究之间寻求平衡。大多数研究可能会在 10 年内得到完全的回报。相比之下，"前沿"研究，如培育植物根系增强农业土壤碳去除和储存或增强超基性岩石原位风化作用，可能要 20 年才会得到完全的回报。委员会没有考虑诸如提高光合作用的基本效率等长期的解决办法。

委员会的结论是，由于与粮食和生物多样性争夺土地的需求，造林/再造林、森林管理、农业土壤、生物能源碳捕获和储存不足以在一代人的时间内实现所需的二氧化碳去除，这使得委员会高度重视推进新的高容量替代方法。因此，该研究计划要求在直接空气捕获方面进行大量投资，尽管其目前的成本很高，预计未来的成本可能达到 100 美元/t 二氧化碳，而碳矿化则作为拥有巨大潜力的第二选择。研究计划还包括大量投资以增加碳去除，并了解和缓和造林/再造林、森林管理、农业土壤、生物能源碳捕获和储存面临的土地限制。例如，该计划每年提供 600 万～900 万美元，用于进一步了解在不破坏粮食安全的情况下将碳去除扩展到农业土地，且每年提供 0.92 万～2.16 亿美元，用于减少生物能源碳捕获和储存所需的土地面积和成本。

在对影响负排放技术规模扩大的因素进行审查的基础上，委员会得出了以下能促进研究重点选择的结论：

结论 5：造林/再造林、农业土壤管理、森林管理、生物能源碳捕获和储存可以在相当高的水平上部署，但农业土壤的每公顷碳吸收率有限，农业土壤管理与

粮食和生物多样性争夺土地(造林/再造林、森林管理、生物能源碳捕获和储存)，可能会将这些方案在全球范围的负排放限制在低于 10 Gt 二氧化碳/年。通过研究可以找到缓解土地约束的方法，例如，开发能够更有效地吸收和封存土壤碳的农作物，或减少肉类需求或食物浪费。然而，作物改良是一个缓慢过程，而即使有减少肉类消费与食物浪费的健康和经济驱动因素，它们仍然居高不下。

结论 6：直接空气捕获和碳矿化具有很高的碳去除潜力，但目前直接空气捕获受到高成本的限制，而碳矿化则受到缺乏基本认识的制约。

结论 7：尽管滨海蓝碳方法在消除碳排放方面的潜力低于其他负排放技术，但它们值得继续探索和资助。因为许多滨海蓝碳项目的投资目标是生态系统服务和海岸适应等其他效益，碳去除的成本很低甚至为 0。应该进一步提升对海平面上升、海岸管理和其他气候因素对未来碳吸收率的影响的认识。

结论 8：一些减少碳排放的研究工作也将支持负排放技术的发展。二氧化碳地质储存的研究是提高化石燃料发电厂脱碳的关键，对推进直接空气捕获和生物能源碳捕获和储存也至关重要。同样地，生物燃料的研究也将推动生物能源碳捕获和储存的发展。

表 8-3 和 8-4 中的研究建议是为了与美国联邦机构目前提供的资金类型保持一致。例外情况包括第 23、25、27、29 项，其中描述了公私伙伴关系，旨在确保公众从直接空气捕获初创企业的融资中获益，同时保护那些使这些初创企业成为可能的知识产权。然而，值得思考的是美国联邦政府鼓励风能和太阳能发电以及非常规天然气和石油开发的历史。在这些案例中，其成本大幅下降，部分原因是数十年的补贴激励了私营公司技术在公开市场上具有竞争力之前进行价格竞争。这对美国的好处是非同寻常的。风能和太阳能现在是许多地方最便宜的能源形式，天然气储量丰富且价格低廉，美国正准备成为一个主要的石油出口国。因此，从历史上看，降低一项技术成本的有效方式是通过提供财政激励措施，使技术在当前价格下有利可图，从而为其创造一个具有竞争力的市场。这就是 45Q 税收抵免规则背后的原理。

哪些负排放技术可为这样的计划做好准备？显而易见的例子是那些能利用现有的知识储备的负排放技术，它们可以开发一种管理系统，能够核查捕获和期望实现的持久性存储。

表8-4 启动负排放技术研究的研究计划和预算

项目	负排放技术	研究标题	成本(万美元/年)	年限	摘要	研究的潜在发起人和执行者	阻碍因素或前沿研究
38	生物能源碳捕获和储存	具有碳捕获与储存功能的生物质发电:生物质供应与物流	5 300~12 300	5	改进:①使用生物质直接代替煤炭的预处理技术;②解决生物质供应链问题(生产、储存、处理和运输)物流研究	DOE USDA 国家实验室和工业界	成本
39	生物能源碳捕获和储存	具有碳捕获与储存功能的生物质发电:高效生物质发电	3 900~9 400	10	通过开发先进的转化工艺和生物质的预处理技术,提高生物质转化为电力的效率	NETL 工业界	成本
40	生物能源碳捕获和储存	具有碳捕获和储存功能的生物质燃料	持续深化研究		高级纤维素乙醇	DOE	成本;能源使用
41	碳矿化	矿山尾矿和工业废弃物	100	10	每年千吨至百万吨规模的现场实验,和对各种潜在固体反应物的活性进行广泛的现场调查及实验室表征。为期10年,4个项目,每年共25万美元	DOE NSF USGS	科学/技术理解;成本;能源使用;其他环境制约;治理;监测和验证;实践障碍

续表

项目	负排放技术	研究标题	成本（万美元/年）	年限	摘要	研究的潜在发起人和执行者	阻碍因素或前沿研究
42	碳矿化	玄武岩地层中等规模的现场原位试验	1 000	10	优化注入策略，尤其是对浅层储层。持续时间更长，通量更高的试验应该检查地下反应前缘的演变，确定局部碳化反应的性质，以及影响渗透率和反应表面积的反馈。为期 10 年，每年 1 000 万美元	DOE NSF USGS	科学/技术理解；成本；能源使用；其他环境约束；治理；监测和核查；实践障碍
43	地质封存；咸水层封存	降低地震风险	5 000	10	所提议的预算可以在美国不同地理区域进行 3 次试验，试验费用约为每年 1 500 万美元，为期 10 年。具体区域的项目将得到每年 500 万美元的支持，包括模型开发、实验室研究和现有的、新的数据集分析。本研究将提高对地质封存场地诱发地震风险的理解，降低地震产生的风险，开发评估和降低地震风险的方法，通过过滤诱发地震的高风险地点来据高容量估计，并有助于对断层移动导致泄漏的风险加以量化	DOE NSF EPA DOI	科学/技术理解；其他环境约束；实践障碍

续表

项目	负排放技术	研究标题	成本（万美元/年）	年限（年）	摘要	研究的潜在发起人和执行者	阻碍因素或前沿研究
44	地质封存：咸水层封存	提高场地表征和选择的效率和准确性	4 500	10	与业界合作开发和测试表征新场地的创新方法，通常需要1亿美元来评估一个场地是否合适。该计划可以通过"扩大碳安全"计划（Carbon-SAFE）来实施，使其包括2个有200 Mt以上规模的CO_2封存功能的地点，以协助各州和商业实体在相关场地进行大规模部署（为期10年，4个项目）。所提议的每年500万美元的预算将用于支持学术、国家实验室和工业研究，开发可以在上述项目中测试的创新方法	DOE NSF EPA DOI 工业界	科学/技术理解；成本；治理；实践障碍
45	地质封存：咸水层封存	加强监测和降低监测核查的成本	5 000	10	所提议的研究计划提供4～6个项目，费用为每年500万～1 000万美元。该合作项目将开发和示范为优化综合监测计划以降低成本并提高质量的方法。提供有关CO_2存储状态的实时信息。除了现场试验，每年将有1 000万美元用于支持基础研究，以开发和测试量化质量平衡、测量CO_2饱和度和量化泄漏的方法	DOE NSF EPA DOI	监测和验证；成本；实践障碍
46	地质封存：咸水层封存	改进二次捕获的预测和加速二次捕获的方法	2 500	10	该研究计划将支持为期10年的多成员团队进行大规模试验，旨在量化自然捕获和加速捕获在注入后一段时间内固定CO_2的有效性。该实验需要结合现场试验、多尺度实验室实验、数据模拟和监测	DOE NSF EPA DOI	科学/技术理解；永久性；实践障碍

项目	负排放技术	研究标题	成本(万美元/年)	年限	摘要	研究的潜在发起人和执行者	阻碍因素或前沿研究
47	地质封存:咸水层封存	为性能预测和确认改进仿真模型	1 000	10	该计划将支持2～3个研究小组开发改进的模拟模型,用于预测CO_2在地下的归宿和运移,特别是对地层非均质性、二次捕获机制、地球化学反应,对CO_2注入的地质力学影响的影响,以及它们之间数千年的耦合效应	DOE NSF EPA DOI	科学/技术理解;永久性
48	地质封存:咸水层封存	评估和管理受损的储存系统的风险	2 000	10	提高有关渗漏对地下水系统和渗流带的影响的认识。量化这些相互作用在多大程度上减缓了CO_2的运移,并降低了泄漏到大气中的风险	DOE NSF EPA DOI	科学/技术理解;实践障碍
49	地质封存:油气田封存	开发储存工程方法以协同优化二氧化碳提高驱油采收率(CO_2-EOR)和封存	5 000	10	开发和示范储层管理实践,以协同优化CO_2-EOR和CO_2封存,来实现油田作业期间的负排放。对通过共同优化实现的负排放程度进行量化。提议与业界合作进行2项现场规模的试验,每项试验的预算为每年2 000万美元,为期10年。每年1 000万美元以支持学术、国家实验室和行业研究,以开发协同优化的新方法	DOE NSF EPA DOI 工业界	科学/技术理解;实践障碍
50	地质封存	开展社会科学研究,以提高地方社区和大众的公众参与效率	100	10	建立社区参与的最佳实践、实践规则和监管指南。提供宣传教育材料,提高人们对负排放地质封存的必要性、机会、风险和益处的认识	DOE NSF EPA DOI	实践障碍

注:所有项目不仅应成为碳减排综合研究工作的一部分,还应支持负排放技术方法的进步。DOE:美国能源部;DOI:美国内政部;EOR:提高驱油采收率;EPA:美国环境保护署;NSF:美国国家科学基金会。

390

391

392

　　这些例子包括大多数造林/再造林和森林管理、某些类型的农业土壤管理（例如,在许多种植制度中使用覆盖作物和减少耕作)、电力生物能源碳捕获和储存及直接空气捕获。也许某些形式的矿化(如活性尾矿的管理)和一些滨海碳去除方案也可以迅速准备就绪。

第四节　研究预算摘要

　　研究预算的规模反映了碳和气候问题的规模。如图 8-1 所示的解决方案,可能需要具有碳吸收与封存(CCS)功能的风能、太阳能、生物质、核能和天然气发电,用于运输的生物燃料和电力,以及某种形式的储能。上述每一种技术都得到了政府的大量投资。例如,司塞恩(Sissine,2014)估计,从 1978 年到 2013 年,美国联邦政府在可再生能源研发上的支出超过 220 亿美元。这些投资取得了惊人的回报,公用事业规模的太阳能和风能发电的平准化成本目前为 3～6 美分/(kW·h)(EIA,2017b)。由于几十年的政府投资,目前实现一个零排放的能源系统在技术上是可行的,它的成本和消费者当前支付的成本差不多。

　　尽管预计负排放技术将提供 21 世纪所需净减排量的约 30%(图 8-1 中二氧化碳负排放的最大值为 20 Gt/年,二氧化碳减排的最大值为 50 Gt/年),但负排放技术尚未获得同比例的公共投资。负排放技术对于抵消无法消除的排放(如农业排放的很大一部分)至关重要。低成本的负排放技术已经比大多数气候缓解方案的费用更低。成本为 100 美元/t 二氧化碳的直接空气捕获,可以在不影响粮食和生物多样性的情况下,以与生物燃料相当或更低的成本抵消航空化石燃料的排放。低成本的直接空气捕获或碳矿化可以允许无限期地使用化石燃料而不影响气候。所提议的研究预算规模,既符合对能够解决相当一部分气候问题的负排放技术的需求,也满足对美国经济可能获得巨大回报的需要。

一、滨海蓝碳

　　如果仅仅是为了管理碳问题而实施滨海蓝碳技术,其成本将高得令人望而却步,但若将二氧化碳去除和(或)储存列入出于其他原因(如防风暴)而进行的海岸工程项目中,其成本很可能为 0 或很低。美国滨海蓝碳的潜在比率只有约 0.02 Gt 二氧化碳/年,另有 0.01～0.03 Gt 二氧化碳/年的储存可以通过在海岸工程项目中使用有机材料来实现(但碳需要在其他地方捕获)。

即使使用碳去除和储存平均成本的低值 20 美元/t 二氧化碳来计算,若能以零成本实现 0.06 Gt 二氧化碳/年的捕获,每年也可以节省 2 亿美元。这一计算结果与表 8-3 中提议的研究支出是相符的。滨海蓝碳提案的核心是第 3 项,该项要求在 20 年内以每年 4 000 万美元的投入建立和运营一个研究站点网络。该研究将跨越土壤梯度,将自然系统和正在进行的海岸工程项目都包括在内。在整个网络中使用一套统一的测量方法,将促进对滨海生态系统中碳去除和储存的理解,通过实验则可以确定如何以最低的成本和最有效的方式向海岸工程项目中添加碳去除和储存功能。该计划还要求开展 5～10 年的基础研究(第 1 项),每年 600 万美元;为期 20 年的滨海湿地图绘制和监测(第 2 项),每年 200 万美元;数据中心(第 4 项)建设,每年 200 万美元;为期 10 年的社会科学研究,每年 500 万美元,用于研究滨海蓝碳的成本效益适应性管理,以及滨海土地所有者和管理者对碳去除和储存激励措施的反应(第 6 项)。社会科学研究还将针对洪水或侵蚀造成的碳损失的管理责任开展相关政策调查。

范围广泛的美国联邦、州和地方政府机构与学术机构为滨海蓝碳研究提供了潜在的资助机会。这些机构包括美国国家科学基金会、美国能源部、美国环境保护署、美国航空航天局、美国陆军工程兵团以及国家海洋和大气管理局。一个由跨部门—学术界—非政府组织—工业界组成的项目工作组作用也很大,尤其对于开发建立一个全面的滨海蓝碳项目数据库来说。此外,美国国家科学基金会、私营部门在滨海蓝碳和储存项目的示范与部署的相关研究中发挥着重要作用。

二、造林/再造林和森林管理

造林/再造林和森林管理的研究预算相对较低,因为这是一个相对成熟的领域。该领域在碳去除和封存方面前景广阔,因为:①一个多世纪以来,林业工作

者一直在研究如何最大限度地提高木材产量,包括培育生长迅速的树木品种;②
木材的碳含量约为 50%;③大多数温带和热带森林将大部分碳储存在木材中。
为了使工作非常接近森林碳去除和封存,总体的研究工作已经有了很大的规模。
例如,美国林务局的森林调查与分析(FIA)计划每年花费约 7 000 万美元,用于
测量美国的木质生物质和约 10 万个重复普查地块中生物质的变化。表 8-3 中
与森林有关的最大支出(第 8 项,周期 10 年,370 万~1 400 万美元/年),和生物
能源碳捕获和储存共享。努力提高人们对造林/再造林、森林管理、生物能源碳
捕获和储存面临的土地面积约束的理解,将有利于促进所有这些类别的碳去除,
即便没能起到效果,也可以降低出现严重政策错误的可能性。拟定的土地利用
变化的综合评价模型(IAMs)的经费并不大,因为委员会认为,在这方面的认识
可能只会缓慢提高。这也解释了提议工作期限为 10 年的原因。表 8-3 中的第 7
项和第 12 项利用了美国林务部的其他大量投资。第 10 项如果成功,将以非常
低的成本提供非常大的效益(详见第三章)。

美国林务局在促进造林和森林管理研究以及相关资助方面发挥着核心作
用,而美国农业部和美国国家科学基金会则非常适合开展社会科学主题及其他
的环境和社会影响方面的研究。

三、农业土壤的吸收和储存

相对于其他负排放技术,农业土壤碳去除和储存的研究预算中等。与林业
不同的是,农业植物育种家并没有特别关注可以提高碳去除和储存植物的生产
力方面(即树木是地上生物质,但农作物则是很深且难以分解的根系)。因此,预
算中每年 4 000 万~5 000 万美元主要用于开发新的农业品种(表 8-3 中的第 17
项)。该计划的 20 年期限反映了持续努力的必要性。这将扩大高级能源研究计
划署(ARPA-E)在这一领域的可观投资。尽管缺乏为提高碳去除和储存而进行
的育种,农业科学家仍然知道,如何在大多数种植制度和一些放牧制度中实现这
些目标,因为土壤碳是衡量土壤健康的指标,几十年来他们一直致力于改善这一
指标。计划的第二大部分是第 13 和 14 项(每年 1 100 万~1 400 万美元),它对
于将碳储存方法推广到以往工作不足的种植系统,以及在所有领域提高效率和

降低成本至关重要。这项支出还将用于提高农业生产率和氮、水的利用效率,仅仅因为这些好处,就可以证明这个预算是合理的。第19项对于开发具有成本竞争力的生物燃料和具有负排放功能的生物燃料(燃料生物能源碳捕获和储存)至关重要。最后,第18项可能以较低成本提供较大的新能力。这3个"前沿"项(第17～19项)结合在一起,可能使农业土壤碳储存的潜力加倍甚或更多。第20项将在下面与碳矿化方案一起讨论。

美国农业部、美国国家科学基金会和(或)美国能源部内的项目拥有开展农业土壤相关研究最健全的基础设施。赠地大学也可以发挥重要作用,例如,通过开展试验评估特定区域土壤碳封存的最佳管理做法。此外,美国农业部自然资源保护处的保护创新津贴,可以提供经济和行为研究课题所需的经验知识,并继续或扩大试点减排、碳去除和储存项目。

四、生物能源碳捕获和储存

生物能源碳捕获和储存转化为燃料提供了:①开发具有成本竞争力的新型生物燃料的最大机会;②这些产品产生负排放的可能性;③对农业生产力可能的好处(通过生物炭应用)。以上就是建议对这一领域10年全面发展进行投资的原因(项目21)。这项投资的经济和能源安全效益可能是推测性的,但二氧化碳去除和储存的效益可能是实质性的,虽然仍受到可用生物质废物的限制。表8-4还建议研究提高用于发电的能源作物的生产率和密度,以及研究如何提高生物燃料转化为电力的效率。虽然这应该被认为是美国国家生物燃料研究预算的一部分,但因为其存在改进生物能源碳捕获和储存的可能性,故此把它也包括在这里。

生物能源碳捕获和储存的研究议程还包括开发一个基于生命周期分析的框架,以比较美国的负排放技术。虽然生命周期分析适用于所有的负排放技术,但它被列入了生物能源碳捕获和储存的研究议程之中,原因是生物能源碳捕获和储存非常复杂,这使得确定净二氧化碳去除量非常困难。而对造林/再造林、农业土壤管理、滨海蓝碳、直接空气捕获,甚至碳矿化来说,净二氧化碳去除量都比较简单。

美国农业部、美国能源部和美国环境保护署内的一些机构,积极参与且有能力有效执行生物能源碳捕获和储存大部分拟定的基础和应用研究的各部分任务。然而，它们目前可能没有能力有效地运行技术示范项目。公私合作实体历来在示范和部署新技术方面发挥着重要作用。因此，评估现有政府机构技术示范能力，并调查具有有效开发和示范新生物质能源技术所需能力的机构，对于新技术的成功扩大和部署至关重要。

397

五、直接空气捕获

制定直接空气捕获的预算是为了在 10～20 年的时间内提供实质性的机会，来实现约 100 美元/t 二氧化碳的直接空气捕获和封存成本。直接空气捕获面临的挑战是，在缺乏高碳价格的情况下（与造林/再造林、农业土壤管理、生物能源碳捕获和储存转化为燃料以及滨海蓝碳不同），开展此类活动并不存在商业驱动力。因此，开发一种实际的直接空气捕获方案将需要政府的持续投资。然而，委员会还得出结论，如果一个由研究人员和初创企业建立的合作和竞争生态系统能够探索直接空气捕获的多种选择，同时推进技术的各个方面，则最有可能取得进展。研究计划和预算涵盖了技术发展的四个独立阶段。将许多研究人员和公司在每个阶段的努力与国家直接空气捕获测试中心的工作相配合，可以促进研究（即提供技术经济分析和工程设计帮助），为了比较而使用共同的基础条件对每个实体的技术进行测量，并在保护知识产权的同时传播公共信息。第一阶段（第 22 和 23 项，为期 10 年，每年 23 万～35 万美元）将投入 100 万美元，积极寻求更好的材料和部件设计。第二阶段（第 24 和 25 项，为期 10 年，每年 1 300 万～2 500 万美元）将扩大新材料和部件的生产规模，使它们能够达到试点工厂所需的规模（超过 1 000 t 二氧化碳/年）。第三阶段（第 26 和 27 项，为期 10 年，每年 3 000 万～6 000 万美元）将建设和评估价值约为 2 000 万美元/项目的试点工厂。第四阶段（第 28 和 29 项，为期 10 年，每年 1.15 亿～1.2 亿美元）将提供最终规模为 1 亿美元/项目，并且二氧化碳捕获量在每年 10 000 t 二氧化碳以上。显然，这四个阶段不会完全并行或完全依次进行。大多数团队在第一个阶段进入程序，一些团队在第二个阶段进入，可能会有一或两个在第三阶段进入。如果这项努力获得成功，可能在 10～20 年内以大大降低的价格实现商业规模的直接空气捕获。

　　美国能源部化石能源和国家能源技术实验室办公室拥有适用的基础设施来
管理直接空气捕获的研究、开发和示范项目，通过典型的提案和拨款流程将资金
分配给大学、非营利研究组织、初创公司和大公司。美国能源部现有的基础设施
还可以管理承接独立材料测试、组件测试、技术经济分析和专业工程设计的承包
商。类似于化石能源和国家能源技术实验室办公室的国家级碳捕获中央设施或
国家试验平台，可以提供直接空气捕获关键环节和系统开发与演范的测试。此
外，对于发展直接空气捕获技术，实行承包机制，如固定费用或成本加成合同，将
被证明是有用的。然而，如果没有明确的市场激励措施，就不应进行任何公共投
资；在碳去除市场缺乏激励的情况下，工业界将不会对直接空气捕获系统的商业
部署进行投资。

六、碳矿化

　　委员会建议对新的碳矿化研究进行大量投资，因为如果能够找到成本效益
高的方法，碳矿化将拥有有效的无限容量，也因为前期的工作令人振奋，该计划
要求对矿物捕获碳的动力学（为期 10 年，每年 550 万美元，第 30 项）和原位应用
中反应与流体流动之间的反馈进行基础研究（为期 10 年，每年 1 700 万美元，第
31 项）。其中包括美国地质调查局探索绘制的矿山尾矿和其他地点活性地表沉
积物的增强风化情况，以每年 750 万美元（第 32 项）对活性矿物的近地表和每年
350 万美元（第 33 项）对地层现有的尾矿库进行测绘的研究努力。还包括为期
10 年，每年 300 万美元向农业土壤中添加活性矿物的实验研究（第 20 项）。最
雄心勃勃的项目是探索在近地表超基性岩石地层中原位去除和封存二氧化碳的
可能性（为期 10 年，每年 1 000 万美元，第 34 项）。表 8-4 还包含了两个仅用于
封存的减排项目。第一种是尝试将捕获的二氧化碳储存在活性矿山尾矿中（为
期 10 年，每年 100 万美元，第 41 项）。尽管大部分现有尾矿及其年产量都相对较
小（足以封存数千万吨二氧化碳），但成本可能低至 10 美元/t 二氧化碳。第 42 项
计划建议向玄武岩地层中注入中等规模的二氧化碳，以提供一种替代咸水层封存
的方法（为期 10 年，每年 1 000 万美元）。考虑华盛顿州（约 1 000 t 二氧化碳）和冰
岛（几年来每年 10 000 t 二氧化碳）的前期努力，这是下一步要推进的工作。

很多推荐的碳矿化研究都属于美国国家科学基金会地球科学理事会、美国地质调查局和美国能源部负责的领域。美国能源部内的几个项目[如基础能源科学项目和化石能源办公室的项目,和"交叉地下技术和工程研究、开发和示范倡议"(SubTER)等]具有资助碳矿化动力学和其他方面整体课题研究的潜力。在碳矿化的理论研究方面将是高校研究的重点,并且与美国国家科学基金会(为温室气体减排研究提供资金)明确的伙伴关系将会很有用。这样的伙伴关系可能类似于美国国家科学基金会地球科学理事会的几个成功倡议,如"全球海岭研究的学科间实验"(RIDGE)、"大陆边缘计划"(MARGINS)和"裂谷与俯冲边缘的地球动力学过程"(GeoPRISMS)项目。

七、咸水层地质封存

表 8-4 提出了关于在咸水层中安全和经济有效地封存二氧化碳的新研究。该预算属于国家预算,用于支持已经大规模(接近每年 1 亿 t 二氧化碳)实践的相对成熟的领域,目前由美国政府以 50 美元/t 二氧化碳的标准进行补贴。咸水层封存对于减少化石能源排放,实现直接空气捕获以及生物能源碳捕获和储存的碳负至关重要。拟定的研究计划包括每年 5 000 万美元用于降低诱发地震的风险(第 43 项);每年 4 500 万美元用于提高场地表征和选择的效率及准确性(第 44 项);每年 5 000 万美元用于改善和降低监测和核查的成本(第 45 项);每年 2 500 万美元用于改善二氧化碳二次捕获(第 46 项);每年 1 000 万美元用于改进模拟建模(第 47 项);每年 2 000 万美元用于研究管理二氧化碳泄漏到大气和地下水的风险的方法(第 48 项);每年 5 000 万美元用于开发系统优化提高石油采收率和碳封存的方法(第 49 项)。

美国能源部、美国国家科学基金会、美国环境保护署和美国内政部在持续资助和研究地质封存方面发挥着重要作用。例如,美国能源部系统内新的研究和发展需求包括对捕获机制以及地下二氧化碳的归宿和运移的多尺度、多物理模型研究。美国国家科学基金会在吸引和利用高等院校对与封存相关的地球过程研究方面发挥着重要作用。美国环境保护署可以与美国能源部和美国内政部合作,支持开发与被污染的站点相关的可靠封存方法的研究。美国地质调查局和土地管理局都非常有条件进一步扩大地质封存的规模的研究。

第五节　结论与建议

一、总体结论

　　最近每一项对气候问题解决方案的分析都得出这样的结论：负排放技术应发挥与任何其他气候减缓技术一样大的作用，到 21 世纪中叶需要达到每年 10 Gt 的负排放规模，到 21 世纪末需要达到每年 20 Gt 的负排放规模。以低于 20 美元/t 的成本实现每年数 Gt 规模的二氧化碳减排（技术）已经可以使用；造林/再造林成为《联合国气候变化框架公约》的一部分已经超过了 10 年。即使没有碳效益，现有的农业土壤方法也具有巨大的协同效益，可以提高美国农场的生产力和经济弹性。然而，现有的方案（滨海蓝碳、造林/再造林、森林管理、农业土壤管理与生物能源碳捕获和储存）仍然无法在不对全球粮食供应和环境造成重大意外损害的情况下，以合理的成本提供足够的负排放。需要围绕投资开展大量研究以改进现有的负排放技术并降低其成本。此外，与其他负排放技术相比，对两种拥有本质上无限的容量潜力的负排放技术的探索仍然少得多。美国在直接空气捕获和碳矿化研究方面的投资有可能彻底改变能源系统的未来发展。

二、总体建议

　　美国应该在可行的范围内尽快启动一项实质性的研究计划，以推进负排放技术。通过大量投入将取得以下成效：①改善现有负排放技术（即滨海蓝碳、造林/再造林、森林管理、农业土壤碳吸收和储存，以及生物能源碳捕获和储存），以提高负排放能力并减少其负面影响和成本；②在直接空气捕获和碳矿化技术方面取得快速进展，这些技术尚未得到充分开发，但如果能够克服高昂的成本和诸多未知因素，本质上其容量无限；③推进生物燃料碳捕获和封存赋能负排放技术的研究，无论如何都应该作为减排研究组合的一部分而进行研究。

术　语　表

造林(Afforestation)	在原来的草地或灌木地上种植树林
避免排放（Avoided emissions)	避免或减少排放活动(如防止森林砍伐)导致的温室气体排放减少
生物炭(Biochar)	生物质热化学转换产生的固体碳产物
水镁石(Brucite)	氢氧化镁矿物$[Mg(OH)_2]$,通常是超基性岩石在水化过程中与蛇纹石一起形成的
煅烧炉(Calciner)	一种窑,使用天然气加热碳酸钙以在液体溶剂直接空气捕获系统中产生固体氧化钙
毛细管或残余气捕集 (Capillary or residual gas trapping)	由于与地质储层孔隙空间的相互作用使得二氧化碳被固定
二氧化碳去除 （Carbon dioxide removal)	主动从大气中去除二氧化碳的努力。这些努力补充了侧重于减少化石燃料发电厂等点源二氧化碳排放的碳捕获和封存方法
碳酸盐(Carbonates)	如菱镁矿$(MgCO_3)$、方解石$(CaCO_3)$和白云石$[MgCa(CO_3)_2]$等矿物。二氧化碳与含镁和含钙硅酸盐反应生成碳酸盐矿物,通常称为碳化和碳矿化
苛化器(Causticizer)	在液体溶剂直接空气捕获系统中沉淀碳酸钙的一种反应器
二氧化碳当量(CO_{2e})	二氧化碳量的度量单位,其对全球气候变暖的影响与温室气体相当
燃烧(Combustion)	最富含氧化剂的热化学转化路径,该路径提供足够的氧化剂(如空气或氧气),确保生物质的完全氧化以产生电力和(或)热能
地壳(Crust)	相对低密度、富含二氧化硅的固体地球最上层;海洋地壳是镁铁质的,厚约7 km;大陆地壳是长英石的中间体,含有的硅、铝、钠、钾比海洋地壳多,平均厚度约36 km
火用(Exergy)	物理作用的能量容量

气化（Gasification）	使用气化剂如蒸汽、空气或二氧化碳，用于部分氧化生物质并产生高产量可燃气体的过程
水热液化（Hydrothermal liquefaction）	一种热化学方法，通过在水中将生物质加热转化为主要生产液体，水在其中充当反应物
综合评价模型（Integrated assessment modeling）	结合不同领域（如科学、经济学和政策）评估影响的定量工具，这里的影响指的是排放或减排的影响
能源平准化成本（Levelized cost of energy）	在发电源的生命周期内能生产的净现值
生命周期分析或生命周期评估（Life cycle analysis or life cycle assessment）	对产品生命周期内从原材料到消费的所有环境影响的评估
滑石菱镁岩（Listvenite）	由碳酸盐矿物、石英、铁氧化物、富铬氧化物或硅酸盐组成的岩石，由橄榄岩完全碳化产生，其中所有的镁和钙与二氧化碳结合形成碳酸盐矿物，大多数铁形成氧化物，所有的二氧化硅形成石英
基性岩石（Mafic）	含有 45 wt%～53 wt%二氧化硅，和（或）由>10 wt%富钙斜长石（>50 An）组成的岩石，通常含有橄榄石、辉石和角闪石，不含石英。镁铁质熔岩是玄武岩。镁铁质深成岩是辉长岩（广义的）。一些镁铁质侵入体含有大量矿床（镍、铬、铂族元素）。含大量斜长石的辉长岩被称为斜长岩
地幔（Mantle）	地壳下方相对致密的，超基性的固体地球层。上地幔（从地壳底部到约 410 km 深度）由橄榄岩组成，富含镁橄榄石
负排放技术（Negative emissions technology）	一种从大气中去除二氧化碳进行封存的方法
橄榄石（Olivine）	端元镁橄榄石（Mg_2SiO_4）和方沸石（Fe_2SiO_4）之间的固溶体矿物。橄榄岩占地球上地幔岩石的 60%以上，其中超过 88%是镁橄榄石
蛇绿岩（Ophiolite）	一块海洋地壳和上地幔块体，冲到大陆边缘的海洋板块
橄榄岩（Peridotite）	含大于 40%橄榄石的超基性岩石（又名宝石"橄榄石"）。橄榄岩构成了地球上大部分地幔

斜长石(Plagioclase)	一种固溶体矿物,是长石族的一部分,其组成范围从钙长石(An,CaAl$_2$Si$_2$O$_8$)到钠长石(Ab,NaAlSi$_3$O$_8$),包括倍长石(Byt,70%～90% An)、拉长石(Lab,50%～70% An)、中长石(30%～50% An)和奥长石(10%～30% An)。斜长石,尤其是拉长石,是结晶玄武岩(幔源岩浆)及其缓慢冷却的深成等效辉长岩的常见成分,同时含有0～20%的橄榄石和0～40%的辉石
进积作用(Progradation)	湿地上的沉积物沉降,导致向海洋边缘横向生长
高温分解(Pyrolysis)	一种高度缺乏氧化剂或缺氧的热化学过程,过程中生物质在没有空气的情况下加热以产生液体和气体,它们可被升级为生物燃料或直接燃烧,以及富含碳的固体生物炭,其可被燃烧、气化或分布在土壤中用于储存和土壤改良
辉岩(Pyroxene)	铁镁硅酸盐,包括斜方辉石和富钙辉石。前者含镁端元顽辉石(En,Mg$_2$Si$_2$O$_6$),后者含镁端元透辉石(Di,CaMgSi$_2$O$_6$)。富镁辉石占地幔橄榄岩的0～40%。辉石含量大于60%,长石含量小于10%的岩石为辉岩
石英(Quartz)	二氧化硅矿物
再造林(Reforestation)	在过去曾是森林但被用作其他用途的土地上造林
蛇纹石(Serpentine)	含镁端元的水合硅酸盐矿物。通过超基性岩石的水合作用形成蛇纹石和其他矿物通常被称为蛇纹石化。主要由蛇纹石组成的岩石称为蛇纹岩。蛇纹石的多型体包括纤维蛇纹石、利蛇纹石,以及叶蛇纹石。纤维蛇纹石和利蛇纹石是超基性岩和镁铁质岩中橄榄石与辉石低温水化作用的常见产物
石灰消化器(Slaker)	一种反应器,其中氧化钙与水反应以再生氧化钙,使其在苛化剂中作为液体溶剂直接空气捕获系统的一部分重复使用
固体吸附剂(Solid sorbent)	直接空气捕获系统的捕获外表面,可利用二氧化碳吸附剂材料进行吸附和解吸
溶解捕集(Solubility trapping)	地质储存的二次捕集机制,是二氧化碳溶解到含水层中的结果
扩张脊(Spreading ridge)	在两个分叉的构造板块之间,上升的上地幔玄武岩部分熔融形成的新火成岩洋壳,延伸形成的狭窄地带
俯冲带(Subduction zone)	两个构造板块交汇处的逆冲断层,其中一个板块被逆冲到另一个之下;典型情况是旧洋壳被逆冲到地幔中
超临界二氧化碳(Supercritical CO$_2$)	二氧化碳气体被压缩成高于临界温度和压力的流体

405

续表

	（湿地）海侵［Transgression （ of wetlands）］	潮间带湿地随海平面上升向邻近高地迁移
406	超基性岩石（Ultramafic）	含有＜45 wt％二氧化硅（SiO₂）和＞18 wt％氧化镁（MgO）的岩石，和（或）由＞90 wt％的"镁铁质矿物"组成，它们是橄榄石、辉石、闪石和蛇纹石。包括橄榄岩在内的超基性岩石构成了地表以下约 410 km 深度的地球上地幔的大部分，并且还形成了容纳大量矿床的火成岩，包括快速生成的金伯利岩（钻石），橄榄岩和辉石（镍、铬、铂族元素）在内的火成岩侵入体，以及被称为科马提岩（Ni）的超基性熔岩
	硅灰石（Wollastonite）	钙硅酸盐矿物 CaSiO₃，最常见于花岗岩侵入体与石灰石发生反应的地方

407

缩　略　语

A&E	architecture and engineering	建筑与工程
ACR	American Carbon Registry	美国碳登记处
ADM	Archer Daniels Midland	（美国）阿彻丹尼尔斯米德兰公司
AFRI	Agriculture and Food Research Initiative	农业和粮食研究倡议
APS	American Physical Society	美国物理学会
ARPA-E	Advanced Research Projects Agency-Energy	（美国）高级能源研究计划署
ARS	Agricultural Research Service	（美国）农业研究服务局
ASU	air separation unit	空气分离装置
BECCS	bioenergy with carbon capture and sequestration	生物能源碳捕获和储存
BLM	Bureau of Land Management	美国内政部土地管理局
CAP	Coordinated Agricultural Project	农业协同项目
CAPEX	capital expenditure	资本支出
CAR	Climate Action Reserve	气候行动储备

CarbonSAFE	Carbon Storage Assurance Facility Enterprise	碳储存保障设施企业
CAST	Council on Agricultural Science and Technology	(美国)农业科学和技术理事会
C-CAP	*Coastal Change Analysis Program*	《海岸变化分析计划》
CCIWG	Carbon Cycle Interagency Working Group	碳循环机构间工作组
CCS	carbon capture and sequestration	碳捕获和封存
CCUS	carbon capture, utilization, and storage	碳捕获、利用和储存
CDCL	coal direct chemical looping	煤直接化学循环
CKD	cement kiln dust	水泥窑粉尘
CMS	carbon monitoring system	碳监测系统
CO_2	carbon dioxide	二氧化碳
CRI	CRI Catalyst Company, Shell Group	CRI 催化剂公司,壳牌集团
CRMS	Coastwide Reference Monitoring System	全海岸基准监测系统
CRP	Conservation Reserve Program	保护储备计划
CSP	Conservation Stewardship Program	保护管理计划
CWPPRA	Coastal Wetlands Planning, Protection, and Restoration Act	《滨海湿地规划、保护和恢复法案》
DEB	Division of Environmental Biology	(美国)环境生物学部
DOE	Department of Energy	(美国)能源部
DOI	Department of the Interior	(美国)内政部
EIA	Energy Information Administration	(美国)能源信息署

EJ	exajoule	艾焦耳($=10^{18}$焦耳)
ENSO	El Niño-Southern Oscillation	厄尔尼诺—南方涛动
EOR	enhanced oil recovery	提高石油采收率
EPA	Environmental Protection Agency	(美国)环境保护署
EPRI	Electric Power Research Institute	(美国)电力研究所
FA	fly ash	粉煤灰
FE	fossil energy	化石能源
FEMA	Federal Emergency Management Agency	(美国)联邦应急管理局
FERC	Federal Energy Regulatory Commission	联邦能源监管委员会
FIA	forest inventory and analysis	森林调查与分析
FTE	full-time equivalent	全职人力工时
GCEP	Global Climate and Energy Project	全球气候与能源项目
GDP	gross domestic product	国内生产总值
GeoPRISMS	Geodynamic Processes at Rifting and Subducting Margins	裂谷与俯冲边缘的地球动力学过程
GHG	greenhouse gas	温室气体
GRI	Gas Research Institute	(美国)天然气研究所
GTI	Gas Technology Institute	(美国)天然气技术研究所
hm^2	hectare	公顷
IAM	integrated assessment model	综合评价模型
IECM	integrated environment control model	综合环境控制模型
IGCC	integrated gasificaton combined cycle	整体煤气化联合循环

IL-ICCS	Illnois Industrial Carbon Capture and Storage	伊利诺伊州工业碳捕获和储存
INDC	intended nationally determined contribution	国家自主贡献
InSAR	interferometric synthetic aperture radar	干涉合成孔径雷达
IPCC	Intergovernmental Panel on Climate Change	政府间气候变化专门委员会
ISBL	inside battery limits	界区内
ITM	Inland Testing Manual	内陆测试手册
JPL	Jet Propulsion Laboratory	（美国）喷气推进实验室
KIIT	Korea Institute of Industrial Technology	韩国工业技术研究所
LCA	life cycle assessment	生命周期评估
LCOE	levelized cost of electricity	平准化电力成本
LHV	lower heating value	低热值
LTER	long-term ecological research	长期生态研究
MEA	monoethanolamine	单乙醇胺
MHA	million hectare	百万公顷
MHHW	mean higher high water	平均较高高潮面
MHHWS	mean higher high water spring	平均大潮较高高潮面
MLW	mean low water	平均低潮面
MMt	million metric tons	10^{12} 吨（太吨）
MMW	measuring, monitoring, and verification	测量、监测和验证

410

MSL	mean sea level	平均海平面
MTG	methanol-to-gas	甲醇制气
MVA	monitoring, verification, accounting	监测、验证、会计
N_2O	nitrous oxide	一氧化二氮
NASA	National Aeronautics and Space Administration	（美国）国家航空航天局
NASEM	National Academies of Sciences, Engineering, and Medicine	（美国）国家科学院、工程院和医学院
NBBF	natural and nature-based features	自然和自然特征
NCPV	National Center for Photovoltaics	（美国）国家光伏中心
NEON	National Ecological Observatory Network	（美国）国家生态观测站网
NEP	net ecosystem productivity	生态系统净生产力
NERRA	National Estuarine Research Reserve Association	（美国）国家河口研究保护区协会
NET	negative emissions technology	负排放技术
NETL	National Energy Technology Laboratory	（美国）国家能源技术实验室
NGCC	natural gas combined cycle	天然气联合循环
NGO	nongovernmental organization	非政府组织
NIFA	National Institute of Food Agriculture	（美国）国家食品与农业研究所
NIST	National Institute of Standards and Technology	（美国）国家标准技术研究所
NOAA	National Oceanic and Atmospheric Administration	（美国）国家海洋和大气管理局

NPP	net primary production	净初级生产力
NREL	National Renewable Energy Laboratory	(美国)国家可再生能源实验室
NRI	Natural Resource Inventory	自然资源清单
NSF	National Science Foundation	(美国)国家科学基金会
NSF OCE	National Science Foundation Division of Ocean Studies	(美国)国家科学基金会海洋研究处
O&M	operations and maintenance	运营和维护
OC	organic carbon	有机碳
OTM and ITM	*Ocean and Inland Testing Manuals*	《海洋和内陆测试手册》
PAF	perturbation atmospheric fraction	扰动空气分数
PNNL	Pacific Northwest National Laboratory	(美国)太平洋西北国家实验室
ppm	parts per million	百万分之一
ppmv	parts per million by volume	百万分体积比
PS II	photosystem II	光合系统 II
PV	photovoltaics	光伏
R&D	research and development	研发
RCP	representative concentration pathway	代表性浓度路径
Re	respiration	呼吸作用
REDD+	reduced deforestation and forest degradation plus	减少森林砍伐和森林退化＋
RIHL	Reliance Industrial Investments and Holdings Ltd.	(美国)信实实业投资控股有限公司

411

ROOTS	Rhizosphere Observations Optimizing Terrestrial Sequestration	根际观测优化陆地封存
RSLR	relative sea level rise	相对海平面上升
SCPC	supercritical pulverized coal	超临界煤粉
SCS	soil carbon sequestration	土壤碳封存
SE	standard error	标准误差
SET	surface elevation table	地表海拔表
SLR	sea-level rise	海平面上升
SOCCR-2	*Second State of the Carbon Cycle Report*	《碳循环状况报告—第二阶段》
SOM	soil organic matter	土壤有机质
SubTER	Subsurface Technology and Engineering Research，Development，&Demonstration	地下技术和工程研究、开发与示范
TRL	technology readiness level	技术准备水平
TSA	temperature swing adsorption	变温吸附
UNEP	United Nations Environment Programme	联合国环境署
UNFCCC	United Nations Framework Convention on Climate Change	《联合国气候变化框架公约》
USACE	The U. S. Army Corps of Engineers	美国陆军工程兵团
USC	ultra-supercritical	超超临界
USDA	U. S. Department of Agriculture	美国农业部
USFS	U. S. Forest Service	美国林务局
USFWS	U. S. Fish and Wildlife Service	美国鱼类和野生动物管理局

USGS	U. S. Geological Survey	美国地质调查局
VCS	Verified Carbon Standard	核证碳标准
VSA	vacuum swing adsorption	真空变压吸附

412

参 考 文 献

Abu-Al-Saud, M. O., A. Riaz, and H. A. Tchelepi. 2017. Multiscale level-set method for accurate modeling of immiscible two-phase flow with deposited thin films on solid surfaces. *Journal of Computational Physics*, 333: 297-320. DOI: 10.1016/j. jcp. 2016. 12. 038.

Adams, R. M., D. M. Adams, J. M. Callaway, C. C. Chang, and B. A. McCarl. 1993. Sequestering carbon on agricultural land—Social cost and impacts on timber markets. *Contemporary Policy Issues*, 11 (1): 76-87. DOI: 10.1111/j. 1465-7287. 1993. tb00372. x.

Ahlgren, S., A. Björklund, A. Ekman, H. Karlsson, J. Berlin, P. Böjesson, T. Ekvall, G. Finnveden, M. Janssen, and I. Strid. 2013. *LCA of Biorefineries - Identification of Key Issues and Methodological Recommendations*. Report No 2013: 25, f3. Göteborg, Sweden: The Swedish Knowledge Centre for Renewable Transportation Fuels.

Aines, R., and S. Mcoy. 2018. Making Negative Emissions Economically Feasible: The View from California. Presented at International Conference on Negative CO_2 Emissions, May 22-24, Göteborg, Sweden. Available at https://www. osti. gov/servlets/purl/1459143, accessed July 23, 2018.

Ajanovic, A. 2011. Biofuels versus food production: Does biofuels production increase food prices? *Energy*, 36(4): 2070-2076. DOI: 10.1016/j. energy. 2010. 05. 019.

Ajo-Franklin, J. B., J. Peterson, J. Doetsch, and T. M. Daley. 2013. High-resolution characterization of a CO_2 plume using crosswell seismic tomography: Cranfield, MS, USA. *International Journal of Greenhouse Gas Control*, 18: 497-509. DOI: 10.1016/j. ijggc. 2012. 12. 018.

Akbulut, M., O. Piskin, and A. I. Karayigit. 2006. The genesis of the carbonatized and silicified ultramafics known as listvenites: A case study from the Mihaliccik region (Eskisehir), NW Turkey. *Geological Journal*, 41(5): 557-580. DOI: 10.1002/gj. 1058.

Al-Kaisi, M. M., A. Douelle, and D. Kwaw-Mensah. 2014. Soil microaggregate and macroaggregate decay over time andsoil carbon change as influenced by different tillage systems. *Journal of Soil and Water Conservation*, 69 (6): 574-580. DOI: 10.2489/

jswc. 69. 6. 574.

Al Lazki, A. I. , D. Seber, E. Sandvol, and M. Barazangi. 2002. A crustal transect across the Oman Mountains on the easternmargin of Arabia. *GeoArabia*, 7: 47-78.

Alcantara, V. , A. Don, R. Well, and R. Nieder. 2016. Deep ploughing increases agricultural soil organic matter stocks. *Global Change Biology*, 22(8): 2939-2956. DOI: 10. 1111/gcb. 13289.

Alesi, W. R. , and J. R. Kitchin. 2012. Evaluation of a primary amine-functionalized ion-exchange resin for CO_2 capture. *Industrial & Engineering Chemistry Research*, 51(19): 6907-6915. DOI: 10. 1021/ie300452c.

Alexander, P. , M. D. A. Rounsevell, C. Dislich, J. R. Dodson, K. Engstrom, and D. Moran. 2015. Drivers for global agriculturalland use change: The nexus of diet, population, yield and bioenergy. *Global Environmental Change-Human and Policy Dimensions*, 35: 138-147. DOI: 10. 1016/j. gloenvcha. 2015. 08. 011.

Alig, R. J. 2010. *Economic Modeling of Effects of Climate Change on the Forest Sector and Mitigation Options: A Compendium of Briefing Papers*. Gen. Tech. Rep. PNW-GtR-833. Portland, OR: U. S. Department of Agriculture, Forest Service, Pacific-Northwest Research Station.

Alongi, D. M. 2011. Carbon payments for mangrove conservation: Ecosystem constraints and uncertainties of sequestration potential. *Environmental Science & Policy*, 14(4): 462-470. DOI: https://org/10. 1016/j. envsci. 2011. 02. 004.

Alt, J. C. , W. C. Shanks, W. Bach, H. Paulick, C. J. Garrido, and G. Beaudoin. 2007. Hydrothermal alteration and microbial sulfate reduction in peridotite and gabbro exposed by detachment faulting at the Mid-Atlantic Ridge, 15 degrees 20'N (ODP Leg 209): A sulfur and oxygen isotope study. *Geochemistry Geophysics Geosystems*, 8. DOI: 10. 1029/2007gc001617.

Anderson-Teixeira, K. J. , P. K. Snyder, T. E. Twine, S. V. Cuadra, M. H. Costa, and E. H. DeLucia. 2012. Climate-regulation services of natural and agricultural ecoregions of the Americas. *Nature Climate Change*, 2(3): 177-181. DOI: 10. 1038/ Nclimate1346.

Anderson, J. S. , K. D. Romanak, C. B. Yang, J. M. Lu, S. D. Hovorka, and M. H. Young. 2017. Gas source attribution techniques for assessing leakage at geologic CO_2 storage sites: Evaluating a CO_2 and CH4 soil gas anomaly at the Cranfield CO_2-EOR site. *Chemical Geology*, 454: 93-104. DOI: 10. 1016/j. chemgeo. 2017. 02. 024.

Anderson, K. , and G. Peters. 2016. The trouble with negative emissions. *Science*, 354 (6309): 182-183. DOI: 10. 1126/science. aah4567.

Andreani, M. , L. Luquot, P. Gouze, M. Godard, E. Hoise, and B. Gibert. 2009. Experimental study of carbon sequestration reactions controlled by the percolation of CO_2-rich

413

brine through peridotites. *Environmental Science & Technology*, 43(4): 1226-1231. DOI: 10. 1021/es8018429.

Angers, D. A. , and N. S. Eriksen-Hamel. 2008. Full-inversion tillage and organic carbon distribution in soil profiles: A metaanalysis. *Soil Science Society of America Journal*, 72(5): 1370-1374. DOI: 10. 2136/sssaj2007. 0342.

Antoni, D. , V. V. Zverlov, and W. H. Schwarz. 2007. Biofuels from microbes. *Applied Microbiology and Biotechnology*, 77(1): 23-35. DOI: 10. 1007/s00253-007-1163-x.

Apostolaki, E. T. , M. Holmer, N. Marbà, and I. Karakassis. 2011. Epiphyte dynamics and carbon metabolism in a nutrient enriched Mediterranean seagrass (Posidonia oceanica) ecosystem. *Journal of Sea Research*, 66(2): 135-142. DOI: https://org/ 10. 1016/j. seares. 2011. 05. 007.

Appel, H. M. 1993. Phenolics in ecological interactions—The importance of oxidation. *Journal of Chemical Ecology*, 19(7): 1521-1552. DOI: DOI: 10. 1007/Bf00984895.

Aradóttir, E. S. P. , H. Sigurdardóttir, B. Sigfusson, and E. Gunnlaugsson. 2011. Carb-Fix: A CCS pilot project imitating and accelerating natural CO_2 sequestration. *Greenhouse Gases-Science and Technology*, 1(2): 105-118. DOI: 10. 1002/ghg. 18.

Aradóttir, E. S. P. , E. L. Sonnenthal, G. Bjornsson, and H. Jonsson. 2012. Multidimensional reactive transport modeling of CO_2 mineral sequestration in basalts at the Hellisheidi geothermal field, Iceland. *International Journal of Greenhouse Gas Control*, 9: 24-40. DOI: 10. 1016/j. ijggc. 2012. 02. 006.

Armentano, T. V. , and E. S. Menges. 1986. Patterns of change in the carbon balance of organic soil-wetlands of the temperate zone. *Journal of Ecology*, 74(3): 755-774. DOI: 10. 2307/2260396.

Assima, G. P. , F. Larachi, G. Beaudoin, and J. Molson. 2012. CO_2 sequestration in chrysotile mining residues—Implication of watering and passivation under environmental conditions. *Industrial & Engineering Chemistry Research*, 51(26): 8726-8734. DOI: 10. 1021/ie202693q.

Assima, G. P. , F. Larachi, G. Beaudoin, and J. Molson. 2013a. Dynamics of carbon dioxide uptake in chrysotile mining residues—Effect of mineralogy and liquid saturation. *International Journal of Greenhouse Gas Control*, 12: 124-135. DOI: 10.1016/ j. ijggc. 2012. 10. 001.

Assima, G. P. , F. Larachi, J. Molson, and G. Beaudoin. 2013b. Accurate and direct quantification of native brucite in serpentine ores—New methodology and implications for CO_2 sequestration by mining residues. *Thermochimica Acta*, 566: 281-291. DOI: 10. 1016/j. tca. 2013. 06. 006.

Assima, G. P. , F. Larachi, J. Molson, and G. Beaudoin. 2014a. Comparative study of five Quebec ultramafic mining residues for use in direct ambient carbon dioxide mineral sequestration. *Chemical Engineering Journal*, 245: 56-64. DOI: 10. 1016/j. cej. 2014. 02. 010.

Assima, G. P. , F. Larachi, J. Molson, and G. Beaudoin. 2014b. Impact of temperature and oxygen availability on the dynamics of ambient CO_2 mineral sequestration by nickel mining residues. *Chemical Engineering Journal*, 240: 394-403. DOI: 10. 1016/j. cej. 2013. 12. 010.

Assima, G. P. , F. Larachi, J. Molson, and G. Beaudoin. 2014c. New tools for stimulating dissolution and carbonation of ultramafic mining residues. *Canadian Journal of Chemical Engineering*, 92(12): 2029-2038. DOI: 10. 1002/cjce. 22066.

Assima, G. P. , F. Larachi, J. Molson, and G. Beaudoin. 2014d. Emulation of ambient carbon dioxide diffusion and carbonation within nickel mining residues. *Minerals Engineering*, 59: 39-44. DOI: 10. 1016/j. mineng. 2013. 09. 002.

Augustine, C. , J. W. Tester, B. Anderson, S. Petty, and B. Livesay. 2006. A Comparison of Geothermal with Oil and Gas Well Drilling Costs. Presented at 31st Workshop on Geothermal Reservoir Engineering, Jan. 30-Feb. 1, Stanford University, Stanford, CA.

Azar, C. , K. Lindgren, M. Obersteiner, K. Riahi, D. P. van Vuuren, K. M. G. J. den Elzen, K. Mollersten, and E. D. Larson. 2010. The feasibility of low CO_2 concentration targets and the role of bio-energy with carbon capture and storage (BECCS). *Climatic Change*, 100(1): 195-202. DOI: 10. 1007/s10584-010-9832-7.

Azzi, M. , D. Angove, N. Dave, S. Day, T. Do, P. Feron, S. Sharma, M. Attalla, and M. Abu Zahra. 2014. Emissions to the atmosphere from amine-based post combustion CO_2 capture plant: Regulatory aspects. *Oil & Gas Science and Technology— Revue d'IFP Energies Nouvelles*, 69(5): 793-803. DOI: 10. 2516/ogst/2013159.

Bachu, S. 2015. Review of CO_2 storage efficiency in deep saline aquifers. *International Journal of Greenhouse Gas Control*, 40: 188-202. DOI: 10. 1016/j. ijggc. 2015. 01. 007.

Baciocchi, R. , G. Storti, and M. Mazzotti. 2006. Process design and energy requirements for the capture of carbon dioxide from air. *Chemical Engineering and Processing*, 45 (12): 1047-1058. DOI: 10. 1016/j. cep. 2006. 03. 015.

Baker, J. S. , B. A. McCarl, B. C. Murray, S. K. Rose, R. J. Alig, D. Adams, G. Latta, R. Beach, and A. Daigneault. 2010. Net farm income and land use under a U. S. greenhouse gas cap and trade. *Policy Issues*, 7(April).

Balucan, R. D. , and B. Z. Dlugogorski. 2013. Thermal activation of antigorite for mineralization of CO_2. *Environmental Science & Technology*, 47 (1): 182-190. DOI: 10. 1021/es303566z.

Balucan, R. D. , E. M. Kennedy, J. F. Mackie, and B. Z. Dlugogorski. 2011. Optimization of antigorite heat pre-treatment via kinetic modeling of the dehydroxylation reaction for CO₂ mineralization. *Greenhouse Gases-Science and Technology*, 1(4): 294-304. DOI: 10. 1002/ghg. 33.

Barbier, E. B. , S. D. Hacker, C. Kennedy, E. W. Koch, A. C. Stier, and B. R. Silliman. 2011. The value of estuarine and coastal ecosystem services. *Ecological Monographs*, 81(2): 169-193. DOI: 10. 1890/10-1510. 1.

Barnes, I. , and J. R. O'Neil. 1969. Relationship between fluids in some fresh Alpine-type ultramafics and possible modern serpentinization, Western United States. *Geological Society of America Bulletin*, 80(10): 1947-1960. DOI: 10. 1130/0016-7606 (1969) 80 [1947: Trbfis]2. 0. Co: 2.

Barnes, I. , and J. R. O'Neil. 1971. Calcium-magnesium carbonate solid solutions from holocene conglomerate cements and travertines in coast range of California. *Geochimica Et Cosmochimica Acta* 35(7): 699. DOI: 10. 1016/0016-7037(71)90068-8.

Barnes, I. , V. C. Lamarche, and G. Himmelberg. 1967. Geochemical evidence of present-day serpentinization. *Science*, 156 (3776): 830-832. DOI: 10. 1126/science. 156. 3776. 830.

Barnes, I. , J. R. O'Neil, and J. J. Trescases. 1978. Present day serpentinization in New-Caledonia, Oman and Yugoslavia. *Geochimica Et Cosmochimica Acta*, 42(1): 144-145. DOI: 10. 1016/0016-7037(78)90225-9.

Barnosky, A. D. , N. Matzke, S. Tomiya, G. O. U. Wogan, B. Swartz, T. B. Quental, C. Marshall, J. L. McGuire, E. L. Lindsey, K. C. Maguire, B. Mersey, and E. A. Ferrer. 2011. Has the Earth's sixth mass extinction already arrived? *Nature*, 471 (7336): 51-57. DOI: 10. 1038/nature09678.

Bathiany, S. , M. Claussen, V. Brovkin, T. Raddatz, and V. Gayler. 2010. Combined biogeophysical and biogeochemical effects of large-scale forest cover changes in the MPI earth system model. *Biogeosciences*, 7(5): 1383-1399. DOI: 10. 5194/bg-7-1383-2010.

Bauer, J. E. , W. J. Cai, P. A. Raymond, T. S. Bianchi, C. S. Hopkinson, and P. A. G. Regnier. 2013. The changing carbon cycle of the coastal ocean. *Nature*, 504(7478): 61-70. DOI: 10. 1038/nature12857.

Bea, S. A. , S. A. Wilson, K. U. Mayer, G. M. Dipple, I. M. Power, and P. Gamazo. 2012. Reactive transport modeling of natural carbon sequestration in ultramafic mine tailings. *Vadose Zone Journal*, 11(2). DOI: 10. 2136/vzj2011. 0053.

Beagle, E. , and E. Belmont. 2016. Technoeconomic assessment of beetle kill biomass co-firing in existing coal fired power plants in the western United States. *Energy Policy*, 97: 429-438. DOI: https://org/10. 1016/j. enpol. 2016. 07. 053.

Bearat, H. , M. J. McKelvy, A. V. G. Chizmeshya, D. Gormley, R. Nunez, R. W. Carpenter, K. Squires, and G. H. Wolf. 2006. Carbon sequestration via aqueous olivine mineral carbonation: Role of passivating layer formation. *Environmental Science &*

Technology，40(15)：4802-4808. DOI：10.1021/es0523340.

Beerling, D. J., J. R. Leake, S. P. Long, J. D. Scholes, J. Ton, P. N. Nelson, M. Bird, E. Kantzas, L. L. Taylor, B. Sarkar, M. Kelland, E. DeLucia, I. Kantola, C. Muller, G. H. Rau, and J. Hansen. 2018. Farming with crops and rocks to address global climate, food and soil security. *Nature Plants*, 4(3)：138-147. DOI：10.1038/s41477-018-0108-y.

Beinlich, A., H. Austrheim, J. Glodny, M. Erambert, and T. B. Andersen. 2010. CO_2 sequestration and extreme Mg depletionin serpentinized peridotite clasts from the Devonian Solund basin, SW-Norway. *Geochimica Et Cosmochimica Acta*, 74(24)：6935-6964. DOI：10.1016/j.gca.2010.07.027.

Beinlich, A., O. Plumper, J. Hovelmann, H. Austrheim, and B. JaMtveit. 2012. Massive serpentinite carbonation at Linnajavri, N-Norway. *Terra Nova*, 24(6)：446-455. DOI：10.1111/j.1365-3121.2012.01083.x.

Beinlich, A., V. Mavromatis, H. Austrheim, and E. H. Oelkers. 2014. Inter-mineral Mg isotope fractionation during hydrothermal ultramafic rock alteration-Implications for the global Mg-cycle. *Earth and Planetary Science Letters*, 392：166-176. DOI：https://org/10.1016/j.epsl.2014.02.028.

Bellemare, M. F. 2015. Rising food prices, food price volatility, and social unrest. *American Journal of Agricultural Economics*, 97(1)：1-21. DOI：10.1093/ajae/aau038.

Benson, S., P. Cook, J. Anderson, S. Bachu, H. B. Nimir, B. Basu, J. Bradshaw, G. Deguchi, J. Gale, G. von Goerne, W. Heidug, S. Holloway, R. Kamal, D. Keith, P. Lloyd, P. Rocha, B. Senior, J. Thomson, T. Torp, T. Wildenborg, M. Wilson, F. Zarlenga, and D. Zhou. 2005. Underground Geological Storage. In *IPCC Special Report on Carbon Dioxide Capture and Storage*. Metz, B., O. Davidson, H. de Coninck, M. Loos, and L. Meyer, eds. Cambridge, UK：Cambridge University Press.

Benson, S. M., K. Bennaceur, P. Cook, J. Davison, H. de Coninck, K. Farhat, A. Ramirez, D. Simbeck, T. Surles, P. Verma, and I. Wright. 2012. Carbon Dioxide Capture and Storage. In *Global Energy Assessment: Toward a Sustainable Future*. Gomez-Echeverri, L., T. B. Johansson, N. Nakicenovic and A. Patwardhan, eds. Cambridge, UK and New York, NY：Cambridge University Press.

Bergman, R. D., and S. A. Bowe. 2008. Environmental impact of producing hardwood lumber using life-cycle inventory. *Wood and Fiber Science*, 40(3)：448-458.

Berndes, G., M. Hoogwijk, and R. van den Broek. 2003. The contribution of biomass in the future global energy supply：A review of 17 studies. *Biomass & Bioenergy*, 25(1)：1-28. DOI：10.1016/S0961-9534(02)00185-X.

Bernier, P. Y., R. L. Desjardins, Y. Karimi-Zindashty, D. Worth, A. Beaudoin, Y. Luo, and S. Wang. 2011. Boreal lichen woodlands: A possible negative feedback to climate change in eastern North America. *Agricultural and Forest Meteorology*, 151(4): 521-528. DOI: 10. 1016/j. agrformet. 2010. 12. 013.

BETO(DOE Bioenergy Technologies Office). 2017. *Project Peer Review*. Washington, DC: DOE. Available at https://www. energy. gov/sites/prod/files/2018/02/f48/2017 _ project_peer_review_report. pdf, accessed October 17, 2018.

Betts, A. K. , and J. H. Ball. 1997. Albedo over the boreal forest. *Journal of Geophysical Research-Atmospheres* 102(D24): 28901-28909. DOI: 10. 1029/96jd03876.

Betts, R. A. 2000. Offset of the potential carbon sink from boreal forestation by decreases in surface albedo. *Nature*, 408(6809): 187-190. DOI: 10. 1038/35041545.

Bilkovic, D. M. , and M. M. Mitchell. 2017. Designing living shoreline salt marsh ecosystems to promote coastal resilience In *Living Shorelines: The Science and Management of Nature-Based Coastal Protection*. Bilkovic, D. M. , M. M. Mitchell, M. K. La Peyre, J. D. Toft, eds. Boca Raton, FL: CRC Press.

Bilkovic, D. M. , M. M. Mitchell, M. K. L. Peyre, and J. D. Toft. 2017. *Living Shorelines: The Science and Management of Nature-Based Coastal Protection*. Boca Raton, FL: CRC Press.

Billings, A. F. , J. L. Fortney, T. C. Hazen, B. Simmons, K. W. Davenport, L. Goodwin, N. Ivanova, N. C. Kyrpides, K. Mavromatis, T. Woyke, and K. M. DeAngelis. 2015. Genome sequence and description of the anaerobic lignin-degrading bacterium Tolumonas lignolytica sp nov. *Standards in Genomic Sciences*, 10. DOI: 10. 1186/ S40793-015-0100-3.

Birdsey, R. A. 1996. Regional estimates of timber volume and forest carbon for fully stocked timberland, average management after cropland and pasture revision to forest. In *Forest and Global Change, Vol. 2: Forest Management Opportunities for Mitigating Carbon Emissions*. Sampson, R. L. , and D. Hair, eds. Washington, DC: American Forests.

Birkholzer, J. T. , Q. L. Zhou, and C. F. Tsang. 2009. Large-scale impact of CO_2 storage in deep saline aquifers: A sensitivity study on pressure response in stratified systems. *International Journal of Greenhouse Gas Control*, 3(2): 181-194. DOI: 10. 1016/ j. ijggc. 2008. 08. 002.

Bjordal, C. G. , and T. Nilsson. 2008. Reburial of shipwrecks in marine sediments: A long-term study on wood degradation. *Journal of Archaeological Science*, 35(4): 862-872. DOI: 10. 1016/j. jas. 2007. 06. 005.

Blondes, M. S. , S. T. Brennan, M. D. Merrill, M. L. Buursink, P. D. Warwick, S. M. Cahan, T. A. Cook, M. D. Corum, W. H. Craddock, C. A. Devera, R. M. I. I. Drake, L. J. Drew, P. A. Freeman, C. D. Lohr, R. A. Olea, T. L. Roberts-Ashby, E. R. Slucher, and B. A. Varela. 2013. *National Assessment of Geologic Carbon Dio-*

xide Storage Resources—Methodology Implementation. U. S. Geological Survey Open-File Report 2013-1055. Washington, DC: USGS.

Bloomfield, K. K. , and P. T. Laney. 2005. *Estimating Well Costs for Enhanced Geothermal System Applications*. Report EXT-05-00660. Idaho Falls, ID: Idaho National Laboratory.

Bodenan, F. , F. Bourgeois, C. Petiot, T. Auge, B. Bonfils, C. Julcour-Lebigue, F. Guyot, A. Boukary, J. Tremosa, A. Lassin, E. C. Gaucher, and P. Chiquet. 2014. Ex situ mineral carbonation for CO_2 mitigation: Evaluation of mining waste resources, aqueous carbonation processability and life cycle assessment(Carmex project). *Minerals Engineering*, 59: 52-63. DOI: 10. 1016/j. mineng. 2014. 01. 011.

Bonner, J. L. , D. D. Blackwell, and E. T. Herrin. 2003. Thermal constraints on earthquake depths in California. *Bulletin of the Seismological Society of America*, 93(6): 2333-2354. DOI: 10. 1785/0120030041.

Bonsch, M. , F. Humpenoder, A. Popp, B. Bodirsky, J. P. Dietrich, S. Rolinski, A. Biewald, H. Lotze-Campen, I. Weindl, D. Gerten, and M. Stevanovic. 2016. Trade-offs between land and water requirements for large-scale bioenergy production. *Global Change Biology Bioenergy*, 8(1): 11-24. DOI: 10. 1111/gcbb. 12226.

Boschi, C. , A. Dini, L. Dallai, G. Ruggieri, and G. Gianelli. 2009. Enhanced CO_2-mineral sequestration by cyclic hydraulic fracturing and Si-rich fluid infiltration into serpentinites at Malentrata(Tuscany, Italy). *Chemical Geology*, 265(1-2): 209-226. DOI: 10. 1016/j. chemgeo. 2009. 03. 016.

Böttcher, H. , K. Eisbrenner, S. Fritz, G. Kindermann, F. Kraxner, I. McCallum, and M. Obersteiner. 2009. An assessment of monitoring requirements and costs of 'Reduced Emissions from Deforestation and Degradation'. *Carbon Balance and Management*, 4 (1): 7. DOI: 10. 1186/1750-0680-4-7.

Bradshaw, J. , and T. Dance. 2005. Mapping geological storage prospectivity of CO_2 for the world's sedimentary basins and regional source to sink matching. *Greenhouse Gas Control Technologies*, I: 583-591. DOI: 10. 1016/B978-008044704-9/50059-8.

Breithaupt, J. L. , J. M. Smoak, T. J. Smith, C. J. Sanders, and A. Hoare. 2012. Organic carbon burial rates in mangrove sediments: Strengthening the global budget. *Global Biogeochemical Cycles*, 26. DOI: 10. 1029/2012gb004375.

Bridges, T. S. , P. W. Wagne, K. A. Burks-Copes, M. E. Bates, Z. Collier, C. J. Fischenich, J. Z. Gailani, L. D. Leuck, C. D. Piercy, J. D. Rosati, E. J. Russo, D. J. Shafer, B. C. Suedel, E. A. Vuxton, and T. V. Wamsley. 2015. *Use of Natural and Nature-Based Features (NNBF) for Coastal Resilience*. ERDC SR-15-1. Vicksburg, MS: U. S. Army Engineer Research and Development Center.

Bright, R. M. , E. Davin, T. O'Halloran, J. Pongratz, K. G. Zhao, and A. Cescatti.

2017. Local temperature response to land cover and management change driven by non-radiative processes. *Nature Climate Change*, 7(4): 296-302. DOI: 10.1038/Nclimate3250.

Briske, D. D., J. D. Derner, J. R. Brown, S. D. Fuhlendorf, W. R. Teague, K. M. Havstad, R. L. Gillen, A. J. Ash and W. D. Willms. 2008. Rotational grazing on rangelands: Reconciliation of perception and experimental evidence. *Rangeland Ecology & Management*, 61(1): 3-17. DOI: 10.2111/06-159r.1.

Brody, S. D., S. Zahran, P. Maghelal, H. Grover, and W. E. Highfield. 2007. The rising costs of floods: Examining the impact of planning and development decisions on property damage in Florida. *Journal of the American Planning Association*, 73(3): 330-345. DOI: 10.1080/01944360708977981.

Brody, S., H. Grover, and A. Vedlitz. 2012. Examining the willingness of Americans to alter behaviour to mitigate climate change. *Climate Policy*, 12(1): 1-22. DOI: 10.1080/14693062.2011.579261.

Broehm, M., J. Strefler, and N. Bauer. 2015. Techno-economic review of direct air capture systems for large scale mitigation of atmospheric CO_2. *SSRN*. DOI: http://dx.org/10.2139/ssrn.2665702.

Bruni, J., M. Canepa, G. Chiodini, R. Cioni, F. Cipolli, A. Longinelli, L. Marini, G. Ottonello, and M. V. Zuccolini. 2002. Irreversible water-rock mass transfer accompanying the generation of the neutral, $Mg-HCO_3$ and high-pH, $Ca-OH$ spring waters of the Genova province, Italy. *Applied Geochemistry*, 17(4): 455-474. DOI: 10.1016/S0883-2927(01)00113-5.

Brunner, L., and F. Neele. 2017. MiReCOL-A handbook and web tool of remediation and corrective actions for CO_2 storage sites. *Energy Procedia*, 114: 4203-4213. DOI: https://org/10.1016/j.egypro.2017.03.1561.

Budyko, M. I. 1977. *Climatic Changes*. Washington, DC: American Geophysical Union.

Bui, M., C. S. Adjiman, A. Bardow, E. J. Anthony, A. Boston, S. Brown, P. S. Fennell, S. Fuss, A. Galindo, L. A. Hackett, J. P. Hallett, H. J. Herzog, G. Jackson, J. Kemper, S. Krevor, G. C. Maitland, M. Matuszewski, I. S. Metcalfe, C. Petit, G. Puxty, J. Reimer, D. M. Reiner, E. S. Rubin, S. A. Scott, N. Shah, B. Smit, J. P. M. Trusler, P. Webley, J. Wilcox, and N. Mac Dowell. 2018. Carbon capture and storage (CCS): The way forward. *Energy & Environmental Science*, 11(5): 1062-1176. DOI: 10.1039/c7ee02342a.

Burley, J. 1980. Choice of tree species and possibility of genetic-improvement for smallholder and community forests. *Commonwealth Forestry Review*, 59(3): 311-326.

Buscheck, T. A., Y. W. Sun, M. J. Chen, Y. Hao, T. J. Wolery, W. L. Bourcier, B. Court, M. A. Celia, S. J. Friedmann, and R. D. Aines. 2012. Active CO_2 reservoir

417

management for carbon storage: Analysis of operational strategies to relieve pressure buildup and improve injectivity. *International Journal of Greenhouse Gas Control*, 6: 230-245. DOI: 10. 1016/j. ijggc. 2011. 11. 007.

Bustamante, M. , C. Robledo-Abad, R. Harper, C. Mbow, N. H. Ravindranat, F. Sperling, H. Haberl, A. D. Pinto, and P. Smith. 2014. Co-benefits, trade-offs, barriers and policies for greenhouse gas mitigation in the agriculture, forestry and other land use (AFOLU) sector. *Global Change Biology*, 20 (10): 3270-3290. DOI: 10. 1111/gcb. 12591.

Byrd, K. B. , L. Ballanti, N. Thomas, D. Nguyen, J. R. Holmquist, M. Simard, and L. Windham-Myers. 2018. A remote sensing based model of tidal marsh aboveground carbon stocks for the conterminous United States. *ISPRS Journal of Photogrammetry and Remote Sensing*, 139: 255-271. DOI: 10. 1016/j. isprsjprs. 2018. 03. 019.

Caers, J. , and T. Zhang. 2004. Multiple-point geostatistics: a quantitative vehicle for integrating geologic analogs into multiple reservoir models. Available at https://pdfs. semanticscholar. org/3115/99f2be14da9271e04fb07a16785329e4da17. pdf, accessed July 24, 2018.

Callaway, J. M. , and B. McCarl. 1996. The economic consequences of substituting carbon payments for crop subsidies in U. S. agriculture. *Environmental and Resource Economics*, 7(1):15-43. DOI: 10. 1007/bf00420425.

Calvin, K. , M. Wise, P. Kyle, P. Patel, L. Clarke, and J. Edmonds. 2014. Trade-offs of different land and bioenergy policies on the path to achieving climate targets. *Climatic Change*, 123(3-4): 691-704. DOI: 10. 1007/s10584-013-0897-y.

Cameron, D. A. , and L. J. Durlofsky. 2012. Optimization of well placement, CO_2 injection rates, and brine cycling for geological carbon sequestration. *International Journal of Greenhouse Gas Control*, 10: 100-112. DOI: 10. 1016/j. ijggc. 2012. 06. 003.

Canadell, J. G. , and E. D. Schulze. 2014. Global potential of biospheric carbon management for climate mitigation. *Nature Communications*, 5. DOI: 10. 1038/Ncomms6282.

Cardinael, R. , T. Chevallier, A. Cambou, C. Beral, B. G. Barthes, C. Dupraz, C. Durand, E. Kouakoua, and C. Chenu. 2017. Increased soil organic carbon stocks under agroforestry: A survey of six different sites in France. *Agriculture Ecosystems & Environment*, 236: 243-255. DOI: 10. 1016/j. agee. 2016. 12. 011.

Carleton, T. A. , and S. M. Hsiang. 2016. Social and economic impacts of climate. *Science*, 353(6304). DOI: 10. 1126/science. aad9837.

CBO(Congressional Budget Office). 2017. *The National Flood Insurance Program: Financial Soundness and Affordability*. Washington, DC: U. S. Congressional Budget Office.

Chambers, A. , R. Lal, and K. Paustian. 2016. Soil carbon sequestration potential of US croplands and grasslands: Implementing the 4 per Thousand Initiative. *Journal of Soil and Water Conservation*, 71(3): 68a-74a. DOI: 10. 2489/jswc. 71. 3. 68A.

Chan, K. M. A. , L. Hoshizaki, and B. Klinkenberg. 2011. Ecosystem services in conservation planning: Targeted benefits vs. co-benefits or costs? *Plos One*, 6(9). DOI: 10. 1371/journal. pone. 0024378.

Chaplot, V. , P. Dlamini, and P. Chivenge. 2016. Potential of grassland rehabilitation through high density-short duration grazing to sequester atmospheric carbon. *Geoderma*, 271: 10-17. DOI: 10. 1016/j. geoderma. 2016. 02. 010.

Chee, S. Y. , A. G. Othman, Y. K. Sim, A. N. M. Adam, and L. B. Firth. 2017. Land reclamation and artificial islands: Walking the tightrope between development and conservation. *Global Ecology and Conservation*, 12: 80-95. DOI: 10. 1016/ j. gecco. 2017. 08. 005.

Chen, F. , and R. A. Dixon. 2007. Lignin modification improves fermentable sugar yields for biofuel production. *Nature Biotechnology*, 25 (7): 759-761. DOI: 10. 1038/nbt1316.

Cherubini, F. , R. M. Bright, and A. H. Stromman. 2012. Site-specific global warming potentials of biogenic CO_2 for bioenergy: Contributions from carbon fluxes and albedo dynamics. *Environmental Research Letters*, 7(4). DOI: 10. 1088/1748-9326/7/4/045902.

Chizmeshya, A. , M. J. McKelvy, K. Squires, R. Carpenter, and H. Béarat. 2007. *A Novel Approach To Mineral Carbonation: Enhancing Carbonation While Avoiding Mineral Pretreatment Process Cost*. DOE Final Report 924162. Washington, DC: U. S. Department of Energy.

Clark, I. D. , and J. C. Fontes. 1990. Paleoclimatic reconstruction in Northern Oman based on carbonates from hyperalkaline groundwaters. *Quaternary Research*, 33(3): 320-336. DOI: 10. 1016/0033-5894(90)90059-T.

Clark, M. , and D. Tilman. 2017. Comparative analysis of environmental impacts of agricultural production systems, agricultural input efficiency, and food choice. *Environmental Research Letters*, 12(6). DOI: 10. 1088/1748-9326/aa6cd5.

Class, H. , A. Ebigbo, R. Helmig, H. K. Dahle, J. M. Nordbotten, M. A. Celia, P. Audigane, M. Darcis, J. Ennis-King, Y. Q. Fan, B. Flemisch, S. E. Gasda, M. Jin, S. Krug, D. Labregere, A. N. Beni, R. J. Pawar, A. Sbai, S. G. Thomas, L. Trenty, and L. L. Wei. 2009. A benchmark study on problems related to CO_2 storage in geologic formations. *Computational Geosciences*, 13(4): 409-434. DOI: 10. 1007/s10596-009-9146-x.

Colby, S. L. , and J. M. Ortman. 2015. *Projections of the Size and Composition of the U. S. Population: 2014 to 2060*. Population Estimates and Projections. pp. 25-1143. Washington, DC: US Census Bureau.

Coleman, R. G. , and T. E. Keith. 1971. A chemical study of serpentinization—Burro

418

Mountain, California. *Journal of Petrology*, 12 (2): 311-328. DOI: 10. 1093/petrology/12. 2. 311.

Conant, R. T. , M. Easter, K. Paustian, A. Swan, and S. Williams. 2007. Impacts of periodic tillage on soil C stocks: A synthesis. *Soil & Tillage Research*, 95(1-2): 1-10. DOI: 10. 1016/j. still. 2006. 12. 006.

Conant, R. T. , C. E. P. Cerri, B. B. Osborne, and K. Paustian. 2017. Grassland management impacts on soil carbon stocks: A new synthesis. *Ecological Applications*, 27 (2): 662-668. DOI: 10. 1002/eap. 1473.

Cox, S. , P. Nabukalu, A. H. Paterson, W. Q. Kong, and S. Nakasagga. 2018. Development of perennial grain sorghum. *Sustainability*, 10(1). DOI: 10. 3390/Su10010172.

CPRA(Coastal Protection and Restoration Authority of Louisiana). 2017. *Louisiana's Comprehensive Master Plan for a Sustainable Coast*. Baton Rouge, LA: CPRA.

Craft, C. , J. Clough, J. Ehman, S. Joye, R. Park, S. Pennings, H. Y. Guo, and M. Machmuller. 2009. Forecasting the effects of accelerated sea-level rise on tidal marsh ecosystem services. *Frontiers in Ecology and the Environment*, 7(2): 73-78. DOI: 10. 1890/070219.

Creutzig, F. , N. H. Ravindranath, G. Berndes, S. Bolwig, R. Bright, F. Cherubini, H. Chum, E. Corbera, M. Delucchi, A. Faaij, J. Fargione, H. Haberl, G. Heath, O. Lucon, R. Plevin, A. Popp, C. Robledo-Abad, S. Rose, P. Smith, A. Stromman, S. Suh, and O. Masera. 2015. Bioenergy and climate change mitigation: An assessment. *Global Change Biology Bioenergy*, 7(5): 916-944. DOI: 10. 1111/gcbb. 12205.

Crews, T. E. , and L. R. Dehaan. 2015. The strong perennial vision: A response. *Agroecology and Sustainable Food Systems*, 39 (5): 500-515. DOI: 10. 1080/21683565. 2015. 1008777.

Crooks, S. , J. Rybczyk, K. O'Connell, D. L. Devier, K. Poppe, and S. Emmett-Mattox. 2014. *Coastal Blue Carbon Opportunity Assessment for the Snohomish Estuary: The Climate Benefits of Estuary Restoration*. Report by Environmental Science Associates, Western Washington University, EarthCorps, and Restore America's Estuaries. Petaluma, CA Environmental Science Associates.

Culman, S. W. , S. S. Snapp, M. Ollenburger, B. Basso, and L. R. DeHaan. 2013. Soil and water quality rapidly responds to the perennial grain kernza wheatgrass. *Agronomy Journal*, 105(3): 735-744. DOI: 10. 2134/agronj2012. 0273.

Damen, K. , M. van Troost, A. Faaij, and W. Turkenburg. 2007. A comparison of electricity and hydrogen production systems with CO_2 capture and storage - Part B: Chain analysis of promising CCS options. *Progress in Energy and Combustion Science*, 33(6): 580-609. DOI: 10. 1016/j. pecs. 2007. 02. 002.

Daval, D. , O. Sissmann, N. Menguy, G. D. Saldi, F. Guyot, I. Martinez, J. Corvisier,

B. Garcia, I. Machouk, K. G. Knauss, and R. Hellmann. 2011. Influence of amorphous silica layer formation on the dissolution rate of olivine at 90 degrees C and elevated pCO(2). *Chemical Geology*, 284(1-2): 193-209. DOI: 10. 1016/j. chemgeo. 2011. 02. 021.

Davies, L. L., K. Uchitel, and J. Ruple. 2013. Understanding barriers to commercial-scale carbon capture and sequestration in the United States: An empirical assessment. *Energy Policy*, 59: 745-761. DOI: 10. 1016/j. enpol. 2013. 04. 033.

Davin, E. L., S. I. Seneviratne, P. Ciais, A. Olioso, and T. Wang. 2014. Preferential cooling of hot extremes from cropland albedo management. *Proceedings of the National Academy of Sciences of the United States of America*, 111(27): 9757-9761. DOI: 10. 1073/pnas. 1317323111.

Davis, J. L., C. A. Currin, C. O'Brien, C. Raffenburg, and A. Davis. 2015. Living shorelines: Coastal resilience with a blue carbon benefit. *Plos One*, 10(11): e0142595. DOI: 10. 1371/journal. pone. 0142595.

de Chalendar, J. A., C. Garing, and S. M. Benson. 2018. Pore-scale modelling of Ostwald ripening. *Journal of Fluid Mechanics*, 835: 363-392. DOI: 10. 1017/jfm. 2017. 720. 419

de Coninck, H., and S. M. Benson. 2014. Carbon dioxide capture and storage: Issues and prospects. *Annual Review of Environment and Resources*, 39: 243-270. DOI: 10. 1146/annurev-environ-032112-095222.

de Koeijer, G., V. R. Talstad, S. Nepstad, D. Tonnessen, O. Falk-Pedersen, Y. Maree, and C. Nielsen. 2013. Health risk analysis for emissions to air from CO_2 Technology Centre Mongstad. *International Journal of Greenhouse Gas Control*, 18: 200-207. DOI: 10. 1016/j. ijggc. 2013. 07. 010.

de Marchin, T., M. Erpicum, and F. Franck. 2015. Photosynthesis of Scenedesmus obliquus in outdoor open thin-layer cascade system in high and low CO_2 in Belgium. *Journal of Biotechnology*, 215: 2-12. DOI: 10. 1016/j. jbiotec. 2015. 06. 429.

de Obeso, J. C., P. B. Kelemen, C. E. Manning, K. Michibayashi, and M. Harris. 2017. Listvenite formation from peridotite: Insights from Oman Drilling Project hole BT1B and preliminary reaction path model approach. Presented at American Geophysical Union Fall Meeting, New Orleans, LA, December 11-15, 2017.

Deegan, L. A., D. S. Johnson, R. S. Warren, B. J. Peterson, J. W. Fleeger, S. Fagherazzi, and W. M. Wollheim. 2012. Coastal eutrophication as a driver of salt marsh loss. *Nature*, 490(7420): 388-394. DOI: 10. 1038/nature11533.

DeLonge, M. S., R. Ryals, and W. L. Silver. 2013. A lifecycle model to evaluate carbon sequestration potential and greenhouse gas dynamics of managed grasslands. *Ecosystems*, 16(6): 962-979. DOI: 10. 1007/s10021-013-9660-5.

Denef, K., S. Archibeque, and K. Paustian 2011. *Greenhouse Gas Emissions from U. S.*

Agriculture and Forestry: A Review of Emission Sources, Controlling Factors, and Mitigation Potential. Interim report to USDA under Contract ♯GS23F8182H. Fairfax, VA: ICF International.

Deutch, J. M. 2011. *An Energy Technology Corporation Will Improve the Federal Government's Efforts to Accelerate Energy Innovation.* Hamilton Project discussion paper no. 2011-05. Washington, DC: The Brookings Institution.

DeVries, T. , M. Holzer, and F. Primeau. 2017. Recent increase in oceanic carbon uptake driven by weaker upper-ocean overturning. *Nature*, 542: 215. DOI: 10. 1038/nature21068.

Dietrich, J. P. , C. Schmitz, H. Lotze-Campen, A. Popp, and C. Muller. 2014. Forecasting technological change in agriculture-An endogenous implementation in a global, and use model. *Technological Forecasting and Social Change*, 81: 236-249. DOI: 10. 1016/j. techfore. 2013. 02. 003.

Dixon, T. , S. T. McCoy, and I. Havercroft. 2015. Legal and regulatory developments on CCS. *International Journal of Greenhouse Gas Control*, 40: 431-448. DOI: 10. 1016/j. ijggc. 2015. 05. 024.

Dlamini, P. , P. Chivenge, and V. Chaplot. 2016. Overgrazing decreases soil organic carbon stocks the most under dry climates and low soil pH: A meta-analysis shows. *Agriculture Ecosystems & Environment*, 221: 258-269. DOI: 10. 1016/j. agee. 2016. 01. 026.

Dlugogorski, B. Z. , and R. D. Balucan. 2014. Dehydroxylation of serpentine minerals: Implications for mineral carbonation. *Renewable & Sustainable Energy Reviews*, 31: 353-367. DOI: 10. 1016/j. rser. 2013. 11. 002.

DOE(U. S. Department of Energy). 2010. *Best Practices for Geologic Storage Formation Classification: Understanding Its Importance and Impacts on CCS Opportunities in the United States.* DOE/NETL-2010/1420. Washington, DC: DOE.

DOE. 2011. *U. S. Billion-Ton Update: Biomass Supply for a Bioenergy and Bioproducts Industry.* Perlack, R. D. , and B. J. Stokes, leads. ORNL/TM-2011/224. Oak Ridge, TN: Oak Ridge National Laboratory.

DOE. 2013. Power Tower System Concentrating Solar Power Basics. Available at https://www. energy. gov/eere/solar/articles/power-tower-system-concentrating-solar-power-basics, accessed September 24, 2018.

DOE. 2014. *FE/NETL CO₂ Saline Storage Cost Model: Model Description and Baseline Results.* Report No. DOE/NETL-2014/1659. Pittsburgh: National Energy Technology Laboratory, DOE.

DOE. 2015a. *2014 Technology Readiness Assessment, January 2015—A Checkpoint Along a Challenging Journey.* Report No. DOE/NETL-2015/1710. Pittsburgh: National Energy

Technology Laboratory, DOE.

DOE. 2015b. *Developing a Research Agenda for Carbon Dioxide Removal and Reliable Sequestration*, Fifth Edition. Washington, DC: DOE.

DOE. 2016. *2016 Billion-Ton Report: Advancing Domestic Resources for a Thriving Bioeconomy, Volume 1: Economic Availability of Feedstocks*. Langholtz, M. H. , B. J. Stokes, and L. M. Eaton, leads. RNL/TM-2016/160. Oak Ridge, TN: Oak Ridge National Laboratory.

DOE. 2017a. *Research Priorities to Incorporate Terrestrial-Aquatic Interfaces in Earth System Models Workshop*. Workshop Report DOE/SC-0187. Office of Science, Office of Biological and Environmental Research. Washington, DC: DOE.

DOE. 2017b. *Best Practices: Public Outreach and Education for Geologic Storage Projects*. DOE/NETL-2017/1845. Washington, DC: DOE.

DOE. 2017c. *Mission Innovation: Accelerating the Clean Energy Revolution*. Washington, DC: DOE.

DOE. 2017d. *Best Practices: Site Screening, Site Selection, and Site Characterization for Geologic Storage Projects*. DOE/NETL 2017/1844. Washington, DC: DOE.

DOE. 2017e. *Best Practices: Risk Management and Simulation for Geologic Storage Projects*. DOE/NETL-2017/1846. Washington, DC: DOE.

DOE. 2017f. *Best Practices: Operations for Geologic Storage Projects*. DOE/NETL-2017/1848. Washington, DC: DOE.

DOE. 2017g. *Best Practices for Monitoring, Verification, and Accounting for Geological Storage Projects*. DOE/NETL-2017/1847. Washington, DC: DOE.

DOE. 2018. Department of Energy FY 2018 Congressional Budget Request. Available at https://www. energy. gov/sites/prod/files/2017/05/f34/FY2018BudgetVolume3 _ 0. pdf, accessed July 25, 2018.

Donato, D. C. , J. B. Kauffman, D. Murdiyarso, S. Kurnianto, M. Stidham, and M. Kanninen. 2011. Mangroves among the most carbon-rich forests in the tropics. *Nature Geoscience*, 4(5): 293-297. DOI: 10. 1038/NGEO1123.

Doody, J. P. 2004. 'Coastal squeeze': An historical perspective. *Journal of Coastal Conservation*, 10 (1/2): 129-138. DOI: 10. 1652/1400-0350 (2004) 010 [0129: CSAHP] 2. 0. CO;2.

Draper, K. , H. Groot, T. Miles, and M. Twer. 2018. *Survey and Analysis of the US Biochar Industry*. Preliminary Report Draft. WERC project MN17-DG-230.

Draucker, L. , R. Bhander, B. Bennet, T. Davis, R. Eckard, W. Ellis, J. Kauffman, J. Littlefield, A. Malone, R. Munson, M. Nippert, M. Ramezan, and R. Bromiley. 2010. *Life Cycle Analysis: Supercritical Pulverized Coal (SCPC) Power Plant*. Washington, DC: U. S. Department of Energy.

420

Duarte, C. M. 2000. Marine biodiversity and ecosystem services: An elusive link. *Journal of Experimental Marine Biology and Ecology*, 250(1-2): 117-131. DOI: 10.1016/S0022-0981(00)00194-5.

Duarte, C. M. , J. J. Middelburg, and N. Caraco. 2005. Major role of marine vegetation on the oceanic carbon cycle. *Biogeosciences*, 2(1): 1-8. DOI: 10.5194/Bg-2-1-2005.

Duarte, C. M. , J. Wu, X. Xiao, A. Bruhn, and D. Krause-Jensen. 2017. Can seaweed farming play a role in climate change mitigation and adaptation? *Frontiers in Marine Science*. DOI: 10.3389/fmars. 2017.00100.

Dürr, H. H. , G. G. Laruelle, C. M. van Kempen, C. P. Slomp, M. Meybeck, and H. Middelkoop. 2011. Worldwide typology of nearshore coastal systems: Defining the estuarine filter of river inputs to the oceans. *Estuaries and Coasts*, 34(3): 441-458. DOI: 10.1007/s12237-011-9381-y.

Eagle, A. , L. Olander, L. R. Henry, K. Haugen-Kozyra, N. Millar, and G. P. Robertson. 2012. *Greenhouse Gas Mitigation Potential of Agricultural Land Management in the United States: A Synthesis of the Literature*. Technical Working Group on Agricultural Greenhouse Gases (T-AGG) Report. Durham, NC: Nicholas Institute for Environmental Policy Solutions, Duke University.

EASAC(European Academies Science Advisory Council). 2018. Negative emission technologies: What role in meeting Paris Agreement targets? Halle, Germany: EASAC Secretariat. Available at https://easac.eu/fileadmin/PDF_s/reports_statements/Negative_Carbon/EASAC_Report_on_Negative_Emission_Technologies.pdf, accessed July 20, 2018.

Edenhofer, O. , R. Pichs-Madruga, Y. Sokona, S. Kadner, J. C. Minx, S. Brunner, S. Agrawala, G. Baiocchi, I. A. Bashmakov, G. Blanco, J. Broome, T. Bruckner, M. Bustamante, L. Clarke, M. C. Grand, F. Creutzig, X. Cruz-Nú. ez, S. Dhakal, N. K. Dubash, P. Eickemeier, E. Farahani, M. Fischedick, M. Fleurbaey, R. Gerlagh, L. Gómez-Echeverri, S. Gupta, J. Harnisch, K. Jiang, F. Jotzo, S. Kartha, S. Klasen, C. Kolstad, V. Krey, H. Kunreuther, O. Lucon, O. Masera, Y. Mulugetta, R. B. Norgaard, A. Patt, N. H. Ravindranath, K. Riahi, J. Roy, A. Sagar, R. Schaeffer, S. Schl. mer, K. C. Seto, K. Seyboth, R. Sims, P. Smith, E. Somanathan, R. Stavins, C. von Stechow, T. Sterner, T. Sugiyama, S. Suh, D. ürge-Vorsatz, K. Urama, A. Venables, D. G. Victor, E. Weber, D. Zhou, J. Zou, and T. Zwickel. 2014. Technical Summary. In *Climate Change 2014: Mitigation of Climate Change*. Contribution of Working Group Ⅲ to the Fifth Assessment Report of the Intergovernmental Panel on Climate Change. Edenhofer, O. , R. Pichs-Madruga, Y. Sokona, E. Farahani, S. Kadner, K. Seyboth, A. Adler, I. Baum, S. Brunner, P. Eickemeier, B. Kriemann, J. Savolainen, S. Schl. mer, C. von Stechow, T. Zwickel and J. C. Minx, eds. Cambridge, United Kingdom and New York, NY: Cambridge University Press.

Edwards, D. P. , F. Lim, R. H. James, C. R. Pearce, J. Scholes, R. P. Freckleton, and D. J. Beerling. 2017. Climate change mitigation: Potential benefits and pitfalls of enhanced rock weathering in tropical agriculture. *Biology Letters*, 13(4). DOI: 10.1098/ Rsbl. 2016. 0715.

Edwards, R. W. J. , M. A. Celia, K. W. Bandilla, F. Doster, and C. M. Kann. 2015. A model to estimate carbon dioxide injectivity and storage capacity for geological sequestration in shale gas wells. *Environmental Science & Technology*, 49(15): 9222-9229. DOI: 10.1021/acs. est. 5b01982.

Ehlig-Economides, C. , and M. J. Economides. 2010. Sequestering carbon dioxide in a closed underground volume. *Journal of Petroleum Science and Engineering*, 70(1-2): 118-125. DOI: 10.1016/j. petrol. 2009. 11. 002.

EIA(U. S. Energy Information Administration). 2017a. *Annual Coal Report*. Washington, DC: EIA. Available at https://www. eia. gov/coal/annual, accessed June 22, 2018.

EIA. 2017b. *Levelized Cost and Levelized Avoided Cost of New Generation Resources in the Annual Energy Outlook 2018*. Washington, DC: EIA. Available at https:// www. eia. gov/outlooks/aeo/pdf/electricity_generation. pdf, accessed June 18, 2018.

EIA. 2017c. Fuel Ethanol Overview. Available athttps://www. eia. gov/totalenergy/data/ monthly/pdf/sec10_7. pdf, accessed June 14, 2018.

EIA. 2017d. Net Generation from Renewable Sources: Total(All Sectors), 2006-2016. Available at https://www. eia. gov/electricity/annual/html/epa_03_01_b. html, accessed June 14, 2018.

Eikeland, E. , A. B. Blichfeld, C. Tyrsted, A. Jensen, and B. B. Iversen. 2015. Optimized carbonation of magnesium silicate mineral for CO_2 storage. *ACS Applied Materials & Interfaces*, 7(9):5258-5264. DOI: 10.1021/am508432w.

Eiken, O. , P. Ringrose, C. Hermanrud, B. Nazarian, T. A. Torp, and L. Høier. 2011. Lessons learned from 14 years of CCS operations: Sleipner, In Salah and Snøhvit. *Energy Procedia*, 4: 5541-5548. DOI: https://org/10. 1016/j. egypro. 2011. 02. 541.

Ellsworth, W. L. 2013. Injection-induced earthquakes. *Science*, 341(6142): 142. DOI: 10. 1126/Science. 1225942.

Emami-Meybodi, H. , H. Hassanzadeh, C. P. Green, and J. Ennis-King. 2015. Convective dissolution of CO_2 in saline aquifers: Progress in modeling and experiments. *International Journal of Greenhouse Gas Control*, 40: 238-266. DOI: 10. 1016/j. ijggc. 2015. 04. 003.

Emmett, R. C. 1986. *Lime Slaking System Including a Cyclone and Classifier for Separating Calcium Hydroxide and Grit Particles from a Slurry Thereof*. Envirotech Corporation.

EPA(U. S. Environmental Protection Agency). 1991. *Evaluation of Dredged Material Pro-*

421

posed for Ocean Disposal. Washington，DC：US Environmental Protection Agency.

EPA. 2005. *Greenhouse Gas Mitigation Potential in Forestry and Agriculture*. Washington，DC：US Environmental Protection Agency.

EPA. 2010. Federal Requirements Under the Underground Injection Control(UIC) Program for Carbon Dioxide(CO_2) Geologic Sequestration(GS) Wells Final Rule. Available at https：//www. epa. gov/uic/federal-requirements-underunderground-injection-control-uic-program-carbon-dioxide-CO_2-geologic，accessed July 24，2018.

EPA. 2013. *Geologic Sequestration of Carbon Dioxide：Underground Injection Control(UIC) Program Class VI Well Area of Review Evaluation and Corrective Action Guidance*. EPA 816-R-13-005. Washington，DC：EPA. Available at https：//www. epa. gov/sites/production/files/2015-07/documents/epa816r13005. pdf，accessed November 15，2018.

EPA. 2014. Emission Factors for Greenhouse Gas Inventories. Available at https：//www. epa. gov/sites/production/files/2015-07/documents/emission-factors _ 2014. pdf，accessed June 18，2018.

EPA. 2016a. Capture，Supply，and Underground Injection of Carbon Dioxide. Available at https：//www. epa. gov/ghgreporting/capture-supply-and-underground-injection-carbon-dioxide，accessed July 25，2018.

EPA. 2016b. Technical Support Document：Technical Update of the Social Cost of Carbon for Regulatory Impact Analysis Under Executive Order 12866. Available at https：//19january2017snapshot. epa. gov/sites/production/files/2016-12/documents/sc_CO_2 _tsd _august_2016. pdf，accessed July 23，2018.

EPA. 2016c. *Advancing Sustainable Materials Management：2014 Fact Sheet. Assessing Trends in Material Generation，Recycling，Composting ，Combustion with Energy Recovery and Landfilling in the United States*. Washington，DC：EPA. Available at https：//www. epa. gov/sites/production/files/2016-11/documents/2014_smmfactsheet_508. pdf，accessed June 15，2018.

EPA. 2017. *Inventory of U. S. Greenhouse Gas Emissions and Sinks：1990-2015*. EPA 430-P-17-001. Washington，DC：US Environmental Protection Agency. Available at https：//www. epa. gov/sites/production/files/2017-02/documents/2017 _ complete _ report. pdf，accessed July 26，2017.

EPA. 2018. *Detailed Study of the Centralized Waste Treatment Point Source Category for Facilities Managing Oil and Gas Extraction Wastes*. EPA-821-R-18-004 Washington，DC：EPA. Available at https：//www. epa. gov/sites/production/files/2018-05/documents/cwt-study_may-2018. pdf，accessed November 15，2018.

ESA(Environmental Science Associates). 2016. *Tampa Bay Blue Carbon Assessment：Summary of Findings*. Tampa，FL：Restore America's Estuaries. Available at https：//estuaries. org/images/Blue_Carbon/FINAL_Tampa-Bay-Blue-Carbon-Assessment-Reportupdated-compressed. pdf，accessed September 22，2018.

Evans，O. ，M. W. Spiegelman，and P. B. Kelemen. 2018. Reactive-brittle dynamics in per-idotite alteration. *Journal of Geophysical Research* (submitted).

Eyles，A. ，G. Coghlan，M. Hardie，M. Hovenden，and K. Bridle. 2015. Soil carbon se-questration in cool-temperate dryland pastures：Mechanisms and management options. *Soil Research*，53(4)：349-365. DOI：10. 1071/SR14062.

Fagherazzi，S. ，M. L. Kirwan，S. M. Mudd，G. R. Guntenspergen，S. Temmerman，A. D'Alpaos，J. Koppel，J. M. Rybczyk，E. Reyes，C. Craft，and J. Clough. 2012. Nu-merical models of salt marsh evolution：Ecological，geomorphic，and climatic fac-tors. *Reviews of Geophysics*，50(1). DOI：10. 1029/2011RG000359.

Falk，E. S. ，and P. B. Kelemen. 2015. Geochemistry and petrology of listvenite in the Sa-mail ophiolite，Sultanate of Oman：Complete carbonation of peridotite during ophiolite emplacement. *Geochimica Et Cosmochimica Acta*，160：70-90. DOI：10. 1016/j. gca. 2015. 03. 014.

Falk，E. S. ，W. Guo，A. N. Paukert，J. M. Matter，E. M. Mervine，and P. B. Kelemen. 2016. Controls on the stable isotope compositions of travertine from hyperal-kaline springs in Oman：Insights from clumped isotope measurements. *Geochimica Et Cosmochimica Acta*，192：1-28. DOI：10. 1016/j. gca. 2016. 06. 026.

Fan，L. -S. 2012. Coal Direct Chemical Looping(CDCL) Retrofit to Pulverized Coal Power Plants for In-Situ CO_2 Capture. Presented at 2012 NETL CO_2 Capture Technology Meet-ing，Pittsburgh，PA.

FAO(United Nations Food and Agriculture Organization). 1998. *Topsoil Characterization for Sustainable Land Management*. Rome，Italy：FAO.

FAO. 2008. Land Degradation Assessment in Drylands Technical Report Number 6，Version 1. 1. Rome：FAO.

FAO. 2015a. *Wood Fuels Handbook*. Pristina，Kosovo：UN Food and Agriculture Organiza-tion.

FAO. 2015b. *Global Forest Resources Assessment 2015*. FAO forestry paper no. 1. Rome，Italy：FAO.

FAO. 2016. Forestry Production and Trade. Available at http：//www. fao. org/faostat/en/ ♯data/FO，accessed June 18，2018.

Fargione，J. ，J. Hill，D. Tilman，S. Polasky，and P. Hawthorne. 2008. Land clearing and the biofuel carbon debt. *Science*，319 (5867)：1235-1238. DOI：10. 1126/sci-ence. 1152747.

Fedoročková，A. ，M. Hreus，P. Raschman，and G. Sučik. 2012. Dissolution of magnesium from calcined serpentinite in hydrochloric acid. *Minerals Engineering*，32：1-4. DOI：10. 1016/j. mineng. 2012. 03. 006.

Fehrenbacher, K. 2015. A biofuel dream gone bad. *Fortune*. December 4, 2015.

FERC. 2016. *FERC FORM No. 1: Annual Report of Major Electric Utilities, Licensees and Others and Supplemental Form 3-Q: Quarterly Financial Report*. Washington, DC: Federal Energy Regulatory Commission.

Fessenden, J. E., S. M. Clegg, T. A. Rahn, S. D. Humphries, and W. S. Baldridge. 2010. Novel MVA tools to track CO_2 seepage, tested at the ZERT controlled release site in Bozeman, Mt. *Environmental Earth Sciences*, 60(2): 325-334. DOI: 10.1007/s12665-010-0489-3.

Field, J. L., S. G. Evans, E. Marx, M. Easter, P. R. Adler, T. Dinh, B. Willson, and K. Paustian. 2018. High-resolution techno-ecological modelling of a bioenergy landscape to identify climate mitigation opportunities in cellulosic ethanol production. *Nature Energy*, 3(3): 211-219. DOI: 10.1038/s41560-018-0088-1.

Firth, L. B., R. C. Thompson, K. Bohn, M. Abbiati, L. Airoldi, T. J. Bouma, F. Bozzeda, V. U. Ceccherelli, M. A. Colangelo, A. Evans, F. Ferrario, M. E. Hanley, H. Hinz, S. P. G. Hoggart, J. E. Jackson, P. Moore, E. H. Morgan, S. Perkol-Finkel, M. W. Skov, E. M. Strain, J. van Belzen, and S. J. Hawkins. 2014. Between a rock and a hard place: Environmental and engineering considerations when designing coastal defence structures. *Coastal Engineering*, 87: 122-135. DOI: https://org/10.1016/j.coastaleng.2013.10.015.

Fisher, B. S., N. Nakicenovic, K. Alfse, J. C. Morlot, F. de la Chesnaye, J.-Ch. Hourcade, K. Jiang, M. Kainuma, E. L. Rovere, A. Matysek, A. Rana, K. Riahi, R. Richels, S. Rose, D. van Vuuren, and R. Warren. 2007a. Issues related to mitigation in the long term context. In *Climate Change 2007: Mitigation*. Contribution of Working Group III to the Fourth Assessment Report of the Inter-governmental Panel on Climate Change. Metz, B., O. R. Davidson, P. R. Bosch, R. Dave and L. A. Meyer, eds. Cambridge, UK: Cambridge University Press.

Fisher, B. S., N. Nakicenovic, K. Alfsen, J. C. Morlot, F. de la Chesnaye, J.-C. Hourcade, K. Jiang, M. Kainuma, E. La Rovere, A. Matysek, A. Rana, K. Riahi, R. Richels, S. Rose, D. Van Vuuren, and R. Warren. 2007b. Issues related to mitigation in the long term context. In *Climate Change 2007: Mitigation*. Contribution of Working Group III to the Fourth Assessment Report of the Inter-governmental Panel on Climate Change. Metz, B., O. R. Davidson, P. R. Bosch, R. Dave, and L. A. Meyer, eds. Cambridge, UK: Cambridge University Press.

Flett, M., J. Brantjes, R. Gurton, J. McKenna, T. Tankersley, and M. Trupp. 2009. Subsurface development of CO_2 disposal for the Gorgon Project. *Energy Procedia*, 1(1): 3031-3038. DOI: https://org/10.1016/j.egypro.2009.02.081.

Foley, J. A., N. Ramankutty, K. A. Brauman, E. S. Cassidy, J. S. Gerber, M. Johns-

423

ton, N. D. Mueller, C. O'Connell, D. K. Ray, P. C. West, C. Balzer, E. M. Bennett, S. R. Carpenter, J. Hill, C. Monfreda, S. Polasky, J. Rockstrom, J. Sheehan, S. Siebert, D. Tilman, and D. P. M. Zaks. 2011. Solutions for a cultivated planet. *Nature*, 478(7369): 337-342. DOI: 10. 1038/nature10452.

Fourqurean, J. W., C. M. Duarte, H. Kennedy, N. Marba, M. Holmer, M. A. Mateo, E. T. Apostolaki, G. A. Kendrick, D. Krause-Jensen, K. J. McGlathery, and O. Serrano. 2012. Seagrass ecosystems as a globally significant carbon stock. *Nature Geoscience*, 5(7): 505-509. DOI: 10. 1038/ngeo1477.

Franzluebbers, A. J. 2010. Achieving soil organic carbon sequestration with conservation agricultural systems in the southeastern United States. *Soil Science Society of America Journal*, 74(2): 347-357. DOI: 10. 2136/sssaj2009. 0079.

Freeman, C., N. Fenner, and A. H. Shirsat. 2012. Peatland geoengineering: An alternative approach to terrestrial carbon sequestration. *Philosophical Transactions of the Royal Society A: Mathematical, Physical and Engineering Sciences*, 370(1974): 4404-4421. DOI: 10. 1098/rsta. 2012. 0105.

Freifeld, B. M., R. C. Trautz, Y. K. Kharaka, T. J. Phelps, L. R. Myer, S. D. Hovorka, and D. J. Collins. 2005. The U-tube: A novel system for acquiring borehole fluid samples from a deep geologic CO_2 sequestration experiment. *Journal of Geophysical Research: Solid Earth*, 110(B10). DOI: 10. 1029/2005JB003735.

French, J. R., H. Burningham, and T. Benson. 2008. Tidal and meteorological forcing of suspended sediment flux in a muddy mesotidal estuary. *Estuaries and Coasts*, 31(5): 843-859. DOI: 10. 1007/s12237-008-9072-5.

Friedlingstein, P., M. Meinshausen, V. K. Arora, C. D. Jones, A. Anav, S. K. Liddicoat, and R. Knutti. 2014. Uncertainties in CMIP5 Climate Projections due to Carbon Cycle Feedbacks. *Journal of Climate*, 27(2): 511-526. DOI: 10. 1175/Jcli-D-12-00579. 1.

Früh-Green, G. L., D. S. Kelley, S. M. Bernasconi, J. A. Karson, K. A. Ludwig, D. A. Butterfield, C. Boschi, and G. Proskurowski. 2003. 30,000 years of hydrothermal activity at the Lost City vent field. *Science*, 301(5632): 495-498. DOI: 10. 1126/science. 1085582.

Fu, R., D. Feldman, R. Margolis, M. Woodhouse, and K. Ardani. 2017. *U. S. Solar Photovoltaic System Cost Benchmark: Q12017*. Golden, CO: National Renewable Energy Laboratory. Available at https://www. nrel. gov/docs/fy17osti/68925. pdf, accessed September 24, 2018.

Fuglie, K. O., and A. A. Toole. 2014. The evolving institutional structure of public and private agricultural research. *American Journal of Agricultural Economics*, 96(3): 862-883. DOI: 10. 1093/ajae/aat107.

Fuis, G. S. , J. J. Zucca, W. D. Mooney, and B. Milkereit. 1987. A geologic interpretation of seismic-refraction results in Northeastern California. *Geological Society of America Bulletin*, 98(1):53-65. DOI: 10. 1130/0016-7606(1987)98<53:Agiosr>2. 0. Co;2.

Furre, A. K. , O. Eiken, H. Alnes, J. N. Vevatne, and A. F. Kiær. 2017. 20 years of monitoring CO_2-injection at Sleipner. *Energy Procedia*, 114: 3916-3926. DOI: 10. 1016/j. egypro. 2017. 03. 1523.

Fuss, S. , W. H. Reuter, J. Szolgayová, and M. Obersteiner. 2013. Optimal mitigation strategies with negative emission technologies and carbon sinks under uncertainty. *Climatic Change*, 118(1): 73-87. DOI: 10. 1007/s10584-012-0676-1.

Fuss, S. , J. G. Canadell, G. P. Peters, M. Tavoni, R. M. Andrew, P. Ciais, R. B. Jackson, C. D. Jones, F. Kraxner, N. Nakicenovic, C. Le Quéré, M. R. Raupach, A. Sharifi, P. Smith, and Y. Yamagata. 2014. Commentary: Betting on negative emissions. *Nature Climate Change*, 4(10): 850-853. DOI: 10. 1038/Nclimate2392.

Fuss, S. , W. F. Lamb, M. W. Callaghan, J. Hilaire, F. Creutzig, T. Amann, T. Beringer, W. D. Garcia, J. Hartmann, T. Khanna, G. Luderer, G. F. Nemet, J. Rogelj, P. Smith, J. L. V. Vicente, J. Wilcox, M. D. Z. Dominguez, and J. C. Minx. 2018. Negative emissions—Part 2: Costs, potentials and side effects. *Environmental Research Letters*, 13(6). DOI: 10. 1088/1748-9326/Aabf9f.

Gadikota, G. , and A. -h. A. Park. 2015. Chapter 8 - Accelerated carbonation of Ca- and Mg-bearing minerals and industrial wastes using CO_2. In *Carbon Dioxide Utilisation*. Styring, P. , E. A. Quadrelli and K. Armstrong, eds. Amsterdam: Elsevier.

Gadikota, G. , J. Matter, P. Kelemen, and A. H. A. Park. 2014. Chemical and morphological changes during olivine carbonation for CO_2 storage in the presence of NaCl and $NaHCO_3$. *Physical Chemistry Chemical Physics*, 16 (10): 4679-4693. DOI: 10. 1039/c3cp54903h.

Gadikota, G. , K. Fricker, S. -H. Jang, and A. -H. A. Park. 2015. Carbonation of Silicate Minerals and Industrial Wastes and Their Potential Use as Sustainable Construction Materials. In *Advances in CO₂ Capture, Sequestration, and Conversion*. Jin, F. , L. -N. He and Y. H. Hu, eds. Washington, DC: American Chemical Society.

Gadikota, G. , J. Matter, P. B. Kelemen, P. V. Brady, and A. -H. A. Park. 2018. *Comparison of the Carbon Mineralization Behavior of Labradorite, Anorthosite and Basalt for CO₂ Storage*. In preparation.

Gaitán-Espitia, J. D. , J. R. Hancock, J. L. Padilla-Gami. o, E. B. Rivest, C. A. Blanchette, D. C. Reed, and G. E. Hofmann. 2014. Interactive effects of elevated temperature and pCO_2 on early-life-history stages of the giant kelp Macrocystis pyrifera. *Journal of Experimental Marine Biology and Ecology*, 457: 51-58. DOI: 10. 1016/ j. jembe. 2014. 03. 018.

424

Gale, J. , and P. Freund. 2001. Coal-bed methane enhancement with CO_2 sequestration worldwide potential. *Environmental Geosciences*, 8 (3): 210-217. DOI: 10.1046/ 1526-0984. 2001. 008003210. x.

Garcia del Real, P. , K. Maher, T. Kluge, D. K. Bird, G. E. Brown, and C. M. John. 2016. Clumped-isotope thermometry of magnesium carbonates in ultramafic rocks. *Geochimica Et Cosmochimica Acta*, 193: 222-250. DOI: 10.1016/j. gca. 2016.08.003.

Gattuso, J. P. , B. Gentili, C. M. Duarte, J. A. Kleypas, J. J. Middelburg, and D. Antoine. 2006. Light availability in the coastal ocean: impact on the distribution of benthic photosynthetic organisms and their contribution to primary production. *Biogeosciences*, 3 (4): 489-513. DOI: 10.5194/bg-3-489-2006.

Gbor, P. K. , and C. Q. Jia. 2004. Critical evaluation of coupling particle size distribution with the shrinking core model. *Chemical Engineering Science*, 59 (10): 1979-1987. DOI: 10.1016/j. ces. 2004.01.047.

GCCSI(Global Carbon Capture and Storage Institute). 2011. *Economic Assessment of Carbon Capture and Storage Technologies: 2011 Update*. Canberra, Australia: GCCSI.

GCCSI. 2017. Large-scale CCS facilities. Available at https://www. globalccsinstitute. com/ projects/large-scale-ccs-projects, accessed July 24, 2018.

Gedan, K. B. , B. R. Silliman, and M. D. Bertness. 2009. Centuries of human-driven change in salt marsh ecosystems. *Annual Review of Marine Science*, 1: 117-141. DOI: 10.1146/annurev. marine. 010908. 163930.

Gerard, D. , and E. J. Wilson. 2009. Environmental bonds and the challenge of long-term carbon sequestration. *Journal of Environmental Management*, 90 (2): 1097-1105. DOI: 10.1016/j. jenvman. 2008.04.005.

Gerdemann, S. J. , W. K. O'Connor, D. C. Dahlin, L. R. Penner, and H. Rush. 2007. Ex situ aqueous mineral carbonation. *Environmental Science & Technology*, 41 (7): 2587-2593. DOI: 10.1021/es0619253.

Ghoorah, M. , B. Z. Dlugogorski, H. C. Oskierski, and E. M. Kennedy. 2014. Study of thermally conditioned and weak acid-treated serpentinites for ineralization of carbon dioxide. *Minerals Engineering*, 59: 17-30. DOI: 10.1016/j. mineng. 2014.02.005.

Giannoulakis, S. , K. Volkart, and C. Bauer. 2014. Life cycle and cost assessment of mineral carbonation for carbon capture and storage in European power generation. *International Journal of Greenhouse Gas Control*, 21: 140-157. DOI: 10.1016/ j. ijggc. 2013.12.002.

Gislason, S. R. , and E. H. Oelkers. 2003. Mechanism, rates, and consequences of basaltic glass dissolution: Ⅱ. An experimental study of the dissolution rates of basaltic glass as a function of pH and temperature. *Geochimica Et Cosmochimica Acta*, 67 (20): 3817-3832. DOI: 10.1016/S0016-7037(00)00176-5.

Gislason, S. R., and E. H. Oelkers. 2014. Carbon storage in basalt. *Science*, 344(6182): 373-374. DOI: 10. 1126/science. 1250828.

Gislason, S. R., D. Wolff-Boenisch, A. Stefansson, E. H. Oelkers, E. Gunnlaugsson, H. Sigurdardottir, B. Sigfusson, W. S. Broecker, J. M. Matter, M. Stute, G. Axelsson, and T. Fridriksson. 2010. Mineral sequestration of carbon dioxide in basalt: A pre-injection overview of the CarbFix project. *International Journal of Greenhouse Gas Control*, 4(3): 537-545. DOI: 10. 1016/j. ijggc. 2009. 11. 013.

Gittman, R. K., F. J. Fodrie, A. M. Popowich, D. A. Keller, J. F. Bruno, C. A. Currin, C. H. Peterson, and M. F. Piehler. 2015. Engineering away our natural defenses: An analysis of shoreline hardening in the US. *Frontiers in Ecology and the Environment*, 13(6): 301-307. DOI: 10. 1890/150065.

Glaser, B., and J. J. Birk. 2012. State of the scientific knowledge on properties and genesis of Anthropogenic Dark Earths in Central Amazonia (terra preta de Indio). *Geochimica Et Cosmochimica Acta*, 82: 39-51. DOI: 10. 1016/j. gca. 2010. 11. 029.

Glover, J. D., J. P. Reganold, L. W. Bell, J. Borevitz, E. C. Brummer, E. S. Buckler, C. M. Cox, T. S. Cox, T. E. Crews, S. W. Culman, L. R. DeHaan, D. Eriksson, B. S. Gill, J. Holland, F. Hu, B. S. Hulke, A. M. H. Ibrahim, W. Jackson, S. S. Jones, S. C. Murray, A. H. Paterson, E. Ploschuk, E. J. Sacks, S. Snapp, D. Tao, D. L. Van Tassel, L. J. Wade, D. L. Wyse, and Y. Xu. 2010. Increased food and ecosystem security via perennial grains. *Science*, 328 (5986): 1638-1639. DOI: 10. 1126/science. 1188761.

Godard, M., L. Luquot, M. Andreani, and P. Gouze. 2013. Incipient hydration of mantle lithosphere at ridges: A reactivepercolation experiment. *Earth and Planetary Science Letters*, 371: 92-102. DOI: 10. 1016/j. epsl. 2013. 03. 052.

Godard, M., E. Bennett, E. Carter, F. Kourim, R. Lafay, J. No. 1, P. B. Kelemen, K. Michibayashi, and M. Harris. 2017. Geochemical and Mineralogical Profiles Across the Listvenite-Metamorphic Transition in the Basal Megathrust of the Oman Ophiolite: First Results from Drilling at Oman Drilling Project Hole BT1B. Presented at American Geophysical Union Fall Meeting, New Orleans, LA, December 11-15, 2017.

Goldberg, D., and A. L. Slagle. 2009. A global assessment of deep-sea basalt sites for carbon sequestration. *Energy Procedia*, 1(1): 3675-3682. DOI: https://org/10. 1016/j. egypro. 2009. 02. 165.

Goldberg, D. S., T. Takahashi, and A. L. Slagle. 2008. Carbon dioxide sequestration in deep-sea basalt. *Proceedings of the National Academy of Sciences of the United States of America*, 105(29): 9920-9925. DOI: 10. 1073/pnas. 0804397105.

Goldberg, D. S., D. V. Kent, and P. E. Olsen. 2010. Potential on-shore and off-shore reservoirs for CO_2 sequestration in Central Atlantic magmatic province basalts. *Proceedings*

425

of the National Academy of Sciences of the United States of America, 107(4): 1327-1332. DOI: 10. 1073/pnas. 0913721107.

Gomes, H. I. , W. M. Mares, M. Rogerson, D. I. Stewart, and I. T. Burke. 2016. Alkaline residues and the environment: A review of impacts, management practices and opportunities. *Journal of Cleaner Production*, 112: 3571-3582. DOI: 10. 1016/ j. jclepro. 2015. 09. 111.

Gonzales, D. , E. M. Searcy, and S. D. Eksioglu. 2013. Cost analysis for high-volume and long-haul transportation of densified biomass feedstock. *Transportation Research Part A-Policy and Practice*, 49: 48-61. DOI: 10. 1016/j. tra. 2013. 01. 005.

Goyal, H. B. , D. Seal, and R. C. Saxena. 2008. Bio-fuels from thermochemical conversion of renewable resources: A review. *Renewable & Sustainable Energy Reviews*, 12(2): 504-517. DOI: 10. 1016/j. rser. 2006. 07. 014.

Grandy, A. S. , and G. P. Robertson. 2007. Land-use intensity effects on soil organic carbon accumulation rates and mechanisms. *Ecosystems*, 10(1): 58-73. DOI: 10. 1007/ s10021-006-9010-y.

Greenberg, S. E. , R. Bauer, R. Will, R. Locke II, M. Carney, H. Leetaru, and J. Medler. 2017. Geologic carbon storage at a one million tonne demonstration project: Lessons learned from the Illinois Basin-Decatur Project. *Energy Procedia*, 114: 5529-5539. DOI: https://doi. org/10. 1016/j. egypro. 2017. 03. 1913.

Gregory, D. , P. Jensen, and K. Straetkvern. 2012. Conservation and in situ preservation of wooden shipwrecks from marine environments. *Journal of Cultural Heritage*, 13(3): S139-S148. DOI: 10. 1016/j. culher. 2012. 03. 005.

Griscom, B. W. , J. Adams, P. W. Ellis, R. A. Houghton, G. Lomax, D. A. Miteva, W. H. Schlesinger, D. Shoch, J. V. Siikamaki, P. Smith, P. Woodbury, C. Zganjar, A. Blackman, J. Campari, R. T. Conant, C. Delgado, P. Elias, T. Gopalakrishna, M. R. Hamsik, M. Herrero, J. Kiesecker, E. Landis, L. Laestadius, S. M. Leavitt, S. Minnemeyer, S. Polasky, P. Potapov, F. E. Putz, J. Sanderman, M. Silvius, E. Wollenberg, and J. Fargione. 2017. Natural climate solutions. *Proceedings of the National Academy of Sciences of the United States of America*, 114(44): 11645-11650. DOI: 10. 1073/pnas. 1710465114.

Grozeva, N. G. , F. Klein, J. S. Seewald, and S. P. Sylva. 2017. Experimental study of carbonate formation in oceanic peridotite. *Geochimica Et Cosmochimica Acta*, 199: 264-286. DOI: 10. 1016/j. gca. 2016. 10. 052.

Gunnarsson, I. , E. S. Aradóttir, E. H. Oelkers, D. E. Clark, M. T. Arnarsson, B. Sigfússon, Snæbjörnsdóttir, J. M. Matter, M. Stute, B. M. Júlíusson, and S. R. Gíslason. 2018. The rapid and cost-effective capture and subsurface mineral storage of carbon and sulfur at the CarbFix site. (in review).

Guo, L. B. , and R. M. Gifford. 2002. Soil carbon stocks and land use change: A meta analysis. *Global Change Biology*, 8 (4): 345-360. DOI: DOI 10. 1046/j. 1354-1013. 2002. 00486. x.

Gupta, A. , D. Yan, and D. S. Yan. 2006. *Mineral Processing Design and Operations: An Introduction*. Dordrecht, Netherlands: Elsevier Science.

Haer, T. , E. Kalnay, M. Kearney, and H. Moll. 2013. Relative sea-level rise and the conterminous United States: Consequences of potential land inundation in terms of population at risk and GDP loss. *Global Environmental Change-Human and Policy Dimensions*, 23(6): 1627-1636. DOI: 10. 1016/j. gloenvcha. 2013. 09. 005.

Halls, C. , and R. Zhao. 1995. Listvenite and related rocks: Perspectives on terminology and mineralogy with reference to an occurrence at Cregganbaun, Co Mayo, Republic of Ireland. *Mineralium Deposita*, 30(3-4): 303-313. DOI: 10. 1007/Bf00196366.

Hamrick, K. , and M. Gallant. 2017. *Unlocking Potential: State of the Voluntary Carbon Markets* 2017. Washington, DC: Forest Trends. Available at https://www. foresttrends. org/wp-content/uploads/2017/07/doc_5591. pdf, accessed June 27, 2018.

Hanchen, M. , V. Prigiobbe, G. Storti, T. M. Seward, and M. Mazzotti. 2006. Dissolution kinetics of fosteritic olivine at 90-150 degrees C including effects of the presence of CO_2. *Geochimica Et Cosmochimica Acta*, 70 (17): 4403-4416. DOI: 10. 1016/j. gca. 2006. 06. 1560.

Hanchen, M. , V. Prigiobbe, R. Baciocchi, and M. Mazzotti. 2008. Precipitation in the Mg-carbonate system: Effects of temperature and CO_2 pressure. *Chemical Engineering Science*, 63(4): 1012-1028. DOI: 10. 1016/j. ces. 2007. 09. 052.

Hansen, J. , M. Sato, P. Kharecha, and K. von Schuckmann. 2011. Earth's energy imbalance and implications. *Atmospheric Chemistry and Physics*, 11(24): 13421-13449. DOI: 10. 5194/acp-11-13421-2011.

Hansen, J. , M. Sato, P. Kharecha, K. von Schuckmann, D. J. Beerling, J. J. Cao, S. Marcott, V. Masson-Delmotte, M. J. Prather, E. J. Rohling, J. Shakun, P. Smith, A. Lacis, G. Russell, and R. Ruedy. 2017. Young people's burden: Requirement of negative CO_2 emissions. *Earth System Dynamics*, 8(3): 577-616. DOI: 10. 5194/esd-8-577-2017.

Hansen, L. D. , G. M. Dipple, T. M. Gordon, and D. A. Kellett. 2005. Carbonated serpentinite(listwanite) at Atlin, British Columbia: A geological analogue to carbon dioxide sequestration. *Canadian Mineralogist*, 43: 225-239. DOI: 10. 2113/gscanmin. 43. 1. 225.

Hansen, O. , D. Gilding, B. Nazarian, B. Osdal, P. Ringrose, J. -B. Kristoffersen, O. Eiken, and H. Hansen. 2013. Snøhvit: The history of injecting and storing 1 Mt CO_2 in the fluvial Tubåen Fm. *Energy Procedia*, 37: 3565-3573. DOI: https://org/10. 1016/

426

j. egypro. 2013. 06. 249.

Hariharan, S. , and M. Mazzotti. 2017. Kinetics of flue gas CO_2 mineralization processes using partially dehydroxylated lizardite. *Chemical Engineering Journal*, 324: 397-413. DOI: 10. 1016/j. cej. 2017. 05. 040.

Hariharan, S. B. , M. Werner, D. Zingaretti, R. Baciocchi, and M. Mazzotti. 2013. Dissolution of activated serpentine for direct flue-gas mineralization. *Energy Procedia*, 37 (2013): 5938-5944. DOI: 10. 1016/j. egypro. 2013. 06. 520

Hariharan, S. , M. Werner, M. Hanchen, and M. Mazzotti. 2014. Dissolution of dehydroxylated lizardite at flue gas conditions: Ⅱ. Kinetic modeling. *Chemical Engineering Journal*, 241: 314-326. DOI: 10. 1016/j. cej. 2013. 12. 056.

Hariharan, S. , M. Repmann-Werner, and M. Mazzotti. 2016. Dissolution of dehydroxylated lizardite at flue gas conditions: Ⅲ. Near-equilibrium kinetics. *Chemical Engineering Journal*, 298: 44-54. DOI: 10. 1016/j. cej. 2016. 03. 144.

Harrison, A. L. , I. M. Power, and G. M. Dipple. 2013. Accelerated carbonation of brucite in mine tailings for carbon sequestration. *Environmental Science & Technology*, 47(1): 126-134. DOI: 10. 1021/es3012854.

Harrison, A. L. , G. M. Dipple, I. M. Power, and K. U. Mayer. 2015. Influence of surface passivation and water content on mineral reactions in unsaturated porous media: Implications for brucite carbonation and CO_2 sequestration. *Geochimica Et Cosmochimica Acta*, 148: 477-495. DOI: 10. 1016/j. gca. 2014. 10. 020.

Harrison, A. L. , G. M. Dipple, I. M. Power, and K. U. Mayer. 2016. The impact of evolving mineral-water-gas interfacial areas on mineral-fluid reaction rates in unsaturated porous media. *Chemical Geology*, 421: 65-80. DOI: 10. 1016/j. chemgeo. 2015. 12. 005.

Hartmann, J. , A. J. West, P. Renforth, P. Kohler, C. L. De La Rocha, D. A. Wolf-Gladrow, H. H. Durr, and J. Scheffran. 2013. Enhanced chemical weathering as a geoengineering strategy to reduce atmospheric carbon dioxide, supply nutrients, and mitigate ocean acidification. *Reviews of Geophysics*, 51 (2): 113-149. DOI: 10. 1002/rog. 20004.

Harvey, A. L. 2017. China advances HTGR technology. *Power*. November 1, 2017. Available at https://www. powermag. com/china-advances-htgr-technology, accessed September 24, 2018.

Hashimoto, S. , M. Nose, T. Obara, and Y. Moriguchi. 2002. Wood products: Potential carbon sequestration and impact on net carbon emissions of industrialized countries. *Environmental Science & Policy*, 5(2): 183-193. DOI: https://org/10. 1016/S1462-9011 (01)00045-4.

Hassibi, M. 1999. An overview of lime slaking and factors that affect the process. Presented at 3rd International Sorbalit Symposium, New Orleans, LA, November 3-5, 1999.

Hauer, M. E. , J. M. Evans, and D. R. Mishra. 2016. Millions projected to be at risk from sea-level rise in the continental United States. *Nature Climate Change*, 6(7): 691-695. DOI: 10. 1038/Nclimate2961.

427

Hayes, R. C. , M. T. Newell, L. R. DeHaan, K. M. Murphy, S. Crane, M. R. Norton, L. J. Wade, M. Newberry, M. Fahim, S. S. Jones, T. S. Cox, and P. J. Larkin. 2012. Perennial cereal crops: An initial evaluation of wheat derivatives. *Field Crops Research*, 133: 68-89. DOI: 10. 1016/j. fcr. 2012. 03. 014.

Heck, V. , D. Gerten, W. Lucht, and A. Popp. 2018. Biomass-based negative emissions difficult to reconcile with planetary boundaries. *Nature Climate Change*, 8(2): 151. DOI: 10. 1038/s41558-017-0064-y.

Hendriks, I. E. , Y. S. Olsen, and C. M. Duarte. 2017. Light availability and temperature, not increased CO_2, will structure future meadows of Posidonia oceanica. *Aquatic Botany*, 139: 32-36. DOI: https://org/10. 1016/j. aquabot. 2017. 02. 004.

Herzog, H. , K. Caldeira, and J. Reilly. 2003. An issue of permanence: Assessing the effectiveness of temporary carbon storage. *Climatic Change*, 59 (3): 293-310. DOI: 10. 1023/A:1024801618900.

Hochholdinger, F. , K. Woll, M. Sauer, and D. Dembinsky. 2004. Genetic dissection of root formation in maize (Zea mays) reveals root-type specific developmental programmes. *Annals of Botany*, 93(4): 359-368. DOI: 10. 1093/Aob/Mch056.

Hoffmann, L. , S. Maury, F. Martz, P. Geoffroy, and M. Legrand. 2003. Purification, cloning, and properties of an acyltransferase controlling shikimate and quinate ester intermediates in phenylpropanoid metabolism. *Journal of Biological Chemistry*, 278(1): 95-103. DOI: 10. 1074/jbc. M209362200.

Holmes, G. , and D. W. Keith. 2012. An air-liquid contactor for large-scale capture of CO_2 from air. *Philosophical Transactions of the Royal Society A: Mathematical, Physical and Engineering Sciences*, 370(1974): 4380-4403. DOI: 10. 1098/rsta. 2012. 0137.

Holmquist, J. R. , L. Windham-Myers, N. Bliss, S. Crooks, J. Morris, J. P. Megonigal, T. Troxler, D. Weller, J. Callaway, J. Drexler, M. C. Ferner, M. Gonneea, K. Kroeger, L. Schile-Beers, I. Woo, K. BuffinGton, J. Breithaupt, B. M. Boyd, L. N. Brown, N. Dix, L. Hice, B. Horton, G. M. MacDonald, R. P. Moyer, W. Reay, T. Shaw, E. Smith, J. Smoak, C. Sommerfield, K. Thorne, D. Velinsky, E. Watson, K. W. Grimes, and M. Woodrey. 2018. Accuracy and precision of tidal wetlands soil carbon mapping in the conterminous United States. *Nature Scientific Reports*. DOI: 10. 1038/s41598-018-26948-7.

Holtsmark, B. 2015. A comparison of the global warming effects of wood fuels and fossil fuels taking albedo into account. *Global Change Biology Bioenergy*, 7(5): 984-997. DOI: 10. 1111/gcbb. 12200.

Hoornweg, D., and P. Bhada-Tata. 2012. Waste generation. In *What a Waste: A Global Review of Solid Waste Management*. Hoornweg, D. and P. Bhada-Tata, eds. Washington, DC: World Bank.

Hopkinson, C. S. 1988. Patterns of organic carbon exchange between coastal ecosystems: The mass balance approach in salt marsh ecosystems. In *Coastal-Offshore Ecosystem Interactions. Lecture Notes on Coastal and Estuarine Studies*. Jansson, B. O., ed. Dordrecht, Netherlands: Springer.

Hopkinson, C. S., W.-J. Cai, and X. Hu. 2012. Carbon sequestration in wetland dominated coastal systems—a global sink of rapidly diminishing magnitude. *Current Opinion in Environmental Sustainability*, 4(2):186-194. DOI: https://org/10.1016/j. cosust. 2012. 03. 005.

Hopkinson, C. S., J. T. Morris, S. Fagherazzi, W. M. Wollheim, and P. A. Raymond. 2018. Lateral marsh edge erosion as a source of sediments for vertical marsh accretion. *Journal of Geophysical Research-Biogeosciences*, 123 (8): 2444-2465. DOI: 10. 1029/2017jg004358.

Houghton, R. A., and A. A. Nassikas. 2017. Global and regional fluxes of carbon from land use and land cover change 1850-2015. *Global Biogeochemical Cycles*, 31(3): 456-472. DOI: 10. 1002/2016GB005546.

House, K. Z., A. C. Baclig, M. Ranjan, E. A. van Nierop, J. Wilcox, and H. J. Herzog. 2011. Economic and energetic analysis of capturing CO_2 from ambient air. *Proceedings of the National Academy of Sciences of the United States of America*, 108 (51): 20428-20433. DOI: 10. 1073/pnas. 1012253108.

Hövelmann, J., H. Austrheim, and B. JaMtveit. 2012. Microstructure and porosity evolution during experimental carbonation of a natural peridotite. *Chemical Geology*, 334: 254-265. DOI: 10. 1016/j. chemgeo. 2012. 10. 025.

Hovorka, S. D., S. M. Benson, C. Doughty, B. M. Freifeld, S. Sakurai, T. M. Daley, Y. K. Kharaka, M. H. Holtz, R. C. Trautz, H. S. Nance, L. R. Myer, and K. G. Knauss. 2006. Measuring permanence of CO_2 storage in saline formations: The Frio experiment. *Environmental Geosciences*, 13 (2): 105-121. DOI: 10. 1306/eg. 11210505011.

Howard, J., A. Sutton-Grier, D. Herr, J. Kleypas, E. Landis, E. Mcleod, E. Pidgeon, and S. Simpson. 2017. Clarifying the role of coastal and marine systems in climate mitigation. *Frontiers in Ecology and the Environment*, 15 (1): 42-50. DOI: 10. 1002/fee. 1451.

Hsiang, S. M., M. Burke, and E. Miguel. 2013. Quantifying the influence of climate on human conflict. *Science*, 341(6151): 1212. DOI: 10. 1126/science. 1235367.

Huijgen, W. J. J., R. N. J. Comans, and G. J. Witkamp. 2007. Cost evaluation of CO_2

sequestration by aqueous mineral carbonation. *Energy Conversion and Management*, 48 (7): 1923-1935. DOI: 10. 1016/j. enconman. 2007. 01. 035.

Humpenöder, F., A. Popp, J. P. Dietrich, D. Klein, H. Lotze-Campen, M. Bonsch, B. L. Bodirsky, I. Weindl, M. Stevanovic, and C. Muller. 2014. Investigating afforestation and bioenergy CCS as climate change mitigation strategies. *Environmental Research Letters*, 9(6). DOI: 10. 1088/1748-9326/9/6/064029.

Humenöder, F., A. Popp, B. L. Bodirsky, I. Weindl, A. Biewald, H. Lotze-Campen, J. P. Dietrich, D. Klein, U. Kreidenweis, C. Muller, S. Rolinski, and M. Stevanovic. 2018. Large-scale bioenergy production: How to resolve sustainability tradeoffs? *Environmental Research Letters*, 13(2). DOI: 10. 1088/1748-9326/Aa9e3b.

Huntington, H. P., E. Goodstein, and E. Euskirchen. 2012. Towards a tipping point in responding to change: Rising costs, fewer options for Arctic and global societies. *Ambio*, 41(1): 66-74. DOI: 10. 1007/s13280-011-0226-5.

Ide, S. T., K. Jessen, and F. M. Orr. 2007. Storage of CO_2 in saline aquifers: Effects of gravity, viscous, and capillary forces on amount and timing of trapping. *International Journal of Greenhouse Gas Control*, 1(4): 481-491. DOI: https://org/10. 1016/S1750-5836(07)00091-6.

IEA(International Energy Agency). 2009. *Technology Roadmap: Carbon Capture and Storage*. Paris, France: IEA. Available at https://www. iea. org/publications/freepublications/publication/CCSRoadmap2009. pdf, accessed April 10, 2018.

IEA. 2011. *Combining Bioenergy with CCS: Reporting and Accounting for Negative Emissions under UNFCCC and the Kyoto Protocol*. Paris, France: OECD/IEA.

IEA. 2014. *World Energy Outlook 2014*. Paris: IEA.

IEA. 2015a. *Storing CO_2 through Enhanced Oil Recovery: Combining EOR with CO_2 Storage (EOR+) for Profit*. Paris, France: IEA. Available at https://www. iea. org/publications/insights/insightpublications/storing-CO_2-through-enhancedoil-recovery. html, accessed September 25, 2018.

IEA. 2015b. *Technology Roadmap: Hydrogen and Fuel Cells*. Paris, France: International Energy Agency. Available at https://www. iea. org/publications/freepublications/publication/TechnologyRoadmapHydrogenandFuelCells. pdf, accessed April 12, 2018.

IEA. 2016. *20 Years of Carbon Capture and Storage: Accelerating Future Deployment*. Paris, France: IEA.

InfoMine. 2018. Mining Cost Models. Available at http://costs. infomine. com/costdatacenter/miningcostmodel. aspx, accessed June 21, 2018.

Ingebritsen, S. E., and R. H. Mariner. 2010. Hydrothermal heat discharge in the Cascade Range, northwestern United States. *Journal of Volcanology and Geothermal Research*, 196(3-4): 208-218. DOI: 10. 1016/j. jvolgeores. 2010. 07. 023.

Ingerson, A. 2009. *Wood Products and Carbon Storage: Can Increased Production Help Solve the Climate Crisis?* Washington, DC: Wilderness Society.

International Aluminium Institute. 2018. Alumina Production. Available at http://www. world-aluminium. org/statistics/alumina-production, accessed July 24, 2018.

IPCC. 2000. *Land Use, Land-Use Change, and Forestry.* Watson, R. T. , I. R. Noble, B. Bolin, N. H. Ravindranath, D. J. Verardo, and D. J. Dokken, eds. Cambridge, UK: Cambridge University Press.

IPCC. 2005. *Carbon Dioxide Capture and Storage.* Metz, B. , O. Davidson, H. de Coninck, M. Loos, and L. Meyer, eds. Cambridge, UK: Cambridge University Press.

IPCC. 2006. *2006 IPCC Guidelines for National Greenhouse Gas Inventories.* Eggleston, H. S. , L. Buendia, K. Miwa, T. Ngara, and K. Tanabe, eds. Hayama, Kanagawa, Japan: Institute for Global Environmental Strategies.

IPCC. 2012. *Managing the Risks of Extreme Events and Disasters to Advance Climate Change Adaptation.* A Special Report of Working Groups Ⅰ and Ⅱ of the Intergovernmental Panel on Climate Change. Field, C. B. , V. Barros, T. F. Stocker, D. Qin, D. J. Dokken, K. L. Ebi, M. D. Mastrandrea, K. J. Mach, G. -K. Plattner, S. K. Allen, M. Tignor, and P. M. Midgley, eds. Cambridge, UK, and New York, NY: Cambridge University Press.

IPCC. 2013. *Climate Change 2013: The Physical Science Basis.* Contribution of Working Group Ⅰ to the Fifth Assessment Report of the Intergovernmental Panel on Climate Change. Stocker, T. F. , D. Qin, G. -K. Plattner, M. Tignor, S. K. Allen, J. Boschung, A. Nauels, Y. Xia, V. Bex, and P. M. Midgley, eds. Cambridge, UK and New York, NY: Cambridge University Press.

IPCC. 2014a. *2013 Supplement to the 2006 IPCC Guidelines for National Greenhouse Gas Inventories: Wetlands.* Hiraishi, T. , T. Krug, K. Tanabe, N. Srivastava, J. Baasansuren, M. Fukuda, and T. G. Troxler, eds. Geneva: IPCC.

IPCC. 2014b. *Climate Change 2014: Mitigation of Climate Change.* Contribution of Working Group Ⅲ to the Fifth Assessment Report of the Intergovernmental Panel on Climate Change. Edenhofer, O. , R. Pichs-Madruga, Y. Sokona, E. Farahani, S. Kadner, K. Seyboth, A. Adler, I. Baum, S. Brunner, P. Eickemeier, B. Kriemann, J. Savolainen, S. Schl. mer, C. von Stechow, T. Zwickel, and J. C. Minx, eds. Cambridge, UK and New York, NY: Cambridge University Press.

IPCC. 2018. *Global Warming of 1.5℃.* Geneva, Switzerland: IPCC. Available at http://www. ipcc. ch/report/sr15/, accessed October 17, 2018.

IRENA. 2016. IRENA Project Inventory Advanced Liquid Biofuels 2016. Available at http://www. irena. org/-/media/Files/IRENA/Agency/Publication/2016/IRENA _ project _ Inventory _ Advanced _ Liquid _ Biofuels _ 2016. xlsx? la = en&hash =

53CA849E53C118873E39C4C80913F5F8BDC3C007，accessed October 12，2018.

Ishimoto，Y.，M. Sugiyama，E. Kato，R. Moriyama，K. Kazuhiro Tsuzuki，and A. Kurosawa. 2017. *Putting Costs of Direct Air Capture in Context*. Forum for Climate Engineering Assessment Working Paper Series：002. Washington，DC：American University School of International Service. Available at http：//ceassessment. org/wp-content/uploads/2017/06/WPS-DAC. pdf，accessed May 25，2018.

ISO/TC (International Organization for Standardization Technical Committee) 265. 2011. ISO/TC 265 Carbon Dioxide Capture，Transportation，and Geological Storage. Available at https：//www. iso. org/committee/648607. html，accessed July 25，2018.

Ivandic, M.，C. Juhlin, S. Luth, P. Bergmann, A. Kashubin, D. Sopher, A. Ivanova, G. Baumann, and J. Henninges. 2015. Geophysical monitoring at the Ketzin pilot site for CO_2 storage：New insights into the plume evolution. *International Journal of Greenhouse Gas Control*，32：90-105. DOI：10. 1016/j. ijggc. 2014. 10. 015.

Ivanova, A.，A. Kashubin, N. Juhojuntti, J. Kummerow, J. Henninges, C. Juhlin, S. Luth, and M. Ivandic. 2012. Monitoring and volumetric estimation of injected CO_2 using 4D seismic, petrophysical data, core measurements and well logging：A case study at Ketzin，Germany. *Geophysical Prospecting*，60（5）：957-973. DOI：10. 1111/j. 1365-2478. 2012. 01045. x.

Jackson, R. B.，and J. S. Baker. 2010. Opportunities and constraints for forest climate mitigation. *BioScience*，60(9)：698-707. DOI：10. 1525/bio. 2010. 60. 9. 7.

Jamtveit, B.，A. Malthe-Sorenssen，and O. Kostenko. 2008. Reaction enhanced permeability during retrogressive metamorphism. *Earth and Planetary Science Letters*，267(3-4)：620-627. DOI：10. 1016/j. epsl. 2007. 12. 016.

Jamtveit, B.，C. Putnis, and A. Malthe-Sorenssen. 2009. Reaction induced fracturing during replacement processes. *Contributions to Mineralogy and Petrology*，157（1）：127-133. DOI：10. 1007/s00410-008-0324-y.

Janowiak, M. K.，and C. R. Webster. 2010. Promoting ecological sustainability in woody biomass harvesting. *Journal of Forestry*，108(1)：16-23.

Jansson, C.，S. D. Wullschleger, U. C. Kalluri, and G. A. Tuskan. 2010. Phytosequestration：Carbon biosequestration by plants and the prospects of genetic engineering. *BioScience*，60(9)：685-696. DOI：10. 1525/bio. 2010. 60. 9. 6.

Jeffery, S.，F. G. A. Verheijen, M. van der Velde, and A. C. Bastos. 2011. A quantitative review of the effects of biochar application to soils on crop productivity using meta-analysis. *Agriculture Ecosystems & Environment*，144（1）：175-187. DOI：10. 1016/j. agee. 2011. 08. 015.

Jeffery, S.，F. G. A. Verheijen, C. Kammann, and D. Abalos. 2016. Biochar effects on methane emissions from soils：A meta-analysis. *Soil Biology & Biochemistry*，101：

251-258. DOI: 10. 1016/j. soilbio. 2016. 07. 021.

Jenkins, C. , A. Chadwick, and S. D. Hovorka. 2015. The state of the art in monitoring and verification—Ten years on. *International Journal of Greenhouse Gas Control*, 40: 312-349. DOI: 10. 1016/j. ijggc. 2015. 05. 009.

Jenkins, C. R. , P. J. Cook, J. Ennis-King, J. Undershultz, C. Boreham, T. Dance, P. de Caritat, D. M. Etheridge, B. M. Freifeld, A. Hortle, D. Kirste, L. Paterson, R. Pevzner, U. Schacht, S. Sharma, L. Stalker, and M. Urosevic. 2012. Safe storage and effective monitoring of CO_2 in depleted gas fields. *Proceedings of the National Academy of Sciences of the United States of America*, 109 (2): E35-E41. DOI: 10. 1073/pnas. 1107255108.

Jeong, K. , M. J. Kessen, H. Bilirgen, and E. K. Levy. 2010. Analytical modeling of water condensation in condensing heat exchanger. *International Journal of Heat and Mass Transfer*, 53 (11-12): 2361-2368. DOI: 10. 1016/j. ijheatmasstransfer. 2010. 02. 004.

Jerath, M. , M. Bhat, V. H. Rivera-Monroy, E. Castaneda-Moya, M. Simard, and R. R. Twilley. 2016. The role of economic, policy, and ecological factors in estimating the value of carbon stocks in Everglades mangrove forests, South Florida, USA. *Environmental Science & Policy*, 66: 160-169. DOI: 10. 1016/j. envsci. 2016. 09. 005. 430

Johnson, J. M. F. , D. C. Reicosky, R. R. Allmaras, T. J. Sauer, R. T. Venterea, and C. J. Dell. 2005. Greenhouse gas contributions and mitigation potential of agriculture in the central USA. *Soil & Tillage Research*, 83 (1): 73-94. DOI: 10. 1016/j. still. 2005. 02. 010.

Jones, A. , J. M. Haywood, K. Alterskjaer, O. Boucher, J. N. S. Cole, C. L. Curry, P. J. Irvine, D. Y. Ji, B. Kravitz, J. E. Kristjansson, J. C. Moore, U. Niemeier, A. Robock, H. Schmidt, B. Singh, S. Tilmes, S. Watanabe, and J. H. Yoon. 2013a. The impact of abrupt suspension of solar radiation management (termination effect) in experiment G2 of the Geoengineering Model Intercomparison Project (GeoMIP). *Journal of Geophysical Research-Atmospheres*, 118 (17): 9743-9752. DOI: 10. 1002/jgrd. 50762.

Jones, A. D. , W. D. Collins, J. Edmonds, M. S. Torn, A. Janetos, K. V. Calvin, A. Thomson, L. P. Chini, J. F. Mao, X. Y. Shi, P. Thornton, G. C. Hurtt, and M. Wise. 2013b. Greenhouse gas policy influences climate via direct effects of land-use change. *Journal of Climate*, 26 (11): 3657-3670. DOI: 10. 1175/Jcli-D-12-00377. 1.

Jones, C. D. , P. Ciais, S. J. Davis, P. Friedlingstein, T. Gasser, G. P. Peters, J. Rogelj, D. P. van Vuuren, J. G. Canadell, A. Cowie, R. B. Jackson, M. Jonas, E. Kriegler, E. Littleton, J. A. Lowe, J. Milne, G. Shrestha, P. Smith, A. Torvanger, and A. Wiltshire. 2016. Simulating the Earth system response to negative emissions.

Environmental Research Letters, 11(9). DOI:10. 1088/1748-9326/11/9/095012.

Joos, F. , I. C. Prentice, S. Sitch, R. Meyer, G. Hooss, G. K. Plattner, S. Gerber, and K. Hasselmann. 2001. Global warming feedbacks on terrestrial carbon uptake under the Intergovernmental Panel on Climate Change (IPCC) emission scenarios. *Global Biogeochemical Cycles*, 15(4): 891-907. DOI: 10. 1029/2000gb001375.

Kang, S. , W. M. Post, J. A. Nichols, D. Wang, T. O. West, V. Bandaru, and R. C. Izaurralde. 2013. Marginal lands: Concept, assessment, and management. *Journal of Agricultural Science*, 5(129-139). DOI: 10. 5539/jas. v5n5p129.

Kantola, I. B. , M. D. Masters, D. J. Beerling, S. P. Long, and E. H. DeLucia. 2017. Potential of global croplands and bioenergy crops for climate change mitigation through deployment for enhanced weathering. *Biology Letters*, 13 (4). DOI: 10. 1098/Rsbl. 2016. 0714.

Karl, M. , R. F. Wright, T. F. Berglen, and B. Denby. 2011. Worst case scenario study to assess the environmental impact of amine emissions from a CO_2 capture plant. *International Journal of Greenhouse Gas Control*, 5 (3): 439-447. DOI: 10. 1016/ j. ijggc. 2010. 11. 001.

Karl, M. , N. Castell, D. Simpson, S. Solberg, J. Starrfelt, T. Svendby, S. E. Walker, and R. F. Wright. 2014. Uncertainties in assessing the environmental impact of amine emissions from a CO_2 capture plant. *Atmospheric Chemistry and Physics*, 14 (16): 8533-8557. DOI: 10. 5194/acp-14-8533-2014.

Keith, D. W. 2001. Sinks, energy crops and land use: Coherent climate policy demands an integrated analysis of biomass—An editorial comment. *Climatic Change*, 49 (1-2): 1-10. DOI: 10. 1023/A:1010617015484.

Keith, D. W. , M. Ha-Duong, and J. K. Stolaroff. 2006. Climate strategy with CO_2 capture from the air. *Climatic Change*, 74(1-3): 17-45. DOI: 10. 1007/s10584-005-9026-x.

Keith, D. W. , G. Holmes, D. St. Angelo, and K. Heidel. 2018. A process for capturing CO_2 from the atmosphere. *Joule*. DOI: 10. 1016/j. joule. 2018. 05. 006.

Kelemen, P. B. , and J. Matter. 2008. In situ carbonation of peridotite for CO_2 storage. *Proceedings of the National Academy of Sciences of the United States of America*, 105(45): 17295-17300. DOI: 10. 1073/pnas. 0805794105.

Kelemen, P. B. , J. Matter, E. E. Streit, J. F. Rudge, W. B. Curry, and J. Blusztajn. 2011. Rates and mechanisms of mineral carbonation in peridotite: Natural processes and recipes for enhanced, in situ CO_2 capture and storage. *Annual Review of Earth and Planetary Sciences*, 39(1): 545-576. DOI: 10. 1146/annurev-earth-092010-152509.

Kelemen, P. B. , and G. Hirth. 2012. Reaction-driven cracking during retrograde metamorphism: Olivine hydration and carbonation. *Earth and Planetary Science Letters*, 345: 81-89. DOI: 10. 1016/j. epsl. 2012. 06. 018.

Kelemen, P. B. , and C. E. Manning. 2015. Reevaluating carbon fluxes in subduction zones: What goes down, mostly comes up. *Proceedings of the National Academy of Sciences of the United States of America*, 112 (30): E3997-E4006. DOI: 10. 1073/ pnas. 1507889112.

Kelemen, P. B. , A. R. Brandt, and S. M. Benson. 2016. Carbon Dioxide Removal from Air using Seafloor Peridotite. Presented at American Geophysical Union, Fall General Assembly, San Francisco, CA, December 12-16, 2016.

Kelemen, P. B. , M. Godard, K. T. M. Johnson, K. Okazaki, C. E. Manning, J. L. Urai, K. Michibayashi, M. Harris, J. A. Coggon, D. A. H. Teagle, and the Oman Drilling Project Phase I Science Party. 2017. Peridotite Carbonation at the Leading Edge of the Mantle Wedge: OmDP Site BT1. Presented at American Geophysical Union Fall Meeting, New Orleans, LA, December 11-15, 2017.

Kell, D. B. 2012. Large-scale sequestration of atmospheric carbon via plant roots in natural and agricultural ecosystems: Why and how. *Philosophical Transactions of the Royal Society B-Biological Sciences*, 367(1595): 1589-1597. DOI: 10. 1098/rstb. 2011. 0244.

Kelley, D. S. , J. A. Karson, D. K. Blackman, G. L. Fruh-Green, D. A. Butterfield, M. D. Lilley, E. J. Olson, M. O. Schrenk, K. K. Roe, G. T. Lebon, P. Rivizzigno, and the AT3-60 Shipboard Party. 2001. An off-axis hydrothermal vent field near the Mid-Atlantic Ridge at 30 degrees N. *Nature*, 412 (6843): 145-149. DOI: 10. 1038/35084000.

Kemp, A. C. , B. P. Horton, J. P. Donnelly, M. E. Mann, M. Vermeer, and S. Rahmstorf. 2011. Climate related sea-level variations over the past two millennia. *Proceedings of the National Academy of Sciences of the United States of America*, 108(27): 11017-11022. DOI: 10. 1073/pnas. 1015619108.

Kennedy, H. , J. Beggins, C. M. Duarte, J. W. Fourqurean, M. Holmer, N. Marba, and J. J. Middelburg. 2010. Seagrass sediments as a global carbon sink: Isotopic constraints. *Global Biogeochemical Cycles*, 24. DOI: 10. 1029/2010gb003848.

Keranen, K. M. , M. Weingarten, G. A. Abers, B. A. Bekins, and S. Ge. 2014. Sharp increase in central Oklahoma seismicity since 2008 induced by massive wastewater injection. *Science*, 345(6195): 448-451. DOI: 10. 1126/science. 1255802.

Kharaka, Y. K. , J. J. Thordsen, S. D. Hovorka, H. S. Nance, D. R. Cole, T. J. Phelps, and K. G. Knauss. 2009. Potential environmental issues of CO_2 storage in deep saline aquifers: Geochemical results from the Frio-I Brine Pilot test, Texas, USA. *Applied Geochemistry*, 24(6): 1106-1112. DOI: 10. 1016/j. apgeochem. 2009. 02. 010.

Khoo, H. H. , P. N. Sharratt, J. Bu, T. Y. Yeo, A. Borgna, J. G. Highfield, T. G. Bjorklof, and R. Zevenhoven. 2011. Carbon capture and mineralization in Singapore: Preliminary environmental impacts and costs via LCA. *Industrial & Engineering*

431

Chemistry Research，50(19)：11350-11357. DOI：10. 1021/ie200592h.

Kim, S. , and S. A. Hosseini. 2014. Above-zone pressure monitoring and geomechanical analyses for a field-scale CO_2 injection project in Cranfield，MS. *Greenhouse Gases ：Science and Technology*，4(1)：81-98. DOI：10. 1002/ghg. 1388.

Kirchofer, A. , A. Brandt, S. Krevor, V. Prigiobbe, and J. Wilcox. 2012. Impact of alkalinity sources on the life-cycle energy efficiency of mineral carbonation technologies. *Energy & Environmental Science*，5(9)：8631-8641. DOI：10. 1039/c2ee22180b.

Kirwan, M. L. , and J. P. Megonigal. 2013. Tidal wetland stability in the face of human impacts and sea-level rise. *Nature*，504(7478)：53-60. DOI：10. 1038/nature12856.

Kirwan, M. L. , G. R. Guntenspergen, A. D'Alpaos, J. T. Morris, S. M. Mudd, and S. Temmerman. 2010. Limits on the adaptability of coastal marshes to rising sea level. *Geophysical Research Letters*，37. DOI：10. 1029/2010gl045489.

Kirwan, M. L. , D. C. Walters, W. G. Reay, and J. A. Carr. 2016a. Sea level driven marsh expansion in a coupled model of marsh erosion and migration. *Geophysical Research Letters*，43(9)：4366-4373. DOI：10. 1002/2016GL068507.

Kirwan, M. L. , S. Temmerman, E. E. Skeehan, G. R. Guntenspergen, and S. Fagherazzi. 2016b. Overestimation of marsh vulnerability to sea level rise. *Nature Climate Change*，6(3)：253-260. DOI：10. 1038/Nclimate2909.

Kitanidis, P. K. 1997. *Introduction to Geostatistics：Applications in Hydrogeology*. Cambridge，UK：Cambridge University Press.

Klein, F. , N. G. Grozeva, J. S. Seewald, T. M. McCollom, S. E. Humphris, B. Moskowitz, T. S. Berquo, and W. A. Kahl. 2015. Experimental constraints on fluid-rock reactions during incipient serpentinization of harzburgite. *American Mineralogist*，100 (4)：991-1002. DOI：10. 2138/am-2015-5112.

Kline, D. 2005. Gate-to-gate lifecycle inventory of oriented strandboard production. *Wood and Fiber Science*，37：74-84.

Köhler, P. , J. Hartmann, and D. A. Wolf-Gladrow. 2010. Geoengineering potential of artificially enhanced silicate weathering of olivine. *Proceedings of the National Academy of Sciences of the United States of America*，107(47)：20228-20233. DOI：10. 1073/ pnas. 1000545107.

Köhler, P. , J. F. Abrams, C. Volker, J. Hauck, and D. A. Wolf-Gladrow. 2013. Geoengineering impact of open ocean dissolution of olivine on atmospheric CO_2, surface ocean pH and marine biology. *Environmental Research Letters*，8(1). DOI：10. 1088/ 1748-9326/8/1/014009.

Koornneef, J. , T. van Keulen, A. Faaij, and W. Turkenburg. 2008. Life cycle assessment of a pulverized coal power plant with post-combustion capture, transport and storage of CO_2. *International Journal of Greenhouse Gas Control*，2(4)：448-467. DOI：10. 1016/

432

j. ijggc. 2008. 06. 008.

Koottungal, L. 2014. 2014 worldwide EOR survey. Available at https://www. ogj. com/articles/print/volume-112/issue-4/special-report-eor-heavy-oil-survey/2014-worldwide-eor-survey. html, accessed July 24, 2018.

Koperna, G. J. , L. S. Melzer, and V. A. Kuuskraa. 2006. Recovery of Oil Resources from the Residual and Transitional Oil Zones of the Permian Basin. Presented at Society of Petroleum Engineers Annual Technical Conference and Exhibition, San Antonio, Texas, September 24-27, 2006.

Kousky, C. 2014. Managing shoreline retreat: A US perspective. *Climatic Change*, 124(1-2): 9-20. DOI: 10. 1007/s10584-014-1106-3.

Krause-Jensen, D. , and C. M. Duarte. 2016. Substantial role of macroalgae in marine carbon sequestration. *Nature Geoscience*, 9(10): 737-742. DOI: 10. 1038/NGEO2790.

Krause-Jensen, D. , P. Lavery, O. Serrano, N. Marbà, P. Masque, and C. M. Duarte. 2018. Sequestration of macroalgal carbon: The elephant in the Blue Carbon room. *Biology Letters*. DOI: 10. 1098/rsbl. 2018. 0236.

Kreidenweis, U. , F. Humpenoder, M. Stevanovic, B. L. Bodirsky, E. Kriegler, H. Lotze-Campen, and A. Popp. 2016. Afforestation to mitigate climate change: Impacts on food prices under consideration of albedo effects. *Environmental Research Letters*, 11(8). DOI: 10. 1088/1748-9326/11/8/085001.

Krevor, S. , J. C. Perrin, A. Esposito, C. Rella, and S. Benson. 2010. Rapid detection and characterization of surface CO_2 leakage through the real-time measurement of delta(13) C signatures in CO_2 flux from the ground. *International Journal of Greenhouse Gas Control*, 4(5): 811-815. DOI: 10. 1016/j. ijggc. 2010. 05. 002.

Krevor, S. , M. J. Blunt, S. M. Benson, C. H. Pentland, C. Reynolds, A. Al-Menhali, and B. Niu. 2015. Capillary trapping for geologic carbon dioxide storage: From pore scale physics to field scale implications. *International Journal of Greenhouse Gas Control*, 40: 221-237. DOI: 10. 1016/j. ijggc. 2015. 04. 006.

Krevor, S. C. , C. R. Graves, B. S. V. Gosen, and A. E. McCafferty. 2009. Mapping the mineral resource base for mineral carbondioxide sequestration in the conterminous United States: U. S. Geological Survey Digital Data Series 414. Available at https:// pubs. usgs. gov/ds/414, accessed June 22, 2018.

Kroeger, K. D. , S. Crooks, S. Moseman-Valtierra, and J. Tang. 2017a. Avoided methane emission in degraded wetlands offers lowest hanging fruit for Blue Carbon. *Scientific Reports* (in press).

Kroeger, K. D. , S. Crooks, S. Moseman-Valtierra, and J. W. Tang. 2017b. Restoring tides to reduce methane emissions in impounded wetlands: A new and potent blue carbon climate change intervention. *Scientific Reports*, 7. DOI: 10. 1038/s41598-017-12138-4.

Krumhansl, K. A. , and R. E. Scheibling. 2012. Production and fate of kelp detritus. *Marine Ecology Progress Series*, 467: 281-302. DOI: 10. 3354/meps09940.

Kulkarni, A. R. , and D. S. Sholl. 2012. Analysis of equilibrium-based TSA processes for direct capture of CO_2 from air. *Industrial & Engineering Chemistry Research*, 51(25): 8631-8645. DOI: 10. 1021/ie300691c.

Kuuskraa, V. A. 2009. Cost-Effective Remediation Strategies for Storing CO_2 in Geologic Formations. Presented at Society of Petroleum Engineers International Conference on CO_2 Capture, Storage, and Utilization, San Diego, California, November 2-4, 2009.

Kuuskraa, V. 2013. The role of enhanced oil recovery for carbon capture, use, and storage. *Greenhouse Gases-Science and Technology*, 3(1): 3-4. DOI: 10. 1002/ghg. 1334.

Lacinska, A. M. , M. T. Styles, and A. R. Farrant. 2014. Near-surface diagenesis of ophiolite-derived conglomerates of the Barzaman Formation, United Arab Emirates: A natural analogue for permanent CO_2 sequestration via mineral carbonation of ultramafic rocks. *Tectonic Evolution of the Oman Mountains*, 392: 343-360. DOI: 10. 1144/SP392. 18.

Lackner, K. S. , C. H. Wendt, D. P. Butt, E. L. Joyce, and D. H. Sharp. 1995. Carbon-dioxide disposal in carbonate minerals. *Energy*, 20(11): 1153-1170. DOI: 10. 1016/0360-5442(95)00071-N.

Laganière, J. , D. Angers, and D. Paré. 2010. Carbon accumulation in agricultural soils after afforestation: A meta-analysis. *Global Change Biology*, 16 (1): 439-453. DOI: 10. 1111/j. 1365-2486. 2009. 01930. x.

Lal, R. 2004. Agricultural activities and the global carbon cycle. *Nutrient Cycling in Agroecosystems*, 70(2): 103-116. DOI: 10. 1023/B:Fres. 0000048480. 24274. 0f.

Lal, R. , and J. P. Bruce. 1999. The potential of world cropland soils to sequester C and mitigate the greenhouse effect. *Environmental Science & Policy*, 2(2): 177-185. DOI: https://org/10. 1016/S1462-9011(99)00012-X.

Lal, R. , J. M. Kimble, R. F. Follett, and C. V. Cole. 1998. *The Potential of U. S. Cropland to Sequester Carbon and Mitigate the Greenhouse Effect*. Chelsea, MI: Ann Arbor Press.

Lambart, S. , H. M. Savage, and P. B. Kelemen. 2018. Experimental investigation of the pressure of crystallization of $Ca(OH)_2$: Implications for the reactive-cracking process *G-cubed* (submitted).

Land, C. S. 1968. Calculation of imbibition relative permeability for two and three-phase flow from rock properties. *Society of Petroleum Engineers Journal*, 8(2): 149. DOI: 10. 2118/1942-Pa.

Langenbruch, C. , and M. D. Zoback. 2016. How will induced seismicity in Oklahoma respond to decreased saltwater injection rates? *Science Advances*, 2(11). DOI: 10. 1126/

sciadv. 1601542.

Larachi, F. , I. Daldoul, and G. Beaudoin. 2010. Fixation of CO_2 by chrysotile in low-pressure dry and moist carbonation: Ex-situ and in-situ characterizations. *Geochimica Et Cosmochimica Acta*, 74(11): 3051-3075. DOI: 10. 1016/j. gca. 2010. 03. 007.

Larachi, F. , J. P. Gravel, B. P. A. Grandjean, and G. Beaudoin. 2012. Role of steam, hydrogen and pretreatment in chrysotile gas-solid carbonation: Opportunities for precombustion CO_2 capture. *International Journal of Greenhouse Gas Control*, 6: 69-76. DOI: 10. 1016/j. ijggc. 2011. 10. 010.

Launay, J. , and J. -C. Fontes. 1985. Les sources thermales de Prony(Nouvelle-Calédonie) et leurs précipités chimiques: Exemple de formation de brucite primaire. *Géologie de la France*, 1985(1): 83-100.

Lawler, J. J. , D. J. Lewis, E. Nelson, A. J. Plantinga, S. Polasky, J. C. Withey, D. P. Helmers, S. Martinuzzi, D. Pennington, and V. C. Radeloff. 2014. Projected land-use change impacts on ecosystem services in the United States. *Proceedings of the National Academy of Sciences of the United States of America*, 111(20): 7492-7497. DOI: 10. 1073/pnas. 1405557111.

Lazard. 2016. Levelized Cost of Energy Analysis 10. 0. Available at https://www. lazard. com/perspective/levelized-cost-ofenergy-analysis-100, accessed April 12, 2018.

Le Quéré, C. , R. M. Andrew, J. G. Canadell, S. Sitch, J. I. Korsbakken, G. P. Peters, A. C. Manning, T. A. Boden, P. P. Tans, R. A. Houghton, R. F. Keeling, S. Alin, O. D. Andrews, P. Anthoni, L. Barbero, L. Bopp, F. Chevallier, L. P. Chini, P. Ciais, K. Currie, C. Delire, S. C. Doney, P. Friedlingstein, T. Gkritzalis, I. Harris, J. Hauck, V. Haverd, M. Hoppema, K. K. Goldewijk, A. K. Jain, E. Kato, A. Körtzinger, P. Landschützer, N. Lefèvre, A. Lenton, S. Lienert, D. Lombardozzi, J. R. Melton, N. Metzl, F. Millero, P. M. S. Monteiro, D. R. Munro, J. E. M. S. Nabel, S. -i. Nakaoka, K. O'Brien, A. Olsen, A. M. Omar, T. Ono, D. Pierrot, B. Poulter, C. R. denbeck, J. Salisbury, U. Schuster, J. Schwinger, R. Séférian, I. Skjelvan, B. D. Stocker, A. J. Sutton, T. Takahashi, H. Tian, B. Tilbrook, I. T. van der Laan-Luijkx, G. R. v. d. Werf, N. Viovy, A. P. Walker, A. J. Wiltshire, and S. Zaehle. 2016. Global Carbon Budget 2016. *Earth System Science Data*, 8: 605-649. DOI: 10. 5194/essd-8-605-2016.

Le Quéré, C. , R. M. Andrew, P. Friedlingstein, S. Sitch, J. Pongratz, A. C. Manning, J. I. Korsbakken, G. P. Peters, J. G. Canadell,R. B. Jackson, T. A. Boden, P. P. Tans, O. D. Andrews, V. K. Arora, D. C. E. Bakker, L. Barbero, M. Becker, R. A. Betts, L. Bopp, F. Chevallier, L. P. Chini, P. Ciais, C. E. Cosca, J. Cross, K. Currie, T. Gasser, I. Harris, J. Hauck, V. Haverd, R. A. Houghton, C. W. Hunt, G. Hurtt, T. Ilyina, A. K. Jain, E. Kato, M. Kautz, R. F. Keeling, K. K. Goldewijk, A. Körtzinger, P. Landschützer, N. Lefèvre, A. Lenton, S. Lienert, I. Lima, D. Lombardozzi, N. Metzl, F. Millero, P. M. S. Monteiro, D. R. Munro, J. E. M. S. Nabel, S. -i. Nakaoka, Y. Nojiri, X. A. Padin, A. Peregon, B. Pfeil, D. Pierrot, B. Poulter, G. Rehder, J. Reimer, C. R. denbeck, J. Schwinger, R. Séférian, I. Skjelvan, B. D. Stocker, H. Tian, B. Tilbrook, F. N. Tubiello, I. T. van der Laan-Luijkx, G. R. van der Werf, S. v. Heuven, N. Viovy, N. Vuichard, A. P. Walker, A. J. Watson, A. J. Wiltshire, S. Zaehle, and D. Zhu. 2018. Global Carbon Budget 2017. *Earth System Science Data*, 10: 405-488. DOI: 10. 5194/essd-10-405-2018.

Leal, P. P. , C. L. Hurd, P. A. Fernandez, and M. Y. Roleda. 2017. Ocean acidification and kelp development: Reduced pH has no negative effects on meiospore germination and gametophyte development of *Macrocystis pyrifera* and *Undaria pinnatifida*. *Journal of Phycology*, 53(3): 557-566. DOI: 10. 1111/jpy. 12518.

Lee, S. Y. , J. H. Primavera, F. Dahdouh-Guebas, K. McKee, J. O. Bosire, S. Cannicci, K. Diele, F. Fromard, N. Koedam, C. Marchand, I. Mendelssohn, N. Mukherjee, and S. Record. 2014. Ecological role and services of tropical mangrove ecosystems: A reassessment. *Global Ecology and Biogeography*, 23 (7): 726-743. DOI: 10. 1111/geb. 12155.

Lefèvre, C. , F. Rekik, V. Alcantara, and L. Wiese. 2017. *Soil Organic Carbon: The Hidden Potential*. Rome: FAO.

Lehman, R. M. , V. Acosta-Martinez, J. S. Buyer, C. A. Cambardella, H. P. Collins, T. F. Ducey, J. J. Halvorson, V. L. Jin, J. M. F. Johnson, R. J. Kremer, J. G. Lundgren, D. K. Manter, J. E. Maul, J. L. Smith, and D. E. Stott. 2015. Soil biology for resilient, healthy soil. *Journal of Soil and Water Conservation*, 70(1): 12a-18a. DOI: 10. 2489/jswc. 70. 1. 12A.

Lehmann, J. , and M. Kleber. 2015. The contentious nature of soil organic matter. *Nature*, 528(7580): 60-68. DOI: 10. 1038/nature16069.

Leifeld, J. , D. A. Angers, C. Chenu, J. Fuhrer, T. Katterer, and D. S. Powlson. 2013. Organic farming gives no climate change benefit through soil carbon sequestration. *Proceedings of the National Academy of Sciences of the United States of America*, 110 (11): E984-E984. DOI: 10. 1073/pnas. 1220724110.

Lenzi, D. , W. F. Lamb, J. Hilaire, M. Kowarsch, and J. C. Minx. 2018. Weigh the ethics of plans to mop up carbon dioxide. *Nature*, 561(7723): 303-305. DOI: 10. 1038/d41586-018-06695-5.

Lewicki, J. L. , G. E. Hilley, L. Dobeck, and L. Spangler. 2010. Dynamics of CO_2 fluxes and concentrations during a shallow subsurface CO_2 release. *Environmental Earth Sciences*, 60(2): 285-297. DOI: 10. 1007/s12665-009-0396-7.

Li, W. Z. , W. Li, B. Q. Lia, and Z. Q. Bai. 2009. Electrolysis and heat pretreatment

434

methods to promote CO_2 sequestration by mineral carbonation. *Chemical Engineering Research & Design*, 87(2A): 210-215. DOI: 10. 1016/j. cherd. 2008. 08. 001.

Liebig, M. A. , J. A. Morgan, J. D. Reeder, B. H. Ellert, H. T. Gollany, and G. E. Schuman. 2005. Greenhouse gas contributions and mitigation potential of agricultural practices in northwestern USA and western Canada. *Soil & Tillage Research*, 83(1): 25-52. DOI: 10. 1016/j. still. 2005. 02. 008.

Liebig, M. A. , M. R. Schmer, K. P. Vogel, and R. B. Mitchell. 2008. Soil carbon storage by switchgrass grown for bioenergy. *Bioenergy Research*, 1(3-4): 215-222. DOI: 10. 1007/s12155-008-9019-5.

Lisabeth, H. , W. L. Zhu, T. G. Xing, and V. De Andrade. 2017. Dissolution-assisted pattern formation during olivine carbonation. *Geophysical Research Letters*, 44(19): 9622-9631. DOI: 10. 1002/2017GL074393.

Liski, J. , A. Pussinen, K. Pingoud, R. Mäkipä, and T. Karjalainen. 2001. Which rotation length is favourable to carbon sequestration? *Canadian Journal of Forest Research-Revue Canadienne De Recherche Forestiere*, 31(11): 2004-2013. DOI: 10. 1139/cjfr-31-11-2004.

Liu, M. S. , and G. Gadikota. 2018. Chemo-morphological coupling during serpentine heat treatment for carbon mineralization. *Fuel*, 227: 379-385. DOI: 10. 1016/j. fuel. 2018. 04. 097.

Lively, R. P. , and M. J. Realff. 2016. On thermodynamic separation efficiency: Adsorption processes. *Aiche Journal*, 62(10): 3699-3705. DOI: 10. 1002/aic. 15269.

Loring, J. S. , C. J. Thompson, Z. M. Wang, A. G. Joly, D. S. Sklarew, H. T. Schaef, E. S. Ilton, K. M. Rosso, and A. R. Felmy. 2011. In situ infrared spectroscopic study of forsterite carbonation in wet supercritical CO_2. *Environmental Science & Technology*, 45(14): 6204-6210. DOI: 10. 1021/es201284e.

Loring, J. S. , H. T. Schaef, C. J. Thompson, R. V. Turcu, Q. R. Miller, J. Chen, J. Hu, D. W. Hoyt, P. F. Martin, E. S. Ilton, A. R. Felmy, and K. M. Rosso. 2013. Clay hydration/dehydration in dry to water-saturated supercritical CO_2: Implications for caprock integrity. *Energy Procedia*, 37: 5443-5448. DOI: https://org/10. 1016/j. egypro. 2013. 06. 463.

Lotze-Campen, H. , A. Popp, T. Beringer, C. Muller, A. Bondeau, S. Rost, and W. Lucht. 2010. Scenarios of global bioenergy production: The trade-offs between agricultural expansion, intensification and trade. *Ecological Modelling*, 221(18): 2188-2196. DOI: 10. 1016/j. ecolmodel. 2009. 10. 002.

Lotze-Campen, H. , M. von Lampe, P. Kyle, S. Fujimori, P. Havlik, H. van Meijl, T. Hasegawa, A. Popp, C. Schmitz, A. Tabeau, H. Valin, D. Willenbockel, and M. Wise. 2014. Impacts of increased bioenergy demand on global food markets: an AgMIP economic model intercomparison. *Agricultural Economics*, 45（1）: 103-116. DOI: 10. 1111/agec. 12092.

Lovelock, C. E. , J. W. Fourqurean, and J. T. Morris. 2017. Modeled CO_2 emissions from coastal wetland transitions to other land uses: Tidal marshes, mangrove forests, and seagrass beds. *Frontiers in Marine Science*, 4（143）. DOI: 10. 3389/ fmars. 2017. 00143.

Lubowski, R. N. , A. J. Plantinga, and R. N. Stavins. 2006. Land-use change and carbon sinks: Econometric estimation of the carbon sequestration supply function. *Journal of Environmental Economics and Management*, 51（2）: 135-152. DOI: 10. 1016/ j. jeem. 2005. 08. 001.

Ludwig, K. A. , D. S. Kelley, D. A. Butterfield, B. K. Nelson, and G. Fruh-Green. 2006. Formation and evolution of carbonate chimneys at the Lost City Hydrothermal Field. *Geochimica Et Cosmochimica Acta*, 70（14）: 3625-3645. DOI: 10. 1016/j. gca. 2006. 04. 016.

Ludwig, K. A. , C. -C. Shen, D. S. Kelley, H. Cheng, and R. L. Edwards. 2011. U-Th systematics and ^{230}Th ages of carbonate chimneys at the Lost City Hydrothermal Field. *Geochimica Et Cosmochimica Acta*, 75（7）: 1869-1888. DOI: https:// org/ 10. 1016/j. gca. 2011. 01. 008.

Luo, X. X. , L. Chen, H. Zheng, J. J. Chang, H. F. Wang, Z. Y. Wang, and B. S. Xing. 2016. Biochar addition reduced net N mineralization of a coastal wetland soil in the Yellow River Delta, China. *Geoderma*, 282: 120-128. DOI: 10. 1016/ j. geoderma. 2016. 07. 015.

Lynch, J. 1995. Root architecture and plant productivity. *Plant Physiology*, 109(1): 7-13. DOI: Doi 10. 1104/Pp. 109. 1. 7.

Macchioni, N. , B. Pizzo, and C. Capretti. 2016. An investigation into preservation of wood from Venice foundations. *Construction and Building Materials*, 111: 652-661. DOI: 10. 1016/j. conbuildmat. 2016. 02. 144.

MacDonald, A. H. , and W. S. Fyfe. 1985. Rate of serpentinization in seafloor environments. *Tectonophysics*, 116(1-2): 123-135. DOI: 10. 1016/0040-1951(85)90225-2.

MacMinn, C. W. , J. A. Neufeld, M. A. Hesse, and H. E. Huppert. 2012. Spreading and convective dissolution of carbon dioxide in vertically confined, horizontal aquifers. *Water Resources Research*, 48. DOI: 10. 1029/2012wr012286.

Madeddu, S. , M. Priestnall, E. Godoy, R. V. Kumar, S. Raymahasay, M. Evans, R. F. Wang, S. Manenye, and H. Kinoshita. 2015. Extraction of $Mg(OH)_2$ from Mg silicate minerals with NaOH assisted with H_2O: implications for CO_2 capture from exhaust flue gas. *Faraday Discussions*, 183: 369-387. DOI: 10. 1039/c5fd00047e.

Mahmoudkhani, M. , and D. W. Keith. 2009. Low-energy sodium hydroxide recovery for

435

CO_2 capture from atmospheric air: Thermodynamic analysis. *International Journal of Greenhouse Gas Control*, 3(4): 376-384. DOI: 10. 1016/j. ijggc. 2009. 02. 003.

Male, E. J. , W. L. Pickles, E. A. Silver, G. D. Hoffmann, J. Lewicki, M. Apple, K. Repasky, and E. A. Burton. 2010. Using hyperspectral plant signatures for CO_2 leak detection during the 2008 ZERT CO_2 sequestration field experiment in Bozeman, Montana. *Environmental Earth Sciences*, 60(2): 251-261. DOI: 10. 1007/s12665-009-0372-2.

Maleche, E. , R. Glaser, T. Marker, and D. Shonnard. 2014. A preliminary life cycle assessment of biofuels produced by the IH^{2TM} process. *Environmental Progress & Sustainable Energy*, 33(1): 322-329. DOI: 10. 1002/ep. 11773.

Malmsheimer, R. W. , J. L. Bowyer, J. S. Fried, E. Gee, R. L. Izlar, R. A. Miner, I. A. Munn, E. Oneil, and W. C. Stewart. 2011. Managing forests because carbon matters: Integrating energy, products, and land management policy. *Journal of Forestry*, 109(7): S7-S48.

Malvoisin, B. 2015. Mass transfer in the oceanic lithosphere: Serpentinization is not isochemical. *Earth and Planetary Science Letters*, 430: 75-85. DOI: 10. 1016/j. epsl. 2015. 07. 043.

Malvoisin, B. , N. Brantut, and M. A. Kaczmarek. 2017. Control of serpentinisation rate by reaction-induced cracking. *Earth and Planetary Science Letters*, 476: 143-152. DOI: 10. 1016/j. epsl. 2017. 07. 042.

Manning, C. E. , P. B. Kelemen, K. Michibayashi, M. Harris, J. L. Urai, J. C. de Obeso, A. P. M. Jesus, and D. Zeko. 2017. Transformation of Serpentinite to Listvenite as Recorded in the Vein History of Rocks from Oman Drilling Project Hole BT1B. Presented at American Geophysical Union, Fall Meeting, New Orleans, LA, December 11-15, 2017.

Manning, D. A. C. , and P. Renforth. 2013. Passive sequestration of atmospheric CO_2 through coupled plant-mineral reactions in urban soils. *Environmental Science & Technology*, 47(1): 135-141. DOI: 10. 1021/es301250j.

Manning, D. A. C. , P. Renforth, E. Lopez-Capel, S. Robertson, and N. Ghazireh. 2013. Carbonate precipitation in artificial soils produced from basaltic quarry fines and composts: An opportunity for passive carbon sequestration. *International Journal of Greenhouse Gas Control*, 17: 309-317. DOI: https://org/10. 1016/j. ijggc. 2013. 05. 012.

Mariotti, G. , and S. Fagherazzi. 2010. A numerical model for the coupled long-term evolution of salt marshes and tidal flats. *Journal of Geophysical Research: Earth Surface*, 115(F1). DOI: 10. 1029/2009JF001326.

Mariotti, G. , and S. Fagherazzi. 2013. Critical width of tidal flats triggers marsh collapse in the absence of sea-level rise. *Proceedings of the National Academy of Sciences of the*

United States of America, 110(14): 5353-5356. DOI: 10. 1073/pnas. 1219600110.

Mariotti, G. , and J. Carr. 2014. Dual role of salt marsh retreat: Long-term loss and short-term resilience. *Water Resources Research*, 50 (4): 2963-2974. DOI: 10. 1002/2013WR014676.

Maroto-Valer, M. M. , D. J. Fauth, M. E. Kuchta, Y. Zhang, and J. M. Andresen. 2005. Activation of magnesium rich minerals as carbonation feedstock materials for CO_2 sequestration. *Fuel Processing Technology*, 86 (14-15): 1627-1645. DOI: 10. 1016/j. fuproc. 2005. 01. 017.

Martin, K. L. , M. D. Hurteau, B. A. Hungate, G. W. Koch, and M. P. North. 2015. Carbon tradeoffs of restoration and provision of endangered species habitat in a fire-maintained forest. *Ecosystems*, 18(1): 76-88. DOI: 10. 1007/s10021-014-9813-1.

Martin, R. M. , C. Wigand, E. Elmstrom, J. Lloret, and I. Valiela. 2018. Long-term nutrient addition increases respiration and nitrous oxide emissions in a New England salt marsh. *Ecology and Evolution*, 8(10): 4958-4966. DOI: 10. 1002/ece3. 3955.

Martinez, I. , G. Grasa, R. Murillo, B. Arias, and J. C. Abanades. 2013. Modelling the continuous calcination of $CaCO_3$ in a Ca-looping system. *Chemical Engineering Journal*, 215: 174-181. DOI: 10. 1016/j. cej. 2012. 09. 134.

Matter, J. M. , and P. B. Kelemen. 2009. Permanent storage of carbon dioxide in geological reservoirs by mineral carbonation. *Nature Geoscience*, 2(12):837-841. DOI: 10. 1038/ngeo683.

Matter, J. M. , W. S. Broecker, S. R. Gislason, E. Gunnlaugsson, E. H. Oelkers, M. Stute, H. Sigurdardóttir, A. Stefansson, H. A. Alfreesson, E. S. Aradóttir, G. Axelsson, B. Sigfússon, and D. Wolff-Boenisch. 2011. The CarbFix Pilot Project-Storing carbon dioxide in basalt. *Energy Procedia*, 4: 5579-5585. DOI: https://org/10. 1016/j. egypro. 2011. 02. 546.

Matter, J. M. , M. Stute, S. O. Snaebjornsdottir, E. H. Oelkers, S. R. Gislason, E. S. Aradottir, B. Sigfusson, I. Gunnarsson, H. Sigurdardottir, E. Gunnlaugsson, G. Axelsson, H. A. Alfredsson, D. Wolff-Boenisch, K. Mesfin, D. F. D. Taya, J. Hall, K. Dideriksen, and W. S. Broecker. 2016. Rapid carbon mineralization for permanent disposal of anthropogenic carbon dioxide emissions. *Science*, 352 (6291): 1312-1314. DOI: 10. 1126/science. aad8132.

Matuszewski, M. 2014. *System Analysis Guidance for Assessment of Carbon Capture Technology: Targeting $40/tonne CO_2 Captured Costs*. Pittsburgh, PA: National Energy Technology Laboratory, U. S. Department of Energy. Available at https://www. netl. doe. gov/File% 20Library/Events/2014/2014% 20NETL% 20CO₂% 20Capture/M-Matuszewski-NETLSystem-Analysis-Guidance. pdf, accessed June 22, 2018.

Mazzotti, M. , J. C. Abanades, R. Allam, K. S. Lackner, F. Meunier, E. Rubin, J. C.

Sanchez, K. Yogo, and R. Zevenhoven. 2005. Mineral carbonation and industrial uses of CO₂. In *IPCC Special Report on Carbon Dioxide Capture and Storage*. Metz, B., O. Davidson, H. de Coninck, M. Loos and L. Meyer, eds. Cambridge, UK: Cambridge University Press.

Mazzotti, M., R. Baciocchi, M. J. Desmond, and R. H. Socolow. 2013. Direct air capture of CO₂ with chemicals: Optimization of a two-loop hydroxide carbonate system using a countercurrent air-liquid contactor. *Climatic Change*, 118(1): 119-135. DOI: 10.1007/s10584-012-0679-y.

McCarl, B. A., and U. A. Schneider. 2001. Greenhouse gas mitigation in U. S. agriculture and forestry. *Science*, 294(5551): 2481-2482. DOI: 10.1126/science.1064193.

McCollom, T. M., B. S. Lollar, G. Lacrampe-Couloume, and J. S. Seewald. 2010. The influence of carbon source on abiotic organic synthesis and carbon isotope fractionation under hydrothermal conditions. *Geochimica Et Cosmochimica Acta*, 74(9): 2717-2740. DOI: 10.1016/j.gca.2010.02.008.

McCollom, T. M., F. Klein, M. Robbins, B. Moskowitz, T. S. Berquo, N. Jons, W. Bach, and A. Templeton. 2016. Temperature trends for reaction rates, hydrogen generation, and partitioning of iron during experimental serpentinization of olivine. *Geochimica Et Cosmochimica Acta*, 181: 175-200. DOI: 10.1016/j.gca.2016.03.002.

McCollum, D. L., and J. M. Ogden. 2006. *Techno-economic Models for Carbon Dioxide Compression, Transport and Storage and Correlations for Estimating Carbon Dioxide Density and Viscosity*. RR-06-14. Davis, CA: UC Davis Institute of Transportation Studies.

McCutcheon, J., I. M. Power, A. L. Harrison, G. M. Dipple, and G. Southam. 2014. A greenhouse-scale photosynthetic microbial bioreactor for carbon sequestration in magnesium carbonate minerals. *Environmental Science & Technology*, 48(16): 9142-9151. DOI: 10.1021/es500344s.

McCutcheon, J., G. M. Dipple, S. A. Wilson, and G. Southam. 2015. Production of magnesium-rich solutions by acid leaching of chrysotile: A precursor to field-scale deployment of microbially enabled carbonate mineral precipitation. *Chemical Geology*, 413: 119-131. DOI: 10.1016/j.chemgeo.2015.08.023.

McGrail, B. P., F. A. Spane, J. E. Amonette, C. R. Thompson, and C. F. Brown. 2014. Injection and monitoring at the Wallula Basalt Pilot Project. *Energy Procedia*, 63: 2939-2948. DOI: https://org/10.1016/j.egypro.2014.11.316.

McGrail, B. P., H. T. Schaef, F. A. Spane, J. B. Cliff, O. Qafoku, J. A. Horner, C. J. Thompson, A. T. Owen, and C. E. Sullivan. 2017a. Field validation of supercritical CO₂ reactivity with basalts. *Environmental Science & Technology Letters*, 4(1): 6-10. DOI:10.1021/acs.estlett.6b00387.

McGrail, B. P. , H. T. Schaef, F. A. Spane, J. A. Horner, A. T. Owen, J. B. Cliff, O. Qafoku, C. J. Thompson, and E. C. Sullivan. 2017b. Wallula Basalt Pilot Demonstration Project: Post-injection results and conclusions. *Energy Procedia*, 114: 5783-5790. DOI: https://org/10. 1016/j. egypro. 2017. 03. 1716.

Mckelvy, M. J. , A. V. G. Chizmeshya, J. Diefenbacher, H. Bearat, and G. Wolf. 2004. Exploration of the role of heat activation in enhancing serpentine carbon sequestration reactions. *Environmental Science & Technology*, 38 (24): 6897-6903. DOI: 10. 1021/es049473m.

McKinley, D. C. , M. G. Ryan, R. A. Birdsey, C. P. Giardina, M. E. Harmon, L. S. Heath, R. A. Houghton, R. B. Jackson, J. F. Morrison, B. C. Murray, D. E. Pataki, and K. E. Skog. 2011. A synthesis of current knowledge on forests and carbon storage in the United States. *Ecological Applications*, 21(6): 1902-1924. DOI: 10. 1890/ 10-0697. 1.

McLatchey, G. P. , and K. R. Reddy. 1998. Regulation of organic matter decomposition and nutrient release in a wetland soil. *Journal of Environmental Quality*, 27(5): 1268-1274. DOI: 10. 2134/jeq1998. 00472425002700050036x.

Mcleod, E. , G. L. Chmura, S. Bouillon, R. Salm, M. Björk, C. M. Duarte, C. E. Lovelock, W. H. Schlesinger, and B. R. Silliman. 2011. A blueprint for blue carbon: Toward an improved understanding of the role of vegetated coastal habitats in sequestering CO_2. *Frontiers in Ecology and the Environment*, 9 (10): 552-560. DOI: 10. 1890/110004.

McSherry, M. E. , and M. E. Ritchie. 2013. Effects of grazing on grassland soil carbon: A global review. *Global Change Biology*, 19(5): 1347-1357. DOI: 10. 1111/gcb. 12144.

MEA(Millennium Ecosystem Assessment). 2005a. *Ecosystems and Human Well-being: Synthesis*. Washington, DC: Island Press.

MEA. 2005b. Living Beyond Our Means: Natural Assets and Human Well Being—Statement from the Board. Available at https://www. millenniumassessment. org/documents/document. 429. aspx. pdf, accessed July 8, 2018.

Meckel, T. A. , M. Zeidouni, S. D. Hovorka, and S. A. Hosseini. 2013. Assessing sensitivity to well leakage from three years of continuous reservoir pressure monitoring during CO_2 injection at Cranfield, MS, USA. *International Journal of Greenhouse Gas Control*, 18:439-448. DOI: 10. 1016/j. ijggc. 2013. 01. 019.

Megonigal, P. , S. Chapman, S. Crooks, P. Dijkstra, M. Kirwan, and A. Langley. 2016. Impacts and effects of ocean warming on tidal marsh and tidal freshwater forest ecosystems. In *Explaining Ocean Warming: Causes, Scale, Effects and Consequences*. Laffoley, D. and J. M. Baxter, eds. Gland, Switzerland: IUCN.

Mercier, S. 2011. *Review of U. S. Farm Programs*. Washington, DC: AGree. Available

437

at http://foodandagpolicy. org/sites/default/files/Review％ 20of％ 20US％ 20Farm％ 20Programs-S％20Mercier％20110611_0. pdf，accessed April 11，2018.

Mervine，E. M. ，S. E. Humphris，K. W. W. Sims，P. B. Kelemen，and W. J. Jenkins. 2014. Carbonation rates of peridotite in the Samail ophiolite, Sultanate of Oman, con-strained through C-14 dating and stable isotopes. *Geochimica Et Cosmochimica Acta*，126：371-397. DOI：10. 1016/j. gca. 2013. 11. 007.

Mervine，E. ，K. Sims，S. Humphris，and P. Kelemen. 2015. Applications and limitations of U-Th disequilibria systematics for determining ages of carbonate alteration minerals in peridotite. *Chemical Geology*，412：151-166. DOI：10. 1016/j. chemgeo. 2015. 07. 023.

Mervine，E. M. ，G. M. Dipple，I. M. Power，S. A. Wilson，G. Southam，C. Southam，J. M. Matter，P. B. Kelemen，J. Stiefenhofer，and Z. Miya. 2017. Potential for Off-setting Diamond Mine Carbon Emissions through Mineral Carbonation of Processed Kim-berlite. Presented at 11th International Kimberlite Conference, Gaborone, Botswana, September 18-22，2017.

Meysman，F. J. R. ，and F. Montserrat. 2017. Negative CO_2 emissions via enhanced silicate weathering in coastal environments. *Biology Letters*，13（4）. DOI：10. 1098/Rs-bl. 2016. 0905.

Milchunas，D. G. ，and W. K. Lauenroth. 1993. Quantitative effects of grazing on vegetation and soils over a global range of environments. *Ecological Monographs*，63（4）：327-366. DOI：10. 2307/2937150.

Minasny，B. ，B. P. Malone，A. B. McBratney，D. A. Angers，D. Arrouays，A. Cham-bers，V. Chaplot，Z. S. Chen，K. Cheng，B. S. Das，D. J. Field，A. Gimona，C. B. Hedley，S. Y. Hong，B. Mandal，B. P. Marchant，M. Martin，B. G. McConkey，V. L. Mulder，S. O'Rourke，A. C. Richer-de-Forges，I. Odeh，J. Padarian，K. Paustian，G. X. Pan，L. Poggio，I. Savin，V. Stolbovoy，U. Stockmann，Y. Sulaeman，C. C. Tsui，T. G. Vagen，B. van Wesemael，and L. Winowiecki. 2017. Soil carbon 4 per mille. *Geoderma*，292：59-86. DOI：10. 1016/j. geoderma. 2017. 01. 002.

Miner，R. ，and J. Perez-Garcia. 2007. *The Greenhouse Gas and Carbon Profile of the Global Forest Products Industry*. Special Report No. 07-02. Research Triangle Park，NC：National Council for Air and Stream Improvement，Inc.

Minx，J. C. ，W. F. Lamb，M. W. Callaghan，S. Fuss，J. Hilaire，F. Creutzig，T. Amann，T. Beringer，W. de O. Garcia，J. Hartmann，T. Khanna，D. Lenzi，,G. Lu-derer，G. F. Nemet，J. Rogelj，P. Smith，J. L. V. Vicente，J. Wilcox，and M. de M. Z. Dominguez. 2018. Negative emissions—Part 1：Research landscape and synthesis. *Environmental Research Letters*，13（6）：063001. DOI：10. 1088/1748-9326/aabf9b.

Mito，S. ，Z. Xue，and T. Ohsumi. 2008. Case study of geochemical reactions at the Nagaoka CO₂ injection site, Japan. *International Journal of Greenhouse Gas Control*, 2(3): 309-318. DOI: https://org/10. 1016/j. ijggc. 2008. 04. 007.

Moffett, K. B., A. Wolf, J. A. Berry, and S. M. Gorelick. 2010. Salt marsh-atmosphere exchange of energy, water vapor, and carbon dioxide: Effects of tidal flooding and biophysical controls. *Water Resources Research*, 46. DOI:10. 1029/2009wr009041.

Montserrat, F., P. Renforth, J. Hartmann, M. Leermakers, P. Knops, and F. J. R. Meysman. 2017. Olivine dissolution in seawater: Implications for CO₂ Sequestration through enhanced weathering in coastal environments. *Environmental Science & Technology*, 51(7): 3960-3972. DOI: 10. 1021/acs. est. 605942.

Moore, D. E., and D. A. Lockner. 2004. Crystallographic controls on the frictional behavior of dry and water-saturated sheet structure minerals. *Journal of Geophysical Research*, 109. DOI: 10. 1029/2003JB002582.

Moore, D. E., and D. A. Lockner. 2007. Comparative deformation behavior of minerals in serpentinized ultramafic rock: Application to the slab-mantle interface in subduction zones. *International Geology Review*, 49 (5): 401-415. DOI: 10. 2747/ 0020-6814. 49. 5. 401.

Moosdorf, N., P. Renforth, and J. Hartmann. 2014. Carbon dioxide efficiency of terrestrial enhanced weathering. *Environmental Science & Technology*, 48(9): 4809-4816. DOI: 10. 1021/es4052022.

Morris, J. T. 2016. Marsh equilibrium theory. Presented at 4th International Conference on Invasive Spartina, ICI-Spartina 2014, Rennes, France.

Morris, J. T., P. V. Sundareshwar, C. T. Nietch, B. Kjerfve, and D. R. Cahoon. 2002. Responses of coastal wetlands to rising sea level. *Ecology*, 83(10): 2869-2877. DOI: 10. 1890/0012-9658(2002)083[2869:Rocwtr]2. 0. Co;2.

Morris, S. J., S. Bohm, S. Haile-Mariam, and E. A. Paul. 2007. Evaluation of carbon accrual in afforested agricultural soils. *Global Change Biology*, 13(6): 1145-1156. DOI: 10. 1111/j. 1365-2486. 2007. 01359. x.

Morrow, C. A., D. E. Moore, and D. A. Lockner. 2000. The effect of mineral bond strength and adsorbed water on fault gouge frictional strength. *Geophysical Research Letters*, 27(6): 815-818. DOI: 10. 1029/1999gl008401.

Muchero, W., M. M. Sewell, P. Ranjan, L. E. Gunter, T. J. Tschaplinski, T. M. Yin, and G. A. Tuskan. 2013. Genome anchored QTLs for biomass productivity in hybrid populus grown under contrasting environments. *Plos One*, 8 (1). DOI: 10. 1371/ journal. pone. 0054468.

Mudd, S. M. 2011. The life and death of salt marshes in response to anthropogenic disturbance of sediment supply. *Geology*, 39(5): 511-512. DOI: 10. 1130/focus052011. 1.

Mulligan, J., G. Ellison, K. Levin, and C. McCormick. 2018. *Technological Carbon Re-*

moval in the United States. Working Paper. Washington, DC: World Resources Institute. Available at https://www. wri. org/publication/tech-carbon-removal-usa, accessed October 17, 2018.

Murray, B. C., B. L. Sohngen, A. J. Sommer, B. M. Depro, K. M. Jones, B. A. McCarl, D. Gillig, B. DeAngelo, and K. Andrasko. 2005. *Greenhouse Gas Mitigation Potential in U. S. Forestry and Agriculture*. EPA-R-05-006. Washington, DC: EPA Office of Atmospheric Programs.

Murray, B. C., B. Sohngen, and M. T. Ross. 2007. Economic consequences of consideration of permanence, leakage and additionality for soil carbon sequestration projects. *Climatic Change*, 80(1-2): 127-143. DOI: 10. 1007/s10584-006-9169-4.

Murray, R. H., D. V. Erler, and B. D. Eyre. 2015. Nitrous oxide fluxes in estuarine environments: Response to global change. *Global Change Biology*, 21(9): 3219-3245. DOI: 10. 1111/gcb. 12923.

Nabuurs, G. J., O. Masera, K. Andrasko, P. Benitez-Ponce, R. Boer, M. Dutschke, E. Elsiddig, J. Ford-Robertson, P. Frumhoff, T. Karjalainen, O. Krankina, W. A. Kurz, M. Matsumoto, W. Oyhantcabal, N. H. Ravindranath, M. J. S. Sanchez, and X. Zhang. 2007. Forestry. In *Climate Change 2007: Mitigation*. Contribution of Working Group Ⅲ to the Fourth Assessment Report of the Intergovernmental Panel on Climate Change. Metz, B., O. R. Davidson, P. R. Bosch, R. Dave and L. A. Meyer, eds. Cambridge, United Kingdom and New York, NY, USA: Cambridge University Press.

Nagelkerken, I., S. J. M. Blaber, S. Bouillon, P. Green, M. Haywood, L. G. Kirton, J. O. Meynecke, J. Pawlik, H. M. Penrose, A. Sasekumar, and P. J. Somerfield. 2008. The habitat function of mangroves for terrestrial and marine fauna: A review. *Aquatic Botany*, 89(2): 155-185. DOI: https://org/10. 1016/j. aquabot. 2007. 12. 007.

Narayan, S., M. W. Beck, B. G. Reguero, I. J. Losada, B. van Wesenbeeck, N. Pontee, J. N. Sanchirico, J. C. Ingram, G. M. Lange, and K. A. Burks-Copes. 2016. The effectiveness, costs and coastal protection benefits of natural and nature-based defences. *Plos One*, 11(5). DOI: 10. 1371/journal. pone. 0154735.

NASEM(National Academies of Sciences, Engineering, and Medicine). 2016. *Attribution of Extreme Weather Events in the Context of Climate Change*. Washington, DC: National Academies Press.

Nasir, S., A. R. Al Sayigh, A. Al Harthy, S. Al-Khirbash, O. Al-Jaaldi, A. Musllam, A. Al-Mishwat, and S. Al-Bu'saidi. 2007. Mineralogical and geochemical characterization of listwaenite from the Semail ophiolite, Oman. *Chemie Der Erde-Geochemistry*, 67(3): 213-228. DOI: 10. 1016/j. chemer. 2005. 01. 003.

Nave, L. E., G. M. Domke, K. L. Hofmeister, U. Mishra, C. H. Perry, B. F. Walters,

439

and C. W. Swanston. 2018. Reforestation can sequester two petagrams of carbon in US topsoils in a century. *Proceedings of the National Academy of Sciences of the United States of America*, 115(11): 2776-2781. DOI: 10.1073/pnas.1719685115.

NCCC(National Carbon Capture Center). 2017. *Topical Report, Budget Period Three, Reporting Period: August 1, 2016-July 31, 2017, Project Period: June 6, 2014-May 31, 2019*. Wilsonville, AL: Southern Company Services, Inc.

Neal, C., and G. Stanger. 1985. Past and present serpentinization of ultramafic rocks: An example from the Semail ophiolite nappe of northern Oman. In *The Chemistry of Weathering*. Drever, J. I., ed. Dordrecht, Netherlands: D. Reidel.

Nemet, G. F., M. W. Callaghan, F. Creutzig, S. Fuss, J. Hartmann, J. Hilaire, W. F. Lamb, J. C. Minx, S. Rogers, and P. Smith. 2018. Negative emissions—Part 3: Innovation and upscaling. *Environmental Research Letters*, 13(6): 063003. DOI:10.1088/1748-9326/aabff4.

Neubauer, S. C., R. B. Franklin, and D. J. Berrier. 2013. Saltwater intrusion into tidal freshwater marshes alters the biogeochemical processing of organic carbon. *Biogeosciences*, 10(12): 8171-8183. DOI: 10.5194/bg-10-8171-2013.

NOAA(National Oceanic and Atmospheric Administration) National Centers for Environmental Information. 2018. U.S. Billion-Dollar Weather and Climate Disasters. Available at https://www.ncdc.noaa.gov/billions, accessed November 15, 2018.

NOAA Office for Coastal Management. 2011. C-CAP Regional Land Cover and Change. Available at https://coast.noaa.gov/digitalcoast/data/ccapregional.html, accessed July 19, 2018.

NOAA Office for Coastal Management. 2018. Sea Level Rise Viewer. Available at https://coast.noaa.gov/digitalcoast/tools/slr.html, accessed July 19, 2018.

Noormets, A., D. Epron, J. C. Domec, S. G. McNulty, T. Fox, G. Sun, and J. S. King. 2015. Effects of forest management on productivity and carbon sequestration: A review and hypothesis. *Forest Ecology and Management*, 355: 124-140. DOI:10.1016/j.foreco.2015.05.019.

Nordbotten, J. M., M. A. Celia, and S. Bachu. 2005. Injection and storage of CO_2 in deep saline aquifers: Analytical solution for CO_2 plume evolution during injection. *Transport in Porous Media*, 58(3): 339-360. DOI: 10.1007/s11242-004-0670-9.

Nordbotten, J. M., B. Flemisch, S. E. Gasda, H. M. Nilsen, Y. Fan, G. E. Pickup, B. Wiese, M. A. Celia, H. K. Dahle, G. T. Eigestad, and K. Pruess. 2012. Uncertainties in practical simulation of CO_2 storage. *International Journal of Greenhouse Gas Control*, 9: 234-242. DOI: 10.1016/j.ijggc.2012.03.007.

Nordbotten, J. M., B. Flemisch, S. E. Gasda, H. M. Nilsen, Y. Fan, G. E. Pickup, B. Wiese, M. A. Celia, H. K. Dahle, G. T. Eigestad, and K. Pruess. 2013.

Corrigendum to "Uncertainties in practical simulation of CO_2 storage" [Int. J Greenhouse Gas Control 9C (2012) 234-242]. *International Journal of Greenhouse Gas Control*, (13): 235. DOI: 10. 1016/j. ijggc. 2012. 09. 019.

NRC(National Research Council). 2010. *Verifying Greenhouse Gas Emissions: Methods to Support International Climate Agreements*. Washington, DC: National Academies Press.

NRC. 2015a. *Climate Intervention: Reflecting Sunlight to Cool Earth*. Washington, DC: National Academies Press.

NRC. 2015b. *Climate Intervention: Carbon Dioxide Removal and Reliable Sequestration*. Washington, DC: National Academies Press.

NREL (National Renewable Energy Laboratory). 2013. *Life Cycle Greenhouse Gas Emissions from Electricity Generation*. Washington, DC: U. S. Department of Energy. Available at https://www. nrel. gov/docs/fy13osti/57187. pdf, accessed May 24, 2018.

NREL. 2015. *Process Design and Economics for the Conversion of Lignocellulosic Biomass to Hydrocarbon Fuels Thermochemical Research Pathways with In Situ and Ex Situ Upgrading of Fast Pyrolysis Vapors*. Washington, DC: U. S. Department of Energy. Available at https://www. pnnl. gov/main/publications/external/technical _ reports/ PNNL-23823. pdf, accessed October 17, 2018.

NSTC(National Science and Technology Council). 2015. *Ecosystem-Service Assessment: Research Needs for Coastal Green Infrastructure*. Washington, DC: Office of Science and Technology Policy.

O'Connell, A. , K. Holt, J. Piquemal, J. Grima-Pettenati, A. Boudet, B. Pollet, C. Lapierre, M. Petit-Conil, W. Schuch, and C. Halpin. 2002. Improved paper pulp from plants with suppressed cinnamoyl-CoA reductase or cinnamyl alcohol dehydrogenase. *Transgenic Research*, 11(5): 495-503. DOI: 10. 1023/A:1020362705497.

O'Connell, J. 2010. Shoreline armoring impacts and management along the shores of Massachusetts and Kauai, Hawaii. In *Puget Sound Shorelines and the Impacts of Armoring—Proceedings of a State of the Science Workshop, May 2009*. Shipman, H. , M. N. Dethier, G. Gelfenbaum, K. L. Fresh, and R. S. Dinicola, eds. Reston, VA: US Geological Survey.

O'Connor, W. K. , D. C. Dahlin, G. E. Rush, S. J. Gerdemann, L. R. Penner, and D. N. Nilsen. 2005. *Final Report: Aqueous Mineral Carbonation—Mineral Availability, Pretreatment, Reaction Parametrics, and Process Studies*. DOE/ARC-TR-04-002. Albany, OR: Office of Process Development, National Energy Technology Laboratory, Office of Fossil Energy, US Department of Energy.

O'Halloran, T. L. , B. E. Law, M. L. Goulden, Z. S. Wang, J. G. Barr, C. Schaaf, M. Brown, J. D. Fuentes, M. Gockede, A. Black, and V. Engel. 2012. Radiative forcing

440

of natural forest disturbances. *Global Change Biology*, 18(2): 555-565. DOI:10.1111/j. 1365-2486. 2011. 02577. x.

O'Hanley, D. S. 1992. Solution to the volume problem in serpentinization. *Geology*, 20(8): 705-708. DOI: 10. 1130/0091-7613(1992)020<0705:Sttvpi>2. 3. Co;2.

Obersteiner, M. , C. Azar, P. Kauppi, K. Mollersten, J. Moreira, S. Nilsson, P. Read, K. Riahi, B. Schlamadinger, Y. Yamagata, J. Yan, and J. P. van Ypersele. 2001. Managing climate risk. *Science*, 294 (5543): 786-787. DOI: 10. 1126/science. 294. 5543. 786b.

Ogden, J. M. 2004. *Conceptual Design of Optimized Fossil Energy Systems with Capture and Sequestration of Carbon Dioxide*. Semi-Annual Technical Progress Report No. 3. Princeton, NJ Princeton Environmental Institute. Available at https://www. osti. gov/servlets/purl/829538, accessed April 12, 2018.

Ogle, S. M. , F. J. Breidt, and K. Paustian. 2005. Agricultural management impacts on soil organic carbon storage under moist and dry climatic conditions of temperate and tropical regions. *Biogeochemistry*, 72(1): 87-121. DOI: 10. 1007/s10533-004-0360-2.

Ogle, S. M. , A. Swan, and K. Paustian. 2012. No-till management impacts on crop productivity, carbon input and soil carbon sequestration. *Agriculture Ecosystems & Environment*, 149: 37-49. DOI: 10. 1016/j. agee. 2011. 12. 010.

Olischläger, M. , C. I. iguez, K. Koch, C. Wiencke, and F. J. L. Gordillo. 2017. Increased pCO$_2$ and temperature reveal ecotypic differences in growth and photosynthetic performance of temperate and Arctic populations of *Saccharina latissima*. *Planta*, 245(1): 119-136. DOI: 10. 1007/s00425-016-2594-3.

Ong, S. , C. Campbell, P. Denholm, R. Margolis, and G. Heath. 2013. *Land-Use Requirements for Solar Power Plants in the United States*. Golden CO: National Renewable Energy Laboratory. Available at https://www. nrel. gov/docs/fy13osti/56290. pdf, accessed April 12, 2018.

Oreska, M. P. J. , K. J. McGlathery, and J. H. Porter. 2017. Seagrass blue carbon spatial patterns at the meadow-scale. *Plos One*, 12(4). DOI: 10. 1371/journal. pone. 0176630.

Oreska, M. P. J. , G. M. Wilkinson, K. J. McGlathery, M. Bost, and B. A. McKee. 2018. Non-seagrass carbon contributions to seagrass sediment blue carbon. *Limnology and Oceanography*, 63(S1): S3-S18. DOI: 10. 1002/lno. 10718.

Orth, R. J. , T. J. B. Carruthers, W. C. Dennison, C. M. Duarte, J. W. Fourqurean, K. L. Heck, A. R. Hughes, G. A. Kendrick, W. J. Kenworthy, S. Olyarnik, F. T. Short, M. Waycott, and S. L. Williams. 2006. A global crisis for seagrass ecosystems. *BioScience*, 56 (12): 987-996. DOI: 10. 1641/0006-3568 (2006) 56 [987: AGCFSE] 2. 0. CO;2.

Osland, M. J. , R. H. Day, J. C. Larriviere, and A. S. From. 2014. Aboveground allometric models for freeze-affected black mangroves (Avicennia germinans): Equations for a climate sensitive mangrove-marsh ecotone. *Plos One*, 9 (6). DOI: 10.1371/ journal. pone. 0099604.

Osland, M. J., A. C. Spivak, J. A. Nestlerode, J. M. Lessmann, A. E. Almario, P. T. Heitmuller, M. J. Russell, K. W. Krauss, F. Alvarez, D. D. Dantin, J. E. Harvey, A. S. From, N. Cormier, and C. L. Stagg. 2012. Ecosystem development after mangrove wetland creation: Plant-soil change across a 20-year chronosequence. *Ecosystems*, 15(5): 848-866. DOI: 10. 1007/s10021-012-9551-1.

Oswalt, S. N., W. B. Smith, P. D. Miles, and S. A. Pugh. 2014. *Forest Resources of the United States, 2012: A Technical Document Supporting the Forest Service 2015 Update of the RPA Assessment*. Gen. Tech. Rep. WO-91. Washington, DC: U. S. Department of Agriculture, Forest Service, Washington Office.   441

Owen, B., D. S. Lee, and L. Lim. 2010. Flying into the future: Aviation emissions scenarios to 2050. *Environmental Science and Technology*, 44 (7): 2255-2260. DOI: 10. 1021/es902530z.

Palandri, J. L., and Y. K. Kharaka. 2004. *A Compilation of Rate Parameters of Water-Mineral Interaction Kinetics for Application to Geochemical Modeling*. Open File Report 2004-1068. Washington, DC: U. S. Geological Survey.

Pan, S. Y., E. E. Chang, and P. C. Chiang. 2012. CO_2 capture by accelerated carbonation of alkaline wastes: A review on its principles and applications. *Aerosol and Air Quality Research*, 12(5): 770-791. DOI: 10. 4209/aaqr. 2012. 06. 0149.

Pan, Y. D., R. A. Birdsey, J. Y. Fang, R. Houghton, P. E. Kauppi, W. A. Kurz, O. L. Phillips, A. Shvidenko, S. L. Lewis, J. G. Canadell, P. Ciais, R. B. Jackson, S. W. Pacala, A. D. McGuire, S. L. Piao, A. Rautiainen, S. Sitch, and D. Hayes. 2011. A large and persistent carbon sink in the world's forests. *Science*, 333(6045): 988-993. DOI: 10. 1126/science. 1201609.

Pan, Y. D., R. A. Birdsey, O. L. Phillips, and R. B. Jackson. 2013. The structure, distribution, and biomass of the world's forests. *Annual Review of Ecology, Evolution, and Systematics*, 44: 593-622. DOI: 10. 1146/annurev-ecolsys-110512-135914.

Park, A. H. A., and L. S. Fan. 2004. CO_2 mineral sequestration: Physically activated dissolution of serpentine and pH swing process. *Chemical Engineering Science*, 59 (22-23): 5241-5247. DOI: 10. 1016/j. ces. 2004. 09. 008.

Pasquier, L. C., G. Mercier, J. F. Blais, E. Cecchi, and S. Kentish. 2014. Reaction mechanism for the aqueous-phase mineral carbonation of heat-activated serpentine at low temperatures and pressures in flue gas conditions. *Environmental Science & Technology*, 48(9): 5163-5170. DOI: 10. 1021/es405449v.

Paukert, A. N., J. M. Matter, P. B. Kelemen, E. L. Shock, and J. R. Havig. 2012. Reaction path modeling of enhanced in situ CO_2 mineralization for carbon sequestration in the peridotite of the Samail ophiolite, Sultanate of Oman. *Chemical Geology*, 330: 86-100. DOI: 10. 1016/j. chemgeo. 2012. 08. 013.

Paustian, K. 2014. Soil: Carbon sequestration in agricultural systems. In *Encyclopedia of Agriculture and Food Systems*. N. Van Alfen, ed. San Diego: Elsevier.

Paustian, K. , C. V. Cole, D. Sauerbeck, and N. Sampson. 1998. CO_2 mitigation by agriculture: An overview. *Climatic Change*, 40 (1): 135-162. DOI: 10. 1023/A:1005347017157.

Paustian, K. , J. Six, E. T. Elliott, and H. W. Hunt. 2000. Management options for reducing CO_2 emissions from agricultural soils. *Biogeochemistry*, 48(1): 147-163. DOI: 10. 1023/A:1006271331703.

Paustian, K. , N. Campbell, C. Dorich, E. Marx, and A. Swan. 2016a. Assessment of potential greenhouse gas mitigation fromchanges to crop root mass and architecture. Available at https://arpa-e. energy. gov/? q = publications/assessmentpotential-greenhouse-gas-mitigation-changes-crop-root-mass-and-architecture, accessed June 26, 2018.

Paustian, K. , J. Lehmann, S. Ogle, D. Reay, G. P. Robertson, and P. Smith. 2016b. Climate-smart soils. *Nature*, 532(7597): 49-57. DOI: 10. 1038/nature17174.

Pawar, R. J. , G. S. Bromhal, J. W. Carey, W. Foxall, A. Korre, P. S. Ringrose, O. Tucker, M. N. Watson, and J. A. White. 2015. Recent advances in risk assessment and risk management of geologic CO_2 storage. *International Journal of Greenhouse Gas Control*, 40: 292-311. DOI: https://org/10. 1016/j. ijggc. 2015. 06. 014.

Pendleton, L. , D. C. Donato, B. C. Murray, S. Crooks, W. A. Jenkins, S. Sifleet, C. Craft, J. W. Fourqurean, J. B. Kauffman, N. Marba,P. Megonigal, E. Pidgeon, D. Herr, D. Gordon, and A. Baldera. 2012. Estimating global "blue carbon" emissions from conversion and degradation of vegetated coastal ecosystems. *Plos One*, 7(9). DOI: 10. 1371/journal. pone. 0043542.

Perez-Garcia, J. , B. Lippke, J. Comnick, and C. Manriquez. 2005. An assessment of carbon pools, storage, and wood products market substitution using life-cycle analysis results. *Wood and Fiber Science*, 37: 140-148.

Perlack, R. D. , L. L. Wright, A. F. Turhollow, R. L. Graham, B. J. Stokes, and D. C. Erbach. 2005. *Biomass as Feedstock for a Bioenergy and Bioproducts Industry: The Technical Feasibility of a Billion-Ton Annual Supply*. DOE/GO-102995-2135 or ORNL/TM-2005/66. Oak Ridge, TN: Oak Ridge National Laboratory.

Peterson, G. A. , A. D. Halvorson, J. L. Havlin, O. R. Jones, D. J. Lyon, and D. L. Tanaka. 1998. Reduced tillage and increasing cropping intensity in the Great Plains conserves soil C. *Soil & Tillage Research*, 47(3-4): 207-218. DOI: 10. 1016/S0167-1987 (98)00107-X.

Peuble, S. , M. Andreani, P. Gouze, M. Pollet-Villard, B. Reynard, and B. Van de Moortele. 2018. Multi-scale characterization of the incipient carbonation of peridotite. *Chemical Geology*, 476: 150-160. DOI: 10. 1016/j. chemgeo. 2017. 11. 013.

Pevzner, R. , V. Shulakova, A. Kepic, and M. Urosevic. 2011. Repeatability analysis of land time-lapse seismic data: CO_2 CRC Otway pilot project case study. *Geophysical Prospecting*, 59(1): 66-77. DOI: 10. 1111/j. 1365-2478. 2010. 00907. x.

Phua, H. J. 2009. *Sustainable High Density Cities: Construction and Demolition Wastes in Singapore*. Working paper. New Haven, CT: Center for Industrial Ecology, School of Forestry and Environmental Studies, Yale University.

Plevin, R. J. , M. O'Hare, A. D. Jones, M. S. Torn, and H. K. Gibbs. 2010. Greenhouse gas emissions from biofuels' indirect land use change are uncertain but may be much greater than previously estimated. *Environmental Science & Technology*, 44 (21): 8015-8021. DOI: 10. 1021/es101946t.

Plümper, O. , A. Royne, A. Magraso, and B. JaMtveit. 2012. The interface-scale mechanism of reaction-induced fracturing during serpentinization. *Geology*, 40 (12): 1103-1106. DOI: 10. 1130/G33390. 1.

Poeplau, C. , and A. Don. 2014. Soil carbon changes under Miscanthus driven by C-4 accumulation and C-3 decomposition—toward a default sequestration function. *Global Change Biology Bioenergy*, 6(4): 327-338. DOI: 10. 1111/gcbb. 12043.

Poffenbarger, H. J. , B. A. Needelman, and J. P. Megonigal. 2011. Salinity influence on methane emissions from tidal marshes. *Wetlands*, 31 (5): 831-842. DOI: 10. 1007/s13157-011-0197-0.

Pokrovsky, O. S. , and J. Schott. 2004. Experimental study of brucite dissolution and precipitation in aqueous solutions: Surface speciation and chemical affinity control. *Geochimica Et Cosmochimica Acta*, 68(1): 31-45. DOI: 10. 1016/S0016-7037(03)00238-2.

Poore, J. , and T. Nemecek. 2018. Reducing food's environmental impacts through producers and consumers. *Science*, 360 (6392): 987-992. DOI: 10. 1126/science. aaq0216 %J Science.

Popp, A. , S. K. Rose, K. Calvin, D. P. Van Vuuren, J. P. Dietrich, M. Wise, E. Stehfest, F. Humpenoder, P. Kyle, J. Van Vliet, N. Bauer, H. Lotze-Campen, D. Klein, and E. Kriegler. 2014. Land-use transition for bioenergy and climate stabilization: Model comparison of drivers, impacts and interactions with other land use based mitigation options. *Climatic Change*, 123(3-4): 495-509. DOI: 10. 1007/s10584-013-0926-x.

Post, W. M. , and K. C. Kwon. 2000. Soil carbon sequestration and land-use change: processes and potential. *Global Change Biology*, 6 (3): 317-327. DOI: 10. 1046/j. 1365-2486. 2000. 00308. x.

Powell, T. W. R. , and T. M. Lenton. 2012. Future carbon dioxide removal via biomass en-

442

ergy constrained by agricultural efficiency and dietary trends. *Energy & Environmental Science*, 5(8): 8116-8133. DOI: 10.1039/c2ee21592f.

Power, I. M., S. A. Wilson, J. M. Thom, G. M. Dipple, and G. Southam. 2007. Biologically induced mineralization of dypingite by cyanobacteria from an alkaline wetland near Atlin, British Columbia, Canada. *Geochemical Transactions*, 8. DOI: 10.1186/1467-4866-8-13.

Power, I. M., S. A. Wilson, J. M. Thom, G. M. Dipple, J. E. Gabites, and G. Southam. 2009. The hydromagnesite playas of Atlin, British Columbia, Canada: A biogeochemical model for CO_2 sequestration. *Chemical Geology*, 260(3-4): 286-300. DOI: 10.1016/j.chemgeo.2009.01.012.

Power, I. M., G. M. Dipple, and G. Southam. 2010. Bioleaching of ultramafic tailings by *Acidithiobacillus* spp. for CO_2 sequestration. *Environmental Science & Technology*, 44 (1): 456-462. DOI: 10.1021/es900986n.

Power, I. M., S. A. Wilson, D. P. Small, G. M. Dipple, W. K. Wan, and G. Southam. 2011. Microbially mediated mineral carbonation: Roles of phototrophy and heterotrophy. *Environmental Science & Technology*, 45(20): 9061-9068. DOI: 10.1021/es201648g.

Power, I. M., S. A. Wilson, and G. M. Dipple. 2013a. Serpentinite carbonation for CO_2 sequestration. *Elements*, 9(2): 115-121. DOI: 10.2113/gselements.9.2.115.

Power, I. M., A. L. Harrison, G. M. Dipple, and G. Southam. 2013b. Carbon sequestration via carbonic anhydrase facilitated magnesium carbonate precipitation. *International Journal of Greenhouse Gas Control*, 16: 145-155. DOI: 10.1016/j.ijggc.2013.03.011.

Power, I. M., A. L. Harrison, G. M. Dipple, S. A. Wilson, P. B. Kelemen, M. Hitch, and G. Southam. 2013c. Carbon mineralization: From natural analogues to engineered systems. *Geochemistry of Geologic, CO_2 Sequestration*, 77: 305-360. DOI: 10.2138/rmg.2013.77.9.

Power, I. M., A. L. Harrison, and G. M. Dipple. 2016. Accelerating mineral carbonation using carbonic anhydrase. *Environmental Science & Technology*, 50(5): 2610-2618. DOI: 10.1021/acs.est.5b04779.

Prentice, I. C., G. D. Farquhar, M. J. R. Fasham, M. L. Goulden, M. Heimann, V. J. Jaramillo, H. S. Kheshgi, C. L. Quéré, R. J. Scholes, D. W. R. Wallace, D. Archer, M. R. Ashmore, O. Aumont, D. Baker, M. Battle, M. Bender, L. P. Bopp, P. Bousquet, K. Caldeira, P. Ciais, P. M. Cox, W. Cramer, F. Dentener, I. G. Enting, C. B. Field, P. Friedlingstein, E. A. Holland, R. A. Houghton, J. I. House, A. Ishida, A. K. Jain, I. A. Janssens, F. Joos, T. Kaminski, C. D. Keeling, R. F. Keeling, D. W. Kicklighter, K. E. Kohfeld, W. Knorr, R. Law, T. Lenton, K. Lindsay, E. Maier-Reimer, A. C. Manning, R. J. Matear, A. D. McGuire, J. M. Melillo, R. Meyer, M. Mund, J. C. Orr, S. Piper, K. Plattner, P. J. Rayner, S. Sitch, R.

Slater, S. Taguchi, P. P. Tans, H. Q. Tian, M. F. Weirig, T. Whorf, and A. Yool. 2001. The Carbon Cycle and Atmospheric Carbon Dioxide. In *Climate Change 2001: The Scientific Basis*. Contribution of Working Group I to the Third Assessment Report of the Intergovernmental Panel on Climate Change. Houghton, J. T., Y. Ding, D. J. Griggs, M. Noguer, P. J. van der Linden, X. Dai, K. Maskell, and C. A. Johnson, eds. Cambridge, UK: Cambridge University Press.

Prigiobbe, V., G. Costa, R. Baciocchi, M. Hanchen, and M. Mazzotti. 2009. The effect of CO_2 and salinity on olivine dissolution kinetics at 120 degrees C. *Chemical Engineering Science*, 64(15): 3510-3515. DOI: 10.1016/j. ces. 2009.04.035.

Pronost, J., G. Beaudoin, J. Tremblay, F. Larachi, J. Duchesne, R. Hebert, and M. Constantin. 2011. Carbon sequestration kinetic and storage capacity of ultramafic mining waste. *Environmental Science & Technology*, 45 (21): 9413-9420. DOI: 10.1021/es203063a.

Pronost, J., G. Beaudoin, J. M. Lemieux, R. Hebert, M. Constantin, S. Marcouiller, M. Klein, J. Duchesne, J. W. Molson, F. Larachi, and X. Maldague. 2012. CO_2-depleted warm air venting from chrysotile milling waste (Thetford Mines,Canada): Evidence for in-situ carbon capture from the atmosphere. *Geology*, 40 (3): 275-278. DOI: 10.1130/G32583.1.

Pruess, K., J. Garcia, T. Kovscek, C. Oldenburg, J. Rutqvist, C. Steefel, and T. F. Xu. 2004. Code intercomparison builds confidence in numerical simulation models for geologic disposal of CO_2. *Energy*, 29(9-10): 1431-1444. DOI: 10.1016/j. energy. 2004.03.077.

PSAC(President's Science Advisory Committee). 1965. *Restoring the Quality of Our Environment*. Report of the Environmental Polution Panel, President's Science Advisory Committee. Washington, DC: GPO.

Quesnel, B., P. Gautier, P. Boulvais, M. Cathelineau, P. Maurizot, D. Cluzel, M. Ulrich, S. Guillot, S. Lesimple, and C. Couteau. 2013. Syn-tectonic, meteoric water-derived carbonation of the New Caledonia peridotite nappe. *Geology*, 41(10): 1063-1066. DOI: 10.1130/G34531.1.

Quesnel, B., P. Boulvais, P. Gautier, M. Cathelineau, C. M. John, M. Dierick, P. Agrinier, and M. Drouillet. 2016. Paired stable isotopes (O, C) and clumped isotope thermometry of magnesite and silica veins in the New Caledonia Peridotite Nappe. *Geochimica Et Cosmochimica Acta*, 183: 234-249. DOI: 10.1016/j. gca. 2016.03.021.

Qin, X., T. Mohan, M. El-Halwagi, G. Cornforth, and B. A. McCarl. 2006. Switchgrass as an alternate feedstock for power generation: an integrated environmental, energy and economic life-cycle assessment. *Clean Technologies and Environmental Policy*, 8(4): 233-249. DOI: 10.1007/s10098-006-0065-4.

Radies, D., F. Preusser, A. Matter, and M. Mange. 2004. Eustatic and climatic controls on the development of the Wahiba Sand Sea, Sultanate of Oman. *Sedimentology*, 51 (6): 1359-1385. DOI: 10. 1111/j. 1365-3091. 2004. 00678. x.

Raeini, A. Q. , B. Bijeljic, and M. J. Blunt. 2018. Generalized network modeling of capillary-dominated two-phase flow. *Physical Review E*, 97(2). DOI: 10. 1103/Physreve. 97. 023308.

Ragauskas, A. J. , C. K. Williams, B. H. Davison, G. Britovsek, J. Cairney, C. A. Eckert, W. J. Frederick, J. P. Hallett, D. J. Leak, C. L. Liotta, J. R. Mielenz, R. Murphy, R. Templer, and T. Tschaplinski. 2006. The path forward for biofuels and biomaterials. *Science*, 311(5760): 484-489. DOI: 10. 1126/science. 1114736.

Rasse, D. P. , C. Rumpel, and M. F. Dignac. 2005. Is soil carbon mostly root carbon? Mechanisms for a specific stabilisation. *Plant and Soil*, 269 (1-2): 341-356. DOI: 10. 1007/s11104-004-0907-y.

Rau, G. H. , S. A. Carroll, W. L. Bourcier, M. J. Singleton, M. M. Smith, and R. D. Aines. 2013. Direct electrolytic dissolution of silicate minerals for air CO_2 mitigation and carbon-negative H-2 production. *Proceedings of the National Academy of Sciences of the United States of America*, 110 (25): 10095-10100. DOI: 10. 1073/pnas. 1222358110.

Ravnum, S. , E. Runden-Pran, L. M. Fjellsbo, and M. Dusinska. 2014. Human health risk assessment of nitrosamines and nitramines for potential application in CO_2 capture. *Regulatory Toxicology and Pharmacology*, 69 (2): 250-255. DOI: 10. 1016/j. yrtph. 2014. 04. 002.

Realff, M. J. , and P. Eisenberger. 2012. Flawed analysis of the possibility of air capture. *Proceedings of the National Academy of Sciences of the United States of America*, 109(25): E1589-E1589. DOI: 10. 1073/pnas. 1203618109.

Reddy, M. S. S. , F. Chen, G. Shadle, L. Jackson, H. Aljoe, and R. A. Dixon. 2005. Targeted down-regulation of cytochrome P450 enzymes for forage quality improvement in alfalfa (Medicago sativa L.). *Proceedings of the National Academy of Sciences of the United States of America*, 102(46):16573-16578. DOI: 10. 1073/pnas. 0505749102.

Redfield, A. C. 1972. Development of a New England salt marsh. *Ecological Monographs*, 42(2): 201-237. DOI:10. 2307/1942263.

Reed, D. , E. White, and L. Shabman. 2016. *Changing Restoration Costs Presentation*. Prepared for Coast Builders Coalition. Baton Rouge, LA: Water Institute of the Gulf.

Regnier, P. , P. Friedlingstein, P. Ciais, F. T. Mackenzie, N. Gruber, I. A. Janssens, G. G. Laruelle, R. Lauerwald, S. Luyssaert, A. J. Andersson, S. Arndt, C. Arnosti, A. V. Borges, A. W. Dale, A. Gallego-Sala, Y. Goddéris, N. Goossens, J. Hartmann,C. Heinze, T. Ilyina, F. Joos, D. E. LaRowe, J. Leifeld, F. J. R. Meysman, G. Munhoven, P. A. Raymond, R. Spahni, P. Suntharalingam, and M. Thullner.

444

2013. Anthropogenic perturbation of the carbon fluxes from land to ocean. *Nature Geoscience*, 6: 597. DOI: 10. 1038/ngeo1830.

Renforth, P. 2012. The potential of enhanced weathering in the UK. *International Journal of Greenhouse Gas Control*, 10: 229-243. DOI: 10. 1016/j. ijggc. 2012. 06. 011.

Renforth, P. , and G. Henderson. 2017. Assessing ocean alkalinity for carbon sequestration. *Reviews of Geophysics*, 55(3): 636-674. DOI: 10. 1002/2016RG000533.

Renforth, P. , D. A. C. Manning, and E. Lopez-Capel. 2009. Carbonate precipitation in artificial soils as a sink for atmospheric carbon dioxide. *Applied Geochemistry*, 24(9): 1757-1764. DOI: 10. 1016/j. apgeochem. 2009. 05. 005.

Renforth, P. , C. L. Washbourne, J. Taylder, and D. A. C. Manning. 2011. Silicate production and availability for mineral carbonation. *Environmental Science & Technology*, 45(6): 2035-2041. DOI: 10. 1021/es103241w.

Renforth, P. , P. A. E. Pogge von Strandmann, and G. M. Henderson. 2015. The dissolution of olivine added to soil: Implications for enhanced weathering. *Applied Geochemistry*, 61: 109-118. DOI: 10. 1016/j. apgeochem. 2015. 05. 016.

Rhodes, J. S. , and D. W. Keith. 2005. Engineering economic analysis of biomass IGCC with carbon capture and storage. *Biomass and Bioenergy*, 29(6): 440-450. DOI: 10. 1016/j. biombioe. 2005. 06. 007.

Riahi, K. , D. P. van Vuuren, E. Kriegler, J. Edmonds, B. C. O'Neill, S. Fujimori, N. Bauer, K. Calvin, R. Dellink, O. Fricko, W. Lutz, A. Popp, J. C. Cuaresma, K. C. Samir, M. Leimbach, L. W. Jiang, T. Kram, S. Rao, J. Emmerling, K. Ebi, T. Hasegawa, P. Havlik, F. Humpenoder, L. A. da Silva, S. Smith, E. Stehfest, V. Bosetti, J. Eom, D. Gernaat, T. Masui, J. Rogelj, J. Strefler, L. Drouet, V. Krey, G. Luderer, M. Harmsen, K. Takahashi, L. Baumstark, J. C. Doelman, M. Kainuma, Z. Klimont, G. Marangoni, H. Lotze-Campen, M. Obersteiner, A. Tabeau, and M. Tavoni. 2017. The shared socioeconomic pathways and their energy, land use, and greenhouse gas emissions implications: An overview. *Global Environmental Change-Human and Policy Dimensions*, 42: 153-168. DOI: 10. 1016/j. gloenvcha. 2016. 05. 009.

Riaz, A. , M. Hesse, H. A. Tchelepi, and F. M. Orr. 2006. Onset of convection in a gravitationally unstable diffusive boundary layer in porous media. *Journal of Fluid Mechanics*, 548: 87-111. DOI: 10. 1017/S0022112005007494.

Richards, K. R. , R. J. Moulton, and R. A. Birdsey. 1993. Costs of creating carbon sinks in the United States. *Energy Conversion and Management*, 34(9-11): 905-912. DOI: 10. 1016/0196-8904(93)90035-9.

Rigopoulos, I. , A. L. Harrison, A. Delimitis, I. Ioannou, A. M. Efstathiou, T. Kyratsi, and E. H. Oelkers. 2018. Carbon sequestration via enhanced weathering of peridotites and basalts in seawater. *Applied Geochemistry*, 91: 197-207. DOI: https://org/10.1016/j. apgeochem. 2017. 11. 001.

Ringrose, P. , M. Atbi, D. Mason, M. Espinassous, Ø. Myhrer, M. Iding, A. Mathieson, and I. Wright. 2009. Plume development around well KB-502 at the In Salah CO_2 storage site. *First Break*, 27(1).

Roberts, K. G. , B. A. Gloy, S. Joseph, N. R. Scott, and J. Lehmann. 2010. Life cycle assessment of biochar systems: Estimating the energetic, economic, and climate change potential. *Environmental Science & Technology*, 44 (2): 827-833. DOI: 10. 1021/es902266r.

Robison, T. L. , R. J. Rousseau, and J. Zhang. 2006. Biomass productivity improvement for eastern cottonwood. *Biomass & Bioenergy*, 30(8-9): 735-739. DOI: 10. 1016/j. boimbioe. 2006. 01. 012.

Rodosta, T. , W. Aljoe, G. Bromhal, and D. Damiani. 2017. U. S. DOE Regional Carbon Sequestration Partnership Initiative: New Insights and Lessons Learned. *Energy Procedia*, 114: 5580-5592. DOI: 10. 1016/j. egypro. 2017. 03. 1698.

Romanak, K. D. , R. C. Smyth, C. Yang, S. D. Hovorka, M. Rearick, and J. Lu. 2012. Sensitivity of groundwater systems to CO_2: Application of a site-specific analysis of carbonate monitoring parameters at the SACROC CO_2-enhanced oil field. *International Journal of Greenhouse Gas Control*, 6: 142-152. DOI: 10. 1016/j. ijggc. 2011. 10. 011.

Rose, C. , A. Parker, B. Jefferson, and E. Cartmell. 2015. The characterization of feces and urine: A review of the literature to inform advanced treatment technology. *Critical Reviews in Environmental Science and Technology*, 45 (17): 1827-1879. DOI: 10. 1080/10643389. 2014. 1000761.

Rose, S. K. , E. Kriegler, R. Bibas, K. Calvin, A. Popp, D. P. van Vuuren, and J. Weyant. 2014. Bioenergy in energy transformation and climate management. *Climatic Change*, 123(3-4): 477-493. DOI: 10. 1007/s10584-013-0965-3.

Rosegrant, M. W. 2008. *Biofuels and Grain Prices: Impact and Policy Responses*. Washington, DC: International Food Policy Research Institute.

Rouméjon, S. , and M. Cannat. 2014. Serpentinization of mantle-derived peridotites at mid-ocean ridges: Mesh texture development in the context of tectonic exhumation. *Geochemistry Geophysics Geosystems*, 15(6): 2354-2379. DOI: 10. 1002/2013GC005148.

Rouse, J. H. , J. A. Shaw, R. L. Lawrence, J. L. Lewicki, L. M. Dobeck, K. S. Repasky, and L. H. Spangler. 2010. Multi-spectral imaging of vegetation for detecting CO_2 leaking from underground. *Environmental Earth Sciences*, 60(2): 313-323. DOI: 10. 1007/s12665-010-0483-9.

Røyne, A. , B. Jamtveit, J. Mathiesen, and A. Malthe-Sorenssen. 2008. Controls on rock weathering rates by reaction-induced hierarchical fracturing. *Earth and Planetary*

Science Letters, 275(3-4): 364-369. DOI: 10. 1016/j. epsl. 2008. 08. 035.

Rubin, E. S., C. Chen, and A. B. Rao. 2007. Cost and performance of fossil fuel power plants with CO_2 capture and storage. *Energy Policy*, 35(9): 4444-4454. DOI: 10. 1016/j. enpol. 2007. 03. 009.

Rubin, E. S., J. E. Davison, and H. J. Herzog. 2015. The cost of CO_2 capture and storage. *International Journal of Greenhouse Gas Control*, 40: 378-400. DOI: 10. 1016/j. ijggc. 2015. 05. 018.

Rudd, D. F., and C. C. Watson. 1968. *Strategy of Process Engineering*. New York: Wiley.

Rudge, J. F., P. B. Kelemen, and M. Spiegelman. 2010. A simple model of reaction-induced cracking applied to serpentinization and carbonation of peridotite. *Earth and Planetary Science Letters*, 291(1-4): 215-227. DOI: 10. 1016/j. epsl. 2010. 01. 016.

Ruthven, D. M. 1984. *Principles of Adsorption and Adsorption Processes*. New York: Wiley.

Rutqvist, J., D. W. Vasco, and L. Myer. 2010. Coupled reservoir-geomechanical analysis of CO_2 injection and ground deformations at In Salah, Algeria. *International Journal of Greenhouse Gas Control*, 4(2): 225-230. DOI: 10. 1016/j. ijggc. 2009. 10. 017.

Ryals, R., and W. L. Silver. 2013. Effects of organic matter amendments on net primary productivity and greenhouse gas emissions in annual grasslands. *Ecological Applications*, 23(1): 46-59. DOI: 10. 1890/12-0620. 1.

Sadowski, A. J., C. K. Forson, M. A. Walters, and C. S. Hartline. 2016. Compilation Surface Geologic Map for Use in Threedimensional Structural Model Building at The Geysers Geothermal Field, Northern California. Presented at 41st Workshop on Geothermal Reservoir Engineering, Stanford University, February 22-24, Stanford, California.

Sage, R. F., and S. A. Cowling. 1999. Implications of Stress in Low CO_2 Atmospheres of the Past: Are Today's Plants too Conservative for a High CO_2 World? In *Carbon Dioxide and Environmental Stress*. Luo, Y. and H. A. Mooney, eds. New York: Academic Press.

Saleh, F., and M. P. Weinstein. 2016. The role of nature-based infrastructure (NBI) in coastal resiliency planning: A literature review. *Journal of Environmental Management*, 183: 1088-1098. DOI: 10. 1016/j. jenvman. 2016. 09. 077.

Sample, V. A. 2017. Potential for additional carbon sequestration through regeneration of nonstocked forest land in the United States. *Journal of Forestry*, 115(4): 309-318. DOI: 10. 5849/jof. 2016-005.

Sánchez-García, M., A. Roig, M. A. Sánchez-Monedero, and M. L. Cayuela. 2014. Biochar increases soil N_2O emissions produced by nitrification-mediated pathways. *Frontiers in Environmental Science*. DOI: 10. 3389/fenvs. 2014. 00025.

Sanchez, D. L. , and D. M. Kammen. 2016. A commercialization strategy for carbon-negative energy. *Nature Energy*, 1. DOI: 10. 1038/Nenergy. 2015. 2.

Sanchez, D. L. , N. Johnson, S. T. Mccoy, P. A. Turner, and K. J. Mach. 2018. Near-term deployment of carbon capture and sequestration from biorefineries in the United States. *Proceedings of the National Academy of Sciences of the United States of America*, 115(19): 4875-4880. DOI: 10. 1073/pnas. 1719695115.

Sanderman, J. , T. Hengl, and G. J. Fiske. 2017. Soil carbon debt of 12,000 years of human land use. *Proceedings of the National Academy of Sciences of the United States of America*, 114(36): 9575-9580. DOI: 10. 1073/pnas. 1706103114.

Sanderman, J. , T. Hengl, G. Fiske, K. Solvik, M. F. Adame, L. Benson, J. J. Bukoski, P. Carnell, M. Cifuentes-Jara, D. Donato, C. Duncan, E. M. Eid, P. zu Ermgassen, C. J. Ewers Lewis, P. I. Macreadie, L. Glass, S. Gress, S. L. Jardine, T. G. Jones, E. N. Nsombo, M. M. Rahman, C. J. Sanders, M. Spalding, and E. Landis. 2018. A global map of mangrove forest soil carbon at 30 m spatial resolution. *Environmental Research Letters*, 13(5): 055002. DOI.

Sanna, A. , X. L. Wang, A. Lacinska, M. Styles, T. Paulson, and M. M. Maroto-Valer. 2013. Enhancing Mg extraction from lizarditerich serpentine for CO_2 mineral sequestration. *Minerals Engineering*, 49: 135-144. DOI: 10. 1016/j. mineng. 2013. 05. 018.

Sanna, A. , M. Uibu, G. Caramanna, R. Kuusik, and M. M. Maroto-Valer. 2014. A review of mineral carbonation technologies to sequester CO_2. *Chemical Society Reviews*, 43(23):8049-8080. DOI: 10. 1039/c4cs00035h.

Sarmiento, J. L. , and N. Gruber. 2002. Sinks for anthropogenic carbon. *Physics Today*, 55(8): 30-36. DOI: 10. 1063/1. 1510279.

Sarmiento, J. L. , T. M. C. Hughes, R. J. Stouffer, and S. Manabe. 1998. Simulated response of the ocean carbon cycle to anthropogenic climate warming. *Nature*, 393: 245. DOI: 10. 1038/30455.

Sarvaramini, A. , G. P. Assima, G. Beaudoin, and F. Larachi. 2014. Biomass torrefaction and CO_2 capture using mining wastes—A new approach for reducing greenhouse gas emissions of co-firing plants. *Fuel*, 115: 749-757. DOI: 10. 1016/j. fuel. 2013. 07. 087.

Sathre, R. , and J. O'Connor. 2010. Meta-analysis of greenhouse gas displacement factors of wood product substitution. *Environmental Science & Policy*, 13(2): 104-114. DOI: 10. 1016/j. envsci. 2009. 12. 005.

Schaef, H. T. , and B. P. McGrail. 2009. Dissolution of Columbia River basalt under mildly acidic conditions as a function of temperature: Experimental results relevant to the geological sequestration of carbon dioxide. *Applied Geochemistry*, 24(5): 980-987. DOI: 10. 1016/j. apgeochem. 2009. 02. 025.

Schaef, H. T. , B. P. McGrail, and A. T. Owen. 2011. Basalt reactivity variability with

446

reservoir depth in supercritical CO_2 and aqueous phases. *Energy Procedia*, 4: 4977-4984. DOI: https://org/10.1016/j.egypro.2011.02.468.

Schaef, H. T., B. P. McGrail, J. L. Loring, M. E. Bowden, B. W. Arey, and K. M. Rosso. 2013. Forsterite $[Mg_2 (SiO_4)]$ carbonation in wet supercritical CO_2: An in situ high-pressure X-ray diffraction study. *Environmental Science & Technology*, 47(1): 174-181. DOI: 10.1021/es301126f.

Schlesinger, W. H., and E. S. Bernhardt. 1991. *Biogeochemistry: An Analysis of Global Change*. 3rd edition. Oxford, UK: Elsevier.

Schmidt, M. W. I., M. S. Torn, S. Abiven, T. Dittmar, G. Guggenberger, I. A. Janssens, M. Kleber, I. Kögel-Knabner, J. Lehmann, D. A. C. Manning, P. Nannipieri, D. P. Rasse, S. Weiner, and S. E. Trumbore. 2011. Persistence of soil organic matter as an ecosystem property. *Nature*, 478:49. DOI: 10.1038/nature10386.

Schuerch, M., T. Spencer, S. Temmerman, M. L. Kirwan, C. Wolff, D. Lincke, C. J. McOwen, M. D. Pickering, R. Reef, A. T. Vafeidis, J. Hinkel, R. J. Nicholls, and S. Brown. 2018. Future response of global coastal wetlands to sea-level rise. *Nature*, 561(7722): 231-234. DOI: 10.1038/s41586-018-0476-5.

Schuiling, R. D., and P. Krijgsman. 2006. Enhanced weathering: An effective and cheap tool to sequester CO_2. *Climatic Change*, 74(1-3): 349-354. DOI: 10.1007/s10584-005-3485-y.

Searchinger, T., R. Heimlich, R. A. Houghton, F. Dong, A. Elobeid, J. Fabiosa, S. Tokgoz, D. Hayes, and T.-H. Yu. 2008. Use of U.S. croplands for biofuels increases greenhouse gases through emissions from land-use change. *Science*, 319(5867): 1238-1240. DOI: 10.1126/science.1151861.

Seifritz, W. 1990. CO_2 Disposal by means of silicates. *Nature*, 345(6275): 486. DOI: 10.1038/345486b0.

Seiple, T. E., A. M. Coleman, and R. L. Skaggs. 2017. Municipal wastewater sludge as a sustainable bioresource in the United States. *Journal of Environmental Management*, 197: 673-680. DOI: 10.1016/j.jenvman.2017.04.032.

Shevenell, L. 2012. The estimated costs as a function of depth of geothermal development wells drilled in Nevada. *GRC Transactions*, 36(121-128).

Shi, J.-Q., and S. Durucan. 2005. A model for changes in coalbed permeability during primary and enhanced methane recovery. *Society of Petroleum Engineers Reservoir Evaluation and Engineering*, 8. DOI: 10.2118/87230-PA.

Sigfusson, B., S. R. Gislason, J. M. Matter, M. Stute, E. Gunnlaugsson, I. Gunnarsson, E. S. Aradottir, H. Sigurdardottir, K. Mesfin, H. A. Alfredsson, D. Wolff-Boenisch, M. T. Arnarsson, and E. H. Oelkers. 2015. Solving the carbon-dioxide buoyancy challenge: The design and field testing of a dissolved CO_2 injection system. *International*

447   *Journal of Greenhouse Gas Control*, 37: 213-219. DOI: 10. 1016/j. ijggc. 2015. 02. 022.

Sinha, A. , L. A. Darunte, C. W. Jones, M. J. Realff, and Y. Kawajiri. 2017. Systems design and economic analysis of direct air capture of CO_2 through temperature vacuum swing adsorption using MIL-101(Cr)-PEI-800 and mmen-Mg-2(dobpdc) MOF adsorbents. *Industrial & Engineering Chemistry Research*, 56(3): 750-764. DOI: 10. 1021/ acs. iecr. 6b03887.

Sissine, F. 2014. *Renewable Energy R& D Funding History: A Comparison with Funding for Nuclear Energy, Fossil Energy, and Energy Efficiency R& D*. Washington, DC: Congressional Research Service.

Six, J. , and K. Paustian. 2014. Aggregate-associated soil organic matter as an ecosystem property and a measurement tool. *Soil Biology & Biochemistry*, 68: A4-A9. DOI: 10. 1016/j. soilbio. 2013. 06. 014.

Skarbek, R. M. , H. M. Savage, P. B. Kelemen, and D. Yancopoulos. 2018. Competition between crystallization-induced expansion and creep compaction during gypsum formation, and implications for serpentinization. *Journal of Geophysical Research-Solid Earth*, 123(7): 5372-5393. DOI: 10. 1029/2017jb015369.

Skjemstad, J. O. , D. C. Reicosky, A. R. Wilts, and J. A. McGowan. 2002. Charcoal carbon in US agricultural soils. *Soil Science Society of America Journal*, 66(4): 1249-1255. DOI: 10. 2136/sssaj2002. 1249.

Skog, K. E. 2008. Sequestration of carbon in harvested wood products for the United States. *Forest Products Journal*, 58(6): 56-72.

Slade, R. , A. Bauen, and R. Gross. 2014. Global bioenergy resources. *Nature Climate Change*, 4(2): 99-105. DOI: 10. 1038/Nclimate2097.

Smaje, C. 2015. The strong perennial vision: A critical review. *Agroecology and Sustainable Food Systems*, 39(5): 471-499. DOI: 10. 1080/21683565. 2015. 1007200.

Smith, J. E. , L. S. Heath, K. E. Skog, and R. A. Birdsey. 2006. *Methods for Calculating Forest Ecosystem and Harvested Carbon with Standard Estimates for Forest Types of the United States*. General Technical Report, NE-343 Newtown Square, PA: US Department of Agriculture, Forest Service, Northern Research Station.

Smith, L. A. , N. Gupta, B. M. Sass, and T. A. Bubenik. 2001. *Engineering and Economic Assessment of Carbon Dioxide Sequestration in Saline Formations*. Available at http://citeseerx. ist. psu. edu/viewdoc/download? doi = 10. 1. 1. 227. 8864&rep = rep1&type=pdf, accessed January 15, 2019. Columbus, OH: Battelle Memorial Institute.

Smith, L. J. , and M. S. Torn. 2013. Ecological limits to terrestrial biological carbon dioxide removal. *Climatic Change*, 118(1): 89-103. DOI: 10. 1007/s10584-012-0682-3.

Smith, P. 2016. Soil carbon sequestration and biochar as negative emission technologies.

Global Change Biology, 22(3): 1315-1324. DOI: 10. 1111/gcb. 13178.

Smith, P. , D. Martino, Z. Cai, D. Gwary, H. Janzen, P. Kumar, B. McCarl, S. Ogle, F. O'Mara, C. Rice, B. Scholes, O. Sirotenko, M. Howden, T. McAllister, G. Pan, V. Romanenkov, U. Schneider, S. Towprayoon, M. Wattenbach, and J. Smith. 2008. Greenhouse gas mitigation in agriculture. *Philosophical Transactions of the Royal Society B: Biological Sciences*, 363(1492): 789-813. DOI: 10. 1098/rstb. 2007. 2184.

Smith, P. , P. J. Gregory, D. van Vuuren, M. Obersteiner, P. Havlik, M. Rounsevell, J. Woods, E. Stehfest, and J. Bellarby. 2010. Competition for land. *Philosophical Transactions of the Royal Society B: Biological Sciences*, 365 (1554): 2941-2957. DOI: 10. 1098/rstb. 2010. 0127.

Smith, P. , H. Haberl, A. Popp, K. H. Erb, C. Lauk, R. Harper, F. N. Tubiello, A. D. Pinto, M. Jafari, S. Sohi, O. Masera, H. Bottcher, G. Berndes, M. Bustamante, H. Ahammad, H. Clark, H. M. Dong, E. A. Elsiddig, C. Mbow, N. H. Ravindranath, C. W. Rice, C. R. Abad, A. Romanovskaya, F. Sperling, M. Herrero, J. I. House, and S. Rose. 2013. How much land-based greenhouse gas mitigation can be achieved without compromising food security and environmental goals? *Global Change Biology*, 19(8): 2285-2302. DOI: 10. 1111/gcb. 12160.

Smith, P. , S. J. Davis, F. Creutzig, S. Fuss, J. Minx, B. Gabrielle, E. Kato, R. B. Jackson, A. Cowie, E. Kriegler, D. P. van Vuuren, J. Rogelj, P. Ciais, J. Milne, J. G. Canadell, D. McCollum, G. Peters, R. Andrew, V. Krey, G. Shrestha, P. Friedlingstein, T. Gasser, A. Grubler, W. K. Heidug, M. Jonas, C. D. Jones, F. Kraxner, E. Littleton, J. Lowe, J. R. Moreira, N. Nakicenovic, M. Obersteiner, A. Patwardhan, M. Rogner, E. Rubin, A. Sharifi, A. Torvanger, Y. Yamagata, J. Edmonds, and Y. Cho. 2016. Biophysical and economic limits to negative CO_2 emissions. *Nature Climate Change*, 6(1): 42-50. DOI: 10. 1038/Nclimate2870.

Smith, W. B. , P. D. Miles, C. H. Perry, and S. A. Pugh. 2007. *Forest Resources of the United States, 2007*. Gen. Tech. Rep. WO-78. Washington, DC: U. S. Department of Agriculture.

Snæbjörnsdóttir, S. Ó. , E. H. Oelkers, K. Mesfin, E. S. Aradóttir, K. Dideriksen, I. Gunnarsson, E. Gunnlaugsson, J. M. Matter, M. Stute, and S. R. Gislason. 2017. The chemistry and saturation states of subsurface fluids during the in situ mineralization of CO_2 and H_2S at the CarbFix site in SW-Iceland. *International Journal of Greenhouse Gas Control*, 58: 87-102. DOI: 10. 1016/j. ijggc. 2017. 01. 007.

Socolow, R. , M. Desmond, R. Aines, J. Blackstock, O. Bolland, T. Kaarsberg, N. Lewis, M. Mazzotti, A. Pfeffer, K. Sawyer, J. Siirola, B. Smit, and J. Wilcox. 2011. *Direct Air Capture of CO_2 with Chemicals: A Technology Assessment for the APS Panel on Public Affairs*. Washington, DC: American Physical Society.

448

Sommer, R. , and D. Bossio. 2014. Dynamics and climate change mitigation potential of soil organic carbon sequestration. *Journal of Environmental Management*, 144: 83-87. DOI: https://org/10.1016/j.jenvman.2014.05.017.

Song, J. , C. Chen, S. Zhu, M. Zhu, J. Dai, U. Ray, Y. Li, Y. Kuang, Y. Li, N. Quispe, Y. Yao, A. Gong, U. H. Leiste, H. A. Bruck, J. Y. Zhu, A. Vellore, H. Li, M. L. Minus, Z. Jia, A. Martini, T. Li, and L. Hu. 2018. Processing bulk natural wood into a highperformance structural material. *Nature*, 554: 224. DOI: 10.1038/nature25476.

Spangler, L. H. , L. M. Dobeck, K. S. Repasky, A. R. Nehrir, S. D. Humphries, J. L. Barr, C. J. Keith, J. A. Shaw, J. H. Rouse, A. B. Cunningham, S. M. Benson, C. M. Oldenburg, J. L. Lewicki, A. W. Wells, J. R. Diehl, B. R. Strazisar, J. E. Fessenden, T. A. Rahn, J. E. Amonette, J. L. Barr, W. L. Pickles, J. D. Jacobson, E. A. Silver, E. J. Male, H. W. Rauch, K. S. Gullickson, R. Trautz, Y. Kharaka, J. Birkholzer, and L. Wielopolski. 2010. A shallow subsurface controlled release facility in Bozeman, Montana, USA, for testing near surface CO_2 detection techniques and transport models. *Environmental Earth Sciences*, 60(2): 227-239. DOI: 10.1007/s12665-009-0400-2.

Sperow, M. 2016. Estimating carbon sequestration potential on U. S. agricultural topsoils. *Soil and Tillage Research*, 155: 390-400. DOI: https://org/10.1016/j.still.2015.09.006.

Sperow, M. , M. Eve, and K. Paustian. 2003. Potential soil C sequestration on U. S. agricultural soils. *Climatic Change*, 57(3): 319-339. DOI: 10.1023/a:1022888832630.

Stafford, W. , A. Lotter, A. Brent, and G. von Maltitz. 2017. *Biofuels Technology: A Look Forward*. WIDER Working Paper 2017/87. Helsinki, Finland: United Nations University World Institute for Development Economics Research.

Stamnore, B. R. , and P. Gilot. 2005. Review-calcination and carbonation of limestone during thermal cycling for CO_2 sequestration. *Fuel Processing Technology*, 86(16): 1707-1743. DOI: 10.1016/j.fuproc.2005.01.023.

Stanger, G. 1985. Silicified serpentinite in the Semail Nappe of Oman. *Lithos*, 18(1): 13-22. DOI: 10.1016/0024-4937(85)90003-9.

Stark, J. , Y. Plancke, S. Ides, P. Meire, and S. Temmerman. 2016. Coastal flood protection by a combined nature-based and engineering approach: Modeling the effects of marsh geometry and surrounding dikes. *Estuarine Coastal and Shelf Science*, 175: 34-45. DOI: 10.1016/j.ecss.2016.03.027.

Stehfest, E. , L. Bouwman, D. P. van Vuuren, M. G. J. den Elzen, B. Eickhout, and P. Kabat. 2009. Climate benefits of changing diet. *Climatic Change*, 95(1): 83-102. DOI: 10.1007/s10584-008-9534-6.

Stevens, L., B. Anderson, C. Cowan, K. Colton, and D. Johnson. 2017. *The Footprint of Energy: Land Use of U. S. Electricity Production*. Logan, UT Strata.

Stewart, C. E., K. Paustian, R. T. Conant, A. F. Plante, and J. Six. 2007. Soil carbon saturation: Concept, evidence and evaluation. *Biogeochemistry*, 86(1): 19-31. DOI: 10. 1007/s10533-007-9140-0.

Steyer, G. D., C. E. Sasser, J. M. Visser, E. M. Swenson, J. A. Nyman, and R. C. Raynie. 2003. A proposed Coast-Wide Reference Monitoring System for evaluating wetland restoration trajectories in Louisiana. *Environmental Monitoring and Assessment*, 81(1): 107-117. DOI: 10. 1023/a:1021368722681.

Stolaroff, J. K., D. W. Keith, and G. V. Lowry. 2008. Carbon dioxide capture from atmospheric air using sodium hydroxide spray. *Environmental Science & Technology*, 42(8): 2728-2735. DOI: 10. 1021/es702607w.

Strandli, C. W., and S. M. Benson. 2013. Identifying diagnostics for reservoir structure and CO_2 plume migration from multilevel pressure measurements. *Water Resources Research*, 49(6): 3462-3475. DOI: 10. 1002/wrcr. 20285.

Strandli, C. W., E. Mehnert, and S. M. Benson. 2014. CO_2 plume tracking and history matching using multilevel pressure monitoring at the Illinois Basin—Decatur Project. *Energy Procedia*, 63: 4473-4484. DOI: https://org/10. 1016/j. egypro. 2014. 11. 483.

Streit, E., P. Kelemen, and J. Eiler. 2012. Coexisting serpentine and quartz from carbonate-bearing serpentinized peridotite in the Samail ophiolite, Oman. *Contributions to Mineralogy and Petrology*, 164(5): 821-837. DOI: 10. 1007/s00410-012-0775-z. 449

Styles, M., R. Ellison, S. Arkley, Q. G. Crowley, A. Farrant, K. M. Goodenough, J. McKervey, T. Pharaoh, E. Phillips, D. Schofield, and R. J. Thomas. 2006. *The Geology and Geophysics of the United Arab Emirates*, Volume 2: Geology. Abu Dhabi, United Arab Emirates: Ministry of Energy, Petroleum and Minerals Sector, Minerals Department.

Swann, A. L., I. Y. Fung, S. Levis, G. B. Bonan, and S. C. Doney. 2010. Changes in Arctic vegetation amplify high-latitude warming through the greenhouse effect. *Proceedings of the National Academy of Sciences of the United States of America*, 107(4): 1295-1300. DOI: 10. 1073/pnas. 0913846107.

Swart, N. C., J. C. Fyfe, O. A. Saenko, and M. Eby. 2014. Wind-driven changes in the ocean carbon sink. *Biogeosciences*, 11(21): 6107-6117. DOI: 10. 5194/bg-11-6107-2014.

Szulczewski, M. L., C. W. MacMinn, H. J. Herzog, and R. Juanes. 2012. Lifetime of carbon capture and storage as a climate-change mitigation technology. *Proceedings of the National Academy of Sciences of the United States of America*, 109(14): 5185-5189. DOI: 10. 1073/pnas. 1115347109.

Talman, S. 2015. Subsurface geochemical fate and effects of impurities contained in a CO_2 stream injected into a deep saline aquifer: What is known. *International Journal of Greenhouse Gas Control*, 40: 267-291. DOI: 10.1016/j. ijggc. 2015. 04. 019.

Tan, E. C. D., T. L. Marker, and M. J. Roberts. 2014. Direct production of gasoline and diesel fuels from biomass via integrated hydropyrolysis and hydroconversion process—A techno-economic analysis. *Environmental Progress and Sustainable Energy*, 33 (2): 609-617. DOI: doi:10. 1002/ep. 11791.

Tang, K., M. E. Kragt, A. Hailu, and C. Ma. 2016. Carbon farming economics: What have we learned? *Journal of Environmental Management*. DOI: 10.1016/j. jenvman. 2016. 02. 008.

Tangermann, S. 2008. What's causing global food price inflation? Available at https://vox-eu. org/article/food-price-inflation-biofuels-speculators-or-emerging-market-demand, accessed September 17, 2018.

Tao, Z., and A. Clarens. 2013. Estimating the carbon sequestration capacity of shale formations using methane production rates. *Environmental Science & Technology*, 47(19): 11318-11325. DOI: 10. 1021/es401221j.

Tavoni, M., and R. Socolow. 2013. Modeling meets science and technology: an introduction to a special issue on negative emissions. *Climatic Change*, 118 (1): 1-14. DOI: 10. 1007/s10584-013-0757-9.

Taylor, L. L., J. Quirk, R. M. S. Thorley, P. A. Kharecha, J. Hansen, A. Ridgwell, M. R. Lomas, S. A. Banwart, and D. J. Beerling. 2016. Enhanced weathering strategies for stabilizing climate and averting ocean acidification. *Nature Climate Change*, 6 (4): 402. DOI: 10. 1038/Nclimate2882.

Taylor, L. L., D. J. Beerling, S. Quegan, and S. A. Banwart. 2017. Simulating carbon capture by enhanced weathering with croplands: An overview of key processes highlighting areas of future model development. *Biology Letters*, 13 (4). DOI: 10. 1098/Rsbl. 2016. 0868.

Teague, W. R., S. L. Dowhower, S. A. Baker, N. Haile, P. B. DeLaune, and D. M. Conover. 2011. Grazing management impacts on vegetation, soil biota and soil chemical, physical and hydrological properties in tall grass prairie. *Agriculture Ecosystems & Environment*, 141(3-4): 310-322. DOI: 10. 1016/j. agee. 2011. 03. 009.

ten Berge, H. F. M., H. G. van der Meer, J. W. Steenhuizen, P. W. Goedhart, P. Knops, and J. Verhagen. 2012. Olivine weathering in soil, and its effects on growth and nutrient uptake in ryegrass (*Lolium perenne* L.): A pot experiment. *Plos One*, 7(8). DOI: 10. 1371/journal. pone. 0042098.

Ter-Mikaelian, M. T., S. J. Colombo, and J. X. Chen. 2015. The burning question: Does forest bioenergy reduce carbon emissions? A review of common misconceptions about forest carbon accounting. *Journal of Forestry*, 113 (1): 57-68. DOI: 10. 5849/ jof. 14-016.

Thom, J. G. M. , G. M. Dipple, I. M. Power, and A. L. Harrison. 2013. Chrysotile dissolution rates: Implications for carbon sequestration. *Applied Geochemistry*, 35: 244-254. DOI: 10. 1016/j. apgeochem. 2013. 04. 016.

Thornton, P. K. 2010. Livestock production: Recent trends, future prospects. *Philosophical Transactions of the Royal Society B: Biological Sciences*, 365 (1554): 2853-2867. DOI: 10. 1098/rstb. 2010. 0134.

Tilman, D. , R. M. May, C. L. Lehman, and M. A. Nowak. 1994. Habitat Destruction and the Extinction Debt. *Nature*, 371(6492): 65-66. DOI: 10. 1038/371065a0.

Tilman, D. , C. Balzer, J. Hill, and B. L. Befort. 2011. Global food demand and the sustainable intensification of agriculture. *Proceedings of the National Academy of Sciences of the United States of America*, 108 (50): 20260-20264. DOI: 10. 1073/ pnas. 1116437108.

Tokarska, K. B. , and K. Zickfeld. 2015. The effectiveness of net negative carbon dioxide emissions in reversing anthropogenic climate change. *Environmental Research Letters*, 10(9). DOI: 10. 1088/1748-9326/10/9/094013.

Tominaga, M. , A. Beinlich, E. A. Lima, M. A. Tivey, B. A. Hampton, B. Weiss, and Y. Harigane. 2017. Multi-scale magnetic mapping of serpentinite carbonation. *Nature Communications*, 8. DOI: 10. 1038/S41467-017-01610-4.

Trevathan-Tackett, S. M. , J. Kelleway, P. I. Macreadie, J. Beardall, P. Ralph, and A. Bellgrove. 2015. Comparison of marine macrophytes for their contributions to blue carbon sequestration. *Ecology*, 96(11): 3043-3057. DOI: 10. 1890/15-0149. 1.

Turner, M. G. 2010. Disturbance and landscape dynamics in a changing world. *Ecology*, 91 (10): 2833-2849. DOI:10. 1890/10-0097. 1.

U. S. Geological Survey. 2013. National Assessment of Geologic Carbon Dioxide Storage Resources—Summary. Available at https://pubs. usgs. gov/fs/2013/3020, accessed July 24, 2018.

U. S. Geological Survey. 2016. Mineral Commodity Summaries: Wollastonite. Available at https://minerals. usgs. gov/minerals/pubs/commodity/wollastonite/mcs-2016-wolla. pdf, accessed July 24, 2018.

U. S. Geological Survey. 2018a. Mineral Commodity Summaries: Nickel. Available at https://minerals. usgs. gov/minerals/pubs/commodity/nickel/mcs-2018-nicke. pdf, accessed July 24, 2018.

U. S. Geological Survey. 2018b. Mineral Commodity Summaries: Gemstones. Available at https://minerals. usgs. gov/minerals/pubs/commodity/gemstones/mcs-2018-gemst. pdf, accessed July 24, 2018.

450

U. S. Geological Survey. 2018c. Minerals Information: Chromium Statistics and Information. Available at https://minerals. usgs. gov/minerals/pubs/commodity/chromium, accessed June 24, 2018.

U. S. Geological Survey. 2018d. Minerals Information: Wollastonite Statistics and Information. Available at https://minerals. usgs. gov/minerals/pubs/commodity/wollastonite, accessed June 22, 2018.

Ulrich, M. , M. Munoz, S. Guillot, M. Cathelineau, C. Picard, B. Quesnel, P. Boulvais, and C. Couteau. 2014. Dissolutionprecipitation processes governing the carbonation and silicification of the serpentinite sole of the New Caledonia ophiolite. *Contributions to Mineralogy and Petrology*, 167(1). DOI: 10. 1007/S00410-013-0952-8.

Ulven, O. I. , B. Jamtveit, and A. Malthe-Sorenssen. 2014a. Reaction-driven fracturing of porous rock. *Journal of Geophysical Research-Solid Earth*, 119(10): 7473-7486. DOI: 10. 1002/2014JB011102.

Ulven, O. I. , H. Storheim, H. Austrheim, and A. Malthe-Sorenssen. 2014b. Fracture initiation during volume increasing reactions in rocks and applications for CO_2 sequestration. *Earth and Planetary Science Letters*, 389: 132-142. DOI: 10. 1016/j. epsl. 2013. 12. 039.

UNEP(United Nations Environment Programme). 2017. The Emissions Gap Report 2017 A UN Environment Synthesis Report. Nairobi, Kenya: UNEP. Available at https://wedocs. unep. org/bitstream/handle/20. 500. 11822/22070/EGR_2017. pdf, accessed July 20, 2018.

UNFCCC(United Nations Framework Convention on Climate Change). 2011. The Paris Agreement. Available at https://unfccc. int/process-and-meetings/the-paris-agreement/the-paris-agreement, accessed July 23, 2018.

UNFCCC. 2013. *Afforestation and Reforestation Projects under the Clean Development Mechanism*. Bonn, Germany: UNFCCC.

USACE(U. S. Army Corps of Engineers). 2015. *Dredging and Dredged Material Management- Engineering Manual*. EM 1110-2-5-25. Washington, DC: Department of the Army.

USACE. 2017. 54. Living Shorelines. In *Nationwide Permit Summary*. 33 CFR Part 330; Issuance of Nationwide Permits-March 19, 2017. Sacramento, CA: U. S. Army Corps of Engineers-Sacramento District.

USDA(U. S. Department of Agriculture). 2014. *2012 Census of Agriculture*. Washington, DC: USDA. Available at https://www. agcensus. usda. gov/Publications/2012/, accessed June 15, 2018.

USDA. 2018. Survey and Analysis of the US Biochar Industry. Preliminary Report Draft; August 16, 2018. Available at http://biochar-us. org/sites/default/files/news-files/Preliminary％20Biochar％20Industry％20Report％2008162018_0. pdf, accessed September 24, 2018.

van Groenigen, J. W. , C. van Kessel, B. A. Hungate, O. Oenema, D. S. Powlson, and K. J. van Groenigen. 2017. Sequestering soil organic carbon: A nitrogen dilemma. *Environmental Science & Technology*, 51 (9): 4738-4739. DOI: 10. 1021/acs. est. 7b01427.

van Noort, R. , T. K. T. Wolterbeek, M. R. Drury, M. T. Kandianis, and C. J. Spiers. 2017. The force of crystallization and fracture propagation during in-situ carbonation of peridotite. *Minerals*, 7(10). DOI: 10. 3390/Min7100190.

van Wesemael, B. , K. Paustian, O. Andrén, C. E. P. Cerri, M. Dodd, J. Etchevers, E. Goidts, P. Grace, T. K. tterer, B. G. Mc-Conkey, S. Ogle, G. Pan, and C. Siebner. 2011. How can soil monitoring networks be used to improve predictions of organic carbon pool dynamics and CO_2 fluxes in agricultural soils? *Plant and Soil*, 338(1): 247-259. DOI: 10. 1007/s11104-010-0567-z.

van Wesenbeeck, B. K. , J. P. M. Mulder, M. Marchand, D. J. Reed, M. B. de Vries, H. J. de Vriend, and P. M. J. Herman. 2014. Damming deltas: A practice of the past? Towards nature-based flood defenses. *Estuarine Coastal and Shelf Science*, 140: 1-6. DOI: 10. 1016/j. ecss. 2013. 12. 031.

Vasco, D. W. , A. Rucci, A. Ferretti, F. Novali, R. C. Bissell, P. S. Ringrose, A. S. Mathieson, and I. W. Wright. 2010. Satellite-based measurements of surface deformation reveal fluid flow associated with the geological storage of carbon dioxide. *Geophysical Research Letters*, 37(3). DOI: 10. 1029/2009GL041544.

Velbel, M. A. 2009. Dissolution of olivine during natural weathering. *Geochimica Et Cosmochimica Acta*, 73(20): 6098-6113. DOI: 10. 1016/j. gca. 2009. 07. 024.

Venier, L. A. , I. D. Thompson, R. Fleming, J. Malcolm, I. Aubin, J. A. Trofymow, D. Langor, R. Sturrock, C. Patry, R. O. Outerbridge, S. B. Holmes, S. Haeussler, L. De Grandpre, H. Y. H. Chen, E. Bayne, A. Arsenault, and J. P. Brandt. 2014. Effects of natural resource development on the terrestrial biodiversity of Canadian boreal forests. *Environmental Reviews*, 22(4): 457-490. DOI: 10. 1139/er-2013-0075.

Verhoeven, E. , E. Pereira, C. Decock, E. Suddick, T. Angst, and J. Six. 2017. Toward a better assessment of biochar-nitrous oxide mitigation potential at the field scale. *Journal of Environmental Quality*, 46(2): 237-246. DOI: 10. 2134/jeq2016. 10. 0396.

Vilela, A. , L. Gonzalez-Paleo, K. Turner, K. Peterson, D. Ravetta, T. E. Crews, and D. Van Tassel. 2018. Progress and bottlenecks in the early domestication of the perennial oilseed Silphium integrifolium, a sunflower substitute. *Sustainability*, 10(3). DOI: 10. 3390/Su10030638.

Wade, T. , R. Claassen, and S. Wallander. 2015. *Conservation-Practice Adoption Rates*

451

Vary Widely by Crop and Region. EIB-147. Washington, DC: U. S. Department of Agriculture, Economic Research Service. Available at https://www. ers. usda. gov/publications/pub-details/? pubid=44030, accessed September 17, 2018.

Walsh, F. R. , and M. D. Zoback. 2015. Oklahoma's recent earthquakes and saltwater disposal. *Science Advances*, 1(5). DOI:10. 1126/sciadv. 1500195.

Wang, T. , K. S. Lackner, and A. B. Wright. 2013. Moisture-swing sorption for carbon dioxide capture from ambient air: A thermodynamic analysis. *Physical Chemistry Chemical Physics*, 15(2): 504-514. DOI: 10. 1039/c2cp43124f.

Wang, T. , W. R. Teague, S. C. Park, and S. Bevers. 2015. GHG mitigation potential of different grazing strategies in the United States Southern Great Plains. *Sustainability*, 7 (10): 13500-13521. DOI: 10. 3390/su71013500.

Ward, J. K. 2005. Evolution and Growth of Plants in a Low CO_2 World. In *A History of Atmospheric CO₂ and Its Effects on Plants, Animals, and Ecosystems*. Baldwin, I. T. , M. M. Caldwell, G. Heldmaier, R. B. Jackson, O. L. Lange, H. A. Mooney, E. D. Schulze, U. Sommer, J. R. Ehleringer, M. Denise Dearing and T. E. Cerling, eds. New York, NY: Springer New York.

Washbourne, C. -L. , E. Lopez-Capel, P. Renforth, P. L. Ascough, and D. A. C. Manning. 2015. Rapid removal of atmospheric CO_2 by urban soils. *Environmental Science & Technology*, 49(9): 5434-5440. DOI: 10. 1021/es505476d.

Waycott, M. , C. M. Duarte, T. J. B. Carruthers, R. J. Orth, W. C. Dennison, S. Olyarnik, A. Calladine, J. W. Fourqurean, K. L. Heck, A. R. Hughes, G. A. Kendrick, W. J. Kenworthy, F. T. Short, and S. L. Williams. 2009. Accelerating loss of seagrasses across the globe threatens coastal ecosystems. *Proceedings of the National Academy of Sciences of the United States of America*, 106 (30): 12377-12381. DOI: 10. 1073/pnas. 0905620106.

Wei, T. , J. Ogbon, and A. McCoy. 2001. Genetic engineering and lignin biosynthetic regulation in forest tree species. *Journal of Forestry Research*, 12: 75-83. DOI: 10. 1007/BF02867200.

Weisser, D. 2007. A guide to life-cycle greenhouse gas (GHG) emissions from electric supply technologies. *Energy*, 32 (9): 1543-1559. DOI: 10. 1016/j. energy. 2007. 01. 008.

Werner, M. , M. Verduyn, G. van Mossel, and M. Mazzottia. 2011. Direct flue gas CO_2 mineralization using activated serpentine: Exploring the reaction kinetics by experiments and population balance modelling. *Energy Procedia*, 4 (2011): 2043-2049. DOI: 10. 1016/j. egypro. 2011. 02. 086.

Werner, M. , S. B. Hariharan, A. V. Bortolan, D. Zingaretti, R. Baciocchi, and M. Mazzotti. 2013. Carbonation of activated serpentine for direct flue gas mineralization.

Energy Procedia, 37: 5929-5937. DOI: https://org/10.1016/j. egypro. 2013. 06. 519.

Werner, M., S. Hariharan, D. Zingaretti, R. Baciocchi, and M. Mazzotti. 2014. Dissolution of dehydroxylated lizardite at flue gas conditions: I. Experimental study. *Chemical Engineering Journal*, 241: 301-313. DOI: 10.1016/j. cej. 2013. 12. 057.

Werrell, C. E., and F. Femia, eds. 2013. *The Arab Spring and Climate Change: A Climate and Security Correlations Series*. Washington, DC: Center for American Progress.

West, T. O., and W. M. Post. 2002. Soil organic carbon sequestration rates by tillage and crop rotation: A global data analysis. *Soil Science Society of America Journal*, 66(6): 1930-1946. DOI: 10. 2136/sssaj2002. 1930.

White, D. 2013. Seismic characterization and time-lapse imaging during seven years of CO_2 flood in the Weyburn field, Saskatchewan, Canada. *International Journal of Greenhouse Gas Control*, 16: S78-S94. DOI: 10. 1016/j. ijggc. 2013. 02. 006.

Wilcox, J., P. C. Psarras, and S. Liguori. 2017. Assessment of reasonable opportunities for direct air capture. *Environmental Research Letters*, 12(6). DOI: 10. 1088/1748-9326/Aa6de5.

Wilcox, J., P. Rochana, A. Kirchofer, G. Glatz, and J. J. He. 2014. Revisiting film theory to consider approaches for enhanced solvent-process design for carbon capture. *Energy & Environmental Science*, 7(5): 1769-1785. DOI: 10. 1039/c4ee00001c.

Wilde, A., L. Simpson, and S. Hanna. 2002. Preliminary study of Cenozoic alteration and platinum deposition in the Oman ophiolite. *Journal of the Virtual Explorer*, 6. DOI: 10. 3809/jvirtex. 2002. 00038.

Williamson, P. 2016. Scrutinize CO_2 removal methods. *Nature*, 530(7589):153-155. DOI: 10. 1038/530153a.

Wilson, B. J., S. Servais, S. P. Charles, S. E. Davis, E. E. Gaiser, J. S. Kominoski, J. H. Richards, and T. G. Troxler. 2018. Declines in plant productivity drive carbon loss from brackish coastal wetland mesocosms exposed to saltwater intrusion. *Estuaries and Coasts*. DOI: 10. 1007/s12237-018-0438-z.

Wilson, D., C. A. Farrell, D. Fallon, G. Moser, C. Muller, and F. Renou-Wilson. 2016. Multiyear greenhouse gas balances at a rewetted temperate peatland. *Global Change Biology*, 22(12): 4080-4095. DOI: 10. 1111/gcb. 13325.

Wilson, M., and M. Monea. 2004. *IEA GHG Weyburn CO_2 Monitoring & Storage Project*. Cheltenham, Glos., UK: IEA Greenhouse Gas R&D Programme.

Wilson, S. A., M. Raudsepp, and G. M. Dipple. 2006. Verifying and quantifying carbon fixation in minerals from serpentinerich mine tailings using the Rietveld method with X-ray powder diffraction data. *American Mineralogist*, 91 (8-9): 1331-1341. DOI: 10. 2138/am. 2006. 2058.

452

Wilson, S. A. , M. Raudsepp, and G. M. Dipple. 2009a. Quantifying carbon fixation in trace minerals from processed kimberlite: A comparative study of quantitative methods using X-ray powder diffraction data with applications to the Diavik Diamond Mine, Northwest Territories, Canada. *Applied Geochemistry*, 24 (12): 2312-2331. DOI: 10. 1016/j. apgeochem. 2009. 09. 018.

Wilson, S. A. , G. M. Dipple, I. M. Power, J. M. Thom, R. G. Anderson, M. Raudsepp, J. E. Gabites, and G. Southam. 2009b. Carbon dioxide fixation within mine wastes of ultramafic-hosted ore deposits: Examples from the Clinton Creek and Cassiar chrysotile deposits, Canada. *Economic Geology*, 104(1): 95-112. DOI: DOI 10. 2113/ gsecongeo. 104. 1. 95.

Wilson, S. A. , S. L. L. Barker, G. M. Dipple, and V. Atudorei. 2010. Isotopic disequilibrium during uptake of atmospheric CO_2 into mine process waters: Implications for CO_2 sequestration. *Environmental Science & Technology*, 44(24): 9522-9529. DOI: 10. 1021/es1021125.

Wilson, S. A. , G. M. Dipple, I. M. Power, S. L. L. Barker, S. J. Fallon, and G. Southam. 2011. Subarctic weathering of mineral wastes provides a sink for atmospheric CO_2. *Environmental Science & Technology*, 45 (18): 7727-7736. DOI: 10. 1021/es202112y.

Wilson, S. A. , A. L. Harrison, G. M. Dipple, I. M. Power, S. L. L. Barker, K. U. Mayer, S. J. Fallon, M. Raudsepp, and G. Southam. 2014. Offsetting of CO_2 emissions by air capture in mine tailings at the Mount Keith Nickel Mine, Western Australia: Rates, controls and prospects for carbon neutral mining. *International Journal of Greenhouse Gas Control*, 25: 121-140. DOI: 10. 1016/j. ijggc. 2014. 04. 002.

Winjum, J. K. , S. Brown, and B. Schlamadinger. 1998. Forest harvests and wood products: Sources and sinks of atmospheric carbon dioxide. *Forest Science*, 44 (2): 272-284.

Woolf, D. , J. E. Amonette, F. A. Street-Perrott, J. Lehmann, and S. Joseph. 2010. Sustainable biochar to mitigate global climate change. *Nature Communications*, 1: 56. DOI: 10. 1038/ncomms1053.

World Bank. 2008. Rising food prices: Policy options and World Bank response. Available at http://siteresources. worldbank. org/NEWS/Resources/risingfoodprices _ backgroundnote _ apr08. pdf, accessed January 14, 2019.

Wu, H. J. , M. A. Hanna, and D. D. Jones. 2013. Life cycle assessment of greenhouse gas emissions of feedlot manure management practices: Land application versus gasification. *Biomass & Bioenergy*, 54: 260-266. DOI: 10. 1016/j. biombioe. 2013. 04. 011.

Wu, J. J. 2000. Slippage effects of the conservation reserve program. *American Journal of Agricultural Economics*, 82(4): 979-992. DOI: 10. 1111/0002-9092. 00096.

Würdemann, H., F. Möller, M. Kühn, W. Heidug, N. P. Christensen, G. Borm, and F. R. Schilling. 2010. CO_2 SINK—From site characterisation and risk assessment to monitoring and verification: One year of operational experience with the field laboratory for CO_2 storage at Ketzin, Germany. *International Journal of Greenhouse Gas Control*, 4 (6): 938-951. DOI: https://org/10.1016/j.ijggc.2010.08.010.

Xiong, W., R. K. Wells, J. A. Horner, H. T. Schaef, P. A. Skemer, and D. E. Giammar. 2018. CO_2 Mineral sequestration in naturally porous basalt. *Environmental Science & Technology Letters*, 5(3): 142-147. DOI: 10.1021/acs.estlett.8b00047.

Xu, D., D. S. Wang, B. Li, X. Fan, X. W. Zhang, N. H. Ye, Y. T. Wang, S. L. Mou, and Z. M. Zhuang. 2015. Effects of CO_2 and seawater acidification on the early stages of *Saccharina japonica* development. *Environmental Science & Technology*, 49 (6): 3548-3556. DOI: 10.1021/es5058924.

Yang, C., P. J. Mickler, R. Reedy, B. R. Scanlon, K. D. Romanak, J.-P. Nicot, S. D. Hovorka, R. H. Trevino, and T. Larson. 2013. Single-well push-pull test for assessing potential impacts of CO_2 leakage on groundwater quality in a shallow Gulf Coast aquifer in Cranfield, Mississippi. *International Journal of Greenhouse Gas Control*, 18: 375-387. DOI: https://org/10.1016/j.ijggc.2012.12.030.

York, L. M., T. Galindo-Casta. eda, J. R. Schussler, and J. P. Lynch. 2015. Evolution of US maize (Zea mays L.) root architectural and anatomical phenes over the past 100 years corresponds to increased tolerance of nitrogen stress. *Journal of Experimental Botany*, 66(8): 2347-2358. DOI: 10.1093/jxb/erv074.

Yvon-Durocher, G., J. I. Jones, M. Trimmer, G. Woodward, and J. M. Montoya. 2010. Warming alters the metabolic balance of ecosystems. *Philosophical Transactions of the Royal Society B: Biological Sciences*, 365 (1549): 2117-2126. DOI: 10.1098/rstb.2010.0038.

Zahasky, C., and S. M. Benson. 2016. Evaluation of hydraulic controls for leakage intervention in carbon storage reservoirs. *International Journal of Greenhouse Gas Control*, 47: 86-100. DOI: 10.1016/j.ijggc.2016.01.035.

Zanuttigh, B., and R. Nicholls, eds. 2015. *Coastal Risk Management in a Changing Climate*. Kidlington, Oxford, UK: Butterworth-Heinemann.

Zedler, J. B. 2017. What's new in adaptive management and restoration of coasts and estuaries? *Estuaries and Coasts*, 40(1): 1-21. DOI: 10.1007/s12237-016-0162-5.

Zeman, F. 2007. Energy and material balance of CO_2 capture from ambient air. *Environmental Science & Technology*, 41(21): 7558-7563. DOI: 10.1021/es070874m.

Zeman, F. 2014. Reducing the cost of Ca-based direct air capture of CO_2. *Environmental Science & Technology*, 48(19): 11730-11735. DOI: 10.1021/es502887y.

Zeng, N. 2008. Carbon sequestration via wood burial. *Carbon Balance and Management*, 3

(1): 1. DOI: 10. 1186/1750-0680-3-1.

Zeng, N. , A. W. King, B. Zaitchik, S. D. Wullschleger, J. Gregg, S. Q. Wang, and D. Kirk-Davidoff. 2013. Carbon sequestration via wood harvest and storage: An assessment of its harvest potential. *Climatic Change*, 118(2): 245-257. DOI: 10. 1007/s10584-012-0624-0.

ZEP(Zero Emissions Platform). 2011. *The Costs of CO₂ Storage: Post-Demonstration CCS in the EU*. Brussels: European Technology Platform for Zero Emission Fossil Fuel Power Plants.

Zhang, K. , H. Liu, Y. Li, H. Xu, J. Shen, J. Rhome, and T. J. Smith. 2012. The role of mangroves in attenuating storm surges. *Estuarine, Coastal and Shelf Science*, 102-103: 11-23. DOI: https://org/10. 1016/j. ecss. 2012. 02. 021.

Zhang, S. , and D. J. DePaolo. 2017. Rates of CO₂ mineralization in geological carbon storage. *Accounts of Chemical Research*, 50 (9): 2075-2084. DOI: 10. 1021/ acs. accounts. 7b00334.

Zhang, S. L. , J. Hu, C. D. Yang, H. T. Liu, F. Yang, J. H. Zhou, B. K. Samson, C. Boualaphanh, L. Y. Huang, G. F. Huang, J. Zhang, W. Q. Huang, D. Y. Tao, D. Harnpichitvitaya, L. J. Wade, and F. Y. Hu. 2017a. Genotype by environment interactions for grain yield of perennial rice derivatives (Oryza sativa L. /Oryza longistaminata) in southern China and Laos. *Field Crops Research*, 207: 62-70. DOI: 10. 1016/j. fcr. 2017. 03. 007.

Zhang, Y. , M. X. Zhao, Q. Cui, W. Fan, J. G. Qi, Y. Chen, Y. Y. Zhang, K. S. Gao, J. F. Fan, G. Y. Wang, C. L. Yan, H. L. Lu, Y. W. Luo, Z. L. Zhang, Q. Zheng, W. Xiao, and N. Z. Jiao. 2017b. Processes of coastal ecosystem carbon sequestration and approaches for increasing carbon sink. *Science China-Earth Sciences*, 60(5): 809-820. DOI: 10. 1007/s11430-016-9010-9.

Zhang, Y. Y. , J. Y. Xu, Y. Zhang, J. Zhang, Q. F. Li, H. L. Liu, and M. H. Shang. 2014. Health risk analysis of nitrosamine emissions from CO₂ capture with monoethanolamine in coal-fired power plants. *International Journal of Greenhouse Gas Control*, 20: 37-42. DOI: 10. 1016/j. ijggc. 2013. 09. 016.

Zhang, Z. B. , L. Lohr, C. Escalante, and M. Wetzstein. 2010. Food versus fuel: What do prices tell us? *Energy Policy*, 38(1): 445-451. DOI: 10. 1016/j. enpol. 2009. 09. 034.

Zhao, K. G. , and R. B. Jackson. 2014. Biophysical forcings of land-use changes from potential forestry activities in North America. *Ecological Monographs*, 84(2): 329-353. DOI: 10. 1890/12-1705. 1.

Zheng, H. , X. Wang, X. X. Luo, Z. Y. Wang, and B. S. Xing. 2018. Biochar-induced negative carbon mineralization priming effects in a coastal wetland soil: Roles of soil aggregation and microbial modulation. *Science of the Total Environment*, 610: 951-960.

DOI: 10. 1016/j. scitotenv. 2017. 08. 166.

Zheng, L. G., J. A. Apps, Y. Q. Zhang, T. F. Xu, and J. T. Birkholzer. 2009. On mobilization of lead and arsenic in groundwater in response to CO_2 leakage from deep geological storage. *Chemical Geology*, 268 (3-4): 281-297. DOI: 10. 1016/j. chemgeo. 2009. 09. 007.

Zhu, W. L., F. Fusseis, H. Lisabeth, T. G. Xing, X. H. Xiao, V. De Andrade, and S. Karato. 2016. Experimental evidence of reaction-induced fracturing during olivine carbonation. *Geophysical Research Letters*, 43 (18): 9535-9543. DOI: 10. 1002/2016GL070834.

Zoback, M. D., and S. M. Gorelick. 2012. Earthquake triggering and large-scale geologic storage of carbon dioxide. *Proceedings of the National Academy of Sciences of the United States of America*, 109(26): 10164-10168. DOI: 10. 1073/pnas. 1202473109.

Zorner, R. J., A. Trabucco, D. A. Bossio, and L. V. Verchot. 2008. Climate change mitigation: A spatial analysis of global land suitability for clean development mechanism afforestation and reforestation. *Agriculture Ecosystems & Environment*, 126(1-2): 67-80. DOI: 10. 1016/j. agee. 2008. 01. 014.

附录 A　委员会成员简介

斯蒂芬·帕卡拉(Stephen Pacala),主席,普林斯顿大学

　　斯蒂芬·帕卡拉博士是普林斯顿大学生态学和进化生物学"弗雷德里克·D. 皮特里教授"。目前,他是普林斯顿大学碳减排倡议的联合负责人,这是普林斯顿大学和英国石油公司之间为寻找解决全球变暖问题的方法而开展的一项合作。帕卡拉博士曾任普林斯顿环境研究所所长。他的研究涵盖了很多生态和数学主题,重点是温室气体、气候和生物圈之间的相互作用。帕卡拉博士于 1978 年获得达特茅斯学院学士学位,1982 年获得斯坦福大学生物学博士学位。他是环境保护基金的董事会成员。他获得的众多荣誉包括大卫·斯塔尔·乔丹奖和美国生态学会乔治·默瑟奖。帕卡拉博士是美国文理学院和国家科学院的成员。

马赫迪·阿尔凯西(Mahdi Al-Kaisi),艾奥瓦州立大学

　　马赫迪·阿尔凯西博士是艾奥瓦州立大学农学系土壤物理学教授。他分别于 1982 年和 1986 年获得北达科他州立大学土壤物理学硕士学位和博士学位。自 2000 年以来,阿尔凯西博士一直在艾奥瓦州立大学任教,他的研究重点是种植和耕作制度的影响,作物残留管理,覆盖作物和氮肥施用对土壤碳动力学与封存、温室气体排放及其他生态系统服务的影响。此外,他还研究了农业实践和环境因素(如天气变异性、景观空间变异性)对土壤有机碳封存,以及系统可持续性和生产力的交互作用效应。他的研究重点是开发可持续的管理实践,以改善土壤健康状况、生产力和环境服务。他为他的研究开发了实地计算器来评估土壤管理实践,如耕作制度、作物残留和作物轮作效应对土壤可持续性的影响。此外,他还为研究艾奥瓦州的土壤开发了"土壤碳指数"。

马克·A. 巴尔托(Mark A. Barteau),得州农工大学

马克·A. 巴尔托博士是得州农工大学主管研究的副校长。他在得克萨斯州农工大学工程学院化学工程系和理学院化学系担任学术职务。他曾在密歇根大学担任能源研究所所长,为 DTE 公司高级能源研究首届能源教授,并在加入密歇根大学之前,担任特拉华大学研究和战略计划的高级副教务长。他于 2006年入选美国国家工程学院。作为美国和国际组织的研究员、发明家、学术领袖和顾问,巴尔托博士拥有丰富的经验。他的研究主要关注固体表面的化学反应及其在多相催化和能量过程中的应用。他的研究得到了美国国家科学基金会、美国能源部、美国空军科学研究办公室和美国国家航空航天局的资助。巴尔托博士分别于 1981 年和 1977 年获得斯坦福大学化学工程博士学位和硕士学位。

艾丽卡·贝尔蒙特(Erica Belmont),怀俄明大学

艾丽卡·贝尔蒙特博士目前担任俄怀明大学工程与应用科学学院机械工程助理教授。贝尔蒙特博士还是贝尔蒙特能源研究小组的首席研究员。她在马萨诸塞州梅德福的塔夫茨大学获得化学工程学士学位和机械工程硕士学位,在得克萨斯大学奥斯汀分校获得机械工程博士学位。她的研究领域是燃烧、固体燃料(煤炭、生物质)、替代燃料、可再生能源和实验研究。

莎莉·M. 本森(Sally M. Benson),斯坦福大学

莎莉·M. 本森博士于 2007 年进入斯坦福大学担任教授。她在斯坦福大学担任三项职务:地球、能源与环境科学学院能源工程教授;普雷科能源研究所(Precourt Institute for Energy,这是全校的能源研究和教育中心)联合主任;全球气候与能源项目(Global Climate and Energy Project,GCEP)主任。本森博士于 1977 年获得哥伦比亚大学巴纳德学院地质学学士学位,1988 年获得加州大学伯克利分校材料科学和矿物工程博士学位。作为国际公认的科学家,本森博士负责促进跨校园的能源合作,并指导多元化研究组合的成长和发展。在加入斯坦福大学之前,本森博士在劳伦斯伯克利国家实验室工作。本森博士是地

下水水文学家和储层工程师,被认为是碳捕获和储存以及新兴能源技术方面的主要权威。2012 年,她担任由国际应用系统分析研究所协调的跨国项目"全球能源评估"的首席作者。

理查德·博德赛(Richard Birdsey),美国林洞研究中心

理查德·博德赛博士是大规模森林清查定量方法方面的专家,并率先开发了从森林清查数据中估算国家林地碳预算的方法。博德赛博士最近以"杰出科学家"的身份从美国林务局退休,目前在伍兹霍尔研究中心担任高级科学家,并担任北方研究站全球变化研究的项目经理。博德赛博士是政府间气候变化专门委员会两份特别报告的主要作者。他是第一份北美《碳循环状况报告》的主要作者,目前是指导第二份报告的科学团队的成员。他为美国气候变化的其中几项的评估做出了贡献。他曾经连续三年担任美国政府碳循环科学指导小组主席。他发表了大量关于森林管理和增加碳封存战略的文章,并促进了政策和管理决策支持工具的开发。他被美国农业部认定为是创造了碳这种新型农业商品的主要贡献者。博德赛博士是开发和实施"北美碳计划"(North American Carbon Program)的科学家团队成员,该计划是一项旨在提高量化水平并了解陆地、大气和海洋之间碳交换原因的国际行动。近年来,他一直与墨西哥和加拿大积极合作,改进监测、核查和报告,以促进气候变化缓解,重点是减少森林砍伐和森林退(reduced deforestation and forest degradation plus, REDD+),促进可持续森林管理,并改善这三个国家的森林管理。他目前正与美国林务局国家森林系统合作,对所有美国国家森林实施碳评估。

戴恩·博伊森(Dane Boysen),模块化学有限公司

戴恩·博伊森博士是模块化学有限公司(Modular Chemical, Inc.)的首席执行官。此前,他曾任回旋加速器之路(Cyclotron Road)公司的首席技术专家。该公司是由美国能源部先进制造办公室(Advanced Manufacturing Office)资助的劳伦斯伯克利国家实验室(Lawrence Berkeley National Laboratory)的一个实验室嵌入式导师项目。在加入该公司之前,博伊森博士曾是美国天然气技术研究院(Gas Technology Institute, GTI)研究业务的执行主任,在那之前,他曾

在高级能源研究计划署（Advanced Research Projects Agency-Energy，ARPA-E）担任项目总监，在那里他管理着 30 多个总额超 1 亿美元的美国最尖端的能源技术研发项目。在加入 ARPA-E 之前，博伊森博士在麻省理工学院唐·萨杜威（Don Sadoway）教授的领导下，主持了一个价值 1 100 万美元的项目，开发用于电网储能的液态金属电池。博伊森博士与人共同创立了超质子有限公司（Superprotonic Inc.），这是一家由风险投资支持的开发固体酸电解质燃料电池的初创企业。博伊森博士分别于 1999 年和 2001 年获得加州理工学院材料科学硕士学位、博士学位。博伊森博士的研究领域包括硬性能源技术的开发和商业化。

莱利·杜伦（Riley Duren），喷气推进实验室

莱利·杜伦先生是美国航空航天局喷气推进实验室地球科学和技术理事会的首席系统工程师。他于 1992 年获得奥本大学电气工程学士学位。他曾在工程和科学的交叉领域工作，曾参与包括从地球科学到天体物理学的七项太空任务。他目前的投资领域涵盖了喷气推进实验室的地球系统科学企业，以及将系统工程学科应用于气候变化决策支持。他的研究包括人为碳排放，以及与不同利益相关者合作开发与政策相关的监测系统。他是五个涉及人为二氧化碳和甲烷排放项目的首席研究员。他还与他人共同领导了有关地球工程研究、监测和风险评估的研究。他是加州大学洛杉矶分校区域地球系统科学与工程联合研究所的访问研究员，并且是纽约大学城市科学与进步中心的咨询委员会成员。

查尔斯·霍普金森（Charles Hopkinson），佐治亚大学

查尔斯·霍普金森博士是佐治亚大学海洋科学教授。霍普金森博士分别于 1979 年和 1973 年获得路易斯安那州立大学海洋科学博士学位和硕士学位。1993 年至 2008 年，霍普金森博士担任马萨诸塞州伍兹霍尔海洋生物实验室辐射安全委员会主席。霍普金森博士目前是美国湖沼学和海洋学学会以及海岸和河口研究联合会的成员。霍普金森博士目前的研究领域是流域、湿地、河口和大陆架的生物地球化学，以及气候变化和海陆耦合。

克里斯托弗·琼斯(Christopher Jones),佐治亚理工学院

克里斯托弗·琼斯博士是佐治亚理工学院化学和生物分子工程学院化学和生物分子工程的"爱之家教授"(Love Family Professor)。琼斯博士分别于1997年和1999年获得加利福尼亚理工学院化学工程硕士学位、博士学位。他于2013年11月被任命为佐治亚理工学院研究副院长。在该职位上,琼斯博士将50％的时间用于全校范围的研究管理,与学院协调管理内部资助的研究项目,主要关注与研究机构、中心和研究核心设施相关的跨学科研究工作和政策。琼斯博士主持了一个研究项目,主要关注催化和二氧化碳分离、封存与利用。

彼得·凯莱门(Peter Kelemen),哥伦比亚大学

彼得·凯莱门博士是哥伦比亚大学地球与环境科学系主席和"阿瑟·D. 斯托克教授"。凯莱门博士分别于1987年和1985年在华盛顿大学获得博士学位、硕士学位。他是美国国家科学院的成员,美国地球物理联合会、地球化学学会、欧洲地球化学协会和美国矿物学学会的会员。他是美国自然历史博物馆(American Museum of Natural History)的助理研究员,也是伍兹霍尔海洋研究所(Woods Hole Oceanographic Institute)的兼职科学家,在2004年之前,他一直担任那里的高级科学家和"查尔斯·弗朗西斯·亚当斯主席"(Charles Francis Adams Chair)之职。他在海洋和大陆地壳的成因和演化,俯冲带的化学旋回,以及地震发生的新机制方面进行了研究。他的主要研究方向是自然和工程环境中的二氧化碳地质捕获和储存以及反应驱动开裂过程,并应用于捕获和储存,地热发电,碳氢化合物提取和原位采矿。最近的研究包括了二氧化碳捕获和储存,以及矿物碳化和水合作用。

安妮·莱维塞尔(Annie Levasseur),高等技术学院

安妮·莱维塞尔博士是高等技术学院建筑工程系教授。莱维塞尔博士于2011年获得蒙特利尔理工学院化学工程博士学位,目前是联合国环境规划署环境毒理学和化学学会生命周期影响评估全球指导—全球变暖工作组的主席。在这个工作组里,国际气候和生命周期评估研究人员致力于制定气候指标在生命周期评估中使用指南。

基思·保斯蒂安(Keith Paustian),科罗拉多州立大学

　　基思·保斯蒂安博士是科罗拉多州立大学土壤与作物科学系教授,自然资源生态实验室高级研究科学家。保斯蒂安博士于 1980 年获得科罗拉多州立大学森林生态学硕士学位,1987 年获得瑞典农业科学大学系统生态学和农业生态学博士学位。保斯蒂安博士是政府间气候变化专门委员会温室气体清单工作组的协调牵头作者,并曾在许多其他涉及气候和碳循环研究的国家和国际委员会任职。他曾共同主持农业科学和技术理事会(Council on Agricultural Science and Technology,CAST)的"气候变化和温室气体减排:农业的挑战和机遇"特别工作组,并是皮尤中心关于《农业在温室气体减排中的作用》报告的主要作者。保斯蒂安博士的研究领域包括土壤有机质动力学,农田和草地生态系统碳氮循环,以及农业生物能源生产的环境影响的评估。

唐建武(吉姆·唐)[Jianwu (Jim) Tang],海洋生物实验室

　　唐建武博士是马萨诸塞州伍兹霍尔海洋生物实验室生态系统中心的副研究员。唐博士于 2003 年获加州大学伯克利分校生态系统科学博士学位。毕业后,他曾在明尼苏达大学担任研究助理,主要研究森林碳循环。唐博士目前任职于由碳循环机构间工作组(Carbon Cycle Interagency Working Group,CCIWG)资助的滨海蓝碳全球科学与数据网络指导委员会,并且是美国地球物理联合会和美国生态学会的成员。唐博士目前正在研究农业生态系统和湿地的温室气体(二氧化碳、甲烷和一氧化二氮)排放,及其对管理和干扰的反应。湿地研究评价了"蓝碳"在沿海湿地中的作用和湿地恢复对碳封存的意义。

蒂凡妮·特克斯勒(Tiffany Troxler),佛罗里达国际大学

　　蒂凡妮·特克斯勒博士是海平面解决方案中心科学主任和副主任。该中心的工作是推进知识、决策的制定和行动,以缓解海平面上升并适应其影响。她也是佛罗里达州迈阿密佛罗里达国际大学生物科学系的研究副教授。她的一些研究项目包括检查咸水泛滥对大沼泽地(Everglades)滨海湿地的影响,评估与大

沼泽地恢复相关的管理行动，并针对海平面上升提出跨学科的城市解决方案。她还与佛罗里达沿海大沼泽地长期生态研究项目合作。她是两份政府间气候变化专门委员会报告的联合编辑和特约作者，指导了管理湿地的国家温室气体清单。特克斯勒博士分别于 2001 年和 2005 年获得佛罗里达国际大学生物科学硕士学位、博士学位。

迈克尔·瓦拉(Michael Wara)，斯坦福大学法学院

　　迈克尔·瓦拉博士是斯坦福大学法学副教授。瓦拉博士在斯坦福大学法学院获得法律博士学位，在加州大学圣克鲁兹分校获得海洋科学博士学位。作为能源和环境法方面的专家，瓦拉博士的研究重点是气候和电力政策。他目前的学术研究处在环境法、能源法、国际关系、大气科学和技术政策之间的交叉领域。瓦拉博士于 2007 年加入斯坦福法学院，担任环境法研究员和法学讲师。此前，他是霍兰德和奈特(Holland & Knight)律师事务所政府实践小组的一名律师，在那里他的业务重点是气候变化、土地利用和环境法。瓦拉博士是斯坦福大学弗里曼·斯波格利国际研究所能源与可持续发展项目的研究员，斯蒂尔·泰勒能源政策与金融中心的教职研究员，以及伍兹环境研究所的中心研究员(center fellow)。

珍妮弗·威尔考克斯(Jennifer Wilcox)，伍斯特理工学院

　　珍妮弗·威尔考克斯博士是伍斯特理工学院的曼宁(H. Manning)化学工程教授。威尔考克斯博士获得了韦尔斯利学院数学学士学位和亚利桑那大学化学工程博士学位。威尔考克斯博士获得了美国陆军研究办公室(Army Research office，ARO)青年研究者奖(最佳氢分离膜设计)、美国化学学会石油研究基金青年研究者奖(燃烧烟气中汞的非均相动力学)和美国国家科学基金会教师早期职业发展奖(燃烧烟气中砷和硒的形态)。她曾在多个委员会任职，包括美国国家科学院、工程院和医学院和美国物理学会，评估二氧化碳捕获方法和对气候的影响。同她的实验室一起，威尔考克斯博士的研究兴趣是结合实验和463 理论方法来研究微量金属(汞、砷和硒)和二氧化碳的捕获与封存。

附录 B　利益冲突披露

如果相关人员与要执行的任务相关的利益存在冲突,美国国家科学院、工程院和医学院的利益冲突政策(见 www. nationalacademies. org/coi)禁止任命此人进入撰写本共识研究报告的委员会。只有当美国国家科学院确定冲突不可避免且冲突得到及时公开披露时,才允许对该禁令进行例外处理。

在成立撰写本书的委员会时,根据每个委员会成员的情况和委员会正在执行的任务,确定是否存在利益冲突。确定一个人是否有利益冲突并不是评估这个人的实际行为、性格或在利益冲突情况下客观行动的能力。

克里斯托弗·W. 琼斯(Christopher W. Jones)博士因其在全球恒温器有限责任公司(Global Thermostat LLC)的经济利益而被认定存在利益冲突。

美国国家科学院决定,委员会需要琼斯博士的经验和专业知识来完成其设立的任务。美国国家科学院找不到另一个具有同等经验和专业知识但没有利益冲突的人。因此,美国国家科学院得出结论,认为利益冲突不可避免,并通过美国国家科学院现行项目系统公开披露(见 www. nationalacademies. org/cp)。

附录 C 滨海蓝碳:大型藻类

大型藻类,俗称海藻,是一种生长迅速的水生生物。在包括美国海岸线在内的温带地区,大型藻类以海藻林的形式生长在包括美国海岸线在内的温带地区最大的林分中。与滨海湿地生境不同,大型藻类主要附着在岩石表面,不会在具有广泛根系的土壤中累积碳。据估计,82%的海藻生产力变成砂砾(Krumhansl and Scheibling,2012)。因此,碳封存只有在碳被埋在沉积物中或被输出到深海并长期封存时才会发生。大型藻类中的大部分碳被认为是通过食草作用返回到碳循环中,因此对其碳储存速率和容量的研究尚未广泛进行(Howard et al.,2017)。克劳斯·延森和杜阿尔特(Krause-Jensen and Duarte,2016)综合了深海大型藻类迁移和生长的研究数据,以粗略估计大型藻类的碳去除潜力。他们发现了碳储存的潜在机会,通过埋藏在藻床内、埋藏在大陆架、传输到混合海洋层以下和深海中进行。使用 1 521 Tg 碳/年的全球净初级生产力(net primary production,NPP)为数据,他们估计大型藻类可能会封存 173 Tg 碳/年,或每年11%的碳去除率,其中大部分被认为封存在深海中。

评估大型藻类是否能作为一种可靠的沿海二氧化碳去除方法仍然存在很大的不确定性,因为它们在全球的分布范围、可能封存的碳的比例以及碳封存可能发生的时间尺度都是未知的。基于生态系统适宜性模型的估计,全球最大的大型藻类潜在面积可能高达 5.7 亿 hm² (Gattuso et al.,2006)。影响藻类运输和封存的海洋过程尚未得到很好的了解,而这一过程可以提供更准确的自然碳封存评估。碳储存也可能取决于大型藻类的种类及其碳含量和不稳定性(Trevathan-Tackett et al.,2015)。

恢复海藻床可能会增加深海中的碳封存量。然而,漂浮在海滩上或可供食用的海带也会增加,需要了解其迁移和影响。水产养殖活动可能会受到更多限制；然而，用于封存的海藻养殖将与其潜在的食物和能源用途产生竞争。海藻水产养殖方法可以通过漂浮在水面附近的海藻床成倍地增加碳去除（Duarte et al.，2017）；然而，这些浮床不会受到相同的传输过程的支配，并且其自然封存过程尚不清楚。海藻养殖通常被认为是用作食物或能源，而不是作为一种负排放技术。现有的或恢复的海藻林分的寿命可能会受到海水变暖和海洋酸化的影响，如发芽能力下降（Gaitán-Espitia et al.，2014），但这些影响并不总是可见的，可能有物种依赖性（Leal et al.，2017；Olischläger et al.，2017；Xu et al.，2015）。海水变暖也可能导致海胆觅食增加（Nabuurs et al.，2007）。海带床为鱼类和无脊椎动物提供共同的栖息地，并减弱了波浪能量以保护海岸（Narayan et al.，2016）。

附录 D　二氧化碳通量计算

通过界面的二氧化碳通量是确定给定分离量所需物料量和所需接触面积大小的重要参数。通过界面的二氧化碳通量可由下式表示：

$$J_{CO_2} = C_i K_l E = \left(\frac{P_{CO_2}}{H} \right) K_l E \qquad \text{公式(D-1)}$$

式中：J_{CO_2} 为在溶剂情况下二氧化碳从气体到液体界面的通量，或在固体吸附剂情况下从气体到孔隙界面的通量。C_i 为界面处二氧化碳的浓度。对溶剂来说，是亨利定律的溶解度；对固体吸附剂来说，它可以是基于亨利定律估计方法的材料平衡容量。H 为亨利定律常数，单位为标准大气压·立方厘米/摩尔(atm·cm³/mol)。P_{CO_2} 为二氧化碳分压。K_l 为质量传递系数。对于溶剂，是液相质量传递系数；对于固体吸附剂或矿物，可以是有效的质量传递系数，基于系统中存在的所有主要的扩散阻力[详见鲁斯文（Ruthven, 1984）]，即颗粒上的水、大孔扩散等。E 为增强因子，只有当化学反应发生时才会出现。

为简单起见，也为了展示与适度稀释系统（煤废气）相比，对于极度稀释系统（空气）的二氧化碳分离工艺的独特要求，在接下来的讨论中仅考虑基于溶剂的分离。根据反应物浓度和化学反应速率，可以计算出化学反应溶剂的增强因子 E。例如，反应可能瞬间发生，意味着二氧化碳会在界面处反应，表明与二氧化碳反应的碱的浓度远高于界面处的二氧化碳。在这种情况下，$E = E_i$，使得

$$E_i = 1 + \frac{D_B C_B}{zD C_i} \qquad \text{公式(D-2)}$$

式中：D_B 等于碱的扩散率；C_B 是碱的浓度；z 是化学反应中碱的化学计量系数；D 是二氧化碳扩散率；C_i 是界面浓度处二氧化碳的浓度。

到目前为止，大多数溶剂不会与二氧化碳瞬时发生反应，而是符合快速准一

级反应,在这种情况下,

$$E = \sqrt{DK\,C_B} \qquad\qquad 公式(D\text{-}3)$$

式中:k 为化学反应的速率。在这种情况下,公式(D-1)可重写为

$$J_{CO_2} = \left(\frac{P_{CO_2}}{H}\right)k_l\,\sqrt{DKC_B} \qquad\qquad 公式(D\text{-}4)$$

这代表了目前已知的大多数溶剂在气液界面上的二氧化碳通量。

图 D-1 显示了界面浓度与 P_{CO_2} 和 H,或空气捕获(顶部)以及天然气和燃煤电厂烟气(底部)的函数关系。为了说明稀释对二氧化碳通量的影响,以胺类溶剂为例,对于空气捕获,C_i 约为 10,而对于燃煤烟气,在浓度约 2 500 mol/cm³ 时,C_i 约为空气捕获时的 C_i 的 250 倍。根据通量方程,意味着在空气捕获的情况下,为了提高穿过气体—吸附剂界面的二氧化碳通量,$K_l E$ 的乘积必须为 250。质量传递系数最多变化 10 倍。质量传递系数 K_l 取决于接触空气和吸附剂的工艺参数。例如,空气可通过涂覆填料或气泡与吸附剂相互作用。此外,空气流经溶剂的方式,即交叉流与逆流,会影响此参数。增强因子主要取决于二氧化碳和与之结合的化学品之间反应的速率常数。因此,具有速率常数大于 25 倍的化学品与允许质量传递系数最大化的工艺相结合,有可能产生相当于更浓缩的燃煤烟气排放的空气捕获通量。空气捕获通量不一定要与烟道气的通量相匹配才能成功,但是以这种方式改进材料可能导致更具竞争力的成本,因为资本支出肯定会随着所需分离装置的减少而降低。因此,开发新的化学成分从而提高与二氧化碳的化学反应速率可能是未来研究关注的中心。在二氧化碳浓度较高的情况下,这些新的化学成分也可以在提高二氧化碳通量方面发挥作用。

470

第一节　固体吸附剂系统

为了评估采用吸附作为分离技术的通用的、假想的空气捕获工艺的界限,采用了辛哈等人的研究(Sinha et al.,2017)中概述的方法。这种方法已经应用于各种场景以得出分离工艺的总成本,它对整个工艺的每一个步骤采用质量和能量平衡,计算能量需求,然后评估必要的资本设备的费用。

在所采用的分析中,在物理真实值范围内定义了一组关键参数,并根据这些参数计算其他关键参数(图 D-2)。然后使用逐步法来计算工艺能量和成本。

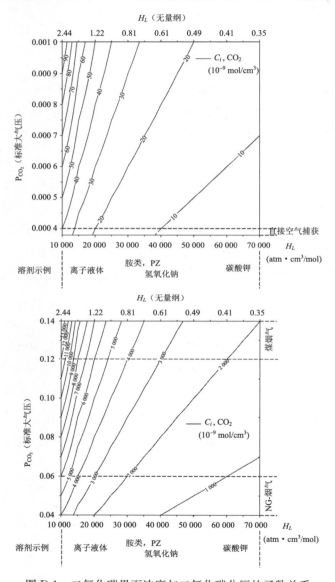

图 D-1 二氧化碳界面浓度与二氧化碳分压的函数关系

注:在 0.000 4～0.001 atm(顶部)和 0.04～0.14 atm(底部)之间,亨利常数在 10 000～70 000 atm · cm³/mol 之间,跨越离子液体到碳酸钾。

资料来源:威尔克斯克等(Wilcox et al.,2014)。

　　第一步,接触器:定义了吸附剂比率、吸附剂购买成本和吸附剂寿命。接触器是提供高表面积气体—固体接触的结构,而吸附剂是结合二氧化碳的化学剂。根据这些值,可以确定吸附剂和接触器的成本。在吸附剂和接触器相同的极限情况下,接触器的成本为零。这种情况在这里没有特别考虑。

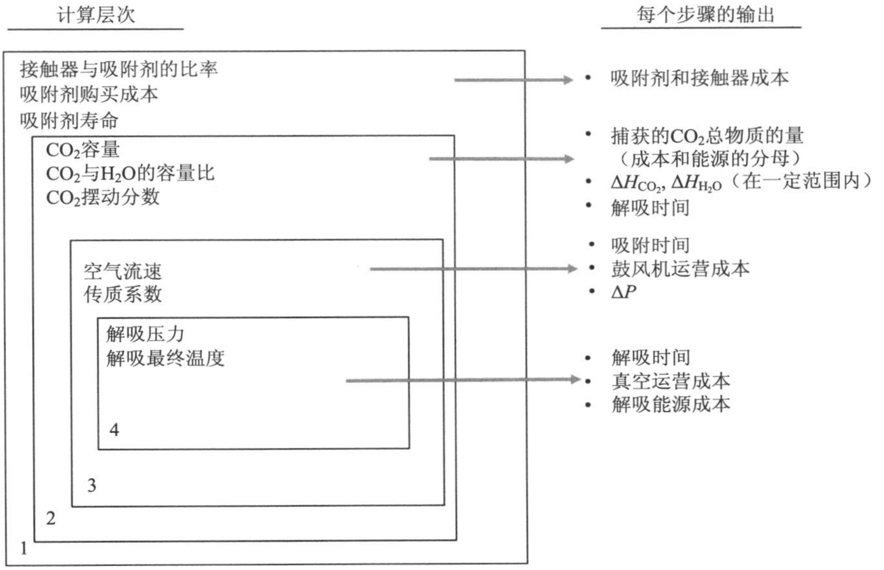

图 D-2　通用吸附剂空气捕获工艺的能量成本和工艺经济性计算方法

　　第二步,定义了二氧化碳总容量、二氧化碳和水的容量比,捕获的二氧化碳解吸和收集的产物分数(二氧化碳变化容量)。上述内容定义了捕获的二氧化碳的总物质的量,这是成本和能量分母中的一个关键参数:还定义了二氧化碳的吸附热,限制在一定范围内(ΔH_{CO_2})。解吸时间也进行了定义,基于以 100℃饱和蒸汽为传热介质,通过冷凝传递热量的瞬态能量平衡计算。在这些计算中,模型设想了蒸汽与吸附剂直接接触,为解吸提供浓度和热驱动力。在该方法中,吸附剂迅速达到吸附水的准稳态容量,在蒸汽后变成水合状态,在接下来的吸附步骤中,暴露在通过材料吹气的风扇下,通过蒸发冷却发生一些水解吸。基于水的迁移速率,计算蒸发的水损失,这样传热就足以根据吸附剂或接触器系统的显热需求,将吸附剂或接触器系统减少到初始条件(Jeong et al.,2010)。这对于重新初始化系统以进行下一个吸附步骤是必要的。考虑到直接蒸汽传热方法的吸附剂表面吸附的水含量较高,因此估计在该气体—固体接触策略下,每个吸附循环从空气中吸附的水量最少。相比之下,在实践中部署了另一种策略,即热量是间接传递的,而且蒸汽不直接接触吸附剂。这种替代方法提供的传热率可能较低,但能更好地保护吸附剂,使其免受直接蒸汽接触可能造成的降解。这种方法还会从空气中的湿气中提取更多的水。没有试图对每个已知过程进行建模,而是使用具有代表性的、通用工艺来估算能源和成本。

第三步,通过考虑速度、接触器长度和接触器通道半径计算压降。通过速度计算质量传递系数。质量传递系数是一个总参数集,它解释了所有潜在的质量传递阻力,包括薄膜阻力、大孔阻力以及微孔阻力。吸附时间取决于质量传递系数、压降和速度。根据这些参数,可以确定鼓风机或风扇的运营成本。

表 D-1　固体吸附剂直接空气捕获的下限和上限成本计算所用参数

		下限/上限
工艺参数	吸附剂采购成本(美元/kg)	15/100
	吸附剂寿命(年)	0.25/5
	吸附剂总容量(mol/kg)	0.5/1.5
	解吸摆动能力	0.75/0.9 SCmax
	二氧化碳与水的比例	1:2/1:40
	解吸压力(bar)	0.2/1
	最终解吸温度(K)	340/373
热能输出	MJ/mole	0.08/0.85
	GJ/t CO_2	1.85/19.3
	kW·h/t CO_2	514/5 367
电能输出	MJ/mole	0.003/0.167
	GJ/t CO_2	0.08/3.79
	kW·h/t CO_2	20/1 055
成本	美元/t CO_2	14/1 065

注:能量消耗与上限和下限工艺配置相关支出。

第四步,解吸压力在一定范围内变化,并且接触器或吸附剂材料的最终吸解温度被类似地界定。如上所述,以 100℃的饱和蒸汽作为传热介质进行瞬态传热计算,并确定最终解吸温度,计算解吸时间。该步骤的其他输出包括真空运营成本以及解吸能量成本(蒸汽成本)。

计算过程和每个步骤的输出如图 D-2 所示。参数变化范围见表 D-1。

这里概述了导致下限和上限成本的条件。如上所述,结合所有最有利参数的组合表明,使用实际物理参数,可以估算出低至 18 美元/t 二氧化碳的假设成本。上限成本(1 060 美元/t 二氧化碳)则不是真正的上限,因为部署高成本直接空气捕获的方法有无数种。术语"上限"仅表示计算中考虑范围的上限。委员会认为,尽管没有物理界限阻止直接空气捕获成本下降到 100 美元/t 二氧化碳以下,但下限成本实际上无法实现。

第二节　溶剂基系统可再生路径

我们考虑了使用 100% 可再生能源来计算空气捕获成本的两种途径:

①来自可直接使用的光伏和电池储存的电力;②来自用于电解的光伏的电力(图 D-3,表 D-2),然后是第五章详细描述的氢气储存。在这些低碳场景中,由于太阳能和地热的温度限制,无法达到所需的 900℃ 煅烧温度,因此并没有考虑。然而,应该指出的是,诸如集中功率塔(DOE,2013)和替代核设计(Harvey,2017)等技术正在出现,这些技术涉及高温气冷反应堆,可能是将低碳路线整合到需要高温再生的空气捕获方法的合适途径。

第三节　第二定律效率计算

如上所述,在此给出使用固体吸附剂的工艺从大气中分离二氧化碳的第二定律效率计算方式。

475

$$\eta = \frac{W_{min}}{W_{DAC}} \qquad 公式(D-5)$$

式中:W_{min} 为两种理想气体分离所需的最小理论能量。

$$W_{DAC} = \sum_{in} W + Q_{in}\left[1 - \frac{T_0}{T_{utility}}\right] - \sum_{out} W - Q_{out}\left[1 - \frac{T_0}{T_{utility}}\right]$$

公式（D-6）

这一估计表明，使用固体吸附剂并在近环境条件下，使用低温热能操作的空气捕获工艺可能具有惊人的效率。尽管源气体被高度稀释，但针对环境二氧化碳进行适当设计和优化的工艺能够以意想不到的效率实现分离。有关计算效率，参见第五章。

表 D-2 与使用光伏＋储存的液体溶剂空气捕获相关的经济成本

资本支出	成本（百万美元）	注评
接触器阵列	150～250	下限：霍姆斯和基思（Holmes and Keith，2012）的 10 个空气接触器阵列的预期成本，基于 75％的最佳捕获比例和 6～8 m 的床深； 上限：在高捕获率（90％以上）和较深填充床下系统的缩放成本，学习成本因子为 1.5 倍
消解器/苛化器/澄清器	130～195	下限：资本成本取自索克洛等（Socolow et al.，2011）的报告，并调整为 2016 年美元价格； 上限：1.5 倍因子，用于说明新技术。虽然钙回收循环在纸浆和造纸工业中已经成熟并得到了很好的研究，但学习成本可能会与整合到直接空气捕获系统中有关
电热煅烧炉	270	下限：来自工业来源的氧烧炉报价，其中 4.5 倍因子用于将界区内的设备成本换算为全部成本；假设了下限估计值，因为这可能低于氧烧炉或氢烧炉，因为电烧炉在商业上是可行的。假设效率为 80％
资本支出小计	550～715	
年度资本支出（百万美元/年）	62～80	假设工厂寿命为 30 年，固定支出系数为 0.112 78（Rubin et al.，2007）

476

运营成本	成本（百万美元）	注评
维护	23～40	范围按总资本要求的 0.03 计算
人工	7～12	范围按维护成本的 0.30 计算

续表

运营成本	成本(百万美元/年)	注评
补给［Ca（OH）$_2$、H$_2$O、KOH］和废物清除	5～7	下限:假设 500 美元/t KOH,250 美元/t Ca(OH)$_2$,0.30 美元/t H$_2$O,260 美元/t 废物清除(Rubin et al.,2007); 上限:对补充运营成本使用 1.5 倍因子
光伏＋电池	294～389	"光伏＋储存"的平准化能源成本为 92 美元/(MW·h)(Lazard,2016)。假设总资本成本约为 3 900 美元/kW(包括光伏和电池储能)。假设直接电力需求为 21～27 kJ/mol CO$_2$。假设电窑和电加热器的效率为 80%,则需要 485～643 kJ/mol CO$_2$的热能需求
运营支出小计	329～448	
成本＝净去除二氧化碳成本［美元/(t CO$_2$·年)］[a]		
光伏＋电池	391～528	

a. 基准＝1 Mt 二氧化碳。

477

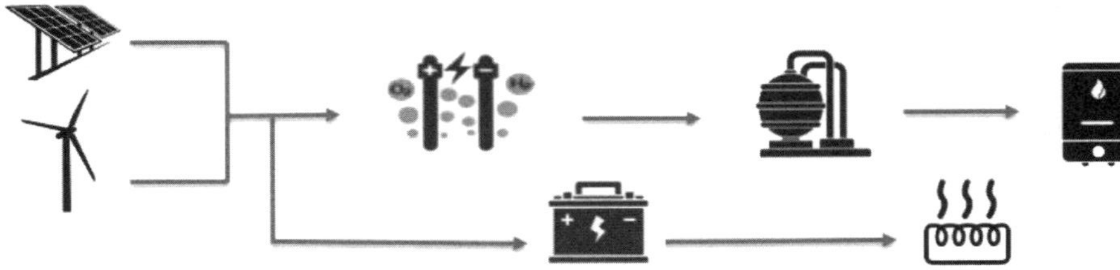

图 D-3　考虑满足空气捕获热需求的两条路径:(1)氢气的电解,储存并用于氢气燃烧窑(顶部);(2)可再生能源电子的电池储存,用于直接电加热的电窑

478

附录 E　碳矿化

第一节　"通用"异位矿物碳化的能源预算

　　本节重点介绍一个通用异位矿物碳化过程中的能源使用，其中将检查以下步骤的能量和材料的输入与输出：萃取、反应物输送、预处理、化学转化、后处理、产品运输和再利用或处置。因为碱度来源有很多种（岩石和工业废料），可能的反应条件也多种多样（例如，升高的温度和压力），所以首先笼统地给出所有计算，然后将其应用于 155 bar 和 100 bar 下橄榄石碳化的案例[①]。图 E-1 提供了这一过程的总体方案。

第二节　萃取、反应物输送和预处理

　　储存在天然形成的硅酸盐沉积物中的碱度可以通过采矿、分离、破碎成一定尺寸的颗粒，并根据到源头的距离通过卡车或铁路运输用于现场碳化[②]。因为与矿物开采相关的钻孔、爆破、挖掘和运输活动因采石场位置而不同，能源消耗预计将介于低强度和高强度开采之间（97.0～360.9 MJ/t）（Kirchofer et al.,

---

[①]　这与异位矿物碳化的发展相一致，即在含水介质中与天然矿物发生单步、高温、高二氧化碳反应（二氧化碳与干燥的岩石接触很快就被证明是行不通的）。预期这样的过程使用纯二氧化碳气体。最近，提出了多级萃取方法。一些过程产生氢氧化镁，可以在较低（可能是常压）的二氧化碳分压下反应。这里的区别很重要，如果使用直接单步矿物碳化，则需要气体净化步骤。如果使用多级萃取方法，则有可能避免预气体净化。

[②]　假设运输需要超过 60 mile（单程），则需要铁路运输。

2012)。基于来自煤炭和天然气的电力,导致处理后的排放量分别为 0.02～0.08 t 二氧化碳/t 二氧化碳和 0.013～0.05 t 二氧化碳/t 二氧化碳[①]。

　　另一个碱度来源以工业废料副产品[例如,水泥窑粉尘(cement kiln dust,CKD)、钢渣和粉煤灰(fly ash,FA)]的形式存在。这些废料的碳化代表了可靠碳储存的机会,同时也处理了原本需要处理的工业废料。此外,工业制造产生的废料可能会填补利基场景,即出于距离的考虑,碎橄榄石或蛇纹石的运输成本过高,处理和收集工业碱度所需的能量约为上述天然矿物萃取案例的 50%(Kirchofer et al.,2012)。

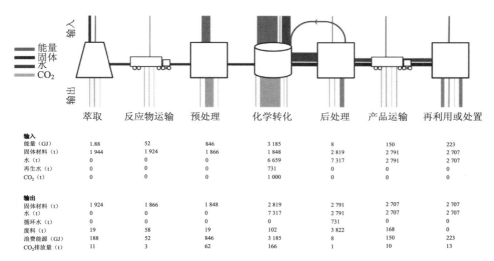

	萃取	反应物运输	预处理	化学转化	后处理	产品运输	再利用或处置
输入							
能量(GJ)	1.88	52	846	3 185	8	150	223
固体材料(t)	1 944	1 924	1 866	1 848	2 819	2 791	2 707
水(t)	0	0	0	6 659	7 317	2 791	2 707
再生水(t)	0	0	0	731	0	0	0
CO₂(t)	0	0	0	1 000	0	0	0
输出							
固体材料(t)	1 924	1 866	1 848	2 819	2 791	2 707	2 707
水(t)	0	0	0	7 317	2 791	2 707	2 707
循环水(t)	0	0	0	0	731	0	0
废料(t)	19	58	19	102	3 822	168	0
浪费能源(GJ)	188	52	846	3 185	8	150	223
CO₂排放量(t)	11	3	62	166	1	10	13

图 E.1　基于 1 000 t 二氧化碳/d 的碳化速率和在 155 bar 与 100 bar 下使用橄榄石原料的
异位矿物碳化过程的物质和能量流

资料来源:科奇弗等(Kirchofer et al.,2012)。

　　可以认为运输源头是不变的,并且被报告为将 1 t 反应物材料移动超过 1 mile 所需的能量。使用 2.68 kg 二氧化碳/L 标准柴油转化率,并假设运输过程中 3% 的材料损失,通过卡车和铁路运输分别产生 0.11 kg 二氧化碳/(t·mile)和 0.03 kg 二氧化碳/(t·mile)。或者,在某些情况下,可以在固体反应物

①　假设材料损失为 1%。

的来源(矿山尾矿、采石场、碱性废料场)以非常低的运输成本进行异位矿物碳化
(Moosdorf et al.,2014),如通过在源头建造直接空气捕获装置。

　　在化学转化前的最后一步,原料必须被研磨,以将输入颗粒尺寸(约 10 000
μm)减小到适合高效转化的输出尺寸(4~2 000 μm)。研磨的电功是原料粒度
的通过粒度(I)按 80% 的颗粒能通过的标准筛孔尺寸表示的粒度和所需粒度
(O)的函数,单位为 μm:

$$W_g = 10 W_i \left(\frac{1}{\sqrt{O}} - \frac{1}{\sqrt{I}} \right) \qquad 公式(E\text{-}1)$$

式中:W_i 是材料的邦德的工作指数(Bond's work index)[①](Gupta et al.,2006)。
使用橄榄石的工作指数值时,使用来自燃煤和天然气发电厂的电力分别得到
2.0 kg 二氧化碳/t 和 1.0 kg 二氧化碳/t。

第三节　　化学转化

　　在二氧化碳的转化过程中,碱度必须通过预处理原料的溶解被释放出来,然
后加热并与反应物混合以沉淀稳定的碳酸盐。在此过程中的耗水量估计为
6.7 t水/t 处理的二氧化碳(Kirchofer et al.,2012)减去 0.73 t 水/t 从后续处理
回收中处理的二氧化碳,产生 5.9 t 水/t 二氧化碳的净耗水量。输送和回收水
进行化学转化的能耗估计为 4.66 MJ/t 二氧化碳,而使用煤炭和天然气发电则
分别产生 1.0 kg 二氧化碳/t 二氧化碳和 0.6 kg 二氧化碳/t 二氧化碳。

　　反应物混合所需的能量由混合功率 P_m 确定:

$$P_m = N_p \rho N^3 D^5 \qquad 公式(E\text{-}2)$$

式中:N_p 是能量数(本例中为 3.75);ρ 是混合物密度;N 是叶轮速度(0.6

---

　　① 钢渣、水泥窑粉尘、粉煤灰、橄榄石和蛇纹石的 W_i =每千吨 12.00(kW・h)、13.49(kW・h)、
13.39(kW・h)、11.31(kW・h)和 11.61(kW・h)。

rps[①];D 是叶轮直径,取反应器槽直径的 1/3[②]。因此,总能量取决于反应速度,其中二氧化碳碳化的速率被认为是有限的。这里假设碳化的速率取决于碱性原料的溶解,而非二氧化碳进入液相的传质。

需要热量输入以使反应物(包括水)达到反应温度,外加补偿反应器容器热损失的任何额外能量。前者是根据所需的比热容和温度变化计算得出的:

$$q = mCp\Delta T \qquad\qquad 公式(E-3)$$

然而,由于相关反应是放热的,因此实际上降低了该加热反应的热量需求[③]。假设来自不锈钢罐的热通量(ϕ_q)等于到周围环境的热通量,并从下式计算:

$$\phi_q = h(T_o - T_a) + \varepsilon_1\sigma(T_o^4 - T_a^4) \qquad\qquad 公式(E-4)$$

式中:h 为对流系数[在本例中为 20 W/(m² · K)];ε_1 为反应罐绝缘材料的发射率(矿物纤维为 0.050);σ 为斯蒂芬-波尔兹曼(Stefan-Boltzman)常数;T_o 和 T_a 分别为反应罐外表面和周围环境的温度。

考虑到需水量、反应物的混合和反应温度的维持等因素,在 155 bar 下,橄榄石化学转化所需的总能量为 3.185 GJ/t 处理的二氧化碳,或基于来自煤和天然气的功率分别为 0.70 t 二氧化碳和 0.43 t 二氧化碳的额外排放。

第四节 后处理、产品运输、再利用或处置

转化后的固体碳酸盐产物必须经过澄清以去除并回收水,然后通过液体旋风分离器、离心过滤或串联组合进行分离。分离后,产物作为骨料运输再利用,或作为矿山回填物进行处理。

在后处理中,假定材料损失为 5%。假定有澄清、液体旋风分离和离心过滤

---

① 1 rps=2π rad/s。

② 考虑两个反应器罐:①用于环境压力转化(直径 10 m,体积 785 m³),②用于高压转化(直径 2 m,体积 27 m³)。

③ 碳化的标准反应热对于工业来源的碱度是-179 kJ/mol,对于橄榄石是-88 kJ/mol,对于蛇纹石是-35 kJ/mol。

等处理流程来计算能量需求。在第一步中,从 0.1 wt%～35 wt% 的固体产物混合物中澄清 75%～80%(v/v)的水。澄清功率 P_{cl} 的计算方法如下:

$$P_{cl} = C_{cl}D^2 \qquad 公式(E-5)$$

其中,系数 C_{cl} 取 0.004 5;反应罐澄清槽直径 D 取 25 m[①],容积流量假定为 0.20 m³/s。

澄清后,将产物混合物送入液体旋流器工艺以产生 30 wt%～50 wt% 的固体混合物。该步骤的功率要求是体积流量(q_v)的函数:

$$P_{lc} = C_{lc}q_v \qquad 公式(E-6)$$

其中,系数 C_{lc} 取 200[②] m³/s 和 0.075 m³/s。将该混合物通入离心过滤器进行额外处理,以产生 80 wt%～95 wt% 的固体混合物。此步骤中的功率需求是固体物质输入速率(q_m,kg/s)的函数:

$$P_{cf} = C_{cf}q_m \qquad 公式(E-7)$$

其中,系数 C_{cf} 取 16.5,体积流量为 0.076 m³/s。后处理的总功率需求为 8 MJ/t 碳化的二氧化碳,与碳化链中的其他步骤相比,其产生的碳足迹可以忽略不计。

产品运输类似于反应物输送,能源需求的计算使用与反应物输送相同的燃料经济性。然而,总产品质量大于每吨碳化的二氧化碳的总反应物质量(在橄榄石碳化的情况下,质量增加约 44%),因此,预计产品运输的平准化排放将大于反应物运输的排放。

若处理过的材料被重复使用,则有必要量化在替代骨料产品中节省的排放量。在这里,与中等强度的采矿和碎石灰石开采相关的生命周期能量,是碳酸盐作为骨料再利用所节省能量的一般性表示(Kirchofer et al.,2012)。这相当于 97 MJ/t 的能源值,或煤炭和天然气的二氧化碳排放量分别为 21 kg 和 13 kg。相反,如果处理过的碳酸盐作为回填物进入露天矿进行处置,那么能源成本可以假定为低强度采矿的 50%。

异位矿物碳化系统的总成本比原位系统成本高一个数量级(表 E-1)。美国国家科学院、工程院和医学院之前研究的一项基于科奇福等人(Kirchofer et

---

① C_{cl} 的典型值范围为 0.003～0.006,典型的澄清池直径为 2～200 m。

② C_{lc} 的典型值范围为 100～300;C_{cf} 的值范围为 3～30,而 q_v 的值范围为 0.002～0.015 kg/s。

al.,2012)提出的例子,检查了矿物碳化的成本,并获得了 1 000 美元/t 可靠储存的二氧化碳的结果(NASEM,2016)。主要的资本因素涉及将二氧化碳化学转化为稳定矿物形式的反应器,而主要的运营成本涉及向设施输送碱度。如果异位矿物碳化的设施能够充分利用当地的碱度资源,就可以降低后一种成本。尽管对工业废料处理的全生命周期分析表明,这些工艺的碳密集度远高于涉及天然硅酸盐矿物的开采、运输和研磨工艺(即每 1 000 t 可靠封存的二氧化碳会减少 200~500 t),但由于废物处理,这些工艺可能会获得更多公众支持(Kir-chofer et al.,2012)。

483

表 E-1　与通过异位矿物碳化可靠储存相关的经济成本

资本支出	成本（百万美元）	注评
研磨	44	根据休金等人（Huijgen et al.，2007）的估算。假设两合研磨机连续运行：①圆锥破碎机；②球磨机，以达到约 10 μm 的粒度
反应堆容器	2700	根据休金等人（Huijgen et al.，2007）的估算。假设 a 型反应堆。假设 150 个反应堆罐可靠储存 2 778 t CO_2/d 所需的材料量［见科奇弗尔等人的研究（Kirchofer et al.，2012）］容量为 780 m³，需要约
过滤系统	30	根据休金等（Huijgen et al.，2007）的估算。假设旋转筒式滚转真空过滤机过滤面积为 50 m²，每天可回收集 8.8 m³ 的滤液
资本支出小计	2774	
年化资本支付（百万美元/年）	313	假设工厂寿命为 30 年，固定支出系数为 0.112 78（Rubin et al.，2007）

运营成本	成本（百万美元/年）	注评
维护	83	范围按总资本要求的 0.03 计算
人工	25	范围按维护成本的 0.30 计算
燃料总量（煤，天然气，电）	140	所有步骤的集体能源成本，包括采矿、预处理和后处理、化学转化、运输和处置。不包括与 CO_2 捕获、压缩和运输相关的能源成本。不包括运输的石油成本，该成本已计入运输成本为 50 美元/吨，以及压缩和运输相关的能源成本。不包括运输的石油成本为 3 美元/GJ，阿巴拉契亚中等硫煤成本为 50 美元/吨，高热值为 31 GJ/t（Rubin et al.，2007），以及 60 美元/（MW·h）的电力成本
碱度输送	250	假设碱度交付成本为 250 美元/t CO_2 固定值。成本反映了采矿和卡车运输的距离（>100 km）或在铁路起点在矿物碳化场地的地方，铁路成本可能会更低
捕获、压缩和输送纯二氧化碳	40~70	反映通过管道捕获，压缩和运输的成本（假设 250 km）。各种点源存在范围［例如，超临界煤粉（supercritical pulverized coal, SCPC）与天然气联合循环（natural gas combined cycle, NGCC）］，总共使用的平均值为 55
运营成本小计	553	
平准化成本ᵃ［美元/(t CO_2·年)］	866	
避免成本ᵇ［美元/(t CO_2·年)］	1 170	

a. 平准化基础＝1 Mt 二氧化碳。

b. 平准化基础＝0.74 Mt 二氧化碳（Kirchofer et al.，2012）。

附录 F 地质封存

第一节 压缩、运输和注入二氧化碳的能量需求和成本

本附录计算了压缩捕获的二氧化碳,将其输送到封存地点,并将其注入深层沉积层所需的能量需求和成本。它还提供了向橄榄岩或玄武岩中试验性注入二氧化碳的时间线和成本(表 F-3)。

第二节 在捕获装置处的压缩

在从烟道气、空气或一些其他来源中分离出二氧化碳之后,富含二氧化碳的流体必须脱水并压缩到适合运输的水平,对于管道而言,压力通常高于 10 MPa,以确保维持超临界相并克服摩擦损失。压缩功率 W_c 计算如下:

$$W_c = \frac{ZRT_1}{M} \cdot \frac{N_\gamma}{\gamma - 1}\left[\left(\frac{P_2}{P_1}\right)^{\gamma - 1/N\gamma} - 1\right] \qquad \text{公式(F-1)}$$

式中:Z 是压缩系数(0.994 2);T_1 是入口温度(313.15 K);R 是理想气体常数 [8.314 5 J/(mol·K)];M 是二氧化碳的摩尔质量(44.01 g/mol);N_γ 是压缩级数(4);γ 是比热容比(1.293 759);P_1 和 P_2 分别是入口压力和出口压力(0.101 325 MPa 和 11 MPa)(Damen et al.,2007)。基于这些参数,并假设等熵效率为 80%,用于压缩的电功等于 400 MJ/t 二氧化碳,或分别使用煤和天然气发电压缩每吨二氧化碳,排放 0.09 t 二氧化碳和 0.055 t 二氧化碳。建造和拆除压缩设备和基础设施的材料要求小得可忽略不计,在此分析中可忽略。

第三节　管道运输

在估算二氧化碳管道的碳足迹时,有三个因素需要考虑:①建筑所用材料(包括将这些材料运输到建筑工地和使用周期结束后的拆除)的隐含能量;②与沿管道长度驱动二氧化碳泵以保持压力所需的电力相关的间接排放;③在管道生命周期内,与二氧化碳泄漏和损失有关的无组织排放。所有计算均假设管道长度为 10 mile,并且所有相关组件预计将针对更长的管道进行线性缩放[①]。这些计算中使用的尺寸足以输送 10 Mt 二氧化碳/年。

(1)材料、施工和拆除。管道建设的主要材料要求包括 31 200 t 砂和 7 680 t 钢(Koornneef et al.,2008)。钢中的隐含能量为 11 254 MJ/t(Kirchofer et al.,2012),因此,当使用的能源分别来自煤炭和天然气时,每 10 mile 的管道段产生的二氧化碳排放量分别为 0.02 Mt 和 0.012 Mt[②]。预计砂的收集和处理相对于运输需要的能量较小,因此可忽略不计。将所有材料运输到施工现场需要 2.26×10^6(t·mile)的材料运输。假设低热值柴油的能量密度为 35.9 MJ/L,碳强度为 102.82 g/MJ,这种材料可以通过重型卡车运输,排放率为 0.11 kg 二氧化碳/(t·mile),或每 10 mile 管道段排放 249 t 二氧化碳。施工过程中每 10 mile 路段消耗的能量估计为 53 000 GJ 柴油(Koornneef et al.,2008)。使用上述相同的能量密度和碳强度会额外产生 5.4 kt 二氧化碳的排放量。

管道使用寿命达到 30 年后,所有材料都必须拆除并运离现场。这里假设 50% 的材料留在地下,50% 被拆除并运走(Koornneef et al.,2008)。假设拆除能量为 11.1 MJ/t(Phua,2009),并且运输需求相当于施工所需能量的 50%,则管道拆除过程中会额外排放 0.15 kt 二氧化碳。

　(2)管道压缩。根据美国能源部化石能源(DOE Fossil Energy)与国家能源技术实验室的二氧化碳传输模型(NETL,2018)计算出克服管道长度压力损失[③]

---

① 例如,如果 10 mile 段需要 80 000 t 钢,那么 50 mile 段需要 400 000 t 钢。

② 分析假设使用原钢。对二次钢的调整可能假设隐含能量为 7 230 MJ/t。

③ 假设输入压力为 11 MPa,输出压力为 10.7 MPa。

的最佳泵数量。对于标称直径为 30 in[①] 的 10 mile 管道段,两个压缩泵($\eta=0.75$)相距 3.3 mile,总共需要 8 379(MW·h)/年才能运行。这一压缩工作每年增加 6.6 kt 和 4.1 kt 的二氧化碳排放,或在管道的整个生命周期内分别使用来自煤炭和天然气的能源,会增加 198 kt 和 123 kt 的二氧化碳排放。压缩泵的数量不会像材料那样完美地线性扩展,应该使用管道模型(如 FE/NETL 模型)来评估给定长度和所需压力下最佳的泵数量。

(3)无组织排放。在压缩和运输过程中,由于系统泄漏,会损失一小部分二氧化碳。使用政府间气候变化专门委员会(IPCC,2006)提供的无组织排放计算指南,估计每年损失 3.74 t 二氧化碳/mile,或在管道生命周期内,每 10 mile 段损失 1.12 kt 二氧化碳。

第四节　注入

本节概述了二氧化碳注入的碳足迹,最终目标是将其在地下永久封存[②]。该链条涉及注入井的建造以及压缩和注入能量,以向地下每年泵送约 7.3 Mt 二氧化碳[③],与材料相关的排放(隐含能量)运输到施工现场的假设与上文"管道运输:材料、施工和拆除"中所述的假设相同。注水井生命周期处理的一个关键区别是,注水井在 30 年的使用寿命后被废弃,因此,项目拆除和处置不会产生任何排放。

(1)材料与施工。一个 7.3 Mt/年的注入项目大约需要 6 口井,每口井长 1.86 mile。通过减少(或增加)井的数量可以实现更小(或更大)的容量。本节中概述的计算需相应地按比例调节。建造井所需的材料包括 712 000 t 砂、11 900 t 钢和 25 111 t 混凝土,会导致 46 452 000(t·mile)的物料运输。使用钢筋混凝土的隐含能量平均值为 3 255 MJ/t,假设电力来自煤炭和天然气,材料生产的间接排放总量分别为 0.047 Mt 和 0.03 Mt 二氧化碳。将建筑材料运输到工地会导致额外排放 5.11 kt 二氧化碳。施工过程中消耗的能量未知,但可以从

---

① 1 in=25.4 mm。——译者注
② 替代注入目标(如提高石油采收率)可能需要额外的设备和能源来处理再循环的二氧化碳。
③ 该注入容量基于地下天然气储存的报告,其中生命周期数据可扩展到 7.3 Mt/年的运行容量。

管道中每吨钢的施工能量中获得保守估计,这会导致 255 400 GJ 的能量消耗,或 37.3 kt 的二氧化碳排放。

(2)注入能量。假设管道输送过程中的压力损失为 0.3 MPa,二氧化碳以 10.7 MPa 的压力到达井口。将进入的二氧化碳加压到 15 MPa 以进行注入,所需的能量可以从前面针对捕获后压缩功的等式计算。然而,预压缩系统(train)只需要两个阶段即可达到所需的 15 MPa 压力。使用本附录第二节中概述的假设,并将入口压力和出口压力分别更改为 10.7 MPa 和 15 MPa,那么注入井压缩能量总计为 25.2 MJ/t,或使用煤和天然气燃烧产生的电力,分别产生 0.04 Mt 和 0.025 Mt 二氧化碳的间接排放。

第五节　碳排放和成本

490　　　　与压缩、运输和注入相关的碳排放和成本汇总见表 F-1～F-2。

表 F-1　压缩、运输和注入对碳足迹的贡献(排放 kg 二氧化碳/处理 t 二氧化碳[a])

参数	电源			
	柴油	煤炭	天然气	不适用
压缩(在捕获装置处)		90	55	
材料的隐含能量(管道建设)[b]		0.2	0.13	
材料运输(管道建设)[b]	0.003			
建筑能耗(管道)[b]	0.06			
管道拆除	0.002			
管道泵		0.07	0.04	
无组织排放				0.012
材料的隐含能量(井的施工)		0.2	0.14	
材料运输(井的施工)	0.02			
施工能耗(注水井)	0.17			
注入(压缩)能量		0.18	0.11	
总碳足迹		90.9	55.7	

491　　　　注:a. 假设寿命为 30 年。b. 假定 10 mile 路段。

第六节　橄榄岩或玄武岩原位碳矿化作用实验估算成本

橄榄岩或玄武岩原位碳矿化实验的时间表和预算见表 F-3。

表 F-2　与压缩、运输和注入二氧化碳相关的经济成本

资本支出	成本（百万美元）	注评
压缩机	100	根据综合环境控制模型（integrated environmental control madel, IECM）估算值按比例缩放。假设产品压力为 11 MPa，压缩机效率为 80%，产品纯度为 99.5%，最大二氧化碳压缩机容量为 300 t/h
管道	25~225	下限：根据美国能源部化石能源与国家能源实验室二氧化碳运输成本模型计算的值[a]。假设输量为 10 Mt/年，管道长度为 10 mile。上限：假设管道长度为 100 mile，按上述计算的值
注射部位筛选和评估	2.5	根据史密斯等人的研究（Smith et al.，2001）。以当前美元计算
注射设备	0.6~8	根据赫尔佐克等人（Herzog et al.，2003）提供的实际注入现场成本计算的值，包括供应井、工厂、配电线路、集管和电力服务。以当前美元计算。下限：低位、含水层[b]；上限：高位、气藏[b]
钻井	0.2~210	根据赫尔佐克等人（Herzog et al.，2003）提供的估计值计算得出的值。这些估计值来自《1998 年美国联合调查钻井成本》（1998 Joint American Survey（JAS）on Drilling Costs）报告中提供的数据。资本支出与所需油井数量相关，这是根据麦科勒姆和奥格登（McCollum and Ogden，2006）所概述的方程式计算得出的，并使用表注中列出的高和低案例参数[b]。下限：低位、含水层[b]；上限：高位、气藏[b]
资本支出小计	128~546	

运营成本	成本（百万美元/年）	注评
年化资本支付（百万美元/年）	14~62	假设项目寿命为 30 年，固定支出系数为 0.11278（Rubin et al.，2007）
维护：压缩	3	范围按压缩总资本要求的 0.03 计算
人工：压缩	0.9	范围按压缩维护成本的 0.30 计算

续表

运营成本	成本（百万美元）	注评
电力：压缩	67～100	根据能源需求（400 MJ/t CO_2）和60美元/(MW·h)下限至90美元/(MW·h)上限的电力成本范围计算得出
运维：管道	0.2～1.3	美国能源部化石能源与国家能源技术实验室二氧化碳运输成本模型[a]中报告的管道运营和维护费用，包括人工，不包括电力成本。成本范围反映了10 mile(低)和100 mile(高)的管道段
电力：管道	0.2～2.9	范围根据10 mile管道段的低工况，2 700(MW·h)/年电力需求，60美元/(MW·h)，与100 mile路段的高工况，32 000(MW·h)/年电力需求，90美元/(MW·h)计算
运行维护：注入	0.6～34	根据麦科勒姆和奥格登(McCollum and Ogden, 2006)估算的运营和维护成本，包括正常的日常开支，消耗品，地面维护和地下维护[b]。井口的压缩能量包括在内，与运输和储存中的其他电力成本相比，压缩能量被认为可忽略不计，因此没有报告电力成本的范围。 下限：低位，含水层[b]； 上限：高位，天然气储层[b]
运营成本小计	72～142	
年度总成本（百万美元）	86～204	
平准化成本[c] [美元/(t CO_2·年)]	8.6～20.4	
天然气避免成本[d] [美元/(t CO_2·年)]	9.1～21.6	
煤炭避免成本[d] [美元/(t CO_2·年)]	9.5～22.4	

注：a. 见 https://www.netl.doe.gov/projects/energy-analysis-details.aspx? id=543(2019年1月29日访问)。b. 计算了三个注入地点的高低情况：含水层，油藏和气藏。每种方案的变量包括储层压力，厚度，深度和水平渗透率。这些值取自赫尔佐克等人的研究(Herzog et al. 2003)，并在麦科勒姆和奥格登的研究(McCollum and Ogden, 2006)中列出。c. 平准化基础=10 Mt二氧化碳/年。d. 平准化基础=10 Mt二氧化碳/年减去0.55 Mt二氧化碳/年(0.90 Mt二氧化碳/年)与天然气(煤)燃烧相关的排放。

表 F-3 100 000 t/年橄榄岩或玄武岩的通用原位碳矿化实验的时间表和预算（美元）

	范围和地点选择		准备 2 年		钻孔	注入 2 年		监测分析 3 年			合计
	第 1 年	第 2 年	第 3 年	第 4 年	第 5 年	第 6 年	第 7 年	第 8 年	第 9 年	第 10 年	
管理	250 000	250 000	750 000	750 000	1 000 000	1 000 000	1 000 000	750 000	750 000	750 000	7 250 000
表征（测绘、小测试井）	750 000	750 000	750 000	750 000							3 000 000
注入准备			2 000 000	2 000 000							4 000 000
以 600 万美元钻探 1 口注入井，以 300 万美元钻探 3 口监测井				3 000 000	12 000 000						
许可、推广、参与	250 000	250 000	250 000	500 000	208 333	208 333	208 333	208 333	208 333	208 333	2 500 000
监测				500 000	2 000 000	2 000 000	2 000 000	2 000 000	750 000	750 000	10 000 000
研究			500 000	1 000 000	1 416 667	1 416 667	1 416 667	1 416 667	1 416 667	1 416 667	10 000 000
100 美元/t CO_2 成本				100 000	4 950 000	4 950 000					10 000 000
以上总成本的 30% 作为应急费用	375 000	375 000	1 275 000	2 580 000	6 472 500	2 872 500	1 387 500	1 312 500	937 500	937 500	18 525 000
合计	1 625 000	1 625 000	5 525 000	11 180 000	28 047 500	12 447 500	6 012 500	5 687 500	4 062 500	4 062 500	80 275 000

附录 G　各类物理量单位列表[①]

单位名称符号	单位名称
g	克
kg	千克(10^3克)
Mg	兆克(10^6克)
Tg	太[拉]克(10^{12}克)
t	吨
kt	千吨(10^3吨)
Gt	吉[咖]吨(10^9吨)
Mt	兆吨(10^6吨)
m	米
m^2	平方米
m^3	立方米
hm^2	公顷
Mhm^2	兆公顷(10^6公顷)
Pa	帕[斯卡]
bar	巴(10^5帕[斯卡])
mol	摩尔

----

①此部分为译者添加。

J	焦[耳]
kJ	千焦[耳]
MJ	兆焦[耳](10^6焦[耳])
GJ	吉[咖]焦[耳](10^9焦[耳])
EJ	艾[可萨]焦[耳](10^{18}焦[耳])
kW	千瓦[特](10^3瓦[特])
MW	兆瓦[特](10^6瓦[特])
KW·h	千瓦[特]时(10^3瓦[特]时)
MW·h	兆瓦[特]时(10^6瓦[特]时)

译 后 记

  《负排放技术和可靠封存:研究议程》是美国国家科学院组织编写的研究报告,著作者来自《二氧化碳去除和可靠封存研究议程》制定委员会、大气科学和气候委员会、能源和环境系统委员会、农业和自然资源委员会、地球科学和资源委员会、化学科学和技术委员会、海洋研究委员会以及地球和生命研究部等部门。原著于2018年由美国国家学术出版社出版发行。

  本书基于科学研究证据,评估了从大气中去除和封存二氧化碳的负排放技术在减缓气候变化方面发挥的重要作用,以及可能的效益、风险和潜在规模,并制定了详细的负排放技术研究和发展计划。全书主体内容共分为八章。第一章简介,对全书内容和结构做了简要介绍;第二章主要介绍了滨海碳汇系统的作用过程、碳封存潜力和研究议程;第三章讲述了陆地碳封存技术的种类、封存潜力和研究议程;第四章描述了生物能源碳捕获和储存方法、商业现状、封存潜力和研究议程;第五章内容为直接空气捕获的发展现状、潜在影响和研究议程;第六章探讨了碳矿化的动力学原理和主要途径、碳封存能力和研究议程;第七章探索了地质构造二氧化碳封存的原理、潜力、相关法律与实践,以及研究议程;第八章在总结各种负排放技术的潜力和研究议程基础上,提出了一份综合性研究建议和优先事项。

  《负排放技术和可靠封存:研究议程》的翻译工作由中国自然资源经济研究院的众多同事及自然资源部系统相关专家通力合作完成。其中,致谢、前言、摘要和第七章由程萍翻译,第一章由王飞宇翻译,第二章和第八章由邓锋翻译,第三章由孙志伟翻译,第四章由任喜洋翻译,第五章由王心一翻译,第六章由高兵和白斯如翻译,附录由程萍和王飞宇翻译。高兵、邓锋、程萍负责全书统校工作。

  在翻译过程中,我们得到了国家林业和草原局发展研究中心毛炎新研究员、中国地质调查局文献中心马冰研究员、中国地质调查局水文地质环境地质调查中心刁玉杰高工等专家的指导。商务印书馆李娟主任对本书出版的大力支持，苏娴编辑对本书的悉心编辑，在此一并表示感谢。

    虽然我们尽已所能希望表达出原著最真实的含义，也邀请了相关领域专家审校、把关。但因能力所限，译著中难免有疏漏或不当之处。诚望各位读者不吝赐教，给予指正。

译 者

2022 年 7 月

图书在版编目(CIP)数据

负排放技术和可靠封存:研究议程/美国国家科学院、工程院和医学院等著;高兵,邓锋,程萍译.—北京:商务印书馆,2023
("自然资源与生态文明"译丛)
ISBN 978-7-100-22842-8

Ⅰ.①负… Ⅱ.①美…②高…③邓…④程… Ⅲ.①二氧化碳—减量化—排气—研究②二氧化碳—保藏—研究 Ⅳ.①X511②X701.7

中国国家版本馆 CIP 数据核字(2023)第 153669 号

"自然资源与生态文明"译丛
负排放技术和可靠封存:研究议程
美国国家科学院、工程院和医学院 等　著

高兵 邓锋 程萍　译

商 务 印 书 馆 出 版
(北京王府井大街36号　邮政编码100710)
商 务 印 书 馆 发 行
北 京 中 科 印 刷 有 限 公 司 印 刷
ISBN 978 - 7 - 100 - 22842 - 8
审 图 号 ： GS (2023) 2822 号

2023 年 11 月第 1 版　　　　开本 710×1000　1/16
2023 年 11 月北京第 1 次印刷　印张 32 插页 8

定价:160.00元

彩插

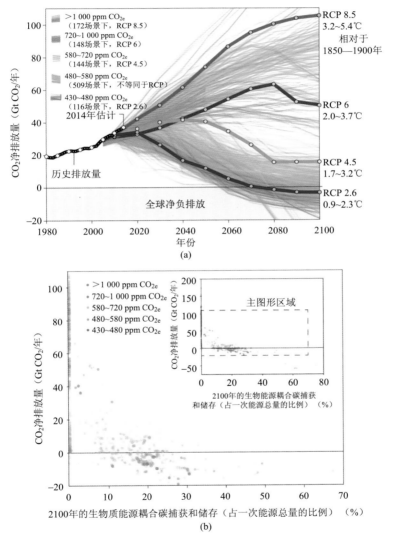

图 1-5　图 a 描述 2100 年前与二氧化碳排放路径,图 b 是使用 RCP 为 2.6
计算的 2100 年净负排放和生物能源碳捕获和储存的范围

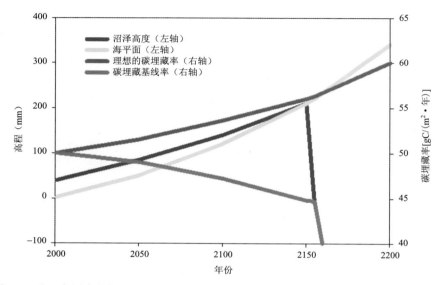

图 2-4　基于各因素的假设预测：包括沼泽高度（蓝色）、海平面（黄色）、理想碳埋藏率（绿色）和没有人为干预的基线碳埋藏率（红色）。海平面上升相对速率的影响超过潮间带湿地海拔的增长，直到 2150 年（本例中）沼泽曲线下降。在没有人为干预的情况下，碳埋藏率的预测基线从目前的 50 g/（m² · 年）下降到 2150 年时的 0，此时沼泽曲线开始下降

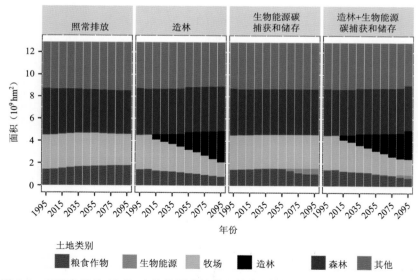

图 3-3　对照常排放、造林、生物能源碳捕获和储存、造林＋生物能源碳捕获和储存进行的全球土地利用时间序列模拟

各县固体生物质资源

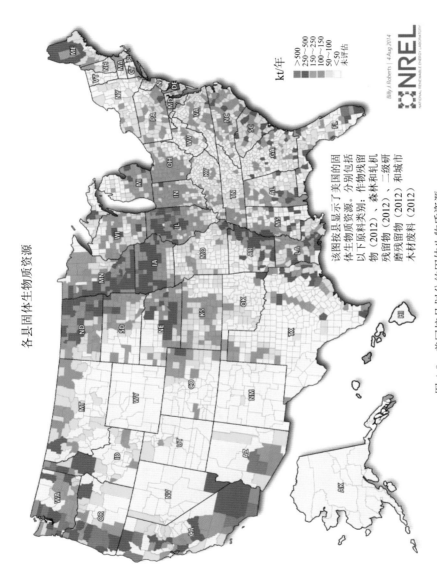

该图按县显示了美国的固体生物质资源。分别包括以下原料类别：作物残留物（2012）、森林和轧机残留物（2012）、二级研磨残留物（2012）和城市木材废料（2012）

kt/年

>500
250～500
150～250
100～150
50～100
<50
未评估

Billy J Roberts | 4 Aug 2014

NREL
NATIONAL RENEWABLE ENERGY LABORATORY

图 4-3　美国按县划分的固体生物质资源

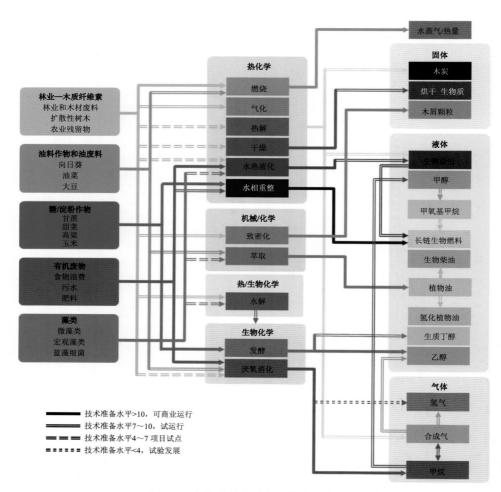

图 4-6 生物质转化路径和技术准备水平

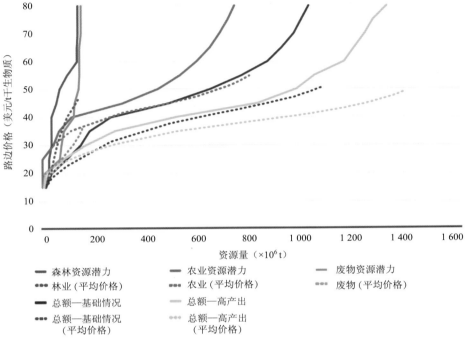

图 4-9　2040 年潜在的林业、农业和废弃生物质资源量作为边际和平均
路边干生物质价格的函数

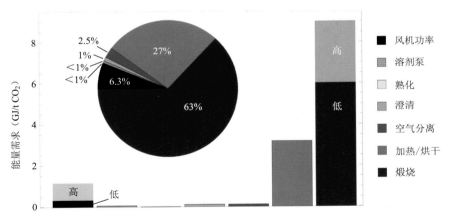

图 5-3　使用碳酸钙循环的液体溶剂直接空气捕获系统的能量需求估计，其中
大部分能量用于窑中煅烧和释放二氧化碳（在 900℃ 条件下计算）

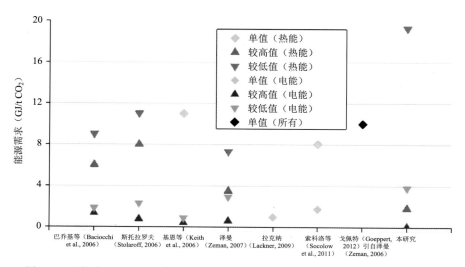

图 5-5 文献中报道的固体吸附剂直接空气捕获系统的能量需求和本研究计算值

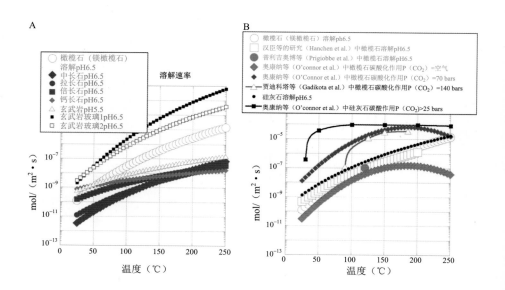

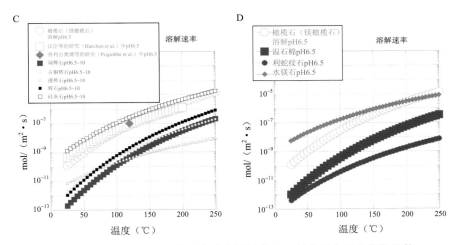

图 6-2　不同矿物溶解和碳酸化速率随温度和二氧化碳分压的变化比较

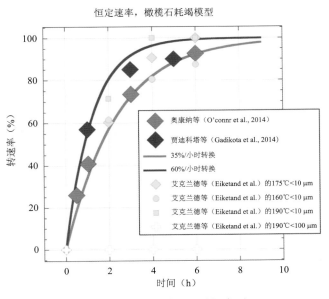

图 6-3　橄榄石碳化的时间序列

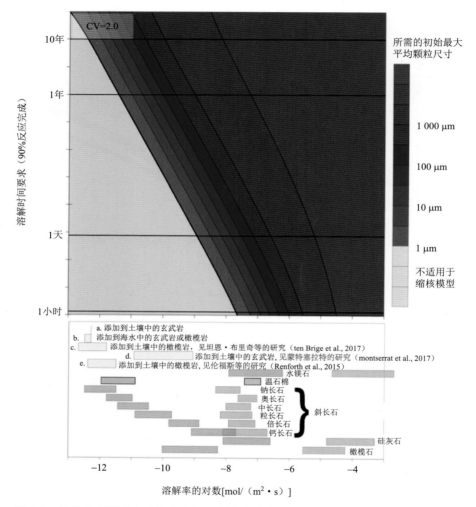

图 6-6　使用缩核模型实现任意矿物 90% 体积溶解时典型粒度分布的初始平均粒度协
方差（σ/μ，CV＝2.0）、矿物溶解速率、所需时间之间的关系

图 6-10　美国本土地表及其附近的玄武岩地层

图 6-13　阿曼部分绿灰色蛇纹石化地幔橄榄岩中完全碳化的橄榄岩的红色带

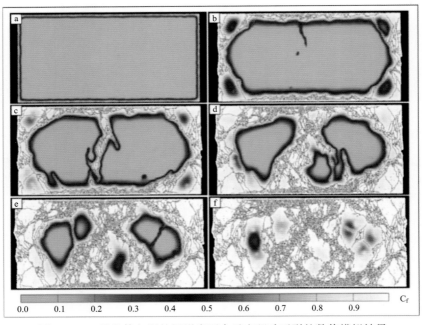

图 6-14　二维流体包围的矩形岩石中反应驱动开裂的数值模拟结果

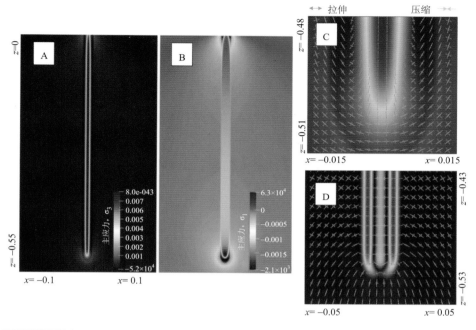

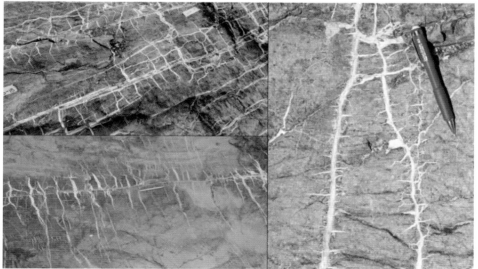

图 6-15

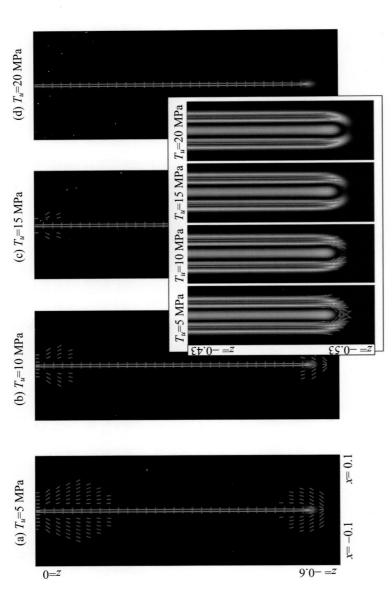

图 6-16　粉红色线是二维模型中拉伸裂缝的位置。粉红色线的长度指示富含二氧化碳的流体渗透的高孔隙度板状区域，与橄榄石反应产生的体积膨胀的碳酸盐矿物。标记为 (a)～(d) 的图片显示出没有表面能驱动的"毛细管"流的模拟结果，它是作为断裂所需的张应力的函数。插图说明包括表面能驱动流体流动的流的模拟的结果

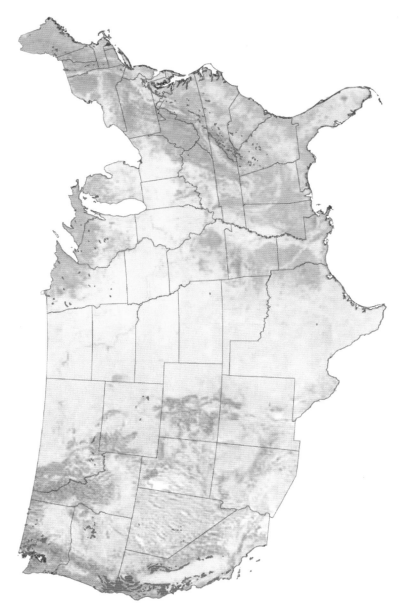

图 6-18　美国本土地表的超基性岩层分布

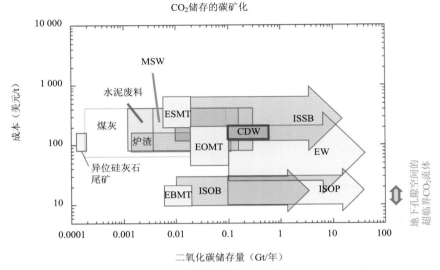

图 6-19　基于表 6-1 中的数值和其中的参考资料，使用富含二氧化碳的
流体进行固体封存的年度封存潜力与成本（美元/t CO₂）对比

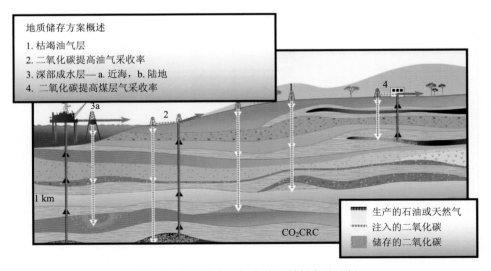

图 7-1　沉积岩中二氧化碳地质封存的选择

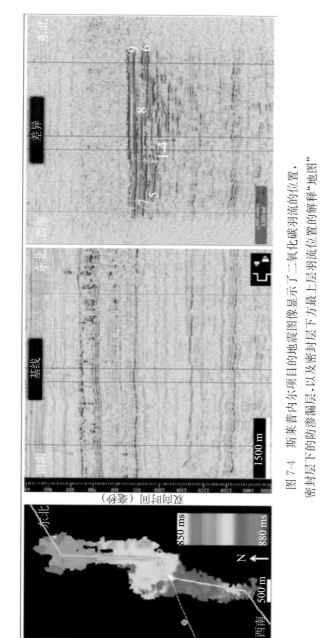

图 7-4 斯莱普内尔项目的地震图图像显示了二氧化碳羽流的位置，密封层下的防渗漏层，以及密封层下方最上层羽流位置的解释"地图"

图 7-5　二氧化碳地质封存前景较好的沉积盆地位置